2016

中国盾构工程技术学术研讨会论文集

PROCEEDINGS OF 2016 CHINA SHIELD ENGINEERING TECHNOLOGY ACADEMIC SYMPOSIUM

主　编　乐贵平　吴煊鹏　方江华
副主编　桂铁雄　尹清锋　石元奇　马云新

人民交通出版社股份有限公司
China Communications Press Co.,Ltd.

北京盾构工程协会

成立大会

2014年10月11日，北京盾构工程协会成立大会暨第一次会员大会在北京市职工服务中心隆重召开。北京盾构工程协会是由从事盾构施工、设计、科研、管理和盾构机制造及再制造，盾构设备维修保养等与盾构工程行业有关的企事业单位自愿联合发起并经北京市社会团体登记管理机关核准登记的非盈利性社会团体法人，也是我国目前第一个以盾构工程命名的盾构行业一级协会。协会的宗旨是“努力在政府与盾构工程行业之间发挥桥梁和纽带作用，维护盾构行业利益，反映盾构工程行业愿望，规范盾构工程行业行为，努力开展盾构工程信息交流、学术研讨、人才培训、技术咨询及技术服务等各项活动”。

我国盾构工程行业现状和发展对策调研

调研专家组在北京住总地铁16号线项目部调研

原全人大常委、协会荣誉理事长杨兴富主席（左）和理事长张建民在调研座谈会上

调研专家组在沈阳鑫山盟生产基地调研时与该企业领导及现场技术人员合影

为掌握我国盾构产业的发展现状，总结和推广盾构产业发展中的成功经验和创新成果，同时找出制约我国盾构产业进一步发展的问题，2015年5月至9月期间，协会组织有关专家在全国范围内进行了主旨为《我国盾构产业发展现状及存在问题》的调研，先后调研了盾构产业比较集中的北京、上海、广州、深圳、湖南、河北及辽宁等7个省市，调研对象涵盖盾构施工、管理、工程监理、盾构机制造和再制造、盾构机备品配件生产及盾构耗材生产等有代表性的24个企业。

调研成果已形成《我国盾构工程行业现状和发展对策调研报告》和《关于制约我国盾构产业发展的几个问题》（目前已上报工信部和国务院办公厅），《我国盾构工程行业新技术、新工法与经验总结汇编》也即将编辑出版。

联系人：薛尔莎　　联系电话：010-61002066　　13522772626

地　址：北京市东城区左安门内大街80号崇建六层　　邮编:100061

职业资格培训

北京盾构工程协会前身系北京设备管理协会盾构机专业委员会，自2010年10月开始组织盾构工程职业资格培训，目前已经有5期7个班次360多名学员参加了培训，同时建设了专业的师资队伍，专业的培训教材。2013年9月，专委会又承担了《专业能力证书》（盾构专业）的培训任务，参加后期培训考核通过人员，可获得《北京盾构施工职业资格证》和《专业能力证书》（盾构专业）。为促进盾构行业的发展，完善培训体系，培训工作将长期进行，大家可以随时报名。

协会活动掠影

S254盾构机再制造

2013中国盾构工程技术学术研讨会

S254再制造盾构机隧道贯通现场会

经验交流

协会对外技术交流

2015年新春团拜会

《盾构工程》内刊、《盾构工程》订阅号、协会网站(中国盾构产业网 www.zgdgcy.com)

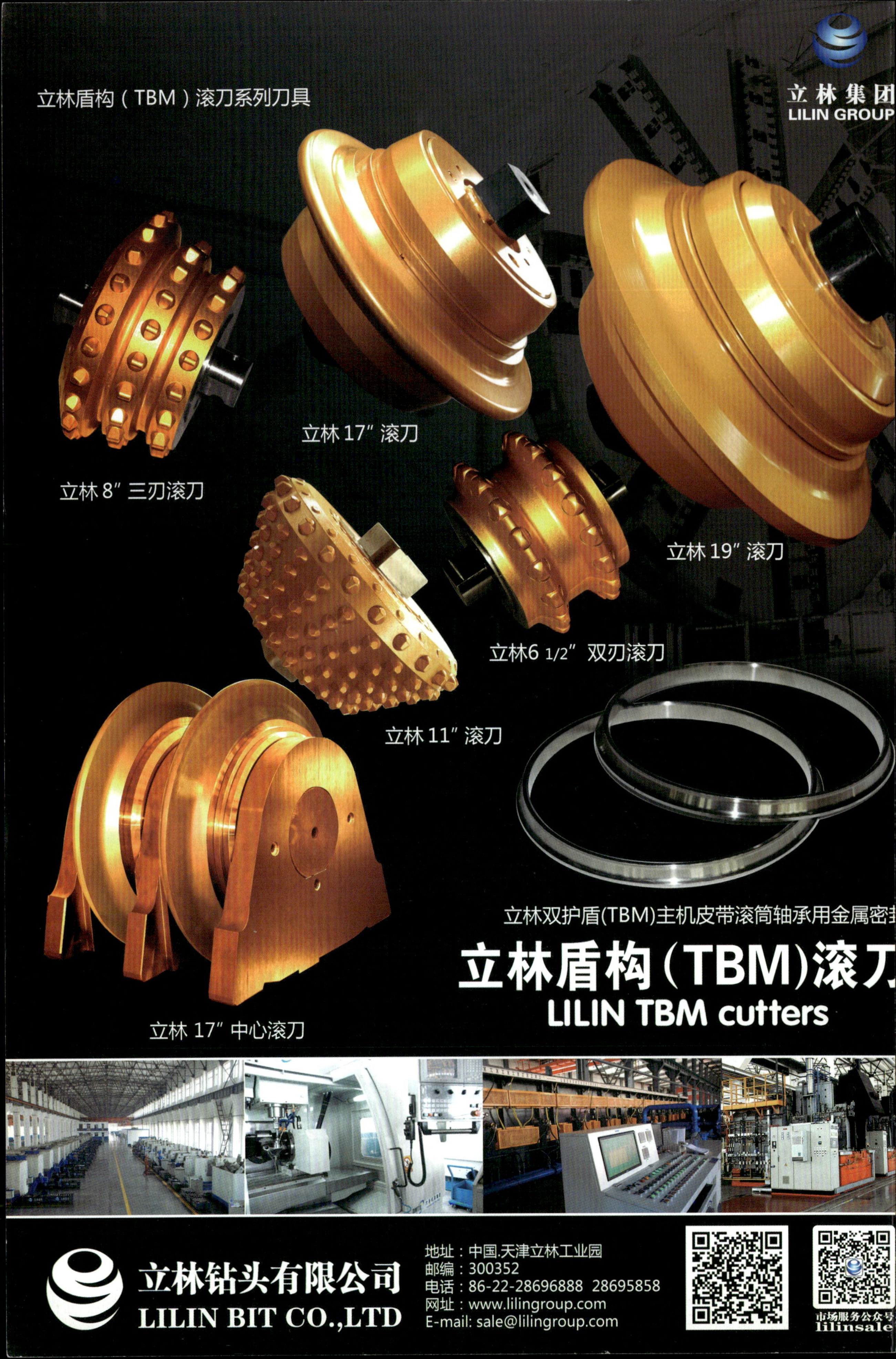
立林集团
LILIN GROUP
立林盾构（TBM）滚刀系列刀具
立林 17″ 滚刀
立林 8″ 三刃滚刀
立林 19″ 滚刀
立林6 1/2″ 双刃滚刀
立林 11″ 滚刀
立林双护盾(TBM)主机皮带滚筒轴承用金属密
立林盾构（TBM)滚刀
LILIN TBM cutters
立林 17″ 中心滚刀
立林钻头有限公司
LILIN BIT CO.,LTD
地址：中国.天津立林工业园
邮编：300352
电话：86-22-28696888 28695858
网址：www.lilingroup.com
E-mail: sale@lilingroup.com
市场服务公众号
lilinsale

品质创造未来

辽宁三三工业有限公司（三三工业）位于辽宁省辽阳市，属装备制造业，主导产品是盾构机／TBM隧道掘进机。公司是国家级高新技术企业、辽宁省机械行业重点企业，拥有同行业唯一的国家级盾构机／TBM隧道掘进机工程研究中心。2014年收购了世界500强、国际工程机械第一品牌美国卡特彼勒公司的全资子公司----加拿大卡特彼勒隧道设备有限公司，成为全球隧道掘进机制造业领军企业。

三三工业秉承“品质创造未来”的企业文化，以“匠人之心”打造“工业之美、技术之美、工艺之美”，以全球领先的技术、严格的质量管控、完善的售后服务，为全球客户提供最优秀的产品，广泛应用于国内外地铁、市政、水利、能源、公路、铁路、海底隧道等工程建设领域。

三三工业，全球最大、最先进的隧道掘进机生产制造基地，全球隧道掘进机制造业领导者！

公司网站
二维码

公司微信
二维码

辽宁三三工业有限公司

地址：辽宁省辽阳市向阳工业园鞍阳街33号
电话：0419-7183333　邮箱：xsb@lnsstbm.com
传真：0419-7183999　网址：www.lnsstbm.com

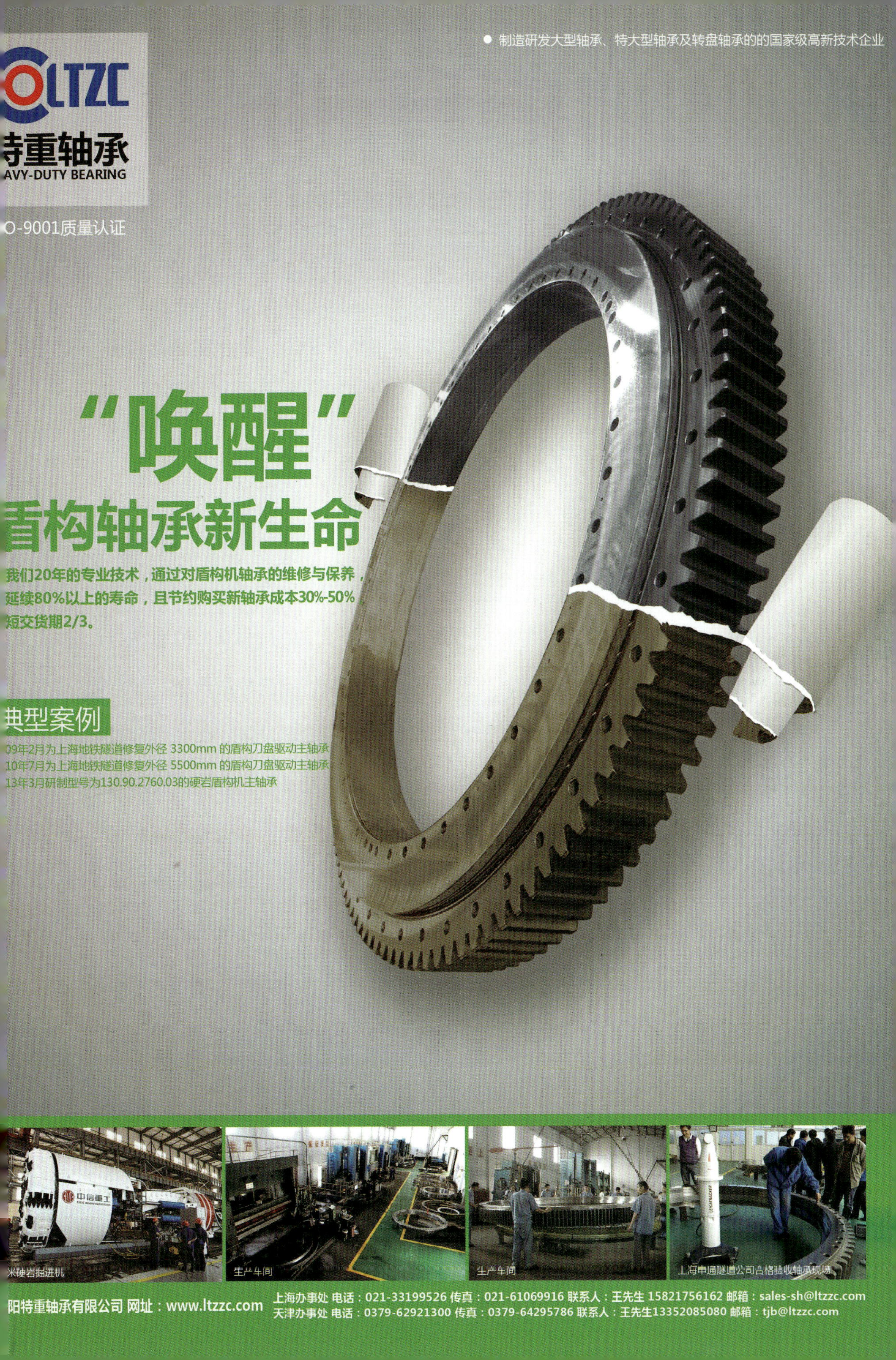

● 制造研发大型轴承、特大型轴承及转盘轴承的的国家级高新技术企业
LTZC
特重轴承
AVY-DUTY BEARING
O-9001质量认证
"唤醒"
盾构轴承新生命
我们20年的专业技术，通过对盾构机轴承的维修与保养，
延续80%以上的寿命，且节约购买新轴承成本30%-50%
短交货期2/3。
典型案例
09年2月为上海地铁隧道修复外径 3300mm 的盾构刀盘驱动主轴承
10年7月为上海地铁隧道修复外径 5500mm 的盾构刀盘驱动主轴承
13年3月研制型号为130.90.2760.03的硬岩盾构机主轴承
米硬岩掘进机
生产车间
生产车间
上海申通隧道公司合格验收轴承现场
阳特重轴承有限公司 网址：www.ltzzc.com
上海办事处 电话：021-33199526 传真：021-61069916 联系人：王先生 15821756162 邮箱：sales-sh@ltzzc.com
天津办事处 电话：0379-62921300 传真：0379-64295786 联系人：王先生13352085080 邮箱：tjb@ltzzc.com

编 委 会

前　言

在我国“十三五”开局之年，由北京盾构工程协会主办的第三届“2016中国盾构工程技术学术研讨会”胜利召开了！

2014年10月，经北京市民政局批准，“北京市盾构机专业委员会”升级为“北京盾构工程协会”，这也是我国第一个以“盾构工程”命名的一级行业协会。协会一成立，就把筹备“2016中国盾构工程技术学术研讨会”列入协会工作计划和近期重点工作之一。通过近两年的努力，并在北京市轨道交通建设管理有限公司、北京城市快轨建设管理有限公司、北京市政工程设计研究总院有限公司、上海隧道工程股份有限公司、北京城建设计发展集团股份有限公司、北京市政路桥建设控股(集团)有限公司、北京建工集团有限责任公司、北京住总集团有限责任公司、中国铁建十六局集团有限公司、中国铁建十四局集团有限公司、中国中铁隧道集团有限公司、中建交通建设集团有限公司、中国中铁工程设计咨询集团有限公司、中国矿业大学(北京)、北京建筑大学等单位的大力支持下，终于完成了研讨会的全部筹备工作。藉会议论文集出版之际，向上述单位有关领导表示衷心的感谢！

本次研讨会有国内近100多名盾构行业内的专家、学者提交了学术论文70余篇，经编审委员会审核，本论文集录用论文59篇。这些论文内容丰富、涵盖面广，涉及盾构机设计与制造、盾构施工、盾构测量控制、盾构耗材生产等与盾构工程各领域有关的理论和实际问题，其中不少论文学术水平较高、论据充分、概括性强、技术成熟，有很高的参考价值，基本代表了近年来国内盾构行业各个领域新技术、新工艺及新理论的发展现状和发展动态，如广州地铁集团有限公司竺维彬撰写的《复合地层盾构施工理论体系的基础研究》，上海隧道工程股份有限公司石元奇撰写的《双线隧道近似椭圆断面盾构的研制》，北京住总集团有限责任公司方江华撰写的《城市地铁盾构圆形隧道扩径之探讨》，中国铁建十六局集团有限公司薛立强撰写的《盾构穿河过障碍物施工技术》，北京建筑大学刘军撰写的《盾构始发中的玻璃纤维筋应用研究》，中国铁建十四局集团隧道工程有限公司杨业敬撰写的《盾构近距离下穿既有运营线综合施工技术》，北京金隅砂浆有限公司徐海锋撰写的

《盾构同步注浆预拌砂浆的研究与应用》等。

随着我国城市基础设施新一轮建设步伐的加快，城市轨道交通、地下综合管廊等城市地下空间（尤其是大深度地下空间）的开发建设规模逐年增加，盾构产业也必将持续快速发展，迎来新的发展机遇和挑战。我们坚信，在国家的大力支持下，只要我们盾构人着力创新驱动，努力奋斗勇于拼搏，我国一定能够从一个"盾构产业大国"发展成为"盾构产业强国"，成为继核电和高铁之后，中国走向世界的又一张名片！

在本论文集的编纂过程中，协会秘书处为会议论文的征集做了大量工作，在此表示诚挚的感谢。编审委员会虽对论文的编审、校核付出了辛勤的劳动，但难免存有疏漏和不足，诚请业内专家学者批评指正。

预祝第三届"2016 中国盾构工程技术学术研讨会"圆满成功！

《2016 中国盾构工程技术学术研讨会论文集》编审委员会

2016 年 5 月

目　录

复合地层盾构施工理论体系的基础研究

竺维彬　鞠世健　钟长平

（广州地铁集团有限公司　广州　510030）

摘　要：本文对复合地层盾构施工理论体系进行了系统阐述，包括盾构施工体系的组成、复合地层的概念、复合地层的特点、复合地层中的不良地层和复合地层盾构机选型等内容，提出“人是复合地层盾构施工理论实施的根本”这一理念，为我国复合地层盾构施工技术的发展起到了很好的指导作用。

关键词：复合地层；不良地层；盾构机；选型

1　概述

盾构法用于隧道掘进施工在国外有近二百年的历史，在国内则始于20世纪60年代的上海。经过多年的发展，盾构法已成为国内外在比较均质的地层和软土地层进行隧道施工的一种成熟的施工方法。

进入20世纪90年代后，广州地铁积极引进国外先进盾构技术，广泛用于广州复合地层的隧道施工，开创了国内复合地层盾构施工的先河，取得了巨大的成就。迄今，用于广州地铁一号线、二号线、三号线、四号线、五号线、六号线、七号线、八号线、九号线、十三号线、十四号线、二十一号线、广佛线、珠江新城集运系统区间隧道施工的盾构约220台次，完成隧道掘进任务超过300km。在广州地铁参与盾构隧道建设并茁壮成长起来的建设、设计、监理、施工人才正活跃在全国各大城市地铁建设的主战场上。某种程度上说，正是广州地铁引领了地铁盾构技术的新潮流，开创了全国盾构施工的新局面。

为攻克复合地层盾构施工的难关，广州地铁人解放思想、与时俱进，本着攻坚啃硬、艰苦奋斗、永不言退的盾构机精神，经过消化、吸收、调整、改造，因地制宜、推陈出新，摸索出一整套盾构在复合地层中施工的技术，创立了复合地层盾构施工理论体系，其精髓就是“地质是基础、盾构机是关键、人是根本”。本文为该理论体系的基础研究。

2　盾构隧道施工体系的组成

（1）地层是盾构施工体系中的一个重要因素。隧道是在地下由盾构机挖掘形成的，所以地下围岩是隧道的载体，也是挖掘隧道过程中的工作对象。对象不同，遇到的问题和困难也就不同，采取的相应对策也不一样。

（2）盾构机是构成施工体系中的另一重要因素。盾构机是盾构施工方法中的唯一工具，在一定意义上讲，它的重要性在于是一件不可逆的工具，因为一旦在地下出了问题，特别是大问题，很难将它挖出来修理。

作者简介：竺维彬（1962—），男，教授级高级工程师，广州地铁集团有限公司副总经理，天津大学、中国矿业大学、广州大学客座教授，广东省抢险委员会专家。主要从事盾构施工技术研究和地铁建设管理工作。Email：zhuweibin@ gzmtr. com。

(3)人是这个体系中最重要的因素。地质特征是靠人去认识和处理，盾构机是要人去根据地质特征量身定做，隧道是人操作盾构机采用适当的方法、选择合理的参数完成开挖的。

3 复合地层的概念

3.1 均一地层

均一地层是指在开挖断面范围内和开挖延伸三维方向上，由一种或若干种地层组成的，但其岩土力学、工程地质和水文地质等特性相近的地层或地层组合。在均一地层中的盾构施工，大大地简化了盾构机选型和盾构施工工艺的技术要求。

3.2 复合地层

在开挖断面范围内和开挖延伸三维方向上，由两种或两种以上不同地层组成，且这些地层的岩土力学、工程地质和水文地质等特征相差悬殊的组合地层，定义为复合地层。

复合地层的组合方式是非常复杂多样的，但总的来说有两大类：一类是在断面垂直方向上不同地层的组合；另一类是在水平方向上地层的不同组合。

3.2.1 复合地层在垂直方向上的变化

最典型垂直方向上的复合地层，就是所谓的“上软下硬”地层。即隧道断面上部是松软土层，而下部是坚硬的岩石地层；或者上部是软弱的岩层，而下部是硬岩层；或者是硬岩层中夹软岩层；或者是软岩层中夹硬岩层；或者是岩石地层中夹破碎带、溶洞等，如图 1 所示。

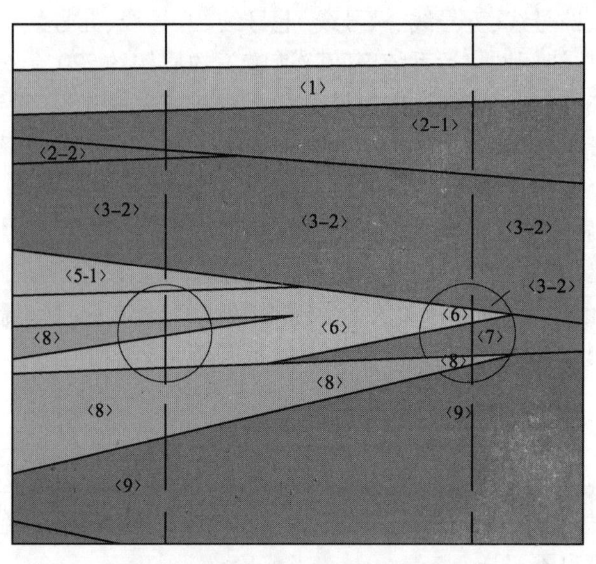

图 1 广州地铁复合地层垂向变化代表剖面

〈1〉-人工杂填土层；〈2-1〉-淤泥质土层；〈2-2〉-淤泥质砂土；〈3-2〉-冲洪积土层；〈5-1〉-残积土层；〈6〉-岩层全风化带；〈7〉-岩层强风化带；〈8〉-岩层中风化带；〈9〉-岩层微风化带

3.2.2 复合地层在水平方向上的变化

在同一施工段中，可能分布着不同时代、不同岩性、不同风化程度或不同层序的地层，从而表现出水平方向上工程地质性质的差异。如广州地铁五号线草暖公园始发井—陶金站区间的地层，其剖面图如图 2 所示。

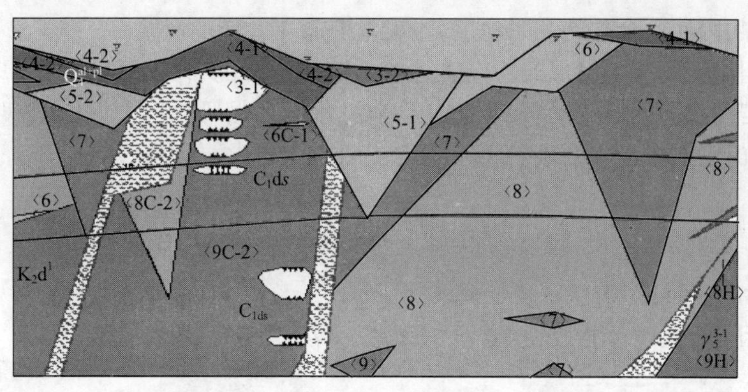

图2　广州地铁五号线草暖公园始发井—陶金站区间的地层剖面图

〈3-1〉-细砂土层;〈4-2〉-河湖相淤泥质土层;〈5-1〉-可塑或稍密状残积层;〈5-2〉-硬塑或中密状残积层;〈6〉-岩层全风化带;〈7〉-岩层强风化带;〈8〉-岩层中风化带;〈9〉-岩层微风化带;〈9H〉-花岗岩微风化带;〈6C-1〉-石灰岩中风化带;〈9C-2〉-相对完整的石灰岩微风化带

4　复合地层的特点

4.1　岩土形成的地史不同

岩土形成的年代见表1。

地 质 年 代 表　　　　表1

<table>
<tr><th colspan="3">地质年代(单元:百万元)</th><th>地　层</th></tr>
<tr><td rowspan="2">新生代</td><td colspan="2">第四纪(1.8～今)</td><td>第四系</td></tr>
<tr><td colspan="2">第三纪(65～1.8)</td><td>第三系</td></tr>
<tr><td rowspan="3">中生代</td><td>白垩纪(145～65)</td><td rowspan="2">燕山期花岗岩(205～66±2)</td><td rowspan="2">白垩系、侏罗系、燕山期花岗岩</td></tr>
<tr><td>侏罗纪(213～145)</td></tr>
<tr><td colspan="2">三叠纪(248～213)</td><td>三叠系</td></tr>
<tr><td rowspan="6">古生代</td><td colspan="2">二叠纪(286～248)</td><td>二叠系</td></tr>
<tr><td colspan="2">石炭纪(360～286)</td><td>石炭系</td></tr>
<tr><td colspan="2">泥盆纪(410～360)</td><td>泥盆系</td></tr>
<tr><td colspan="2">志留纪(440～410)</td><td>志留系</td></tr>
<tr><td colspan="2">奥陶纪(505～440)</td><td>奥陶系</td></tr>
<tr><td colspan="2">寒武纪(544～505)</td><td>寒武系</td></tr>
<tr><td colspan="3">前寒武纪(地球起源～544)</td><td>前震旦系</td></tr>
</table>

4.1.1　第四系地层

第四系地层是距今180万年以来在地球最表面形成的沉积盖层,是在地球表面内外营力相互作用过程中,岩石圈发生破坏—搬运—堆积形成的沉积地层。

4.1.2　岩石地层

由表1可以看出,不同地质时代形成的原生岩层是不同的,其成岩程度、变质程度、岩性、结构、构造等会有很大的差别,盾构施工过程中出现的问题也就不一样。

如在广州地区盾构施工中穿越侏罗纪煤系地层时,盾构隧道内聚集了大量的瓦斯,是施工安全的极大隐患。而在同一地区盾构施工穿越白垩系地层时就不会碰到这类问题,因为在白垩纪就不会成煤，因此不会碰到煤系地层，也就没有聚集瓦斯的风险。

又如在广州市区的北部出现的花岗岩是燕山四期形成的，在市区的南部出现的花岗岩是燕山三期花岗岩。燕山四期花岗岩的残积层、全风化层和强风化层中残留着很多花岗岩球状风化体，给盾构施工造成极大困难。而在燕山三期花岗岩中至今还没有发现证据可靠的花岗岩球状风化体。

上述的差异是非常巨大的，会对盾构施工将要采取的对策产生极大的影响。

4.2 岩石地层的岩性不同

岩性按成因可分为岩浆岩、沉积岩（图3）、变质岩（图4）三大类。

图3 沉积岩

图4 变质岩

4.2.1 岩浆岩

岩浆冷凝固化后形成的岩石，称为岩浆岩。

根据成因，岩浆岩可分为深成侵入岩、浅成侵入岩、次火山岩、火山岩等。每种成因类型的岩浆岩又根据其所含的矿物成分不同分为若干种岩石。

4.2.2 沉积岩

沉积岩是在温度不高、压力不大的条件下，由风化作用、生物作用和某种火山作用的产物，经搬运、沉积和成岩作用而形成的岩石。

沉积岩的主要特征是具有层理。根据物质来源和胶结物特征可分为火山碎屑岩、正常碎屑岩、黏土岩、化学岩和生物化学岩。每一类岩石又根据其结构和构造以及矿物成分分为若干种岩石。

4.2.3 变质岩

由变质作用形成的新的岩石，称为变质岩。

变质作用是由地球内力作用引起的岩石改变或变化的作用。其中，由岩浆岩形成的变质岩叫正变质岩，由沉积岩形成的变质岩叫副变质岩。

岩性不同，岩石强度、矿物成分等有很大区别，对盾构施工的影响差异也很大。

4.3 岩石的结构和构造不同

岩石的结构主要指岩石的各种组成部分在形貌的特征及相互间的组合关系，如颗粒的大小、形状和胶结形式等。岩石的构造主要指岩石的各种组成部分的空间分布和排列方式。

岩石结构和构造的不同，岩石的物理力学性质将发生很大的变化。

4.4 地质构造不同

在地壳运动中，岩体由于受力而发生的连续或不连续的永久变形，称为地质构造。常见的地质构造有褶皱与断裂两种基本类型。

断裂构造在盾构施工中的影响,主要反映在以下几个方面。

(1)由于节理、劈理的产生,大大破坏了围岩原始的完整性,降低了岩石的 RQD 值,有利于盾构机的破岩。

广州地铁四号线大学城北站—大学城南站区间变质混合岩中节理和裂隙发育。该地区盾构隧道围岩的特点是岩石的单轴抗压强度较高,但其 RQD 值仅有 25% ~30%,因此盾构掘进还是很顺利的。

(2)在断层带中,可能会产生一些新的岩石,如在广州地铁三号线大石站 - 汉溪站区间的礼村断裂带中的硅化角砾岩。盾构通过该断层带时,遇到了块状的硅化角砾岩,将盾构机刀盘的边缘铲刀的螺栓崩断。

(3)张性的断层带透水性能很好,在盾构施工的过程中可能会发生螺旋输送器的喷涌,在暗挖横隧道中可能会发生突水和塌方。

4.5 风化作用不同

风化作用是指岩石在地表或接近地表的地方由于温度变化、水及水溶液的作用、大气及生物等的作用发生的机械崩解及化学变化过程。

风化程度一般由强至弱分为四类:全风化、强风化、中风化和微风化。

经过风化作用影响的岩体,会发生以下不同程度的变化。

(1)岩体的整状性变差,RQD 值变低,岩石强度变低。

(2)整状的岩体变为碎块,碎块变为细粒。

(3)岩石中的某些矿物发生了化学变化,产生了一些新矿物。

(4)风化后的地层中裂隙水特别发育,尤其在全风化与强风化、强风化与中风化、中风化与微风化的界面上,往往是明挖或矿山法暗挖的突水点,是盾构法施工造成喷涌的原因。

4.6 施工中极易发生"泥饼"、"喷涌"和"滞排"

4.6.1 泥饼

泥饼(次生岩块)是盾构刀盘切削下来的细小颗粒、碎屑在密封舱内和刀盘区重新聚集而成半固结或固结的块状体。

泥饼分为刀盘面板泥饼和土仓内泥饼两大类。泥饼在刀具表面形成,包裹住刀盘面板,或将刀盘开口部分堵塞的情况,称为刀盘面板泥饼;泥饼集结在土仓内,使切削下来的渣土难以通过正常的搅拌,达到良好的出渣状态,称为土仓内泥饼。

泥饼带来的危害主要有以下几种。

(1)掘进参数不正常。体现在推力增大、扭矩急剧升高、掘进速度下降。

(2)泥饼将刀盘包裹,使刀盘面板与土体发生干磨,大量的机械能转化为热能,不仅造成刀具损坏,同时造成渣土温度升高,过高的温度甚至会对轴承密封系统造成威胁。

(3)刀具无法正常切削,滚刀发生严重偏磨。

(4)由于掘进速度降低,出渣不畅,大量的地下水涌入仓内,形成喷涌。

(5)诱发地表塌陷。

4.6.2 喷涌

喷涌是指土压平衡盾构机出渣时,一开启螺旋输送机闸门,大量的压力水、泥浆、砂石等从出土口喷射出来的现象。

喷涌带来的危害主要有以下几种。

(1)出渣不顺畅,渣土均以流质状态从螺旋输送机输出,无法通过皮带输送机运走,隧道内污染严重,需要花费大量的时间清理掉落的渣土。

(2)土仓压力波动较大,容易造成地面塌陷。

(3)出土量控制困难,经常出土超量,造成地面塌陷。

(4)掘进速度缓慢,掘进完成后需要停滞很长时间清渣和拼装管片,使地下水进一步汇聚,形成恶性循环。

(5)高压的泥浆对施工人员的人身安全构成威胁。

4.6.3 滞排

滞排是指盾构掘进下来的渣土,因为颗粒特性(如相对密度、大小和形状)、盾构机排渣性能及其施工控制等原因造成渣土不能随时排出或滞后排出。

滞排会导致盾构机损伤、掘进困难和周围地层被过度扰动等。

滞排的成因有地质与环境因素、盾构机的因素以及施工因素,解决滞排的总原则可归结为“破”、“和”、“排”三个方面。

5 复合地层中的不良地层

盾构在复合地层施工时会遇到以下不良地质情况。

5.1 第四系流塑状淤泥地层与其他地层组合

在淤泥地层中施工,已知的事故和风险主要反映在以下几个方面。

(1)作为永久结构的盾构隧道本身是不稳定的,工后沉降可能很大,以至于会造成线路纵坡的变化及管片的错台、开裂和破损等。

(2)盾构机机体的重量在轴向上是不均匀的,其前部的1/3,包括刀盘主轴承和螺旋输送器等,大约占盾构机总重的2/3以上。在这种流塑状淤泥地层中掘进时,易出现盾构机“栽头”问题。其结果是盾构机姿态难以控制,进而造成管片的错台、开裂、破损等。

(3)若盾构的工作井或隧道的横通道位于这种地层中,主要的问题是如何保证围护结构的施工质量及防止基坑开挖时的底涌。

5.2 第四系黏土地层与其他地层组合

盾构机在硬塑状的黏土层中出现的问题主要是结泥饼。此外,在黏土中还可能含有一定量的砂砾成分,对刀具的磨损也会有影响。

在均一黏土层中,盾构机刀盘和刀具的配置相对容易和简单一些,但在复合地层中难度就大多了。因为在选择刀盘和刀具时,既要考虑盾构机的大开口率,又要考虑在岩石地层中破岩功能对刀盘强度的要求;既要防止滚刀在黏土层中的偏磨,又不能不配置一定量的滚刀,等等。

对于黏土地层中结泥饼问题,由于添加剂的使用,特别是水和泡沫的使用,已经较好地解决了这个问题。至于添加剂的使用量,根据黏土特性的不同而有所不同,通常都是在施工过程中经试验之后才可确定下来。

5.3 第四系砂层与其他地层的组合

我国最近几年在地铁盾构工程中发生的几起灾难性大事故,都与粉土层、细砂层和中粗砂层或它们组合的复合土层有关。

(1)粉细砂层。在这种地层中施工,出现的主要问题是发生在盾构隧道之间的横通道施工和盾构机进出工作井这两大方面。主要原因在于上述这些特殊部位的土体加固效果不佳或采取的施工工艺、施工程序欠妥,使得粉细砂大量涌入隧道或工作井,造成已完成的隧道或车站结构严重破坏、地面大范围塌方。

(2)中砂、粗砂或中粗砂层。这种地层的特点是非常松散,粉土和黏土颗粒一般含量很少。盾构在中粗砂地层中施工,除可能引发上述在粉细砂地层中出现的问题之外,采用土压平衡盾构机施工时,盾构机推进时平衡较难控制,主要反映在以下两个方面。

①工作面上的中粗砂在地下水的作用下,是极不稳定的,一旦出现土压较大波动(包括欠压或过压),就会造成过量的砂涌入盾构机密封舱,若不及时采取措施,则会造成地面沉降。

②由于在该层中黏土颗粒很少,在密封舱和螺旋输送器中的渣土和易性很差,在地下水的作用下,会发生螺旋输送器喷涌,进而由于密封舱内的突然失压,立即引发地面沉陷。

即便选用泥水盾构机,在这种地层中施工,若对出土的干砂量控制稍有不当,也会立即出现地面沉陷。

5.4 第四系砾石地层与其他地层的组合

目前国内盾构施工遇到的砾石层大体上有两类:一类是以成都地铁盾构施工遇到的砾石层为代表,粒径一般为30~70mm,占地层的55%~80%,颗粒大体呈间断级配,由砾石和细砂两个极端粒径的颗粒组成;另一类是砂砾石层,以沈阳地铁盾构施工遇到的地层为代表,粒径>20mm的砾石占30%~40%,颗粒大体呈连续级配,从大的砾石到粉黏粒都有。

砾石地层存在的主要问题是:

(1)刀盘(主要是开口率)和刀具(主要是滚刀和刮刀的选择或组合)的配置问题。

(2)刀盘和刀具的磨损(主要是土仓内砾石的滞排)问题和换刀工艺问题。

(3)螺旋输送器喷涌问题(或弃土的和易性问题)。

(4)地面施工后沉降问题。

5.5 硬岩层

由于岩性、结构、构造、风化程度等的变化,盾构隧道线路的某些地段遇到硬岩层,在复合地层中施工时很常见。

硬岩对于盾构机的刀盘和刀具损伤较大,相同强度的岩层,其RQD值不同,岩性不同,石英含量不同,对盾构机的损伤也大不相同。

以广州地铁三号线大石—汉溪盾构区间为例,线路里程为YDK16+7.5~YDK16+937。整个区间隧道基本上都在全风化和强风化的混合岩中通过,唯独这里夹了约200m的微风化和中风化混合岩,单轴抗压强度f_c=62.5~113MPa,RQD=80%~85%。

硬岩中最容易出现的问题是:

(1)盾构机刀具贯入度低,掘进发热量大,很容易发生严重磨损。

(2)岩面起伏,很容易使刀具发生碰撞损坏。

(3)边缘超挖刀具一旦磨损,盾构机非常容易发生卡壳现象。

(4)由于掘进进度缓慢带来喷涌等一系列施工困难。

5.6 上软下硬地层

根据地层组合的形式,上软下硬地层大体上可以划分为三种类型。

(1)第四系土层的上软下硬。

这种组合特点主要反映在地层的土力学性质上,如标贯级数的差别、含水量的差别和颗粒粒径的差别。

如杭州地铁一号线某区间〈9-1b〉地层在隧道的上部，为含砂粉质黏土，软塑～可塑状，标贯级数6～25击，平均16击；中部细砂层中密，饱和，标贯级数17～35，平均29击；下部圆砾层，中密～密实，饱和，粒径2～20mm，含量20%～35%，标贯级数9～100击，平均36击。

(2)岩石地层的上软下硬。

这种地层组合的特点主要反映在岩石岩性的变化、风化程度的变化、沉积岩结构和构造的变化及断裂带两侧地层的变化等方面。

如广州地铁三号线五山站—华师站区间，隧道在风化程度不同的花岗岩中通过。隧道断面的上部为标贯击数50左右的全风化或强风化花岗岩，下部是单轴抗压强度高达80～100MPa的微风化花岗岩。盾构机在这种复合地层中掘进是极其困难的。

(3)岩土复合地层的上软下硬。

某区间为比较典型的复合地层中的上软下硬断层组合，隧道上部是第四系松散的〈3-2〉砂层，下部是单轴抗压强度35MPa的中风化或微风化的岩石地层。在这种地层中推进，土压平衡盾构机机头前方部位正常会发生较大沉降。

上软下硬地层盾构施工存在的较大困难是：

①盾构机在推进过程中刀盘上部和下部受力不均，盾构机姿态控制困难。

②刀具在软硬地层中反复切削，很容易发生严重磨损。

③土仓压力难以控制。

④出土量难以控制，很容易发生出土超量，从而引起地面沉陷或坍塌。

⑤很容易发生喷涌。

5.7 孤石

孤石是相对于它的围岩或周围介质而言的，主要有以下几种：

(1)人工抛填碎石。我国沿海地区，在围海造田时，往往会人工抛填巨大的碎石，特别是花岗岩碎石块。碎石块的位置完全是随机的，没有任何规律，是盾构线路上的极大障碍。

(2)第四系漂石。多发于砾石层当中，同样没有任何规律可循，是盾构施工中的难点。

(3)花岗岩的球状风化体。花岗岩的球状风化是该类岩石的一种普遍的风化现象，即在深度风化的花岗岩岩体中残留了微风化的较新鲜坚硬的球状花岗岩体。

无论是上述哪种类型的孤石出现在盾构隧道的线路中，都将给施工带来极大的困难：

(1)刀盘被卡，受力不均而变形。

(2)刀具作用面极不规则，很容易发生碰撞损伤。

(3)地面塌陷。

5.8 地层中的土洞和溶洞

在广州地区发现的溶洞有两种类型：一种发生在石灰岩地层中；另一种发生在碎屑沉积岩中。后者产生溶洞的原因主要是含石灰岩质砾石和石膏层的地层在地质构造运动中最易断裂破碎，为地下水提供了通道和空间，进而被溶蚀成洞。

土洞通常与石灰岩溶洞或石灰岩裂隙共生，且生成在特定的硬塑状的砂质黏土或砾质黏土中。

盾构机在石灰岩溶洞地区掘进时，遇到的主要风险有：

(1)盾构机在溶洞处可能会磕头。

(2)地下水及地下水水压很大，或者工作面失水，会造成注浆困难、螺旋输送器喷涌等问题。

(3)刀盘在旋转过程中，由于突然遇到表面凹凸不平的溶洞，会因为瞬间荷载增大造成刀具损坏。

(4)穿越溶洞的隧道的稳定性是永久结构隧道需要解决的一个问题。

在这类地区遇到土洞将是一个更大的问题，因为土洞的形成时间跨度较短，如隧道在土洞上方通过，在遇到土洞塌方时，隧道就无法保证稳定和安全。特别困难的是，土洞很难通过钻探或物探查明。

5.9　赋存有害气体的地层

在盾构施工过程中遇到的可燃、易爆、有毒气体可能来自三个方面：一是地层中自然赋存的；二是在施工过程中产生的；三是不明来源气体。有害气体对盾构施工带来的危害主要在于：

(1)有害气体通过螺旋输送机进入隧道，从而造成伤害。

(2)有害气体通过盾尾密封、铰接密封进入隧道，从而造成伤害。

(3)开仓检查或换刀过程中，有毒气体造成伤害。

6　复合地层中的盾构机选型

盾构机是按地质环境“量身定做”的，因此，复合地层的复杂性决定了盾构机适应性的局限性和设备配置的多样性。

6.1　盾构机的分类

盾构机的分类方法有很多，可以按照盾构机的尺寸、盾构机的挖掘方式、隧道断面形状、稳定掌子面的形式等分类，这里主要从以下三方面对盾构机种类进行划分：

(1)按地层组合不同可分为两类：一是用于均一地层的盾构机；二是用于复合地层的盾构机。

(2)按盾构机对地层的适应性可分为三类：一是土层盾构机；二是岩层盾构机；三是复合地层混合盾构机。

(3)按盾构机的类型来分，可将上述用于不同地层的盾构机和对不同地层适应性的盾构机分为土压平衡盾构机和泥水加压式盾构机两种类型及其六个模式，如图 5 所示。

(4)混合盾构机。一般把用在复合地层中的盾构机称为混合盾构机，但混合盾构机绝不仅是指“刀盘上混合安装了滚刀和刮刀”的意思，而是指混合盾构机为了适应复合地层掘进的需要具有多种功能上的混合，既能适应于岩石地层，又能适用于软土地层；既可以采用平衡模式，又可以采用开胸式、欠压式或气压模式等。

(5)TBM 的归类问题。TBM 是英文隧道掘进机的缩写，习惯上直接引用而不翻译。以往，TBM 主要是指硬岩掘进机。根据上述分类原则，典型的 TBM 是开胸式的，由皮带机出土的隧道掘进机。但在特殊情况下，TBM 也安装了盾壳，也通过螺旋输送器出土。

因此，TBM 是一种开胸模式的土压平衡盾构机。但考虑习惯上的称谓，仍将其称为 TBM 也未尝不可。

6.2　复合地层盾构机的选型原则

盾构机的选型，涉及对盾构机的“型”和“模式”的选择，复合地层中盾构机选型的基本原

则如下:

(1)首先要确定复合地层盾构机的平衡方式和出土方式,即选用土压平衡盾构机还是泥水加压平衡盾构机。应根据地层渗透系数和颗粒分析曲线,结合周边环境特点、经济性、安全性等因素综合比选确定。

(2)最不利条件选型原则。

(3)多功能配置原则。

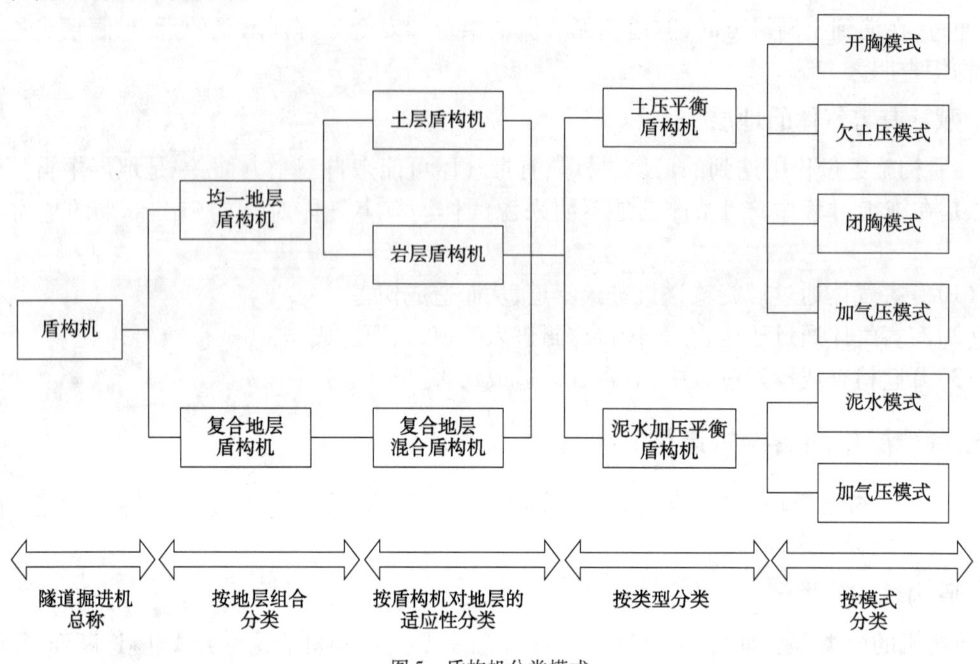

图5　盾构机分类模式

7　人是复合地层盾构施工理论实施的根本

从人与物的角度来看问题,地质和盾构机都是物。在这个意义上讲,地质环境的变化,某种地质特点是否会对盾构施工造成困难都取决于人,取决于人是否对地质环境做出了正确的判断,是否采取了正确的应对措施。盾构机是人设计、制造并操作的,它的适应性更是取决于人,人是盾构施工体系中的根本。

正因为这样,施工是否顺利,工程是否发生事故就完全取决于人。

参考文献

[1] 竺维彬,鞠世健. 复合地层中的盾构施工技术[M]. 北京:中国科学技术出版社,2006.

[2] 竺维彬,鞠世健,史海欧. 广州地铁三号线盾构隧道工程施工技术研究[M]. 广州:暨南大学出版社,2007.

地铁超限盾构隧道暗挖改造设计风险评估

阮　松　马兴宝　张恒睿

（中国中铁工程设计咨询集团有限公司　北京　100055）

摘　要：安全风险评价及控制技术已经在城市地下工程中得到了广泛应用。本文依托成都地铁1号线南延线华阳站—广都北站区间右线盾构隧道超限改造工程，结合工程重难点，运用层次分析法，建立了风险评估体系，得出了地铁盾构隧道超限暗挖改造中各种风险因素的影响权重，并在此基础上针对主要风险因素提出具体措施，保证了工程安全。

关键词：超限盾构隧道；暗挖改造；风险评估；层次分析法

1　工程概况

成都地铁1号线南延线华阳站—广都北站区间，自华阳站南端头华广明挖区间出发，以半径 $R = 350\mathrm{m}$ 的左转曲线进入广都北站西端头。沿线下穿天府大道，晋元鸿阁一号小区1、2号楼，华油集团腾龙公司库房，侧穿城南名著14、15号楼。左线盾构隧道已完成施工，右线盾构机自广都北站西端头向华阳站掘进至61环时，根据右线隧道断面测量资料，第59环竖向高出设计轨面线2.26m。

针对该盾构隧道超限情况，参建各方从工期、施工难易程度、外界影响等方面提出了多种解决方案，经过充分研究、论证、比较，最终采用的是恢复原设计线路方案，具体如下。

（1）在现在盾构机前方新增一处盾构接收井，现有的盾构机推进至井中，解体吊出。

（2）现有盾构机吊出后，从接收井向B站方向进行超限段暗挖改造施工，恢复线路至原设计标高。

（3）同时另增加一台盾构机，从A站始发，施工剩余隧道，到达新增盾构接收井后解体吊出。

暗挖改造方案示意图如图1所示。

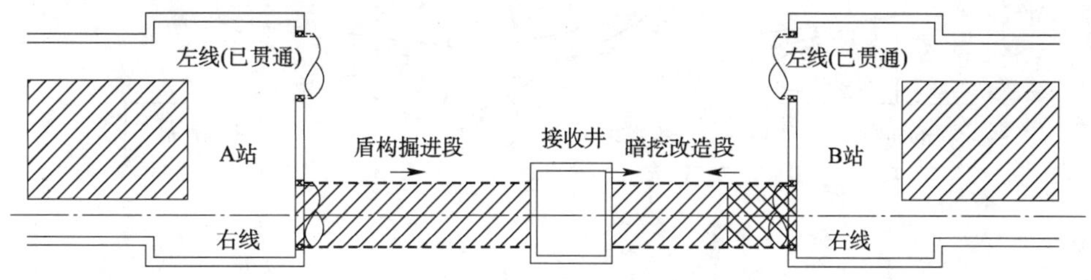

图1　暗挖改造方案示意图

暗挖改造后，隧道结构形式为单线单洞圆形断面，内轮廓直径5.4m，与盾构隧道一致。根据隧道超限情况、断面形式、埋深及所处地质条件，为减少施工难度及工程投资，充分利用已施工完成的盾构管片的支护效用，将暗挖改造段隧道分为局部拆除管片段和全部拆除管片段：由B站向A站方向，右线16～33环管片全部拆除；34～39环拱部120°管片保留；40～59环拱部

作者简介：阮松（1982—），男，硕士，高级工程师。主要从事地下工程设计。Email：redsun228@qq.com。

150°管片保留;1～15 环管片,断面偏差在规范允许范围内,不需进行改造,但为了防止改造段管片拆除卸载导致该段管片松弛,引起环缝增大、渗漏水等情况,提前对管片采取了纵向拉结紧固措施。

改造段隧道采用浅埋暗挖法及喷锚构筑法进行设计和施工,提前加固地层,分步破除管片;采用复合式衬砌结构,即以锚杆、钢筋网、喷射混凝土和钢架为初期支护,以模筑钢筋混凝土为二次衬砌,初期支护与二次衬砌间设全包防水层。

2　层次分析法

层次分析法通过两两比较建立判断矩阵,从而得到层次中各个因素的相对重要性,是一种将人的主观判断用数量形式表达和处理的定量与定性相结合的方法。这种方法解决了长期以来决策者与决策分析者难以沟通的缺点,大大提高了决策的可靠性、有效性和可行性。

运用层次分析法进行风险评估的步骤见表1。

层次分析法步骤　　表1

步　骤	内　容
第一步	分析系统中各因素之间的关系,建立系统的递阶层次结构
第二步	对同一层次的各元素关于上一层次中某一准则的重要性进行两两比较,构造两两比较判断矩阵
第三步	由判断矩阵计算被比较元素对于该准则的相对权重
第四步	可计算底层元素对系统目标的合成权重,并进行排序得出影响度最大因素

2.1　构建递阶层次结构

将复杂的问题分解为多个元素,按照每个元素的属性不同把元素分成若干组,形成不同的层次结构。层次结构中,同一层次的元素以一定的准则对下一层次某些元素起支配作用的同时,还受上一层次结构中的元素支配。典型的层次结构如图2所示。

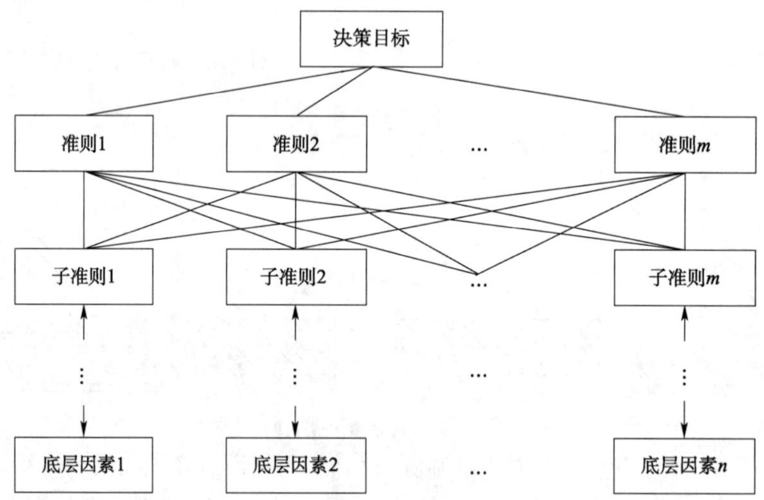

图2　递阶层次结构示意图

2.2　构造两两比较判断矩阵

2.2.1　确定比例标度

选用1～9之间的整数及其倒数作为比例标度,1～9标度含义见表2。

1～9 标度含义 表 2

标　　度	含　　义
1	表示两个元素相比，具有同样重要性
3	表示两个元素相比，前者比后者稍重要
5	表示两个元素相比，前者比后者强烈重要
7	表示两个元素相比，前者比后者强烈重要
9	表示两个元素相比，前者比后者极端重要
2,4,6,8	表示上述相邻判断的中间值
倒数	若元素 i 与元素 j 的重要性之比为 a_{ij}，那么元素 j 与元素 i 的重要性之比为 $a_{ji}=1/a_{ij}$

2.2.2 构造比较判断矩阵

以上一层元素 C 为准则，其所支配的下一层的元素为 $u_1,u_2,\cdots,u_n$。根据两个元素 u_i 与 u_j 对于准则 C 的重要性程度，按照 1～9 比例标度对重要性之比赋值。针对准则 C，n 个被比较的元素形成了一个 n 阶的两两比较判断矩阵：

$$\mathbf{A}=(a_{ij})_{n\times n} \tag{1}$$

式中：a_{ij}—— u_i 和 u_j 对于 C 的重要性的比例标度。

2.2.3 计算单一准则下元素的相对权重

根据构造的判断矩阵 **A**，求出它们对于准则 C 的相对权重 $w_1,w_2,\cdots,w_n$。本文选用根法作为权重计算方法。将 **A** 的各个列向量采用几何平均，然后归一化，得到的列向量就是权重向量。其公式为：

$$w_i=\frac{\left(\prod_{j=1}^{n}a_{ij}\right)^{\frac{1}{n}}}{\sum_{k=1}^{n}\left(\prod_{j=1}^{n}a_{kj}\right)^{\frac{1}{n}}}\qquad(i=1,2,\cdots,n) \tag{2}$$

2.3 判断矩阵一致性检验

为避免两两比较结果产生相互矛盾，保证层次分析法计算结果有意义，需对判断矩阵进行一致性检验，具体检验步骤如下。

首先，计算一致性指标 C.I.：

$$\text{C.I.}=\frac{\lambda_{\max}-n}{n-1} \tag{3}$$

式中：$\lambda_{\max}$——最大特征值。

其次，计算一致性比例 C.R.：

$$\text{C.R.}=\frac{\text{C.I.}}{\text{R.I.}} \tag{4}$$

式中：R.I.——平均随机一致性指标，查表 3 可得。

不同矩阵阶数下的平均一致性指标值 表 3

矩阵阶数	1	2	3	4	5	6	7	8	9	10	11	12	13
R.I.	0	0	0.52	0.89	1.12	1.26	1.36	1.41	1.46	1.49	1.52	1.54	1.56

一般认为，C.R. <0.1 时判断矩阵的一致性是可接受的，层次分析法计算结果是有效的，否则计算结果无效。

3 超限盾构隧道暗挖改造风险分析

本节基于层次分析法,对地铁超限盾构隧道暗挖改造过程进行风险评估。

3.1 建立多级递阶结构

充分考虑超限盾构隧道改造过程中的各种困难点,同时综合以往工程经验、专家调查等方法,找出对本工程影响比较严重的主要风险点,建立如图 3 所示的三级递阶结构。

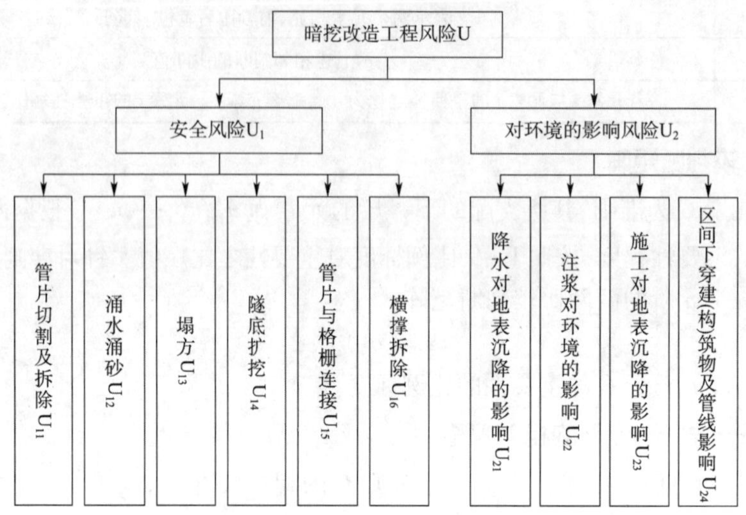

图 3 暗挖隧道改造工程三级递阶结构

3.2 构造判断矩阵、计算权重及检验

根据图 3 建立的地铁超限暗挖隧道改造工程指标体系判断矩阵的构造,并进一步进行权重计算和一致性检验,具体计算结构见表 4、表 5。

判断矩阵 $U_1 \sim U_{1i}$ 单层排序权重计算及一致性检验表 表 4

U_1	U_{11}	U_{12}	U_{13}	U_{14}	U_{15}	U_{16}	W_i	一致性检验
U_{11}	1.00	3.00	1.00	1.50	1.50	2.00	0.246	$\lambda_{max}=6.19$ C. R. $=0.0306<0.1$ 一致
U_{12}	0.33	1.00	1.13	0.50	0.40	0.67	0.097	
U_{13}	1.00	0.89	1.00	1.50	1.50	2.00	0.201	
U_{14}	0.67	2.00	0.67	1.00	1.00	1.33	0.164	
U_{15}	0.67	2.50	0.67	1.00	1.00	1.33	0.170	
U_{16}	0.50	1.50	0.50	0.75	0.75	1.00	0.123	

判断矩阵 $U_2 \sim U_{2i}$ 单层排序权重计算及一致性检验表 表 5

U_2	U_{21}	U_{22}	U_{23}	U_{24}	W_i	一致性检验
U_{21}	1.00	1.00	0.33	0.50	0.143	$\lambda_{max}=4.04$ C. R. $=0.0116<0.1$ 一致
U_{22}	1.00	1.00	0.33	0.50	0.143	
U_{23}	3.00	3.00	1.00	1.50	0.429	
U_{24}	2.00	2.00	0.67	1.00	0.286	

根据表 4、表 5 计算可知:本工程中,在安全风险方面,管片切割及拆除的风险最大,塌方、管片与格栅的连接以及隧底扩挖风险也较大;在对周边环境的影响方面,需重点关注工程实施

过程中,地表沉降及周边建(构)筑物和管线的不均匀沉降风险。

4 风险控制措施

基于上述风险评估,针对主要风险源,提出了具体的应对措施,以保证本工程安全顺利进行。主要工程措施包括以下几项。

4.1 管片切割及拆除

本超限隧道暗挖改造段管片拆除遵循“先加固,后拆除;边拆除,边支护”的原则进行设计。施工前先进行施工降水、径向注浆(注浆管端部设置垫板)、打设管片锁脚锚管等,以便改善地层条件,保护非拆除管片。对于全拆段,还需先打设双排超前小导管并注浆后,方可进行管片拆除施工。对于局部保留段管片,施工时应根据实际情况充分利用既有管片拼接接缝,确定管片保留范围,减少切割线,保证管片的整体性,保留管片以不侵入暗挖隧道二次衬砌结构为原则。

开始施工时,每次拆除管片尺寸不得大于0.75m×2m。对于全拆段,拱部不得大于0.75m×1.5m,以避免因管片背后的附着力太大导致地层塌方。

保留段管片上架设的I18型钢支撑水平间距按1m设置,施工后可根据现场监测情况进行调整,但需经参建各方确认。

1~15环为非改造段盾构区间,需提前对管片采取纵向拉结措施,避免出现因改造段施工导致该段管片松弛变形、环缝增大、渗漏水等情况。

4.2 既有管片与格栅钢筋连接

局部保留段既有管片与格栅钢架通过L125×80×10角钢及M24螺栓连接,连接质量需满足相关规范要求。

4.3 区间下穿建筑物及管线

本暗挖改造段在GYDK25+544.5~GYDK25+592.727范围内下穿华油集团供应站腾龙公司一层办公楼及车间,该办公楼及车间为扩大基础。

施工前需对地面影响范围内建筑物进行详细调查,对其基础、结构状况进一步核实,对其倾斜、裂缝等状态进行详细记录。现场加强监控量测,当建筑物的沉降超过监控量测警戒值(警戒值按照控制值的80%取值)时,各参建方现场分析判断后,对建筑物基础进行单排袖阀管跟踪注浆加固。

燃气管线根据监测情况确定其加固措施,若管线沉降达到警戒值,需立即分析管线沉降的原因,挖开下陷段燃气管道,清除周边覆土,对燃气管两侧设置砖砌挡墙,管道周边采用填砂处理,恢复管道到初始标高;同时加强隧道洞内的支护参数,确保燃气管线的安全。

4.4 施工监测

本段隧道采用信息化设计和施工,施工中应重视和加强监控量测工作,把监控量测工作贯穿于施工过程的始终,并应及时反馈信息,以指导设计和施工,确保隧道结构施工安全、经济。

开始进行管片拆除施工时,应适当缩小测点布置间距,增加测量频率。拱顶下沉、洞内收敛两项目,在开始拆除起点处前后5环管片每环均应布置。

5 结论

(1)结合超限盾构隧道改造工程特点,从安全和对环境的影响两方面提出本工程主要风险因素,其中安全风险主要包括管片切割及拆除、涌水涌砂、塌方、隧底扩挖、管片与格栅连接、横撑拆除等;环境影响风险包括施工、降水对地表沉降的影响,区间下穿对建(构)筑物及管线的影响,注浆对环境的影响等,并在此基础上建立了三级指标体系。

(2)基于层次分析法,对本工程进行风险评估,在此基础上提出管片切割及拆除、涌水涌砂、管片与格栅连接、施工对地表沉降的影响以及区间下穿对建(构)筑物及管线的影响等因素会对本工程产生重大影响。

(3)根据风险评估结果,针对各主要风险因素,提出相应的工程措施,保证工程安全。

(4)本方案经反复研究、多方论证,最终顺利实施,施工过程安全可控。洞内、洞外监测结果表明,各沉降及变形指标均在允许值范围内,充分证明对其进行的风险评估是准确的,措施是得当的。

参考文献

[1] 中华人民共和国建设部. 地铁及地下工程建设风险管理指南[M]. 北京:中国建筑工业出版社,2007.

[2] 赵焕臣. 层次分析法——一种简易的新决策方法[M]. 北京:科学出版社,1986.

[3] 王莲芬,许树柏. 层次分析法引论[M]. 北京:中国人民大学出版社,1990.

[4] 许树柏. 实用决策方法——层次分析法原理[M]. 天津:天津大学出版社,1988.

[5] 程远,刘志彬,刘松玉,等. 基于层次分析法的大跨浅埋公路隧道施工风险识别[J]. 岩土工程学报,2011(S1):198-202.

双线隧道近似椭圆断面盾构的研制

石元奇

（上海隧道工程股份有限公司　上海　200232）

摘　要：结合中心城区狭小地下空间的建设需求，根据隧道施工断面形状自主研发设计了11.83m×7.267m 地铁双线隧道近似椭圆断面盾构。该近似椭圆断面盾构结构尺寸远超同类设备，具有刀盘布置方式为两个同一工作平面相交 X 形大刀盘＋中心偏心多轴刀盘组合式全断面切削、带立柱拼装功能的多自由度异型盾构管片拼装系统等特点。

关键词：近似椭圆断面盾构；全断面切削；异型管片；拼装

1　引言

随着城市地下空间的逐步开发，可利用的地下空间已越来越少，特别是在城市核心区域，这种问题尤为突出。因此，迫切需要寻求能有效节约城市地下空间的开发手段。在城市核心区和旧城区进行地下空间开发，由于施工而引发对周围环境的影响已成为亟待解决的社会问题，因此，研究对周围环境影响小的地下空间开发手段是城市建设发展的趋势。

通常两单圆盾构地铁隧道外边线间的距离为 18～19m，距道路两侧建筑物已很近，为减小盾构施工对周边建（构）筑物的影响，应尽量加大隧道至建（构）筑物的距离，而通常的单圆盾构由于施工工艺的限制，减小隧道外边线间的距离较有限，因此需要研制出一种双线轨交异型盾构以减小隧道外边线的距离。

盾构法隧道绝大多数为圆形，其衬砌结构受力均匀、内力较小，圆形盾构机开挖面较矩形易于实现全面切削，拼装施工工艺相对矩形简便，因此，几乎所有的盾构隧道均采用圆形断面形式。但圆形盾构在具备施工优势的同时也有其相应的使用缺陷，即空间利用率不高。而近似椭圆断面盾构具有断面利用率大、覆土浅、施工成本低、结构受力较好等优点，是用于城市交通人行地道、地下共同沟、地铁隧道施工的新颖地下施工装备，其设计制造及施工技术可直接为工程建设的需求服务，具有广泛的应用前景。

2　近似椭圆断面盾构的适应性

该近似椭圆断面盾构主要适用地层为黏土、砂土、粉质黏土；适用埋深：顶覆土 2～25m；最小转弯半径：水平转弯 350m。

如图 1 所示为近似椭圆断面隧道管片分块示意图。

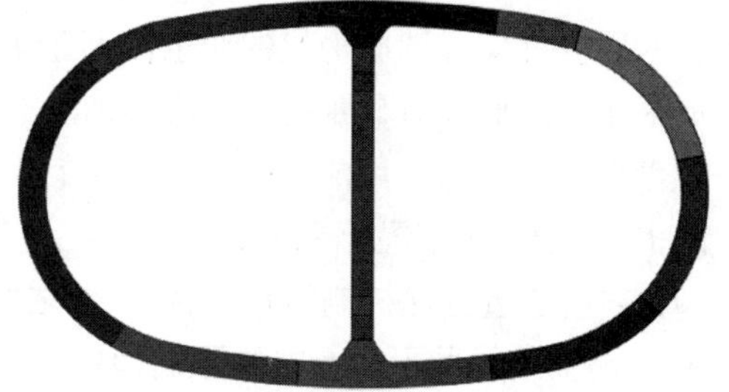

图 1　近似椭圆断面隧道管片分块示意图

该近似椭圆断面隧道尺寸为 11500mm ×

作者简介：石元奇（1966—），男，本科，高级工程师，上海隧道工程股份有限公司技术中心副总工。主要从事盾构机设备的设计及研究。Email：13601764169@139.com。

6937mm，由2段 $R=15450$mm 和2段 $R=3200$mm 共4段圆弧组成，宽度为1200mm，管片分块9+1（封顶块）+1（中间立柱），长宽比1.66，需研制一台11.83m×7.267m地铁双线近似椭圆断面盾构。

3 11.83m×7.267m 双线隧道近似椭圆断面盾构总体概述

11.83m×7.267m双线隧道近似椭圆断面盾构各部件分别是：2个 ϕ6730mm 圆刀盘+1个偏心刀盘系统、壳体系统、2个大刀盘驱动+4个偏心刀盘驱动系统、2套 ϕ630mm 螺旋机出土系统、推进系统、2套拼装系统、铰接系统、液压系统、辅助系统（包括同步注浆、集中润滑、冷却、盾尾密封等）、2套皮带输送机、2套车架、电气系统等，如图2所示。

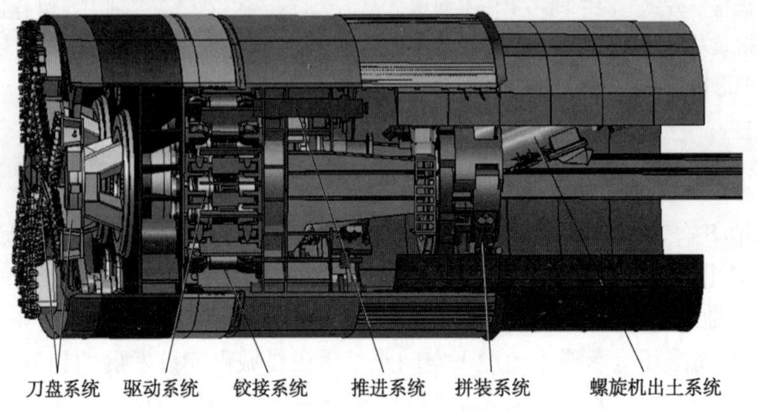

图2 近似椭圆盾构总体

主机正前方是大刀盘和偏心刀盘，刀盘后端通过牛腿连接刀盘驱动，驱动后端安装有变频电动机驱动，刀盘驱动安装在前壳体中。壳体分前壳体和后壳体，两者之间通过铰接油缸相连，铰接油缸均布在壳体的四周，还有2个出土螺旋机，螺旋机前端以法兰面与前壳体连接固定，带铰接装置，能随盾构转向而随动；在后壳体中安装有推进系统，以及由2个拼装机组成的拼装系统和由2道钢丝刷、1道钢板刷组成的盾尾密封系统。

4 各主要部件性能描述分析

4.1 异型多刀盘全断面切削系统

因为近似椭圆盾构机的切削断面是近似矩形的椭圆，为保证全断面切削，采用了2个X形辐条式圆形大刀盘+一个偏心多轴驱动仿形刀盘（简称偏心刀盘）的组合切削形式。2个大刀盘在矩形盾构机最前端同一水平面上左右分布，偏心多轴仿形刀盘位于矩形盾构机切削面的中央位置，交错置于2个大刀盘之后。2个大刀盘的中心距小于大刀盘半径之和，相位差90°布置，通过程序控制刀盘的转速，使之保持同步，并保证2个圆形刀盘不发生碰撞。由此2个X形辐条式圆形刀盘在矩形断面中切削最大面积，偏心多轴驱动的仿形刀盘弥补大刀盘未能切削部分，从而实现全断面切削。如图3、图4所示。

4.1.1 大刀盘

X形大刀盘采用辐条式结构，共由4根辐条及环板组成，切削刀具主要安装在辐条上，从内向外依次是中心刀、切削刀、先行刀和周边刀。中心刀位于刀盘中心，切削刀位于辐条两侧，是承担主要切削任务的刀具，数量最多；先行刀安装于辐条中央，高于切削刀，刀盘运转时，由先行刀先将土体搅松,随后由切削刀切削;周边刀安装在刀盘外圈环板表面,用于切削刀盘边缘土体,减小边缘土体对外环板的磨损。

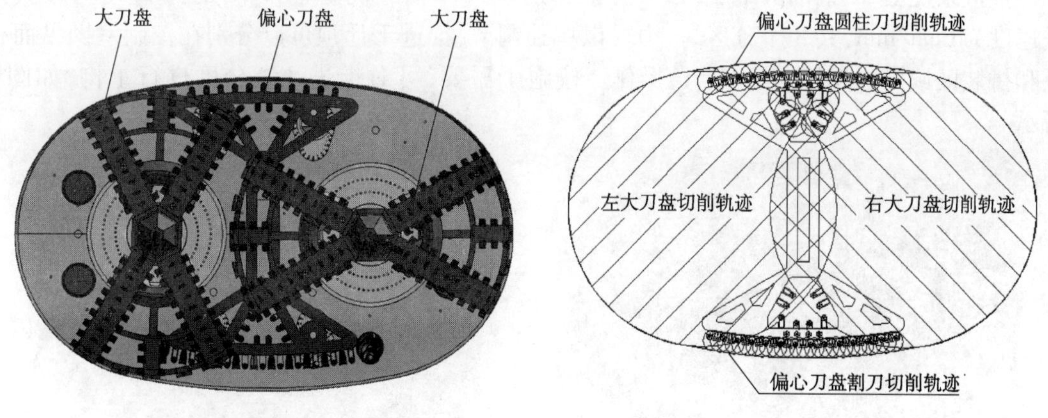

图3 近似椭圆断面盾构刀盘布置

图4 刀盘全断面切削轨迹

4.1.2 偏心刀盘

偏心刀盘位于盾构的上下中间部分,对大刀盘切削不到的区域进行切削。因为切削断面是中心对称,1 个偏心刀盘由上下 2 块互成中心对称,形状相似,中间用连杆相连。

偏心刀盘由三部分组成:盘体结构、刀具、搅拌棒。盘体是刀盘的主结构,也是承受切削力及扭矩的受力部件,盘体正面及外侧面安装有切削刀,背面则与偏心驱动相连接。刀具有圆柱刀和割刀两种,圆柱刀主要布置在刀盘正面,在刀盘外侧,圆柱刀与割刀交错布置,可使刀具的切削轨迹尽量拟合壳体的外轮廓,减小切削死角。

4.2 近似椭圆断面盾构壳体

近似椭圆断面盾构壳体的钢结构是依据给定的土压、水压、动荷载和在运行时所产生的负载等条件而进行设计的,通过焊接成为一个整体钢结构,密封面和轴承座通过机械加工而成。所有的近似椭圆断面盾构运行所需的连接件及连接附件均集成布置在盾壳内。盾壳由前壳体、后壳体和盾尾组成。

前壳体胸板的上下左右位置装有土压传感器,用来测定土仓内的土压。另外,还有多个添加剂加注口,用来改善土仓内的土体流动性。胸板上设有若干固定搅拌棒,与偏心刀盘搅拌棒共同作用,防止土体在土仓中淤积。其中前壳体可在水平中线处分为上下两部分,分体处以法兰面螺栓连接,使用剪力销传递剪力,上下合并后,外侧接缝水密焊。

在壳体上预留有多个加注口,加注口主要用于向壳体外加注浆液,以防沉降、加固土体、止水、减摩等,所有孔口均配有球阀。

前、后壳体通过铰接油缸相连,铰接环部分设有 3 道密封圈 +1 道紧急密封 +1 道止浆钢板刷,3 道密封圈之间由集中润滑系统加注油脂,起到润滑和止水的效果,还有钢板刷密封和可更换紧急密封,起更好的密封保护作用。

盾尾与后壳体通过焊接连接,盾尾具有足够的长度满足开挖和衬砌管片安装的工作空间。盾尾壳体钢板内设有 32 根盾尾油脂管、16 根注浆管(8 用8 备)。盾尾尾部安装2 道钢丝刷 +1 道钢板刷 +1 道反向阻浆板。施工时,通过盾尾油脂压注系统向管片和密封刷之间充填油脂来保证密封效果和减少摩擦力,通过注浆管路压入浆液,充填土体与管片圆环间的建筑间隙,防止漏水和地面沉降。

4.3 可重构分区推进系统

推进系统由 32 根油缸组成,最大总推力达 84800kN,平均每平方米推力 1150kN,最大推进速度为 6cm/min,共 8 个分区,推力可以单独调节,推进千斤顶可以分别在控制室操纵面板上和拼装区域操作箱面板上编组、操作。按施工需要,可对推进油缸分区进行重构,如图 5 所示。

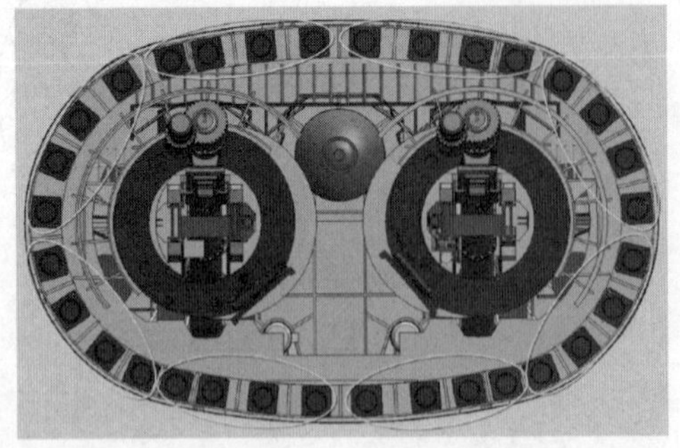

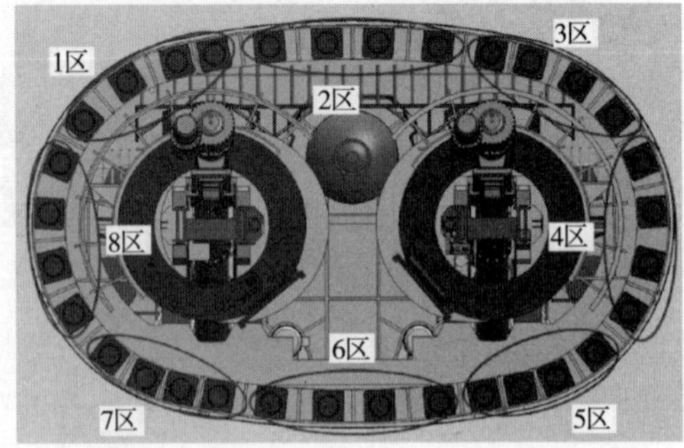

图5 可重构分区推进系统

推进系统油缸采用比例泵供油,用手动调节钮来设定推进速度值,通过对比例泵从零排量到全排量的控制实现推进速度的无级调速。全部推进油缸可单独伸缩,并具有快速回缩功能。

4.4 铰接装置

为了确保隧道曲线段的施工,近似椭圆断面盾构设计成铰接式。采用主动铰接方式,前壳体偏转后,可以在减少推进过程中土体超挖的同时产生推进分力,以易于盾构转弯,同时铰接仍可保证盾构后壳体与管片的同轴度。这样,一方面,可保护盾尾刷;另一方面,可防止盾构主体挤压管片,致使管片碎裂损坏。

铰接系统采用 28 只铰接油缸,转动角度:上下 ±1.5°、左右 ±1.1°。其中 14 个铰接油缸上设有行程传感器,以检测铰接油缸的行程。

采用可更换铰接密封装置,在 3 道齿型密封后,增加可更换铰接密封装置,其调节功能可满足不同间隙的密封要求,损坏可更换,可及时防止浆液渗漏等情况发生,如图 6 所示。

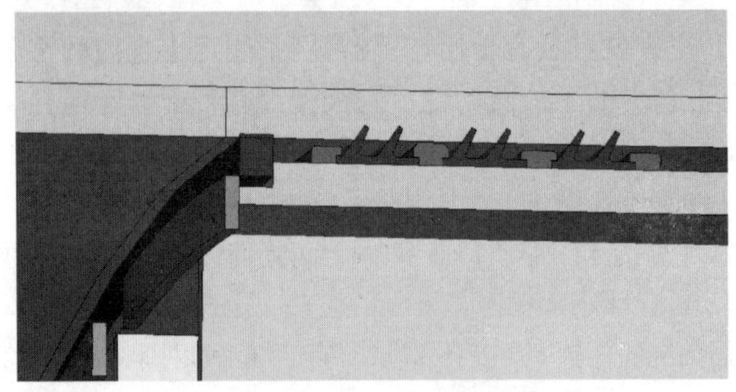

图6 可更换铰接密封装置

4.5 可随动螺旋机装置

左右对称布置的 2 台螺旋输送机采用径向出土形式,在螺旋机出土口安装滑动闸板门,为了防止供电系统故障等紧急情况下的泥水倒灌,系统设有应急储能器,作为紧急关闭闸门的动力源。

该螺旋机没有采用常规的拉杆悬挂式结构,而是利用球铰的方式将其固定于前槽体和拼装平台上，当壳体进行铰接时，螺旋机可以跟着铰接随动，满足盾构姿态控制需求，如图7所示。

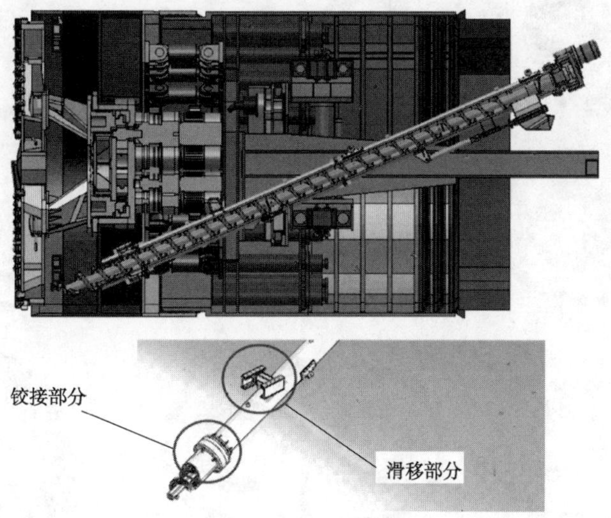

图7 铰接式随动螺旋机

4.6 带立柱拼装功能的多自由度近似断面椭圆盾构管片拼装系统

管片拼装机的作用是将管片在隧道内按设计要求拼装成环。在管片拼装过程中，拼装机抓取管片，其盘体可以按顺时针或逆时针方向旋转，钳体可进行径向提升、轴向平移、3个微调动作，将管片调整到最佳位置进行拼装，如图8所示。

图8 管片拼装系统

双并联式机械手联动管片拼装系统采用2台中空轴式回转拼装机，由回转系统、平移系统、摆动机械臂系统、机械手系统以及管片夹取装置组成。2台拼装机既可以同时独立运行，也可以协同工作，从而大大提高管片拼装效率。通过拼装运动控制轨迹跟踪技术，实现流程自动化、拼装微调化，进行协同作业，完成超长中立柱管片的拼装。管片拼装顺序如图9所示。

拼装机的回转机构采用液压驱动，无级调速；平移机构使整个拼装机通过滚轮可沿着支撑悬臂梁前后移动，使拼装机能移动到管片储存区域和插入封顶块，由2只平行油缸驱动。管片的提升由摆动机械臂系统和回转机构通过计算机程序控制组合完成，同时具有左右摆动、前后摆动机构（管片沿隧道纵向前后摆动），水平摆动机构（管片水平转动）可使中立柱实现90°旋转，从而实现中立柱的拼装。

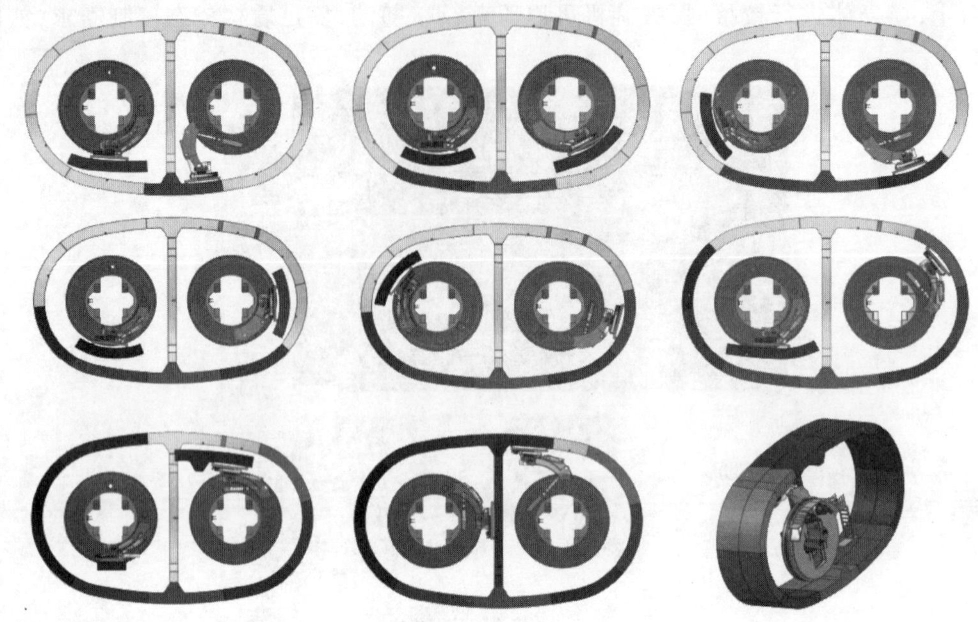

图 9 管片拼装顺序

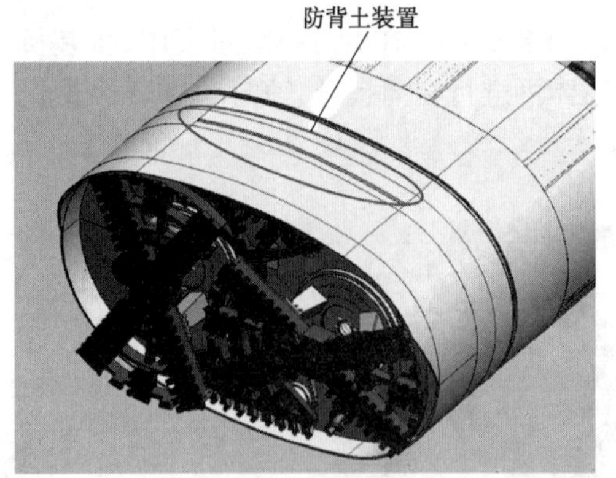

图 10 防背土装置

4.7 防背土装置

11.83m×7.267m 双线隧道近似椭圆断面盾构由于断面尺寸大,与传统的圆形盾构相比,壳体顶部的平面面积大,施工中容易造成背土,从而造成地面沉降。为控制地面沉降,本次设计采取在前壳体顶部安装有压浆管,并开设压浆槽,使土体与壳体上平面之间形成一泥浆膜,以减少土体与壳体之间的摩擦力,防止背土现象的发生,如图 10 所示。

4.8 主要技术参数

11.83m×7.267m 双线隧道近似椭圆断面盾构主要技术参数见表 1。

11.83m×7.267m 双线隧道近似椭圆断面盾构主要技术参数 表 1

外形尺寸(mm)	11830×7267×65820
大刀盘驱动(2 套)	
转速(r/min)	0~1
额定扭矩(kN·m)	4448
脱困扭矩(kN·m)	5338
偏心刀盘驱动(4 套)	
转速(r/min)	0~2.2
额定扭矩(kN·m)	440
脱困扭矩(kN·m)	480

续上表

推进装置		
总推力(kN)		84800
最大推进速度(mm/min)		60
铰接装置		
上下纠偏角度(°)		±1.5
左右纠偏角度(°)		±1.1
最小转弯半径(m)		350
螺旋机(2 套)		
扭矩(kN·m)		100
最大出土量(m^3/h)		150
拼装系统(2 套)		
回转	转速(r/min)	0~1(可微调 0~0.2)
	扭矩(kN·m)	700
拼装参数	大臂摆动角度(°)	65
	机械手左右摆动角度(°)	70
	机械手前后摆动角度(°)	±2
	机械手水平摆动(°)	-2.5~+92.5

5 结语

11.83m×7.267m 双线隧道近似椭圆断面盾构在研制中应用了许多最前沿技术及创新,2 个同一平面相交 X 形大刀盘 + 中心偏心多轴刀盘的组合式布置技术,解决了以往矩形盾构切削断面存在盲区的问题,并在经济性、安全性方面都有明显的优势,可适用于多种异型断面盾构的全断面切削;带立柱拼装功能的多自由度矩形盾构管片拼装系统,通过复合运动实现多约束条件下拼装机最优轨迹规划和高精度、无碰撞轨迹跟踪技术,实现管片抓取至目标位置的自动化。

自主创新研制的 11.83m×7.267m 双线隧道近似椭圆断面盾构,掌握拥有自主知识产权的大型全断面切削矩形盾构掘进机总体设计技术和系统集成技术,并在核心关键技术上取得重大突破,提升我国装备制造业的自主创新能力与核心竞争力,为隧道掘进机产品系列化和产业化打下扎实基础。

参考文献

[1] 王伟钢. 矩形掘进机壳体设计分析[C]. 2013 中国盾构工程技术学术研讨会论文集,北京:人民交通出版社,2013.

超大断面矩形掘进机研究

石元奇

（上海隧道工程股份有限公司　上海　200232）

摘　要：为应对郑州市中心地下通道的建设需要，我们根据施工断面形状自主研发设计了10.4m×7.5m超大断面矩形掘进机。与普通圆形掘进机相比，该掘进机具有结构尺寸远超同类设备、刀盘布置方式为中心大刀盘+多个偏心多轴小刀盘组合式全断面切削等特点，设计难度高，技术达到了国内领先水平。本文就这台掘进机的系统结构，参照三维模型进行分析，对超大断面矩形掘进机的结构原理进行全面阐述。

关键词：超大断面；矩形掘进机；全断面切削；中继间

1　超大断面矩形掘进机综述

10.4m×7.5m矩形掘进机各部件可按位置区分为内、外两大部分，分别是外部可见的刀盘系统、壳体系统、中继间系统及后顶进系统，以及包括在内部的驱动系统、螺旋机出土系统、铰接系统、液压系统、密封油脂系统、电气系统及泥水系统。

如图1所示，将掘进机各部分作剖视，我们可以对它的整体结构有一个直观的了解。在机头正前方（图1中左端），是掘进机的大刀盘和偏心刀盘，刀盘后端通过牛腿连接着刀盘驱动，驱动后端安装有电动机；刀盘驱动安装在掘进机壳体中，壳体分为前、后壳体，前壳体顶部有一条弧形凹槽，是减摩泥浆加注槽；与前壳体紧连的是后壳体，两者之间通过铰接油缸相连接，铰接油缸每两根为一组，均布在壳体的四周；以上为掘进机的主机结构，在主机中，还有出土螺旋机，螺旋机前端以法兰面与前壳体连接固定，后端有一根拉杆将其与前壳体锚固；紧靠后壳体的纠偏中继间可以分成两部分——前端的过度管节结构和安装纠偏油缸的后端结构，前、后部分可以通过油缸在小角度范围做相对运动，来改变前、后部分的夹角，达到调整主机轴线与隧道轴线夹角的纠偏目的，紧靠纠偏中继间的是普通混凝土管节，根据推进距离的长度，在管节

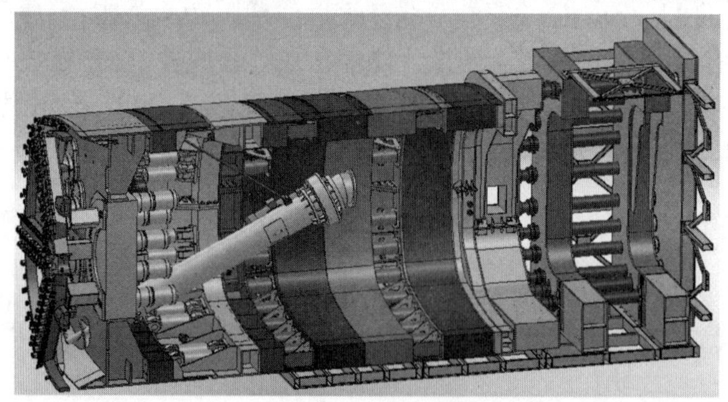

图1　10.4m×7.5m超大断面矩形掘进机

作者简介：石元奇（1966—），男，本科，高级工程师，上海隧道工程股份有限公司技术中心副总工。主要从事盾构机设备的设计及研究。Email：13601764169@139.com。

之中可根据需要放置顶进中继间，以起到长距离顶进时的接力作用；后端和底部的结构是后顶进装置，始终位于始发井，背靠井壁，为掘进机顶进提供顶进推力，顶进力由顶进油缸提供。

掘进机的主要结构大致如上所述。其中，密封油脂系统、液压系统、土体改良和注浆系统、电气系统等散布在顶管机及隧道中，在此不一一表述，以下对各系统做详细分析说明。

2 主机结构分析

2.1 刀盘系统

因为矩形掘进机的切削断面是近似矩形的椭圆，为保证全断面切削，采用了中央大刀盘+四角偏心小刀盘的组合切削形式。因此，刀盘系统由1个大刀盘、4个小刀盘共5个部件组成，如图2所示。

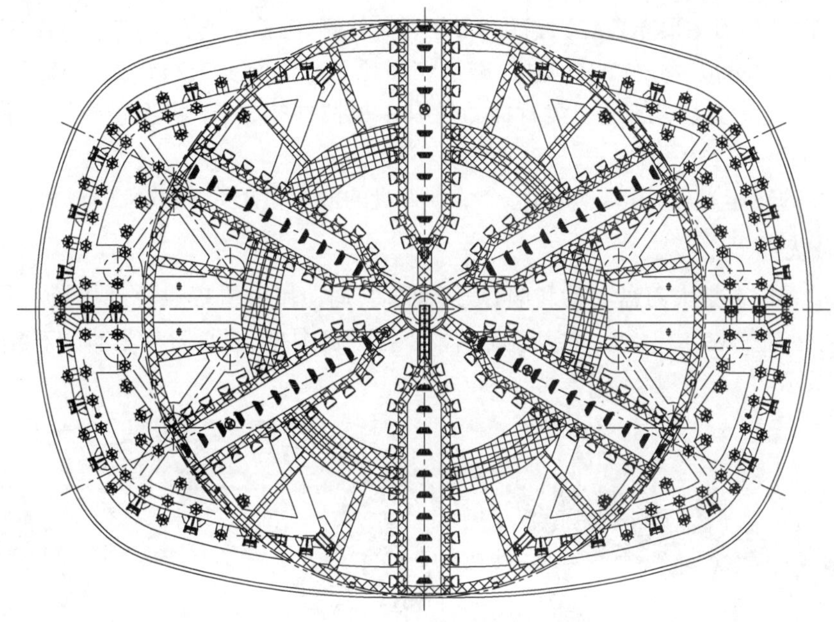

图2 刀盘系统正面布置图

2.1.1 大刀盘

大刀盘位于切削断面正中央、掘进机的最前端，其机构形式如图3所示。

刀盘采用辐条式结构，由均布的6根辐条及内外2圈环板组成，切削刀具主要安装在辐条上，从内向外依次是中心刀、切削刀、先行刀和周边刀。中心刀位于刀盘中心，整体呈斜长方形，中心高、外侧低；切削刀位于辐条两侧，是承担主要切削任务的刀具，数量最多；先行刀安装于辐条中央，高于切削刀，刀盘运转时，由先行刀先将土体搅松，随后切削刀负责切削；周边刀安装在刀盘外圈环板表面，用于切削刀盘边缘土体、减小边缘土体对外环板的磨损。

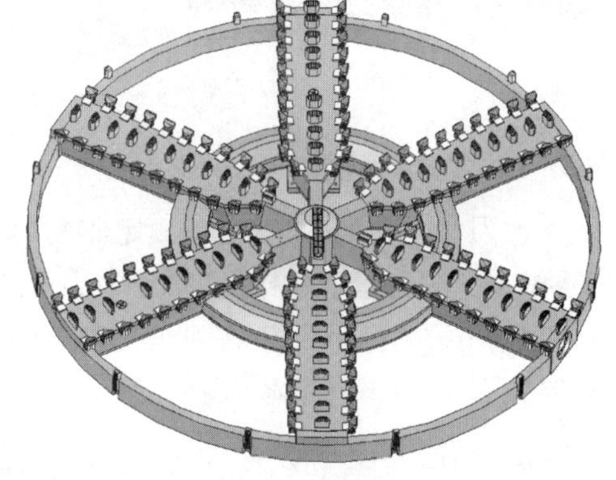

图3 大刀盘

刀盘牛腿安装在内圈环板的背面，刀盘的运转扭矩都是通过内圈环板来传递的，因此内圈环板的结构尺寸及强度都要远大于外圈环板,是大刀盘最重要的承力部件。内外圈环板将刀盘连成一个整体,大大提高了刀盘的刚度。

大刀盘额定转速为 0 ~ 0.94r/min,额定扭矩为 5620kN · m,最大扭矩为 6743kN · m,最大切削直径为 7550mm。

2.1.2 偏心刀盘

偏心刀盘位于顶管机的四角,负责对大刀盘切削不到的区域进行切削。因为切削断面是中心对称图形,所以四角的切削区域相等,4 个偏心刀盘互成中心对称,形状相似。以左上偏心刀盘举例说明,刀盘结构如图 4 所示。

偏心刀盘由三部分组成:盘体结构、刀具、搅拌棒。盘体是刀盘的主结构,也是承受切削力及扭矩的受力部件,盘体正面及外侧面安装有切削刀,背面则与偏心驱动相连接。刀具有圆柱刀和割刀两种,圆柱刀主要布置在刀盘正面,在刀盘外侧,圆柱刀与割刀交错布置,这是为了使刀具的切削轨迹尽量拟合壳体的外轮廓,减小切削死角。盘面上未布置刀具的区域在装配后位于大刀盘背面,不参与切削。刀盘背面布置有 4 根搅拌棒,用于将土仓中的切削土搅拌均匀,以便螺旋机出土。

偏心刀盘的转速为 0 ~ 2.2r/min,每个偏心刀盘的额定扭矩为 330kN · m。

2.2 驱动系统

刀盘驱动系统包括大刀盘驱动和偏心刀盘驱动,均使用电机提供驱动扭矩。共有大刀盘驱动 1 台、偏心刀盘驱动 12 台。大刀盘驱动位于掘进机中央,偏心刀盘驱动位于掘进机四角,分布如图 5 所示。

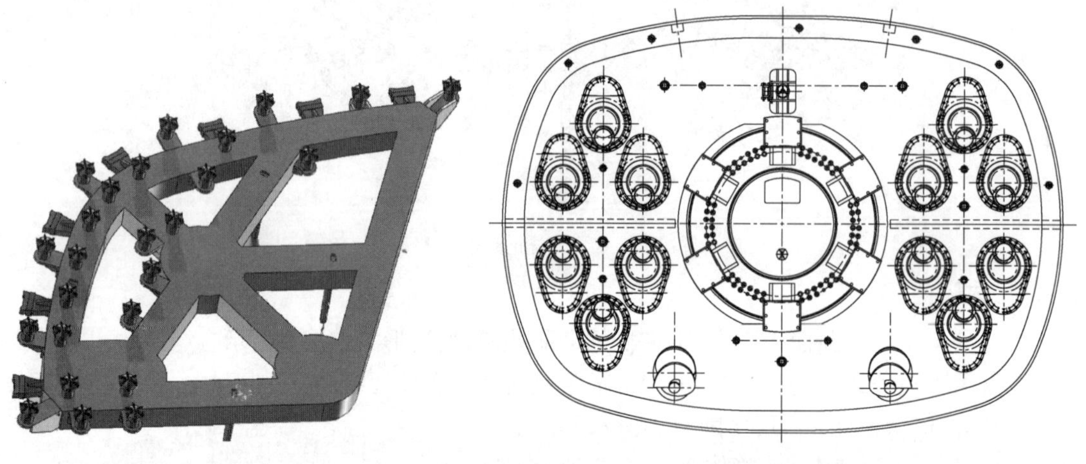

图 4 左上偏心刀盘　　　　图 5 驱动正面布置图

2.2.1 大刀盘驱动

大刀盘驱动如图 6 所示,额定驱动扭矩为 5620kN · m,由 10 台电机提供,每台电机功率为 55kW,电气总功率 550kW。驱动中心安装有中心回转装置,由内部管路连通大刀盘,管路出口在刀盘辐条的正面,用于在刀盘切削时向正面土体输送水和泡沫来改良土体。输送改良液的管路共有 4 路,2 路注水、2 路注泡沫,按改良面积的大小均布在大刀盘正面。

2.2.2 偏心刀盘驱动

偏心刀盘驱动如图 7 所示,每台的额定扭矩为 110kN · m,配 1 台电动机,电机功率为

37kW。偏心驱动的工作原理是:由电机驱动的小齿轮带动大齿轮,继而由大齿轮驱动偏心轴转动,偏心刀盘安装于偏心轴上,因此将随偏心轴一起做偏心旋转,旋转半径为250mm。每个偏心刀盘由3台偏心驱动带动,偏心驱动总数为12台。

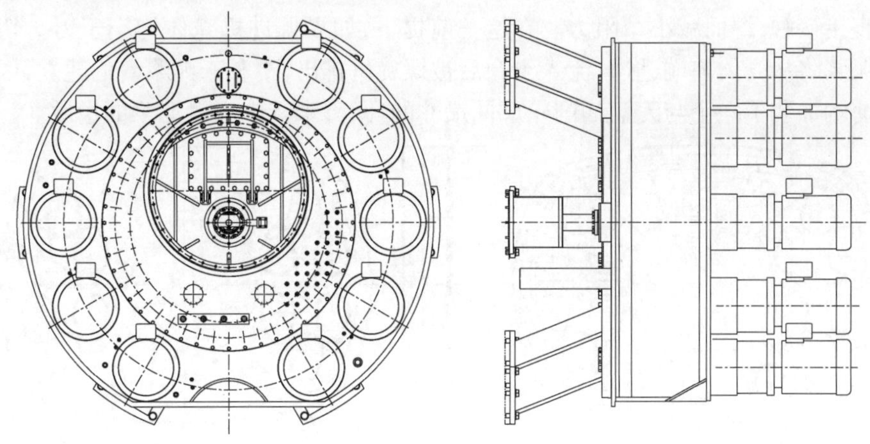

图6 大刀盘驱动

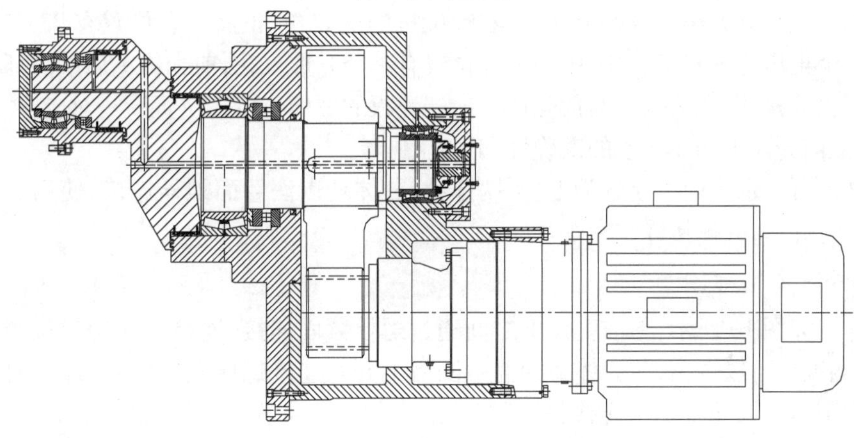

图7 偏心刀盘驱动

2.3 壳体系统

掘进机壳体如图8所示,可分为前壳体和后壳体,前、后壳体间以铰接系统相连接,前壳体又可分为前壳体1、前壳体2两部分,以螺栓连接。为便于运输,前壳体1、前壳体2及后壳体都可拆分为上、下两半,以减小单件运输尺寸及重量。

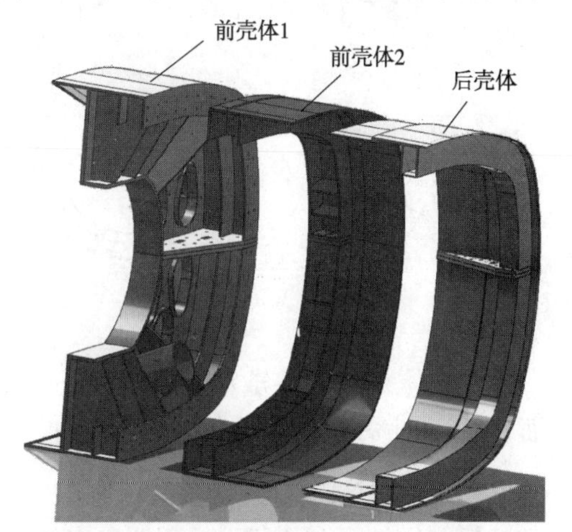

图8 壳体

图8中,每节壳体的中线区域可以看到上、下连接法兰,壳体可在法兰处拆分成上、下两部分,总装时,将法兰面对准后,以高强度螺栓连接,并配备有定位销和剪力销来定位及传递剪力,同时将外侧的连接缝隙以水密焊焊实,防止缝隙处渗水。

2.3.1 前壳体1

前壳体1如图9所示,有两个外包尺寸,分别是前端的10450mm×7550mm和后部的10430mm×

7530mm，壳体前端部分轴向长 200mm，在前、后段不同尺寸壳体的连接处是一个高差为 10mm 的台阶。这样设计的原因在于：为减小掘进机顶进时的土体摩阻力，必须使掘进机壳体略小于刀盘的切削轮廓，并在外壳体与土体之间的间隙中加注减摩泥浆，形成润滑泥浆套，避免壳体与土体的直接接触，继而减小摩阻力。在这一前提下，如果掘进机壳体均小于刀盘切削轮廓，那么润滑泥浆将从壳体前端逃逸，流入土仓后被螺旋机排出，不利于泥浆套的建立，因此，在前壳体的最前端加装了一个与刀盘切削轮廓同尺寸的环套，来减少润滑泥浆的逸散。

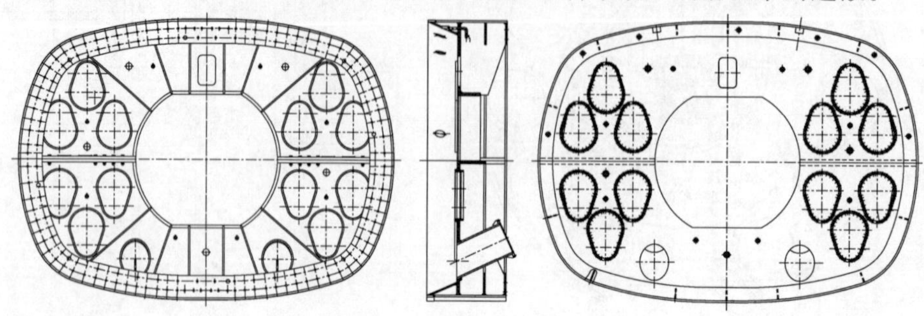

图9　前壳体 1 平面图

前壳体 1 上含有大小刀盘的驱动、左右螺旋机的安装孔，正面土仓位置有 23 个土体改良注水孔和 5 个土压传感器安装孔，中心上部位置有一个方形人孔，前壳体 1 后端的环板上有近似均布的螺栓连接孔，孔的位置与前壳体 2 前端环板的螺栓连接孔位置一一对应，并配置有定位销孔，保证前壳体 1 和 2 连接的准确性和稳定性。

前壳体 1 可在水平中线处分为上、下两部分，分体处以法兰面螺栓连接，使用剪力销传递剪力，上、下合并后，外侧接缝水密焊。

2.3.2　前壳体 2

前壳体 2 如图 10 所示，与前壳体 1 之间通过螺栓紧固连接，连接时使用定位销定位。由图 10 的右侧视图可以看出，前壳体 2 的前端圈板上开有连接螺栓孔，和前壳体 1 对应。前壳体 2 的后端圈板与铰接系统相连接，是铰接油缸座的安装位置，铰接油缸布置位置可见图 10 的左侧视图。前壳体 2 的顶部和底部都布置了注浆管，掘进机顶进时，由注浆管对外注浆，是掘进机最先形成润滑泥浆套的部位。

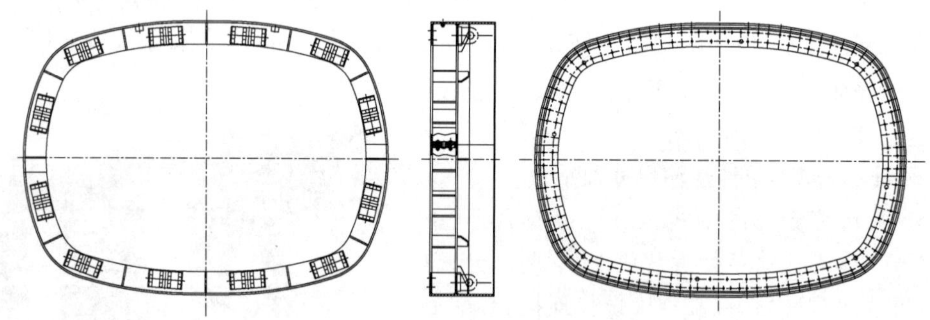

图10　前壳体 2 平面图

前壳体 2 同样可分为上、下两部分，因为和前壳体 1 相连，如果两者选定同一平面为分型面，则易产生叠加的水平剪力，因此对前壳体 1 和前壳体 2 错缝分型，避免法兰连接面相重合。

2.3.3　后壳体

后壳体如图 11 所示，是顶管机壳体的最后部分，它的前端通过铰接系统与前壳体相连，尾部则紧连纠偏中继间，承担着传递顶力、为铰接系统纠偏提供支点的作用。后壳体的前伸部分与前壳体2后端伸出部分彼此搭接，该处安装铰接系统中的铰接密封，并设有铰接密封油脂加脂孔和润滑泥浆加注管路，后壳体可在水平中线上分为上下两块。

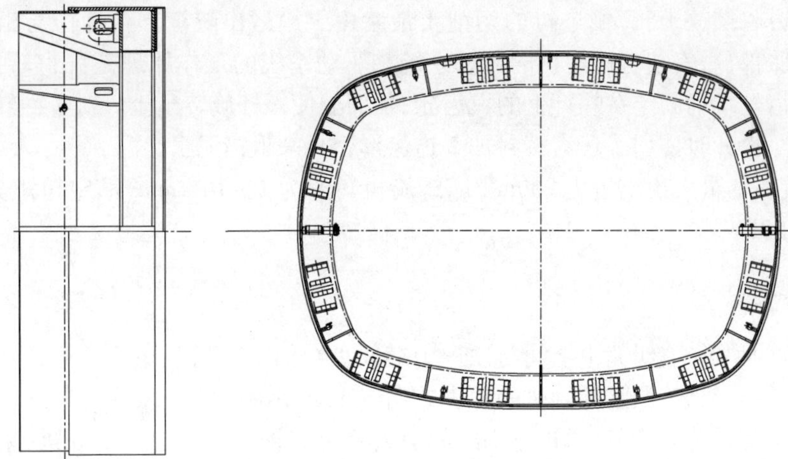

图11　后壳体平面图

2.4　铰接系统

铰接系统主要由两类组件组成：铰接油缸及油缸座、铰接密封圈及密封圈压板。如图12所示，左侧为前壳体2，右侧为后壳体，铰接油缸两端的油缸座分别与前后壳体相连接。在前后壳体的搭接处安装有3道齿形密封圈，用压板固定，以防止泥水倒灌，密封压板共有4道，其中，第二道压板高于其他压板，与前壳体尾板的间隙最小，当铰接油缸纠偏时，该道压板将起到定位支点的作用，以保证密封圈变形均匀，不会产生偏压。

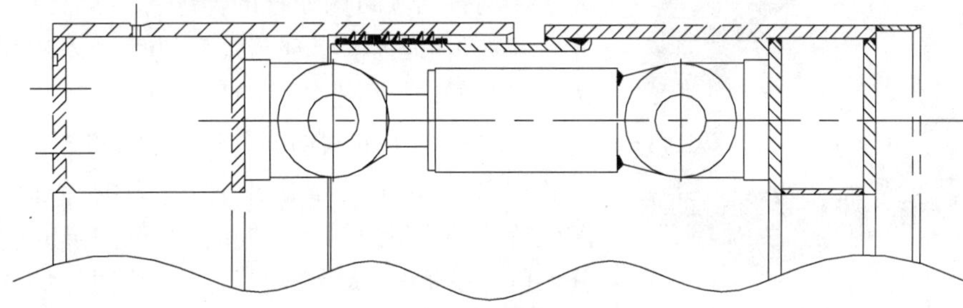

图12　铰接系统平面图

铰接系统共有24只铰接油缸，每只油缸推力为300t，总推力为7200t，油缸行程200mm，纠偏角度为上下1.7°、左右1°。

2.5　螺旋机出土系统

螺旋机出土系统由左右对称布置的两台螺旋机构成，相距4m。一台螺旋机主要由壳体、螺杆、出泥口与驱动系统组成，如图13所示。

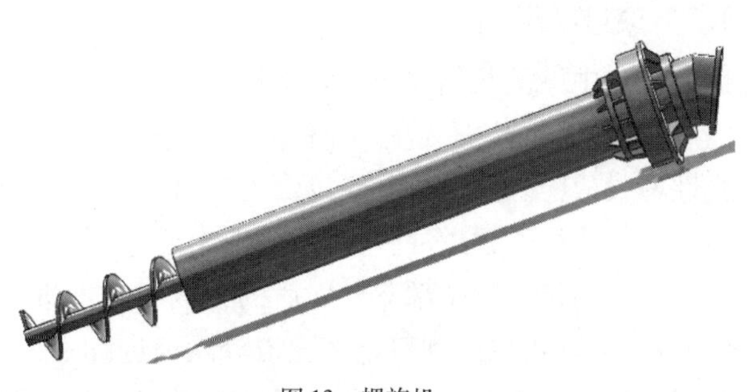

图13　螺旋机

壳体是螺旋机的基础结构，各部件均与壳体连接安装，同时壳体又与顶管机前壳体装配，起到定位装配与支撑承力的作用。螺杆就是螺旋机内部的螺旋回转结构，中心是传递扭矩的芯轴，环绕芯轴的是螺旋形的叶片，当螺杆旋转时，螺旋叶片不断压迫切削土，使其向螺杆的一端运动，泥土的输送方向与螺杆的旋转方向有关。出土口在螺旋机最尾端，由螺杆抽送上来的泥土经出土口排出，施工时，出土口下方将摆放土箱，掘进机的切削土最终由土箱运出隧道。在螺杆与出土口的连接端、壳体的膨胀部分，安装有螺旋机的驱动系统。驱动系统的工作原理是：由一台电机带动小齿轮，再以小齿轮带动固定在螺杆上的大齿轮，从而驱使螺杆旋转出土。对于回转结构与固定结构间的缝隙，设计时使用了迷宫密封加 2 道齿形密封来阻挡泥水渗漏。

每台螺旋机的最大出土量为 $260m^3/h$，螺旋机转速为 1 ~ 16r/min，额定扭矩为 65kN · m，电机功率为 132kW。

3 中继间系统

中继间有两种形式：纠偏中继间与顶进中继间。纠偏中继间紧靠后壳体，它的作用是：对顶管机的姿态进行纠偏，调整顶管机的顶进方向。顶进中继间是在顶管机顶进一段距离后使用的，它的前后都是普通管节，通过将中继间前的管节和掘进机一起向前顶进，来达到对顶推力进行接力的作用。

3.1 纠偏中继间

纠偏中继间由前、后两部分组成（图 14），前半部分类似于钢管节，紧靠后壳体，同时在其结构上设置了润滑泥浆套的注浆孔，顶部的弧形凹槽就是浆液槽，注浆时浆液从槽底注浆孔压出后先充满槽体，然后沿弧形面流出，形成均匀的液膜，达到减小土体与结构间摩擦阻力的作用。后半部分上安装有 30 个纠偏油缸，前后部分之间是连接，通过分别控制各区域纠偏油缸的伸缩量，可以调整前、后部分间的夹角，因为前半部与顶管机后壳体相固定，由此达到了对掘进机姿态纠偏的目的。

图 14　纠偏中继间

针对纠偏中继间前、后部分之间的连接，设计了 2 道密封圈，并在密封圈之间设置密封油脂加注管路，以保证持续补充密封油脂。同时，纠偏中继间的前、后部分均可上下拆分，大大减小了最小结构件的体积，为运输带来方便。

纠偏中继间每根油缸顶力为 250t，总顶力为 7500t，油缸行程为 200mm，纠偏角度为上下 1.2°、左右 0.8°。

3.2 顶进中继间

顶进中继间与纠偏中继间结构相近，分前、后两部分，但功能更简单一些，如图 15 所示。

当掘进机顶进一定距离时，随着隧道加长，向前顶进的管节不断增多，顶进摩擦阻力也会线性增长，甚至超过后顶力，以致掘进机无法正常推进，这时使用顶进中继间，可以起到分段接力顶进的作用。顶进油缸伸出，将前半部连同之前的顶管机及管节一起向前顶伸一定距离，再由后顶进系统将后半部分及之后的管节向前顶进，此时前半部分保持不动，油缸回缩，反复这样的操作，就可以达到对整个隧道分段顶进的目的。每根隧道顶进时需放置的顶进中继间数量根据隧道长度和顶力衰减速率判断，隧道越长，顶进中继间数量越多。

顶进中继间前、后部分同样均可上下拆分，以法兰螺栓连接，定位销定位，前、后之间的活动连接面布置有2道密封圈和相应的密封油脂加注管路。因为顶进中继间的油缸行程较长，因此前、后的连接面长度大于纠偏中继间连接面。顶级中继间每根油缸行程500mm，油缸顶力250t，共30根。

图15　顶进中继间

4　后顶进

后顶进位于隧道始发井中，为顶管机的顶进掘削提供顶推力，它由多个部分组成，从前向后依次为底座、顶环、U形铁、油缸支座、顶进油缸和钢后靠，如图16所示。

4.1　底座

底座如图17所示，是后顶进的基础结构，其他部件均是以底座进行定位装配的。它前后长12.5m，左右宽13m，可拆分为前、中、后三个部分。前底座和中底座上有摆放掘进机壳体和管片的斜面轨道；后底座表面为平面，用于安放油缸支座与顶进油缸。底座两侧布置有一些水平伸出的撑脚，伸出量可以通过螺纹调节，其作用是：在底座安放到位后，撑住始发井的内壁进行水平固定，保证整体结构的稳定性。

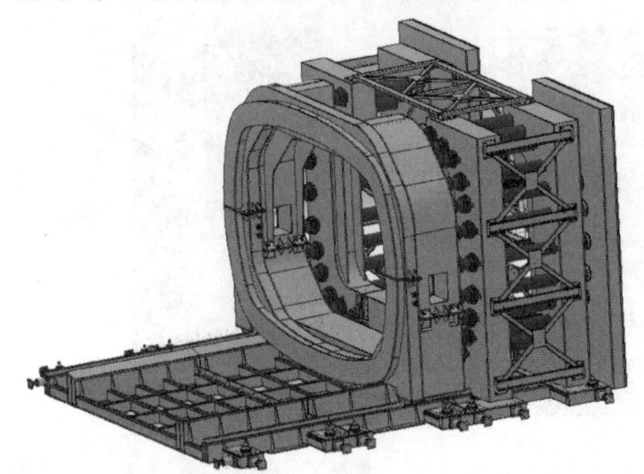

图16　后顶进

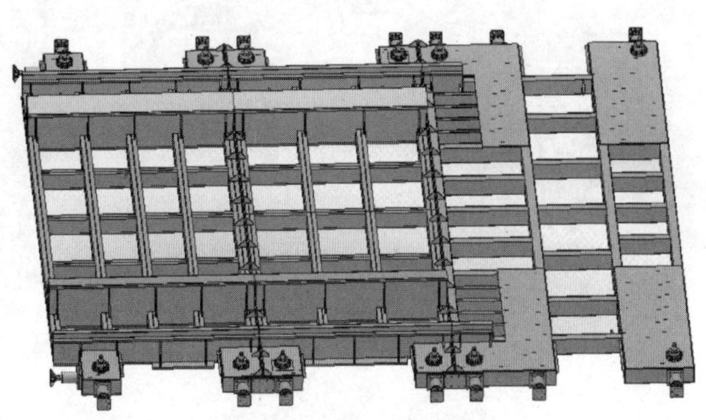

图17　后顶进底座

4.2　顶环与U形铁

顶环（图18）与U形铁（图19）是一个传递顶力的过渡结构，顶进油缸直接作用在U形铁上，通过U形铁将集中力分散到近似管节平面的环面上，将集中应力转换成面应力，可以使顶力分布均匀，避免局部应力过大，但是U形铁平面与管节尾部结构不匹配，因此在其与管节之间增加一个过渡的传力结构顶环，两者相结合，起到改善顶进应力分布、保持顶进平稳的作用。

4.3　油缸支座与顶进油缸

如图20所示，油缸支座用于定位安装顶进油缸，它具有前、后两个结构近似的方形框架，中间以交叉的槽钢连接固定，从前、后两处将顶进油缸托起定位。顶进油缸的排布是按照管节形状分布的，顶力作用在管节混凝土结构的中性线上，以保证受力均匀。在油缸支架的前、后结构之间安装有三层工作平台，可以让工人在平台上对不同高度的油缸进行维护和保养。

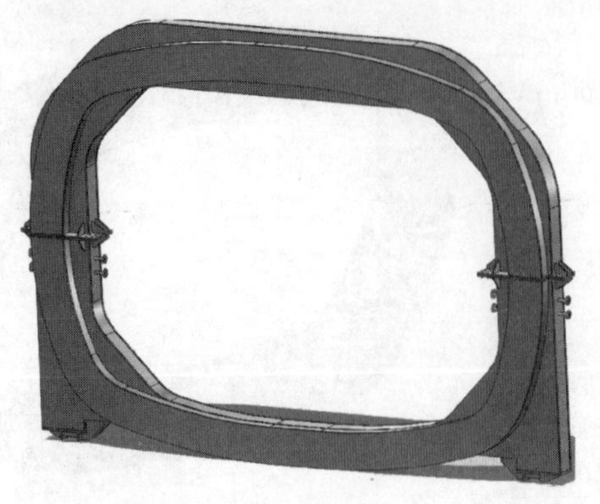

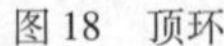

图 18　顶环

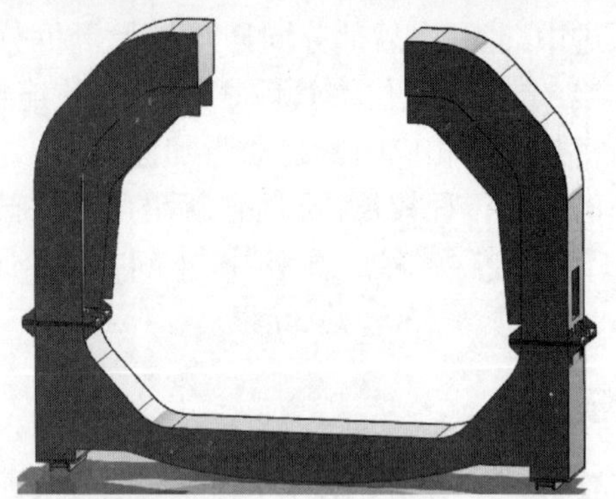

图 19　U 形铁

4.4　钢后靠

钢后靠如图 21 所示，位于后顶进的最末端，作用与 U 形铁类似。从外形上看，它是由两侧的大型扁箱体结构经交叉槽钢固定而成，一面背靠始发井槽壁，另一面与顶进油缸底座相连，当油缸顶伸时，顶进反力直接作用在钢后靠上，再经后靠将集中力分散后传递到始发井槽壁，两侧的箱体结构即为顶进油缸的分布区域，在内部与顶进油缸分布位置的对应处布置有传力筋板。

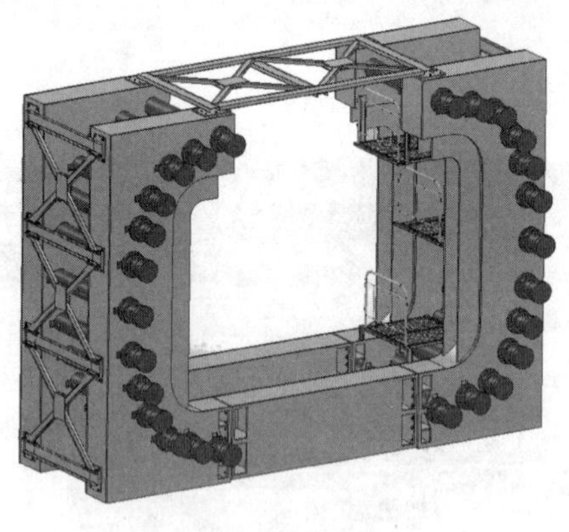

图 20　油缸支座与顶进油缸

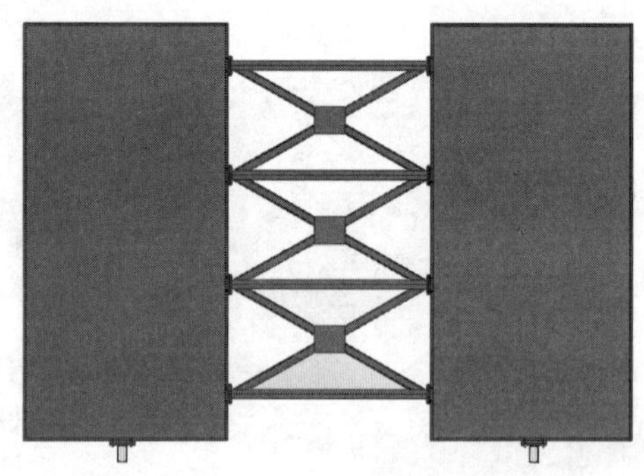

图 21　钢后靠

钢后靠的作用就是减小顶进反力的应力集中，保护始发井槽壁不被顶进反力挤压破坏，是一个分散应力的过渡结构。

5　辅助系统

5.1　液压系统

顶管机后顶进控制系统、纠偏控制系统和中继间控制系统都采用了比例液压控制技术，通过使用不同的比例液压泵或比例流量阀的调节作用实现对液压油缸的无级调速，并按照不同的土层条件和工况进行灵活加载控制。

5.1.1　顶进液压控制系统

顶进液压控制系统如图 22 所示，采用 26 只液压油缸（规格为 ϕ310/240-3050）加载，为顶管机及管节提供前进动力，每只油缸都可以实现单独伸缩控制。所有油缸可以提供额定顶力为 62800kN，最大顶力为 68690kN。系统采用恒压比例变量泵和比例调速阀对顶进速度进行控制。在非加固土层区域施工时,采用比例泵变量控制方式,此时 26 只油缸同时运动时最大顶进速度约为 40mm/min;在加固土层区域施工时,采用比例调速阀变量控制方式,26 只油缸同时运动时最大顶进速度约为 20mm/min。在回退工况下,26 只油缸同时回退时最大速度为 324mm/min,花费时间最快约为 9.5min。

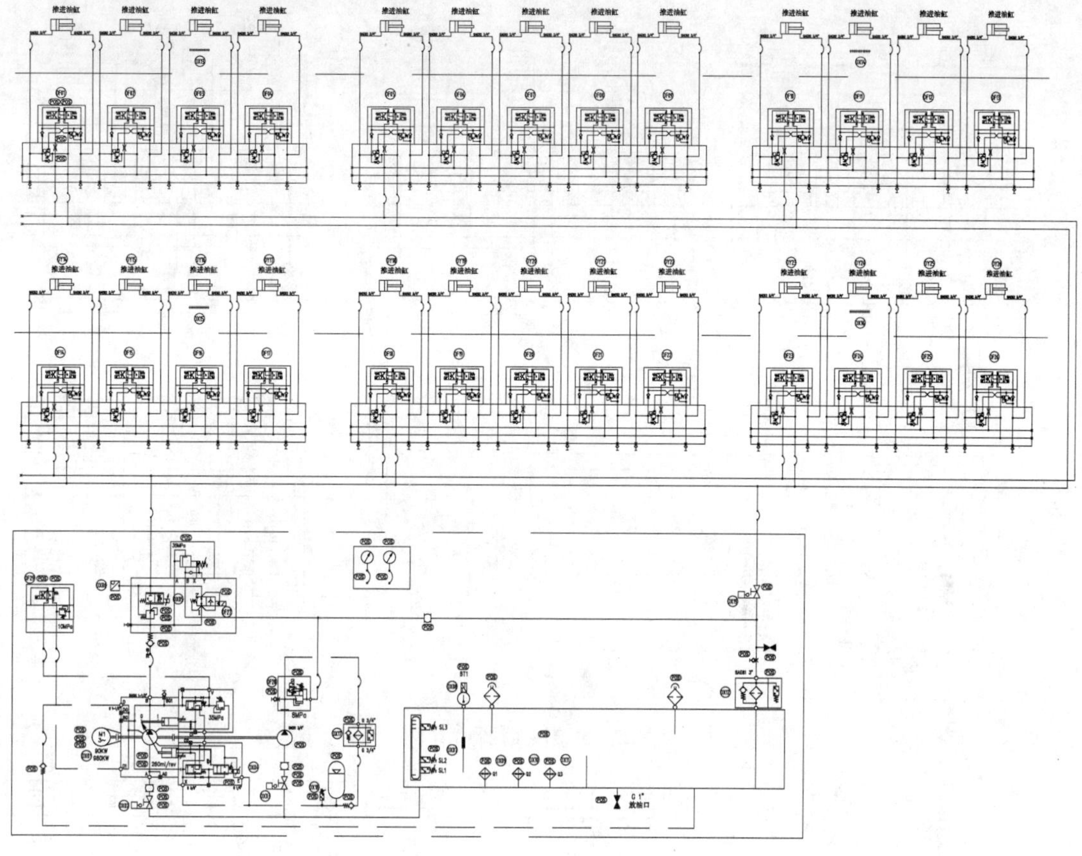

图 22　顶进液压控制系统

5.1.2　铰接及纠偏中继间液压控制系统

铰接液压控制系统如图 23 所示,采用 12 组液压油缸(规格为 ϕ330/200-200)加载,为顶管机前、后壳体提供纠偏时所需要的作用力,可以实现上、下、左、右、左上、左下、右上和右下 8 个方向的纠偏导向控制,12 组油缸同时伸出时最大速度为 18mm/min,回退时最大速度为 28mm/min。

纠偏中继间液压控制系统如图 24 所示,控制 30 只单作用液压油缸(规格为 ϕ330-200),从而达到对顶管机姿态纠偏效果,每只液压油缸都可以单独进行伸出操作,从而满足施工现场复杂工况下的顶管机纠偏作用,30 只油缸同时伸出时最大速度为 14mm/min。

铰接及纠偏中继间液压系统使用同一个液压泵站进行动力输出,在液压泵站中采用负载敏感比例液压泵实现对液压油缸的无级调速控制,在同一时间内,只能采用液压泵站为铰接及纠偏中继间液压系统的其中一个系统进行供油。

5.1.3　顶进中继间液压控制系统

顶进中继间液压控制系统如图 25 所示,是在顶进动力不足的情况下,通过同时对 30 只单作用液压油缸(规格为 ϕ330-500)进行加载实现对顶管机接力顶进。30 只油缸同时加载时提供的额定顶力为75000kN,最大顶力为82000kN。顶进中继间液压控制系统也采用负载敏感比例液压泵实现对液压油缸的无级调速控制,最大调节速度为20mm/min。由于顶进中继间液压系统采用的是单作用液压油缸对中继间进行顶进控制,因此,顶进中继间液压油缸的回缩动作只能借助后靠顶进作用力来实现,其回缩速度取决于顶进系统中的液压油缸伸出速度。

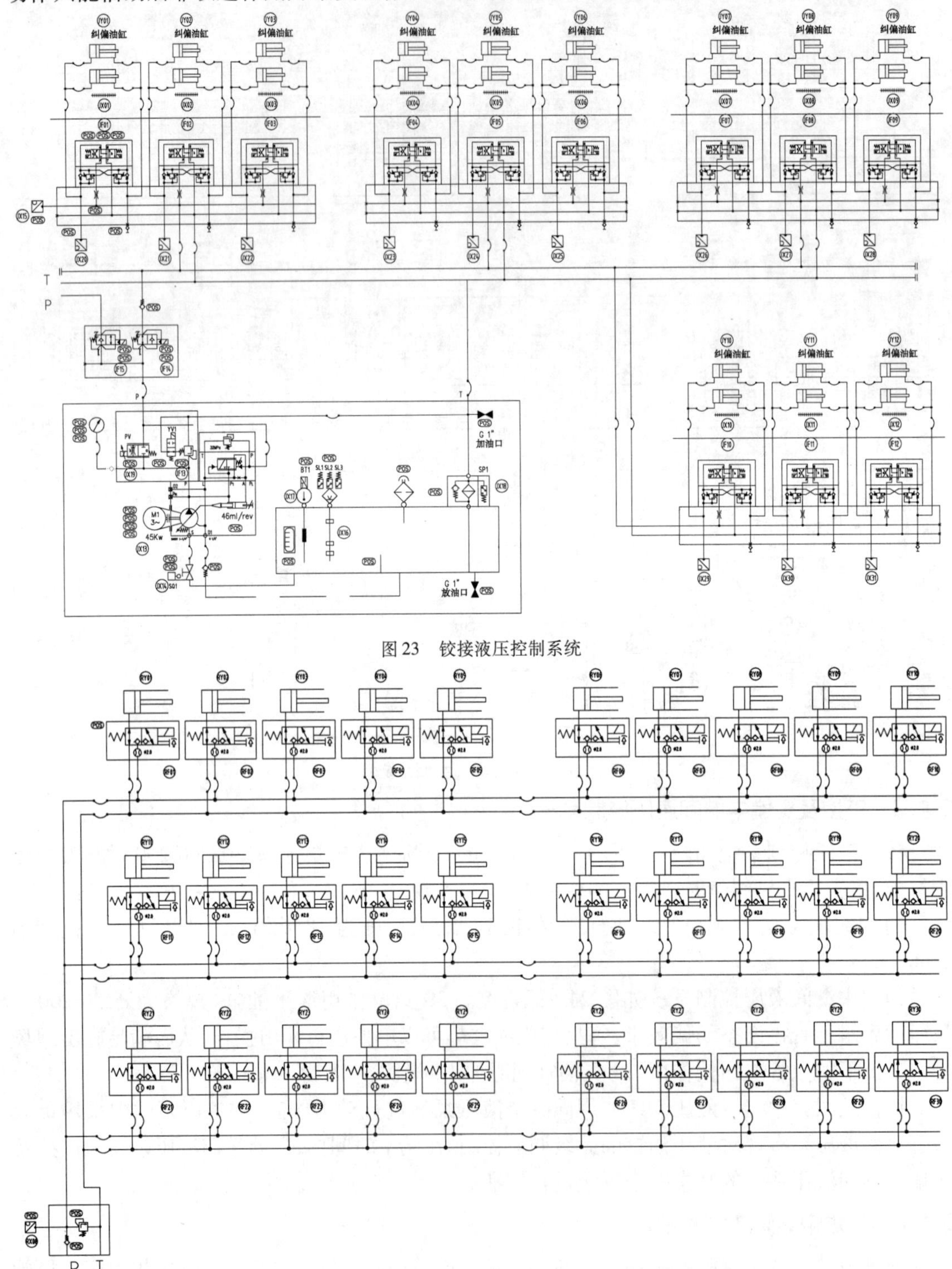

图23　铰接液压控制系统

图24　纠偏中继间液压控制系统

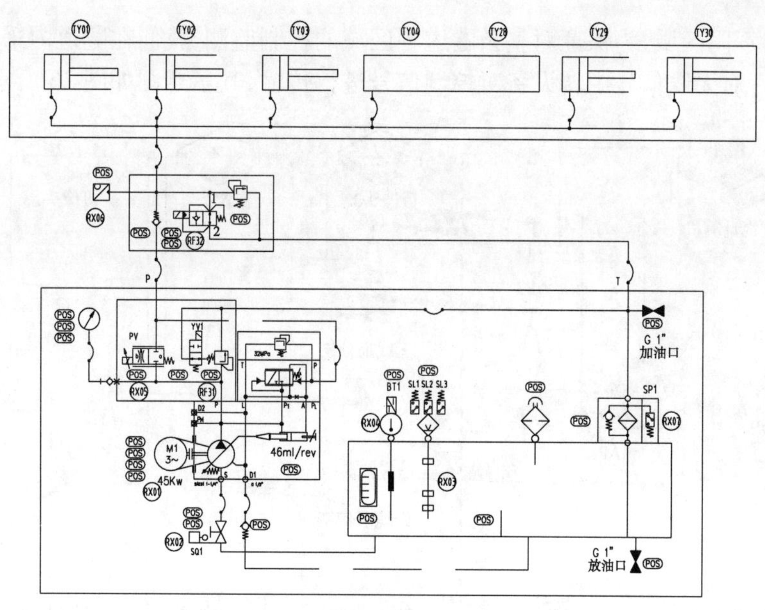

图25　顶进中继间液压控制系统

5.2　密封、润滑油脂系统

掘进机作为一个地下施工的大型机械设备，密封与润滑是其必不可少的组成因素。

大、小刀盘在驱动使用时，一部分处于土仓中，另一部分处于顶管机内部，为隔绝外部泥水在驱动运转时涌入，刀盘驱动中均设计有迷宫密封和齿形密封，以迷宫密封阻挡大颗粒杂质，以齿形密封阻挡泥水渗透。齿形密封的安装位置连通注脂管路，在工作时会保证管路不停压注油脂，形成带压力的密封油膜来阻挡泥水。驱动内的轴承、齿轮啮合处等有机械运动的位置都有润滑油脂管路，保证驱动运转时内部构件能得到充分润滑。

掘进机的铰接部分、中继间的前后管节搭接部分，也都安装有多道密封，并在整个密封环路上均布有密封油脂加注孔，在密封圈的沟槽间形成带压力的油膜，不但能对结构的前、后运动起到润滑作用，也可以更好地阻挡泥水渗透。

将密封、润滑油脂管路统合成一个整体，通过阀门、压力表、油脂泵和计算机程序对其进行运作和自动控制，可以直接在中控室实现对顶管机各处油脂加注的稳定控制，使操作更加简便、安全。

5.3　电气系统

电气系统包括两部分：设备工作电路系统和低压电气控制系统。设备工作电路系统包括油脂泵、电动机、照明电器等设备供电，是掘进机各设备的动力来源。低压电气控制系统由顶进系统、大刀盘、偏心刀盘、螺旋机、集中润滑、土体改良、注浆等系统组成，是掘进机的控制中枢，负责包括阀组、泵站、电机等所有设备部件的启闭控制，并具备将设备的工作状况相互连锁、故障时报警和自动关闭等作用。通过低压电气控制系统，可以实现在中控室内对各组设备的操作和自动控制，并实时监控设备的运行情况，以此实现对顶管机施工的自动控制。

设备工作电路系统主要由一根由外部接至隧道主机区域的高压线路供电，线路的通行路线周围都有安全防护，根据相应标准布置，来保障人身和设备安全。低压电气控制则是通过对每个系统或一套设备都定制相应的电气控制柜，每个控制柜就近放置在对应的控制设备附近，通过控制室的计算机操作，实现计算机—控制柜—设备的控制流程。因为不同设备的控制柜摆放在隧道的不同区域，为保证对整条隧道各区域的控制监测，我们在隧道内采用了无线传输的技术，通过3对无线信号中转设备对控制信号进行传输，其示意图如图26所示。

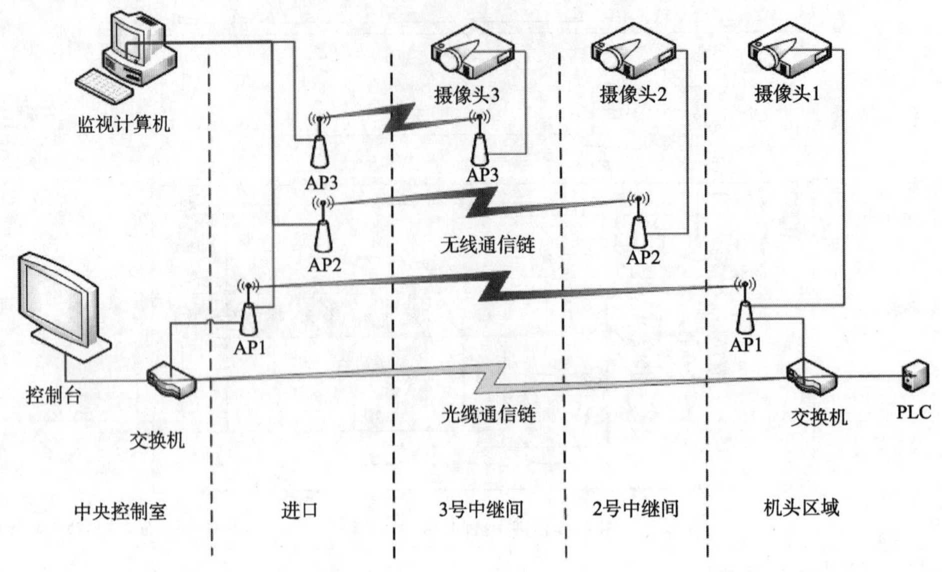

图26　控制信号无线传输示意图

无线传输的优点是简单安全，可以避免控制线路受施工影响而被破坏的不利情况发生。摄像头用于视频监测本地设备状况，可以直观反映现场工况。

所有控制信号汇总后，在控制室的操作屏幕上会有一个系统控制界面，显示屏幕为触摸屏，能直接在屏幕上进行操作控制。

图27、图28为掘进机人机交互界面，图29为顶进系统触摸屏监控示意图。

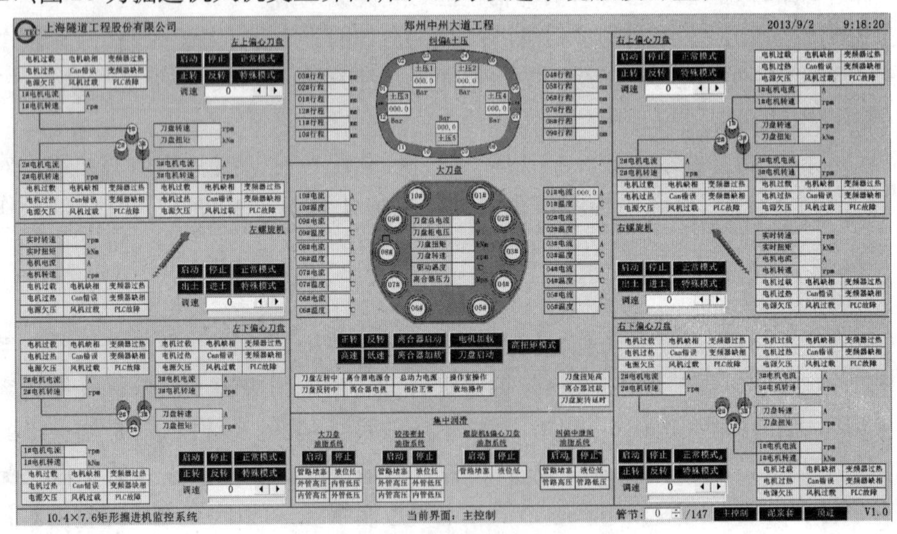

图27　掘进机人机交互界面(一)

5.4　土体改良加注系统

土体改良加注系统主要由顶管机正面的加水和泡沫的土体改良系统和机身四周以及管节外部的触壁泥浆加注系统组成，如图30所示。

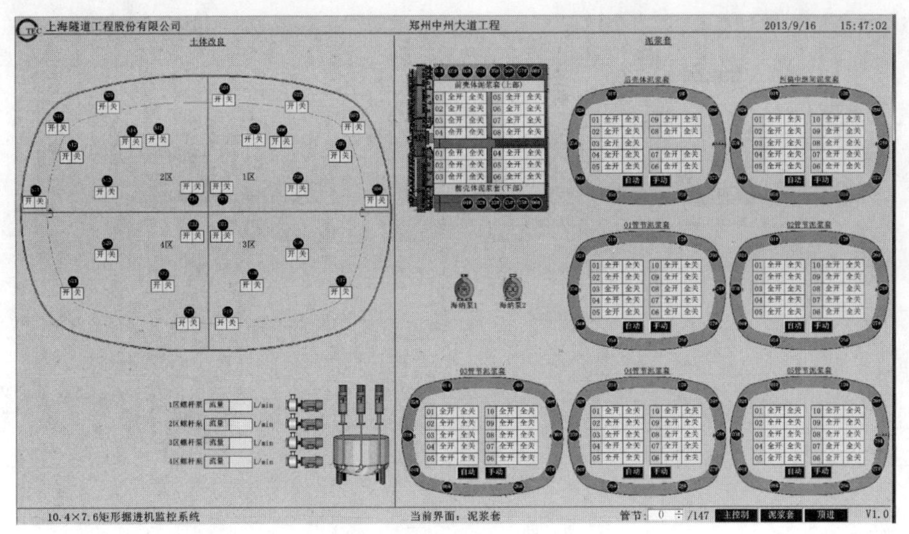

图 28　掘进机人机交互界面(二)

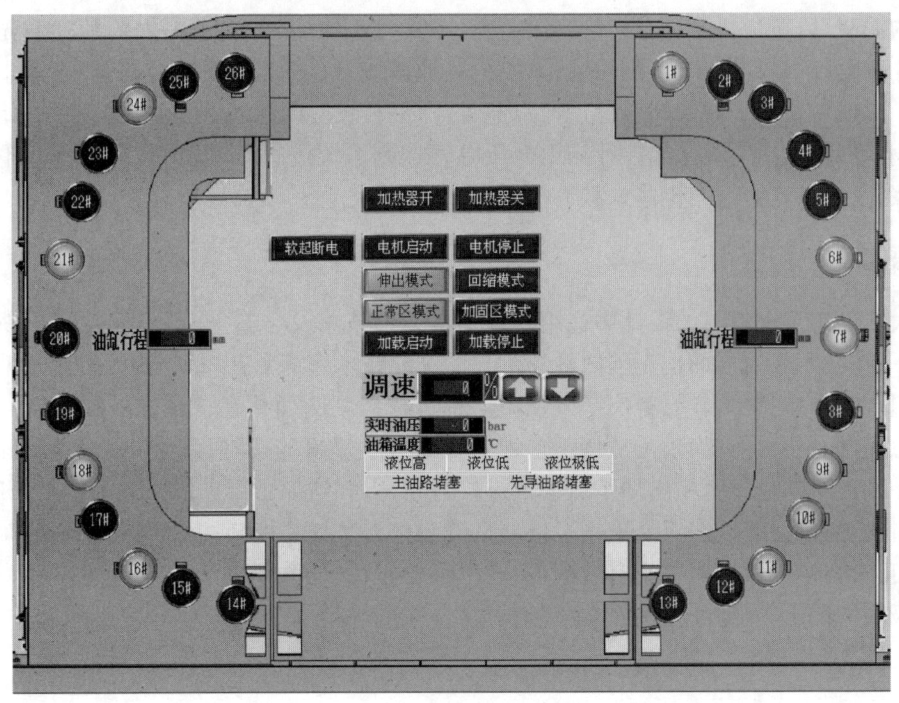

图 29　顶进系统触摸屏监控示意图

机头正面为保证被刀盘切削的泥土能顺利的搅拌均匀并由螺旋机排出，必须在刀盘切削搅拌过程中不断加注泡沫和水，加水能使干燥的粉土中和为湿润软土，加泡沫能改善土体间的黏着力与摩擦力，增加土的流塑性，使螺旋机更易出土。在机头正面，大刀盘上共有 4 个加注孔，2 个注水，2 个注泡沫，土仓胸板上共有 13 个加注孔，上密下疏分布，用于改良土仓的切削土，同时，胸板上还有 10 根前伸至土仓前端的注水孔，用于冲洗偏心刀盘，防止其结泥饼，并起到以水冲击来软化泥土的作用。正面注水注泡沫系统由数台注水泵及发泡机进行供给，并安装有流量计，可以实时监测管路出口是否堵塞，以便采取清堵措施，保证土体改良的顺利进行。

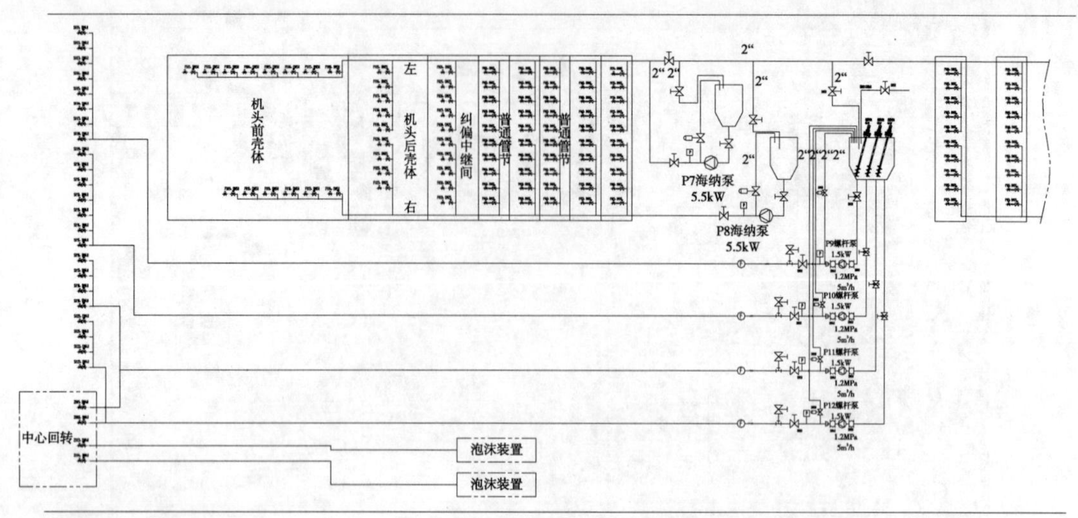

图30　泥水系统示意图

机身四周的触壁泥浆加注孔从前壳体2开始布置，排至壳体外围的泥浆能在机身四周形成均匀的泥浆套，避免机身与土体的直接接触，减小摩擦阻力，使顶进更加顺利。前壳体前端的大尺寸钢套环因尺寸等于切削轮廓，可以很好地堵住刀盘的切削平面，防止泥浆流入土仓造成损耗。形成泥浆套的泥浆均进行过特殊配置，保证在长时间状态下不会沉淀硬结，始终保持稳定的润滑性能。所有泥浆加注孔均由低压电气控制系统进行自动控制，保持24h不间断的均匀补浆，及时补充浆液向土体逸散的损耗。

6　结语

超大断面矩形掘进机的设计中应用了许多最前沿技术及创新，并不仅仅做到了断面尺寸国内第一，在技术领先层面也是国内领先。它的主要技术有三个：一是中心大刀盘 + 偏心多轴刀盘的组合式布置技术，较好解决了以往矩形掘进机切削断面存在盲区的问题，并在经济性、安全性方面都有明显的优势，可适用于多种异型断面掘进机的切削；二是中继间技术的使用，相当于在掘进机顶进过程中增加了数个顶进接力站，大大增加了掘进机的理论施工长度，拓宽了顶管机的工程应用领域；三是采用了最新型的触壁泥浆加注控制技术，与特制的减摩浆液相配合，使顶管机的顶进阻力得到有效减少，经工程验证，正常顶进时克服土体摩擦的顶推力仅为理论极限值的1/3，起到了节能增效的作用。

参 考 文 献

[1] 余彬泉，陈传灿．顶管施工技术[M]．北京：人民交通出版社，1998．

矩形盾构环臂式拼装机悬臂梁机构设计研究

梁赟露

（上海隧道工程股份有限公司　上海　200232）

摘　要：随着城市地下空间的开发，城市老城区道路狭窄、建筑物密、地下管网纵横等诸多地下空间开发难题浮现，开挖矩形断面隧道成为目前地下空间发展的迫切需求。但是矩形断面的盾构技术发展也面临着许多挑战，如矩形断面拼装技术对设计方面有特殊要求。本文针对具体工程，开发了矩形盾构用环臂式管片拼装机，对拼装机中的平移机构设计进行了研究，成功解决了矩形盾构其狭窄安装空间、紧凑结构、长距离管片移送和大姿态调整能力等特殊拼装难题，对于提高类矩形盾构的管片拼装技术有很大的工程应用价值。

关键词：矩形盾构；环臂式管片拼装机；平移机构；悬臂梁机构

1　背景

针对城市中心城区复杂地质状况开发的11.83m×7.27m矩形盾构如图1所示，其拼装系统是矩形盾构机的重要子系统，直接关系盾构施工的效率与质量，而矩形盾构的管片拼装技术则是一大难题。因此，该项目研究开发了不同于传统圆形隧道盾构运用的双提管片拼装机，是能适应矩形盾构的狭窄安装空间，并具有紧凑结构、长距离管片移送和大姿态调整能力的环臂式管片拼装机，对于提高类矩形盾构法施工效率与质量有很高的工程应用价值。本文将针对该创新性环臂式拼装机的悬臂梁机构进行设计研究。

图1　11.83m×7.27m矩形盾构

2　矩形环臂式拼装机机构基本原理

如图2所示，其拼装机整体包括平移系统、回转系统、机械臂系统、机械手系统以及管片夹取装置。其中，平移系统与盾构机体固定相连，回转系统与平移系统连接，且在该平移系统上沿盾构管片的轴线方向进行前后平移运动，机械臂系统连接于回转系统上，实现绕盾构管片轴

作者简介：梁赟露（1988—），女，学士，助理工程师，主要从事盾构设计工作。

线的回转运动和绕回转系统的摆动运动，机械手系统连接机械臂系统，绕该机械臂系统进行转动和摆动，管片夹取装置连接机械手系统的末端且与盾构管片连接。

如图3所示，六自由度串联型拼装机由6个液压执行机构来完成运动，6个执行机构完全约束拼装机械手的6个自由度。其中平移油缸提供拼装机整体沿隧道轴线（z轴）平移；回转油缸带动拼装机整体沿轴线回转，大臂油缸驱动机械大臂摆动，小臂油缸驱动机械手装置整体（小臂）在大臂上摆动，回转马达和大臂、小臂油缸共同作用管片沿x、y向的位置以及绕z转动的姿态；仰俯油缸和平转油缸分别驱动机械手带动管片绕x和y轴转动的姿态调整。

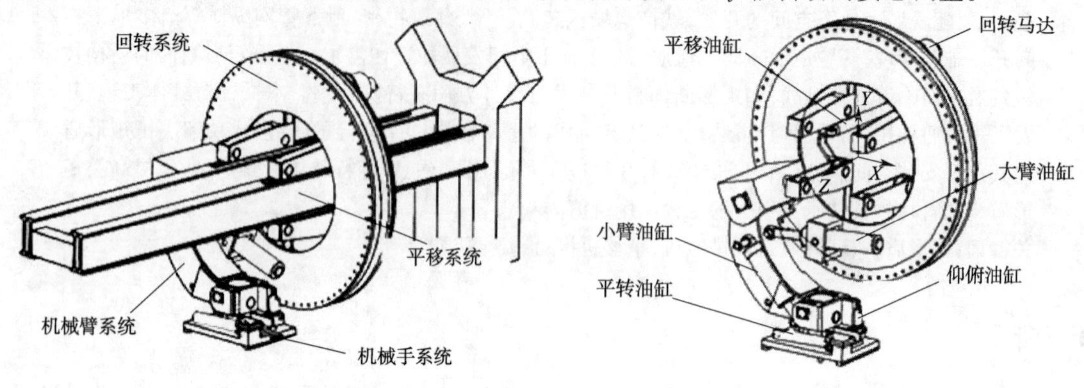

图2　拼装机整体结构　　图3　机构运动六自由度

与现有管片拼装机相比，该矩形环臂式拼装机是适用于矩形盾构管片拼装的新形式，其采用单机械臂驱动，同时管片夹取装置采用内置结构，从而节省了空间，特别在具有中立柱的矩形盾构管片空间范围内，整体机构运动无死角，因此具有机构运动灵活的优点，大大提高了管片拼装效率。

3　平移（管片沿隧道轴线方向做纵向移动）机构

拼装机的平移机构包括行走轮系、导轨和平移油缸，其中，导轨与盾构机体固定相连，行走轮系通过平移油缸的伸缩在导轨上沿盾构管片的轴线方向行走平移。平移机构使整个拼装机通过滚轮可沿着支撑悬臂梁前后移动，使拼装机能移动到管片储存区域和插入封顶块，由2只平行油缸驱动。2只油缸所产生的推力必须同时克服整个拼装机的移动和封顶块插入所产生的阻力，同时，要考虑将组装好的管片矫正形状所需的推压能力；拼装机重约400kN，由于拼装机通过滚轮可沿着支撑悬臂梁前后移动，考虑滚动摩擦系数为0.1，封顶块插入所产生的阻力最大可为最重管片的5倍，同时考虑2倍的安全系数，所以，总推力应达到305kN，应选用合适的油缸，封顶块插入时，油缸大腔进油，可产生307kN推力；当拼装机从管片储存区抓取管片后回移时，油缸小腔进油，可产生312kN推力。拼装机平移速度为0～1.5m/min，可无级调速，所需系统最大流量为37L/min，油缸行程为2600mm。

4　悬臂梁机构的设计

拼装机悬臂梁机构即盾构拼装机平移系统的主要部件，安装于支撑环的H形支架上，其作用支撑拼装机盘体，并作拼装机平移轨道，如图4所示。拼装机的平移机构使整个拼装机通过滚轮可沿着支撑悬臂梁前后移动，使拼装机能移动到管片储存区域和插入封顶块。在整个盾构机中，安装有两组拼装机悬臂梁机构，左右对称。

悬臂梁机构由凹凸连接板、悬臂梁结构件、上下轨道、梁内连接组块、固定管道、油缸铰座以及定位块组成。悬臂梁机构的设计需根据拼装机平移行程长度以及盾构机内部空间确定，其总体结构如图5所示。

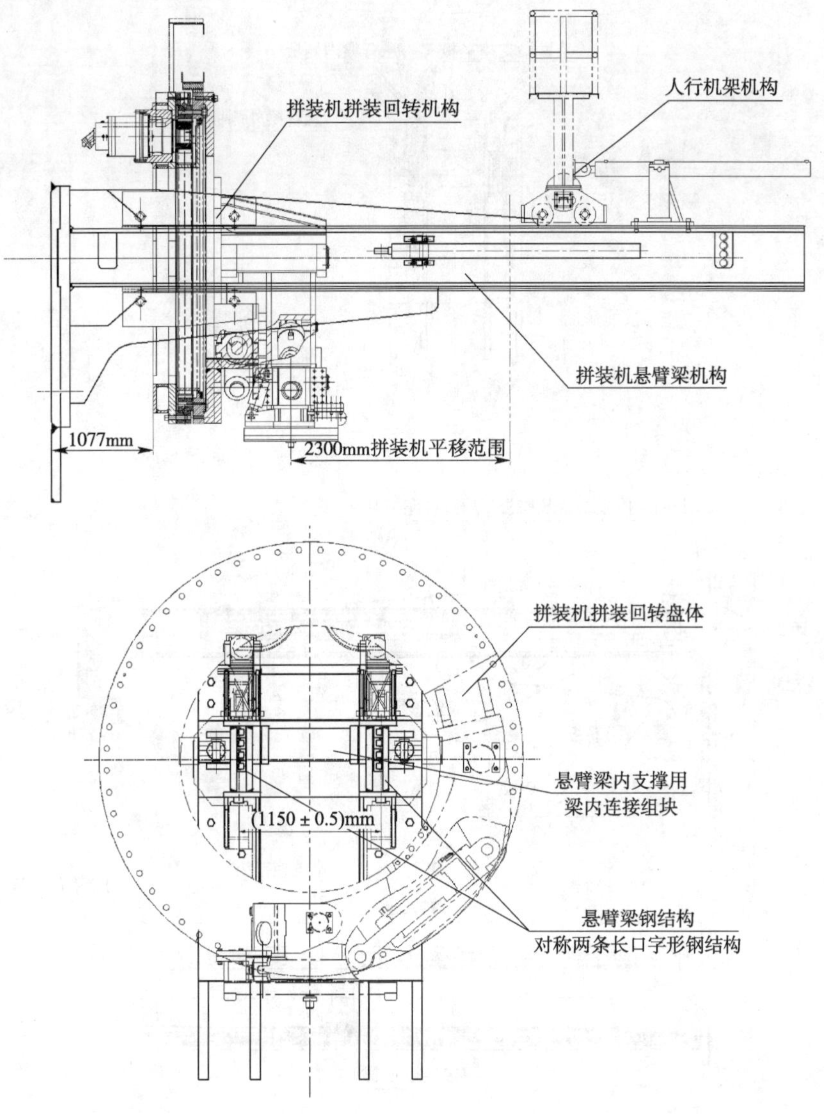

图4　悬臂梁机构与拼装机装配图

凹凸面连接板：凹面连接板（图6）与盾构后壳体焊接，其分为左右独立两块，凸面连接板（图7）与悬臂钢结构焊接，其为口字形一体块，两块连接板配作螺栓孔，加工时，对于两面连接板，需要铰接与焊接的贴合面部分，均采用精加工保证面贴合度，并与悬臂钢结构保证有一定的垂直度，以满足其安装及使用的受力强度要求，在焊接过程中，需进行焊接检测确保结构不变形，装配时凹面与凸面连接板通过螺栓铰接，而凹凸面的结合设计则大大增强了两块连接板间的连接强度。

悬臂梁结构件：该部分由对称两条口字形钢结构梁形成一组，两条钢结构间由连接组块连接，悬臂梁的长度根据拼装机平移行程长度（2300mm）以及盾构机内部空间确定，总长度（不含凹凸连接板）为7797mm。对称两条口字形钢结构梁之间的间距，需根据拼装机平移轨道中心距确定，即1.15m。梁上面和下面分别安装有上轨道和下轨道，中空处穿插有4根并列软管，悬臂梁与凸连接面板焊接，并需用各筋板支撑加强，在凸连接面板上设计有定位挡块，限制拼装机移动极限位置。在悬臂梁结构件外侧安装有油缸铰座，固定装置平移油缸。

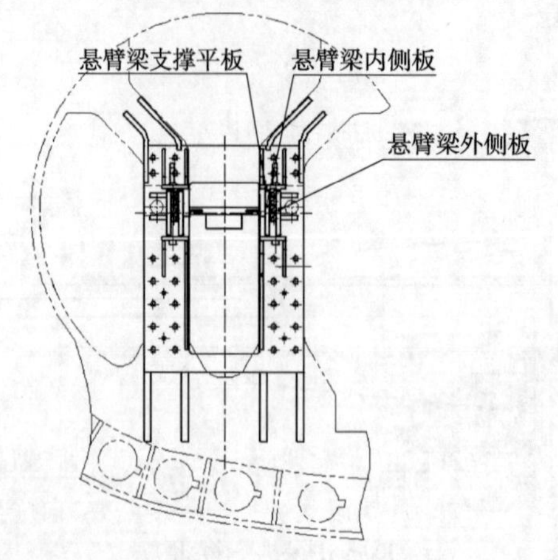

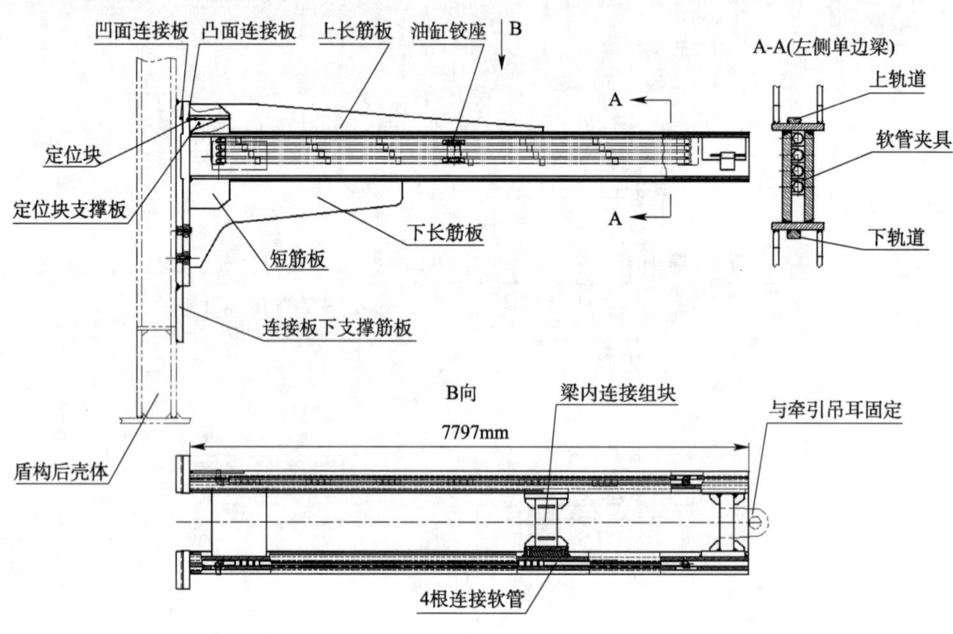

图5 悬臂梁机构总体结构

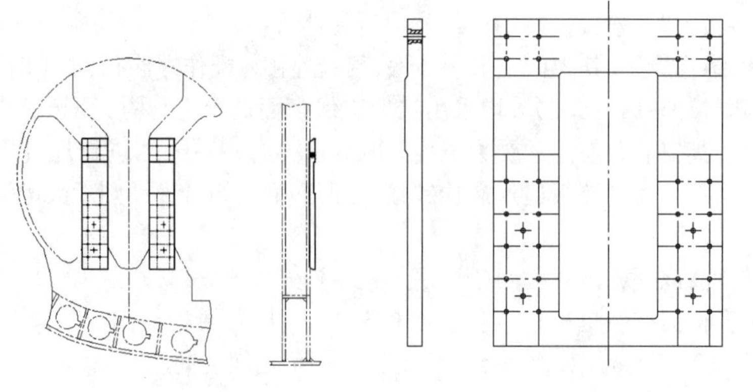

图6 凹面连接板

图7 凸面连接板

上下轨道:安装于悬臂梁上、下面,是平移机构的重要部件,精度要求极高,必须保证与拼装机的行走机构配合,故通过拼装机的行走机构确定设计,控制其表明粗糙度和直线度、平行度,严格控制四根轨道的安装位置,确保拼装机在平移轨道上稳定运行,需保证其焊后精度。

梁内连接组块:连接组块的设计不仅需要考虑拼装机悬臂梁的连接强度,还需考虑拼装机在盾构机内与其他部件空间干涉问题,并考虑盾构拼装机的整体拆装,以及后部牵引吊装等问题。本悬臂梁机构设计有3组梁内连接组块,分别为不同结构,前者连接块与底座可拆分,通过螺栓铰接,在保证连接强度的同时,方便盾构机部件安装;后者连接块与悬臂梁直接焊接连接,并由筋板增加强度。

5 悬臂梁机构受力分析

由于悬臂梁机构承载着拼装机盘体的重量,且在拼装机平移时受载荷力矩发生变化,故必须对其通过 Soildworks 模拟三维模型进行受力分析,以确保在机构运行过程中的稳定性。

因拼装机在平移极限位置力矩最大,故将加载位置设定于此,并进行最大强度校核,情况如图8~图11所示。

图8　应力分析

图9　位移分析

根据三维模拟分析,在受载荷最大的情况下,悬臂梁所受应力最大为64.9899MPa,最小安全系数为3.4,均能够满足设计要求,使得悬臂梁在拼装机拼装平移过程中稳定、不变形。

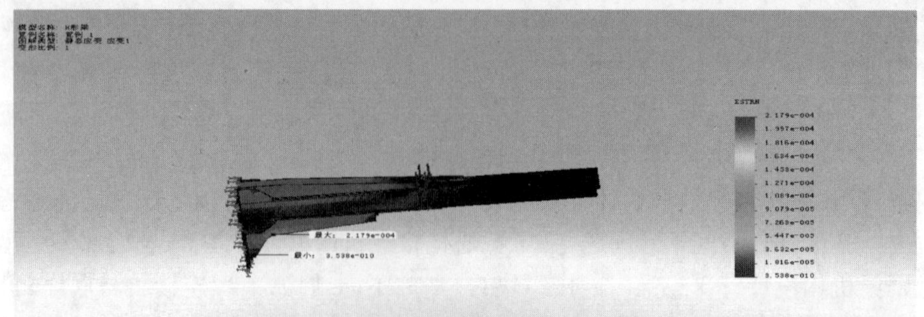

图 10　应变分析

图 11　安全系数

6　结语

随着城市的发展及地下空间开发的深入，地下隧道的空间利用和隧道建设与周边环境的相互关系愈加受到重视和制约，尤其对于城市老城区道路狭窄、建筑物密集、地下管网纵横等诸多问题，使得采用常规盾构法开挖圆形断面隧道面临难以克服的困难，而类矩形隧道断面利用率大、覆土浅、施工成本低，对周边环境影响小，节约地下空间资源，使之成为地下空间发展的强势需求。但是矩形盾构技术发展的同时也面临着许多挑战，由于其特殊断面形式，诸如异型断面拼装技术等设计方面有特殊的要求，因此应尽快掌握这类盾构机技术，以便在市场中获得高技术附加值的机会。矩形盾构用环臂式管片拼装机的研发成功，是针对该类矩形盾构隧道发展的技术突破，作为拼装机的关键部件的平移机构设计研究的成功运用，则解决了类矩形盾构狭窄安装空间、紧凑结构、长距离管片移送和大姿态调整能力等特殊拼装难题，对于提高类矩形盾构的管片拼装技术有很大的工程应用价值。

大断面矩形顶管掘进机顶进控制系统

刘　峰

（上海隧道工程股份有限公司　上海　200232）

摘　要：顶管施工法是目前市政隧道施工作业的一种非常重要的非开挖方法。本文介绍的大断面矩形顶管机的顶进控制系统，不仅采用比例控制技术适应顶管施工过程中复杂的可变性工况要求，而且采用蓄能器回收先导回路中的能量，实现节能控制效果。整个顶进监控界面美观友好，操作简单，较好满足了现场施工要求。

关键词：大断面；巨型顶管；顶进；控制系统

1　概述

矩形顶管掘进机主要适用于的城市繁华地段下穿主干道的隧道工程中，与盾构掘进机相比，矩形顶管掘进机具有隧道施工截面利用率高、隧道长度小、施工周期短等特点。

矩形顶管掘进机采用土压平衡控制原理，适时调整顶管掘进机的顶进速度或螺旋机的转速，从而改变土仓压力维持土压平衡状态，以实现对地表沉降控制。顶进装置是顶管机的关键结构之一，安装于整个隧道的最后方位置，承担着整个顶管机主机和已拼接管节的推进任务。顶进系统的控制目标是：在克服顶管机及管节在顶进过程中遇到的阻力前提下，根据掘进过程中所遇到的不同施工地层条件以及水土压力的变化，能够对顶进压力和顶进速度进行无级协调调节，使顶管机在掘进过程中引起的地表沉降量能够控制在允许的范围内。

2　顶进液压控制系统

2.1　功能特点

整个顶进控制系统具有以下几个功能特点。

（1）顶进液压缸后腔要有高油压锁紧功能，保证在停止顶进时液压缸能够可靠锁紧和保压。

（2）左右机架位置的液压缸中至少有一只液压缸能反馈顶进行程。

（3）根据掘进地层情况分快顶和慢顶两个工况模式，并且顶进速度连续实时可调。

（4）顶进液压缸能够实现快速回退。

（5）每只顶进液压缸均能单独控制。

2.2　液压控制原理

为了增强施工过程中的灵活性和可控性，增强顶管机施工安全性，采用了比例液压控制的顶管机顶进液压系统。顶进控制系统采用比例液压控制技术，顶进过程中使用26只液压油缸加载为顶管机及管节提供前进的动力，每只油缸都可以实现单独伸缩控制。顶进液压控制系

作者简介：刘峰（1985—），男，硕士，工程师。主要从事大型隧道施工设备电液控制系统技术相关工作。Email：liufeng_zju07@126.com。

统采用恒压比例变量泵和比例调速阀两种调速方式对顶管机顶进速度进行控制。根据土仓压力实时调整盾构的顶进速度和顶进压力,保持液压缸的协调运动,从而实现土仓内压力平衡,保证地表沉降量在可控范围。图1为顶进液压控制原理图。

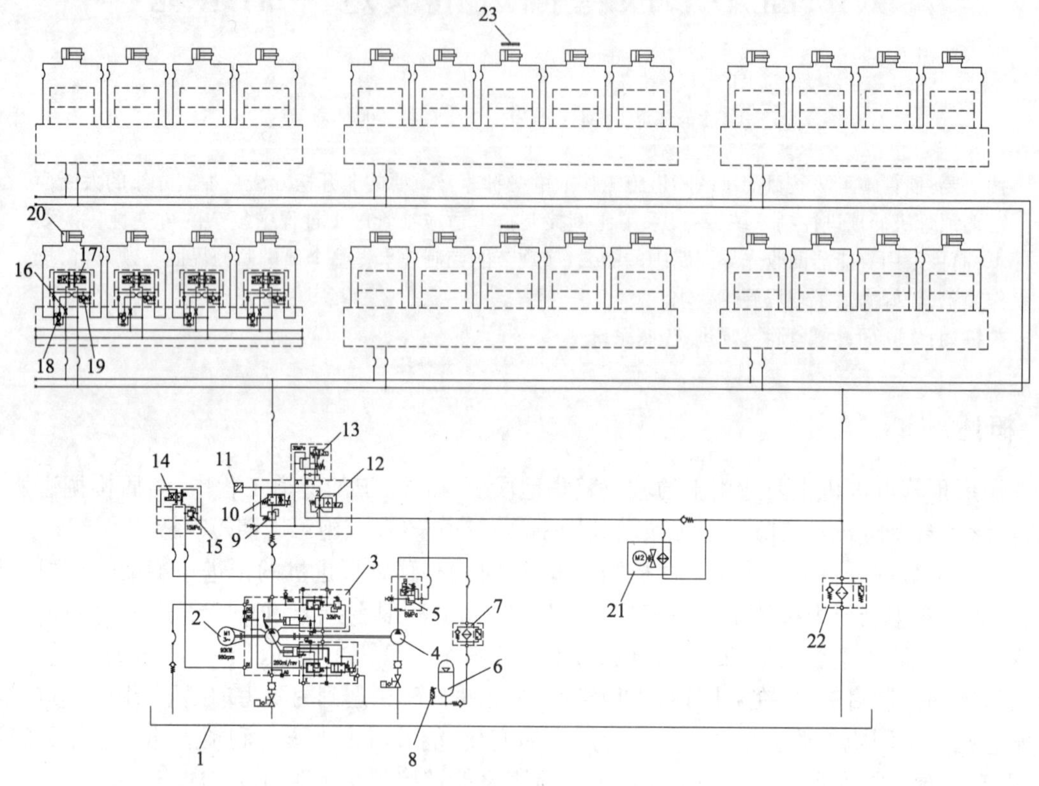

图1　顶进液压控制原理图

1-油箱;2-电机;3-恒压比例泵;4-先导叶片泵;5-先导电磁溢流阀;6-蓄能器;7-先导回路过滤器;8-继电器;9-减压阀;10-比例流量阀;11-压力传感器;12-二位二通电磁换向阀;13-主回路电磁溢流阀;14-二位四通电磁换向阀;15-溢流阀;16-节流阀;17-电磁换向阀;18-无杆腔平衡阀;19-有杆腔平衡阀;20-油缸;21-风冷却器;22-主回路过滤器;23-激光测距仪

2.2.1　控制原理

顶管机在顶进过程中,根据土层状况选择不同的流量控制模式,即快顶模式和慢顶模式。在较软土层环境施工时,正面土体和摩擦阻力负载相对较小,单位推进速度下的刀盘切削扭矩相对较小,此时,可采用快顶控制模式,适当调高推进速度和排土速度,从而减少施工周期,加快施工进度。当在坚硬或加固土层环境施工,尤其是在始发区或接收区的加固土层工况下,正面土体和摩擦阻力负载相对较大,单位推进速度下的刀盘切削扭矩相对较大,此时,顶管机顶进速度不宜过快,采用慢顶控制模式,适当降低推进速度和排土速度,保证刀盘的切削动力在控制设计范围之内。而在管节拼装的工艺过程中,采用快速回缩模式,液压缸可实现快速回退要求,缩短管节拼装施工周期。

在顶进控制过程中,所有的选中油缸对应回路中的三位四通电磁换向阀17均处于右位。在快速顶进工况下,采用比例泵容积调速控制方式,二位二通电磁换向阀12不得电,顶进系统主回路电磁溢流阀13得电,二位四通换向阀14不得电,根据需要调节比例泵放大板电流控制恒压变量泵3的输出流量,从而可以控制顶管机的顶进速度。

在慢速顶进工况下,为满足顶进系统的精确小流量控制要求,采用恒压变量泵和调速阀组成流量适应回路，此时，二位二通电磁换向阀 12 得电，顶进系统主回路电磁溢流阀 13 得电，二位四通换向阀 14 不得电，变量泵 3 输出的压力油，经过减压阀 9 和比例流量阀 10 进入液压缸 20 的无杆腔，通过调节比例流量阀放大板电流控制比例流量阀 10 的节流口过流面积，由于减压阀 9 自动调节减压口大小，可以实现比例流量阀 10 前后压差保持不变，从而可以控制恒压变量泵输出与比例流量阀节流口相对应的流量大小，实现对液压缸伸出速度的调节。

在快速回缩工况下，选中油缸对应的三位四通电磁换向阀 17 均处于左位，二位二通换向阀 12 不得电，主回路电磁溢流阀 13 得电，二位四通换向阀 14 得电，根据需要调节比例泵放大板电流控制恒压变量泵 3 的输出流量，从而可以控制顶管机的回退速度。

2.2.2 节能控制设计

恒压变量泵比例调速控制所需油液由先导回路提供，由通轴驱动的先导叶片泵 4 输出油液，通过先导电磁溢流阀 5 调压和先导回路过滤器 7 过滤后，进入恒压变量泵内部进行控制。由于机械结构连接限制原因，与主泵通轴连接的先导叶片泵输出流量较大，而实际上压力控制阀的控制流量需求相对小得多，在保证先导压力满足最低限值的前提下，尽量减少先导回路系统功率损失，在先导回路中采用先导电磁溢流阀 5、蓄能器 6 和继电器 8 对先导压力进行控制，采用蓄能器回收部分能量，从而减少先导回路的能量损失。

继电器 8 安装在蓄能器 6 压力输出接口处，在继电器中设置压力上、下限值，当蓄能器压力低于继电器下限值时，继电器得电，并反馈至电磁溢流阀 5 得电，先导油泵 4 加载，向先导控制机构供油，先导油路压力上升并对蓄能器充液，当蓄能器压力上升至继电器设置上限值时，继电器失电，同时电磁溢流阀失电，先导油泵卸载，此时，由蓄能器直接向先导控制机构供油，直到压力下降至继电器下限值，继电器再次得电，如此反复。图 2 为采用蓄能器前后在 t_0 时间内先导回路所消耗的能量对比示意图，相对于不采用蓄能器情况下的能耗 P_0t_0，采用蓄能器后，先导回路能耗 P_1t_1 要小得多。在现场经多次调节测试，采用蓄能器后先导回路能耗可降低 10% ~20%，因此，利用蓄能器的能量存储和释放功能，不仅可以吸收液压冲击，消除压力脉动，而且能够有效减少先导回路的能量损失，达到良好的节能控制效果。

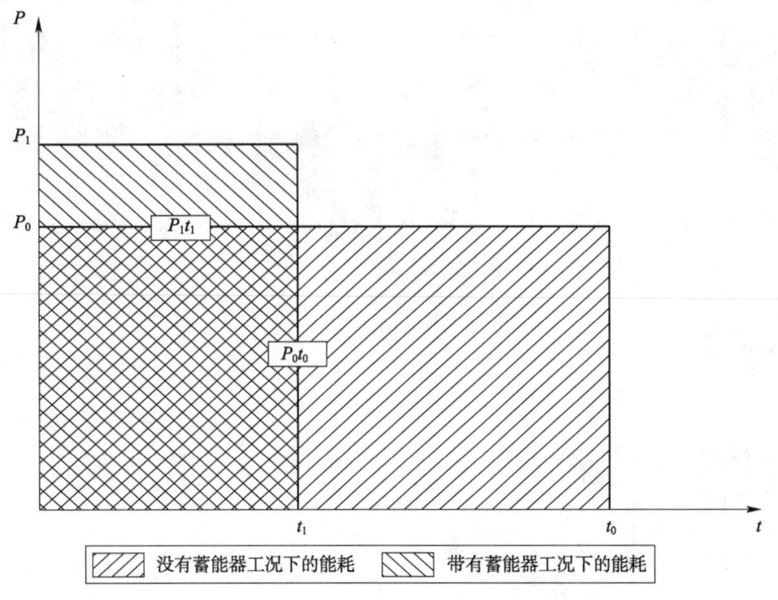

图 2　先导回路能耗损失曲线示意图

3 顶进监控系统设计

3.1 监控系统架构

矩形顶管掘进机的顶进监控系统由底层动力及检测单元、PLC 控制单元和上位机组态接口组成，底层动力检测单元包括电机、电磁阀、油压传感器、激光测距仪以及其他电子仪器，主要负责顶进系统动力输出、现场信息数据采集以及根据 PLC 指令完成相关动作；PLC 控制单元包括各种数据采集模块、通信模块及相关控制电路等，主要完成接收现场底层检测单元信息反馈，并向底层发出控制指令；上位机接口包括触摸屏控制接口及远程计算机数据处理接口，触摸屏组态软件完成顶进控制人机界面和数据监测功能，通过工业以太网与 PLC 控制系统完成信息交换，远程计算机接口接收来自 PLC 的检测数据，经过处理后，可以进行数据显示、存储和历史查询等。整个顶进控制系统的组成结构如图 3 所示。

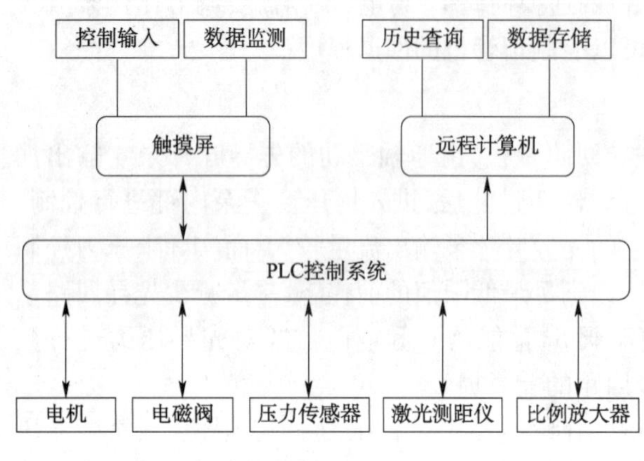

图 3 控制系统框架

3.2 监控组态设计

人机界面在实现多种功能的同时，还要兼有容易切换、便于用户操作的特点，按照分布式监控要求和模块化设计理念，整个监控组态界面功能包括顶进控制状态选择、控制输入、现场数据显示及信息采集和故障状态报警等，如图 4 所示。

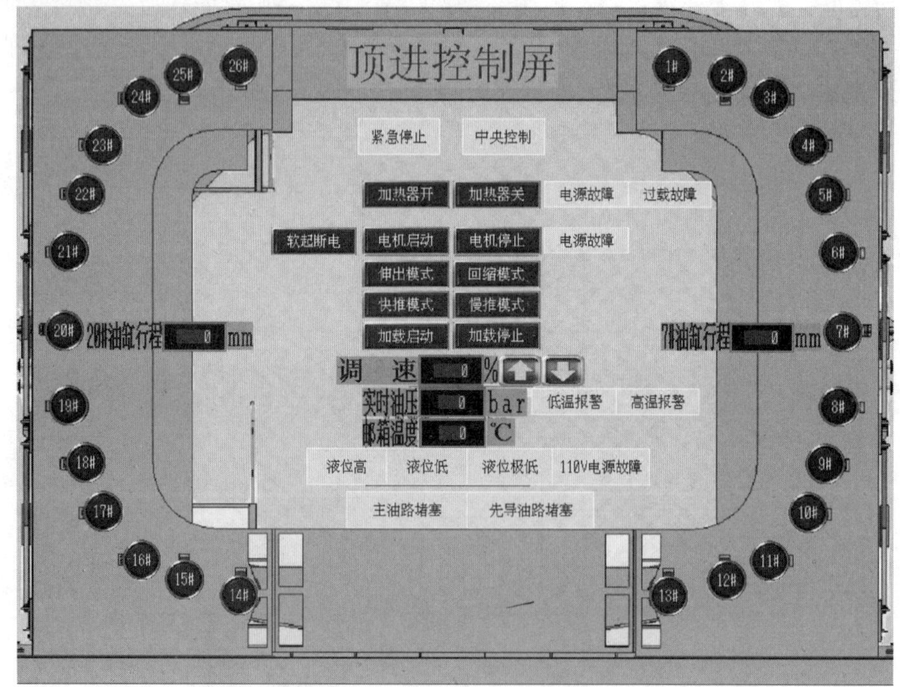

图 4 顶进监控系统人机界面

(1)根据不同顶管机施工工况模式,可以选择不同的土层状态模式、油缸的数量、油缸伸出或回缩动作模式,在不同的控制组合模式下,可以控制不同的电机、阀组和油缸运行状态。

(2)在界面上根据需要可以控制电机启动和停止,电磁阀组加载启动和停止,顶进速度调节,加热器开启和关闭等。

(3)触摸屏上可以显示顶进液压系统压力、油箱油温、特定油缸行程及油箱液位报警、过滤器堵塞报警、油温超限和电源故障报警等。

4 结语

(1)根据顶管机的施工工艺要求,并兼具安全性和可靠性要求,整个顶进液压控制系统采用恒压比例变量泵和比例调速阀两种控制方式,以适应施工过程中顶进推力和速度的可变性工况。

(2)在满足顶管机顶进控制基本要求的基础上,采用蓄能器回收先导回路中的能量,并通过继电器实时监测反馈先导回路的压力,由 PLC 系统逻辑控制先导回路溢流阀的加载,完成蓄能器的充液动作,从而保证系统持续降低能耗,实现节能效果。

(3)顶进控制系统组态界面美观友好,操作简单,现场采集信息数据能够可靠完整地存储,并具有很好的接口扩展性和可继承性。

参考文献

[1] 余彬泉,陈传灿. 顶管施工技术[M]. 北京:人民交通出版社,1998.

[2] 吴根茂,邱敏秀,王庆丰,等. 新编实用电液比例技术[M]. 杭州:浙江大学出版社,2006.

[3] 王亚民,陈青,刘畅生,等. 组态软件设计与开发[M]. 西安:西安电子科技大学出版社,2003.

异型地下掘进机全断面切削研究

黄 健

（上海隧道工程股份有限公司 上海 200232）

摘 要：随着异型掘进机的普及，如何保证异型掘进断面的全断面切削成为迫切需要解决与完善的课题。本文首先介绍了异型掘进机的常见刀盘布置模式，提出了一种在综合旧有模式优点的基础上，更加完善可靠的中心大刀盘+边缘偏心多轴刀盘组合式布置模式，可以对各种异型断面进行无盲区切削；同时针对这种新的刀盘布置模式，分析获得了专用于偏心多轴刀盘的刀具布置方法。

关键词：异型掘进机；偏心多轴刀盘；全断面切削；圆柱刀；刀具布置

1 异型掘进机全断面切削研究背景

地下掘进用的顶管及盾构的常见截面均为圆形，在设计刀盘时，通过合理布置切削刀具，可以很方便地达到全断面切削的目的。这是因为，圆形顶管及盾构都采用中心回转式刀盘，这种刀盘上刀具的切削轨迹均为同心圆，轨迹覆盖区域仅与刀具的分布半径有关，只要在不同区域布置刀具时遵循按半径依次覆盖延伸的原则，就可以简单、方便地达到全断面切削的目的。

圆形掘进机虽然技术成熟、使用范围广，但更多还是用于地下管网的掘进施工，施工获得的圆形断面与需要的使用断面相符，可直接使用。随着地下人行通道、地下车站等使用断面为矩形的地下工程开始增多，如果继续使用圆形断面结构，则断面的空间浪费是个无法忽视的问题。例如要建造一条6m×4m的地下通道，若采用圆顶管，则需要开挖的空间直径必须大于7.2m，空间利用率只有59%，不仅造成施工空间的浪费，掘进机的尺寸也不得不扩大，无形中增加了工程造价。那么，有没有办法既能提高空间利用率，又能通过减小设备尺寸来降低造价呢？最直接的方法，就是依据所需的空间断面尺寸，设计与之相匹配的矩形或其他异型掘进机。

单以矩形的地下通道为例，使用相匹配尺寸的矩形掘进机，空间利用率可以轻松达到90%以上，设备尺寸也将会是最小合适尺寸。但设计矩形掘进机，除去以上优势外，最大的设计难点为刀盘全断面切削。因为矩形或其他异型掘进机的切削断面形状并非中心对称，如何重新设计刀盘及刀盘、刀具的布置方式，做到全断面切削无死角，也是异型掘进机设计的重点。

2 矩形掘进机常见刀盘布置模式

目前常用的矩形掘进机，有偏心多轴式和圆刀盘组合式两种刀盘设计方式。

2.1 偏心多轴式刀盘

利用平行双曲柄机构的运动原理，由几组偏心曲轴同时驱动刀盘，每把刀具做平面圆周运

作者简介：黄健（1970—），男，本科，学士，高级工程师，上海隧道工程股份有限公司机械制造分公司副总工。主要从事盾构机设备的设计、制造及研究。Email：huangjian@ stecmc. com。

动，与轴向推进的行程合成来完成全断面的切削掘进。施工时可根据隧道或地下通道所需截面形状来设计掘进机的外形，由螺旋输送机出土，可保持土压平衡，并维持开挖面的稳定。

如 1 图所示，掘进机的切削刀盘有两个，左右各一，均为矩形，由偏心曲轴驱动，运转时各自切削左右的矩形区域。这种设计的优点是切削轨迹为全断面，不足之处在于偏心驱动的扭矩远小于大刀盘驱动，因此刀盘总扭矩较小，转动惯量小，对利用刀盘反向转动纠偏矩形掘进机左右偏角比较困难。另外，每个矩形刀盘由多个偏心曲轴驱动，对加工、装配的精度要求很高，驱动运转时的同步性控制也是难点之一。

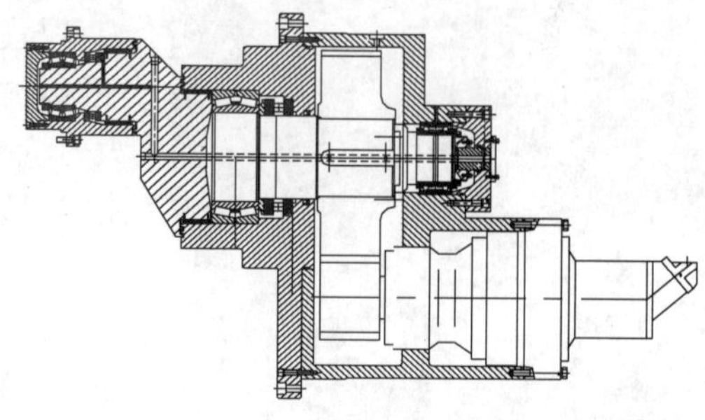

图 1　偏心多轴式刀盘与偏心多轴驱动

2.2　圆刀盘组合式

如图 2 所示，这是一台经过实际工程应用的圆刀盘组合式矩形掘进机，采用了中心大刀盘与四角小刀盘的组合式设计，中心刀盘与边缘刀盘前后错开，一部分切削轨迹相互重叠。从图 2 中可以看出，组合式刀盘的边缘轨迹之间，上下各两处，左右各一处，都是无法切削到的。原因很简单，几个圆形的切削轨迹，是无法交错组合成矩形的。

图 2　圆刀盘组合式矩形掘进机

圆刀盘组合式矩形掘进机使用了圆刀盘组合式方案布置刀盘，优点是圆刀盘切削扭矩大、效率高、技术成熟，刀盘之间也各自独立，装配、控制都比较简单。这种刀盘结构的劣势也很明显，就是无法做到全断面切削，这是因为圆刀盘的切削轨迹都是圆形区域，而圆形与圆形在矩形平面内交错布置，总是会有无法覆盖的“死角”，所以小范围的切削死角可以依靠壳体挤压来完成切削功能，但是这样会对土体的扰动较大，地面沉降难以控制。

3　中心大刀盘 + 边缘偏心多轴刀盘组合布置模式

在介绍过这两种已有的矩形掘进刀盘后，我们不禁会想，两种方法各有优势和局限，那么，有没有一种新的方案，能够结合两者的长处，既能全断面切削无死角、能保证刀盘的承载能力，又能扩大使用范围，适用多种地层？

我们的解决办法，就是将这两种方法结合起来，采用中心大刀盘 + 边缘偏心多轴刀盘的组合式设计，来达到使用要求。

3.1 组合式刀盘的全断面切削布置

我们承接了用于郑州市中心地下通道工程的大型矩形顶管机设计任务，该顶管机断面尺寸为10.4m×7.5m，而且为改善壳体的受力状况，外形并不是四边平直的规整矩形，而是近似椭圆。因为尺寸和外形的先决条件，顶管机的切削荷载会比较大，同时考虑到工程穿越地层的标贯值较大等特点，刀盘布置上也应尽量避免出现切削死角。我们在设计中就使用了中心大刀盘+边缘偏心多轴刀盘的方案，如图3所示。

图3 超大断面矩形顶管组合式刀盘

从完成制造的实物图上可以看出，中心大刀盘与边缘偏心刀盘前后错层布置，这样可以保证两者的切削轨迹互补而又不相互干涉。将中心大刀盘靠前布置，是因为中心刀盘承载能力好，施工时可以先接触土体，能够分担大部分的切削应力，对后侧的偏心刀盘起到一定的保护作用。

由于壳体断面四边均为弧形，四角的偏心刀盘不再是传统的矩形刀盘，而是随着壳体外轮廓线的弧度进行外形设计。从图3中可以看到，偏心刀盘外沿与壳体外轮廓相似，只是在大小上有所区别。4个刀盘各处于转动轨迹的不同位置，恰好分别与壳体外沿或中线相吻合，这表明，偏心刀盘在各转动位置，都可以保证切削轨迹与负责切削的区域边缘相重合。

这样设计的偏心刀盘，在刀盘外形随切削断面外形改变的理念下，不仅能用于矩形掘进机，而且可以适用于多种外形的异型掘进机，如椭圆形、马蹄形等，都可以采用这一方法达到全断面切削的目的，拓展了偏心多轴刀盘的应用空间。

3.2 偏心多轴刀盘切削轨迹

在简单介绍了新的组合式刀盘能达到全断面切削的原理后，我们再来细看一下利用偏心刀盘达到全断面切削的详细过程。

首先验证刀盘轨迹线与壳体外缘的吻合度，因为掘进机四角的偏心刀盘轨迹类似，所以只选取了顶管机左上1/4区域进行说明，图4中，左上偏心刀盘按逆时针转动，从左至右，刀盘依次经过转动轨迹的最高、最左和最低点，图中的外缘弧线代表掘进机壳体外轮廓线，1/4圆弧代表大刀盘覆盖区域，大刀盘中心即为掘进机中心。从图4上可以看出，因为偏心刀盘的外形轮廓是仿照掘进机的外缘轮廓设计，所以刀盘转动时，边缘能很好地沿着掘进机外缘切削，避免产生切削死角。

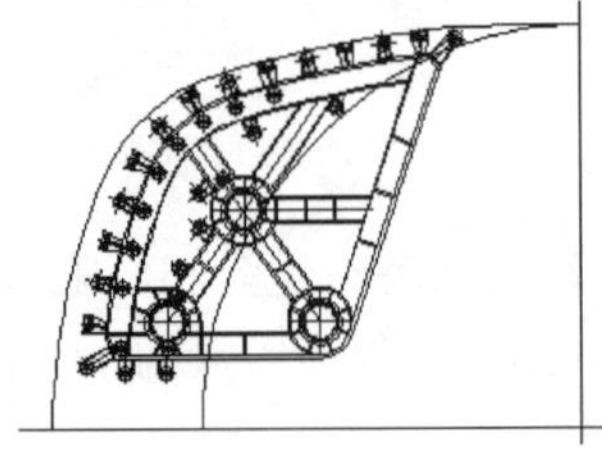

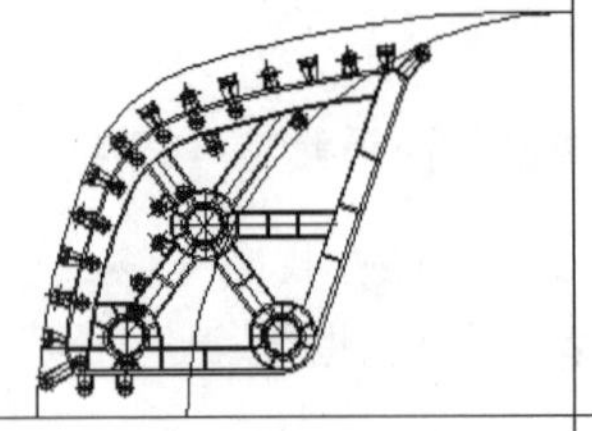

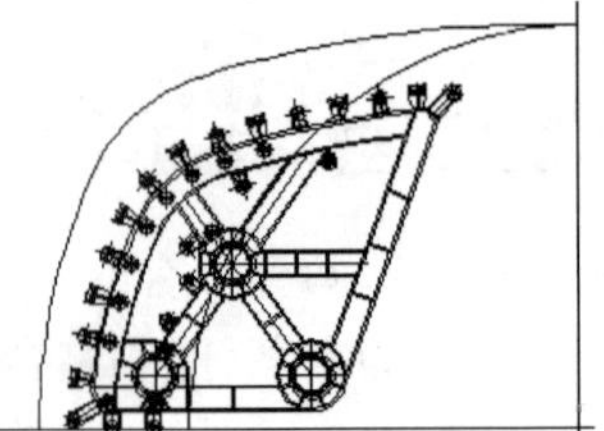

图4 偏心多轴刀盘的转动轨迹

3.3 偏心多轴刀盘刀具布置

采用中心大刀盘+边缘偏心多轴刀盘的组合方式实现开挖地层的全断面切削，必须考虑每个偏心多轴刀盘的刀具布置及分布。在刀盘轨迹所覆盖的切削区域中，刀盘上的刀具轨迹也必须能够覆盖整个切削断面。

根据地层状况特点，刀盘上正面布置最多的刀具是正面圆柱刀(图5)，与传统切削刀刀刃同向加工方式相比，其主要特点是圆柱刀顶端刀刃成辐条式圆周分布，当偏心多轴刀盘转动时，圆柱刀围绕偏心轴圆心转动，每片刀刃的切削方向与刀体的转动方向之间的夹角总在时刻变化，而布置在圆形刀盘上的刀具的刀刃也会随刀盘转动而转动，而且始终保持对切削土体正切削方向。由此设计的多片刀刃圆周布置，相邻刀刃之间形成一定的角度，这样就能实现刀刃保持正对切削方向，从而保证切削效率。

根据刀盘设计特点，在刀盘侧面安装一定数量的侧边割刀(图6)，其安装方向始终与固定面方向垂直，保证沿断面外沿实现连续地无死角覆盖切削面，从而避免因刀具姿态导致的切削效率下降问题出现。

图5 正面圆柱刀

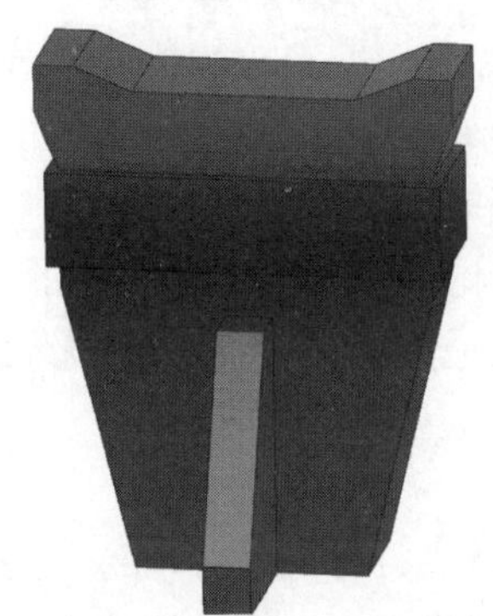

图6 侧边割刀

以正面圆柱刀为例进行刀具的切削轨迹分析。在图7中，阴影部分表示圆柱刀以偏心距为半径转动时，刀具的切削区域。该区域成环形，环宽是圆柱刀直径。可以看出，圆柱刀在切削时，切削范围就是一个圆环，环内及环外都是切削不到的。要使这样一个个圆环状的切削轨迹全断面覆盖切削面，仅靠随意摆放刀具是做不到的，必须使每把刀圆环轨迹中心的盲区被相邻刀的圆环轨迹交错覆盖。极限状态自然是在刀盘正面紧挨着布满刀具，但这是不现实的做法，所以我们需要找出全断面切削条件下，圆柱刀最经济可行的布置方法。

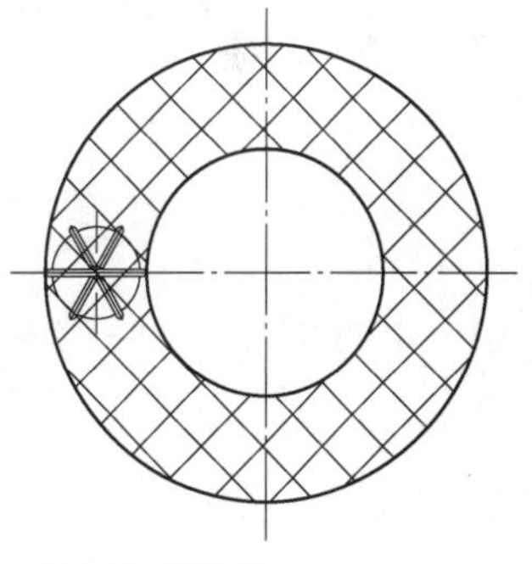

图7 单把圆柱刀的切削轨迹

如图8所示，将圆柱刀的环形轨迹尝试不同的排列组合。方案1中，使用的是最简单的排列方法，即相邻轨迹间圆环的环形区域与中心盲区相交错，因为将轨迹覆盖区域看作为长方形，而实际上，在这一长方形区域中，还是有部分边角是覆盖不到的，不过随着刀具数量的增多，不能切削的边角区域占总面积的比例将不断减小。

在方案1之后，又考虑了方案2的布置形式，这种布置形式中，圆环的圆心之间组成正六边形。尝试使用正六边形排列，是因为联想到空间利用率相当高的蜂巢结构，就是由正六边形组成，在使用作图法布置后发现，正六边形布置的圆环轨迹相互交错后，中心区域轨迹覆盖率几乎达到100%，虽然图9中每个圆环中心的盲区外侧区域没有轨迹覆盖，但这是因为仅画了6个轨迹的缘故，如果在外圈持续增加环状轨迹，可以发现圆环中心盲区未被覆盖的地方将被新增加的轨迹圆环覆盖，做到全断面切削。

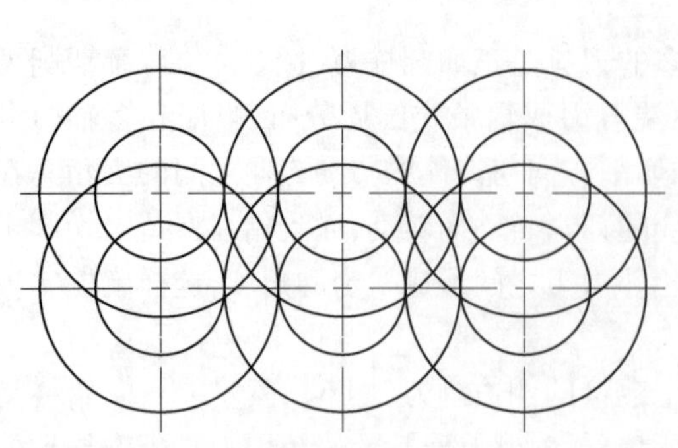

图8　圆柱刀轨迹布置方案1

图9　圆柱刀轨迹布置方案2

在设计中，可以看出方案2的轨迹覆盖面积要大于方案1的轨迹覆盖面积。从图8、图9上也可以很明显地看出，将圆柱刀中心按正六边形布置，比普通的依次排列布置方法要高效、经济（相同切削面积所需的刀具少）。

事实上，在设计刀具布置时，也尝试了其他形式的平面布置方案，但相比较之下，还是以正六边形的布置方法最完善，真正做到了无死角的全断面切削。

4　结语

通过对已有的矩形掘进机刀盘布置形式进行分析和研究，结合两种已有刀盘设计模式的优点，提出了新的圆形大刀盘+边缘偏心多轴刀盘组合式布置方式，使用该种组合式刀盘可以在多种异型断面掘进机设计中达到全断面切削的目的。同时，针对这种新模式中的偏心多轴刀盘，使用圆柱刀，并且以正六边形布置刀具，才能在总体和局部上同时做到全断面切削。

参考文献

[1] 余彬泉，陈传灿. 顶管施工技术[M]. 北京：人民交通出版社，1998.

近似椭圆形盾构壳体设计

王　兴

（上海隧道工程股份有限公司　上海　200232）

摘　要：本文主要介绍了椭圆形盾构分段壳体的强度计算，并针对受力较复杂的前壳体1进行有限元分析，根据应力、应变等分析结果改进设计中的细节部分和薄弱环节，使得受力更合理化，避免应力集中等现象的发生。

关键词：椭圆形盾构；壳体；有限元；设计

1　简介

椭圆形盾构壳体有别于传统形式的盾构。传统圆形盾构由于圆形截面惯性矩最佳，抗弯截面模量最好，所以盾构壳体受力最好。但是，由于圆形盾构空间利用率较小，在日益紧缺的地下空间条件下，空间利用率较高的椭圆形盾构便有了广泛的发展空间。

但是，椭圆形盾构壳体的抗弯截面模量较差，受力不当部分区域会产生变形、屈服损坏。所以，需在模拟软件的帮助下，根据壳体的受力情况分析它的薄弱环节和应力。并根据分析结果改进设计思路和理念，以达到壳体刚体稳定性的目的。

2　近似椭圆盾构壳体强度验算

2.1　分段壳体强度验算

椭圆形盾构采用分段式设计，即将壳体分为上、下两段并用法兰面将其连接，如图1所示。此种设计的优势在于：运输方便快捷，不受道路限高等限制，对工地现场起吊机要求较低。但是分段式壳体的受力比整段壳体更复杂，其分段面的挤压力和剪切力需经过验算满足强度要求后才可使用。

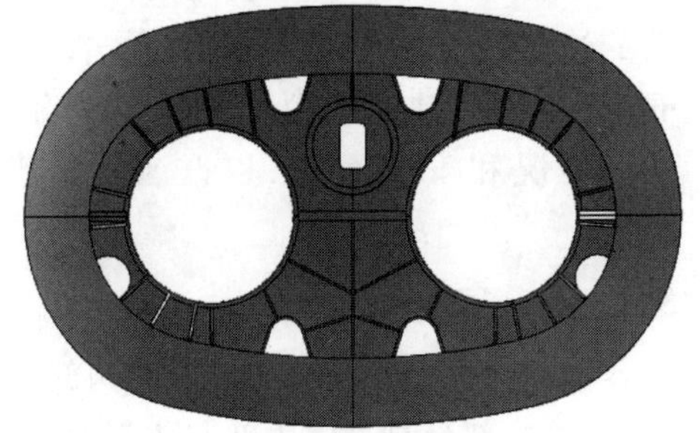

图1　前壳体分段连接面

前壳体所受的最大总推力为2160t，因此单边法兰连接面受 $F=360\text{t}$ 的最大推力。

挤压应力计算：前壳体的上下面各采用80mm厚的法兰板，平键与法兰板接触面深度 $t=80\text{mm}$，受挤压面为 $80\times l$（l 表示键长），法兰板材料为Q345，屈服强度345MPa，挤压强度按3倍取值 $p=1035\text{MPa}$，则需要的最小面积为 $S=F/p=3478\text{mm}^2$，挤压面长度为 $l=S/t=43\text{mm}$，所以单边的法兰面需开总长为43mm的键长，设计总长度为1700mm。

平键的剪力计算：平键采用45号钢调制加工，屈服强度为345MPa，剪切强度取其1/3，即为 $p_t=115\text{MPa}$，为抵抗变形需要的最小剪切面积为 $S=F/p_t=31304\text{mm}^2$。

作者简介：王兴（1987—），男，本科。主要从事盾构、顶管部件的机械结构设计。Email：wangxingwill@163.com。

键槽宽度为 $b = S/l = 19\text{mm}$（≤设计长度 120mm）。

前壳体分断面强度校核：单个法兰面使用 2 个平键，1 个定位销和 10 个螺栓连接。单个平键在剪切方向的投影长度为 340mm，宽度为 120mm，剪切面积为 40800mm^2，总剪切面积为 81600mm^2。单个定位销剪切面积为 $S = 3.14 \times 40^2 = 5024\text{mm}^2$，平键与定位销的总面积为 $S = 81600 + 5024 = 86624\text{mm}^2$，一共可抵抗剪应力 996t，10 个 M48 连接螺栓，按 8.8 级计算螺栓的预紧力为 $F_0 = (0.6 \sim 0.7)\sigma_s A_s$，8.8 级螺栓屈服应力为 640MPa，公称应力截面积为 1670mm^2。

由于 $F_0 = (0.6 \sim 0.7)\sigma_s A_s = 75\text{t}$，预紧力总和为 750t，钢材间静摩擦系数为 0.15，螺栓提供的摩擦力为 112.5t。上、下壳体间使用密封焊，密封焊按 5mm 厚计算，焊缝抗剪强度按焊缝的最小抗剪应力 83MPa 计算，焊缝长度约 3760mm，能抵抗剪力 156t。将上述三者相加，总共能抵抗剪切力 1268t，能满足抗剪要求。

2.2 近似椭圆盾构的组成

近似椭圆盾构的组成与传统圆形盾构十分相似，都由壳体与盾尾组成外壳。主要区别在于切削系统中为了满足全断面切削，近似椭圆盾构增加了双大刀盘与偏心刀盘。拼装系统中，近似椭圆盾构拥有独立的双机械手拼装机。

3 前壳体受力模型

3.1 前壳体 1 受力分析

前壳体 1 在承受外部水土压力的同时（图 2），其隔舱板还需抵挡正面泥土仓与刀盘上的水土压力，同时为安装刀盘驱动和螺旋机等部件，隔舱板的开孔数量极多且面积较大，这无疑在很大程度上减弱了隔舱板的刚度。此外，隔舱板还需支持各安装部件的自身重力。因此，前壳体 1 薄弱环节的受力更为复杂，不安全因素增多。所以，对前壳体 1 的受力进行模拟分析，可以了解其各部位的变形情况和安全系数，以改善薄弱环节的结构设计。

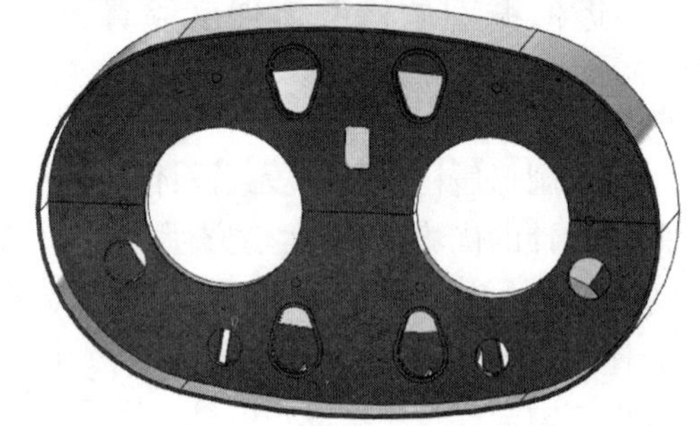

图 2 前壳体 1 隔舱板

3.2 荷载确定

前壳体 1 所受荷载主要分为两部分：第一部分为掘进机向前掘进时壳体受到的外部水土压力，第二部分是壳体内部安装部件的自身重力和土仓压力。壳体受到的外部水土压力大小主要与壳体埋深有关，受力模型如图 3 所示。因为在地下，水、土彼此混合可看作一个整体，考虑到两者的混合密度为 $1.8 \times 10^3\text{kg/m}^3$。根据工程实例可知，壳体顶部埋深为 25m，可计算出壳体顶部受到的向下水土压力为 441kN/m^2。同理，根据壳体外形尺寸 11830mm × 7267mm，可计算出向上的水土压力为 569kN/m^2。按常用建模方法，侧向水土压力与该深度下的垂直水土压力成固定比值，可通过换算系数计算得出近似值，且侧向水土压力随深度线性增加。

隔舱板受到的水土压力可按侧向水土压力的方法计算。同理得到刀盘正面受到的水土压力，且压力通过刀盘传递到驱动与壳体隔舱板的安装面上，按照刀盘受力面积计算出每个刀盘驱动安装面的受力，其中大刀盘安装面为 350t，各偏心刀盘安装面为 60t。此外，各部件的自身重力分别是大刀盘 100t，偏心刀盘 3t，螺旋机 10t。

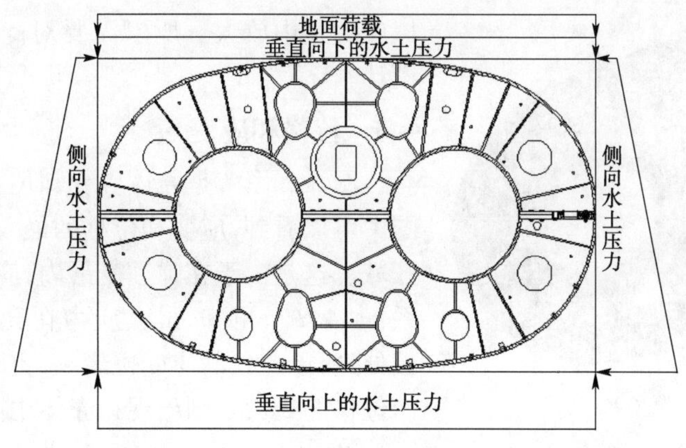

图 3　近似椭圆盾构受地下水土压力情况

4　有限元分析

4.1　建立模型

利用 Solidworks 软件建立近似椭圆盾构前壳体 1 的三维模型。因为要对前壳体 1 进行有限元分析,所以将其后的前壳体 2 以及后壳体等可看作一个固定整体,因其受力较好,内部支撑刚度大,所以在土体挤压下的变形量相对较小,因此可以近似将前壳体 1 与后面整体的连接处看作无变形的支撑端,在该面对前壳体 1 提供一个固定约束,其代表意义是在该面的 X、Y、Z 轴增加位移约束。

建立模型后,可以根据模型受力和荷载大小进行加载并生成网格。其意义是:将模型划分为许多具有简单形状的小块,这些小块通过节点连接,这个过程称为网格划分。有限元分析程序将集合模型视为一个网状物,这个网由离散的互相连接在一起的单元构成。精确的有限元结果很大程度上依赖与网格的质量,程序中的网格信息如图 4 所示。

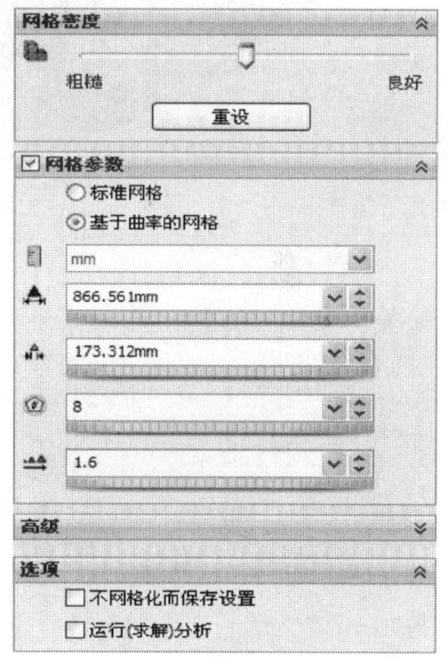

图 4　网格信息

Solidworks 软件对模型的有限元分析结果分为应力、应变、位移和安全系数分析,定义不同材质会出现不同结果,近似椭圆盾构前壳体 1 使用材质为普通碳钢。

4.2　应力分析

物体在外力作用下,其内部会产生应力和应变(变形)。由胡可定律可知,材料在一定范围内的变形属于弹性变形,此时材料的内部应力小于其极限应力,撤销外力后,物体可以恢复到原本形状。而当应力大于极限应力时,材料则发生塑性变形和屈服破坏。所以在设计制造中,需要根据软件的模拟加载,分析壳体各部分受到的应力,确保其大小均小于材料的极限应力,处于安全的弹性变形范围内。

图 5 为前壳体 1 在计算机模拟运算中应力分析,为了更直观地显示壳体各部分受力和失效过程,此图可按原图结果放大 30 倍。由此图可知,壳体大部分都处于材料的屈服强度之内。但有部分区域应力超出了材料的最大极限应力,出现屈服破坏,此区域在壳体中部靠下处。由力学知识可知,此处的筋板显然排布不合理,筋板之间不能有效地传递压力,致使筋板部分区

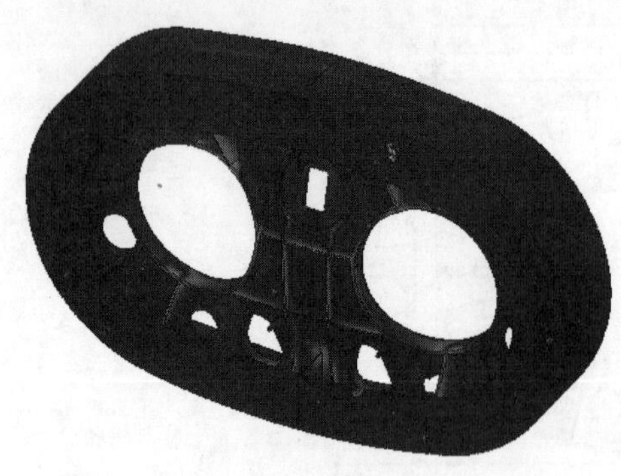

图5　应力分析

域应力集中放大。所以需要对此结构细节进行优化设计。

4.3　位移和应变

图6和图7是壳体应变和位移分析图，从这两个图中可以看到，应变和位移的最大变形量并不在同一区域。这是由于在弹性变形内，应变与应力呈正比关系，由4.2节可知，最大应力在壳体中下部与壳体连接处，所以此处的应变也最大，更容易出现屈服破坏。而位移的最大处则出现在壳体中间挡板处，因为位移大小与结构件的固定端、作用力大小以及力的作用点等有关，所以在建立受力模型时，壳体的外围圈板被用作约束端固定不动，中间则受到土压力作用产生最大位移。举一个简单例子，一根悬臂梁在最远处施加作用力，则位移最大处在最远端，而应变最大处靠近固定端。所以，虽然宏观上感觉壳体中间变形最大，更容易被"破坏"。但只要不影响正常使用，此变形都属于安全的弹性变形范围内，不会造成结构件的破坏。

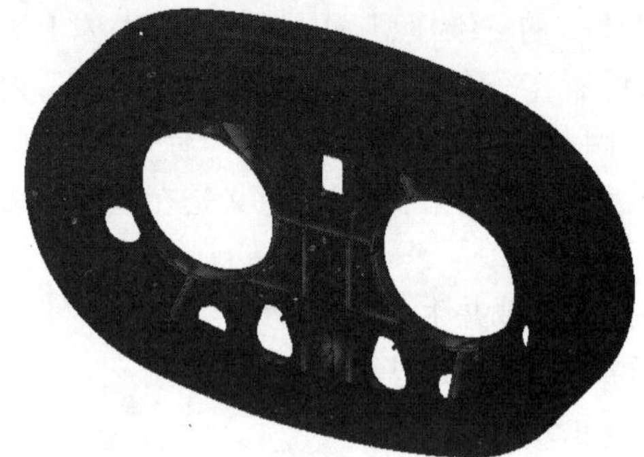

图6　应变分析

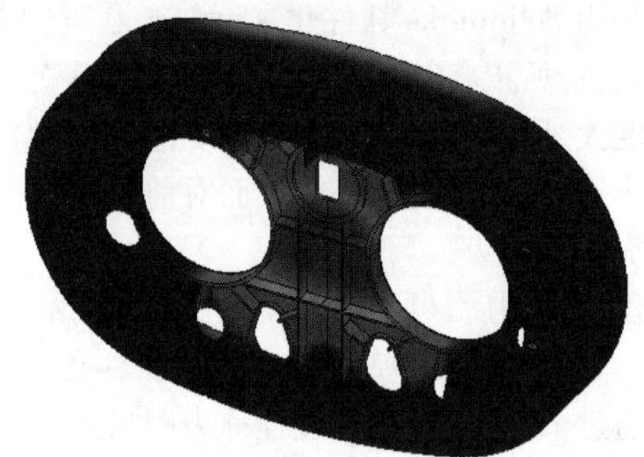

图7　位移分析

4.4　安全系数

Solidworks 软件提供安全系数供使用者参考，安全系数是评定设计好坏的一个重要参数，其表达式为 $S = \sigma_{\text{limit}}/\sigma_{\text{von-Mises}}$。式中，$\sigma_{\text{limit}}$ 为材料的屈服应力，取值为325MPa；$\sigma_{\text{von-Mises}}$ 为壳体所受应力值。任何位置的安全系数，小于1.0意指这个位置的材料已降伏，等于1.0意指这个位置的材料开始屈服，大于1.0意指这个位置的材料尚未屈服。如图8安全系数分布可知，安全系数较低的区域是壳体中下部与筋板连接处，与4.2节应力的分布情况相对应。最小安全系数对应应力值峰点为0.16，表示此区域已降伏，需改进设计。

5　细节优化

由4.2节可知，壳体部分区域应力值超出极限应力，安全系数过小，需要对此前的设计进行细节优化。

应力集中会使脆性材料局部范围内应力突然显著增大，导致在应力集中处过早出现疲劳裂纹，进而导致结构件断裂。而应力集中多出现于尖角、孔洞、缺口、沟槽以及有刚性约束处及其领域。本文前壳体1中筋板与壳体属于直角连接，而且筋板位置不合理不能有效传递压力，容易发生应力集中，因此可将此处如图9所示重新排布筋板，便能有效地避免应力集中现象。

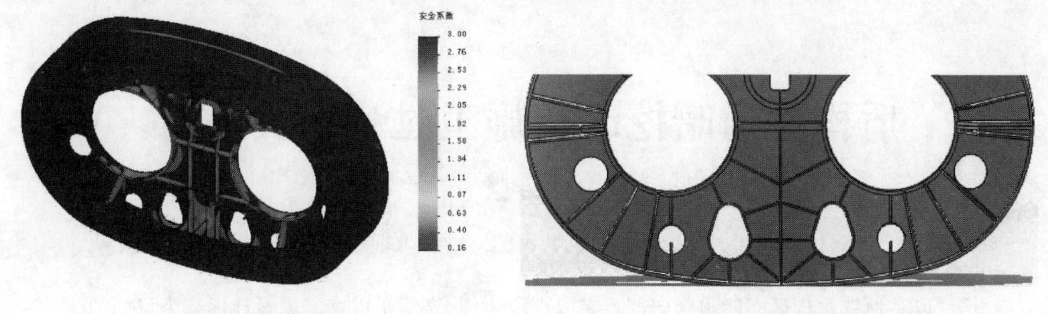

图8　安全系数图　　　　图9　筋板优化

6　结语

通过 Solidworks 软件对模型进行有限元分析,较传统的手工验算更方便简洁。准确率相当高,它可以系统地对部件每一个部分的受力进行了解。及时发现结构件的危险区域和薄弱环节,改进设计,完善细节。

参考文献

[1] 吴高阳. Solidworks 2010 有限元、虚拟样机与流场分析从入门到精通[M]. 北京:机械工业出版社,2011.

盾构隧道暗挖改造施工过程仿真分析

张恒睿　曲　强　罗　敏

（中国中铁工程设计咨询集团有限公司　北京　100055）

摘　要：以某地铁盾构区间隧道竖向严重超限事故为例，介绍了以恢复原设计标高为目的的暗挖改造处理方案，利用有限元软件对已建成盾构隧道暗挖改造全过程进行了三维数值模拟计算，并与施工过程进行对照分析，提出了暗挖改造的重点工序，同时也为预防和处理类似事故提供借鉴。

关键词：盾构隧道；暗挖改造；仿真模拟

1　引言

目前，我国地铁建设正高速发展，截至2016年2月，内地已有40个城市获批轨道交通建设，伴随着地铁建设的热潮，各种事故也频发不断。相较其他工法，盾构施工因为其成熟的工艺及设备，安全性较高，发生事故概率较小，特别是隧道竖向超限的情况更加少见，也难见相关的研究文献。本文对某地铁盾构区间竖向超限事故的研究论述，将对后续相关工程具有重要的借鉴及参考价值。

2　工程概况

某城市地铁A—B站右线盾构区间，自B站西端头盾构井始发向A站掘进，当盾构机掘进至第59环时，对成形管片进行人工复测发现，从第16环管片开始，竖向较设计出现不同程度的偏差，最大偏差出现在第59环，高出设计标高2260mm，如图1所示，而管片平面位置未出现偏差。超限段隧道全长约66m，线路平面为直线，纵断面依次为24.872‰的上坡、2.0‰的下坡，竖曲线半径为3000m，隧道拱顶埋深为10.3～9.3m。

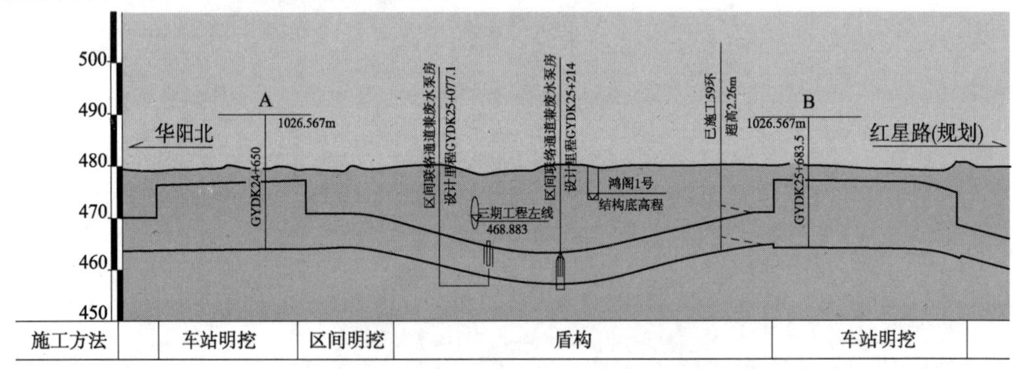

图1　超限隧道纵剖面示意图

场地范围内自上而下依次为杂填土、粉质黏土、中砂、冲积卵石土、泥岩。该段区间主要穿越的地层为中密～密实卵石层及强、中风化泥岩层，其中隧道上半部分均位于卵石层中，地下水位稳定埋深为3.80～5.80m。

作者简介：张恒睿（1984—），男，硕士，高级工程师。主要从事地下工程设计。Email：251191242@qq.com。

3 处理方案

针对该盾构隧道超限情况，各方从工期、施工难易程度、外界影响等方面提出了多种解决方案，经过充分的研究、论证、比较，最终采用的是恢复原设计线路方案(图2)，具体如下：

(1)在现在盾构机前方新增一处盾构接收井，现有的盾构机推进至井中，解体吊出。

(2)现有盾构机吊出后，从接收井向B站方向进行超限段暗挖改造施工，恢复线路至原设计标高。

(3)同时另增加一台盾构机，从A站始发，施工剩余隧道，到达新增盾构接收井后解体吊出。

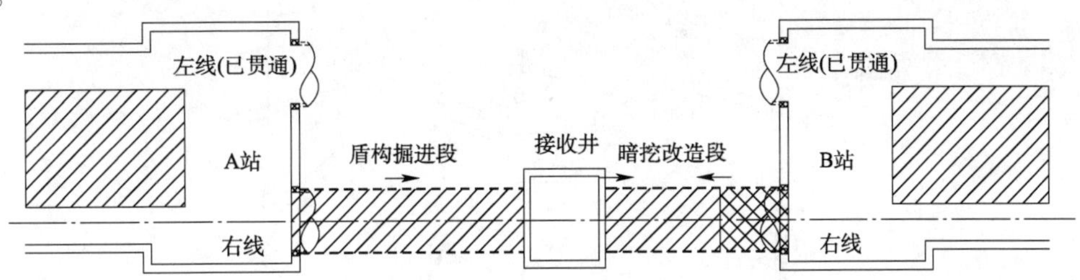

图2 暗挖改造方案示意图

暗挖改造后，隧道结构形式为单线单洞圆形断面，内轮廓直径5.4m，与盾构隧道一致。根据隧道超限情况、断面形式、埋深及所处地质条件，为降低施工难度及工程投资，充分利用已施工完成的盾构管片的支护效用，将暗挖改造段隧道分为局部拆除管片段和全部拆除管片段：由B站向A站方向，右线16～33环管片全部拆除；34～39环拱部120°管片保留；40～59环拱部150°管片保留；1～15环管片，断面偏差在规范允许范围内，不需进行改造，但为了防止改造段管片拆除卸载导致该段管片松弛，引起环缝增大、渗漏水等情况，提前对管片采取了纵向拉结紧固措施。

改造段隧道采用浅埋暗挖法及喷锚构筑法进行设计和施工，提前加固地层，分步破除管片；采用复合式衬砌结构，即以锚杆、钢筋网、喷射混凝土和钢架为初期支护，以模筑钢筋混凝土为二次衬砌，初期支护与二次衬砌间设全包防水层。

4 暗挖改造施工步序

4.1 局部拆除管片段

局部拆除管片断面如图3所示。

(1)施工降水，暗挖改造段管片拱部180°范围提前径向注浆加固，保留管片范围注浆管端部设置垫板；边墙180°～270°范围拆除管片，进行局部开挖，架设格栅钢架后，打设钢花管并注浆，注浆管端部与格栅钢架焊接牢固。

(2)确定管片保留范围，保留管片以不侵入暗挖隧道二次衬砌结构为原则，在纵向切割线上方40cm处打设锁脚锚管，锁脚锚管长度按不小于3m，角度按不小于10°控制；锚管端部用槽钢连接进行纵向加强。环向切割步距为半幅(0.75m)管片。

(3)拆除已切割好的半幅管片，局部开挖，初喷，敷设钢筋网，架立格栅并打设锁脚锚管，复喷至设计厚度。按相同步序拆除另外一侧及底部的半幅管片，架设横撑。

(4)台阶法开挖底部土体，架设格栅，使初期支护封闭成环。

（5）铺设隧道仰拱底部自粘防水卷材及细石混凝土保护层，绑扎钢筋，浇筑底板及部分边墙。

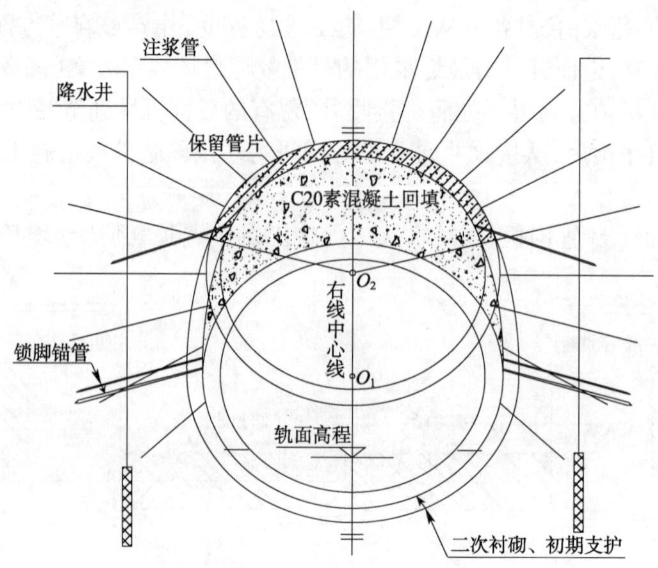

图3　局部拆除管片断面

（6）沿初期支护及盾构管片内侧敷设防水卷材，分段拆除型钢横撑，每次拆除长度不大于6m，施作剩余边墙及拱顶二次衬砌结构。

（7）待二次衬砌强度达到设计强度的100%以上时，泵送C25 P6防水混凝土，回填隧道拱部与盾构管片间的空隙，回填未密实处，通过二次衬砌拱部预埋注浆管注浆回填。

4.2　全部拆除管片段

全部拆除管片断面如图4所示。

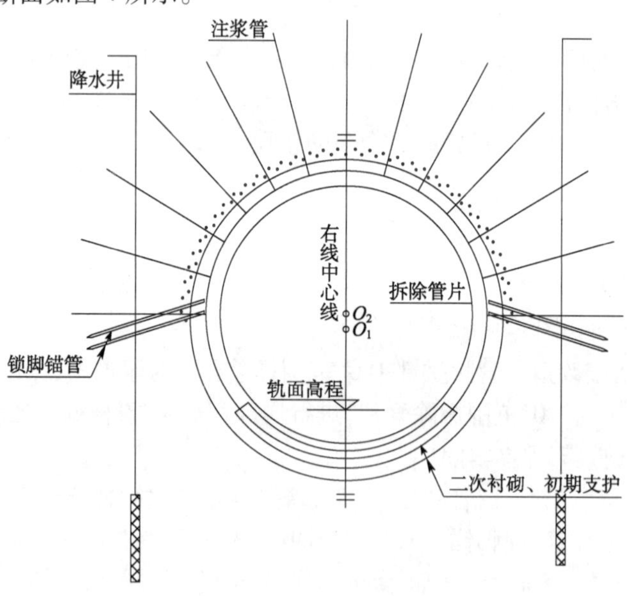

图4　全部拆除管片断面

（1）施工降水，暗挖改造段管片拱部180°范围提前径向注浆加固。

（2）预备全部拆除管片段提前一环管片打设双排超前小导管。

(3)分块拆除拱部及边墙0.75m宽度范围内管片,局部开挖,打设双排超前小导管,进行超前注浆加固,初喷,敷设钢筋网,架立格栅并打设锁脚锚管,复喷至设计厚度。

(4)拆除底部0.75m宽度范围管片,局部开挖,初期支护封闭成环。重复上述步骤,进行下一循环。

(5)铺设隧道仰拱底部自粘防水卷材及细石混凝土保护层,绑扎钢筋,浇筑底板及部分边墙。

(6)分段拆除型钢横撑,每次拆除长度不大于6m,施作剩余边墙及拱顶二次衬砌结构。

(7)通过二次衬砌拱部预埋注浆管对二次衬砌与初期支护之间空隙进行注浆回填。

5 数值模拟

5.1 MIDAS/GTS 软件概述

MIDAS/GTS 是针对岩土工程开发的有限元软件,该软件具有简洁的界面、前后处理功能强大的岩土材料模型库,能满足大部分岩土体的破坏模式。因此,用此软件对隧道工程建立三维数值模型,比较接近真实情况,且计算结果相对安全。

GTS 模块是包含施工阶段的应力分析和渗透分析等岩土和隧道所需的几乎所有分析功能的通用分析软件,是经过验证的快速准确的有限元求解器、CAD 水准的三维几何建模功能、自动划分网格、方便快速的隧道建模助手、大模型的快速显示和最优的图形处理功能、适合于 Windows 操作环境的最新的用户界面系统、使用最新图形技术表现分析结果、计算输出功能。Midas/GTS 中提供的分析功能有静力分析、施工阶段分析、渗流分析、动力分析等。

5.2 模型建立

因拆除超限盾构隧道环向切割步距为半幅(0.75m)管片,模型取超限值最大处5环管片,分10个步距进行拆除;模型两侧及底部计算土体范围取隧道开挖宽度的3倍,模型顶面取至地面。

上述计算范围实际上是在半无限连续的围岩中取出隧道周边有限的范围来确定的,因此计算范围的端面必须满足连续性边界条件。本模型中,模型底面和侧面为位移边界,侧面限制水平移动,底部限制垂直移动,上边界为地表,为自由面。即模型的边界约束条件为:模型的左右受到 X 轴方向的位移约束,前后受到 Y 轴方向的位移约束,下部受到 Z 轴方向的位移约束,地表为自由边界。

三维有限元计算采用四面体实体单元模拟围岩,用壳单元模拟喷射混凝土初期支护和临时支护。采用莫尔—库仑本构模型模拟围岩,采用弹性本构模型模拟衬砌,对管片拆除及开挖过程进行非线性计算。同时假定计算边界不受隧道开挖影响,用约束来模拟。三维计算机模型如图5所示。

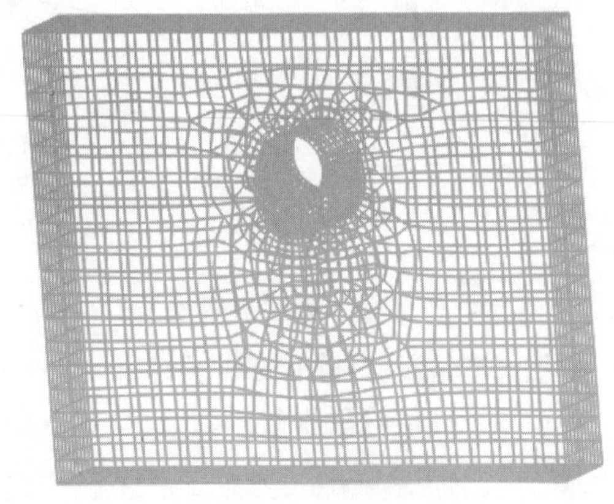

图5 三维计算模型

5.3 参数选取

结合成都地铁一号线的地质条件数据资料,经适当简化后,选取的土层分布及性质见表1。

计算选用的土层分布及性质　　表1

层号	土类名称	层厚(m)	重度(kN/m^3)	静止侧压力系数	黏聚力(kPa)	基床系数		内摩擦角(°)
						垂直	水平	
1	杂填土	2.8	18	0.4	8			12
2	细砂	0.5	17.5	0.4	0	12	10	22
3	卵石土	0.7	19.5	0.3	0	25	22	35
4	卵石土	10.2	21.5	0.2	0	40	35	45
5	强风化岩	1.6	21.5	0.35	60	120	100	29
6	中风化岩	13.4	22.5	0.15	330	200	150	33

5.4 计算过程

管片拆除及隧道开挖效果的模拟是通过“激活”、“钝化”单元数据来实现的，“钝化”单元并不是将其从模型中删除，而是将其刚度矩阵乘以一个很小的因子，为了减少求解的方程数和避免病态条件，还要将其自由度约束住。此时钝化单元的荷载、质量、阻尼、比热容及其他类似的效果都将被设定为零。当施作衬砌时再重新激活单元，并将其参数转换为支护参数，从而实现隧道的开挖和支护过程。

6 计算结果分析

6.1 局部拆除管片段

6.1.1 管片拆除过程中围岩稳定性判断

暗挖改造实施的风险点和关键点在于管片破除的过程中，在管片破除后初期支护架设前整个支护体系的安全性——即不发生结构破坏、塌方、涌土涌砂等险情，而在新的初期支护封闭成环后，风险有所降低，仅需判断新形成的初期支护环受力及变形是否满足要求。为判断管片拆除过程中的安全性，选择中间一环管片拱顶沉降值作为判断指标，如果拆除过程中，拱顶沉降值持续发展且不收敛或发生突变，则认为拆除施工不安全；如果拆除过程中，拱顶沉降值逐渐趋于稳定，且沉降量在控制值范围内，则认为拆除施工是安全的。根据 MIDAS/GTS 数值模拟情况，中间环管片拱顶沉降值曲线如图 6 所示。

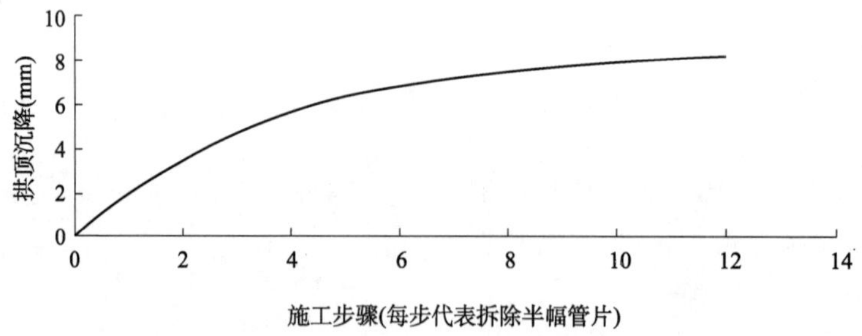

图 6　施工过程中间环管片拱顶沉降曲线（局拆）

根据计算情况，拆除 6 环管片，共计 12 个拆除、开挖、初期支护架设的循环过程后，中间环管片的拱顶沉降值趋于收敛，累积沉降量 8.29mm，小于《城市轨道交通工程监测技术规范》（GB 50911—2013）中，坚硬～中硬土管片结构竖向位移控制值为 20mm 要求，可以判定，在下半环管片拆除施工过程中围岩稳定。

6.1.2 地表沉降及结构变形分析

改造隧道埋深较浅,控制地表沉降关系到隧道本身和地面建筑物安全,是评价工法好坏的主要因素之一。

地表沉降对环境的影响具有累积效应,计算分析需以盾构隧道施工完成后、暗挖改造之前的地表沉降值作为初始值,累积上暗挖改造导致的沉降值作为最终值,来判断改造施工导后累积的地表沉降是否满足规范要求。

盾构隧道施工完成后,暗挖改造前,地表沉降如图 7、图 8 所示。

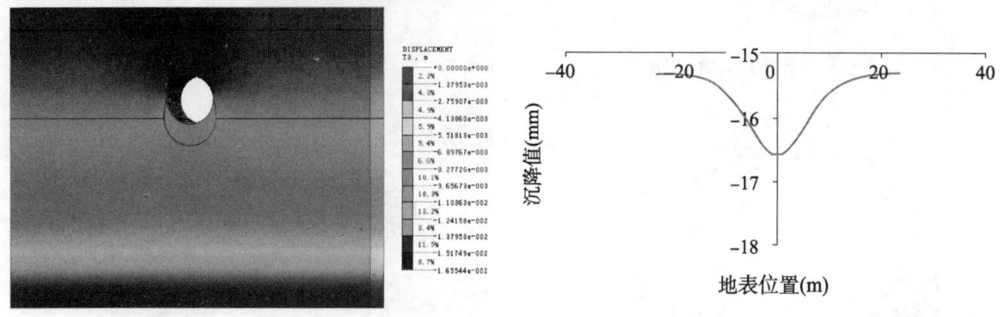

图 7　盾构隧道施工完成后沉降云图(局拆)　　图 8　盾构隧道施工完成后地表沉降曲线(局拆)

现场实测值为 13 ~ 17mm,与计算值基本一致。

暗挖改造之后的地表累积沉降值:

计算考虑洞内径向注浆加固对地层参数的提升、系统锚杆、锁脚锚杆对保留管片和围岩的稳定作用,经 MIDAS/GTS 计算后,得出盾构隧道暗挖改造施工完成后地表的沉降云图(图 9)。如图 10 所示,最终位移场在改造隧道拱顶上部地表出现最大沉降量为 22. 34mm,小于《城市轨道交通工程监测技术规范》(GB 50911—2013)中矿山法区间隧道一级监测等级累计值控制指标(30mm),与实测值较接近,可以判断改造措施得当,地表沉降满足要求。

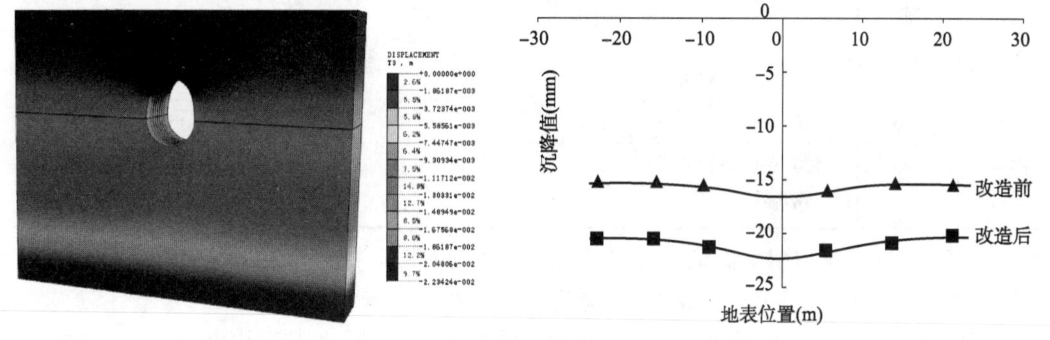

图 9　暗挖改造后沉降云图(局拆)　　图 10　暗挖改造后地表沉降曲线(局拆)

6.1.3 关键节点部位内力分析

内力分析结果如图 11 ~ 图 13 所示,变形分析结果如图 14 所示,可知结构所受弯矩主要集中在拱顶、拱肩及拱底,变形主要集中在拱肩及拱底。拱底变形是由超挖引起的隧底隆起导致的,拱肩变形是由保留管片与初期支护连接节点刚度不一致形成薄弱节点导致的。超挖后快速架设格栅,喷射混凝土,使初期支护封闭成环可有效控制隧底隆起和净空收敛,控制初期支护和围岩变形;管片与初期支护连接节点为混合初期支护的薄弱点,通过在管片纵向切割线上方 40cm 处打设锁脚锚管,在节点处设置型钢横撑,可减小节点处受力并控制其变形。

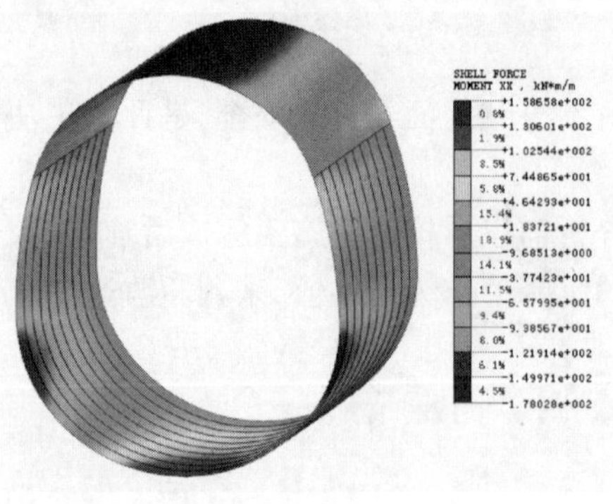

图 11　计算结构弯矩图(局拆)

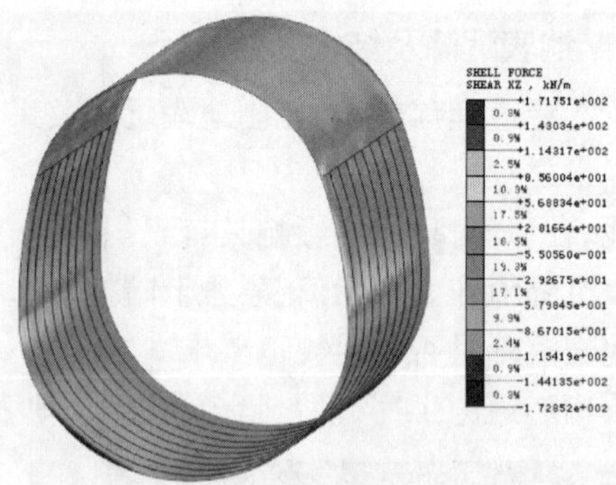

图 12　计算结构剪力图(局拆)

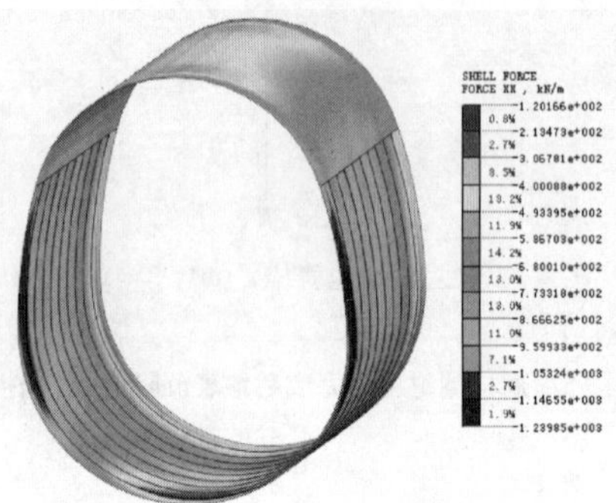

图 13　计算结构轴力图(局拆)

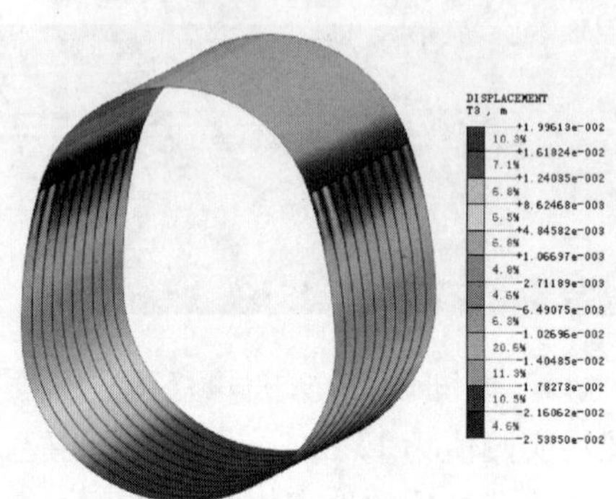

图 14　计算结构变形图(局拆)

依据《铁路隧道设计规范》(TB 10003—2005),对结构初期支护配筋进行计算,初期支护的拱腰、拱脚、仰拱的配筋情况见表 2。

隧道初期支护结构配筋计算(局拆)　　　　表 2

结构部位	h (mm)	内力计算值			计算配筋面积(mm²)	实际配筋面积(mm²)
		M (kN·m)	N (kN)	Q (kN)		
拱腰	300	46	800	131	504	1520[4⌀22]
拱脚	300	120	1275	130	1373	1520[4⌀22]
仰拱	300	130	870	29	1497	1520[4⌀22]

经过对本段隧道初期支护结构计算,隧道拱脚及仰拱处为结构受力最不利位置,是整个隧道结构配筋的控制点,经过配筋验算,本隧道初期支护能够满足结构受力的要求;隧道拱部保留的管片,作为初期支护结构的一部分,其本身的配筋量、混凝土强度均已满足改造过程中的受力需求,此处不再罗列验算过程;改造后的隧道二次衬砌结构厚度设计为 350mm,比改造前的管片厚度 300mm,有所增加,经计算分析,二次衬砌承载能力和正常使用要求均可满足,在本次暗挖改造设计中为非控制性构件,本文不再赘述。

6.2　全部拆除管片段

6.2.1　管片拆除过程中围岩稳定性判断

中间环拱顶沉降曲线如图 15 所示。

根据计算情况,拆除 6 环管片,经过 12 个拆除、开挖、初期支护架设的循环过程后,中间环管片的拱顶沉降值趋于收敛，累积沉降量 9.52mm，小于《城市轨道交通工程监测技术规范》(GB 50911—2013)中，坚硬～中硬土管片结构竖向位移控制值为 20mm 要求，可以初步判定，在全环管片拆除施工过程中围岩基本稳定。

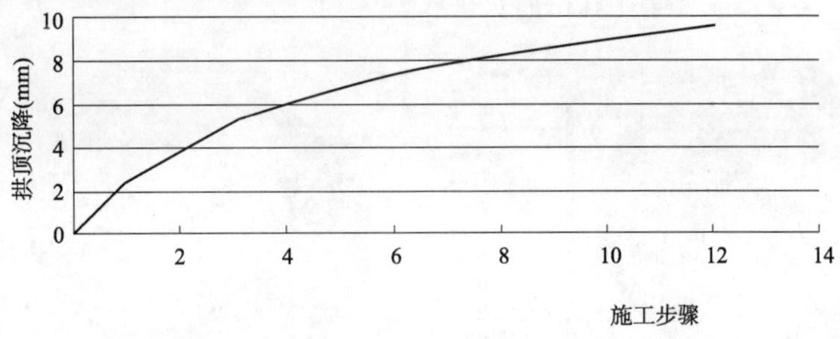

图 15　施工过程中间环拱顶沉降曲线(全拆)

6.2.2　地表沉降及结构变形分析

盾构隧道施工完成后地表沉降如图 7、图 8 所示。

暗挖改造之后的地表沉降值：

计算考虑洞内径向注浆加固对地层参数的提升、锁脚锚杆对围岩的稳定作用，经 MIDAS/GTS 计算后，得出盾构隧道暗挖改造施工完成后地表的沉降云图(图 16)。如图 17 所示，最终位移场在管片全拆段隧道上部地表出现最大沉降量为 27.3mm，小于《城市轨道交通工程监测技术规范》(GB 50911—2013)中矿山法区间隧道一级监测等级累计值控制指标(30mm)，与实测值较接近，可以判断改造措施得当，地表沉降满足要求。

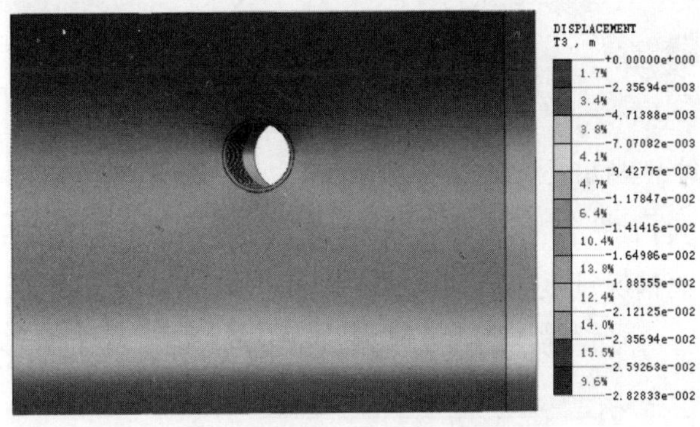

图 16　暗挖改造后沉降云图(全拆)

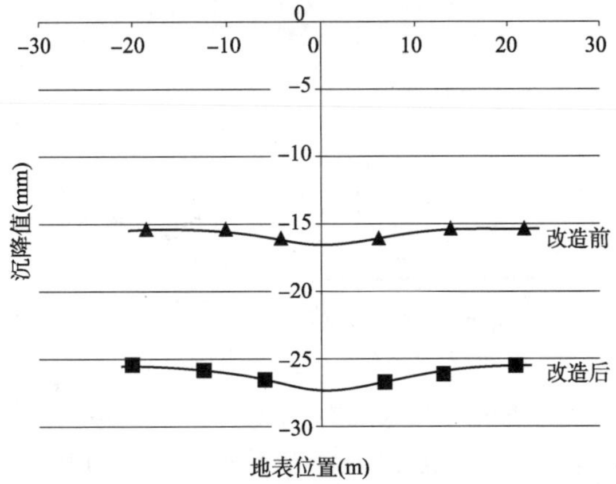

图 17　暗挖改造后地表沉降曲线(全拆)

6.2.3 关键节点部位内力分析

内力分析结果如图18~图20所示，变形分析结果如图21所示，可知结构受弯主要集中在拱顶、拱肩及拱底，变形主要集中在拱肩及拱底。

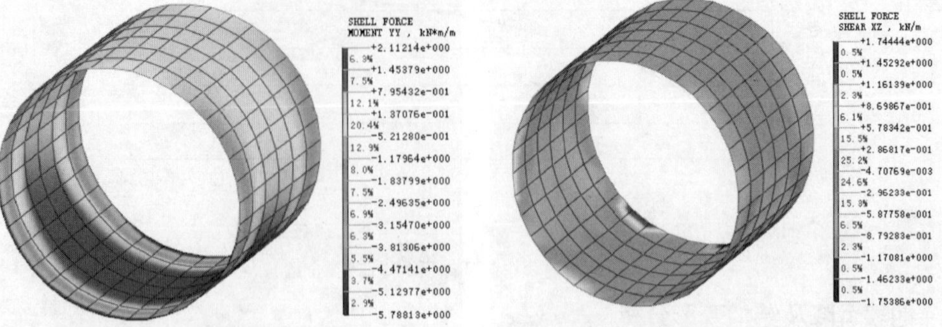

图18 计算结构弯矩图（全拆） 图19 计算结构剪力图（全拆）

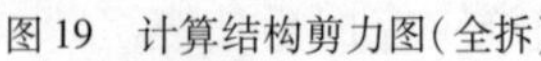

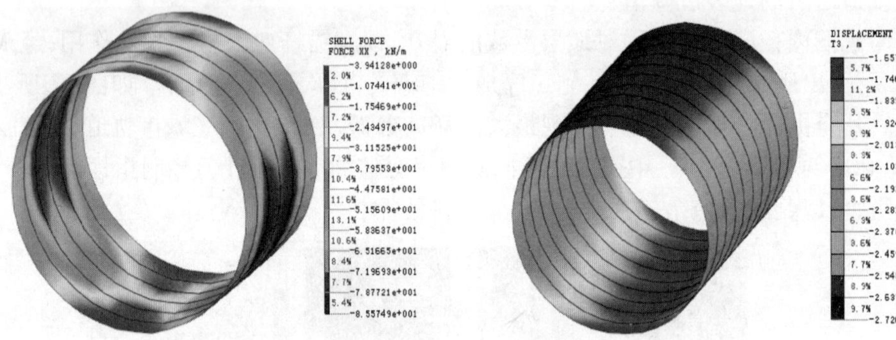

图20 计算结构轴力图（全拆） 图21 计算结构变形图（全拆）

依据《铁路隧道设计规范》（TB 10003—2005）对结构初期支护配筋进行计算，初期支护的拱腰、拱脚、仰拱的配筋情况见表3。

隧道初期支护结构配筋计算（全拆） 表3

结构部位	h (mm)	内力计算值			计算配筋面积（mm^2）	实际配筋面积（mm^2）
		M (kN·m)	N (kN)	Q (kN)		
拱顶	300	51	1254	54	587	
拱腰	300	63	764	78	725	1520[4Φ22]
拱脚	300	106	1362	163	1219	1520[4Φ22]
仰拱	300	124	838	42	1426	1520[4Φ22]

经过对本段隧道初期支护结构计算，隧道拱脚及仰拱处为结构受力最不利位置，是整个隧道结构配筋的控制点，经过配筋验算，本隧道初期支护能够满足结构受力的要求；改造后的隧道二次衬砌结构厚度设计为350mm，比改造前的管片厚度300mm有所增加，经计算分析，二次衬砌承载能力和正常使用要求均可满足，在本次暗挖改造设计中为非控制性构件，本文不再赘述。

7 需重点关注部位及处理措施

7.1 管片拆除

本超限隧道暗挖改造段管片拆除遵循“先加固,后拆除;边拆除,边支护”的原则进行设计。施工前先采取施工降水、径向注浆(注浆管端部设置垫板)、打设管片锁脚锚管等措施,以便改善地层条件,保护非拆除管片。

对于局部保留段管片,施工时应根据实际情况充分利用既有管片拼接接缝,确定管片保留范围,减少切割线,保证管片的整体性,保留管片以不侵入暗挖隧道二次衬砌结构为原则。

7.2 局部保留段既有管片与格栅钢筋连接

根据数值模拟情况,管片与初期支护连接节点为混合初期支护的薄弱点,通过在管片纵向切割线上方40cm处打设锁脚锚管,在节点处设置型钢横撑,可减小节点处受力并控制其变形。根据现场实施情况,格栅钢筋与既有管片通过角钢及螺栓连接,连接质量需满足相关规范要求。

7.3 暗挖二次衬砌与新建盾构井及盾构管片的连接及防水

暗挖二次衬砌与新建盾构井环梁通过预留钢筋接驳器进行连接,与盾构管片通过纵向螺栓进行连接。同盾构管片连接处环梁和暗挖二次衬砌一次性浇筑。

接缝处防水通过涂刷高渗透改性环氧防水涂料、预埋缓膨型止水胶条、可重复式注浆管等方式进行防水,同时设置不锈钢接水槽,将少量渗水引入区间排水沟。

7.4 施工监测

本段隧道采用信息化设计和施工,施工中应重视和加强监控量测工作,把监控量测工作贯穿于施工过程的始终,并应及时反馈信息指导设计和施工,确保隧道结构施工安全、经济。开始进行管片拆除施工时,应适当缩小测点布置间距,增加测量频率。拱顶下沉、洞内收敛两项目,在开始拆除起点处前后5环管片每环均应布置。

8 结语

本盾构隧道超限值达2260mm,改造长度为66m,属浅埋隧道,地层条件较差,全范围采用浅埋暗挖法进行改造。隧道超限数值、改造规模及实施难度属国内罕见,本文介绍了事故处理方案及暗挖改造的施工工序,同时辅以有限元软件对改造全过程进行了数值模拟分析,验证了改造方案的可行性,分析提出了需重点关注部位及处理措施,并得到以下结论。

(1)超限盾构隧道管片拆除应遵循“先加固、后拆除、短开挖、强支护、快封闭、勤量测”的原则进行,严格按设计工序施工。

(2)暗挖改造前对既有盾构隧道进行施工降水,从洞内对隧道周边围岩实施径向注浆加固可有效改善地层条件,降低改造施工风险。

(3)局部保留管片段需提前对保留管片打设系统锚杆和锁脚锚杆,控制其拆除过程中的沉降及变形。

(4)管片与初期支护连接节点为混合初期支护的薄弱点,需在对两者进行可靠连接的情况下,采取综合措施控制其内力和变形。

(5)全部拆除管片段,拱部管片拆除为高风险点,需严格控制每次破除管片的尺寸,充分利用小开孔处围岩的自成拱效应,由小及大,逐步掌握管片破除的经验及破除前后管片和地层受力变形规律,以使整个施工过程安全可控。

参 考 文 献

[1] 李治. Midas/GTS 在岩土工程中应用[M]. 北京:中国建筑工业出版社,2013.

[2] 杨奎. 铜锣山隧道围岩变形及稳定性研究[D]. 成都:西南交通大学,2004.

[3] 丛蓉. 地下洞室围岩压力分析及深圳地铁盾构法施工的数值模拟[D]. 天津:天津大学,2004.

[4] 竺维彬,鞠世健. 地铁盾构施工风险源及典型事故的研究[M]. 广州:暨南大学出版社, 2009.

[5] 朱燕琴,李斐. 杭州地铁 1 号线区间设计与施工难点研究[M]. 北京: 机械工业出版社,2012.

[6] 李晓升. 盾构机过区间风井始发掘进竖向超限分析及处理[J]. 铁道建筑技术,2013(5).

[7] GB 50446—2008 盾构法隧道施工与验收规范[S]. 北京: 中国建筑工业出版社,2008.

[8] TB 10003—2005 铁路隧道设计规范[S]. 北京:中国铁道出版社,2005.

卵砾漂石地层土压平衡盾构刀盘刀具研究

耿富林

（北京市市政四建设工程有限责任公司　北京　100176）

摘　要：土压平衡盾构机多适用于黏土、粉土、砾石和卵石等地层，但在卵砾漂石地层施工过程中出现过诸多难以攻克的“世界性难题”。本文结合北京地铁 9 号线工程地质特点和三种刀盘结构形式进行分析，找出了刀盘磨损严重和土压平衡难以建立的原因；并通过理论计算，分析出盾构推进过程中扭矩增大、推力增大的原因，得出适合全断面卵砾漂石地层的刀盘形式。随后通过理论计算和数据分析，找出刀盘失效的原因，对刀盘布置进行改进，并提出刀具保护措施，减少刀具失效率，配合科学的管理和施工，成功解决了盾构法在卵砾漂石地层中施工时出现的技术难题。

关键词：卵砾漂石；土压平衡盾构机；刀盘；刀具

1　引言

土压平衡盾构机多适用于黏土、粉土、砾石和卵石等地层，国内北方地区多采用土压平衡盾构，土压平衡盾构机在卵砾漂石地层施工过程中出现了扭矩过负荷、土压难以建立、地面沉降超标、刀具损坏严重等诸多问题，多家施工单位几经尝试未能解决上述问题，改盾构法施工为浅埋暗挖法施工，该地层被业主及专家认定是盾构施工的“世界性难题”地层。

为解决土压平衡盾构机在该地层中掘进出现的问题，结合北京地铁 9 号线工程地质特点和三种刀盘结构形式进行分析，找出了刀盘磨损严重和土压平衡难以建立的原因；并通过理论计算，分析出盾构推进过程中扭矩增大、推力增大的原因，得出适合全断面卵砾漂石地层的刀盘形式。随后通过理论计算和数据分析，找出刀盘失效的原因，对刀盘布置进行改进，并提出刀具保护措施，减少刀具失效率，配合科学的管理和施工，成功解决了盾构法在卵砾漂石地层中施工时出现的技术难题。该难题的解决，拓展了土压平衡盾构机的适用地层，对今后盾构设备的研制及地铁隧道施工方法的选择具有较大的意义。

2　工程概况

北京地铁 9 号线隧道埋深 9～12m，隧道主要穿越卵石〈5〉层、卵石〈7〉层，穿越层 420mm 左右粒径卵石较为常见，最大粒径不小于 650mm，一般粒径 20～80mm，粒径大于 20mm 的颗粒约为总质量的 55%～75%，卵石单轴抗压强度为 87.74～165.16MPa，是典型的力学不稳定地层，其颗粒间的空隙大，没有黏聚力，颗粒之间点对点传力，地层反应灵敏，受扰动后极易引起地表大面积沉降。图 1 为开挖中排出的卵石和漂石。同时，该隧道上方地下管线密集，上水、燃气等压力管线与隧顶间距较小，线路穿越重要的市政道路、桥梁、楼房等建（构）筑物，对地层沉降值要求严格。

3　刀盘形式选择

盾构刀盘分为辐条式、面板式和辐板式三种，在卵石含量大、硬度高且对扰动敏感的地层

作者简介：耿富林（1978—），男，学士，高级工程师。主要从事盾构法隧道施工工作。Email：26446349@qq.com。

中,面板式和辐板式刀盘相对辐条式刀盘有以下三方面不足。

图1 开挖中排出的卵石和漂石

3.1 附加磨损量大

由于面板的阻隔作用,卵砾石从被刀具切削处进入土压仓前需要一定的滑动距离,称之为附加滑动距离。开口率越小,砂砾石的附加滑动距离越长,开口率越大,附加滑动距离越短,根据磨损量公式:

$$MH = SK \tag{1}$$

式中:S——滑动距离;

K——磨损系数。

从而得知附加滑动距离越长,磨损越大。摩擦作用是相互的,一般卵砾石的硬度远大于面板和刀体的材质硬度,硬度越大,磨损系数越小,所以卵砾石的附加滑动距离对刀盘面板及面板上的刀体所产生的附加磨损是很大的,实际掘进中,刀盘面板和面板上的刀体的磨损主要就是由附加磨损造成的。由此可知,在相同的地质条件下,面板式刀盘磨损大于辐条式刀盘(图2)。

图2 面板式与辐条式刀盘磨损对比

3.2 土仓压力不等同于开挖面土压

无论辐条式刀盘还是面板式刀盘,土压传感器一般安装在土压仓的面板上,土压传感器测得的压力值 p_1(即土压仓压力值)和开挖面同等高度位置土压力值的 p_2 是不相同的,有一定的压差存在。

$$\Delta p = p_2 - p_1 \tag{2}$$

式中:Δp——压差;

p_1——土压仓压力值;

p_2——开挖面土压值。

外界条件相同时,压差 Δp 和刀盘的开口率有着直接的关系,当刀盘的开口率越小,压差 Δp 就越大,反之,当开口率越大,Δp 就越小。当选择面板式刀盘时,开口率极小,压差 Δp 也就是很大,而现在的设备还没有测量 Δp 的装置,技术人员在设定盾构机掘进土压时因为没有 Δp 数据从而不考虑 Δp,设定土压力控制值 p_1 的值不管面板还是辐条是一样的,而这个设定值就是 p_1 理论值。因而实际的刀盘面板外开挖面的土压 p_2 为:

$$p_2 = p_1 + \Delta p \tag{3}$$

也就是说,施工过程中,在相同条件下,面板式的面板外土压 p_2 比辐条式的高,这又会出现以下两方面后果。

3.2.1 磨损系数增大

磨损公式中磨损量是一个统计值,归纳出磨损系数,从磨损原理来说,磨损系数除和材质有关系外,还和两物之间的摩擦力有关系,压力越大,摩擦力越大,从而磨损也越大。

3.2.2 很难做到土压平衡

面板式刀盘开口率较小,由于土仓内土压值和刀盘前开挖面土压值存在压差 Δp,不能做到开挖压力和开挖面的压力平衡,相对于辐条式刀盘,其对土体扰动较大,对扰动敏感的地层受到扰动后容易出现土体塌陷(图 3),扰动越大,出现塌陷的概率和塌陷的范围就越大。

3.3 面板式刀盘进土口容易堵塞

面板式刀盘开口率一般在 30% 以下,辐板式刀盘开口率一般在 30% ~45%,辐条式刀盘开口率一般在 50% 以上,卵砾漂石地层塑流性差,可挖性差,面板式刀盘和辐板式刀盘在这种地层中开挖时,很容易造成进土口堵塞,如图 4 所示。

图 3 面板式刀盘施工中引起的地面塌陷

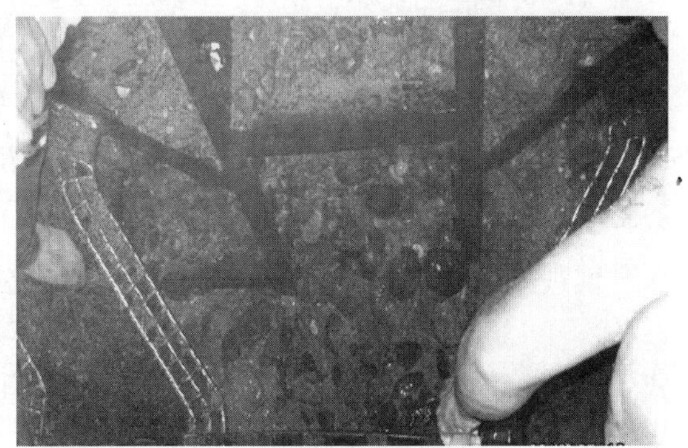

图 4 面板式刀盘进土口被堵死

如果进土口堵塞,就会出现以下后果。

3.3.1 磨损系数增大

盾构推进压力增大,卵砾石与刀盘摩擦力增大,使磨损系数增大,从而加剧刀盘和刀具的磨损。

3.3.2 土体扰动增大

堵塞使刀盘开口率进一步降低,Δp 进一步增大,使土仓压力远低于开挖面土压力。盾构机工作在土压平衡模式下,就会试图增大推进量,减少出土量来达到土压平衡。由于进土口堵塞,推进量增大而土体无法进入土仓,使得 Δp 增大(造成磨损系数 K 增加),Δp 增大使开挖面压力 p_2 增大,造成土体扰动增大。

3.3.3 刀盘扭矩增大

刀盘转动所需克服扭矩 T_{cx} 计算公式如下：

$$T_{cx} = T_1 + T_2 + T_3 + T_4 + T_5 + T_6 \tag{4}$$

式中：T_1——土的切削阻力扭矩；

T_2——刀盘前面和外壳阻力扭矩；

T_3——刀盘搅拌阻力扭矩；

T_4——机械损失阻力扭矩。

$$T_2 = T_{21} + T_{22} \tag{5}$$

式中：T_2——刀盘前面和外壳阻力扭矩；

T_{22}——刀盘外壳阻力扭矩；

T_{21}——刀盘前面阻力扭矩。

$$T_{21} = \frac{\pi}{12} D_o^3 \cdot T_{au1} \cdot (1 - R_{ou}) \tag{6}$$

式中：D_o——盾构机外径；

T_{au1}——作用于刀盘前面的土的摩擦阻力；

R_{ou}——刀盘间隙开口率。

$$T_{au1} = \frac{Q_{1e} + Q_{2e}}{2} \cdot K \tag{7}$$

式中：Q_{1e}——顶部水平土压；

Q_{2e}——底部水平土压；

K——土与刀盘表面之间的摩擦系数。

当刀盘进土口堵塞时，由式(4)~式(7)可知：

$$Q_{1e}\uparrow Q_{2e}\uparrow K\uparrow \rightarrow T_{au1}\uparrow R_{ou}\downarrow \rightarrow T_{21}\uparrow \rightarrow T_2\uparrow T_{cx}\uparrow \tag{8}$$

3.3.4 推力增大

推进过程中，盾构机需要克服的阻力计算公式：

$$F = F_1 + F_2 + F_3 + F_4 \tag{9}$$

式中：F_1——隧道掘进机外壳与土之间的摩擦阻力或者黏着阻力；

F_2——切削正表面阻力；

F_3——在盾尾内面的管片与壳体的摩擦阻力；

F_4——整套动力台车的牵引阻力。

其中切削正表面阻力为：

$$F_2 = A_o \cdot \frac{Q_{1e} + Q_{2e}}{2} \tag{10}$$

式中：A_o——盾构机挖掘断面面积；

Q_{1e}——顶部水平土压；

Q_{2e}——底部水平土压。

由式(9)~式(10)可知：

$$Q_{1e}\uparrow Q_{2e}\uparrow \rightarrow F_2\uparrow \rightarrow F\uparrow \tag{11}$$

当刀盘进土口堵塞到一定程度时，推力和扭矩将会增大，当推力或扭矩超过设计负荷时，盾构掘进就将被迫停止。

综上所述，辐条式刀盘更加适合在卵砾漂石地层中使用，因此，在保证刀盘结构强度的前提下去掉了刀盘辐条之间的格栅，进一步提高刀盘开口率，使开挖土体顺利进入土仓。

4 刀具合金选择

4.1 合金刀头选择

在全断面砂砾层中，合金刀头的选择有两点：硬度和抗折力。硬度和耐磨性直接相关，抗折力与合金刀头的抗冲击能力直接相关，合金刀头达到一定的硬度以后，抗冲击能力就是刀具选择的主要指标。在砂砾层中，选用E5型的合金刀头（表1）。

矿山工具用硬质合金刀头 表1

使用分类记号	硬度洛式 A标准	抗折力 (kg/mm^2)	Co量 (%)	压缩强度 (kg/mm^2)	拉伸强度 (kg/mm^2)	热膨胀系数 (10^{-6}/K)	WC粒径 (μm)	裂缝试验 (μm)
E3	>88	>160	2~7	—	—	—	—	—
	88.5	290	7~9	430	130	5	4~10	119
E4	>87	>170	8~13	—	—	—	—	—
	87.5	310	10~12	410	140	5.5	4~10	—
E5	>86	>200	9~17	—	—	—	—	—
	86.5	320	13~15	380	145	6	4~10	38

注：每一分类记号的上一行是JIS（M-3916），下一行是厂商的实测值，如E3对应的上一行数据88是JIS（M-3916），下一行88.5是厂商的实测值。

4.2 合金刀头寿命计算

磨损系数表是根据日本IHI盾构公司实际多年的施工业绩，按不同土质的实际作业结果，归纳总结出的，见表2。

合金刀头磨损系数 表2

土质区分	合金刀头磨损系数KEI（E5种类）(mm/km)
软黏土（N值为0~5）	0.005
砂、混有石子的砂红土（含洪积黏土）	0.02
砂砾	0.03

磨损系数：

$$\mathrm{KEI}=\frac{\text{超硬刀片磨损厚度(mm)}}{\text{刀头的滑动距离(km)}} \tag{12}$$

刀头磨损量的计算：

刀头滑动距离：

$$\mathrm{SL}=\frac{\pi\cdot D_x N_c L}{v}\quad(\mathrm{km}) \tag{13}$$

式中：L——隧道掘进机掘进距离；

D_x——各刀头的刀盘安装直径；

N_c——刀盘转速；

v——掘进速度。

刀头磨损量(MH):

$$MH = SL \cdot KEI \quad (mm) \tag{14}$$

式中:KEI——合金刀头的磨损系数,取0.03。

由于在最外周边的刀具的滑动距离最大,所以只对最不利的刀具(最外圈刀具)进行磨损量的计算,按照掘进速度40mm/min,掘进距离2000m时磨损量为32.0mm计算,在2000m全断面砂砾层中设定的磨损量在合金刀头的容许磨损量(40mm)以内。

5 刀具布置

对于全断面切削的辐条式刀盘,刀具布置有两种方式:第一种为刀具整体连续排列方式,因其切削阻力较大,土仓内土体流动性差,现已很少使用,仅偶尔在切削阻力小的淤泥质地层中采用。第二种为刀具牙型交错连续排列方式,因其切削阻力小、切削效率高、密封舱内土体流动性好和易搅拌而被广泛使用。目前世界上基本采用牙型交错连续排列方式进行刀具布置,因而刀具采用牙型交错布置,分三层,每层高差30mm。这样布置的好处是:一方面,可减少刀盘扭矩;另一方面,前层刀具失效后,后层刀具可继续使用。

5.1 刀具失效原因分析

为满足开挖需要,刀盘配备有多种功能不同的刀具,一般包含周边刀、先行刀、刮刀、主切削刀、注浆保护刀、鱼尾刀等刀具,配置数量见表3。

刀具配置 表3

序号	名　称	单位	数量
1	主切削刀	把	90
2	刮刀	把	84
3	加强先行刀	把	54
4	周边刀	把	6
5	注浆保护刀	把	4
6	鱼尾刀	把	1

隧道施工时,每个区间的设计长度一般不超过2km,根据式(14)计算结果,合金刀完全能满足区间施工不换刀的要求,但是实际施工时,盾构掘进100~200m整盘刀具基本已经失效,对更换下来的刀具进行统计,分析刀具失效的实际情况。

由表4统计结果可以看出,卵砾漂石地层中刀具失效原因主要有合金碎裂和刀体磨损,且合金刀头碎裂所占比例高于刀体磨损。合金碎裂及刀体磨损情况如图5所示。

图5 合金碎裂及刀体磨损

刀具失效情况统计　表4

刀具名称	失效原因	数量	所占比例(%)	备　注
主切削刀	合金碎裂	53	59	多处于半径1/3外
	合金磨损	0	0	
	合金脱落	0	0	
	刀体磨损	12	13.3	
	刀具脱落	2	2.2	
刮刀	合金碎裂	73	86.9	
	合金磨损	0	0	
	合金脱落	2	2.3	
	刀体磨损	0	0	
	刀具脱落	0	0	
加强先行刀	合金碎裂	42	77.8	刀体磨损和合金碎裂同时存在的有10把
	合金磨损	0		
	合金脱落	0		
	刀体磨损	18	33.3	多处于半径1/3外
	刀具脱落	0		
周边刀	合金碎裂	6	100	刀体磨损和合金碎裂同时存在的有3把
	合金磨损	0	0	
	合金脱落	0	0	
	刀体磨损	3	50	
	刀具脱落	0	0	
注浆保护刀	合金碎裂	1	25	
	合金磨损	0	0	
	合金脱落	0	0	
	刀体磨损	0	0	
	刀具脱落	0	0	
鱼尾刀	合金碎裂	1	100	位置超前于其他刀具
	合金磨损	0	0	
	合金脱落	0	0	
	刀体磨损	0	0	
	刀具脱落	0	0	

卵石含量高、硬度大的地层中，要求刀具合金强度要大，根据材料的性质可知，材料硬度增大时韧性会降低。卵砾漂石在地层中非均匀分布，就造成了刀具在切削土体的过程中和卵砾漂石不断撞击，而并非一直处于研磨状态。高强度的卵砾漂石的反复撞击，致使刀具合金碎裂，合金碎裂脱落后，地层中的卵砾漂石和硬度相对低的刀体接触，刀体磨损速度很快，磨损超过40%，刀盘扭矩就会大幅增大，此时就可认定刀具已经失效。

刀具失效最严重的就是先行刀和最外周边的刀具，其主要原因是，与这些刀具失效面相接触的土层都是未经搅动的土层，刀盘刀具线速度较大，所以，无论是冲击断裂还是磨损，都比较严重。而其他部分刀具,虽然有的刀具线速度也较大(例如次外层主切削刀),但因为由于与其相接触的土层已经经过先行刀搅动,其土体速度与刀具速度基本相同,对刀具的破坏就小得多。

切削下来的土体,需经塑流化改造方可由螺旋机排出,在塑流化改造的过程中,需要搅拌棒、辐条和刀具搅拌土体,搅拌过程中,刀体不可避免地与土体相摩擦,造成刀体磨损,刀体磨损到不能包裹合金刀头时,合金刀头就会脱落,这是造成刀具失效的第二个主要原因。

刮刀失效比例之所以高达 86.9%,是因为刮刀都布置在刀盘外圈,刀盘运转过程中,刮刀滑动距离和线速度较大,并且刮刀为联排形式,这就造成切削下的土体不能及时进入土仓,而与下根辐条上的刮刀继续摩擦,增大了附加滑动距离,致使刮刀失效比例较高。

5.2 刀具布置改进及保护

分析出的刀具失效原因后,可采取有针对性改进和保护措施,主要措施如下。

5.2.1 先行刀和周边刀加防撞块

图6 周边刀和先行刀加装防撞块保护

先行刀和周边刀失效主要是因为刀具合金被撞击后碎裂脱落,因而改进措施为在周边刀和先行刀两侧加装防撞块(图6),防撞块体材料与刀体材料相同,方便焊接,块体上压入圆珠型合金材料以增加防撞块使用寿命。虽然切削刀合金刀头碎裂比例也很高,但不加防撞块,这是因为切削刀失效,是在先行刀失效后发生的,先行刀失效迫使切削刀直接切削原状土体,造成切削刀大量失效。

5.2.2 刀体加耐磨层

针对刀体磨损造成的刀具失效,有两种改进办法:一种是在现有刀体上加耐磨保护层;另一种是选择耐磨性好的新刀体材料 。刀体的材料选择主要考虑以下两个方面因素。

第一,如果刀体的安装方式为焊接,要求刀体和刀座或刀盘之间的可焊性好,由于刀具的更换经常发生在施工现场,材料必须满足在野外施工时的可焊性,尽量避免刀具因为焊接不可靠而导致刀具非正常失效的情况发生。

第二,刀体材料和合金刀头的热胀系数越接近越好,可降低在焊接完成后冷却的时间段内因为两者的热胀系数不同而导致焊接面开裂的可能性。

考虑到工期和经济因素,施工中选择了第一种改进方法,即在现有刀体材料上加耐磨层(图7)。

5.2.3 取消刮刀

曲线联排刮刀布置,在联排刮刀位置安装先行刀和切削刀,先行刀和切削刀不但能完成刮刀功能,还不会妨碍土体进入土仓。

5.3 改进后效果

改进后的刀盘,很好地完成了盾构区间施工,防撞块和耐磨层均达到了预期效果,刀具基本无磨损,防撞块有合金脱落和块体材料磨损,但是磨损量不大,切削刀仅有几把合金刀头破损,且破损较轻,如图 8 所示。

图 7　刀体加耐磨层

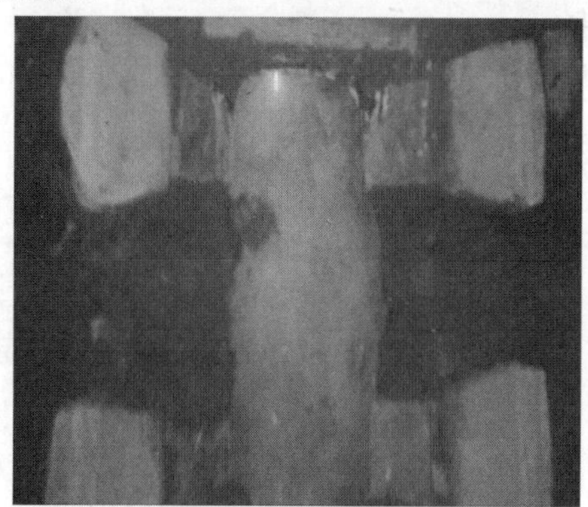

图 8　改进后的刀具使用情况

6　结语

改进后的刀盘不但完成了北京地铁 9 号线 3 标 2.1km 的盾构施工，而且还成功应用于北京地铁 10 号线二期 10 标泥洼站—丰台站区间施工，该标段地质情况和 9 号线 3 标基本相同，区间长度为 450m，区间施工完成时，刀盘仅有少量切削刀合金刀盘破损和防撞块磨损，整盘刀具基本完好。

所以在全断面卵砾漂石层中，采用辐条式土压平衡盾构机，经过精心的刀具设计、合理的刀具布置以及相对应的施工参数的优化，理论计算和实践证明土压平衡盾构机完全适用于这种复杂地层。当然还须配备熟练的盾构机操作人员和技术人员、完善的管理机制，这样才能真正实现土压平衡盾构机在全断面卵砾漂石地层中成功掘进。

参考文献

[1] 日本土木工程学会. 日本隧道标准规范(盾构篇)及解释. 刘铁雄，译. [M]. 成都：西南交通大学出版社，1988.

[2] 管会生. 盾构刀盘扭矩估算的理论模型[J]. 西南交通大学学报，2008(4)：213-217.

[3] 邹积波. 盾构刀具磨损原因探析[J]. 建筑机械化，2003(11)：57-58.

[4] 宋克志，朱建德，王梦恕，等. 无水砂卵石地层盾构机的选型[J]. 铁道标准设计，2004(11)：51-44.

城市地铁盾构圆形隧道扩径之探讨

方江华

（北京住总集团有限责任公司　北京　100101）

摘　要：本文针对目前城市地铁盾构隧道结构尺寸日趋多样化及隧道扩径的原因、扩径后的影响等问题进行了分析和探讨，提出了一些看法和建议。认为城市地铁盾构隧道扩径影响深远，国家有关层面应引起进一步重视，加大对城市地铁隧道合理建筑限界和城市地铁可持续发展的研究，以期尽快对城市地铁盾构圆形隧道断面尺寸进行规范化，促进我国盾构产业更好、更快健康发展。

关键词：地铁；盾构隧道；扩径；建筑限界；规范化

1　引言

近年来，我国城市基础设施建设步伐明显加快。据不完全统计，目前国内获批轨道交通建设规划的城市已达40个，到2020年估计在50个左右。在城市地铁建设中，盾构法施工具有对周围环境影响小、自动化程度高、掘进速度快、优质高效和安全环保等优点。随着盾构施工技术的发展、成熟，盾构法越来越受到重视和青睐。特别是在地层条件差、地质情况复杂、地下水位高等情况下，盾构法更具有明显的优越性。

北京盾构工程协会为掌握我国盾构产业的发展现状，总结和推广盾构产业发展中的成功经验和创新成果，同时找出制约我国盾构产业进一步发展的问题。2015年5～9月期间，协会组织有关专家在全国范围内进行了主旨为“我国盾构产业发展现状及存在问题”的调研。调研中发现，我国盾构产业在中央和各级政府的大力支持下，发展迅速，成绩喜人。但在发展过程中仍然存在诸多问题和困难，其中一个较突出的问题是国内各城市地铁盾构隧道结构尺寸日趋多样化，导致各企业盾构机资源缺乏合理应用，貌似国内盾构机已过剩，严重影响和制约了我国盾构产业的良性发展。笔者结合调研过程中，建设单位、设计单位、施工单位、监理单位以及盾构制造企业提供的城市地铁盾构隧道扩径的有关信息，对城市地铁盾构圆形隧道断面尺寸日趋多样化及扩径的原因、扩径后的影响等问题进行了分析和探讨，提出了一些看法和建议，以期引起业内同行的共同关注和研究，为进一步促进我国城市地铁的发展做出贡献。

2　地铁车辆技术规格和盾构隧道结构尺寸

目前，国内地铁车辆主要采用A型和B型两种类型，两种类型车主要技术规格差异为A型车比B型车宽200mm（A型车宽3000mm，B型车宽2800mm），载客量增大，其他技术指标无太大差异。二者主要技术规格见表1。

作者简介：方江华（1973—），男，硕士，副教授、高级工程师，一级注册建造师。主要从事城市地下工程和环境岩土工程方面的研究和管理工作。Email：jhfang73@126.com。

地铁车辆的主要技术规格 表1

序号	名称		A型车(四轴车)	B型车(四轴车)
1	车体基本长度(mm)	无司机室车辆	22000	19000
		单司机室车辆	23600	19600
2	车钩连结中心点间距离(mm)	无司机室车辆	22800	19520
		单司机室车辆	24400	20120
3	车辆基本宽度(mm)		3000	2800
4	受流器车	有空调	—	3800
		无空调	—	3600
	受电弓车(落弓高度)		≤3810	≤3810
	受电弓工作高度		3980~5800	3980~5800
5	车内净高		2100~2150	2100~2150
载员(人)	座席	单司机室车辆	56	36
		无司机室车辆	56	46
	定员	单司机室车辆	310	230
		无司机室车辆	310	250
	超员	单司机室车辆	432	327
		无司机室车辆	432	352
车辆最高运行速度(km/h)			80、100	80、100

从国内外主要城市A型车盾构区间隧道调查情况来看,国内地铁盾构单洞隧道内径尺寸大致可以分为两种类型:一种是以北京、广州、深圳为代表的5400mm内径,管片厚度为300mm,单层衬砌;另一种是以上海、南京、武汉为代表的5500mm内径,管片厚度为350mm,单层衬砌。两种类型盾构隧道内径只差100mm,还是基本统一的,见表2。总体来看,全国地铁盾构隧道内径以5400mm居多。

图1为日本新宿线地铁盾构隧道双层衬砌断面示意图。

国内外主要城市A型车盾构区间隧道调查情况 表2

国家		地铁线路	车型	结构内径(mm)	管片厚度(mm)	衬砌类型	是否预留二次衬砌空间
中国	深圳	1、2、4、5号线	A	5400	300	单层衬砌	否
	广州	1、2号线	A	5400	300	单层衬砌	否
	上海	1号线、2号线、明珠线、杨浦线	A	5500	350	单层衬砌	否
	南京	1、2、3、10号线	A	5500	350	单层衬砌	否
	武汉	6号线	A	5500	350	单层衬砌	否
	北京	14号线	A	5400	300	单层衬砌	否
	台湾			5600	250	单层衬砌	否
德国		科隆地铁		5700	300	单层衬砌	否
新加坡		东北线		5800	350	单层衬砌	是
日本		大部分地铁线路		5600~5800	300	单层衬砌	否
日本		新宿线		5700	300+250	双层衬砌	施作二次衬砌

从调研情况来看，北京拟将最高速度≤100km/h 的 A 型车，盾构隧道内径增加到5800mm，考虑预留二次衬砌施作空间，仍采用 300mm 管片。上海已经确定新建 A 型车路线盾构区间隧道内径由原来的 5500mm 调整为 5900mm，外径由 6200mm 调整为 6600mm，管片厚度仍为 350mm。广州地铁盾构隧道内径仍将维持 5400mm。正在施工的北京地铁 16 号线部分盾构区间隧道内径已增大为 5800mm，2015 年底招标的北京地铁 3 号线一期和 17 号线工程，盾构区间隧道内径也拟变更为 5800 mm。

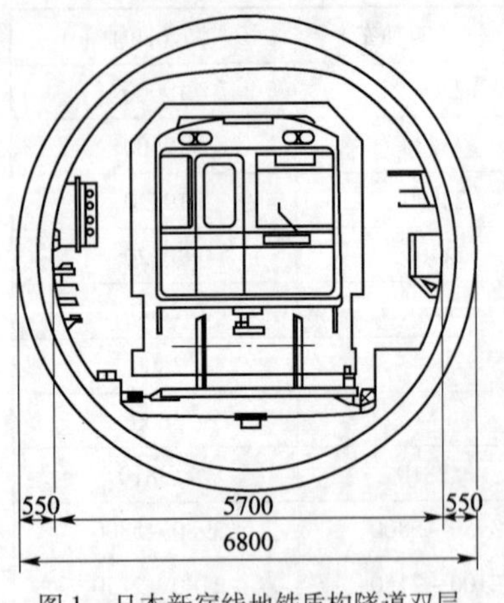

图 1　日本新宿线地铁盾构隧道双层衬砌断面示意图（尺寸单位：mm）

北上广三大城市地铁盾构隧道内径将会出现 5800mm、5900mm、5400mm 三种类型。北京和上海是全国轨道交通建设规划里程最长的城市之一，盾构隧道内径的些许改变，将会对国内其他城市产生引领、辐射作用，引发中国盾构行业的急剧变革，影响深远。

3　A 型区间建筑限界

保障地铁安全运行、限制车辆断面尺寸、限制沿线设备安装尺寸及确定的建筑结构有效净空尺寸的图形称为限界。地铁限界根据不同的功能分为车辆限界、设备限界和建筑限界。建筑限界位于设备限界外，并考虑了沿线设备安装后的界限。任何沿线永久性固定建筑物，包括施工误差值、测量误差值及结构永久变形量在内，均不得向内侵入的界限。A 型区间直线地段圆形隧道建筑限界应符合图 2，曲线地段圆形隧道建筑限界应符合图 3。

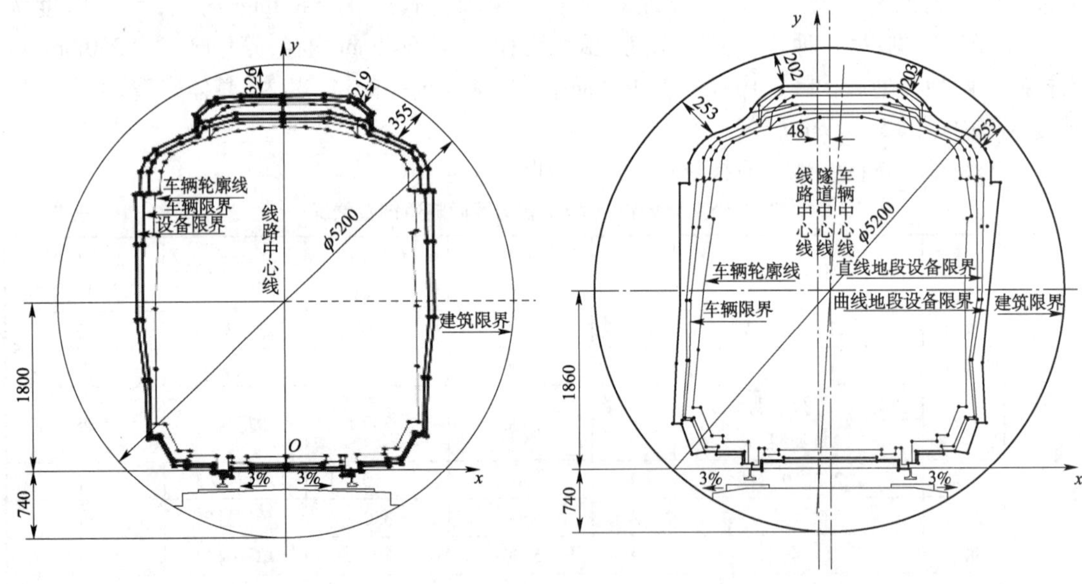

图 2　A 型区间直线地段圆形隧道建筑限界（尺寸单位：mm）

图 3　A 型区间曲线地段圆形隧道建筑限界（尺寸单位：mm）

从图 2、图 3 可以看出，规范要求的 A 型区间直线地段圆形隧道建筑限界为 5200mm，而目前国内大多数城市地铁盾构圆形隧道内径为 5400mm，设计已经考虑了 100mm 的施工误差。

4 扩径原因分析及其影响

4.1 原因分析

从本次调研结果分析,地铁盾构隧道扩径,各层面也都做了大量的论证。总体来说,盾构隧道扩径主要是基于以下几个方面的考虑:一是满足安全疏散要求;二是满足 A 型车通行需要;三是预留二次衬砌混凝土施作空间。

4.1.1 关于安全疏散问题

据统计,截至 2015 年年底,国内共有 25 座城市开通运营轨道交通线路,运营里程达 3286.51km。显然,这些运行线路安全疏散应该不会有问题,否则运行过程中存在如此大的安全隐患,谁也担不起这个责任。

《地铁设计规范》(GB 50157—2013)要求,当区间设置疏散平台时,疏散平台在困难情况下最小宽度为 550mm。A 型车在 ϕ5200mm 圆形隧道建筑限界中的最小平台宽度是能满足要求的,更何况现在设计的盾构圆形隧道内径为 5400mm。

4.1.2 关于满足 A 型车通行需要

《盾构法隧道施工与验收规范》(GB 50446—2008)要求:成型隧道轴线平面位置和高程的允许偏差,直线段及半径不小于 500m 的曲线段为 ±50mm,半径小于 500m 的曲线段为 ±80mm,且衬期结构不得侵入建筑限界。施工单位逐环检查,监理单位每环检验 1 环。从上述规范要求的 A 型区间建筑限界及设计提供的建筑内空分析,如果施工过程中,控制好盾构姿态和管片拼装精度,做好同步注浆和二次补浆,抓好盾构施工管理中的末端环节,满足成型隧道轴线允许偏差不会有问题,也可满足 A 型车通行需求。

4.1.3 关于预留二次衬砌施作空间

(1)为什么要预留

虽然我国地铁盾构施工技术经过近 20 年的快速发展,已积累了相当丰富的施工经验,但也出现了地铁运营后隧道差异沉降大,已影响安全运营等问题,从而需要为将来结构防水、结构补强及应急抢险预留适当空间。

盾构法施工一般采用 C50 的装配式钢筋混凝土管片;而明挖法、浅埋暗挖法现在基本都是采用 C35 的现浇钢筋混凝土结构。防水做法也都是结合“以混凝土结构自防水为主,以接缝防水为重点,并辅以防水层加强防水”的要求施作。哪种情况下的混凝土结构强,无需赘述。那为何现在只考虑给盾构隧道预留空间,而明挖法、暗挖法区间隧道怎么没考虑呢? 这是应引起我们思考的问题。

(2)预留多少合适,怎么留

盾构施工完成后,成型隧道的实际位置与地层特性、盾构机性能、同步注浆情况、地下水情况以及施工单位控制方法等诸多因素有关,成型管片是上浮还是下浮,目前尚未总结出有价值的变形规律,这就给留多少、如何预留提出了很实际的课题。根据北京地铁 17 号线工程施工招标初步设计说明,盾构区间建筑限界统一为 5300mm,结构需要考虑预留 250mm 的变形和加固量,结构内净空直径定为 5800mm,外径定为 6400mm,管片厚度为 300mm。但 250mm 预留空间到底如何留,是上下对称留还是采取其他预留方式,未见说明。

从以上原因分析可以看出,城市地铁盾构隧道既有的建筑限界因各种原因,对今后的结构防水、结构补强及应急抢险略显不足,预留适当空间完全有必要。现在大家的想法就是先把它留出来，内径大一些总比小一些好，这都可以理解。但盾构隧道扩径的理论依据、扩径之影响及预留空间今后到底如何利用，笔者认为考虑得还不够充分或需待日后再研究。

4.2 扩径之影响

4.2.1 增加工程规模和投资，造成国有资产流失

城市地铁盾构隧道扩径带来的最直接问题就是增加工程规模和投资，如北京地铁在非特殊地层，盾构隧道扩径 400mm，每延米土建工程造价约增加 2000 元，每公里增加 200 万元，每百公里增加 2 亿元。这还不包括新购置盾构机费用和管片模具更新费用以及增加的其他相关费用。新购置盾构机按国产 4500 万元/台，新增添 100 台，需 45 亿元。国内原适用于隧道内径 5400mm 的盾构机大部分只能淘汰，将造成国有资产的严重流失，这应该是任何人都不愿意看到的，也是不允许的。

盾构隧道扩径后，北京地铁隧道每掘进 1km，渣土量要增加约 4000m^3，渣土的消纳工作将给城市环保带来更大的压力。

4.2.2 盾构机使用效率低下，造成资源浪费

目前国内地铁施工使用的盾构机，从类型上分，大体有土压平衡盾构和泥水平衡盾构；从尺寸上分，有适用于单线、单洞隧道的盾构，如适用于隧道内径 5400mm、5500mm、5800mm、5900mm 和 6700mm（车辆最高速度 >100km/h）五种，以及适用于单洞、双线隧道的大直径盾构，如用于北京地铁 14 号线 15 标段的盾构（外径 10.22m）。从以上可以看出，目前国内盾构机种类甚多。

有些城市在招投标过程中，还对盾构机的选择制定了诸多不太合理的条款，如要求使用新盾构机、使用本省（市）企业制造的盾构机或要求使用本企业自有盾构机等。如此一来，造成目前国内现有盾构机使用效率低下、貌似过剩的现象，资源浪费严重。

4.2.3 影响盾构行业快速健康发展

调研发现，广州考虑到本地区主要是复合地层，盾构隧道内径如增大至 5800mm，盾构机的动力性能不足，现有盾构机的主轴承、动力系统需要更换，相当于新造盾构机，影响较大，因此其地铁盾构隧道内径仍将维持 5400mm。上海地区主要为软土地层，盾构区间内径增大 400mm，现有的土压平衡盾构掘进机的关键零部件可继续利用，仅需对其刀盘、盾壳、盾尾、同步注浆系统等装置进行改造即可。而北京地区则由于东西部地层差异较大，隧道扩径后对盾构机的影响研究不多。

调研还发现，全国盾构施工单位现有的盾构机，已经有 20% 以上达到或超过设计使用寿命。初步估计目前全国至少有 400 台盾构机已经报废或等待报废，而且每年至少会有 150 台盾构机进入报废期。如果这些达到或超过设计寿命的盾构机中每年有 130 台能够得到再制造，至少可产生直接经济效益 30 亿元，最低可减少 CO_2 及其他有害气体排放 70000t。

但由于目前国内城市地铁盾构隧道尺寸不统一，对于原有盾构机如何处置才能达到最优化的问题，施工企业不知何去何从，这将对盾构行业的快速、健康发展产生影响。

4.2.4 不利于国内盾构技术进步

国内地铁盾构建设者大体都有这么一个体会，使用 A 型车的线路，参建各方对盾构机的姿态和管片拼装精度比使用 B 型车的线路要严格得多，经过对盾构技术不断改革发展，内径 5400mm 的盾构隧道也能满足 A 型车安全运行要求。《地铁设计规范》（GB 50157—2013）要

求的B型车隧道建筑限界为5100mm，隧道净空内还有300mm的空间余地，施工精度控制低一点问题也不大。盾构隧道扩径后又面临同样的问题，隧道净空更大了，施工精度该如何控制，我国盾构技术发展又将会面临新的困难和挑战。

5 思考和建议

5.1 加大对城市地铁隧道合理限界和地铁工程可持续发展的研究

5.1.1 加大对已运营地铁盾构隧道沉降规律的研究

国内外专家学者对盾构施工过程中管片沉降规律做了大量的研究，对盾构施工起到了很好的指导作用。国内盾构施工中管片拼装大多采用弯螺栓连接的柔性接头形式，管片在外力作用下会产生一定的变形，区间隧道内或区间和车站之间会产生差异沉降。差异沉降超出一定范围，将给地铁运营带来安全隐患。目前国内已建的盾构区间隧道基本未预留长期沉降、变形监测点，对已建盾构区间发生的沉降和变形值分析较为困难。因此，应加大对已有运行地铁盾构隧道沉降规律的研究，以期为合理制定地铁盾构隧道建筑限界提供理论依据。

5.1.2 加大对城市地铁隧道合理建筑限界的研究

限界技术是地铁建设中的关键技术之一，它关系着地铁工程的规模、投资及建设后运行的安全问题。建筑限界适当增大固然有诸多优势，但到底增大多少合适，必须通过广泛的调研和研究，在有充分的论证和有充足的理论依据的情况下做出合理的结论。

5.1.3 加大对地铁工程可持续发展的研究

国内专家、学者对城市地下空间的竖向分层开发问题进行了大量研究，大体将城市地下空间的竖向层次划分为浅层（0～－30m）、中层（－30～－100m）、深层（－100m以下）三个层次。目前国内地铁隧道的埋深基本属于地下空间的浅层开发。根据《地铁设计规范》（GB 50157—2013）要求，主体结构和使用期间不可更换的结构构件，按设计使用年限为100年的要求进行耐久性设计。纵观目前盾构隧道扩径预留空间也是考虑设计寿命内的结构防水、结构补强及应急抢险等因素。那么，100年之后，我们的地铁怎么办？是整条地铁线路停运后重新建造吗，这是一个值得深思的问题。尤其是我国地大物博，各城市轨道交通正如火如荼进行，国家必须尽快结合城市地下空间规划、开发和利用，加大对地铁工程可持续发展研究，以期为我国的城市轨道交通事业发展指明方向，尽量少走弯路。

5.2 尽快对城市地铁隧道结构尺寸规范化，促进盾构行业的快速健康发展

国务院颁发的《中国制造2025》指出，我国制造业普遍存在着“自主创新能力弱，关键核心技术对外依存度高，以企业为主体的制造业创新体系不完善，信息化水平不高”等问题，盾构机制造也是如此。如国产盾构机驱动刀盘的核心技术，主要来自德系或日系盾构机；盾构机主驱动中特大型轴承及液压系统元器件，绝大多数依赖进口；遥控测量系统的精准度和质量，也还不能与国际品牌产品相比拟；一些超大直径的盾构机主要还依赖进口；拥有自主知识产权的盾构机及关键零部件在我国盾构机制造产业中占有比例还较低；在盾构机设计及制造方面的创新体系不完善，研发力量比较薄弱。

国内城市地铁盾构隧道结构尺寸应尽快规范化，我国的盾构产业大多停留在盾构产品的重复制造上，有一拥而上的趋势，如果再不重视质量和技术创新，有可能重蹈“大而不强”的覆辙，甚至造成新的产能过剩，严重影响盾构行业的快速健康发展。

5.3 加强对盾构施工的技术质量管理,提高盾构施工水平

盾构法施工虽然在城市地下工程中有诸多优势,但它的劣势也很明显。如盾构工法具有不可逆性,施工过程中因线路偏差大需改线或改变工法重新施作;注浆不饱满会造成管片上浮或下沉、管片拼装精度控制不佳、管片接缝防水质量控制难道大等,所以盾构施工过程中搞好现场的技术质量管理是关键。

5.3.1 优化掘进参数,控制盾构姿态

盾构掘进参数与盾构姿态之间是相互联系、相互制约的。掘进中应监测和记录盾构运转情况、掘进参数变化、排土出渣土状况,并及时分析反馈,调整掘进参数,控制盾构姿态。盾构姿态控制是施工精度控制的关键。

盾构掘进过程中应随时监测和控制盾构姿态,使隧道轴线控制在设计允许偏差范围内。在直线段和半径不小于500m的曲线段,盾构机的允许偏差应为:平面±5mm、高程±20mm。在半径小于500m的曲线段,盾构机的允许偏差应为:平面±8mm、高程±25mm。施工单位每推进10环测量不少于1次,监理单位按施工单位检查量的10%进行旁站并形成旁站记录或检查测量记录。

5.3.2 盾构应保持连续均衡推进,加强同步注浆和二次补浆

北京地铁某标段曾创造日掘进37环,月掘进600环记录。盾构施工工序多,相互之间衔接及其紧密,哪个环节出问题,都会影响工程进度。俗话说“慢工出细活”,如此快的速度,很难保证盾构施工的各个环节不会出问题。所以盾构施工不应一味强调快速,而是要保持连续均衡推进。

只有在均衡、匀速推进的同时,才能做好同步注浆和二次补浆工作。加强同步注浆和二次注浆,以有效填充建筑空隙,减少地层的变位值。注浆要饱满,必须严格按照“确保注浆压力,兼顾注浆量”的双重保障原则。同步注浆应兼顾控制地面沉降和保证隧道稳定性两方面作用。二次注浆应在管片脱出盾尾后,根据施工参数的反馈情况,结合周边环境,及时施作。

5.3.3 做好管片选型,控制拼装精度

管片选型和拼装精度直接影响最终成型隧道的质量。

盾构隧道结构可分为普通环和通用环两种形式。普通环形式为标准环+左转、右转环(楔形环)方式,在直线段使用标准环,曲线段使用楔形环。目前国内大部分城市地铁隧道均采用普通环拼装方式。通用环形式只有一种楔形环,通过其不同组合实现隧道直线和曲线段管片拼装。采用普通环形式时,不仅要做好管片环类型的预测,还要根据盾构姿态和盾尾间隙适时调整管片类型和合理选择拼装点位。

管片拼装允许误差必须符合规范要求,见表3。

管片拼装允许偏差 表3

序号	项目		允许偏差	检查频率
1	衬砌环直径椭圆度		$<5‰D$	每环
2	衬砌环轴线平面位置及高程	直线段及半径不小于500m的曲线段	±50mm	1点/环
		半径小于500m的曲线段	±80mm	
3	同一衬砌环内相邻管片错台		5mm	4点/环
4	纵向相邻衬砌环管片错台		5mm	4点/环

施工单位要求每环检查,监理单位要求每10环抽查1环。

5.3.4 确保盾构导向系统准备无误,做好盾构测量工作

测量犹如盾构施工的“眼睛”,是指导盾构按照正确的设计轴线前进的重要依据,测量数据的正确与否是盾构顺利贯通的重要保证。在盾构施工测量过程中,必须确保盾构导向系统准确无误,要坚持使用由盾构机配备的自动测量导向系统测量和人工测量复核相结合的原则,确保万无一失。

6 结语

综上所述,目前国内城市地铁盾构隧道扩径问题影响深远,不仅影响到我国盾构行业的健康快速发展,更是关系到国内城市地下空间规划、开发和利用以及地铁工程可持续发展的问题。地下空间资源也是有限的,也属于不可再生资源,我们要为子孙后代负责。

本人认为,目前国内针对地铁盾构隧道扩径的前期研究工作还稍显不足,但工程已上马,希望国家有关层面应立即引起足够的重视,立项论证,联合高等学校、科研院所,尽快加大、加快相关研究,对城市地铁盾构隧道结构尺寸规范化,努力把中国盾构产业做强做大。

参考文献

[1] GB 50157—2013 地铁设计规范[S].北京:中国建筑工业出版社,2014.

[2] GB/T 7928—2003 地铁车辆通用技术条件[S].北京:中国标准出版社,2004.

[3] GB 50490—2009 城市轨道交通技术规范[S].北京:中国建筑工业出版社,2009.

[4] DB 11/995—2013 城市轨道交通工程设计规范[S].北京:中国建筑工业出版社,2013.

[5] 北京市市政工程设计研究总院有限公司.北京地铁A型车盾构区间断面尺寸及管片结构研究历程、成果回顾[R].2015.3.24.

[6] CJJ 96—2003 地铁限界标准[S].北京:中国建筑工业出版社,2003.

[7] JQ B051—2008 轨道交通盾构隧道工程施工质量验收标准[S].北京:中国建筑工业出版社,2010.

[8] GB 50446—2008 盾构法隧道施工与验收规范[S].北京:中国建筑工业出版社,2008.

[9] 中铁隧道勘测设计院有限公司.北京地铁17号线工程初步文件(施工招标)[R].2015.

[10] 中杰.地铁限界问题探讨[J].电动机车与城轨车辆,2007,30(6):49-50,54.

[11] 陈志龙,王玉北.城市地下空间规划[M].南京:东南大学出版社,2005.

[12] 李春.城市地下空间分层开发模式研究[D].上海:同济大学,2007.

[13] 乐贵平,贺少辉,罗富荣,等.北京地铁盾构隧道技术[M].北京:人民交通出版社,2012.

[14] 乐贵平,王良,关龙.盾构工程技术问答[M].北京:人民交通出版社,2013.

城市地铁复杂地层土压平衡盾构机设计关键技术浅谈

刘双仲　罗中勇　许彦平

（辽宁三三工业有限公司　辽宁辽阳　111220）

摘　要：中国多个城市地铁正如火如荼地展开建设，不同地区地质的多样性、复杂性给盾构机关键技术的设计与选型带来了新的挑战。在复杂地层下如何选择效率高、适应性强的盾构设备是参建各方都十分关注的课题。本文意在介绍一种适用于复杂地层，掘进效率高的土压平衡盾构机设计关键技术，为同行业及城市地铁盾构机选型提供参考。

关键词：地铁；复杂地层；土压平衡盾构机；设计

1　引言

目前，国内诸多城市正在兴建地下轨道交通工程。在施工过程中，大多数的地下轨道交通工程选用盾构法施工。在施工环境的诸多因素中，基础地质和工程地质特征是最重要的因素，因为它们是盾构机选型及采用盾构施工工艺最重要的先决条件。

盾构机是根据施工对象“量身定做”的。盾构机设计制造所依据的对象，称之为施工环境，它是基础地质、工程地质、水文地质、地貌、地面建筑物及地下管线和构筑物等特征的总和。在不同的地区，不同的城市，施工环境都不一样，尤其是在华南、西南等地区的城市，工程地质变化多样，上软下硬，富水大卵石，大粒径漂石、孤石以及局部全断面硬岩复杂地层的情况非常常见。在实际施工过程中，当盾构机遇到这些复杂地层，需要高转速及高扭矩同时输出，目前现有盾构机厂家的设计就显得力不从心，掘进速度很慢，一天掘进不了1m，还常常出现刀盘被卡死的现象，严重影响施工的进度与效率，给工程造成的经济损失不可估量。市场急需一种既能在均一的地层下，又能在上软下硬等复杂地层保持高效的掘进速度与效率的盾构机。辽宁三三工业公司研制的大功率复合式土压平衡盾构机，能够有效解决在复杂地层掘不动、掘得慢的问题。既能适应均一的地层，又能满足复杂地层快速高效的施工要求。在复杂地层下掘进里程每天不少于15m，单月掘进里程不少于450m。

2　针对复杂地层盾构机设计关键技术

2.1　刀盘变频电机驱动技术

变频电机驱动具有极高的动态性能、极佳的扭矩质量和完美的控制特性，是行业发展的必然趋势。变频调速技术同时也是我国节能的一项重点推广技术。变频技术可以以绝对的技术优势完全取代普通电机及液压马达，这方面在我国《能源法》、《中国节能技术政策大纲》中都有明确的规定。随着变频调速技术的日渐成熟及应用推广，液压马达正在逐步退出机械调速的市场。

采用变频驱动电机与液压马达相比，主要有以下几方面优势。

作者简介：刘双仲（1971—），男，辽宁三三工业有限公司研究院院长。Email：13804190221@163.com。

(1)高效率,低能耗

变频电机驱动的效率为98%,而液压驱动的效率仅为75%。

(2)节能

变频电机驱动的实际消耗功率等于实际需求功率,相对液压系统,更节能。即总装机功率虽然为1200kW,但实际使用过程中只需要500kW时,变频电机的实际消耗功率也会自动调节降低到500kW。而液压马达全额消耗额定功率,无任何节能可言。

(3)刚性扭矩大,极限扭矩高

液压马达相对变频电机而言,更显柔性、无刚性,且极限扭矩明显低于变频电机,不适合破岩。

(4)发热量低,周围环境温度低

变频电机发热量很小,对电机周围的环境温度影响很小,而液压马达发热量很高,导致周围环境温度很高,操作人员易疲惫。

(5)环保

相对于液压驱动,电机驱动不存在液压油泄漏的可能,很干净,很环保。

(6)故障率低,易维护

变频电机几乎不需要维护,也没有错综复杂的管路和阀门系统,非常稳定及可靠。

(7)维护费用极低

相对液压马达而言,变频电机无需消耗滤芯,无需定期更换液压油,几乎没有维护费用。

2.2 大功率主驱动技术

主驱动是盾构机的心脏。是盾构机最为核心的部件。在上软下硬以及局部全断面硬岩的地层中,盾构机需要在较高的转速下输出较大的扭矩,这样才能够获得较快的掘进速度,从而达到满足施工工期、施工质量以及经济效益的目的。

辽宁三三工业为复杂地层“量体裁衣”自主设计的主驱动,总功率1200kW,采用水冷变频电机驱动,利用变频电机输出的特性,可以获得较高的效率。最大转速为0~3.23r/min,最大工作扭矩为7300kN·m,脱困扭矩为8760kN·m,如图1所示。性能参数是目前适用于6m管片最大的设计,在世界上绝无仅有。超高功率,富裕的扭矩,以及在高转速下可以获得高的扭矩,确保盾构机在复杂地层下能够快速的掘进。

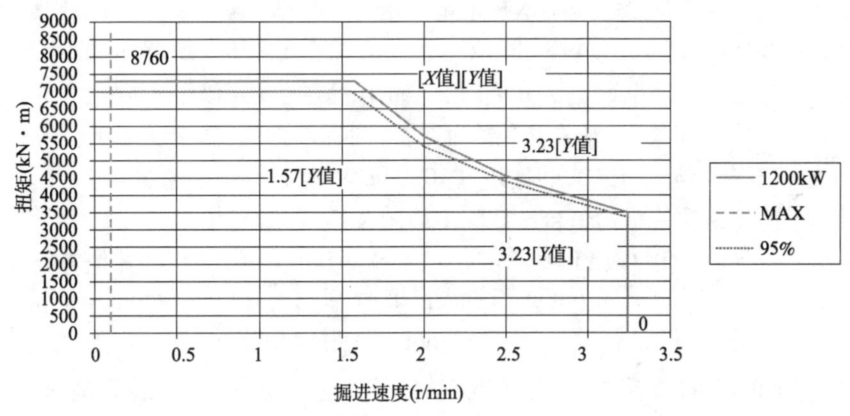

图1 主驱动扭矩曲线图

2.3 高效渣土改良技术

三三工业自主设计盾构机的渣土改良系统为多点独立注射系统。其中,刀盘上分布7点注射点,5个布置在刀盘正表面从刀盘中心到外缘均匀分布,另外2个成180°角对称布置在刀盘的侧边;土仓内部分布6个注射点;螺旋输送机沿线分布4个注射点。

刀盘上的每一个注射点均为独立泵送、独立管送(图2),相对于单泵分路注射系统,这样设计的优势在于以下几个方面。

(1)每个注射点均可独立控制,通过主机操作室,可以实现恒定流量、脉冲流量或完全的无极变速流量到不同的注射点。

(2)每个注射点的配比乃至注射介质可以独立设置,根据施工需要,任意调整各部位注射点流量。

(3)单条注射管路上的设备出现问题,对于整机渣土改良效果的影响很小,无需停机更换或维护,能提高工作效率。

(4)不会出现注射点堵塞现象。

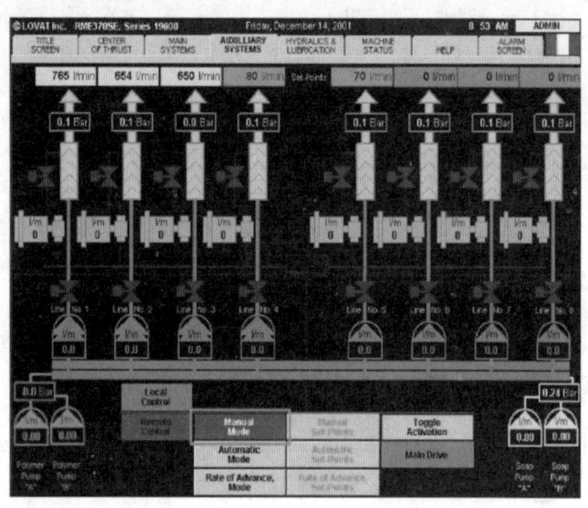

图2 单管单泵系统

3 典型施工案例

3.1 北京地铁9号线六标军事博物馆站—东钓鱼台站区间

该工程位于北京地铁9号线军事博物馆站—东钓鱼台站,地质水文情况:本区间段地下水类型主要为潜水,水位标高在38.49~38.77m,水位埋深在13.30~13.80m,含水层为卵石、圆砾层。隧道大部分处于渗透系数达到并超过350m/d高透水层,该范围内地层大量接受引水渠及湖水的补给,水量稳定。该地层中主要为卵石、圆砾层地质,含有大粒径漂石。卵石粒径超过300mm的卵石含量超过40%,并且超过1000mm的漂石每延米超过4块。

图3为军事博物馆站—东钓鱼台站区间平面图及漂石样本。

设备选用三三工业(原LOVAT)复合式土压平衡盾构机,主要参数:开挖直径6280mm,刀盘开口率34%,主驱动功率1200kW,变频电机驱动,额定扭矩7300kN·m,脱困扭矩8760kN·m,最大转速3.2r/min,最大推力40000kN,最大推进速度100mm/min。地层含有大量的直径超过1000mm的漂石,传统的破岩方法以及刀盘驱动设计已无法适应该地层,导致某公司设备掘进不到20环,就再也无法前进,卡死在里面。施工单位最终重新采购一台三三工业(原LOVAT)的设备才将隧道贯通。该项目LOVAT公司首次提出重型撕裂刀"锤击"破岩理论,研制了专门针对大粒径漂石孤石破岩的重型撕裂刀,通过采用这种掘进方式顺利贯通。

图3 军事博物馆站—东钓鱼台站区间平面图及漂石样本

图4为盾构机破岩照片。

图4 盾构机破岩照片

3.2 成都地铁4号线二期工程土建六标项目

项目区间主要穿越〈2-9-2〉、〈2-9-3〉和〈3-8-3〉密实卵石地层,漂卵石含量70%~90%,卵石粒径范围20~350mm,局部地区漂石粒径集中在200~450mm区间密集分布,漂卵石抗压强度为41~299MPa。卵石土层渗透系数取18~35m/d,为强透水层。

设备选用辽宁三三工业自主设计的复合式土压平衡盾构机,主要参数:开挖直径6280mm,刀盘开口率35%,中心开口率45%,主驱动功率1200kW,变频电机驱动,额定扭矩7300kN·m,脱困扭矩8760kN·m,最大转速3.2r/min,最大推力40000kN,最大推进速度100mm/min。螺旋输送机内径900mm,可通过最大粒径350mm,额定扭矩230kN·m,脱困扭矩 290kN·m。

图 5 为盾构机排出卵石照片。

a)成都中水七局渣斗中的卵漂石

b)成都中水七局卵漂石样本

图 5 盾构机排出卵石照片

工程前期进展不利,经常卡机,脱困困难,最长脱困周期达 10d,经过调整脱困参数及掘进理念后,盾构机脱困很容易,工程进展十分顺利。月平均日进尺 11.5 环(16.88m),最高日进尺 17 环(25.5m),创造了富水卵石地层掘进最高纪录。

4 结语

(1)变频电机驱动具有极高的动态性能、极佳的扭矩质量和完美的控制特性,是盾构机行业发展的必然趋势。

(2)高功率大扭矩主驱动在高转速下可以输出高的扭矩,能够确保盾构机在复杂地层下快速的掘进。

(3)单管单泵的泡沫系统设计,可以实现恒定流量、脉冲流量或完全的无极变速流量到不同的注射点,具有传统泡沫系统设计不可比拟的优势。

近似椭圆异型断面盾构关键部件制作工艺探索

黄　健

（上海隧道工程股份有限公司　上海　200232）

摘　要：本文主要针对近似椭圆异型断面盾构的刀盘及驱动结构、拼装机、壳体及螺旋机等关键部件制作工艺进行了初步探索与研究，重点研究了刀盘及驱动结构制作过程中重要环节的工艺控制点和相应控制措施，对刀盘、螺旋机等部件的安装工艺流程也做了初步探索，可为后续类似设备的制作提供参考依据。

关键词：盾构；近似椭圆异型断面；工艺控制点；工艺流程；控制措施

1　概要

11.83m×7.27m 近似椭圆异型断面盾构机主要包括：2 个 ϕ6.73mm 圆刀盘 +1 个偏心刀盘系统、壳体系统、2 个大刀盘驱动 +4 个偏心刀盘驱动系统、2 套 ϕ630mm 螺旋机出土系统、推进系统、2 套拼装系统、铰接系统、液压系统、辅助系统（包括同步注浆、集中润滑、冷却、盾尾密封等）、2 套皮带机、2 套车架、电气系统等，如图 1 所示。

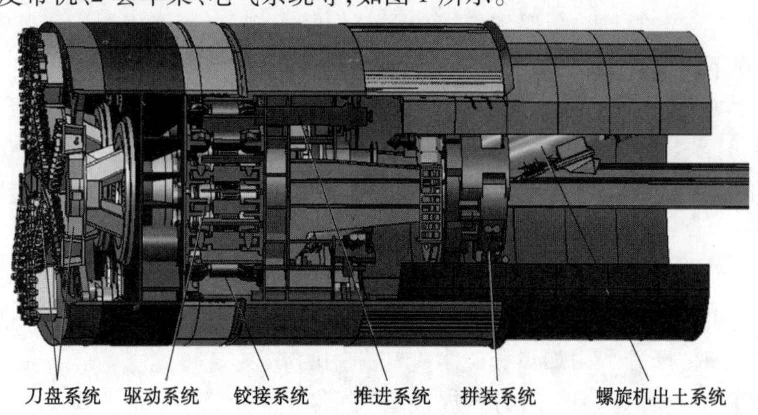

图 1　主机示意图

在主机正前方，采用了 2 个 X 形辐条式圆形大刀盘 + 一个偏心多轴驱动仿型刀盘的组合切削形式。刀盘后端通过传力环连接着刀盘驱动，驱动后端安装有变频电动机驱动，刀盘驱动安装在前壳体中，壳体分前壳体和后壳体，两者之间通过铰接油缸相连接，铰接油缸均布在壳体的四周。2 台螺旋机前端以法兰面与前壳体连接固定，带铰接装置，能随盾构转向而随动；环臂式伺服管片拼装机首次应用于盾构机中，实现了管片轨迹过程自动化功能。

11.83m×7.27m 近似椭圆断面盾构是目前国内最大异型断面的土压平衡盾构机，外形尺寸大、制作复杂，精度控制要求高。因此对盾构的关键部件，如 X 形辐条式圆形大刀盘及驱动、环臂式伺服管片拼装机、铰接式随动螺旋机以及壳体制定完善、合理的制作和安装工艺将

作者简介：黄健（1970—），男，本科，学士，高级工程师，上海隧道工程股份有限公司机械制造分公司副总工。主要从事盾构机设备的设计、制造及研究。Email：huangjian@ stecmc. com。

直接影响盾构机的制造质量。

2 关键部件制作工艺

2.1 刀盘结构件制作

2.1.1 刀盘结构件制作的工艺控制点和相应控制措施

刀盘切削直径为6.73mm,4根辐条采用Q345B钢板,具有高强度、抗磨损的优点,但由于Q345B含Mn量较高,属低合金结构钢,采用药芯焊丝二氧化碳气体保护焊时,选用药芯焊丝YJ507-1(EF03-5040),焊丝直径1.2mm,气体用CO_2,纯度大于99.5%。

零件放样应在平整的平台上进行,样板制作时,应按施工图和零件的加工要求,做出各种标记,并预放各种加工余量。

4根辐条与中间六面体的结构特殊,钢板在40~120mm厚度之间,结构件焊缝量大,在焊接时易产生裂纹,如果采取刀盘结构总整装搭焊接,不可避免地会产生应力和变形。因此采用4根辐条和中间六面体分组、分段,各自装配焊接,最后将焊接好的分段合拢焊成整体。这样可使收缩量大的焊缝能比较自由地收缩,而不影响整个结构。

焊接过程采用较小热输入的焊接方法,例如:多层焊和CO_2气体保护焊,焊接时采用跳焊和分段焊法;选择合理的焊接顺序,尽量采用"先内后外、从中间到两端、先短后长"的对称焊接方法,使工件受热均匀;不同的材质之间焊接时,可以采用"焊前预热、焊后回火"的方法消除焊接应力;根据不同的材质、板厚和焊接位置与焊缝类型,合理选用焊接工艺参数,尽可能将焊接电流控制在下限值,以减小热输入。

对于板厚≤40mm,环境温度>5°C时不预热,环境温度≤5℃时预热温度和层间温度控制在80~100℃;板厚>40mm,环境温度>5℃时预热温度和层间温度控制在100~120℃,环境温度≤5℃时预热温度和层间温度控制在120~150℃,温度的测量使用非接触式红外线测温仪。

若发生焊接变形的返修,可用机械方法或作一定程度的局部加热来矫直。除结合加热而用机械矫直方法引起应力外,加热矫直的部分应基本上无应力和外力。对于Q345(16Mn)钢材,矫正焊接变形时,严禁采用加热和浇水冷却并用的方法。

刀盘结构件焊缝质量达到《钢的弧焊接头 缺陷质量分级指南》(GB/T 19418—2003)和《金属材料熔焊质量要求》(GB/T 12467—2009)的标准,焊缝采用按25%比例着色检验或磁粉检验,主要检查焊缝是否存在裂纹、未焊透、夹渣或气孔等缺陷,发现裂焊应清根补焊。

刀盘吊攀用的材料为Q345B探伤板,下料采用半自动仿形切割机切割,气割前应将钢板切割区域表面的铁锈、污物清理干净;严格按施工图的要求制作坡口。坡口采用机械加工,亦可用半自动切割机切割。气割后必须将切割边上厚0.5mm硬化层磨掉。焊后焊缝作100%外观检查,不得有裂纹、咬边、夹渣、弧坑和气孔等缺陷,并作100%超声波探伤,达到《焊缝无损检测 超声检测 技术、检测等级和评定》(GB/T 11345—2013)标准。

2.1.2 刀盘金加工的技术要求和质量控制点

刀盘结构采用两次金加工,主要目的是消除内应力,保证各类刀具安装面的平面度,以及驱动传力环之间的配合定位精度。第一次刀盘结构成型后不进行退火,采用振动时效消除应力,然后上8m立车进行初加工,与刀盘驱动定位的法兰面留10mm切削量,刀盘正面安装刮刀和先行刀的接合面尽量切削出,允许留少量黑疤,保证刀盘面板面的平面度控制在≤3mm,盘体外形误差≤3mm。接着上数控落地镗铣床加工10根安装周边刀的槽,最后才可以定位安装各类刀具。第二次消除应力处理为各类刀具焊接完成,包括盘面和盘缘最受磨损区域堆焊硬质合金完成后,也采用振动时效消除应力,最后再次上8m立车加工与刀盘驱动连接法兰和与中心回转接头连接部位。

刀盘结构件保证切削直径6.73mm、周边刀直径6.72mm,与刀盘驱动的定位尺寸为外径1645mm、内径1085mm。

在刀盘盘面和盘缘最受磨损区域堆焊硬质合金,增强刀盘板耐磨性,刀头硬质合金焊接应可靠坚固,不得有裂缝;刀盘的正面钢板和侧面钢板上用堆707焊条堆焊耐磨硬质合金,堆焊形状为50mm×50mm的网格形花纹,堆焊高度为8mm,硬质合金硬度为HRC58~62。

2.1.3 各类刀具安装的要求

刮刀应装配牢固,采用木制榔头敲击不得出现松动;采用激光水准仪测量,刀尖必须在盘体端面同一平面,平整度误差<5mm;保证刮刀安装高度135mm,先行刀安装高度185mm。

2.2 刀盘驱动制作

2.2.1 刀盘驱动装置动力传递方向

刀盘驱动装置动力传递方向为:电动机→小齿轮→主轴承动圈(带齿圈)→受力环→传力环。传力环与刀盘由螺栓连接,从而将动力传递到刀盘,带动刀盘旋转。

2.2.2 传力环的结构件制作

传力环是连接大刀盘与驱动系统动力箱体的主要部件,能将大轴承回转传动力和推力传递给大刀盘。

传力环的底面法兰圈为厚板拼接而成,要求双面焊的对接焊缝,在背面焊缝施焊前须采用碳弧气刨清根,并且磨净碳渣,打磨呈现金属光泽。焊前设置引、熄弧板焊缝,在该焊缝全部施焊完毕后采用氧乙炔气割割除,对残留的焊疤修磨平整。每条焊缝应圆滑和顺地过渡至母材。多层多道焊时,在焊接过程中应严格清理焊层与焊道间的焊渣、飞溅。每条焊缝施焊完毕,必须及时清理干净覆盖在焊缝表面的熔渣和两侧的飞溅物,除100%检查焊缝外观质量外,还要100%超声波探伤,达到《焊缝无损检测 超声检测 技术、检测等级和评定》(GB/T 11345—2013)标准。

传力环辐条箱型结构封板前,内部的焊缝必须清理干净,对残留的焊疤修磨平整,检查合格后才可最后封板焊接,退货前,为防止箱型结构因退火温度而产生变形,在辐条板上事先开放气孔。

辐条与底面法兰圈之间的焊缝必须经过100%超声波探伤检测,达到《焊缝无损检测 超声检测 技术、检测等级和评定》(GB/T 11345—2013)标准。

传力环金加工外端面密封圈槽的尺寸精度是控制的重点,传力环加工外端面密封圈槽的平面时,要使平面的跳动量控制在0.30~0.50mm,这样才能保证平面密封圈的压密量。要控制与刀盘牛腿法兰的定位配合尺寸以及与主受力环的定位配合尺寸,传力环上槽的螺纹孔要与外断面密封圈压板配作,并做好一一对应的标记,如图2所示。

2.2.3 受力环的结构件制作

受力环采用Q345锻件,锻件厚度厚、外形尺寸大,应严格控制锻件的质量,按照《钢锻件超声波检测方法》(GB/T 6402—2008)1级质量要求检测,锻后要去应力退火处理。

锻件与法兰圈的焊接,必须严格控制其坡口尺寸,法兰圈的拼接焊缝不允许多于三处,且均匀分布。拼接下料工件按二次下料法进行,即第一次下料内外圆加放余量,焊后超声波探伤,并矫正焊接变形,按要求切割成成型工件。最终锻件与法兰圈之间的焊缝也要经过 100% 超声波探伤检测,达到《焊缝无损检测 超声检测 技术、检测等级和评定》(GB/T 11345—2013)标准。受力环焊接后进行去应力退火处理才可金加工。

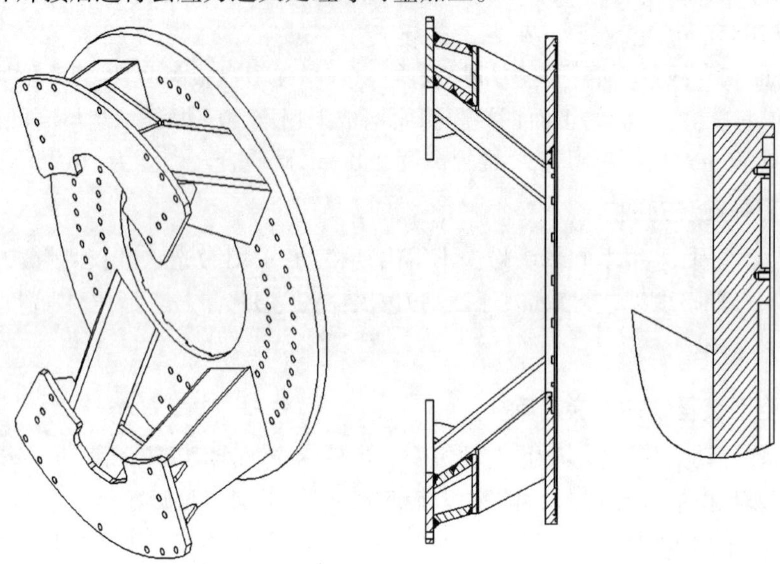

图 2 传力环结构

受力环金加工时要控制与大轴承的定位尺寸、与大齿圈轴承连接螺孔的中心直径和均布情况,加工其外圆周密封圈槽时,要控制槽宽和深度的尺寸精度。受力环上外圆周密封圈槽的螺纹孔要与外圆周密封圈压板配作,并做好一一对应的标记,如图 3 所示。

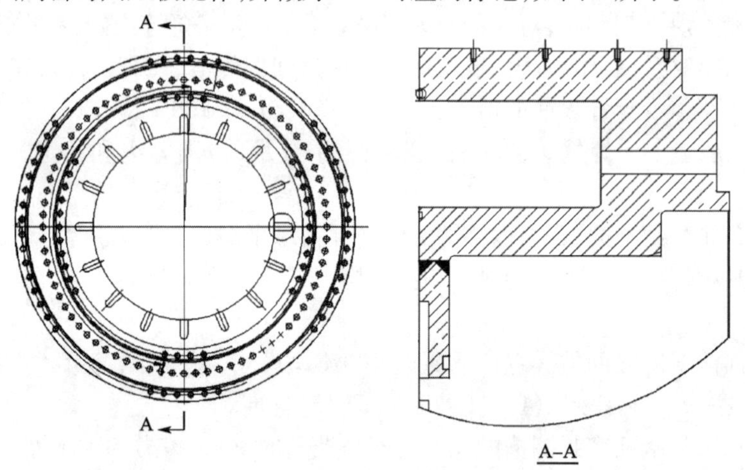

图 3 受力环结构

2.2.4 动力箱的结构件制作

动力箱体是大刀盘驱动中关键部件,连接传力环、密封仓和大轴承,并且要安装 9 只带减速器的电机,在减速器输出端小齿轮与大齿轮外啮合。

动力箱是用 Q345B 厚板焊接而成,对于大于 40mm 的厚板焊接,按《厚钢板超声波检验方法》(GB/T 2970—2004)中 100% 检查等级为Ⅱ级的要求提供探伤检查报告,焊缝质量达到

《钢的弧焊接头 缺陷质量分级指南》(GB/T 19418—2003)和《金属材料熔焊质量要求》(GB/T 12467—2009)的标准,焊缝采用按25%比例着色检验或磁粉检验,主要检查焊缝是否存在裂纹、未焊透、夹渣或气孔等缺陷,发现裂焊应清根补焊。

动力箱天地箱体在结构封板前,内部的焊缝必须清理干净,对残留的焊疤修磨平整,检查合格后才可最后封板焊接。

动力箱多为板厚≥40mm,一般采用多层多道对称焊接,每施焊一层,必须去除药皮,并用钢丝刷刷清焊道内的污物。多层焊时,应特别注意各层焊缝接头的位置安排,不应重合在一起,两层焊缝接头相遇必须错开,至少相距100mm。焊接完毕,清理焊缝表面的焊渣和飞溅物。预热与层间温度用远红外测温仪进行测量。

动力箱中各路集中润滑管路在整个制作环节非常重要,也是控制的难点,为了保证管路通畅,必须经过多次耐压测试达到无渗漏的目的,这里的耐压测试指结构件制作过程中封板前的测试,结构件退火前、后的管路测试。

动力箱金加工时,内孔与外圆周密封圈接触面的光洁度,与外端面密封圈的接触面的光洁度要符合要求。

动力箱加工重点是控制动力箱与大轴承外圆的定位尺寸,其尺寸必须根据事先测量的大轴承数据得出。要保证齿轮正确啮合,对9只减速器座孔加工时应注意,在数控镗床上加工减速器座孔,考虑到大小齿轮加工时的积累误差,及退火处理的结构件在金加工后仍有少量变形等情况,严格控制齿轮啮合的中心距尺寸,避免因啮合间隙过小而产生卡死现象。

动力箱加工完成后,还要对其集中润滑管路进行耐压测试,主要是因为金加工切削余量控制对管路的接口和焊缝的影响。若驱动装配后发现管路有渗漏现象,将对该道密封圈处的润滑脂补给点造成影响,密封失效,后果较为严重,如图4所示。

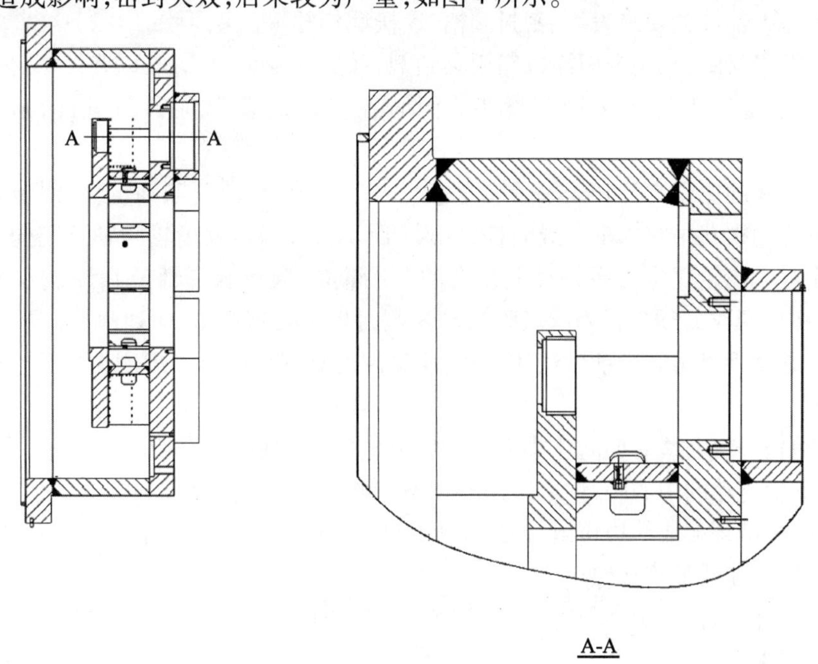

图4 动力箱结构

2.2.5 密封舱的结构件制作

密封舱的结构件制作和内部集中润滑管路的制作要求可参见动力箱。

密封舱金加工时主要控制内圆周密封圈槽的加工尺寸和精度、内端面密封圈槽的加工尺寸和进度,同时控制与中心回转接头定位安装孔的尺寸精度。

密封圈槽上的螺纹孔也要分别与内平面密封圈压板、内圆周密封圈压板配作,并做好一一对应的标记。密封舱加工完成后,也要对其集中润滑管路进行耐压测试,主要是因为金加工切削余量控制对管路的接口和焊缝的影响,如图5所示。

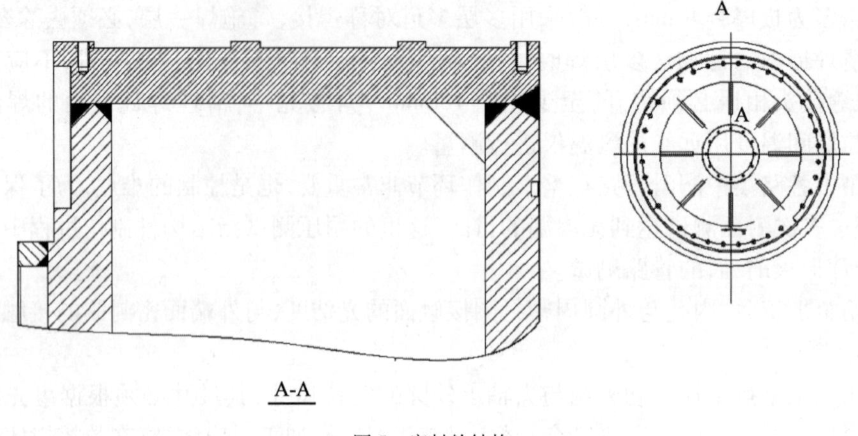

图5　密封舱结构

2.2.6　刀盘驱动系统的装配

刀盘驱动部件的装配技术要求高,因此如何满足图纸技术要求,达到要求的技术指标,保证装配质量,是控制的重点。

装配前做好清洁工作:除对零件的加工质量进行复测确认外,零件不得留有加工残屑,可用丙酮清洗各大部件的安装表面、密封圈槽、连接螺栓孔等。

安装各类密封圈:在接合面涂以船用黏结剂,并加入少量固化剂,以确保密封圈牢固粘结。在密封圈空隙内加满二硫化钼润滑脂。同时在安装时要保证轴向、径向密封压缩量各为5mm。

将连成一体的主受力环和大轴承装配好吊入动力箱:为使其顺利定位、便于螺栓固定,应预先在大齿轮的螺孔中穿入工艺导向杆,放入轴承座后,固定大齿轮与轴承座的螺栓。另外,吊装时应注意大齿轮固定内圈外径上标有的“s”部位(滚道软带部位),应放在箱体的顶部。连接螺栓(螺栓螺纹处须涂紧固厌氧胶),利用测力扳手反复扳紧,达到预紧力要求。

将密封隔仓垂直吊装于动力箱体内:将连接用的高强度螺栓利用测力扳手反复扳紧,达到预紧力要求。

小齿轮的安装:安装时要防止小齿轮与大齿轮发生错位,缓慢旋转传力轴,齿轮的正确啮合,要保证齿轮传动的中心距,中心距误差虽不影响传动比,但却影响跑合效果和强度。若中心距偏小,接触带将形成棱边接触,局部应力增大,严重地影响齿面接触强度和工作质量。然后再固定行星减速器的连接螺栓。

安装传力环:连接传力环与主受力环之间的定位销及连接螺栓,利用测力扳手反复扳紧,达到预紧力要求。

小齿轮两端的调心轴承安装时,要在一定程度上消除两端支点因加工产生的同轴度误差,同时也要承受一定的轴向力,用手盘动时回转灵活无卡阻现象,同时用蓝油检查小齿轮与大轴承齿轮的啮合情况,测量齿隙。

利用集中润滑油脂泵将1号锂基脂充填内、外唇形密封圈齿之间的间隙,直至有油脂从内、外平面密封处渗出。

整个驱动装配完成后要进行整体气压试验,试验压力为0.1MPa,保压时间为24h,如图6所示。

图6 大刀盘驱动

2.2.7 偏心驱动制作及安装流程

偏心刀盘采用4组偏心多轴驱动装置,用来支承齿轮、带轮等传动零件,以传递转矩或运动,其中偏心轴的加工尤难。

在偏心轴的车床切削加工中,最主要是合理地选择定位基准,对于保证零件的尺寸和位置度有着定性的作用。出于该偏心传动轴的几个主要配合表面及轴肩面对基准轴线均有径向圆跳动和端面圆跳动的要求,它又是实心轴,并且还有特殊的偏心要求,所以应选择两端中心孔为基准,采用顶尖装加上特制的卡罐的装夹法,以保证零件的技术要求。

粗基准采用热轧圆钢的毛坯外圆。中心孔加工采用在车床上用双顶尖装夹,三爪夹紧卡罐旋转,卡罐夹住热轧圆钢的毛坯外圆,车端面、钻中心孔。但必须注意,一般不能用毛坯外圆装夹两次钻两端中心孔,而应该以毛坯外圆作粗基准,先加工一个端面,钻中心孔,车出一端外圆;然后以已车过的外圆作基准,用三爪自定心卡盘装夹,车另一端面,钻中心孔。如此加工中心孔,才能保证两中心孔同轴。

由于偏心,这里需加上一个特殊的装置——卡罐,将卡罐装在轴的两端,卡罐偏心方向应一致,通过卡罐的槽与轴肩的10H7/h6的配合,控制偏心的方向;通过调节卡罐上的压紧螺钉可调节偏心量;使卡罐的端面与轴的台阶面压紧,保证轴的中心与卡罐中心平行。

该偏心轴加工和普通传动轴加工一样划分为三个阶段:粗车(粗车外圆、钻中心孔等),半精车(半精车各处外圆、台阶和修研中心孔及次要表面等),粗、精磨(粗、精磨各处外圆)。不一样的是:加工偏心部分时,需以A为基准,两端外圆用表测量,调整卡罐上的螺钉,调整至不同的偏心量,车削各偏心外圆至尺寸,各阶段划分大致以热处理为界。

对于传动轴,正火、调质和表面淬火用得较多。该轴要求调质处理,并安排在粗车各外圆之后,半精车各外圆之前。

偏心驱动轴的加工大致工艺路线如下:下料→粗车端面和外圆→在轴的两端均留工艺夹头→粗车精车工艺夹头→钻中心孔→调整卡罐上螺钉→粗车各外圆→调质→修研中心孔→半精车各外圆,车槽,倒角→划键槽加工线→铣键槽→修研中心孔→磨削→检验。

偏心刀盘组装流程如图7所示。

2.3 环臂式伺服管片拼装机制作

2.3.1 装配要求

熟悉左/右机械手各零件的相互连接关系及装配技术要求,未经检查合格的零配件不得进入装配。

确定适当的装配工作地点,准备好必要的设备、工具、量器具和装配时所需的辅助材料,如纸垫、毛毡、铁丝、垫圈、开口销等。

图7　偏心驱动组装

保护零件的已加工面的尺寸精度和表面粗糙度，在装配接触处应先涂油再装配，夹持零件要加垫软金属垫块，装拆要用规定的装配工具，在装配的全过程中，不能对零件（组件、部件）进行有损锤击和切削加工，禁止使用如锉刀、刮刀、油石等切削刀具。个别需要进行配制、配研组装的零件完工后，要在指定的工位清洁被研制零件的各表面。

保持各密封件在装配过程中的正确位置和形状，密封件的表面不得出现划伤、拉毛、切边等损伤。

保证零部件的配合性质，对过盈配合的固紧零件须注意公差要求，对间隙配合的运动零件要保证运动灵活。如关节轴承须转动灵活、衬套须紧固等。

配合件和紧固件所用的螺钉、螺母、定位销等在装配时须涂上机油且保证按图纸上所要求的拧紧力矩要求及其他技术要求，如涂紧固胶等。定位销的头部要平齐销孔端面。

按装配图拧紧力矩要求拧紧螺钉（螺栓），见表1。

常用螺钉、螺栓拧紧力矩

表1

D(mm)	8.8级 力矩(N·m)	9.8级 力矩(N·m)	10.9级 力矩(N·m)	12.9级 力矩(N·m)
M8	18	20	26	30
M10	36	40	52	60
M12	64	72	80	105
M14	100	115	145	170
M16	155	180	225	260
M18	220		310	360
M20	320		440	510
M24	550		760	880

注:参数选自《高强度螺栓预紧力及预紧力矩》。

2.3.2 装配前的准备工作

零件装配前清理:检查并最终清除所有机加工零件、标准件上的飞边、毛刺、锈迹。清除时,零件不能有损伤,同时复查各零件外观是否合格。

清洁:①用压缩空气吹净工作台及待装配零件各部位的异物,并用毛巾擦拭干净。要注意清除缸筒、沟槽以及油口的铁屑、焊渣等细小异物;②清洗后要用压缩空气将零件吹干;③所有待装配的零件清理、清洁后,都要放置在装配点的干净工位器具上;④清理、清洗所有装配工具、工装。

零件检验:装配钳工做好自检工作,再向检验员提请检查。装配检验员必须按上述要求进行巡检和完工检查。

机械手分左、右各一套,为对称安装,主要由安装板、单臂、机械手1、机械手2、机械手3共计5大部件和5只液压油缸组成。

2.3.3 滑环和导向套冷冻装配工艺

机械手右中共计5种规格的滑环,共10件,导向套1件,采用隔温冷冻冰箱冷冻工艺装配。

由检验员测量5种规格的滑环和1件导向套外径尺寸和与之配合面的内孔尺寸,数据提供给设计人员,由其计算出过盈量和冷冻时间。同时检查滑环表面和其配合孔的表面毛刺是否清除,安装导入角是否修光。

钳工自行制作往冷却冰箱中放入或取出滑环和导向套时必要的夹取工装。

操作者必须穿戴好劳防用品,应穿长袖衣、长腿裤,戴好防护眼镜,用皮手套,扎好帆布脚盖,才能进行操作。

使用事先制作的夹取工具将滑环和导向套分别放入冷冻冰箱,不能直接用手取放零件,以免冻伤。

冷冻时间是从滑环或导向套放入冰箱开始算起,具体冷冻时间要根据滑环或导向套实际过盈量,技术人员根据计算给出。

控制冷缩时间,等滑环或导向套表面不再产生气泡时,用专用夹取工具从冷冻箱中取出滑环或导向套,在滑环头部蘸少许润滑油,立即装入相应的配合孔中,至图纸要求的位置静置,直到滑环涨大固定。

拼装机装配主要有：滑环和导向套的装配，安装板右与单臂右装配，机械手 1 与机械手 2 的装配，机械手 2 与机械手 3 的装配，单臂与机械手 1 的装配等几个步骤。

2.4 壳体制作

2.4.1 胎架制作

在制作场地上铺设 40mm 钢板，胎架场地就建造在铺设钢板的平台上。先在平台上划出中心十字线和壳体外圆基准尺寸，按照胎架布置图放置 12 个搁凳，如图 8 所示，搁凳之间要预留测量位置。为了保证壳体前胸面板的安装基准，事先采用激光水平仪来测量 12 个搁凳的平面水平度，采用事先加工好厚度为 40mm 的钢板(加工钢板的角尺面)进行调整，平面度要求≤2mm，外形尺寸为壳体内壁尺寸后焊接定位调整板。

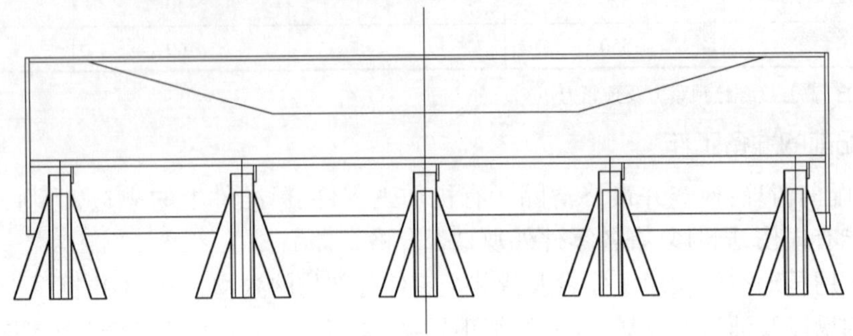

图 8　胎架布置

为了在整个制作过程中，防止焊接变形，需要经常测量壳体的外形尺寸，所以在壳体的中心部位制作中心测量架，这样可以随时随地测量壳体的外形尺寸。

2.4.2 作业条件

(1)熟悉图纸，做焊接工艺技术交底。

(2)施焊前应检查焊工合格证有效期限，应证明焊工所能承担的焊接工作。

(3)现场供电应符合焊接用电要求。

(4)环境温度低于 0℃，对预热、后热温度应根据工艺试验确定。

2.4.3 盾构壳体零件的放样及下料

为了保证结构件制作尺寸的准确性，采用数控火焰切割机下料，焊接坡口采用半自动火焰切割机，钢板矫形采用轧辊矫形机。

为保证壳体焊接后外形尺寸符合图纸尺寸要求，在下料时按设计图纸的名义尺寸外径上 +2mm，内径不放余量。前胸板及所有的环形圈板拼焊、下料后必须校正平面度，整体平正度应控制在 3mm 以内。

连接壳体上、下两分体的连接法兰先进行机加工，随后装搭在一起，两边焊好固定工艺块。钻孔后不要拆开，等待一起装搭。

壳体外圈板应根据圆度分别轧圆，同时用模板测量圆整度。

壳体外圈板依据拼焊点分块拼焊，把它分成上、下、左、右四大块，焊缝要求 100% UT 探伤，如图 9 所示。

壳体外圈板的拼接纵焊缝与壳体连接法兰圈板的拼焊缝应错位分开，如图 10 所示。

2.4.4 盾构壳体的拼装与焊接

(1)胎架平面度检测≤2mm，各落料尺寸和坡口尺寸均符合工艺零件图纸的要求，并且通过检验合格后才可进行壳体的拼装。

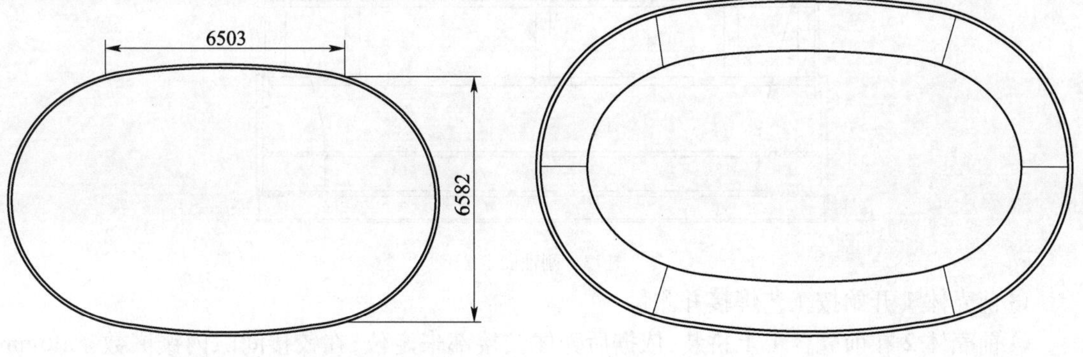

图9 前壳体1外圈板(尺寸单位:mm)　　图10 外圈板与环板焊缝

(2)将后壳体法兰板放置在胎架上,对准中心及十字线,下面用铁板与胎架定位焊(不可直接焊),开始装搭内部筋板(与壳体板的间隙越小越好,应控制在1mm以内)及圈板,位置正确、垂直,加辅助撑头,如图11所示。

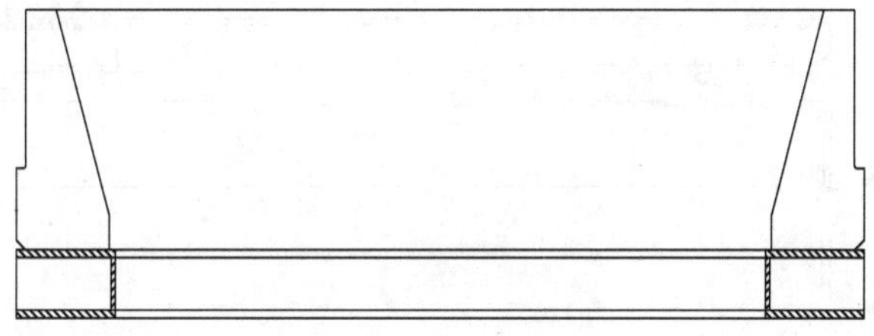

图11 后壳体辅助撑头

(3)吊装后壳体外圈板,对准中心及十字线,位置正确、垂直、平面度检测≤3mm,加辅助撑头定位焊,如图12所示。

图12 辅助撑头定位焊

(4)测量尺寸。与相应的构件定位焊住,并实施焊接,打3层底焊。

考虑到铰接部金加工周期长、费用昂贵,把铰接部分为:后壳体结构件分为上下两半,用两部大型数控龙门铣同时进行机加工,再拼成整体;前壳体2铰接部先进行机加工,再卷弧,置于后壳体上进行拼装,控制铰接部间隙,拼焊缝要求100% UT探伤,做好焊前及焊后间隙测量。

为了保证前壳体2铰接部焊接对后壳体铰接部造成影响,将在后壳体铰接部内侧采用刚性固定法,即做一个铰接部的内支撑(分成2块),如图13所示。

(5)前壳体1依照后壳体制作方法制作。

①将前壳体1前隔仓板放置在胎架上,对准中心及十字线,下面用铁板与胎架定位焊(不可直接焊),开始装搭内部筋板(与壳体板的间隙越小越好,应控制在1mm以内)及圈板,位置正确、垂直,加辅助撑头。

②吊装前壳体1前段外圈板,对准中心及十字线,位置正确、垂直、平面度检测≤3mm,加

辅助撑头定位焊。

图 13　刚性固定法

③前壳体 1 开始按工艺焊接并测量。

④前壳体 2 在前壳体 1 上拼装，依据后壳体铰接部来定位，在铰接间隙内镶嵌数条 36mm 的定位块，在此基础上安装前壳体 2 铰接圈板，如图 14 所示。

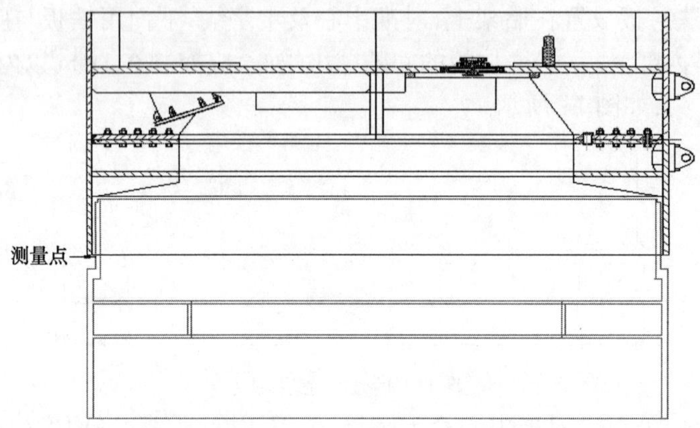

图 14　前壳体 2 在前壳体 1 上拼装

⑤前壳体 2 铰接板焊接完成后测量并分离，翻身焊接前壳体 2 铰接板内侧，检测。

⑥同时，翻身前壳体 1 装焊其他零件并检测。

⑦把前后壳体重新组装起来检测并通知甲方检查。

⑧为方便运输，待前后壳体检验合格后，装焊辅助工艺支撑。

2.5　螺旋机制作

2.5.1　材料及主要机具的准备

(1)电焊条。其型号按设计要求选用，必须有质量证明书。按要求施焊前经过烘焙。严禁使用药皮脱落、焊芯生锈的焊条。按说明书的要求烘焙后，放入保温桶内，随用随取。酸性焊条与碱性焊条不准混杂使用。

(2)引弧板。用坡口连接时需用弧板，弧板材质和坡口形式应与焊件相同。

(3)主要机具。电焊机(交、直流)、焊把线、焊钳、面罩、小锤、焊条烘箱、焊条保温桶、钢丝刷、石棉条、测温计等。

2.5.2　作业条件

(1)熟悉图纸，做焊接工艺技术交底。

(2)施焊前应检查焊工合格证有效期限，应证明焊工所能承担的焊接工作。

(3)现场供电应符合焊接用电要求。

(4)环境温度低于 0℃，对预热、后热温度应根据工艺试验确定。

2.5.3 螺旋机零件的放样及下料

(1)为了保证结构件制作尺寸的准确性,采用数控火焰切割机下料,焊接坡口采用半自动火焰切割机,钢板矫形采用轧辊矫形机。

(2)为保证焊接后外形尺寸符合图纸及金加工尺寸要求,我们在下料时需按设计图纸的名义尺寸上+5mm,无金加工要求的不放余量。

(3)所有的环形圈板下料、拼焊后必须校正平面度,整体平正度应控制在3mm以内,以保证金加工需求。

(4)法兰根据图纸尺寸和图纸及金加工尺寸要求放余量。

(5)筋板下料后按图倒角打磨,等待装配。

(6)筒体圈板根据圆度分别轧圆,同时用模板测量圆整度。

(7)筒体圈板的拼接纵焊缝应错位150mm以上。

2.5.4 螺旋机零件的拼装与焊接

(1)各落料尺寸和坡口尺寸均符合工艺零件图纸的要求,并且坡口面用砂轮机将火焰切割后的氧化层打磨干净,通过检验合格后才可进行拼装。

(2)将各合格的零件按图纸外形尺寸及金加工要求装搭(间隙越小越好,应控制在1mm以内),位置正确、垂直,加辅助撑头,如图15所示。

(3)测量尺寸。与相应的构件定位焊住,并实施焊接,打3层底焊。

(4)根据工艺实施焊接,边焊接边测量控制变形。

(5)开始按工艺焊接并测量。

(6)焊接完成后测量各部件外形尺寸、是否满足金加工要求,并填写自检数据。

图15 螺旋机零部件加工

(7)按图纸及合同要求将合格的零件进行热处理,回厂再次检验是否因热处理而产生结构件变形。

(8)按图纸及合同要求将合格的零件进行喷砂处理。

(9)按图纸及合同要求将合格的零件喷涂防腐层。

2.5.5 产品质量的过程检查和最终验收

(1)拼接焊缝采用焊接Ⅰ级进行检测。具体执行:外观检测100%,超声波《焊缝无损检测 超声检测 技术、检测等级和评定》(GB/T 11345—2013)进行15%抽查。磁粉《无损检测 焊缝磁粉检测》(JB/T 6061—2007)进行100%,或者渗透《无损检测 焊缝渗透检测》(JB/T 6062—2007)进行100%检测。检验方法:检查超声波或射线探伤记录。

(2)探伤比例的计数方法应按以下原则确定:对工厂制作焊缝,根据设计要求探伤的部位,应按每条焊缝计算百分比,且探伤长度应不小于200mm,当焊缝长度不足200mm时,应对整条焊缝进行探伤。检查数量:资料全数检查;同类焊缝抽查10%,且不应少于3条。检验方法:观察检查,用焊缝量规抽查测量。

(3)焊缝表面不得有裂纹、焊瘤等缺陷。一级、二级焊缝不得有表面气孔、夹渣、弧坑裂纹、电弧擦伤等缺陷。且一级焊缝不得有咬边、未焊满、根部收缩等缺陷。检查数量:每批同类构件抽查10%,且不应少于3件;被抽查构件中,每一类型焊缝按条数抽查5%,且不应少于1条;每条检查1处,总抽查数不应少于10处。检验方法:观察检查或使用放大镜、焊缝量规和钢尺检查,当存在疑义时,采用渗透或磁粉探伤检查。

(4)对于需要进行焊前预热或焊后热处理的焊缝,其预热温度或后热温度应符合国家现行有关标准的规定或通过工艺试验确定。预热区在焊道两侧,每侧宽度均应大于焊件厚度的1.5倍以上,且不应小于100mm;后热处理应在焊后立即进行,保温时间应根据板厚按每25mm板厚1h确定。检查数量:全数检查。检验方法:检查预、后热施工记录和工艺试验报告。

(5)二级、三级焊缝外观质量标准:三级对接焊缝应按二级焊缝标准进行外观质量检验。检查数量:每批同类构件抽查10%,且不应少于3件;被抽查构件中,每一类型焊缝按条数抽查5%,且不应少于1条;每条检查1处,总抽查数不应少于10处。检验方法:观察检查或使用放大镜、焊缝量规和钢尺检查。

2.5.6 螺旋机驱动组装

螺旋机驱动组装如图16所示。

图16 螺旋机驱动组装流程

3 结语

本文对刀盘结构件及驱动、拼装机、壳体及螺旋机等关键部件的制作,从下料、结构制作到精加工,以及各部件安装严格按照制作工艺施工,并对制作中的重要环节的工艺点进行了重点控制,形成相应控制措施。通过实践总结,形成了一套专有的异型大断面盾构掘进机的制造工艺,为后续类似设备的制作提供了参考依据,同时为提升我国装备制造业的自主创新能力与核心竞争力打下了扎实基础。

全断面隧道掘进机状态监测和评估技术浅谈

吴朝来

（中国中铁隧道集团有限公司设备检测中心　河南洛阳　471009）

摘　要：本文介绍了国内外设备状态监测与评估技术发展及应用情况，国内全断面隧道掘进机状态监测和评估工作的意义和现状；并结合近年来全断面隧道掘进机施工发生的案例，论证了全断面隧道掘进机状态监测评估工作的必要性；提出了做好全断面隧道掘进机状态监测和评估工作的关键和重点。

关键词：全断面隧道掘进机；状态；监测；评估

1　设备状态监测与评估技术发展及应用

1.1　设备状态监测与评估技术简介

设备状态监测与评估技术是利用先进的检测仪器（铁谱仪、光谱仪、数据采集故障诊断仪等）和手段（油液检测、状态检测等）对运行中或在不拆卸的情况下对设备的运行状态进行监测和评估；判定产生故障的部位和原因；预测、预报设备未来的状态。

1.2　设备状态监测评估技术的发展

1.2.1　国外

早在1967年，美国在宇航局的倡导下，由美国海军研究室组成美国机械故障预防小组（MFPG），开展设备状态监测工作；英国、日本、瑞典等国也相继开展了设备检测工作。

1.2.2　国内

1983年原国家经济贸易委员会发布了《国营工业交通设备管理试行条例》；1987年国务院正式颁布《全民所有制工业交通企业设备管理条例》，规定“企业应当积极采用先进的设备管理方法和维修技术，采用以设备状态监测为基础的设备维修方法”。

1.3　设备状态监测评估技术的应用

设备状态检测与评估技术在军事、航空航天和风电等领域有了较快的应用和发展，也取得了明显的效果。尤其在设备分散、处地偏远、数量较多的风电领域在线监测技术的有效使用，达到了设备状态远程监控的目的。随着军事、航空航天和风电领域中监测技术的应用和发展，在钢厂、铁路机车等行业也有了快速发展。

2　全面的全断面隧道掘进机状态监测和评估工作的意义

盾构机状态监测与评估是贯穿盾构施工全过程的工作，从盾构出厂、组装调试、掘进、维修直至再制造等过程均应高度重视并认真组织实施，其作用和意义主要体现在以下几方面。

作者简介：吴朝来（1984—）男，工程师，中国中铁隧道集团设备检测中心主任。Email：wcl_84@126.com。

2.1 监测与保护

通过认真开展盾构状态监测与评估工作，能实时监测盾构的工作状态，及时发现已有的故障或潜在的故障，及时采取措施处理或预防，能将设备故障消除在萌芽中或防止设备故障扩大化，阻止重大和灾难性的事故发生。

2.2 设备故障分析与诊断

盾构结构尺寸较大、系统复杂，通过盾构状态监测与评估的设备故障诊断技术能够较快速准确地查找维修人员不易查找或判断的故障所在点。

2.3 处理与预防

通过对盾构检测和监测数据积累，分析给出消除故障的措施，确定维修范围，减少维修过剩或维修不足，防止发生同类故障。

2.4 促进盾构管理水平提升

盾构状态监测与评估为盾构维修管理由事后维修向预测维修转变提供了重要依据，同时根据监测数据的变化趋势能有效地指导盾构的操作和维护工作，能促进现场盾构管理水平提升，同时在以下几方面有利于现场节约资源和降低成本。

(1)减少盾构较大事故带来的长时间停机引起的生产损失。

(2)盾构维修方式转变减少维修时间和维修费用。

(3)确保良好机况，使盾构安全、快速掘进。

2.5 确保盾构质量

在盾构进场前(包括新机、改造维修的设备)，通过一系列的检测手段判定设备的状态是否满足设计要求，查找设备存在的问题进行整改，确保盾构制造、维修的质量。

3 全面的全断面隧道掘进机状态监测和评估技术现状

3.1 技术方面

目前盾构状态监测与评估主要采用油液检测、状态监测、故障分析与诊断等技术。在油液检测项目中，除污染度、水分、闪点等少数几项油液检测指标有国家标准外，其余的油液检测分析指标和设备状态监测的振动值、速度和加速度等值以及其采样方式和评价的依据行业和国家均没有标准。

3.2 工作开展情况

在国内盾构施工领域，大部分单位对设备的状态监测工作更多依靠人员的经验、个人能力、采用“眼看、手摸、耳听”等方式对设备进行现场判断，且工作连续性不够，未形成较完整的盾构状态监测评估管理体系，对机况的监控达不到预期效果。

中铁隧道集团设备检测工作开展较早，从 1997 年秦岭隧道施工就开始成立检测室，定时开展设备状态评估和油液检测工作，到目前已形成了以中铁隧道集团有限公司设备检测中心为首的三级检测机构：集团设备检测中心为一级机构，在隧道股份、中隧二处、中隧三处 3 个子公司设立了检测站，分别辐射中原、北方和南方片区的集团公司大型设备。同时，在使用全断面隧道掘进机项目和施工设备较集中的常规项目建立工地检测室，形成了系统化、专业化、成熟的设备油水检测和状态评估管理体系。

4 全断面隧道掘进机状态监测与评估工作案例

结合近年来全断面隧道掘进机施工发生的案例,从以下几个方面佐证推广和实施全断面隧道掘进机状态监测评估工作的必要性。

4.1 认真开展工作,及时发现问题,提前采取措施主动应对

4.1.1 盾构主轴承异常磨损

2009 年 10 月 12 日,某泥水盾构机主轴承取样分析发现:油中含有水分,且 >0.1% 并开始出现乳化,更换油液后,齿轮油仍然存在进水的情况。通过更换冷却器排除了由冷却器进水的可能性,但之后齿轮油的含水量仍然在逐步增加。将减速箱盖板拆开检查,发现有块状密封状的物体存在,最大的一块长 100mm、宽 4mm,初步判断此物体为主轴承内部的唇形密封,同时底部的齿轮油含有一些小颗粒的金属磨损物。并通过油液光谱、铁谱分析各元素含量异常,再次确定了主轴承密封损坏,导致主轴承异常磨损。

图 1 为油样对比,图 2 为密封碎片。

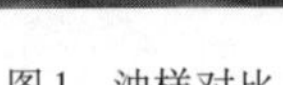

图1 油样对比

图2 密封碎片

通过对盾构主驱动油液检测、振动监测数据的分析(表 1),综合判断盾构主轴承已严重损坏(图 3),通过检测工作开展,及时更换油液,调整掘进参数,盾构完成了剩余的掘进里程。

油液检测数据统计 表 1

日期(年-月)	黏度	水分(%)	酸值	光谱(ppm)			备注
				Fe	Cu	Si	
2009-1	910.5	13	0.7	112	43	24	换油
2009-7	687	无	0.52	73	30	1	
2010-1	689	1.42	0.55	18	7	7	
2010-6	850	>>10	0.6	111	34	234	换油
2010-6	702	1.92	0.33	47	19	21	
2010-7	3681	23.08	0.83	55	18	62	换油
2010-7	738	2.13	0.9	84	6	19	

4.1.2 盾构洞内主轴承密封更换

(1)故障概述

2007 年 3 月,在川气东送管道过江隧道盾构法施工到 360m 时,掘进位于江水底部的地层中,地质为砂砾卵石层,水压 0.24MPa,易坍塌涌水。盾构机出现刀盘主轴承密封油脂供油压

力下降，经检查盾构机刀盘主轴承密压盘螺栓全部断裂，压盘外移变形，二道密封损坏，必须进行修复后才能继续掘进，图4为盾构机主轴承密封结构图。

图3　新旧轴承对比

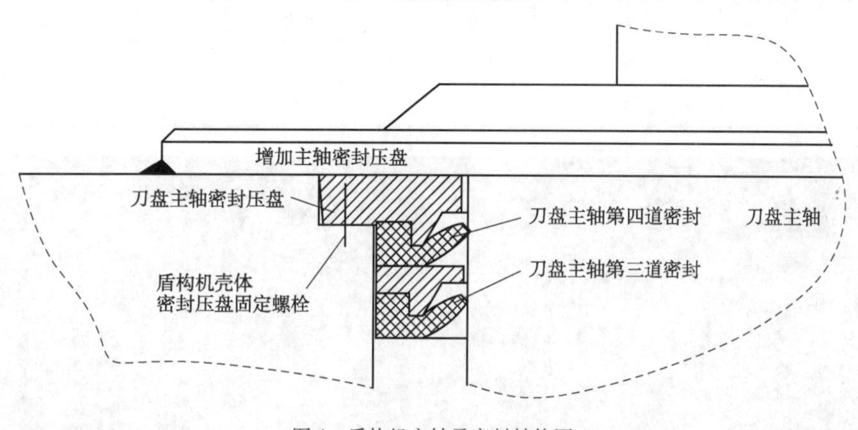

图4　盾构机主轴承密封结构图

(2)故障处理

从盾构机供浆管道向刀盘掘进面压注改性泥浆，对掘进面进行无声封堵止水，维修人员带压进舱作业，采取不拆解刀盘的方法，更换密封与压盘。

(3)结果分析

此次事故发生的原因在于主轴承密封压板螺栓断裂导致密封移位，出现密封效果不良，但由于用单位在日常监测程中对密封压力情况了解及时，避免了主轴承损坏等严重后果。

通过700m连续掘进，并经过3次检查与油脂压力连续监测发现，油脂压力、消耗量变化在正常范围之内，密封工作正常，没有发现渗漏，修复效果良好。本次修复直接费用17.9万元，用时13天。

4.2　利用故障诊断技术，帮助项目查找问题

某盾构在南昌过赣江隧道掘进至138环时发现了主驱动部位有异响的现象。为此，拆了2号和7号主驱动减速箱检查齿轮、大齿圈等部位，但仍未查明原因，项目部要求设备检测中心对主轴承进行了设备故障诊断，测试数据统计见表2。轴承振动波形如图5所示。

主驱动故障诊断测试数据统计　　表2

序号	设备名称	测点	位移(μm)	速度(mm/s)	加速度(m/s^2)	运行状态
1	1号减速箱	前端	0.598	0.287	0.814	良好
2		后端	0.906	0.822	2.519	良好

续上表

序号	设备名称	测点	位移(μm)	速度(mm/s)	加速度(m/s^2)	运行状态
3	2号减速箱	前端	0.339	0.423	0.925	良好
4		后端	0.925	1.167	3.141	良好
5	3号减速箱	前端	0.644	0.319	1.066	良好
6		后端	0.973	1.018	2.765	良好
7	4号减速箱	前端	0.657	0.344	1.852	良好
8		后端	1.318	1.455	2.661	良好
9	5号减速箱	前端	0.95	0.341	0.884	良好
10		后端	1.732	1.324	2.665	良好
11	6号减速箱	前端	0.451	0.198	0.634	良好
12		后端	0.978	0.849	2.297	良好
13	7号减速箱	前端	0.423	0.219	0.188	良好
14		后端	1.319	0.726	0.718	良好

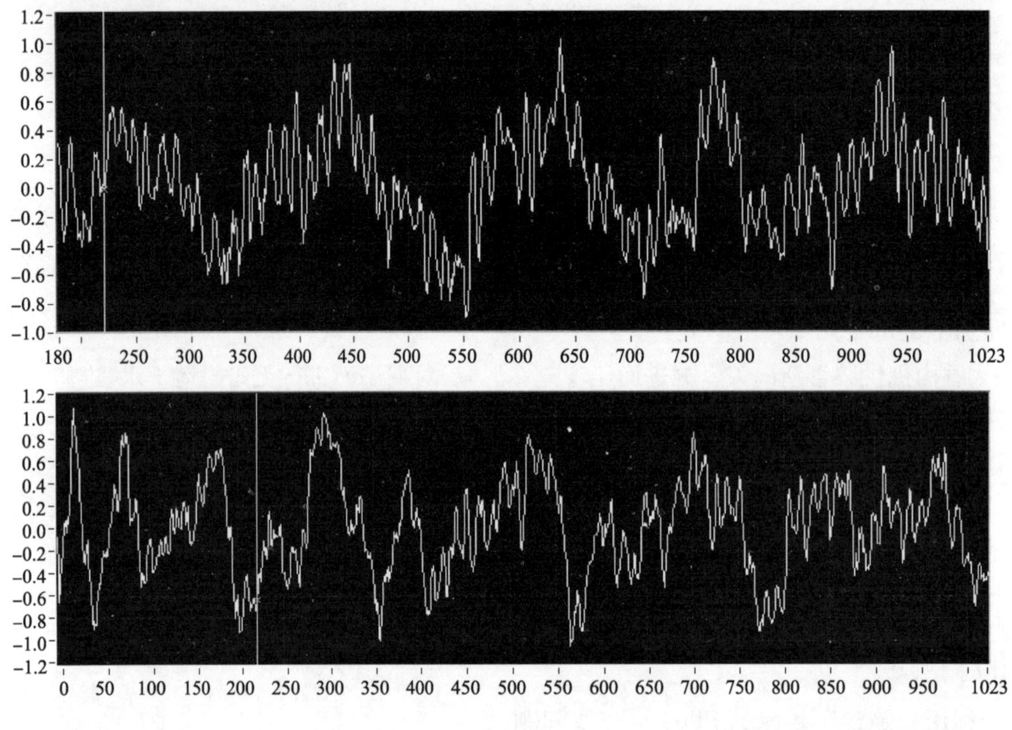

图5　轴承振动波形

诊断及处理情况：

(1)在刀盘不同扭矩和转向下，分别对异响源进行了听诊，通过多次听诊，发现刀盘在逆时针旋转时有异响，顺时针旋转时无异响。

(2)通过多次听诊，并结合现场的情况确定声音来源于刀盘主驱动滑槽，主轴承无明显异响。

(3)发现问题后，建议项目对主驱动与前盾滑槽之间加焊钢板，加焊钢板后异响消失，区间顺利贯通。

4.3 重大故障及时处理和分析，及时制订措施预防

4.3.1 事故介绍

L246 盾构于 2012 年 11 月 14 日全部下井组装完成，12 月 21 日始发，2013 年 6 月 27 日贯通，掘进 885m，平均进度为 140m/月，掘进期间 6 台主驱动减速机先后损坏（图 6），除 4 号减速机未进行更换，其余 5 台都进行了更换，严重影响了施工进度。

图 6 主驱动减速机损坏情况

4.3.2 原因分析

（1）对减速机的使用工况了解不透。

（2）项目在过程中对监测数据的敏感性不足。

（3）对设备的监管力度不足。

4.3.3 处理措施

（1）加强数据综合分析力度。

（2）加大对项目掘进参数的控制力度。

4.3.4 吸取教训，加强监测

某盾构在成都地铁施工过程中，因在日常检测过程中发现减速机存在异常磨损，为此根据检测结果严控掘进参数，设定扭矩上限，有效地防止了减速机的损坏。

在完成成都地铁施工后，盾构累计掘进 5789m，考虑到在成都的使用情况，对减速机进行了拆检；拆解后发现输入端轴承、一级行星轮轴承内圈等已近存在轻微磨损和点蚀现象，随即进行了更换和修复，如图 7 所示。

图7　中铁19、23号盾构减速机拆解情况

4.4　未按要求或不重视全断面隧道掘进机状态监测评估工作给工程/设备带来重大风险

4.4.1　盾构螺旋机筒体磨穿

南昌某盾构机于2013年3月25日18:30,中盾位置发生大量涌砂险情,约3min涌砂达10余方,项目立即启动应急预案,于20:10处理完成。经检查涌砂原因为:螺旋机与前盾连接处螺旋机驱动方向350mm处有一条25mm×220mm的裂口,如图8所示。

图8　螺旋机筒臂磨穿

(1)原因:

①项目设备管理不到位。

②检测工作不连续。

(2)解决措施:为防止此类事故的再次发生,要求项目加强过程监测,严格按照文件规定要求进行。

4.4.2　美国西雅图SR99公路隧道盾构主轴承故障

(1)故障概述。

美国西雅图SR99公路隧道于2013年6月底始发,原计划于2015年底通车。自从2013年12月6日SR99盾构Bertha号停机以来,承包人一直以为只是遇上了障碍物。但是经过两个月的调查,承包人于2014年2月7日公布了停机的两个因素:刀盘堵塞与温度过高。

工作人员在1月28日前的高压检查中发现,刀盘上有大量污物与其他材料附着,而刀盘堵塞会严重影响盾构的性能。在高压检查结束后,相关专家认定,相比障碍物,刀盘堵塞才是导致盾构机停机的原因。在12d的高压检查中,工作人员移除了堵塞刀盘的杂物,重新安装了部分道具。在机器前方或内部均没有再发现障碍物。

2014年1月28日,在刀盘堵塞物清除后,承包人又让盾构机向前推进了2英尺,并且安装了一环管片。1 月 28 日与 1 月 29 日,盾构的主轴承传感器上出现了高温现象,达到了 140℃,超出正常值近 2 倍。但主轴承温度过高的问题早在 2013 年 12 月 7 日停机时就出现过。

(2)原因分析:

①状态监测不到位,故障诊断不彻底。主轴承早在 2013 年 12 月 7 日出现高温,但只使用大量油脂冲刷主轴承,进行降温,未对高温原因进行排查,导致在 2014 年 1 月 28 日掘进中再次出现高温现象。

②油液检测不及时。在主轴承出现高温现象后,油液样品中发现含有大量泥沙,主轴承带有泥沙的原因是其密封损坏。因为开展油液检测工作,发现油液污染时密封已经严重损坏。

(3)处理措施:2014 年 2 月 7 日,日立公司也派出人员进行调查,隧道专家与盾构制造商商议了高温问题的解决方案,并评估损失。需要挖竖井吊出盾构主机,更换轴承(直径 7.62m,约 500 万美元)。

4.5 对盾构状态参数不敏感,导致重大故障

(1)故障概述。

某盾构掘进中进行了一次开仓换刀,恢复后继续掘进,区间即将贯通时,盾构出现了异常。此期间盾构主要出现了以下问题:掘进速度慢,刀盘扭矩大,推力小,铰接拉力变化大,渣温高,偶尔还有喷涌。但上述情况出现后,现场调整了掘进参数,并采取了加大泡沫注入量、往土仓及刀盘前方加注聚合物、往土仓加注惰性浆液置换渣土等措施,继续掘进,均未能达到预期的效果。此时使用单位才停机对盾构机进行了检查,在检查中发现刀盘、刀具磨损严重(图 9 ~ 图 11)。

图 9　滚刀新旧对比

图 10　刀盘边缘磨损

图 11　边缘滚刀刀箱磨损

(2)原因分析:

①该盾构施工段以密实卵石、粉细砂为主,对刀盘、刀具的磨损较为严重。

②对盾构掘进参数及状态信息的敏感性不足,盾构掘进参数及状态信息发生异常后,不能做出有效、及时的判断。

5 做好全断面隧道掘进机状态监测和评估工作的关键

5.1 全断面隧道掘进机施工和检测技术

全断面隧道掘进机是集机、电、液于一体的复杂施工设备,对设备检测人员的素质提出了较高的要求。检测人员要熟悉设备,掌握施工和检测技术,才能对设备整体性能结合施工条件提出综合性的建议和意见,有利于设备性能更好的发挥。

5.2 先进的检测设备

对于全断面隧道掘进机而言,传统的设备检查方式即"眼看、手摸、耳听"等经验手段,既不能满足安全生产的要求,故障的判断也过于依靠执行者的经验,准确率和对异常数据的捕捉率较低,要做好全断面隧道掘进机状态监测和评估工作,需要有大量先进、适用于全断面隧道掘进机的状态监测、故障诊断及油液检测设备作为支撑。

5.3 完善的检测标准

对于全断面隧道掘进机状态监测和评估所得大量数据是否在设备正常使用范围内,需要长期从事检测工作针对于全断面隧道掘进机的判断标准和依据。

6 全断面隧道掘进机状态监测和评估工作开展的重点

6.1 全断面隧道掘进机进场前的机况评估

新机在出厂前严格按合同进行评估;已使用的设备,最好在工厂条件下进行组装调试;两种情况均需确保验收合格后方允许进场。

6.2 施工关键节点把控

为确保全断面隧道掘进机的机况符合施工的要求,在施工的关键节点前,要做好设备机况的检查、评估和调整工作,确保设备的运行状态良好,需要重点关注的节点主要有:始发前、到达前、区间较长或有重大风险的地段前。

6.3 制订具体执行的设备状态监测评估方案

针对BT项目的特点和难点,针对不同的设备情况(如新旧程度、技术复杂程度、掘进里程等)编制适应的、有针对性的设备状态监测评估方案。

7 结语

目前,全断面隧道掘进机绝大部分使用于城市地铁的建设工作,设备状态的好坏严重影响着施工进度和城市地铁建设的施工安全,设备的管理工作完全依靠施工单位自身的能力和水平进行,其管理水平的高低严重影响着施工安全和进度,业主方、监理方、投资公司只能依靠报表或通过项目人员了解设备运转状态,难以掌握设备的真实状况。如果引入专业的第三方盾构检测单位,采用设备状态监测和评估技术实时监控盾构的状态,既能督促现场做好盾构的设备维护和使用工作,又能确保在重要节点或重大风险源之前,盾构有完好的状态,能安全快速的通过,降低工程风险。

大直径盾构技术在北京地下道路建设中应用前景分析

李名淦

（北京市市政工程设计研究总院有限公司　北京　100082）

摘　要：本文通过分析北京城市地下道路规划背景及设计概况，并结合北京地区工程地质及水文地质特点，对大直径盾构技术在北京地下道路建设中的应用前景进行探讨。

关键词：大直径盾构；地下道路；应用前景

1　背景

随着城市化进程的不断推进，为完善城市道路路网、缓解城区道路的交通拥堵，国内各城市地下道路建设正在不断发展。我国修建地下道路最多的城市为上海，到目前已建成及在建的多达16条，此外，北京、南京、杭州、武汉、宁波、南宁等城市均有已建成或在建的地下道路，目前国内已建成或在建的地下道路以穿越江河打通阻隔的形式为主。

北京市是国内城市地下道路建设起步较早的城市，2008年北京在奥运中心区市政配套工程中建成了地下环型交通联系通道，是当时国内最长的城市地下道路。北京市其他在建或已投入使用的还有大屯路隧道、金融街地下环隧、中关村地下环隧、通州运河核心区北环环隧等城市地下道路。

根据《北京城市总体规划（2004年—2020年）》，北京市中心区的快速路应该构成一个整体的网络体系，包括中心区利用地下空间的地下快速通道系统。由于北京中心城区，尤其是核心区快速通行能力不够，局部道路衔接不畅，本着“充分利用城市地下空间增加环路通行能力，缓解中心区交通压力”的原则，2002年开始北京市规划委组织相关单位开展了《北京市地下空间开发利用规划研究》和《地下道路系统实施规划》课题研究工作，初步研究确定了三横四纵的地下道路网骨架。为利用地下道路完善北京市路网系统，2009年北京市进一步对地下道路项目进行了梳理，并组织专家论证，初步确定西山隧道、首体南路南延、台基厂大街、北辰东路南延、学院南路东延、西二环地下隧道和东二环地下隧道等7项地下道路工程，并开展了相关前期技术方案研究。西山隧道、北辰东路已进入建设阶段，其余地下道路项目由于各种原因从2011年开始处于暂停阶段，但北京城市地下道路建造与运营安全关键技术研究目前正在开展，并于2012年获得了国家十二五科技支撑计划的资助。

2　城市地下道路设计概况

2.1　城市地下道路功能及分类

城市地下道路建设是城市地下空间开发与利用的重要组成，是城市经济高速发展，城市土

＊基金项目：国家科技支撑计划项目资助（2012BAJ01B03）

作者简介：李名淦（1979—），男，工学硕士，高级工程师。主要从事城市地下结构及隧道设计研究工作。Email：liminggan@bmedi.cn。

地资源与城市建设矛盾迅速激化的产物。北京市修建或规划城市地下道路的主要功能有以下几项。

(1)直接连接重要集散点,作为直接通道,减少绕行,分离过境交通,减轻地面和高架道路的压力。

(2)解决潮汐交通和出入城交通压力。

(3)解决断头路问题,穿越江河湖海、大院、文保区等天然屏障或特殊阻隔。

(4)解决中心城区内一个或几个阻塞节点的交通瓶颈问题。

(5)联络公共空间,疏解、到达交通。

北京已建成的地下道路中,大屯路隧道基于功能(1)而建,金融街地下环隧和中关村地下环隧基于功能(5)而建,规划的地下道路也是为实现以上一个或多个功能为目的。

根据地下道路的功能定位,地下道路可以分为以下几种。

(1)地下快速路,设计车速在60km/h以上。

(2)地下干道,设计车速在40~50km/h。

(3)地下辅路,设计车速小于20km/h。

2.2 城市地下道路横断面布设形式

一般来说,地下道路双向分孔、单向单孔。根据地下道路功能定位,在横断面上一般设计为单向1~4车道,其典型横断面形式可分为单车道形式和多车道形式,如图1、图2所示。单车道横断面由路侧带、路缘带、机动车车行道、紧急车道组成,一般用在级别较底的地下辅路或支线道路中。多车道横断面由路侧带、路缘带、机动车车行道、紧急停车带组成,适用于地下快速路和地下干道。

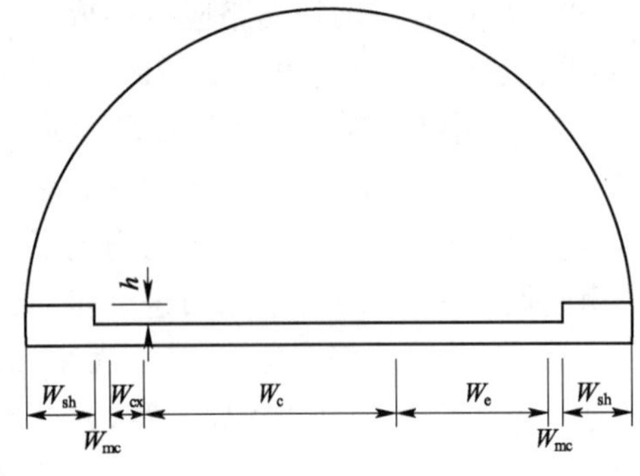

图1 单车道横断面图

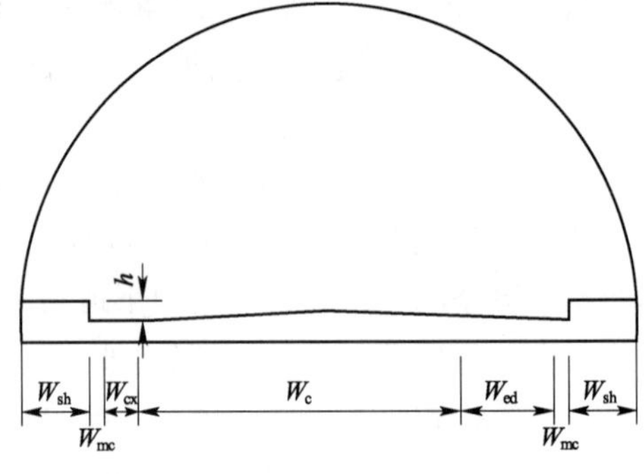

图2 多车道横断面图

图中,W_{sh}为路侧带宽度(m);W_{mc}为路缘带宽度(m);W_{cx}为侧向宽度(m),W_c为机动车车行道宽度;W_e为单车道横断面形式紧急车道宽度;W_{ed}为多车道横断面形式紧急停车带宽度;h为路缘石高度(m)。以上各符号取值见表1。

横断面各组成部分推荐值 表1

各类组成	W_c	W_{mc}	W_{sh}	$W_e(W_{ed})$	W_{cx}	h
取值(m)	nw	0.25	0.75~1.0	1.5(3)	0.5	0.15

注:n表示车行道数,取值1~4;w表示单个车道宽度,取值3.25~3.75m。

一条地下道路一般采用相同形式的横断面,当道路横断面形式或横断面各组成部分的宽度变化时,设过渡段。

2.3 城市地下道路竖向布置建议

根据城市地下空间规划,建议 10m 以内为市政管线层及浅层的交通设施层,10 ~ 30m 为轨道交通层,30m 以下为地下道路布置层。规划的地下道路大部分需要下穿既有轨道交通或为规划的轨道交通预留上部实施条件,平均深度在 40m,最深达到 60m 以上。

3 北京地区工程地质及水文地质概况

3.1 地层及岩性

北京地层,除缺少震旦系、上奥陶统、志留系、泥盆系、下石炭统、三迭系及上白垩统外,其他地层都有发育,总厚度达 6 万 m 以上。

第四纪以来,由于受新构造运动的影响,山区不断抬升,平原区强烈下降,并接受了巨厚的河流沉积物。第四系沉积厚度由西向东逐渐增大,市区中心区范围内厚度一般为 50 ~ 120m。第四纪地层的岩相自西部山麓向东部平原逐渐变化:在西部的各大河流冲洪积扇顶部及上部以厚层砂土和卵、砾石地层为主;向东于城市中心区大部分范围内,地层过渡为黏性土、粉土与砂土、卵砾石土互层;再向东北的东郊及北郊地区,则以厚层黏性土、粉土为主,表现出从上游到下游,颗粒由粗到细的递变规律。

以某地下道路工程为例,勘察深度 80m 范围内的地层自上而下可分为人工堆积层、新近沉积层、第四纪沉积层及第三纪沉积岩四大类,隧道穿过的地层以卵石地层为主,夹杂粉质黏土、粉土、中粗砂等地层,卵石地层随着深度不同包括卵石〈5〉层、卵石〈7〉层、卵石〈8〉层、卵石〈9〉层等。0 ~ 20m 深度卵石层一般粒径为 40 ~ 60mm,20m 以下卵石层一般粒径以 60 ~ 90mm 为主;卵石层含砂量一般为 15% ~ 35%。长安街以南粒径 250 ~ 400mm 的漂石含量约占 10% ~ 15%;长安街以北漂石粒径一般在 200 ~ 250mm,含量一般小于 15%,主要分布在地层〈8〉层、〈9〉层中。

3.2 水文地质概况

北京平原地区地下水类型按地下水的赋存条件主要为基岩裂隙水和第四纪松散岩类孔隙水,第四纪松散岩类孔隙水又分为上层滞水、潜水和承压水。

上层滞水主要赋存于埋深 10m 内的粉土层、粉细砂层中,北京地区潜水水位平均埋深在 21.5m(2009 年的统计数据),主要赋存在砂层、圆砾卵石层及卵石层中,承压水水头稍低于潜水水位。

4 大直径盾构技术及其在北京应用现状

大直径盾构一般是指外径 10m 以上的盾构,大直径盾构在国内外过江跨海公路、铁路隧道中应用最为广泛,以英法海底隧道、东京湾海底隧道为代表的大直径盾构隧道成功建成后,在欧洲、日本和我国许多重大隧道工程中相继使用。最为有代表性的是我国的上海崇明越江隧道,盾构机直径 15.44m,为当时世界盾构直径之最,其次是南京长江隧道,直径是 14.93m,居当时世界第二位。其他的,在我国上海、北京、武汉、广州有多条大直径盾构隧道已建成或正在建设中。

北京地区目前有两个大直径盾构隧道工程:一个是北京铁路直径线工程;另一个是北京地铁 14 号线 15 标段大直径盾构工程。

为完善北京铁路枢纽布局,北京站和北京西站之间建设一条地下直径线,自北京站起,于崇文门大街十字路口东侧进入地下，沿前三门大街向西，途径前门、和平门、宣武门、西便门、天宁寺，最后于小马场出地面，止于北京西站。线路总长9151m，隧道全长7230m，其中盾构隧道长5227m。盾构管片外径，盾构机外径11.97m，由北方重工和法国NFM公司合作生产。实施过程中，盾构机在有胶结的卵石地层遇到了极大的困难，刀具磨损严重，换刀频繁，不仅影响了工期，还给工程带来了极大的风险。

北京地铁14号线15标段包括三站三区间。“三站”为东风北桥站、将台站、高家园站，“三区间”为东风北桥站—将台站区间、将台站—高家园站区间、高家园站—阜通东大街站区间（包括盾构段+暗挖段），全长3919.05m。其中，隧道区间段单线长3605m，采用大盾构施工。设计盾构管片外径10m，盾构机外径10.22m，由华遂通和日立造船合作生产。

5 大直径盾构技术在北京地下道路建设中应用前景分析

5.1 地下道路管片直径分析

结合2车道、3车道、4车道的情况，研究了以下几种情况，单洞单层2车道（外径11m），单洞单层3车道（外径13.3m）和单洞双层4车道（外径14.9m）三种断面形式，如图3～图5所示。

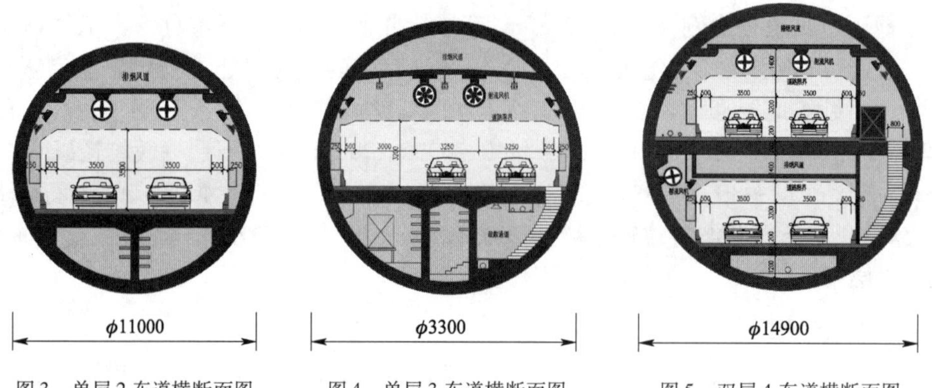

图3　单层2车道横断面图　　图4　单层3车道横断面图　　图5　双层4车道横断面图

从目前已实施的铁路直径线及地铁14号线大直径盾构情况，北京地区已掌握采用大直径盾构修建单层2车道的地下道路技术，也可进一步判断，经过技术积累和经验总结，采用大直径盾构修建单层3车道的地下道路（外径13m左右）的技术基本可行，对于修建4车道的地下道路（外径15m左右）需要经过深入研究，或在13m级别盾构实施的技术积累下方可判断技术的确定可行性。

此外，我们正在研究的城际铁路联络线工程将于2016年开工建设，地下段位于通州及大兴城区，地下区间将采用大直径盾构，根据目前研究情况，单洞双线隧道管片外径约12m，双洞单线隧道管片外径约9m，随着这些大直径盾构工程的建设，都将为后期地下道路大直径盾构实施积累经验。

5.2 水文地质条件的限制性分析

基于本文第3节关于北京地区水文地质情况的描述，北京地区地下水位平均埋深在21.5m（2009年统计数据），而北京规划地下道路平均埋深在40m，最深达60m以上，若选用除盾构外的其他工法，唯一的可行的是矿山法，矿山法施工需要保证无水作业，可以通过两个条件达到，即降水或全断面注浆堵水，但在北京地区埋深达到40m以上的降水作业，实施难度极大,或者可以基本判定技术不可行,若采用全断面注浆堵水,技术难度大不说,工程造价将巨大,工法性价比极低。因此对于深埋的北京城市地下道路而言,大直径盾构技术是必然的选择,也是唯一的选择。

5.3 工程地质条件的挑战性分析

基于本文第3节关于北京地区工程地质情况的描述,北京中西部地区地面20m以下的主要地层为卵石层,且从铁路直径线情况看,还是有胶结的卵石层,大直径盾构实施遇到了极大的困难,刀具磨损严重,换刀频繁,不仅影响了工期,还给工程带来了极大的风险。因此,在北京地区采用大直径盾构技术修建地下道路,还需要进行如下方面的研究和技术攻关。

(1)富水胶结卵石地层、长距离掘进大直径盾构合理形式研究。

(2)富水胶结卵石地层大直径盾构长距离掘进合理掘进参数研究。

(3)富水胶结卵石地层大直径盾构长距离掘进泥水特性研究。

(4)富水胶结砂卵石地层大直径盾构刀具磨损控制技术。

(5)富水胶结卵石地层大直径盾构掘进地层响应规律及控制技术研究。

以上研究内容目前正结合国家十二五科技支撑计划地下道路课题正在开展研究。

6 结论

通过本文分析,可得出以下初步判定。

(1)大直径盾构技术在北京地区地下道路建设中的应用是必然的选择。

(2)13m级别的大直径盾构技术在北京地区技术是可行的。

(3)北京地区采用大直径盾构修建地下道路需要前期开展研究的课题还很多,也需要更多的大直径盾构工程积累更多的北京地区大直径盾构实施经验。

参考文献

[1] 北京市规划委员会.北京城市总体规划(2004年—2020年)[R].2005.

[2] 北京市规划委员会,北京市人民防空办公室,北京市城市规划设计研究院.北京市地下空间规划[M].北京:清华大学出版社,2006.

[3] 李素艳,杨东援,杨扬,等.城市地下道路横断面设计研究[J].地下空间与工程学报,2007,3(1),114-117.

[4] 叶康慨.北京铁路直径线大断面地下隧道盾构机选型研究[J].隧道建设,2006,26(6):20-23.

海瑞克大盾构技术的发展和现状

张　军[1]　王　海[2]

(1.海瑞克亚洲总部有限公司地质工程部　新加坡　189721;2.海瑞克股份公司北京代表处　北京　100022)

摘　要:随着人类对地下空间利用的不断提高,隧道直径也设计得越来越大。隧道掘进机制造商德国海瑞克公司的盾构机在世界范围内的大直径隧道项目得到广泛使用,其大盾构技术也因此得到了快速发展。本文主要概述了海瑞克具有代表性的大直径盾构机项目及其大直径盾构机设计的主要特点。

关键词:大直径;泥水平衡盾构机;土压平衡盾构机;常压换刀

1　概述

目前盾构机在公路、铁路、地铁等工程的隧道施工中已经广泛使用。盾构机的隧道施工不仅安全,掘进效率高,适应各种复杂的地质条件,同时也满足许多隧道工程在直径上更高的要求,特别是在公路隧道中,盾构机的使用让隧道的直径设计得越来越大。

德国海瑞克公司是目前世界上最大的盾构机制造商,是集技术开发、设计生产、销售和服务于一体的各种隧道机械化开挖设备专业公司。产品覆盖地铁、铁路、公路的隧道开挖设备,以及输排水管道等隧道机械产品。海瑞克参与了众多著名项目的建设,遍布于整个欧洲大陆、亚洲、北美和南美洲以及澳大利亚,包括世界上最长的铁路隧道、世界上水压最大的引水隧道,以及世界上直径最大的公路隧道。特别是在近几年,大直径隧道工程更是呈现快速增长的态势,海瑞克的大直径盾构技术在这些项目中得到了应用和发展。

截至目前,海瑞克累积制造或正在制造直径≥13m 的盾构机 40 台(含翻新),其中气垫式泥水平衡盾构机 32 台,土压平衡盾构机 4 台,还有 4 台属于单护盾机型。此外,海瑞克已经为俄罗斯的一条公路项目完成了直径 19.2m 盾构机的设计,但受工程进度的限制,该机器还没有进行制造,见表 1。

海瑞克制造的大直径盾构一览表　　表 1

序号	机器编号	项目国家	项 目 名 称	项目种类	机器类型	机器直径(mm)	项目状态
1	S-1000	中国	上海北横通道	公路	气垫式泥水机	15530	正在制造
2	S-961	埃及	伊斯梅利亚公路隧道	公路	气垫式泥水机	13020	正在制造
3	S-985	中国	佛山东莞高铁狮子洋隧道	铁路	气垫式泥水机	13560	正在制造
4	S-960	埃及	塞得港公路隧道	公路	气垫式泥水机	13020	正在制造
5	S-959	埃及	伊斯梅利亚公路隧道	公路	气垫式泥水机	13020	正在制造
6	S-958	埃及	塞得港公路隧道	公路	气垫式泥水机	13020	正在制造

作者简介:张军(1980—),男,硕士,高级工程师。主要从事隧道工程地质分析、掘进机选型和初步设计的工作。Email:zhang. jun@ herrenknecht. com。

续上表

序号	机器编号	项目国家	项目名称	项目种类	机器类型	机器直径（mm）	项目状态
7	S-950	中国	珠海横琴公路隧道	公路	气垫式泥水机	15000	正在制造
8	S-947	瑞士	Belchen Basel Land Solothurn	公路	单护盾	13910	正在制造
9	S-909	中国	武汉三阳路过江隧道	地铁、公路	气垫式泥水机	15730	正在制造
10	S-908	中国	武汉三阳路过江隧道	地铁、公路	气垫式泥水机	15730	正在交付
11	S-882	中国香港	香港屯门—赤腊角海底公路隧道	公路	气垫式泥水机	13950	正在施工
12	S-881	中国香港	香港屯门—赤腊角海底公路隧道	公路	气垫式泥水机	13950	正在施工
13	S-880	中国香港	香港屯门—赤腊角海底公路隧道	公路	气垫式泥水机	17560	正在施工
14	S-764	新西兰	奥克兰水景隧道	公路	土压机	14410	完成施工
15	S-762	土耳其	伊斯坦布尔跨海公路隧道	公路	气垫式泥水机	13660	完成施工
16	S-750	俄罗斯	Orlowski 公路隧道	公路	气垫式泥水机	19200	机器完成设计，项目暂停
17	S-749	中国	扬州瘦西湖公路隧道	公路	气垫式泥水机	14930	完成施工
18	S-666	中国	上海虹梅路公路隧道	公路	气垫式泥水机	14900	完成施工
19	S-643	意大利	萨沃纳公路隧道	公路	单护盾	13640	完成施工
20	S-627	土耳其	Eskisehir-Köseköy 铁路隧道	铁路	单护盾	13720	完成施工
21	S-593.1	中国	上海 A30 沿江通道	公路	气垫式泥水机	15440	正在施工
22	S-593	中国	杭州钱江通道	公路	气垫式泥水机	15430	完成施工
23	S-574	意大利	Sparvo 高速公路隧道	公路	土压机	15550	完成施工
24	S-569.1	中国	上海 A30 沿江通道	公路	气垫式泥水机	15430	正在施工
25	S-569	中国	上海长江西路隧道	公路	气垫式泥水机	15430	完成施工
26	S-550	中国香港	广深港高速铁路隧道	铁路	气垫式泥水机	13170	完成施工
27	S-534	俄罗斯	索契公路隧道	公路	单护盾	13210	完成施工
28	S-504	西班牙	马德里 M-30 公路隧道	公路	土压机	15095	完成施工
29	S-483	俄罗斯	Zaryzino Südtangente Moskau 公路隧道	公路	气垫式泥水机	14200	完成施工
30	S-381	澳大利亚	Inntalquerung 铁路隧道	铁路	气垫式泥水机	13000	完成施工
31	S-352	澳大利亚	Inntalquerung 铁路隧道	铁路	气垫式泥水机	13000	完成施工
32	S-350	中国	南京长江公路隧道	公路	气垫式泥水机	14930	完成施工
33	S-349	中国	南京长江公路隧道	公路	气垫式泥水机	14930	完成施工
34	S-318	中国	上海长江公路隧道	公路	气垫式泥水机	15430	完成施工
35	S-317	中国	上海长江公路隧道	公路	气垫式泥水机	15430	完成施工
36	S-300	西班牙	马德里 M-30 BypassSur 公路隧道	公路	土压机	15200	完成施工
37	S-253	马来西亚	（SMART）排水公路隧道	公路	气垫式泥水机	13210	完成施工

续上表

序号	机器编号	项目国家	项 目 名 称	项目种类	机器类型	机器直径（mm）	项目状态
38	S-252	马来西亚	（SMART）排水公路隧道	公路	气垫式泥水机	13210	完成施工
39	S-250	俄罗斯	Silberwald 公路隧道	公路	气垫式泥水机	14200	完成施工
40	S-164	俄罗斯	Lefortovo 公路隧道	公路	气垫式泥水机	14200	完成施工
41	S-108	德国	汉堡易北河公路 4 号隧道	公路	气垫式泥水机	14200	完成施工

2 海瑞克具有里程碑性质的大直径盾构机

在上述 40 多个项目中，有许多项目对于海瑞克公司来说具有特殊的意义，或者对于整个盾构隧道工程行业来说，也具有着里程碑性质。

2.1 海瑞克第一台大直径盾构机

海瑞克 S-108 是第一台直径超过 13m 的大型气垫式泥水平衡盾构机（图 1），所服务的项目是 2560m 长的德国汉堡易北河 4 号隧道（图 2）。隧道不仅下穿易北河，而且还要遇到砂卵石、漂石和砂岩地层。在这种地质条件下，刀具磨损比较严重，而在透水地层下进行刀具更换更是困难。面对这一课题，海瑞克创造性地引用了“常压换刀”的刀盘设计。所谓“常压换刀”，就是刀盘的每个辐臂都是一个密闭的空间，工人在正常的大气压力下直接进入每个辐臂中，进行刀具更换操作，而隧道开挖面仍然能够通过高压气体和泥浆获得足够的稳定支撑。这一技术的应用不仅让海瑞克第一个大直径隧道项目获得成功，更为随后的大直径隧道项目积累了宝贵的经验。

图 1 海瑞克 S-108 泥水平衡盾构机

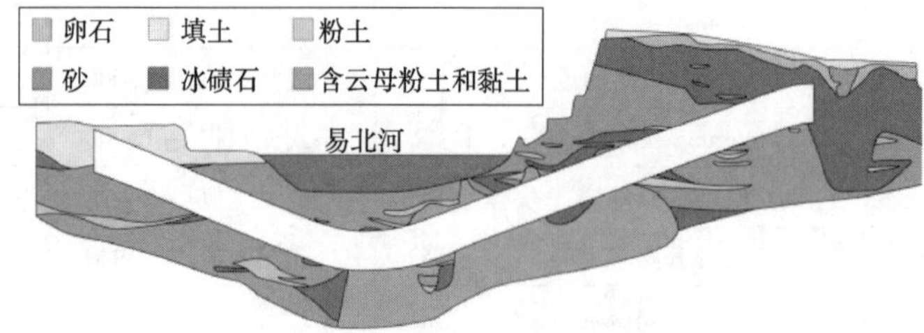

图 2 德国汉堡易北河 4 号隧道纵断面示意图

2.2 中国第一个大直径盾构机隧道项目

中国第一个大直径盾构隧道项目是 7470m 长的上海长江公路隧道（图 3），海瑞克的两台直径 15.43m 的大型气垫式泥水平衡盾构机 S-317/318（图 4）用来这个项目的施工。这个隧道的“世界最大直径”记录将近保持了8年，直到出现后来的美国西雅图SR99公路隧道和中国香港的屯门—赤腊角海底公路隧道。隧道下穿长江，遇到了黏土、粉砂等地层。“常压换刀”技术再次在大直径上获得了成功的应用，而平均87m的周掘进速度使两条隧道的施工完成时间将近提前了一年。随后这两台机器又服务于杭州和上海的其他公路隧道项目，现在经过翻新后，又将开始上海A30沿江隧道的施工。

图3　上海长江公路隧道平面示意图

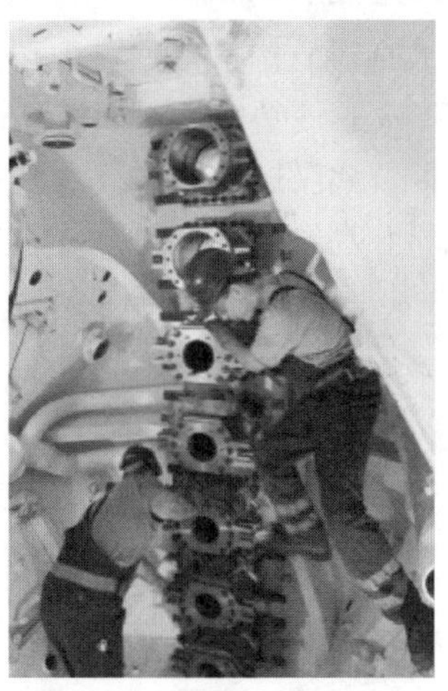

图4　海瑞克S-317/318泥水平衡盾构机

中国基础设施的快速发展为大直径盾构机提供了更广阔的舞台，随后又有多个海瑞克大直径盾构机参与了中国的隧道项目中，包括海瑞克的S-349/350参与了南京长江隧道的施工，S-666参与了上海虹梅路隧道的建设，而这些机器在完成第一个任务又转战中国的其他隧道项目，继续发挥着作用。

2.3　世界上最大直径盾构机

目前世界上直径最大的盾构机是海瑞克用于中国香港屯门—赤腊角海底公路隧道（图5）的一台直径17.56m气垫式泥水平衡盾构机S-880（图6）。该项目使用了3台大直径盾构机，而其他两台是直径14m的气垫式泥水平衡盾构机S-881和S-882。这台直径最大的盾构机将要承担648m的隧道掘进，穿越海岸回填土层、海相沉积层，以及花岗岩。带有滚刀设计的刀盘就是为了克服强度高达200MPa的花岗岩，而带压进行刀具更换也将是该项目最大的挑战。该机器于2015年4月底始发，截至2015年11月3日便完成了隧道施工，最佳的掘进速度达到了42m/周。

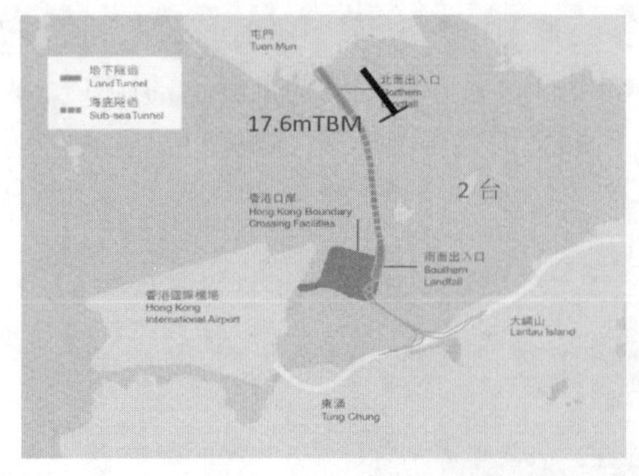

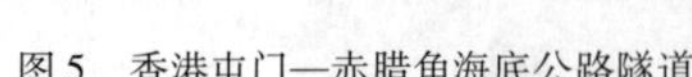
图 5　香港屯门—赤腊角海底公路隧道

图 6　海瑞克 S-880 泥水平衡盾构机

世界第二大直径盾构机是日本日立造船公司为美国西雅图 SR99 公路隧道提供的直径 17.45m 的土压平衡盾构机。

2.4　世界上第三大直径盾构机

目前世界第三大直径盾构机落户在中国武汉，是海瑞克为武汉三阳路过江隧道(图 7)提供的两台直径 15.73m 的气垫式泥水平衡盾构机，即机器编号 S-908(图 8)和 S-909。两条 2590m 长的隧道肩负着武汉地铁 7 号线和公路的双重功能，隧道下穿长江，除了砂性土，还会遇到易结泥饼的泥岩和高磨蚀性的砾岩。“常压换刀”技术在该项目再次应用，刀盘冲刷系统也做了改进，以应对风化泥岩的结泥饼问题。目前第一台机器已经完成了工厂组装，准备运往工地。

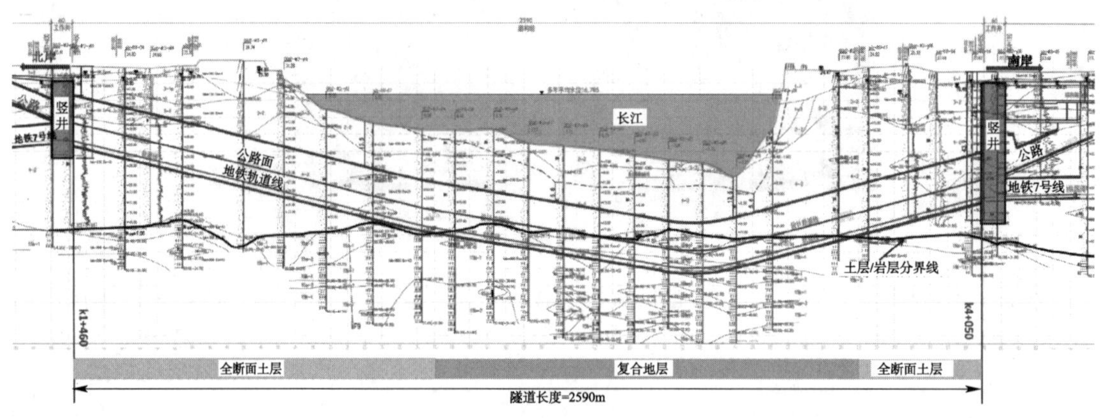

图 7　武汉三阳路过江隧道纵断面示意图

2.5　水压最大的跨海大直径盾构机

海瑞克 S-762 是用于穿越亚欧大陆之间博斯普鲁斯海峡的一台直径 13.66m 气垫式泥水平衡盾构机(图 9)。所施工的 3340m 海底隧道是一条公路隧道(图 10)，也称为土耳其伊斯坦布尔跨海公路隧道，隧道 70% 的长度都处在泥岩和砂岩中，隧道线路的最深处距海平面已达 106m。机器设计仍然采用“常压换刀”的刀盘设计，机器操作压力设计为 12bar，可以抵抗 120m 高的水压。该机器已于 2015 年 8 月完成施工。

在中国广东境内的佛山—东莞高速铁路狮子洋过江隧道是采用 13.56m 的气垫式泥水平

衡盾构机，隧道直径和地质条件与土耳其伊斯坦布尔跨海公路隧道有许多类似的地方，用于该项目的海瑞克 S-985 借鉴了 S-762 的设计经验，但在细节上进行许多改进和完善。

图 8　海瑞克 S-908 泥水平衡盾构机

图 9　海瑞克 S-762 泥水平衡盾构机

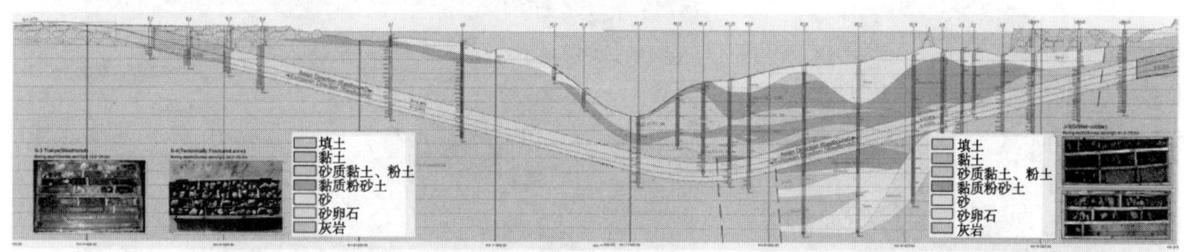

图 10　土耳其伊斯坦布尔跨海公路隧道纵断面示意图

2.6　施工环境最为复杂的大直径盾构机

海瑞克 S-1000 是将用于上海北横通道项目（图 11）上的一台直径 15.53m 的气垫式泥水平衡盾构机。与其他过江跨海隧道不同的是，这台机器将要穿越复杂拥挤的上海市区。隧道平面转弯半径最小值仅为 500m，下穿既有的地铁隧道，侧穿桩基础，地面建筑物林立密集。在上海软土地层和如此复杂的施工环境，减少扰动和地面沉降控制成为本项目最大的挑战。目前该机器正在制造之中。

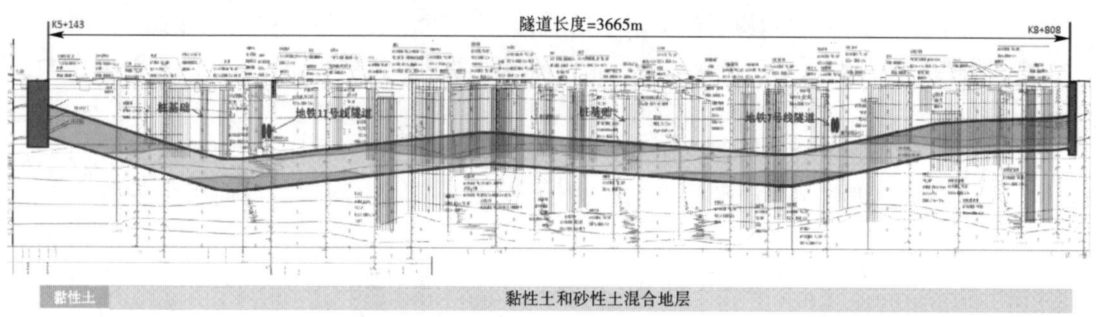

图 11　上海北横通道中下穿市区段的隧道纵断面示意图

2.7　大直径土压平衡盾构机

在海瑞克≥13m 的大直径盾构机中，有 4 台土压平衡盾构机，数量上仅占 10% 的比例。众所周知，地质条件是盾构机选型的主要因素，而大直径土压平衡盾构机的选择不仅要完全了解地质条件和其物理参数，掌握与地质有关的各种盾构机设计参数的计算，更要对施工过程中的各种不利因素有充分的考虑。已完成施工的意大利 Sparvo 高速公路隧道采用的直径

图12　用于意大利 Sparvo 高速公路隧道的海瑞克 S-574 土压平衡盾构机

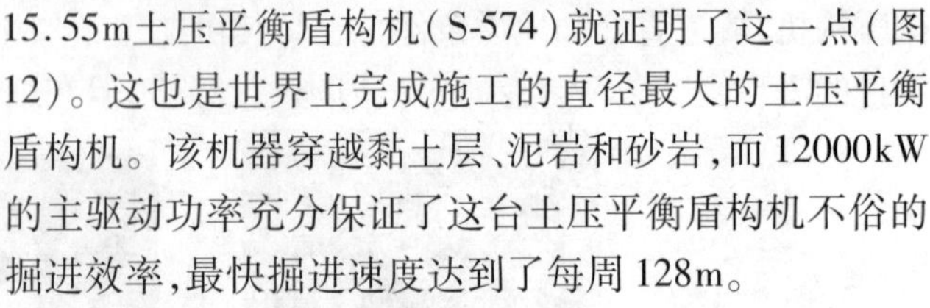

15.55m土压平衡盾构机(S-574)就证明了这一点(图12)。这也是世界上完成施工的直径最大的土压平衡盾构机。该机器穿越黏土层、泥岩和砂岩,而12000kW的主驱动功率充分保证了这台土压平衡盾构机不俗的掘进效率,最快掘进速度达到了每周128m。

海瑞克另一台正在施工的土压平衡盾构机是用于新西兰奥克兰水景隧道的14.41m的土压平衡盾构机S-764(图13)。目前该机器已经完成了两条2400m长平行隧道的掘进,最佳的掘进速度甚至高达127.1m/周。

图13　用于新西兰奥克兰水景隧道的海瑞克 S-764 土压平衡盾构机

3　海瑞克大直径盾构机的技术创新

对于一部盾构机来说,隧道是它的产品,而对于隧道建设者来说,盾构机是他的工具。一部好的盾构机就是让建设者安全和按期完成一条高质量和高精度的隧道的关键,盾构机使用者对隧道施工的安全、效率和质量的追求正是盾构机制造商在技术上不断发展的动力,海瑞克的大直径盾构机技术也正是在这众多的大直径盾构隧道项目积累和完善起来的。海瑞克大直径盾构机主要有以下几个突出的技术特点。

气垫式压力平衡理论是海瑞克泥水平衡盾构机一直坚持的设计基础理论,其目的是通过压力气体能够更准确地控制隧道面的平衡压力,进而在施工安全和地面沉降控制上更为可靠。

带压操作是隧道盾构施工常常面对的难题,风险大,效率低,操作成本却很高。大直径盾构机由于刀盘面积大,能够提供"常压换刀"的空间,而这一技术的应用却大大避免了带压操作,既提高了施工安全性,也提高了换刀的效率。

可伸缩式轴承和球形轴承也是海瑞克盾构机设计的特点之一。可伸缩式轴承的原理是通过轴承的伸缩来前后移动刀盘,其目的不仅能够保护轴承受到过大和不平衡的推力,也为换刀施工提供了便利。球形轴承的作用是:实现刀盘在轴线角度方向上的偏转,不仅为盾构机转向实现了超挖,并为刀盘边缘刀具的更换提供了便利。

大直径土压平衡盾构机在机器选型阶段需要对地质进行全面的了解,机器设计不仅要兼顾地质上的考虑,还要考虑使用者在渣土改良上的效果。盾构设计的计算模型除了理论上的,更要基于隧道实际项目所积累起来的经验。

高压膨润土和高密度膨润土系统是海瑞克在土压平衡盾构机上常用的设备。前者是让土压平衡盾构机像泥水机一样有着更精确和更稳定的隧道面平衡压力，而后者则是解决粗颗粒渣土的流动性问题。

一些新型的应用在大直径盾构机也都得到了发展，例如，基于声波的地质雷达探测，滚刀转动监测、穿梭人闸饱和潜水作业等，为盾构施工提供了更多帮助。

4 结语

正是因为每一次在直径上的突破都标志着人类对隧道掘进领域的一个突破，大盾构隧道成为整个隧道行业的一个具有代表性的板块。随着地下空间的不断开发和利用，将来无论是隧道的直径，还是长度、设计复杂程度，都会迈向更多的突破，而盾构机技术，以及全部类型的掘进机技术，肯定会伴随着这些隧道工程朝着更安全、更可靠、更便利、更高效的方向发展。

浅谈盾构施工成本管理

包明爽

（北京城建设计发展集团股份有限公司　北京　100037）

摘　要：盾构成本的构成具有很显著的特点。盾构施工企业成本管理应针对盾构成本构成特点，结合一般企业成本管理进行。在竞争激烈的盾构施工市场中，成本管理意识薄弱、责权利相互脱节，缺乏企业盾构成本策划标准，缺乏整体资源优化，缺乏先进理论体系做支撑等因素影响了盾构企业经济效益的提高。面对这些情况，建立健全全面的成本管理制度，制定企业盾构成本策划标准，注重整体资源优化，引入先进成本管理理论做支撑显得尤为重要。同时，还应将成本管理贯穿于整个盾构施工过程中，并延伸到企业管理中。

关键词：盾构施工；成本管理；技术经济进步

1　引言

伴随着我国经济高速发展，城市化进程加快，城市交通拥挤的状况日益突出，甚至影响了和谐社会的构建。为缓解这一矛盾，地下空间的开发利用越来越受到重视，南水北调、西气东输等工程在逐步展开建设，尤其是地铁在国内各大城市大规模修建。2012 年 9 月 5 日，国家发改委批复了全国多个城市的轨道交通建设规划，总投资规模预计超过 8000 亿元。城市轨道交通建设迎来了高速发展的机遇。

地铁隧道施工工法主要有明挖法、盖挖法、暗挖法等，不同地区、不同地质条件，各种方法都在被采用。盾构法属于暗挖法隧道施工的范畴，盾构法是使用盾构机这种当今世界最先进和专业的大型隧道掘进设备，在其自身刚性护罩的保护下，利用刀盘在前方不断地切削土体，盾尾部已安装好的管片作为支点受力向前，同时进行壁后注浆加固的隧道施工方法。据统计，全国采用盾构法施工的地铁工程占工程总量的 65% 左右。

2　盾构施工成本管理的重要性

盾构法具有隧道安全稳定、施工进度快、机械自动化程度高以及对周围建筑物、地层扰动小等优点，因此是一种城市轨道交通建设采用较多的施工方法，尤其是针对地面情况和地质条件复杂等区域，上海、北京、广州等城市的地铁建设中广泛应用盾构法，在我国地铁建设的迅速发展中起到不可估量的作用。

作为地铁的重要工法盾构法来讲，其工程造价还是非常昂贵的，这在一定程度上制约了交通问题的解决及城市地下空间的利用。因此，如何有效地对盾构施工成本进行管理，是当前城市轨道交通建设必须认真面对的课题。

3　盾构施工成本管理的现状及存在问题

盾构在国内的发展最早记录是 1950 年辽宁阜新煤矿用手掘式盾构机建造疏水巷道，而大

作者简介：包明爽（1977—），女，本科学历，硕士学位，高级经济师。主要从事盾构行业相关管理工作。Email：baomingshuang@126.com。

规模使用盾构机是在20世纪90年代。盾构施工成本管理的研究和发展时间仅仅十几年,并且范围极小,多数民众对盾构机很陌生,对盾构施工企业来说,接触时间也不长,所以盾构施工成本管理是一个新的课题。

与一般的建筑业施工成本管理现状相比,盾构施工成本管理稍显落后,目前,盾构施工企业中成本管理存在的主要问题有以下几个。

3.1 成本管理意识薄弱,责权利相互脱节

我国的地铁施工企业,大多是老的国有企业,都是从计划经济时代走过来的,不少企业领导及管理人员的思维方法、管理方式和管理制度还不同程度的带有计划经济的色彩,还受着计划经济的影响,成本管理意识薄弱。一般的盾构项目,除施工能力、技术水平不稳定以外,企业所需的管理人员尤其是项目上盾构专业管理及操作人员较缺乏,项目上很多一人多职,试验兼职质量、电气主管兼职物资主管,这样就造成了部分管理职能分工不清,大家都顾着把堆在眼前的工作干好,没有时间去思考如何控制成本,如何提高成本管理意识。实际工作中,每一个人都参与了企业成本控制活动,由于知识水平和认识存在差距,不能意识到自己对成本管理的作用,更不理解自己的活动可以对成本的发生产生影响。

3.2 缺乏企业盾构成本策划标准

传统成本标准的制定大多是简单按照各产品成本要素制定的"定额",定额主要来自于同行业的标准或者是企业以往年度的历史数据。但任何企业不同阶段的经营状况是截然不同的,都是随着企业内部环境的变化而动态发展变化。显然,传统成本标准的制定缺乏说服性,难以适应企业的经济发展形势。

盾构工程有标准的工序和固定的定额子目和清单,对于盾构工程各阶段的成本设计,成熟的企业是可以积累自己的成本数据库,作为成本设计的依据。但是一般盾构企业由于疲于应付在手工作,也没有详细去整理和总结不同地层成本数据,导致投标时的成本设计与施工时的实际成本差距较大,有很大盲目性。

3.3 缺乏整体资源优化

现行的盾构施工成本管理制度武断地以"有利差异""不利差异"作为成本控制业绩评价的依据,而不是从企业价值创造进行分析和考虑成本管控问题,导致出现短期行为、本位行为等。

极少的盾构施工企业能考虑到在整个价值链上下功夫,尤其是盾构机这种大型设备,怎样使设备资源能物尽其用,发挥其最大效力,创造出最大的经济效益,而不是长久的搁置,不但不能创造效益,反而造成极大的损耗,例如老化的橡胶配件、基地存放管理费用等。

3.4 缺乏先进理论体系做支撑

盾构施工业在国内真正发展起来也就十几年时间,刚刚起步的时候大家对这个行业都不了解,尤其是地下工程,风险高,很多东西都是看不到的,因此有一定利润空间,而且盾构设备又是大型专用设备,投资较大,一般都是针对地层专门设计或寻租,施工企业利用在手的盾构设备完成常规的施工任务,已经处于先进生产力行列,因此只管干、不管算的现象在盾构施工领域内比比皆是。但是,随着轨道交通建设的发展,越来越多的国企、民企购置盾构设备量的增加,市场竞争日益白热化,对项目成本控制已经日益被重视。但是从观念的转变到行动的落实确实需要有个过程,在这个过程中,怎样把"成本管理是全员责任"的思想贯彻到项目成本管理制度中并且落到实处是重点要解决的问题。

盾构施工企业在日常管理的过程中，也借鉴了其他施工领域的一些技术经济管理的方法体系，但往往是在临时出了问题亟待解决的情况下才想起使用一个技术经济分析的工具和方法，较容易带有一定盲目性和偏差，不具备连续性和系统性，因此下一步要进行总结并应用在成本的预控中而不是出现问题后用来临时解决问题。

4 对策和建议

4.1 建立健全全面的成本管理制度

只有制度建设合理才能保证企业效益持续不断得到改进和提升。建立健全全面的盾构项目成本管理制度，包括以成本核算制度、成本责任制度、成本考核制度、目标管理制度和以量价分离、两算对比为核心的成本管理体系，保证处于成本中心和履约中心的盾构项目经理部在过程成本控制中有章可循、违章必究。强化在施工管理中有效地控制工程制造成本并促进安全、质量、工期、资金回收等综合目标的实现。

除此以外，针对盾构行业的特点，完善材料采购制度、限额领料管理制度、盾构机配件采购制度、盾构机工具管理制度、盾构机及配套设备维保制度、周转材料管理制度等。制度制定后，进行全员的宣贯和学习，并按照年、季度、月进行检查落实，防止制度纸面化。

4.2 制定企业盾构成本策划标准

盾构施工的成本构成具有其行业的显著特点。成本有两种类型：一种是与工程数量无关的必须投入的固定成本；另一种是与工程数量密切相关的变动成本。盾构施工中与工程数量没有关系的固定成本，比如大型设备（盾构机、龙门吊）的进出场费、盾构临设建设（生活区建设、集土坑、龙门吊基础、洗车池）、安全文明施工投入、盾构机吊装吊拆、盾构机组装拆解、端头加固；与工程数量密切相关的变动成本，比如管片、密封条、螺栓、机械台班费、衬砌压浆材料费、密封舱添加材料费等。与工程数量密切相关的变动成本的影响因素有地层、设备选型、材料种类的选用等。

综上所述，每个盾构施工企业是可以按照固定成本和变动成本制定盾构施工成本策划标准的，只要完成过几个不同地层的盾构区间后，就可以根据之前的历史成本数据，进行盾构施工成本量价标准的设定，设定后的标准要在盾构推进200m试验段后稳定下来。完成盾构区间后，要对盾构施工成本量价标准进行对比分析，并为下一个工程积累成本数据。

企业盾构成本策划标准的制定，是企业盾构施工定额的雏形，为企业投标价格的确定提供最基本的成本依据，为企业进一步降低成本、优化技术、增长效益奠定良好的基础。

4.3 注重整体资源优化

盾构机属于大型固定资产，台均5000万元，购置一台对于企业来讲就要占据大量的流动资金，作为设备所有者的企业，尤其是决策者，如何站在战略的高度优化企业的整体资源，是一个相当值得重视的问题。此外，也亟须区域化增加行业协会进行盾构设备动态平台建设，协会会员共享资源。

4.3.1 “喂饱”盾构机

如果出现盾构机长期闲置的现象，会造成盾构机本身配件的老化、基地使用费和看护费的增加、盾构专业人才的流失和浪费等情况，因此，企业一定要有意识的“喂饱”盾构机，至少提前1~2年为每台盾构机提出工程筹划，预见到盾构机有半年以上的闲置要积极开拓总包工程、分包工程甚至可能是设备租赁工程，让盾构机走出去，加快盾构机的购置成本的回收，降低企业资金压力。

4.3.2 注重与同行业企业的合作

除了注重与同行业企业的战略合作,本身也是“喂饱”盾构机的另一种手段,同时对于提升管理水平也有一定帮助。主动联合其他拥有盾构设备的企业,加强交流,互通信息有无,以优惠的价格与对方签订战略合作协议,在对方需要盾构机时租赁给对方,在自己需要盾构机时同样以优惠的价格使用对方盾构机,互利互惠。除了能使用到价格优惠的盾构机,还可以与对方就管理和技术方面进行交流,尤其若能与规模相当或稍大的同行业企业进行对标管理活动,将更能有效地促进本企业管理水平的提升。

4.3.3 加强供应商的优胜劣汰

对于盾构施工企业的上游供应商,主要分为劳务供应商、材料供应商、设备供应商(含盾构机、龙门吊、电瓶车、浆液站)等三大类。其中,劳务供应商、盾构消耗材料供应商、盾构机配件供应商、设备供应商是盾构施工企业较特殊的供应商,这些供应商的选择,极大程度会影响工期和成本,因此,除在选择时要很慎重外,还需要在供应活动发生后有评价体系,对供应商有优胜劣汰的机制。

4.4 引入先进成本管理理论做支撑

改革开放以后,我国由计划经济向市场经济转变,建筑业也由卖方市场向买方市场转变,企业经营重心向经济效益偏移,各级管理者都向西方的成本管理方法学习。在盾构施工企业中,成本管理的七个环节包括成本预测、成本决策、成本计划、成本控制、成本核算、成本分析和成本考核的概念已经基本建立起来,执行过程中有需要加强完善的部分。但是,现代管理理论中的作业成本管理、战略成本管理、全面成本管理等理论并未真正受到大家重视并在实务界实践。作为盾构施工企业的管理者,在企业制定战略规划、经营方针、规章制度时,应有意识使用这些成本管理理论。

作业成本管理重心深入到作业层次,尽可能消除“非增值作业”,改进“增值作业”,优化“作业链”和“价值链”,从成本优化的角度改造作业和重组作业流程;并且对各项作业进行成本效益分析,确定关键作业点,对关键作业点进行重点控制。作业成本管理突破了人们对于成本的种种传统认识,并为管理者拓展了企业降低成本的途径。

战略成本管理是将企业的成本管理与该企业的战略相结合,从战略的高度对企业及其关联企业的各项成本行为、成本结构实施全面了解、分析、控制,从而为企业战略管理提供决策信息,提高企业竞争优势。其特点主要体现在:成本内容拓展到企业所处环境,成本范围延伸到企业内外部价值链,成本管理手段注重定性因素对企业的影响,并利用财务的和非财务的各种成本信息服务于企业管理,促使企业战略目标的实现。

全面成本管理认为,要在一个企业中实现全面成本管理,首先要从管理过程分析的角度,全面审视企业现有的经营过程,并从中寻找存在的问题;其次要持续改善,全面地持续不断地进行改进。

这些成本管理理论都能为决策者作决策提供科学依据,但这些理论和方法不是尽善尽美的,各自还存在着许多亟待解决的问题,需要在实践中不断完善;而且,各方法之间也缺乏一定的系统性,需要企业管理者投入更大的精力,将各种方法进行整合。

5 结语

在国家加快城镇化建设进程的环境下,城市轨道交通建设迎来了高速发展的时机,给盾构施工企业也带来新的机遇。企业应清醒地认识所处的环境，分析自身实际情况，结合成本管理的方式、方法，完善制度，谋求创新，实施措施，加强成本控制，提高盈利能力，为盾构施工企业在新一轮的竞争中打下坚实的基础，助力企业有更大的发展，从而促进社会技术与经济的进步。

参考文献

[1] 周宇. 发改委一日批复25轨道交通规划投资超8000亿[R/OL]. 2012-09-07. http://zz.focus.cn/news/2012-09-07/2330301.html.

[2] 张维国. 浅谈盾构法施工工艺的发展[J]. 中国工程咨询,2012(01):46-47.

[3] 禹化才. 隧道盾构法施工成本价格分析[J]. 铁路工程造价管理,2003(4):8-10.

[4] 唐艳辉. 浅议地铁盾构项目的成本管理[J]. 科学之友(中旬),2011(11):107-108.

[5] 王又庄. 现代成本管理[M]. 上海:立信会计出版社,1997.

再制造技术在盾构机修复中的应用

李敬文[1]　桂铁雄[2]　曹　晶[3]

（1. 中国石油哈尔滨石化公司　哈尔滨　150000；2. 北京城建设计发展集团股份有限公司　北京　100037；
3. 北京奥宇可鑫表面工程技术有限公司　北京　101400）

摘　要：盾构机经过一段时间或一定里程的隧道掘进施工后，部分零部件由于磨损、疲劳、腐蚀、老化等原因导致设备性能降低或系统失效时，必须进行修复或技术改造，以恢复或提高设备的技术性能，确保后续工程施工顺利进行。盾构机的关键零部件大多为进口产品，其价格昂贵，在维修过程中若直接更换，势必增加修复成本，而且造成浪费。近年来，随着再制造技术不断创新、发展和成熟，该技术也在盾构机修复中得到了更多应用。本文通过论述再制造技术在盾构机关键零部件修复中的应用，促进再制造技术不断扩大应用领域，为工程机械修复提供可借鉴的实践经验。

关键词：盾构机；再制造；磨损；修复

1　再制造技术概述

再制造就是以旧的机器设备为毛坯，采用专门的工艺和技术，在原有制造的基础上进行一次新的制造，而且重新制造出来的产品无论是性能还是质量均等于或优于原先的新品。图1为再制造概念图解。

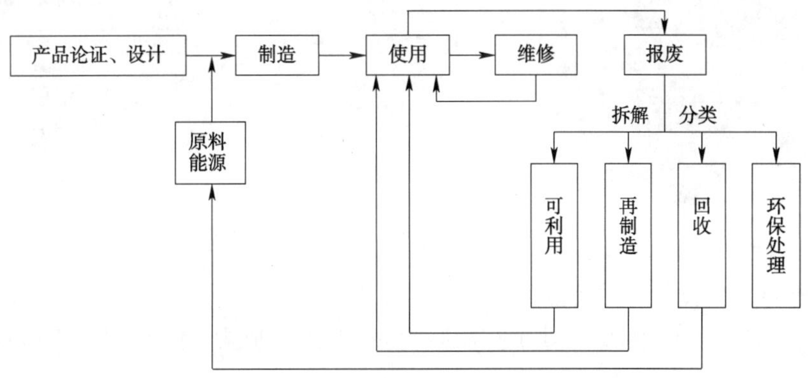

图1　再制造概念图解

再制造是一种对废旧产品实施高技术修复和改造的产业，它针对的是损坏或将报废的零部件，在性能失效分析、寿命评估等分析的基础上，进行再制造工程设计，采用一系列相关的先进制造技术，使再制造产品质量达到或超过新品。与制造新品相比，再制造产品可节省成本50%，节能60%，节材70%，几乎不产生固体废物。2009年1月实施的《循环经济促进法》将再制造纳入法制化轨道。

2　盾构机维修概述

目前盾构施工工法已经在国内得到广泛应用，国内盾构机保有数量已达1200余台。单台

作者简介：李敬文（1979—），男，硕士，工程师，机动设备主管。Email：lijwhpc@ petrochina. com. cn。

盾构机如果按照每年平均掘进 1 ~ 2km 计算，一般单台盾构机在 5 ~ 6 年后就会达到使用寿命（单台盾构的设计寿命约 10km）。盾构机日常运转工作的环境处于高温、高湿、多粉尘的地下，盾构机长时间施工将会造成多个系统零部件的磨损、疲劳、腐蚀、老化等情况；因此，盾构机的维修保养就尤为重要。目前盾构机的维修保养大多采用更换新件的方法，维修时购买新件尤其是进口件采购周期长，还将投入大量的资金成本。随着再制造技术的不断丰富和发展，将先进的再制造技术应用到盾构机零部件的修复中，通过对原有零部件的再制造修复赋予旧零部件新的生命，必将大大缩短盾构机修复工期，而且具有可观的经济效益和社会效益，目前我国盾构机零件的维修保养工程需求巨大。

北京奥宇可鑫表面工程技术有限公司始建于 1992 年，近年来专业从事盾构机设备零部件的再制造修复。公司拥有五项国内领先技术，一项世界领先技术，两项国内首创，一项具有推动行业向前发展作用的技术；是北京市高新技术企业、北京市循环经济重点领域首批试点单位、中国设备管理协会机械零件修理中心、中国设备维修一级资质企业、中国质量信誉咨询系统理事单位、北京市质量管理规范重点宣传单位、首都部分高校科技与生产力转化基地。

北京奥宇可鑫公司现有国内最先进的激光、喷涂设备、电镀设施及多台大型的机械加工设备，配合奥宇可鑫常温修复技术，可以满足不同设备零件的修复需要（图 2、图 3）。

图 2　奥宇可鑫常温修补机

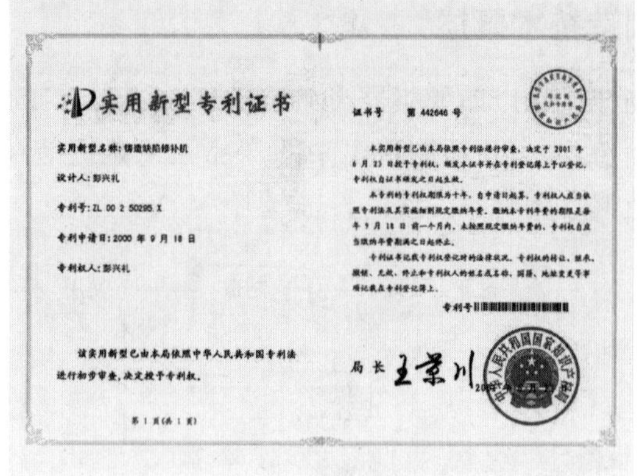

实用新型专利证书

实用新型名称：铸造缺陷修补机

设计人：彭兴礼

专利号：ZL 00 2 50295.X

专利申请日：2000 年 9 月 18 日

专利权人：彭兴礼

该实用新型已由本局依照中华人民共和国专利法进行初步审查，决定授予专利权。

第 1 页（共 1 页）

证书号　第 442646 号

本实用新型已由本局依照专利法进行审查，决定于 2001 年 6 月 23 日授予专利权，颁发本证书并在专利登记簿上予以登记。专利权自证书颁发之日起生效。

本专利的专利权期限为十年，自申请日起算。专利权人应当依照专利法及其实施细则规定缴纳年费。缴纳本专利年费的期限是每年 9 月 18 日前一个月内。未按照规定缴纳年费的，专利权自应当缴纳年费期满之日起终止。

专利证书记载专利权登记时的法律状况。专利权的转让、继承、撤销、无效、终止和专利权人的姓名或名称、国籍、地址变更等事项记载在专利登记簿上。

专利号

局长　王景川

图 3　修补机专利证书

奥宇可鑫常温修复技术的特点：

（1）零件在修复过程中，始终处于常温状态，不产生内应力，无热变形，无裂纹，无退火软化现象，无断裂的潜在影响。

（2）结合强度高，不产生脱落现象。

（3）修补处的机械性能高，通过选择不同的修复材料，可满足不同性能零件的技术要求，即可以把不同性能的材料修复到同一种材质的零件上，修复后的零件在硬度、耐磨、耐腐蚀等方面可达到或超过新品。

（4）技术先进，对修复零件材质无特殊要求。各种确定材质及不明材质以及表面镀铬、镀镍、镀钛等复合材质的零件均可修复。

（5）修复位置准确、灵活，修复量精确可控，修复后可进行机械加工，也可不进行加工直接装机使用。

（6）对于大型设备或精密设备，可实施现场不解体修复，以保证各部位的配合精度。

截至目前，北京奥宇可鑫公司已成功应用再制造技术，为多家盾构施工企业维修盾构机刀盘、主驱动（驱动外壳、主轴承、密封耐磨钢环）、中心回转体、螺旋输送机、推进油缸等零部件，维修后的性能和质量不低于新品，合格率100%，节省了购买新件的等待时间、节约了成本，而且与制造新品相比，对环境的不良影响显著降低。

3 再制造技术在盾构机零部件修复中应用实例

3.1 盾构机主驱动外壳密封套磨损表面再制造技术

3.1.1 盾构机主驱动外壳磨损情况分析

某国外品牌盾构机完成3km隧道掘进后进行检修，其主驱动壳体外圈直径约4m，其壳体密封套出现磨损位置有3处（图4），分别是外圈密封位磨损长度约9.2m，宽度200mm，最深处磨损约7mm；内圈密封位磨损长度约6m，宽度200mm，最深处磨损约5mm；外圈密封位内侧和外圈有深度不等的拉划伤长约2m。盾构机主驱动密封位磨损间隙变大，轻者会出现润滑油消耗量增加，重者密封失效，泥沙侵入就会造成润滑油污染、摩擦力加大、影响运转甚至卡死。

图4 盾构机主驱动外壳密封套磨损图

根据盾构机制造厂提供的材质资料和现场勘察，确定磨损处结构为焊接成形，磨损处具备热焊修复性能。磨损位置虽然在制造时是焊接成形，但焊接后有机械加工工序来消除焊接变形及应力，以及相应成套的加工后处理技术来保证几何尺寸精度。而修复后不能再进行二次整体机械加工，因此在修复过程中必须确保不能产生修复变形，一旦发生变形，修复零件将报废。

3.1.2 修复难点及技术保障

（1）应力的控制与管理。修复过程中会有大量热输入，随之会产生大量内应力，内应力的产生会带来零件的变形和断裂等潜在隐患。特别是对盾构机主驱动这样受力大的箱体结构件，这种影响就更不能忽视。内应力的产生与变化对修复件的使用寿命起着重要的影响。控制拉应力的大小，并科学地将拉应力适量转化为压应力，使修复位置提高使用性能是修复最为关键的技术。

（2）修复后尺寸精度的保证。根据密封圈的形状和硬度判断，如果修复后精度不高，即使磨损的沟槽修复了也起不到密封作用，因为如果修复后尺寸精度低，出现微观波浪形不平整现象，密封时就会出现间隙，盾构机土仓内的渣土就会在压力的作用下从间隙处挤入内部并参与磨损，可能会带来更大损失。

（3）修补材料的选择与搭配。从修补材料的耐磨性、致密性、结合强度以及与壳体材质的匹配性等多方面选择修补材料。针对盾构机使用环境恶劣、复杂和不易在施工过程中进行再次修复等多种特性，选择复合材料进行修复。

3.1.3 表面再制造修复工艺

检测：对现有磨损状态进行检测，主要检测磨损量和修复位置是否有裂纹出现，此内容对是否能成功焊补起着重要作用。

试验室试验：在模拟基材上将确定的修复材料进行修复试验，确定最佳修复材料及工艺。

现场试验：先选择非工作面试验，再选择局部工作面试验。经检测、评审，最终确定修复材料及工艺，并将图片、文字资料存档备案。

工艺流程：清洗（物理、化学）→检测（裂纹、磨损量）→试验（材料、工艺）→补焊（多次熔焊、恢复尺寸）→应力（检测、消除）→粗磨（机械工装）→精研（模具工装）→检测（尺寸精度）→表面处理（应力转化、修复材质二次强化）。

盾构机主驱动外壳密封套修复过程如图5所示。

图5 盾构机主驱动外壳密封套修复过程

3.14 应力的监测与消除及转化

应力监测与消除：用应力检测仪器对在修复过程中产生的内应力进行科学检测与消除。

应力的转化：使用专用应力处理设备对工作面的残余应力进行拉应力与压应力的转化。

3.1.5 修复过程中热输入量的控制

在修复过程中为了减少热影响区，使用专用散热材料进行涂覆，并根据热输入量控制每次的热输入时间，并在修复长度上分段进行。

3.1.6 工装设计

盾构机主驱动密封主要靠壳体密封面挤压唇型密封圈形成过盈变形起到密封作用。修复后的尺寸修复工作量大、要求精度高。据现场情况将机械与手工相结合，设计专用工装卡具进行现场加工以保证修复尺寸，同时设计专用加工精研模具进行后期研磨，设计专用加工检测模具进行后期尺寸精度检测。

3.1.7 修复后使用情况

主驱动外壳修复完成后，该盾构机完成了2.1km的盾构区间隧道施工，经解体检查，发现修复后的驱动外壳密封套表面仅有1mm深的轻微磨损，如图6所示。修复的部件性能完全达到了原有部件的各项技术性能。

3.2 盾构机中心回转体磨损表面再制造技术

3.2.1 中心回转体磨损情况分析

中心回转体安装在盾构机主驱动中心位置，与土仓隔板相连，其主要功能就是向盾构土仓前方输送各类液体材料。中心回转体由定子和转子两大部分组成，根据掘进需要，定子和转子之间被密封分隔成若干独立通道，渣土改良材料、仿行刀液压油、刀具磨损装置密封油、电信号线等在盾构掘进时随着刀盘的旋转，从各个通道被输送传递到土仓前部。

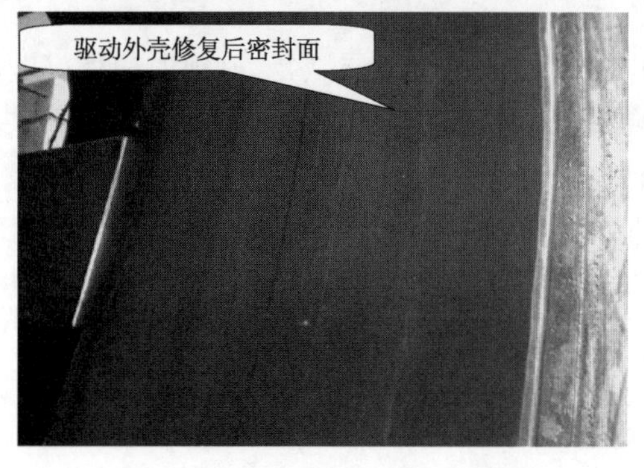

图6　盾构机主驱动外壳密封套修复后使用情况

由于盾构掘进时输送的渣土改良材料含有微细颗粒，在压力和流速的不断作用下，中心回转体转子和定子之间会产生磨损，导致中心回转体内密封磨损、老化失效，几个独立的注入通道相互窜通，中心回转体的转子表面镀层磨损、腐蚀、剥落，造成密封失效，磨损严重时，相邻通道会窜通，导致改良材料注入效率下降，甚至无法向前注入。

以图7为例，中心回转转子直径210mm，表面镀层磨损、腐蚀、剥落，最深处约2.5mm。

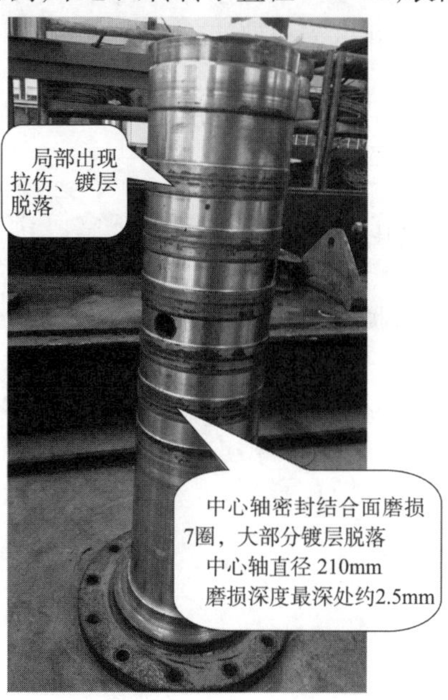

图7　盾构机中心回转体磨损修复前后对比

根据盾构机制造厂提供的图纸，确定此零件无法用常规的热处理方式进行维修，针对此情况，奥宇可鑫公司采用公司专利技术、常温冷熔技术与纳米电刷镀技术相结合的方法进行修复。

3.2.2 修复难点及技术保障

由于采用常温技术进行修复，修复过程中零件始终处于常温状态，不产生内应力，无热变形，无裂纹，无退火软化现象，无断裂的潜在影响。

首先将磨损较深处用常温冷熔技术进行焊补，补材采用与基材性能匹配的材料，填平沟槽后进行第一次机械加工。整体加工尺寸保证与标准尺寸直径相差约50丝，以保证后期镀层厚度。

然后在转子初步加工完成的基础上，用纳米电刷镀技术进行镀层恢复，刷镀时应做好非刷镀面的保护，保证刷镀位置镀层致密、结合强度高，刷镀后当整体尺寸高于标准尺寸约60丝后，进行第二次机械加工，加工到图纸要求的标准尺寸，保证精度要求。

最后将加工好的中心回转转子进行回装，安装完成后进行打压试验。

工艺流程：清洗（物理、化学）→检测（裂纹、磨损量）→试验（材料、工艺）→补焊（恢复尺寸）→粗磨（机械加工）→刷镀（恢复尺寸）→精研（机械加工）→打压试验。

注意：此工艺也适用于盾构机推进千斤顶油缸磨损修复及表面有镀层的液压零件。

4 结语

近年来，我国基础设施建设领域持续高速发展，各种工程机械的使用量大增，同时，工程机械随着使用年限增加正在进入报废的高峰期，工程机械市场巨大的保有量为工程机械再制造产业提供了充足的再制造资源。通过对盾构机等大型工程机械关键零部件磨损的再制造修复技术研究，逐步形成对于废旧零部件损伤和剩余寿命的评估技术与方法；并针对不同形状、不同损伤形式、不同材质的零部件形成不同的再制造修复技术体系，为工程机械修复提供可借鉴的实践经验，推进工程机械行业走出节能、降耗、减排的发展路线。

参考文献

[1] 桂轶雄. ϕ6.14m 日立盾构机大修改造技术研究[C]. 中国城市地下空间开发高峰论坛论文集. 武汉，2011：145-147.

[2] 乐贵平. 浅谈北京地区地铁隧道施工用盾构机选型[J]. 现代隧道技术，2003，40（03）：14-30.

[3] 缪楠. 土压平衡盾构机主驱动密封滑道磨损处理[J]. 隧道建设，2013，33（11）：977-981.

小半径曲线盾构隧道测量精度控制技术

张晓辉　杨宏进

（中国中铁隧道集团有限公司　河南洛阳　471000）

摘　要：本文结合南昌地铁2号线地铁大厦站—雅苑路站盾构区间隧道施工测量实例，对盾构隧道穿越小半径曲线且曲线长度较长不利情况下，如何提高控制测量精度的技术进行了研究，为地铁盾构隧道在小半径曲线上的测量精度控制提供了合理有效方法。

关键词：盾构测量；小半径曲线；激光站；测量精度

1　引言

随着我国城市地下交通建设蓬勃发展，盾构施工技术日趋成熟，施工机械化程度高、施工速度快、对地层及周边环境影响小、人员工作环境好等优点，盾构施工法成为城市地下交通建设的首选工法。同时，盾构测量科技的发展也日趋自动化。目前，导线测量基本上采用全自动全站仪进行测量，这就从控制测量环节最大程度上降低了人工观测的测量误差；盾构机的导向系统也实现了自动化实时测量；因此盾构隧道的最终贯通精度的最大影响因素就存在于施工过程中的人工移站测量误差。由于在设计阶段受限于城市既有建筑环境影响，城市地铁线路规划不可避免地会出现小曲线隧道。这就对盾构在穿越小曲线隧道时的人工移站测量技术提出了更高的要求。

通过南昌地铁2号线地铁大厦站—雅苑路站区间上、下行线两条隧道在通过小区线隧道段掘进过程中的人工移站测量控制技术实践，经系统的思考、分析和论证，深入的研究与实践总结出了在经过小区线段隧道时的可靠的人工移站测量技术要点，对盾构隧道在通过小区线隧道时的人工移站测量工作具有较大的借鉴价值。

2　工程概述

2.1　工程线路概况

地铁大厦站—雅苑路站区间（简称地雅压间）全长655m，线路平面呈S形延伸；隧道最大埋深约21m。其中含两条平曲线、两条竖曲线；平曲线最小曲线半径$R=400$m，竖曲线最大坡度+5.1‰。隧道为单圆盾构区间隧道以及联络通道、泵站等附属结构，采用土压平衡盾构法施工。盾构导向系统采用英国ZED激光导向系统，区间隧道线路如图1所示。

2.2　工程水文地质

地雅区间地质情况自上而下依次划分为〈1-2〉素填土、〈2-1〉粉质黏土、〈2-3-1〉粉砂、〈2-3〉细砂、〈2-4〉中砂、〈2-5〉粗砂、〈2-6〉砾砂、〈2-7〉圆砾、〈5-2-1〉强风化砂砾岩、〈5-2-2〉中风化砂砾岩。

地雅区间盾构穿越地层主要为〈2-3〉细砂层、〈2-4〉中砂层、〈2-5〉粗砂层、〈2-6〉砾砂层、

作者简介：张晓辉（1991—），男，助理工程师。主要从事盾构隧道工程的施工及研究工作。Email：zxh503@qq.com。

〈2-6〉砾砂层、〈2-7〉圆砾层、〈2-8〉卵石层、〈5-1-1〉强风化泥质粉砂岩层、〈5-1-2〉层中风化泥质粉砂岩层。

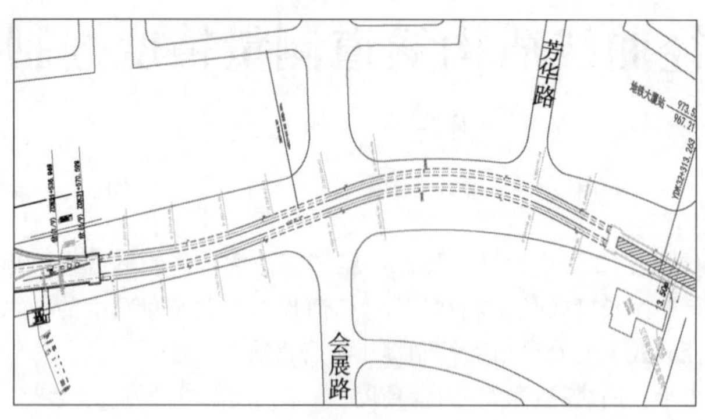

图1　地雅区间平面示意图

2.3　施工重难点分析

(1)本区间隧道含两段曲线隧道:第一段曲线半径700m,曲线全长188.415m,该段曲线较为缓和,施工测量精度控制难度较低;第二段曲线半径400m,曲线全长325.358m,其中圆曲线隧道长度达200m,曲线弯度较大,控制导线在通过该200m曲线隧道时导线控制边长度受到局限,控制测量精度较低。

(2)该段曲线隧道为右转去曲线隧道,由于盾构机激光靶位置为盾构机右上角;因此,在该段曲线隧道掘进过程中,激光站至激光靶之间通视距离较短,每次掘进约12环就需要进行一次移站测量;移站频繁,造成导线精度降低。

(3)激光靶至盾构机拖车尾部距离约为60m,受拖车上部导线通视空间限制,导线通视长度仅为15m,因此,在拖车上部需要架设3个临时测量转点进行导线传递;造成激光站距离洞内测量控制点中间转点较多,最终激光站坐标精度较低。

(3)由于每掘进12环就需要进行激光站前移,此时前部管片同步注浆均未凝固,受盾构机推力及隧道转向影响,管片横向偏移量最大达到30mm,造成激光站位置变动,影响盾构机测量精度。

(4)该段隧道处于中细砂层地层中,盾构俱进速度平均每天20环左右,因此,每天两次移站测量,每次移站测量从准备工作开始至结束大约需要5h;因此造成测量人员工作频繁、工作强度大、不能连续休息;人员过于疲劳容易增加测量误差风险。

3　测量精度控制方法

3.1　总体思路

结合盾构施工测量在小曲线隧道施工时的重难点分析,为确保盾构机在通过小区线隧道时的测量精度,整体方案考虑如下:首先,根据当前隧道长度、曲线半径、曲线长度、最大贯通允许误差等因素对单次移站测量最大允许误差进行合理评估。其次,在根源上加强站内控制导线的复测工作,提高控制导线的测量精度;同时制定合理、安全的移站测量方法。最后对测量人员进行合理的分工,保证工作过程中配合默契,提高工作效率,降低时耗及人员疲劳程度。

3.2　测量误差分析及计算

根据设计要求,盾构隧道横向贯通中误差为±50mm,高程贯通中误差±25mm。同时根据盾构掘进盾构机姿态平面限差为 ±50mm，高程限差为 ±50mm。为此，根据贯通误差限差和盾构掘进姿态限差对移站测量误差进行计算评估。

3.2.1 隧道贯通误差对移站测量误差的影响分析

(1) 地面导线测量误差对横向贯通精度的影响。

①由地面控制测量测角误差引起的横向贯通误差。

$$m_{y\beta} = \pm \frac{m_{y\beta外}}{\rho}\sqrt{\sum R_{x外}^2} = \pm 4.54\text{mm}$$

式中：$\sum R_{x外}^2$——测角的各导线点至贯通面垂距的平方和。

②由地面控制测量侧边误差引起的横向贯通误差。

$$m_{yD} = \pm \frac{m_{D外}}{D}\sqrt{\sum d_{y外}^2} = \pm 0.012\text{mm}$$

③由地面导线测量误差引起的横向贯通误差。

$$m_1 = \pm \sqrt{m_{y\beta}^2 + m_{yD}^2} = \pm 4.5\text{mm}$$

(2) 联系测量定向误差引起的横向贯通误差。

该计算依据一井定向测量误差进行分析。一井定向的误差主要由边长测量、角度测量和吊锤投点三部分作业产生；当边长和角度均满足三角形定向要求时，测角误差为主要影响因素，测距误差可忽略不计。取 $b/a = 1.5$，可得：

$$m_\beta = \frac{b}{a}m_a = 1.5 \times (\pm 2.5'') = \pm 3.75''$$

$$m_2 = m_a \frac{L}{\rho} = \pm 2.5 \times \frac{660000}{206265} = \pm 8.00\text{mm}$$

(3) 地下控制测量最大允许的横向贯通误差。

根据上述各项测量误差估算，本标段区间的最大横向贯通误差为：

$$m_Q = \pm \sqrt{m_1^2 + m_2^2 + m_3^2} = \pm 50\text{mm}$$

得：

$$m_3 = \pm \sqrt{m_Q^2 - m_1^2 - m_2^2} = \pm 49.14\text{mm}$$

地下导线随着盾构的掘进而不断延长，对于等边延伸的地下导线，测边误差对横向贯通误差的影响可忽略不计，横向贯通误差主要由角度测量误差引起，则按照最不利导线（等边支导线）根据横向贯通中误差 m_3 计算最大允许测角误差 m_β。

由：

$$m_3 = \frac{m_\beta}{\rho}L\sqrt{\frac{n+1.5}{3}} = \pm \frac{m_\beta}{206265} \times 660000\sqrt{\frac{4+1.5}{3}} = \pm 49.14\text{mm}$$

可得：

$$m_\beta = \pm 11.34''$$

(4) 小曲线隧道段移站测量测角最大允许误差。

根据隧道内控制导线单站测角最大允许误差 m_β 计算在小曲线段最不利状态下移站测量测角最大允许误差 m'_β。

$$m'_\beta = \frac{m_\beta}{n'} = \pm \frac{11.34''}{5} = \pm 2.26''$$

因此，由最大贯通允许误差计算的在小曲线隧道段移站测量最大允许测角误差为 ±2.26″。

3.2.2 盾构姿态误差限差对移站测量误差的影响分析

根据隧道在小区线段的控制导线布设，在不考虑控制测量误差对盾构姿态的影响前提下，结合实际情况，进行移站测量误差分析。

控制导线在圆曲线半径400m、长度200m的曲线隧道内的最长导线边长为100m布设，因此，在该100m范围内无固定的永久控制导线点。在考虑盾构机拖车尾部至激光靶的距离为61m，盾构机拖车上部小曲线隧道段的最长通视距离为18m，因此在该100m曲线范围内的测量控制点布设情况如图2所示。

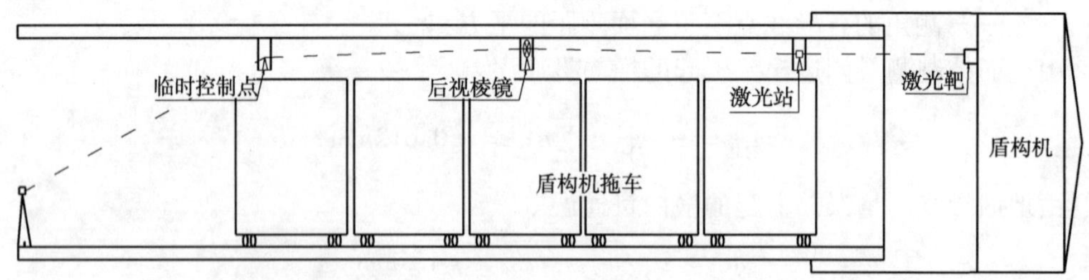

图2　盾构机移站测量示意图

由图2可以看出，在盾构机拖车上部需要3个测站，在盾构机拖车后部需要一个临时转点。因此，在小曲线隧道段，盾构机激光靶的测量一共需要5个测站。由此可得平面测量和三角高程误差限差。

平面测量误差限差为：

(1)累计测角最大误差

$$\sum\theta = \arctan\left(\frac{50\text{mm}}{10000\text{mm}}\right) = 0°17'11.32''$$

(2)平均每站测角最大误差 $\theta = \sum\frac{\theta}{5} = 0°3'26''$

三角高程误差限差为：

$$h = \frac{H}{5} = \pm 10\text{mm}$$

由上述两项限差计算得到移站测量平面测角最大允许误差为±2.26″，三角高程差最大允许误限差为±10mm。

3.3 具体实施方法

3.3.1 控制导线精度

导线精度的控制方法较为成熟，本文仅重点叙述几个卡控要点，其他不在此赘述。

(1)施工前建立测量复核制度，严格按“三级复核制”的原则进行施测。做到控制导线步步有检核。

(2)地面所用的导线点、水准点、轴线点(或中线点)要设置在隧道施工影响范围之外、坚固稳定、不易受破坏且通视良好的地方。定期对上述各桩点进行检测，测量标志旁要有明显持久的标之记或说明。

(3)经常复核洞内有变形地方附近的导线点、水准点，随时掌握控制点的变形情况，关注量测信息。在测量工作中，随时发现点位变化，随时进行测量改正。严格遵守各项测量工作制度和工作程序，确保测量结果的准确性。

(4)在隧道直线段,主导线边长不短于200m,曲线地段不小于70m;如洞内通视条件许可,边长尽量加长,以提高贯通精度。

(5)外业前,列出所用的测量仪器和工具,检查是否完好。在运输和使用测量仪器的过程中,应注意保护,如发现仪器有异常,应立即停止使用并送检,对上次测量成果重新作出评定。

3.3.2 小曲线隧道段激光站前移方法

(1)激光站的安装与固定

激光站的安装首先要确保激光站吊篮的稳固牢靠,其次要保证在盾构前进过程中,盾构拖车不能碰撞吊篮,最后,在吊篮稳固的基础上,尽量使吊篮的安装轻便快捷。

根据实践经验,吊篮采用双支腿膨胀螺栓锚固在管片上可以满足吊篮的稳固,同时最大限度减小吊篮安装的工作强度,吊篮安装如图3所示。

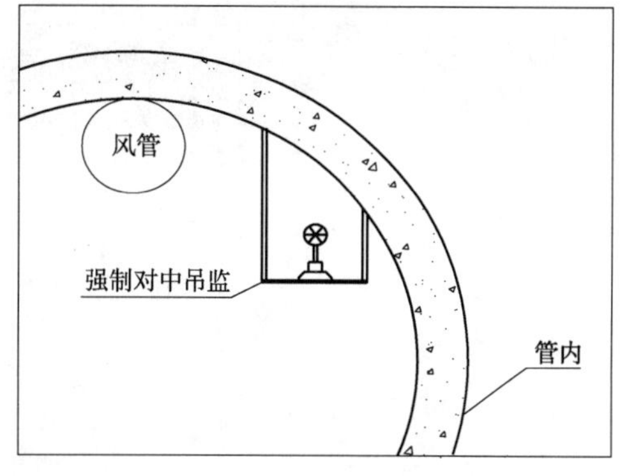

图3 激光站吊篮安装示意图

(2)激光站的坐标测量

①激光站坐标测量方法的选择

由于施工时间的要求,激光站移站工作往往是在管片拼装过程中进行的,因此,在保证移站测量精度的前提下,提高移站速度是非常重要的。

在施工过程中,经过对“边角测量法”和“正倒镜定向测坐标法”测量新激光站坐标的精度分析,得出“边角测量法”与“正倒镜定向测坐标法”在测量精度上均满足盾构隧道测量精度要求,但在测量时间上,“正倒镜定向测坐标法”平均每次移站用时比“边角测量法”减少40~50min的结论,因此选择“正倒镜定向测坐标法”进行激光站坐标测量更为科学合理。

②激光站坐标测量导线联测的合理安排

为了保证导线传递的精度,在直线段均采用每次移站从距离盾构机较远的稳定的导线控制边进行坐标引测;但在小曲线隧道段,由于每掘进15环左右就需要进行一次移站测量,且受拖车上部测量空间通视情况限制,新的激光站无法直接联测控制点;如果每次移站均从控制点联测,就需要测量5站,造成时间上的耽误。因此如何在满足测量精度要求的同时,又能减少测站数量,加快移站速度对盾构掘进施工也非常重要。

经过项目测量组的多次实践、对比,得出如下结论:在小曲线隧道内的移站测量以“三站一联测”方式进行;即第一站、第二站直接从盾构机拖车上部的临时吊篮向前进行坐标传递,第三站时,从拖车后部稳固的导线控制点进行一次导线联测至激光站,进行坐标修正。

该方法因为在小曲线隧道内每站的掘进距离较短,测量累计误差较小,所以可以连续向前传递三站,减少移站测量所用时间;同时第三站联测后部测量控制点又对激光站坐标进行了修正,降低了导线传递的误差,因此,是较为科学的方法。

(3)克服管片横向移动对激光站的影响方法

由于小曲线隧道激光站移站频繁,激光站安装位置的管片壁后的砂浆处于未凝固状态,且小曲线段隧道弯度大,在盾构机推力横向分力的作用下会引起管片横向移动,造成激光站随之横向,引起较大的横向测量误差。在实际掘进过程中,管片横向移动最大移动量达到34mm,对盾构机实际姿态造成了非常大的影响。

经过多次试验、总结,在小曲线隧道段控制横向移动对激光站的影响方法主要为快速掘进;以此减少单站的掘进时间,降低管片侧移量;在移站时采用联测后部稳固控制点对激光站坐标进行修正。在遇到长时间停机时,开始掘进前必须重新对激光站坐标进行测量。

3.3.3 移站测量科学的人员分工配合

科学合理的人员分工不仅可以提高工作效率,降低测量人员的疲劳程度,还可以在最大限度上规避测量工作上的习惯性错误。在经过两条隧道的掘进施工测量工作的摸索,测量人员相互间工作配合的磨合,总结出了较为合理的测量移站人员配置及工作分工方案,如图4所示。

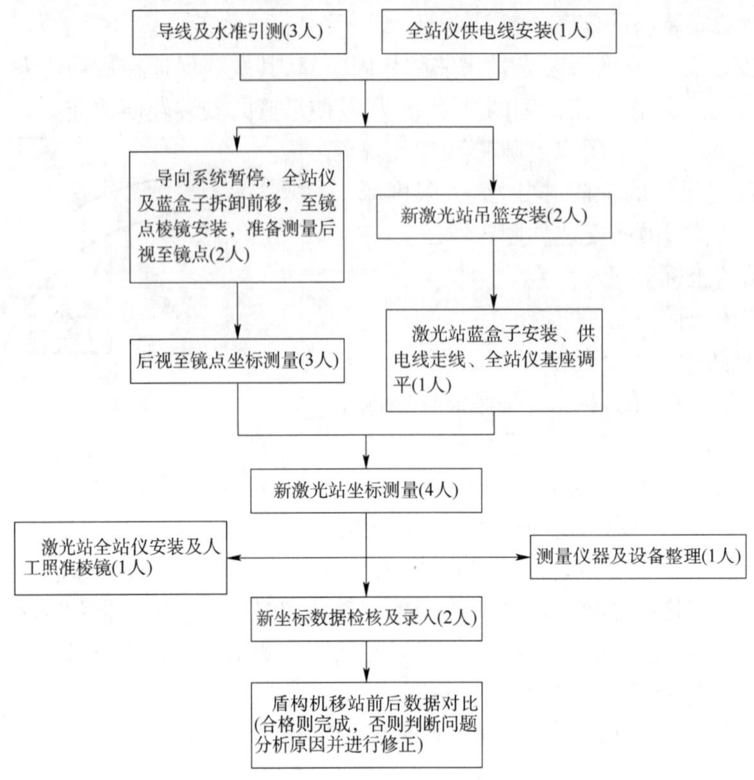

图4 盾构机移站测量工序人员分工示意图

3.4 在小曲线隧道移站的测量技术成果

经过在隧道掘进测量过程中的不断摸索,研究、总结,最终达到了在小区线段成型隧道轴线偏差情况均满足规范要求和盾构机精确贯通的效果,如图5~图7所示。

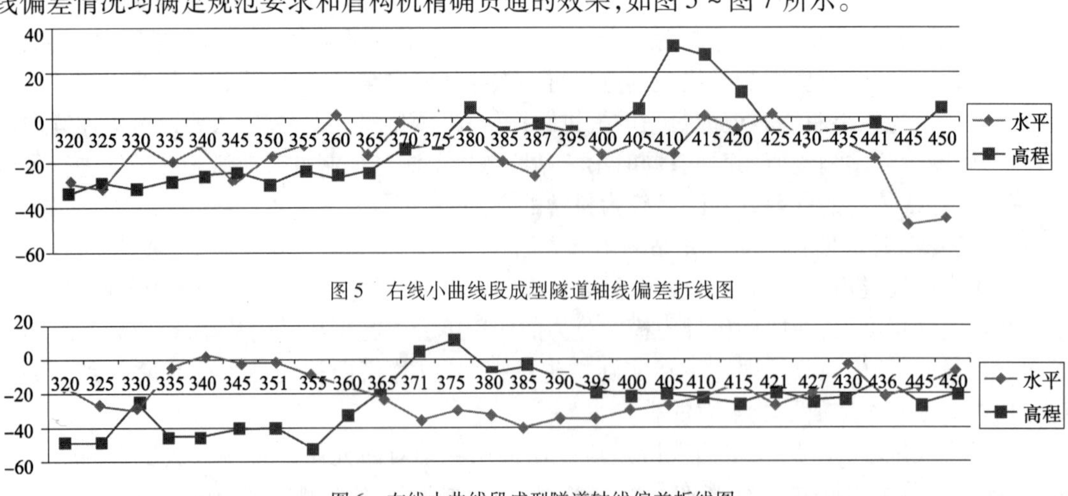

图5 右线小曲线段成型隧道轴线偏差折线图

图6 左线小曲线段成型隧道轴线偏差折线图

图7　上行线与下行线隧道顺利贯通

4　结语

根据南昌地铁2号线地铁大夏站—雅苑路站区间盾构顺利接收以及小曲线段成型隧道无侵限的实践证明：在小曲线盾构隧道段采取正确的测量误差分析、科学的测量方法以及合理的导线联测频率、严格的人员分工配合，在满足施工需求的情况下，可以有效地提高工作效率。

参考文献

[1] CJJ/T 8—2011　城市测量规范[S]. 北京：中国标准出版社，2012.

[2] GB 50026—2007　工程测量规范[S]. 北京：中国计划出版社，2008.

[3] GB 50308—2008　城市轨道交通工程测量规范[S]. 北京：中国建筑工业出版社，2008.

[4] 胡伍生，潘庆林，黄腾. 土木工程施工测量手册[M]. 北京：人民交通出版社，2005.

enzan 测量导向系统在盾构隧道工程中的应用

孙冬冬

（北京住总集团有限责任公司轨道市政工程总承包部　北京　100029）

摘　要：针对北京地铁 14 号线莱户营站—西铁营站区间盾构隧道的特点和技术要求，论述了 enzan 测量导向系统的组成和姿态定位的原理，以及如何使用人工测量的方法来检核导向系统的准确性，分析盾构机姿态定位检测的情况，证明测量成果能够满足技术规范及施工的精度要求，有效保证区间隧道的精准贯通。

关键词：盾构隧道；测量导向系统；姿态定位；人工测量

1　引言

盾构施工的重点就是尽可能在不扰动围岩的前提下完成施工，从而最大限度地减少对地面建筑物及地下埋设物的影响。而盾构隧道施工中的姿态控制除与隧道贯通有直接影响外，还与隧道设计、施工的质量要求以及围岩的扰动、地层的沉降有关。建立精确的盾构导向系统，准确、动态地测定盾构位置和姿态，是平稳控制推进轴线，保证施工安全和质量，以及减少对周围环境影响的一项必不可少的措施。

2　工程概况

北京地铁 14 号线莱户营站—西铁营站为盾构区间工程（简称莱西区间），右线 1274.699m，左线 1271.517m。该区间平曲线设计交点 4 个（图 1），右线为 JD36 和 JD37，左线为 JD34 和

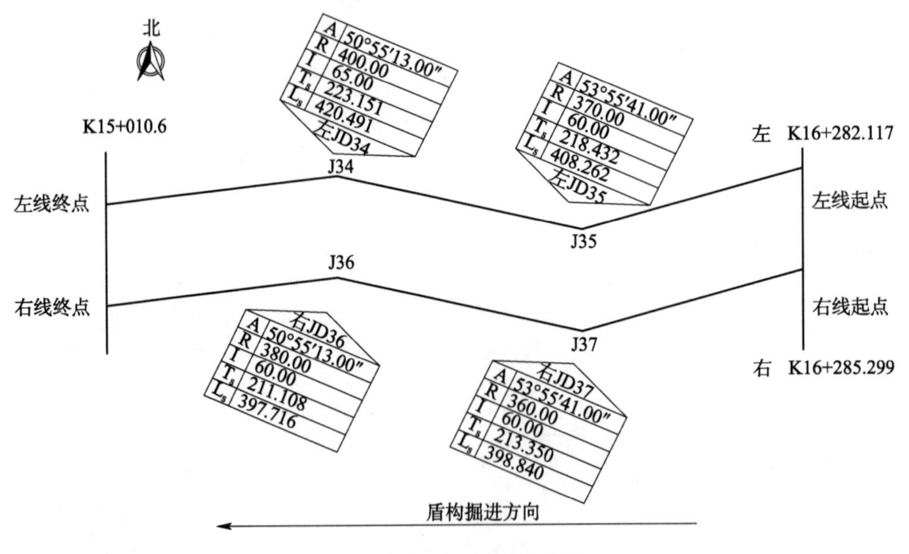

图 1　莱西区间平曲线示意图

作者简介：孙冬冬（1983—），男，学士，助理工程师。主要从事地下工程施工和管理工作。Email：276274759@qq.com。

JD35。两台盾构机均在缓和段始发,沿弧线内侧(割线方向)掘进(图2),右线始发圆曲线半径360m,始发轴线方位角268°22′25.51″,纵坡3.5‰。按照轨道交通相关测量技术要求,隧道轴线高程、平面偏差≤±50mm,对测量控制要求十分严格。

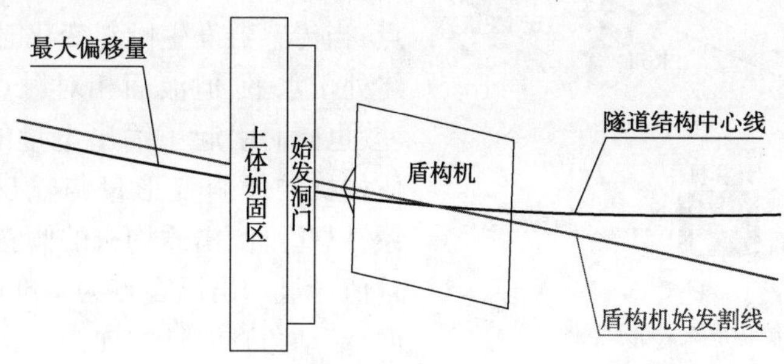

图2 莱西区间右线曲线始发平面示意图

3 enzan 测量导向系统的组成

将激光光源或红外线等发光设备与接收这些光的标靶组成的设备,通过模型计算和数据转换自动完成测量工作任务的设备组合,称为测量自动导向系统。现在的盾构机都装备有先进的导向系统,莱西区间右线盾构机采用的是日本三菱公司的 enzan 系统,该系统主要由带伺服马达的天宝自动全站仪,后视棱镜组,盾构机上的3个小棱镜组,棱镜控制箱,中控室控制单元(PLC),盾构机内控制单元,数据传接线路(SDSL),倾斜仪,电脑,打印机等设备及配套软件组成(图3)。

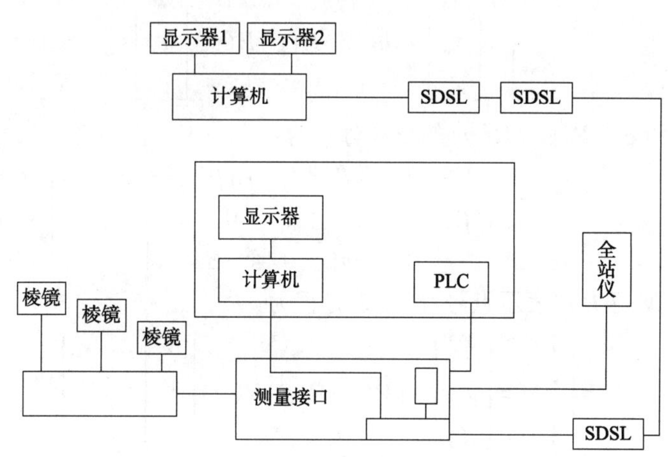

图3 enzan 测量系统配置示意图

4 enzan 导向系统的基本原理

enzan 导向系统的导向功能主要依据全站仪自动测定2个棱镜的距离和方位角,通过参数模型计算来标定盾构机(TBM)掘进的方向和位置(图4)。当全站仪激光束射向 TBM 棱镜,就可以测出 TBM 相对于隧道设计轴线(DTA)的偏角,全站仪测出的距离与棱镜之间的距离可以提供沿着 DTA 掘进的盾构里程长度。倾斜角和滚动角(Roll)直接用安装在 TBM 内的倾斜仪测量,这些数据每秒钟两次传输至操作室的计算机,通过软件组合起来用于计算盾构机轴线上前后2个参考点的空间位置,并与 DTA 比较,得出的偏差就是盾构机的姿态。

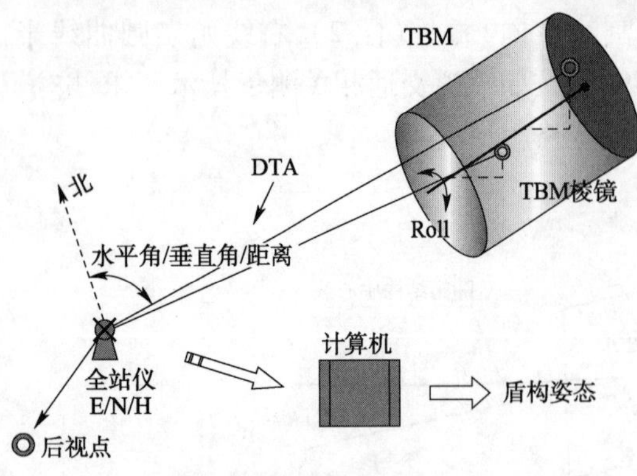

图4　enzan 测量系统原理示意图

4.1　倾斜仪的工作原理

倾斜仪一般由倾斜传感器、安装支架、信号传输电缆组成。传感器内装有电解液和导电触点,当传感器发生倾斜变化时,电解液的液面始终处于水平,但液面相对触点的部位发生了改变,也同时引起了输出电量的改变。倾斜仪随盾构机的倾斜变形量与输出的电量呈对应关系,以此可测出盾构机的倾斜角度,同时它的测量值可显示出以零点为基准值的倾斜角变化方向,滚动角顺时针方向为正,俯仰角前盾仰起时为正,反之都为负。

4.2　数据处理的数学模型

目前的导向系统在有倾斜仪数据的前提下利用其中2个点参与计算,该模型没有联合处理3个以上点的能力。联合数据处理的方法选用了未简化的布尔沙7参数模型,并将倾斜仪的数据加入7参数的解算过程中,有效地保证了7参数的求解精度和可靠性,使得联合处理模型简便实用。

设$(x、y、h)$为目标坐标系下点的三维坐标,X_o、Y_o、h_o为3个平移参数,$\boldsymbol{\upsilon}$为尺度参数,α、β、γ分别为绕x轴y轴和z轴的旋转参数,$\boldsymbol{R}$表示旋转矩阵,7参数坐标转换公式为:

$$\begin{bmatrix} x \\ y \\ z \end{bmatrix} = \begin{bmatrix} X_o \\ Y_o \\ Z_o \end{bmatrix} + \boldsymbol{\upsilon}\boldsymbol{R}(\alpha)\boldsymbol{R}(\beta)\boldsymbol{R}(\gamma)\begin{bmatrix} X'' \\ Y'' \\ Z'' \end{bmatrix} \tag{1}$$

3个旋转矩阵$\boldsymbol{R}(\alpha)$、$\boldsymbol{R}(\beta)$、$\boldsymbol{R}(\gamma)$的形式分别为:

$$\boldsymbol{R}(\alpha) = \begin{bmatrix} 1 & 0 & 0 \\ 0 & \cos\alpha & -\sin\alpha \\ 0 & \sin\alpha & \cos\alpha \end{bmatrix}, \boldsymbol{R}(\beta) = \begin{bmatrix} \cos\beta & 0 & \sin\beta \\ 0 & 1 & 0 \\ -sin\beta & 0 & cos\beta \end{bmatrix}\delta Y, \boldsymbol{R}(\gamma) = \begin{bmatrix} \cos\gamma & -\sin\gamma & 0 \\ \sin\gamma & \cos\gamma & 0 \\ 0 & 0 & 1 \end{bmatrix}\delta$$

设V表示改正数,下标i表示点号,改正数方程为:

$$V_i = \begin{bmatrix} V_x \\ V_y \\ V_z \end{bmatrix} = \begin{bmatrix} X_0 \\ Y_0 \\ Z_0 \end{bmatrix} + \boldsymbol{\upsilon}\boldsymbol{R}(\alpha)\boldsymbol{R}(\beta)\boldsymbol{R}(\gamma)\begin{bmatrix} X_i \\ Y_i \\ h_i \end{bmatrix} - \begin{bmatrix} X_i \\ Y_i \\ h_i \end{bmatrix} \tag{2}$$

令$\delta X = [\delta X_o \delta Y_o \delta Z_o \delta\boldsymbol{\upsilon}\delta\alpha\delta\beta\delta\gamma]^{T}$,则误差方程式为:

$$V_i = \begin{bmatrix} V_x \\ V_y \\ V_h \end{bmatrix} = \left[I \frac{\partial V_i}{\partial \upsilon} \frac{\partial V_i}{\partial \alpha} \frac{\partial V_i}{\partial \beta} \frac{\partial V_i}{\partial \gamma} \right]\delta x - L_i \tag{3}$$

将棱镜观测值作为第一类观测值,$\boldsymbol{A}$表示系数矩阵,L表示常数项,记为$V_1 = A_1\delta x - L_i$,$\boldsymbol{\phi}$表示倾斜仪观测值,倾斜仪观测方程形式为:$\alpha - \phi_{横} = 0$,$\beta - \phi_{纵} = 0$。

$$误差方程式的形式为\ V_2 = \begin{bmatrix} 0000100 \\ 0000010 \end{bmatrix}\delta x - \begin{bmatrix} \phi_{横} - \alpha \\ \phi_{纵} - \beta \end{bmatrix} \tag{4}$$

将倾斜仪观测值作为第二类观测值,记为$V_2 = A_2\delta x - L_2$。两类观测值相互独立,利用两类观测值联合平差的误差方程式为：

$$\begin{bmatrix} V_1 \\ V_2 \end{bmatrix} = \begin{bmatrix} A_1 \\ A_2 \end{bmatrix} \delta x - \begin{bmatrix} L_1 \\ L_2 \end{bmatrix} \tag{5}$$

给定尺度参数和旋转参数的初始值，利用迭代算法，就可以求出 7 参数的平差值，再将求出的参数代入转换公式，即可求出目标棱镜绝对坐标在盾构坐标系下的几何坐标。

4.3 验证算例

以莱西区间右线的实际情况为例（图 5），在盾构机上分别布设 3 个小棱镜，用全站仪进行大地坐标测量。并装置 2 个倾斜仪，用于测出盾构机的滚动角（横倾）和俯仰角（纵倾）。利用 TargetCalc2 软件进行 7 参数计算，该软件具有操作简单、计算快捷、精度高等优点。只需将切口和尾盾中心的三维坐标、倾斜仪的俯仰和滚动角、盾构机总长度、平移长度及 3 个棱镜绝对坐标输入，其中平移长度输 0 即可，然后单击计算，就能算出 3 个小棱镜的几何坐标。

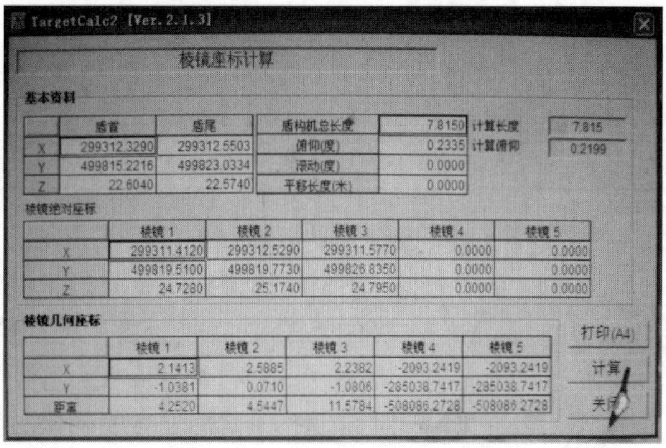

图 5　TargetCalc2 软件计算界面

5 盾构机姿态测量

盾构机姿态测量包括盾构机与设计轴线的水平偏角、俯仰角、旋转角、纵向坡度和切口里程的测量。莱西区间右线盾构机姿态观测采用了三种人工测量的方法，分别是悬吊钢丝法、三点横杆法和圆心拟合法。

5.1 悬吊钢丝法

在盾构机方便观测的一面作为控制面，盾壳上悬挂 4 根钢丝（图 6），选用直径 0.3mm 钢丝，挂 10kg 重锤，反射片选用 Leica30mm，油桶内注入适量阻尼液，确保重锤不碰桶壁，待钢丝稳定后，方可进行观测，观测前要确保盾构铰接伸长量为零，观测采用边角法，测角应尽量采用 1″全站仪，不少于 4 测回，测角中误差应在 ±2.5″内。高程测量可在盾构机壳顶延纵轴方向进行，每个断面点利用水准仪找出最高位置。观测完成后分别计算出铰接前、后两段的方位角及纵坡，以此检验铰接的收缩情况，倘若铰接前、后两段的方位角及纵坡差异过大，需通知操作人员进行铰接调试，直到姿态合理为止。最后推算出盾构整体轴线的方位角及纵坡，与始发轴线进行对比，在误差能够满足设计要求的基础上，保存前盾和尾盾的圆心三维坐标，作为下一步计算的可靠依据。

莱西区间右线盾构姿态经观测，计算成果见表 1。

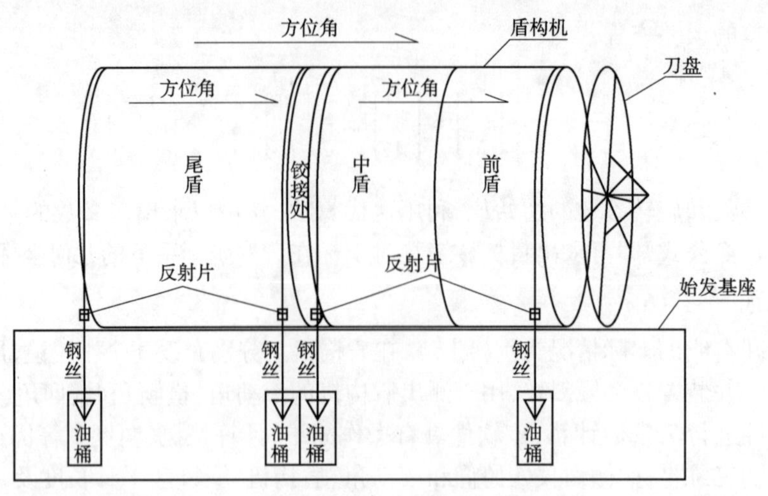

图6　悬吊钢丝法示意图

菜西区间右线盾构资态观测计算成果　　表1

位置	X	Y	Z	方位角	纵坡(‰)
前盾	299312.3290	499815.2216	22.604	268°22′38.3″	3.8
尾盾	299312.5503	499823.0334	22.574		

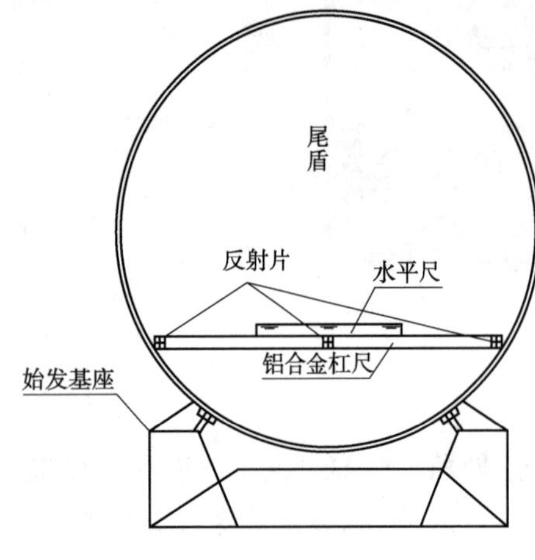

图7　三点横杆法断面示意图

5.2　三点横杆法

在尾盾选2处及2处以上便于观测的位置依次摆放铝合金杠尺,杠尺长度根据盾构机直径确定,并在杠尺的两边和中心位置布设反射片,两边与中间反射片应对称(图7)。摆放时要确保杠尺水平且与盾体纵轴尽量形成正交关系,然后根据杠尺长度算出杠尺弦长至圆心的理论高度(可借助CAD完成)。第一个断面摆放完后方可进行实测,观测前同样确保盾构铰接伸长量为零,然后用水准仪和全站仪对反射片进行观测。第二和第三个断面位置必须和切口及尾盾有相应的尺寸关系,这样才能推算出盾首和盾尾的圆心三维坐标。

菜西区间右线分别在距离油缸挡板700mm处和2650mm处摆放杠尺(图8),经观测计算成果见表2。

菜西区间右线计算成果　　表2

位置	X	Y	Z	方位角	纵坡(‰)
前盾	299312.3250	499815.2186	22.606	268°19′14.37″	3.7
尾盾	299312.5541	499823.0328	22.577		

5.3　圆心拟合法

在切口和尾盾处利用反射片直接尽可能多的测出圆弧上点的三维坐标,点位尽量布设均匀(图9),观测成果利用Matlab7.0软件进行圆心三维坐标拟合计算,该软件是由美国MathWorks公司出品的商业数学软件,用于算法开发、数据可视化、数据分析以及数值计算的高级技术计算语言和交互式环境,主要包括Matlab和Simulink两大部分,可快捷地解决圆心计算问题。

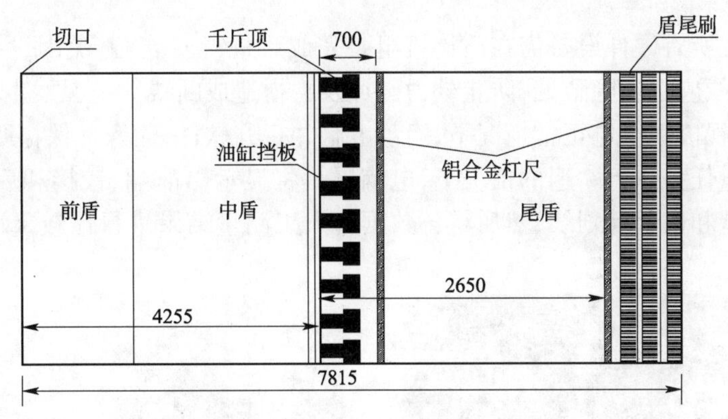

图 8 菜西区间三点横杆法平面示意图(尺寸单位:mm)

菜西区间右线分别在前盾和尾盾处观测了 21 个点位,计算成果见表 3。

菜西区间右线前盾和尾盾处计算成果 表 3

位置	X	Y	Z	方位角	纵坡(‰)
前盾	299312.3288	499815.2143	22.609	268°19′34.74″	3.8
尾盾	299312.5573	499823.0344	22.579		

经测量,以上三种方法从计算结果来看,悬吊钢丝法的计算成果与始发轴线方位角及纵坡较为接近,其方位角偏差12.79″,纵坡 0.3‰,符合技术规范要求。而三点横杆法是借助短边来推算长边,圆心拟合法是采用函数 Matlab 算法进行近似拟合,从计算原理上来讲,悬吊钢丝法比其他两种方法精度要高。所以,菜西区间右线将悬吊钢丝法的计算成果作为了小棱镜坐标转换的重要参数。

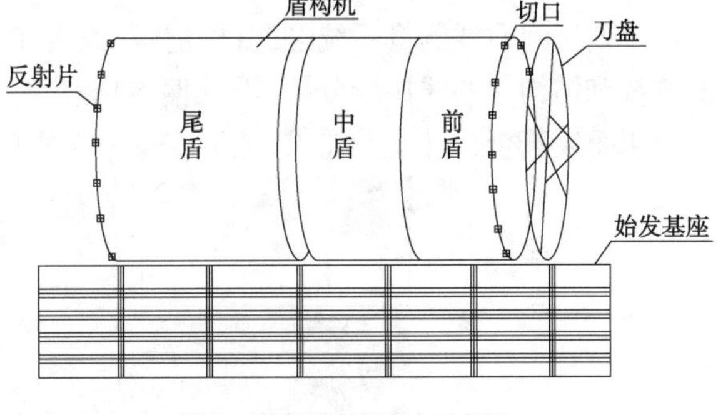

图 9 圆心拟合法布点示意图

5.4 倾斜仪的检测

倾斜仪主要为测量系统提供俯仰和旋转角值,俯仰角检测可利用前盾和尾盾的圆心高差,根据盾构机实际长度推算出俯仰角,与盾构系统内倾斜仪传出的数据进行比较和校正。旋转角观测是在中盾内的物理指针盘上方悬挂线坠,并投点作为零点,然后调整指针盘,将指针盘固定,并以此测定盾构机以后的旋转姿态。

菜西区间右线盾构机倾斜仪检测校正后,俯仰角 0°14′00.6″,旋转角 0°00′00″。

5.5 测站点、后视点测量

测量人员在台车上方不被刮碰的位置安装吊篮,所选点位应便于观测,且牢固稳定(图 10、图 11)。平面测量从地下控制点引测吊篮,仰角不大于 8°。高程采用水准仪加钢尺进行,独立测量 3 次,测得的高差较差小于 ±3mm,观测时需注意棱镜常数及仪器高度。

连续通过 Robotec 自动测量进行换位的话,有累计误差的可能,特别是在控制点离吊篮较远的情况下,全站仪三角高程进行的水准测量误差累计较大。所以,测量人员每次换站后,应尽可能进行人工复核。

5.6 设备调试

测量导向系统所有硬件设备需在盾构机组装完成后进行安装，避免因设备安装时对测量设施造成损坏，布线应选在隐蔽处，防止外力破坏及磨损造成断线等情况发生。当硬件安装完毕后，全站仪及后视棱镜供电正常情况下，启动电脑并打开软件，输入并保存所有测量数据，在全站仪把整个测量任务执行一遍的情况下，电脑屏幕将显示出前端、铰接和后端的偏差值，以及实际方位角偏差和白色计划线，然后将各数据与人工测量结果进行比较，较差在 ±10mm 以内视为合格。

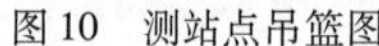

图 10　测站点吊篮图　　　　图 11　后视点吊篮图

菜西区间右线测量系统经调试，前端、铰接和后端的坐标在 CAD 图上进行展点，通过与始发割线和结构中心线比较分析，设计偏差值和系统显示偏差值最大较差为 3mm，证明此次测量成果精度符合设计规范要求，能够准确反映盾构机实际姿态（图 12）。

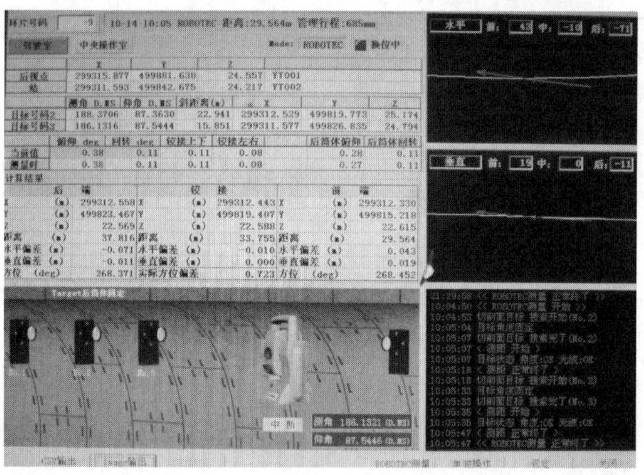

图 12　菜西区间右线盾构姿态图

6　结语

enzan 测量导向系统是一个精密复杂的系统工程，涉及多学科、多工种，自动测量虽可实时获取盾构姿态，是盾构隧道技术的发展方向，但人工测量方法可用于对自动测量结果的检测，为隧道的顺利贯通提供有力保障。该系统的应用在北京轨道交通 14 号线 06 标菜西区间取得了良好的效果，说明采取的人工测量方法是科学合理的，从而保证了施工的安全质量，提高了测量的工作效率,产生了显著的经济效益。

参考文献

[1] GB 50308—2008 城市轨道交通工程测量规范[S]. 北京:中国建筑工业出版社,2008.

[2] 刘松喜,李彦卿. enzan 自动测量系统在三菱盾构机上的应用探讨[J]. 四川建材,2009,35(6):165-167.

[3] 张厚美,古力. 盾构机姿态参数的测量及计算方法研究[J]. 现代隧道技术,2004,41(2):14-20.

浅谈 150m 小半径盾构施工测量技术

孟祥涛　郑仔弟　葛国华　李华强　卜　樊

（北京市市政四建设工程有限责任公司　北京　100176）

摘　要：在盾构隧道施工过程中，测量工作是保证盾构以正确姿态按照设计线路掘进和保证隧道贯通的关键，尤其是小半径曲线盾构施工测量技术尤为重要。本文以某市龙溪变电站 110kV 送出工程 150m 小半径盾构区间段为例，对相对应的地面控制测量、竖井联系测量和地下控制测量技术进行了分析研究，为制定行之有效的盾构施工测量方案提供了可靠的技术保障。

关键词：盾构；施工测量；小半径

1　引言

盾构施工是以盾构机盾壳为临时支撑，对土体进行开挖，同时用钢筋混凝土管片对围岩进行衬砌的一种机械化隧道施工方法。

盾构施工有一个很重要的技术要求，就是控制盾构机掘进姿态符合设计线路，而小半径转弯更是盾构施工技术控制的一个难题。小半径转弯会对盾构机掘进带来诸多的难题，下面就以重庆江北龙溪变电站 110kV 送出工程区间 150m 半径转弯为例，分析超小半径盾构转弯施工测量的难点和解决措施。

2　工程概况

重庆市渝北龙溪 220kV 变电站 110kV 送出工程深基坑是重庆市渝北区 220kV 龙溪配套 110kV 输变电工程线路电缆遂道工程的一部分。此隧道的开通，对重庆市城市用电至关重要。

龙溪变 110kV 送出工程，电缆隧道从北环立交开始至余松路 220kV 洪恩寺变电站送出隧道为止，隧道采用盾构法施工，线路全长 3450m，其中设置 6 个风井，线路最小转弯半径为 150m，最大坡度 20.13‰。

渝北区 220kV 龙溪配套 110kV 输变电工程包括在北环立交至骑龙电缆隧洞工程中，依次穿越内环快速、余松路跨锦橙路上跨桥、余松路立交桥，最终到达 2 号接收井，在大庆村隧道接口至洪恩寺隧道工程中依次穿越松石大道、余松路龙山转盘，最终到达 2 号接收井。

其中，区间盾构于里程 K0 + 188.21 ~ K0 + 572.69 范围内 384m 为半径 150m 的右转弯曲线，如图 1 所示。

3　地面控制测量

本工程地面平面控制测量采用精密导线测量，精密导线大致沿盾构隧道中线方向布设，地面高程控制测量采用精密水准技术要求施测，地面控制点由建设单位委托第三方专业测量队伍进行测量校和合格后，由施工单位使用。

作者简介：孟祥涛（1988—），男，大专，助理工程师，项目副总工。目前从事盾构施工现场测量管理工作。Email：674418859@ qq. com。

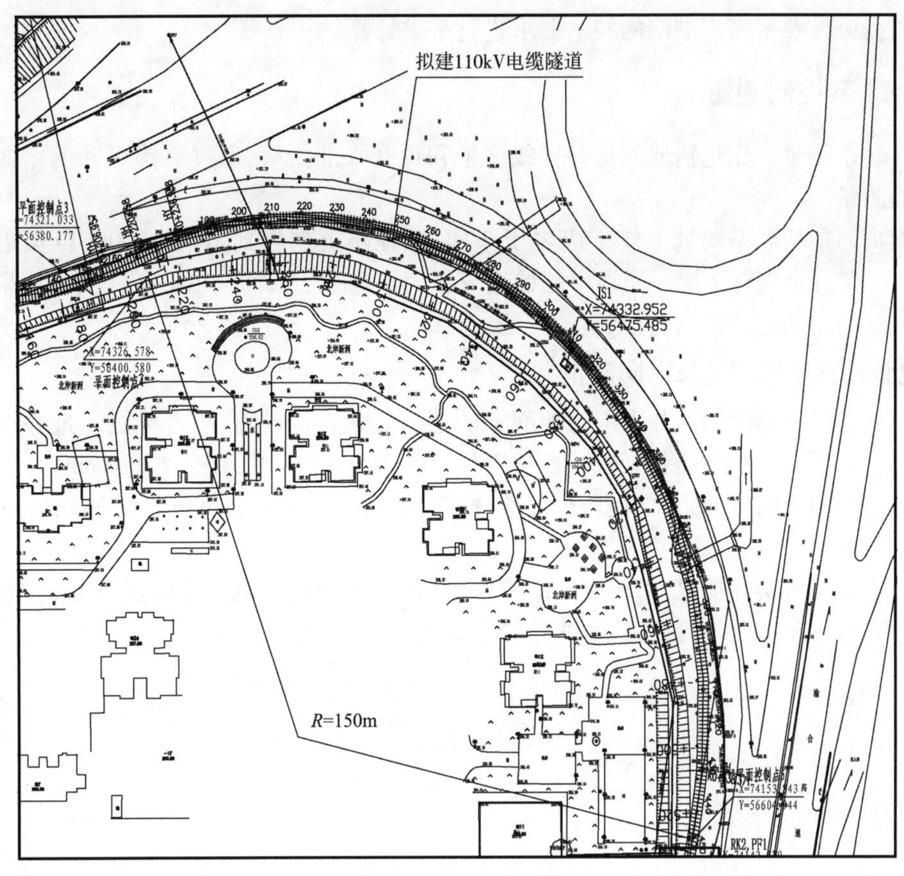

图1　区间150m半径转弯线路平面图

3.1　地面平面控制测量

地面平面控制点的复测，严格按照精密导线测量的主要技术指标进行。精密导线的边长测量，每边测距中误差须在±6mm以内，每条导线边往返观测各两个测回。每测回间应重新照准目标，每测回进行3次读数。测距时，一测回3次读数的较差小于3mm，测回间平均值的较差小于3mm，往返平均值的较差小于5mm。当精密导线上只有两个方向时，按左、右角观测，左、右角平均值之和与360°的较差必须小于4″。水平观测遇到长、短边需要调焦时，采用盘左长边调焦、盘右长边不调焦，盘右短边调焦，盘左短边不调焦的观测顺序进行观测。

3.2　地面高程控制测量

地面高程控制测量采用水准网控制测量，当现有甲方委托的第三方测量队移交的地面精密水准点作为首级高程控制点。本标段加密高程控制点使用拓普康DL-101电子水准仪进行施测。

水准网测量的观测方法应符合下列规定。

(1)往测奇数站上为:后—前—前—后，偶数站上为:前—后—后—前。

(2)返测奇数站上为:前—后—后—前，偶数站上为:后—前—前—后。

(3)每一测段的往测与返测，宜分别在上午、下午进行，也可夜间进行观测。有往测转向返测时，两根标尺必须互换位置，并应重新调置仪器。

测量时，往返两次观测高差超限时应重测。重测后，一等水准取两次异向观测的合格成果，二等水准则应将重测成果与原测成果比较，其较差合格时，取其平均数。加密高程控制点的最终数据应按照精密水准网的技术要求进行平差计算。

4 竖井联系控制测量

竖井联系测量工作包括地面近井导线测量和近井水准测量、通过盾构竖井的定向测量和传递高程测量。

隧道贯通前的联系测量工作不应少于3次，宜在隧道掘进到100m、300m以及距贯通面100～200m时分别进行一次。当地下起始边方位角较差小于12″时，可取各次测量成果的平均值作为后续测量的起算数据，直到隧道贯通。

4.1 地面近井导线测量及定向测量

地面近井导线测量的近井点应与地面上的精密导线点构成附、闭合导线。近井点应埋设在竖井井口附近，以便于观测和保护，且长度为50～350m，点位中误差≤±10mm。

地下定向测量的定向边不应少于2条，掘进前要求对地下定向边之间的几何关系进行检核。

结合本工程的实际情况，由于竖井结构原因，地面近井点与地下定向点不通视，故定向测量宜采用联系三角形测量，具体施测线路如图2所示。

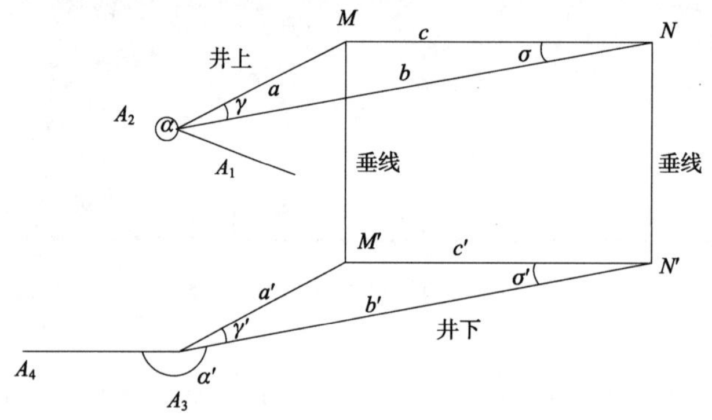

图2 联系三角形测量

(1)联系三角形测量，每次定向应独立进行3次，取3次平均值作为定向成果。

(2)在同一盾构竖井内可悬挂两根钢丝组成联系三角形，井上、井下联系三角形布置时应满足要求(悬挂钢丝的距离 c 应尽可能长。联系三角形锐角 r、r' 宜小于1°，且呈直伸三角形。a/c 及 a'/c' 宜小于1.5，a、a' 为近井点至悬挂钢丝的最短距离)。

(3)联系三角形测量宜选用直径为0.3mm钢丝，悬挂10kg重锤，重锤应浸没在阻尼液中(如油等)。

(4)联系三角形边长测量可采用全站仪测距，每次应独立测量3测回，每测回3次读数，各测回较差应小于1mm，地下与地上测得钢丝间距较差小于2mm。

(5)角度观测采用不低于Ⅱ级全站仪，用方向法观测6测回，测角中误差应在±2.5″之内。

(6)联系三角形定向推算的地下起始边方位角较差应小于12″，方位角平均值中误差为±8″。

4.2 传递高程测量

传递高程测量包括地面近井水准测量、高程传递测量以及地下近井水准测量。测定近井水准点高程的地面近井水准路线应附合在地面加密高程控制点上。本工程中，盾构井深度约为29.6m，宜采用在盾构井内悬挂钢尺的方法进行高程传递测量，地上和地下安置的两台水准仪应同时读数，并在钢尺上悬挂与钢尺检定时相同质量的重锤。传递高程时，每次应独立观测3测回，测回间应变动仪器高度，3测回测得地上、地下水准点的高差较差需小于3mm。高程传递如图3所示。

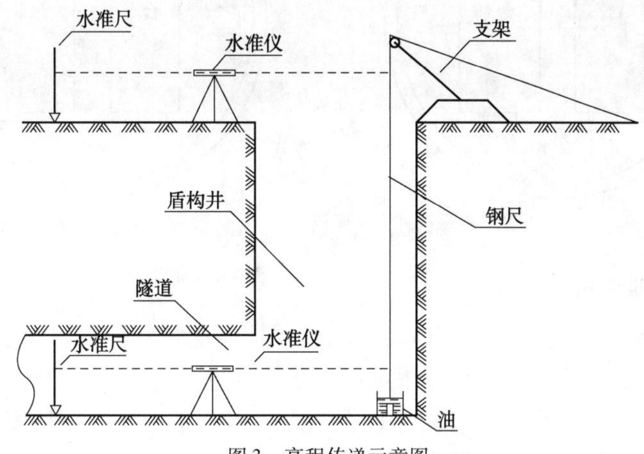

图3　高程传递示意图

联系测量工作是由地面控制点向地下控制点传递的重要步骤，因此联系测量工作需要反复进行校核，保证地上控制点传递到地下后能够满足施工精度要求。

5　地下控制测量

地下控制测量包括地下导线和地下水准测量，以下分别介绍其控制方法。

5.1　地下导线控制测量

地下导线控制测量有以下几个特点。

(1)导线形式一般布设为支导线，掘进过程中要进行往返测量，并随着隧道的开挖而向前延伸。

(2)导线形状完全取决于隧道形状。

(3)一般采用分级控制方法。

本标段区间采用盾构法施工，盾构设备安装有配套的自动测量系统，此测量系统主要观测仪器是一台3″级全站仪，可以自动跟踪盾构机头标靶并指示盾构机的掘进方向，因此，该盾构工程人工测量主要为主导线的控制测量和盾构机掘进后管片安装等的施工测量。

地下主导线随隧道的开挖随向前延伸，由于盾构区间较长及地下施工环境的限制，拟在直线段平均每150m位置左右各测设一个导线点，曲线段则视曲线半径的大小而定，一般不应小于60m。导线点的布设形式尽量布设为等边直伸导线，如图4所示。可设置在隧道的顶部和侧边(图5)，以测点稳定和不影响施工为原则，可视盾构施工工法及条件做适当调整。

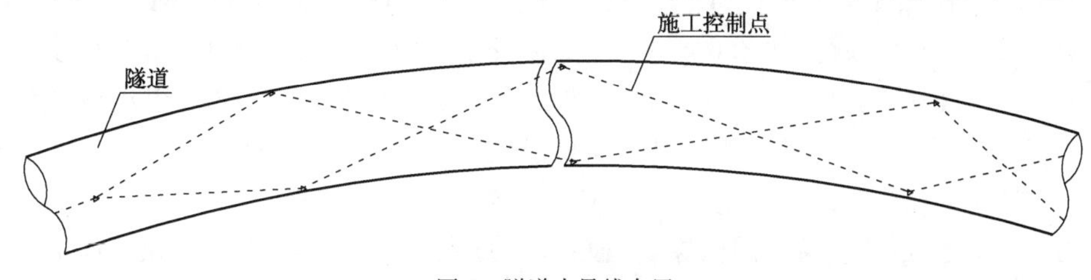

图4　隧道内导线布置

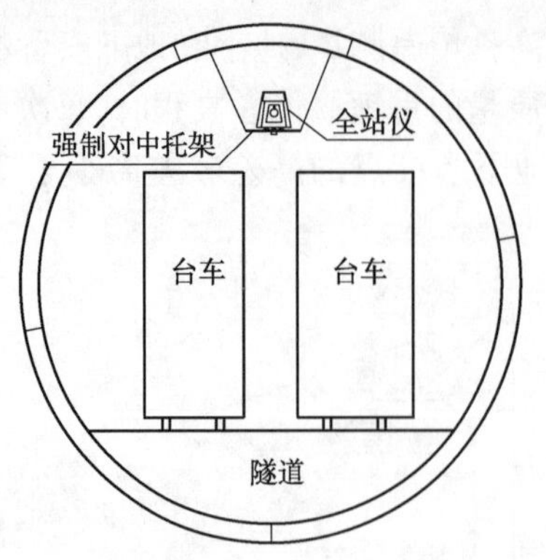

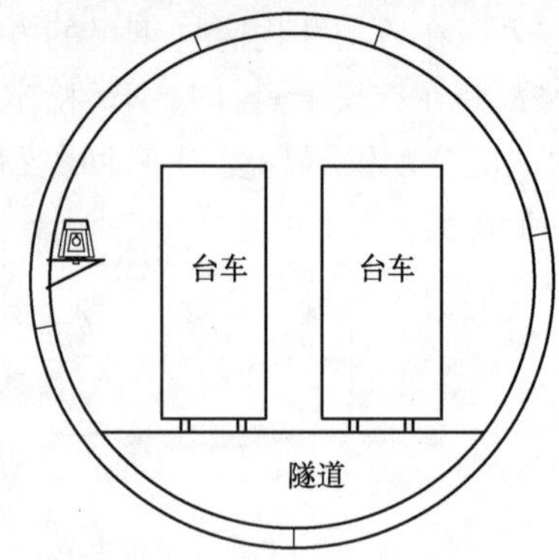

图5　施工控制导线点示意图

5.2　地下高程控制测量

地下高程控制测量的施测方法与地面上的高程控制测量相同,按规范中的二等水准测量的主要技术要求进行,利用地下高程控制点作为盾构掘进过程中的首级控制点,盾构掘进时于隧道管片上每150m左右埋设一个临时高程控制点。当施工测量的低精度临时高程点随开挖面的进展而增长时,会受到施工的干扰,可使用倒尺法传递高程。

在工作面向前推进的过程中,对于所敷设的水准支线,要进行往返观测,当往返测不符值在容许限差之内,则取高差平均值作为其最终值,用以推算各水准点的高程。

为检查地下高程标志的稳定性,确保控制点的精确、可用,应定期根据地面高程控制点进行重复的水准测量,将测得的高差成果进行分析比较。根据分析的结果,若高程标志无变动,则取所有高差的平均值作为高差成果;若发现水准标志变动,则应取最近一次的测量成果。

6　盾构姿态测量

盾构姿态测量是盾构法施工测量方法最重要的一环,包括线路中线的平面偏离测量、高程偏离测量、纵向坡度测量、横向旋转和切口里程的测量。盾构姿态的正确与否,不但直接影响着管片的拼装,而且是盾构是否沿设计轴线掘进的前提。

在盾构机置于基座时,盾构初始掘进段的姿态的好坏,直接影响着盾构正常掘进时的姿态,必须要仔细测量。在盾构进入曲线段施工时,加强测量频率,当盾构推进过程中使用中折时,对盾构的自动测量系统进行必要的改正,人工测量时也必须进行数据改正,确保盾构姿态的正确。

6.1　盾构姿态全自动检测系统

盾构机自动定位导向原理:洞内控制导线是支持盾构机掘进导向定位的基础。自动测量的全站仪设置在掘进机附近(一般150m内)的一个导线点上(该点三维坐标已知),后视另一导线点定向。全站仪测量测站至ELS棱镜间的距离、方位角、竖直角,ELS棱镜的三维坐标和掘进里程(X、Y、Z)即可获得,如图6所示。ELS接收入射的激光定向光束,可获取实时的盾构机轴线方向,并通过计算机与已知该里程的线路设计位置(DTA)相比较,得出偏差值并显示在屏幕上,这就是盾构机姿态的实时检测导向。只要掘进中,控制好盾构姿态,使盾构机轴线与线路设计中线符合在允许的偏差之内,隧道的正确掘进与衬砌就能得到保证。此外,在掘进一定长度或时间之后,还应通过洞内导线,独立地检测盾构机的姿态,以保证导向的正确性和可靠性。

盾构机姿态检测包括掘进中不断的自动实时检测和施工阶段性的独立检测。实时检测已如导向原理所述，主要靠全站仪实时提供的测量信息和智能传感器的处理，通过计算机将获取的盾首中心与盾尾中心位置（其连线即为TBM轴线）与线路设计位置进行比较，并控制其航偏而实现掘进导向。它主要靠盾构机自身的ELS系统获取和处理测量信息。此外，在掘进一个阶段后，还应该利用导线点，独立地测量盾构机上设置的检测点，求算盾首中心与盾尾中心位置，并与线路设计位置进行比较。盾构机上预置的检测点较多，它们的TBM坐标是已知的，一般只需选择3个点，直接安设棱镜即可测量。

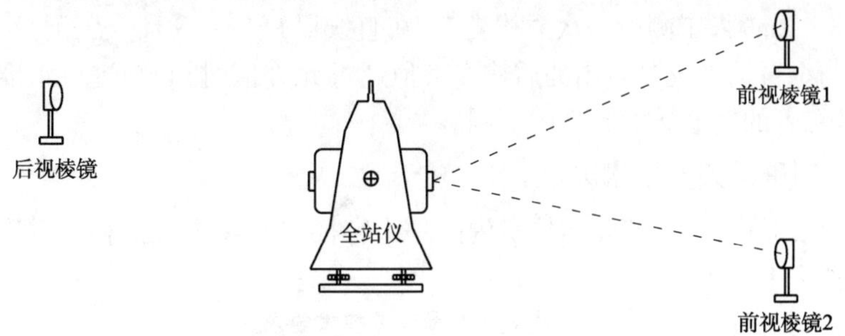

图6　盾构机自动定位导向原理

盾构掘进时姿态检测系统，采用Robotec Survey System全自动检测系统。此系统是为了对隧道挖掘施工进行调整管理，自动与高速处理挖掘施工管理数据而开发的。

其测量原理为：地面装置将测量指令给地下装置部分，地下装置部分将指令传给全站仪装置，全站仪装置将进行自动测量，并将测量原始数据传入地下装置部分，地下装置部分根据原始数据计算出盾构姿态的三维位置，并与输入其内的隧道理论数值进行比较，计算出盾构实际姿态与设计轴线的水平向及竖向偏差，将偏差值显示在计算机上。

测量系统原理如图7所示。

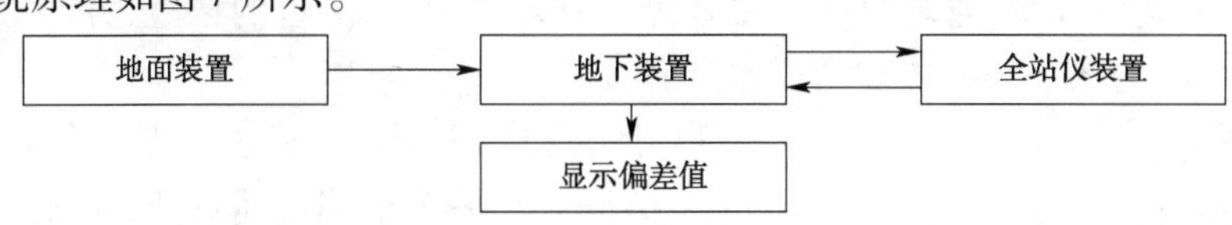

图7　测量系统原理

其配制的高精度全站仪可利用三维系统自动检测出盾构机的各种姿态和角度，该测量系统具有以下功能。

（1）盾构机的倾斜、转动、方位及位置。

（2）收集、显示、保存、记录。

（3）隧道轴线数据事先输入可显示与设计轴线的偏差。

（4）随时监测，显示盾构轴线姿态、偏差。

6.2　人工测量系统

由于地铁盾构隧道是比较复杂的曲线隧道，为保证成型隧道达到设计要求，对自动测量的数值需进行人工定期检核。

人工检核的方法与原理与自动测量系统的原理基本相同，是指在测量过程中，使用坐标跟踪的方法，盾构每推进一定距离，及时测量出盾构机的三维坐标，并计算出盾构机位置的理论三维值，求出二者的差值，来指导盾构推进的一种方法。人工测量和全自动测量系统相比，具有灵活性大、数据相对精确等优点，但也造成占用一定的施工时间、测量工作量大等不利因素。

人工测量时首先要建立理想模型。对于地铁隧道,分别建立竖曲线及平面曲线的模型,并建立其与盾构机内测量标志的相对关系。人工测量主要是根据井下控制导线的数据,用支导线的方法观测盾构机上的占牌(测量标志),及时计算出机头在此时所处位置(三维数据),推算出与设计位置之间的差值,指导盾构推进。

人工测量所使用的测量仪器为标称精度2″、2mm+2ppm型全站仪。使用水平角及平距测量盾构标志内的绝对坐标,使用三角高程测量盾构内测量标志的绝对高程。

人工测量与全自动测量系统配合,是盾构姿态测量的理想方法。一般在曲线隧道段,每4~5环(每环长1.2m)人工测量一次盾构姿态,在直线段每8~10环人工测量一次盾构姿态。当人工测量值与全自动系统测量出的盾构姿态值超过允许值时,必须进行水准点或施工导线点的检核,直至二者的差值达到允许的范围。

6.3 盾构姿态测量误差的技术要求

测定盾构机实时姿态时,测量盾构机内的一个特征点和一个特征轴。盾构机姿态测量的误差技术要求见表1。

盾构姿态测量误差技术要求　　表1

测量项目	测量误差	测量项目	测量误差
平面偏离值(mm)	±5	横向旋转角(′)	±3
高程偏离值(mm)	±5	切口里程(mm)	±10
纵向坡度(%)	1		

以上两种测量方法,均可以满足规范中对盾构机姿态测量误差技术要求,达到设计要求。

7 管环测量

管环为一几何圆筒形,管环测量主要是测定管环中心(圆心)的位置,并与设计中心相比较,得出实际中心的水平偏差值和高程偏差值。

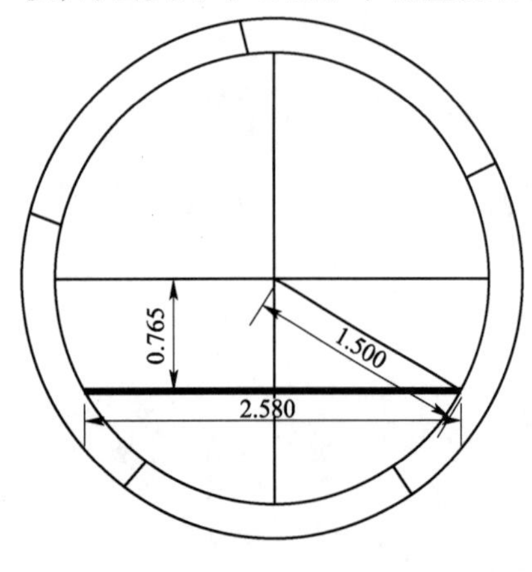

图8　管环测量(尺寸单位:m)

管环测量如图8所示。通过一支铝合金水平尺,长度为3627.67mm,水平置于圆心垂线下2m处(尺长等于该处弦长),尺中点安反射片或小棱镜。置于导线点上的全站仪测量尺中点的位置,即可求得管环中心的三维坐标,比较盾构掘进的设计值,得出偏差值,测量误差应在±3mm以内。当盾构掘进设计者和管片测量值偏差较大时,应立即对地下控制导线和施工导线(测站及后视点坐标)进行复核,确认地下控制导线和施工导线准确无误;然后再对盾构机的占牌进行校核,合格后方可继续掘进。

8 贯通误差测量

地下隧道贯通后,应利用贯通面两侧平面和高程控制点进行贯通误差测量。贯通误差测量应包括隧道的纵向、横向和方位角贯通误差测量以及高程贯通误差测量。

隧道的纵向、横向贯通误差,可根据两侧控制点测定贯通面上同一临时点的坐标闭合差,并应分别投影到线路和线路的法线方向上确定;也可以利用两侧中线延伸到贯通面上同一里程处各自临时点的间距确定。方位角贯通误差可利用两侧控制点测定与贯通面相邻的同一导线边的方位角较差确定。

隧道贯通后,应立即进行贯通测量,确保贯通误差在规范容许范围之内,并且和邻近工程标段进行贯通联测,做好工程测量的相互衔接。隧道贯通后,联测地上、井下导线控制点、高程控制点,并进行平差,为精密铺轨提供具有一定精度和密度的导线点与高程点。

8.1 平面贯通测量

在隧道贯通面处,采用坐标法从两端测定贯通点坐标差,并分别投影到线路和线路的法线方向上,求得横向误差和纵向误差进行评定。在任何贯通面上、地下测量控制网的贯通误差,横向不超过 ±50mm。

8.2 高程贯通测量

用水准仪从贯通面两端测定贯通点的高程,其误差即为竖向贯通误差。在任何贯通面上,地下测量控制网的贯通误差,竖向不超过 ±25mm。

9 结语

实践证明,本工程 150m 小半径盾构施工测量技术,无论是地面、地下控制测量,还是盾构掘进中的各项测量和检核都是可靠、有效的,从而保证了盾构的顺利贯通。

参考文献

[1] GB 50308—2008 城市轨道交通工程测量规范[S]. 北京:中国建筑工业出版社,2008.
[2] GB 50026—2007 工程测量规范[S]. 北京:中国计划出版社,2008.
[3] TB 10101—2009 铁路工程测量规范[S]. 北京:中国铁道出版社,2009.
[4] GB/T 12897—2006 国家一、二等水准测量规范[S]. 北京:中国标准出版社,2006.

盾构法施工测量控制技术

罗强强　谢邓发　钟声文

（中国中铁隧道集团有限公司　河南洛阳　471000）

摘　要:盾构法隧道施工距离长、隧道前方设备多,造成隧道内通视条件差,给测量工作带来一定困难。本文以南昌地铁2号线地铁大厦站—雅苑路站盾构隧道区间施工测量为实例,简要分析了地铁盾构隧道施工过程中的主要测量环节,希望在以后的地铁建设中能够得到不断完善。

关键词:盾构隧道;控制测量;导向系统

1　引言

随着经济的快速发展和城市人口的不断增长,我国的地铁建设进入了高峰时期,盾构施工法由于具有施工速度快、安全、高质,对周围环境和人们生活影响小等优点,在地铁隧道施工中得到了广泛应用。

地铁隧道区间工程施工工法根据地质等相关情况,一般按明挖法、矿山法、沉管、盾构法等施工手段来实施。盾构隧道施工不需要初期支护、二次衬砌等工序,而是一次性管片拼装成型。根据《城市轨道交通工程测量规范》(GB 50308—2008)要求,为使南昌地铁2号线地铁大厦站—雅苑路站盾构区间施工能按设计图纸准确定位,精确贯通,必须进行测量方案设计。在施工过程中,通过科学的测量方法,使盾构在隧道内掘进全过程处于受控状态,按设计标准贯通,为机电安装和铺轨提供高质量地铁隧道。

2　工程概况

南昌地铁2号线4标段地铁大厦站—雅苑路站区间线路从地铁大厦站出发,沿丰和中大道向北,至本区间终点雅苑路站。区间全长659.949m,最小平面曲线半径399.857m,最大纵坡5.087‰,埋深范围10.3~15.9m、下行线含长链6.309m。本区间在丰和中大道下穿行,采用盾构法施工。区间隧道线路如图1所示。

3　地面控制测量

地铁施工领域里平面控制网分两级布设:首级为GPS控制网;二级为精密导线控制网。施工前业主会提供一定数量的GPS点和精密导线点以满足施工单位的需要。施工单位需要做的是在业主给定的平面控制点上加密地面精密导线点。要求GPS点的误差不大于12mm,最弱边相对中误差不大于1/80000。导线平均边长为350m,并要求测角中误差≤±2.5″,最弱点中误差≤±15mm,相邻点的相对中误差≤±8mm,具体要求根据《城市测量规范》(CJJ/T 8—2011)、《国家一二等水准测量规范》(GB/T 12879—2006)进行测量,导线线路如图2所示。

作者简介:罗强强(1994—),男,本科,助理工程师。主要从事盾构隧道工程的施工及研究工作。Email:1755892773@qq.com。

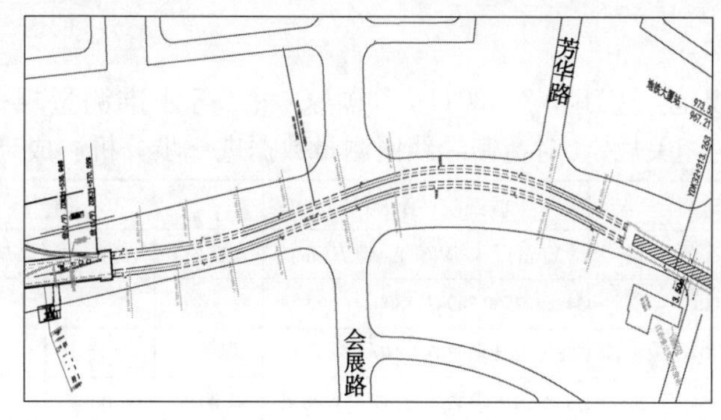

图 1　地铁大厦站—雅苑路站区间平面示意图

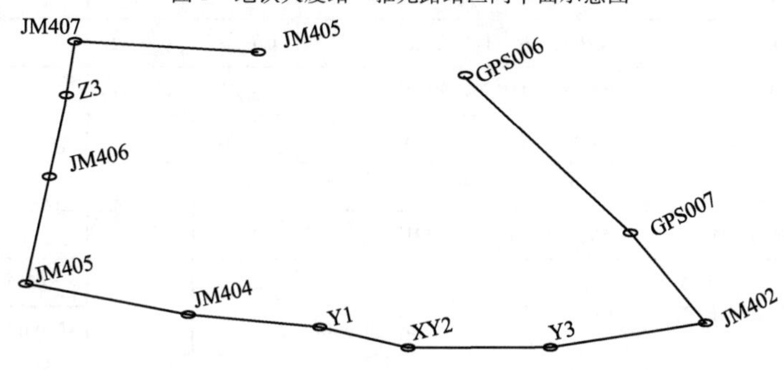

图 2　导线网线路平面示意图

3.1　测量方法

3.1.1　平面控制测量要求

(1)附和导线的边数宜少于 12 个,相邻边的短边不宜小于长边的 1/2,最短边不应小于 100m。

(2)水平角观测采用左、右角观测,左、右角平均值之和与 360°的较差应小于 4″;水平角观测一测回内 2C 较差应小于 13″;同一方向值各测回较差应小于 9″。

(3)平面控制水平角测 6 测回,距离往返对向观测,测量往返观测各读数次共计 6 次,各项值在限差范围内取平均值,温度、气压由仪器自动改正。

3.1.2　高程控制测量要求

(1)作业前,对水准测量仪器和标尺进行常规检测校正。水准仪 i 角检测值应小于或等于 15″。

(2)观测顺序:

①往测奇数站上:后—前—前—后

偶数站上:前—后—后—前

②返测奇数站上:前—后—后—前

偶数站上:后—前—前—后

(3)测量分别在上午、下午进行,由往测专返测时,两根水准尺必须互换位置,并重新整置仪器。

(4)前后视距≤60m,前后视距差≤2m,前后视距累计差≤4m;上下丝读数平均值与中丝读数之差≤3.0mm,基辅分划读数之差≤0.5mm,基辅分划所测高差之差≤0.7mm,检测间歇点高差之差≤2.0mm。

3.2 数据分析

根据《城市测量规范》(CJJ/T 8—2011)、《国家一、二等水准测量规范》(GB/T 12879—2006)对精密导线网的相关规定,对精密导线网测量数据进一步分析。成果对比如图3所示。

点号	自测			铁四院(第三方)			差值			备注
	X(m)	Y(m)	H(m)	X(m)	Y(m)	H(m)	ΔX(m)	ΔY(m)	ΔH(m)	
GPS006	64863.7560	34941.5800		54863.7560	34941.5800					已知点
GPS007	55090.2040	34383.1810		55090.2040	34383.1810					已知点
Y3	55474.813	34249.5035	21.2052	55474.8154	34249.5109	21.2036	0.0023	0.0074	0.0016	Y3
Y2	55654.9603	34421.0963		55642.9700	34408.3854					Y2
YM404	55835.1666	34778.9526		55835.1608	34778.9608		0.0058	0.0082		JM404
JM405	55956.2838	35043.4136		55956.2741	35043.4184		0.0097	0.0048		JM405
JM406	55658.5634	35268.5995		55658.5570	35268.6036		0.0064	0.0041		JM406
JM407	55291.9853	35544.7268	24.14172	55291.9853	35544.7268	24.1425			0.0007	已知点
JM408	55133.0365	35298.1731		55133.0365	35298.1731					已知点
JM401H			23.3276			23.3282			0.0006	JM401H
DTQ022			20.9635			20.9618			0.0017	DTQ022

图3 成果对比示意图

此次数据为2015年第一季度项目部测量队和南昌市测量中心的精密导线网成果。如图3可知,本次数据X较差最大的为JM405号点9.7mm、Y较差最大的为JM404号点8.2mm、H较差最大为DTQ022号点1.7mm。

分析:此次数据平面误差相对较大,高程控制比较稳定。其原因为:项目部测量队对精密导线网测量时为白天,南昌市测量中心测量时为晚上。由于春季南昌市昼夜温差大,晚上处于潮湿状态,因此,本次测量误差为偶然误差中的环境因素造成的。

4 地下控制测量

地下导线分基本导线(边长120m)和施工导线(边长30~50m)两级布设,测角中误差≤±3″,导线点交替地布置在隧道两侧,以减少折光对水平角的影响。地下高程按二等水准要求操作。

4.1 联系测量

联系测量主要有一井定向(联系三角形定向)、两井定向、铅垂仪陀螺经纬仪联合定向、导线定向4种方式,其中中铁隧道集团一般采用两井定向测量。

两井定向就是在两井口上方各挂一根钢丝(图4),通过地面和井下导线将它们连接起来,从而把地面坐标系统中的平面坐标和方向传递到井下。

两井定向的外业测量与一井定向类似,如图4所示。也包括投点、地面和井下连接测量,只是两井定向时,每个井口上方只悬挂一根钢丝,这使投点工作更为方便且缩短了占用井口上方的时间。同时,两井定向与一井定向相比,两钢丝间的距离大大增加,使投向误差明显减小。这是两井定向的最大优点。

由于两井定向时,两根钢丝间不能直接通视,而是通过导线连接起来。因此,在连接测量时必须测出井上、井下导线各边的边长及其连接水平角,在内业计算时,必须采用假定坐标系。

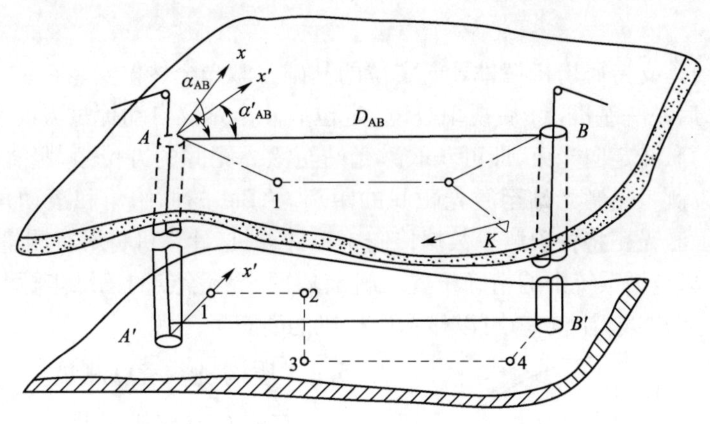

图4　两井定向示意图

4.2　隧道导线测量

地铁大厦站—雅苑路站盾构隧道全长659.95m，按长度等级划分属于2级中隧道。考虑到隧道长度、空间要求及《城市轨道交通工程测量规范》(GB 50308—2008)相关规定，本条隧道采用支导线，线路布置如图5所示。

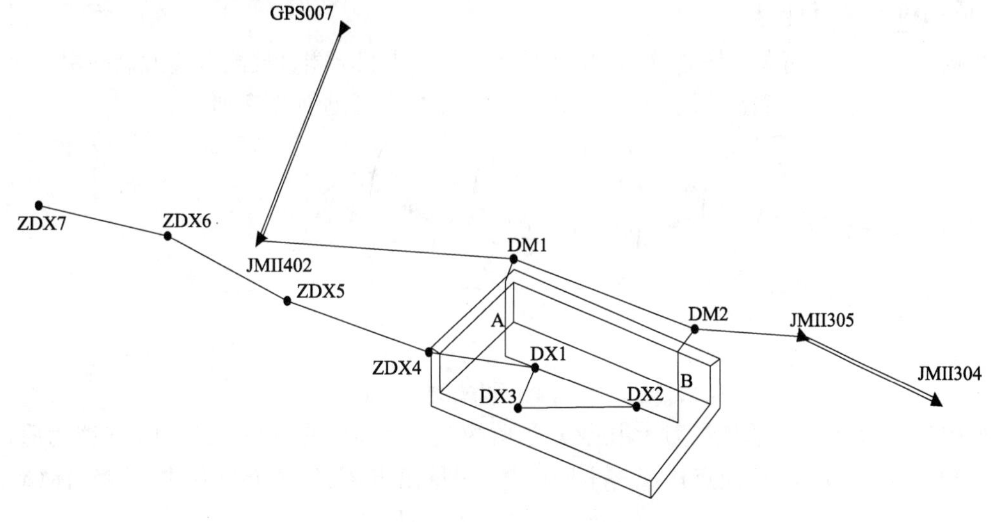

图5　线路布置示意图

5　盾构施工测量

在掘进隧道的过程中，为了避免隧道盾构机(TBM)发生意外的运动及方向的突然改变，必须对TBM的位置和DTA(隧道设计轴线)的相对位置关系进行持续的监控测量。TBM能够按照设计路线精确地掘进，则对掘进各个方面都有好处(计划更精确，施工质量更高)。这就是TBM采用"导向系统"(ZED)的原因。英国的ZED激光导向系统就是为此而开发，该系统为使TBM沿设计轴线(理论轴线)掘进提供所有重要的数据信息。ZED系统功能完美，操作简单。

根据本工程使用的ZED激光导向系统和在使用过程中出现的相关问题做以分析，以供在后续工作中参考。

5.1 工作原理

洞内控制导线是支持盾构机掘进导向定位的基础。激光全站仪安装在位于盾构机的右上侧管片的托架上,后视一基准点(后视靶棱镜)定位后。全站仪自动掉过方向来,搜寻激光靶,激光靶接收入射的激光定向光束,即可获取激光站至激光靶间的方位角、竖直角,通过棱镜和激光全站仪就可以测量出激光站至激光靶间的距离。TBM 的仰俯角和滚动角通过激光靶内的倾斜计来测定。激光靶将各项测量数据传向主控计算机,计算机将所有测量数据汇总,就可以确定 TBM 在全球坐标系统中的精确位置。将前后两个参考点的三维坐标与事先输入计算机的 DTA(隧道设计轴线)比较,就可以显示盾构机的姿态了。

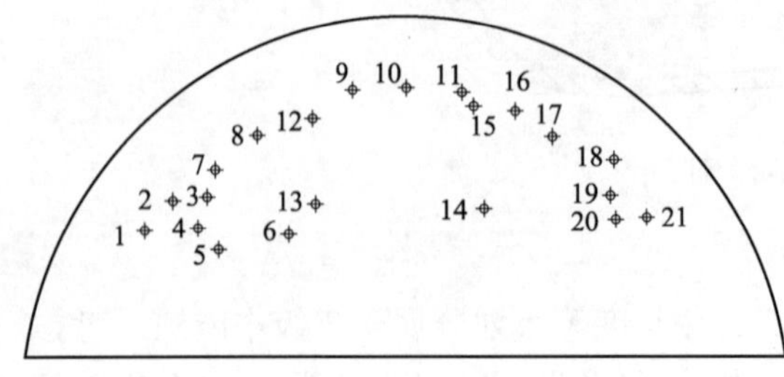

图6 盾构机参考点布置示意图

5.2 盾构机参考点测量

在进行盾构机组装时,VMT 公司的测量工程师就已经在盾体上布置了盾构姿态测量的参考点(共 21 个),如图 6 所示。并精确测定了各参考点在 TBM 坐标系中的三维坐标。我们在进行盾构姿态的人工检测时,可以直接利用 VMT 公司提供的相关数据进行计算。

5.3 盾构机参考点计算

盾构机作为一个近似的圆柱体,在开挖掘进过程中我们不能直接测量其刀盘的中心坐标,只能用间接法来推算出刀盘中心的坐标。盾构机姿态计算原理如图 7 所示。

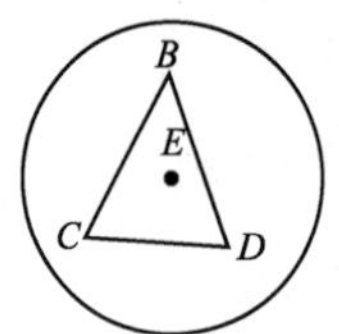

a)盾构机控制观测点

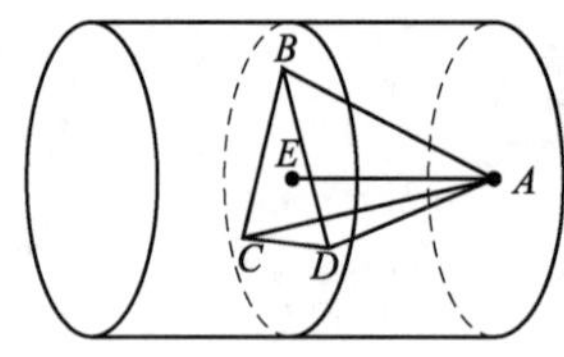

b)盾构机立体图

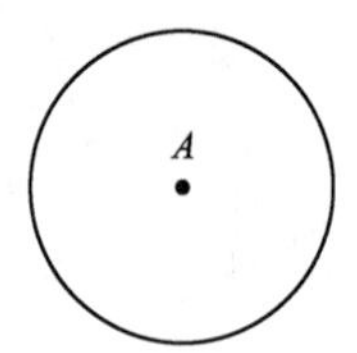

c)盾构机前端刀盘图

图7 盾构姿态计算原理示意图

如图 7 所示,A 点是盾构机刀盘中心,E 是盾构机中体断面的中心点,即 AE 连线为盾构机的中心轴线,由 A、B、C、D 四点构成一个四面体,测量出 B、C、D 三个角点的三维坐标(x_i,y_i,z_i),根据三个点的三维坐标(x_i,y_i,z_i)分别计算出 LAB、LAC、LAD、LBC、LBD、LCD,四面体中的六条边长,作为以后计算的初始值,在盾构机掘进过程中 L_i 是不变的常量,通过对 B、C、D 三点的三维坐标测量来计算出 A 点的三维坐标。同理,B、C、D、E 四点也构成一个四面体,相应地求得 E 点的三维坐标。由 A、E 两点的三维坐标就能计算出盾构机刀盘中心的水平偏航,垂直偏航,由 B、C、D 三点的三维坐标就能确定盾构机的仰俯角和滚动角,从而达到检测盾构机姿态的目的。

通过几何解算盾构姿态方法的缺点是:在内业计算时,如果用人工手算,其工作量相当大,而且难免出错,因此我们在进行解算时,是利用 AutoCAD 进行作图求解,相对于用几何方法解算,速度要快很多,其操作过程如下。

首先把隧道中心线(三维坐标)通过建立 CAD 脚本文件输入 CAD 中,这个工作一个工地只要做一次即可。然后把所测参考点 1、10、21 的坐标(三维)输入 CAD 里面。分别以 1、10、21 为球心,以 1、10、21 到前点的距离为半径画球,求三个球的交集。用鼠标左键点击交集后的体，就可以找到两个端点，这两个端点到1、10、21的距离就分别等于1、10、21到前点的距离。然后根据盾构掘进的方向，舍去其中一个点。同样方法把后点在CAD中画出来。由于后点通过求交集的方法求出的两个端点距离很近，通过盾构机的掘进方向很难判断，于是通过前点到后点的距离是3.9491m来判断。画出前、后点的位置后，通过前、后点向隧道中线作垂线，通过测量垂线在水平和垂直方向上偏离值来求解盾构机前、后点的姿态。盾构机的坡度 $=(Z_{前}-Z_{后})/L\times100\%$（$L$为盾体前、后参考点连线长度）。根据测量平差理论可知，实际测量时，需要观测至少4个点位，观测的参考点越多，多余观测就越多，因此计算的精度就越高。比较VMT导向系统测得的盾构姿态值和人工检测的盾构姿态值，其精度基本上能达到±5mm之内。盾构姿态CAD计算示意图如图8所示。

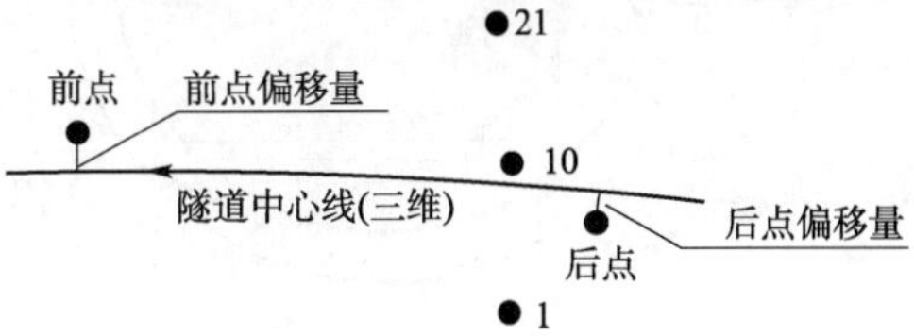

图8　盾构姿态CAD计算示意图

5.4　移站测量

盾构机掘进时的姿态控制是通过全站仪的实时测设的坐标，反算出盾构机盾首、盾尾的实际三维坐标，通过比较实测三维坐标与DTA三维坐标，从而得出盾构姿态参数。随着盾构机的往前推进，每隔规定的距离就必须进行激光站的移站。激光站的支架用角钢和钢板做成可以安装在管片螺栓的托架，托架的底板采用400mm×400mm×10mm钢板，底板中心焊上仪器连接螺栓，长1cm。采取强制对中，减少仪器对中误差。托架安装位置在隧道右侧顶部不受行车影响和破坏的地方。安装时，用水平尺大致调平托架底板后，将其固定好，然后可以安装前视棱镜或仪器。托架示意图如图9所示。

5.5　管片姿态测量

由于在盾构掘进过程中，刚拼装的管环还没有来得及注入双液浆加固，因此还不稳定，经常发生管环位移现象。有时位移量很大，特别是上浮，位移量大常常引起管环限界超限。因为地铁施工中规定，拼装好的管环允许最大限界值是±10cm。为了防止管环的侵限，我们首先是提高控制测量的精度，其次是提高导线系统的精度，最后就是通过每天的管环测量，实测出管环的位移趋势，采取措施尽量减小位移量。当然，管环测量还起到复核导向系统的作用。

5.5.1　管片测量方法

根据管环的内径是2.7m，采用铝合金制作一铝合金尺，铝合金尺长3.8m（可根据实际情况调整长度）。在铝合金尺正中央，贴上一个反射贴片。根据管环、铝合金尺、反射贴片的尺寸，就可以计算出实际上的管环中心与铝合金尺上反射贴片中心的高差。测量时，首先用水平尺把铝合金尺精确整平，然后用全站仪测量出铝合金尺上反射贴片中心的三维坐标，就可以推算出实际的管环中心的三维坐标。每次管环测量时，应重叠5环已经稳定了的管环，这样就可以消除测错的可能。管环监测如图10所示。

5.5.2　管片姿态计算

管环测量时，把管环检测外业数据直接存储在全站仪的内存里。回到办公室后，通过徕卡测量办公室软件（Leica Survey Office），将全站仪里面的管环测量外业数据下载，然后将其复制到Excle表格中编辑成CAD认识的三维坐标，然后将三维坐标数据复制到记事本程序里面保存，文件的后缀名必须是.SCR，如“管环检测外业数据.SCR”。这样就把管环检测的外业数据编辑成了CAD的画点脚本文件。通过CAD的脚本功能，就很方便快捷地在CAD里面把点画出来。

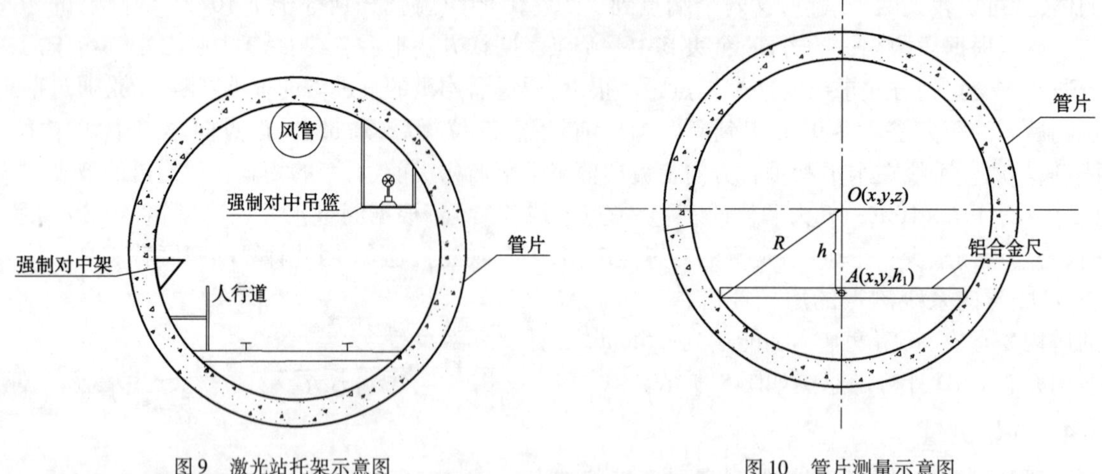

图9 激光站托架示意图　　图10 管片测量示意图

打开 AutoCAD,在模型状态下(一定要关闭"对象捕捉"命令),打开菜单栏的"工具(T)"选项,在下拉子菜单中选择"运行脚本(R„)",或者在命令行中输入". SCR",两种方式都是运行脚本,AutoCAD 便查找脚本文件。操作者找到要调用的脚本文件"管环检测外业数据. SCR"后,直接打开它。AutoCAD 便自动把点画出来了。管环姿态计算如图 11 所示。

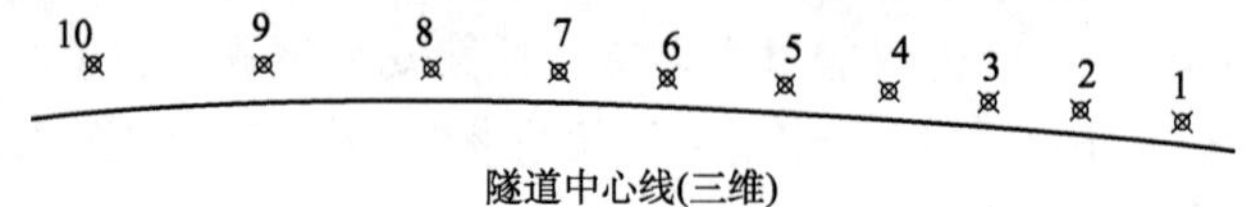

图11 管片姿态计算示意图

点位画出来后,就可以在 CAD 里通过查询命令直接量出管环的水平和垂直姿态了。通过以上管环的测量和计算方法,解决了管环检测数据量大、计算难、测量时间长的问题。大大提高管环检测的效率和准确度。

6 结语

由于盾构机的 VMT 导向系统必须有控制测量的支持才能运作,所以控制测量还是盾构隧道测量的基础。为了保证隧道的顺利贯通,我们首先要做好控制测量,然后就是保证导向系统的正常运行,定期对盾构姿态进行人工检测,保证导向系统的正确可靠。加强管环姿态检测,及时发现管环的位移趋势,防止管环安装侵限。加强管环姿态的检测同时也是对导向系统的复核。

参考文献

[1] CJJ/T 8—2011 城市测量规范[S]. 北京:中国标准出版社,2012.

[2] GB 50026—2007 工程测量规范[S]. 北京:中国计划出版社,2008.

[3] GB 50308—2008 城市轨道交通工程测量规范[S]. 北京:中国建筑工业出版社,2008.

[4] 胡伍生,潘庆林,黄腾. 土木工程施工测量手册[M]. 北京:人民交通出版社,2005.

两井定向在盾构隧道测量中的应用

李华强　吴钦刚　赵　海　孟祥涛　肖胜利

（北京市市政四建设工程有限责任公司　北京　100176）

摘　要：本文以南水北调配套工程东干渠工程31～30号风井为例，对两井定向测量在盾构施工中的应用进行了研究，解决了由于风井内空过小而不能做一井定向测量的难题，对以后的盾构隧道测量有一定的借鉴。

关键词：盾构；两井定向；无定向平差；联系测量

1　工程概况

北京市南水北调配套工程东干渠工程施工第十标段，隧道初次衬砌采用盾构法施工，盾构机采用加泥式土压平衡盾构机。盾构由15号盾构始发井始发，至14号始发井吊出，完成区间盾构部分的施工，区间总长3262m，中间有31、30、29号三个风井，平均四段长800多米。区间平面如图1所示。隧道盾构工程由于其施工方法的特殊性，对施工测量提出了较高的要求。隧道施工控制测量的根本任务就是保证单向掘进隧道的正确贯通与各构筑物的规格符合设计要求，这就需要地上、地下具有统一的坐标系统。为了保证地下控制网与地上控制网具有统一的坐标系统，如何将地面控制网中的坐标、方向和高程通过竖井联系测量正确无误地传入地下

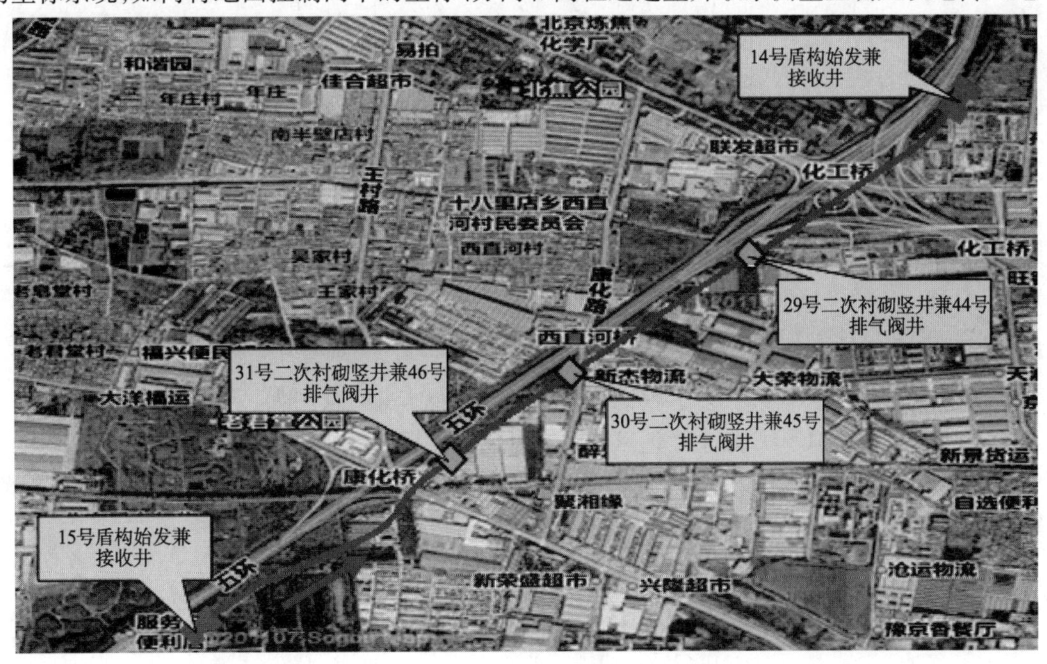

图1　区间平面图

作者简介：李华强（1988—），男，专科，助理工程师，测量科科员。主要从事盾构施工测量工作。Email：374729272@qq.com。

是关键的一环。在竖井高程联系测量中,一般采用钢尺法或钢丝法,高程联系测量比较简单,精度也比较容易保证,而在隧道施工控制测量中的平面坐标传递比较困难,由于在31号内空较小,做三角联系测量条件不足,遂采用双井(31号、30号)定向确保井下控制点精度,以便在29号风井能顺利出洞。

2 基本原理

平面控制点基本原理是:通过竖井悬挂一根钢丝,由上近井点测定钢丝的距离角度,从而算出钢丝坐标。在从另一个井垂钢丝也得出钢丝坐标,然后井下用两钢丝做无定向导线,由于悬挂一根钢丝,所以地下建立假定坐标系计算钢丝的方位角与距离,可以和地上钢丝进行比较,从而检核钢丝的垂直度。

3 两井定向的测量方案

两井定向采用两台拓普康GTS-752全站仪进行导线的测量工作,该全站仪的精度为[2,$\pm(2+2\times10D)$mm];准备长50mϕ0.5mm钢丝及20mm×20mm莱卡测片。双井定向测量示意图如图2所示。其工作内容有:混合井与东风井地面导线连接测量,30号风井到31号风井洞内导线测量,31号风井和30号风井的联系测量。

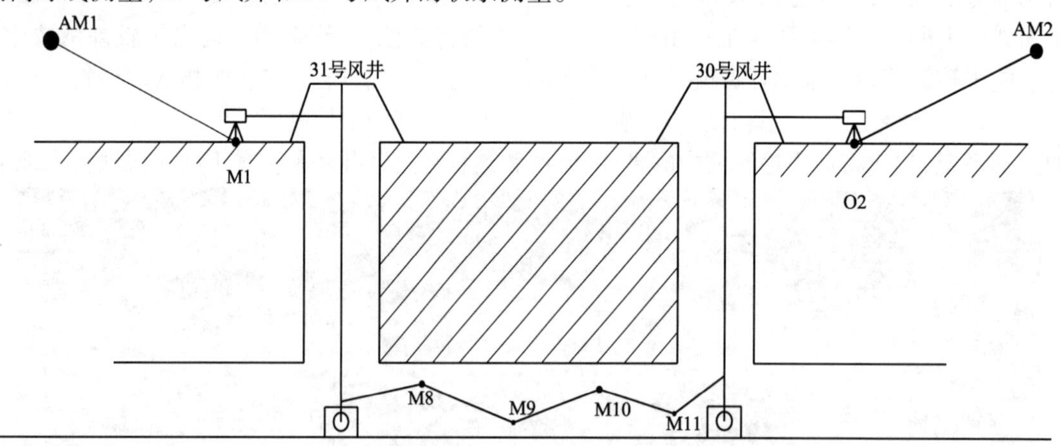

图2 两井定向测量示意图

3.1 地面导线测量

地面导线采用二级导线,全长798m,共设4个测站,其示意图如图3所示,测量成果表见表1。AM1、AM2、O1、O2为地面近井点,其精度为5″级小三角。用拓普康GTS-752全站仪,水平角采用测回法3个测回测定;边长往返测量共4个测回。各项限差均符合相关规范规定。

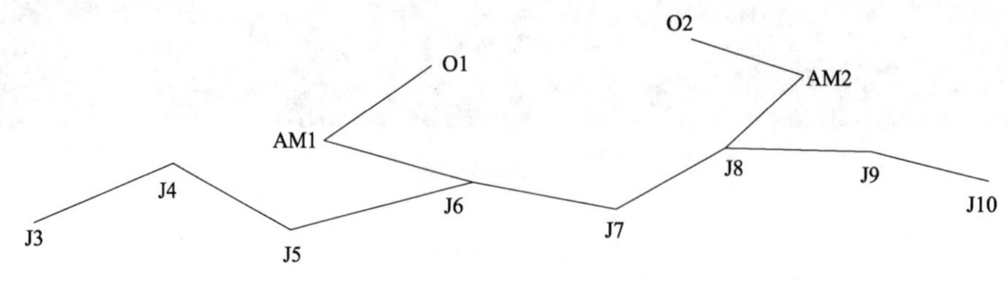

图3 地面导线

地上导线测量平差 表1

点名	观测角度	角度改正	方位角	边长观测值（m）	边长改正数（mm）	边长平差值（m）	坐标	
							X(m)	Y(m)
J3							295763.4140	514107.7450
			45°50′07.08″	433.273	1.06	433.274		
J4	180°01′00.38″	-0.00″					296065.2860	514418.5497
			45°51′07.45″	276.077	0.84	276.078		
J5	180°01′35.25″	-0.00″					296257.5780	514616.6478
			45°52′42.70″	296.142	0.86	296.143		
J6	179°57′02.62″	-0.00″					296463.7474	514829.2386
			45°49′45.32″	317.447	0.89	317.448		
J7	180°01′09.75″	-0.00″					296684.9446	515056.9333
			45°50′55.07″	280.793	0.84	280.794		
J8	179°59′53.40″	-0.00″					296880.5334	515258.4034
			45°50′48.47″	239.020	0.79	239.020		
J9	180°22′06.37″	-0.00″					297047.0300	515429.8957
			46°12′54.84″	374.431	0.97	374.432		
J10							297306.1190	515700.2150
备注	$W_x = -4.35$mm　$W_y = -4.49$mm 测角中误差 = 1.794″　$W_s = 6.25$mm　$1/T = 1/354467$							

3.2 井下导线测量

井下导线全长500多米，共设4个测站，要求布设成15级导线。在井下测量导线是采用拓普康GTS-752全站仪往返换人观测量，水平角采用测回法2个测回测角；边长往返测量共4个测回，各项限差均符合相关规范规定。

3.3 井上、下联系测量

31号井单线投点测量，定向段高25m。自地面井口投放一根ϕ0.5mm钢丝至井底，挂重80kg并以水作稳定液，用信号圈法进行垂线自由度检查，并使其达到铅直。确定钢丝自由悬挂后，地面水平角用拓普康GTS-752 2″级全站仪3次对中3个测回，测回较差小于10″，均值较差2mm，井下也用拓普康GTS-752 2″级全站仪3次对中3个测回，测回较差小于10″，测距均值较差小于1mm。各项严格按测量规范要求进行，对于超值和不符值坚持重测，一次投点结束后再重复一次。

3.4 内业解算

利用地面导线获得O1、O2坐标，然后用地下导线进行无定向导线平差，平差表见表2。

导线严密平差计算 表2

点名	观测角度	角度改正	方位角	边长观测值（m）	边长改正数（mm）	边长平差值（m）	坐标	
							X(m)	Y(m)
O1							296398.2119	514826.1307
			45°26′43.68″	45.1813	-1.38	45.1799		
M8	171°49′13.33″	-0.01″					296429.9096	514858.3251
			37°15′57.01″	121.6836	-1.58	121.6820		
M9	190°50′41.00″	0.08″					296526.7484	514932.0053
			48°06′38.09″	119.1189	-1.58	119.1173		
M10	175°53′36.17″	0.03″					296606.2824	515020.6804
			44°00′14.29″	145.5544	-1.66	145.5527		
M11	183°43′23.00″	0.03″					296710.9773	515121.7971
			47°43′37.32″	82.9754	-1.48	82.9739		
O2							296766.7908	515183.1935
备注	$W_x = 5.51$mm　$W_y = 5.34$mm 测角中误差 = 3.116″　$W_s = 7.67$mm　$1/T = 1/67051$							

4 问题探讨

(1)距离测量时,采用在钢丝上贴莱卡反射片,利用对边测量距离,这对贴片测距的精度需要进行验证。在测量前,利用贴片测距和标准基线尺长度进行验证,测距较差均在1mm之内,说明此方法是可行的。另外,本次测量中需要两台仪器一起观测,所以要提前校正两仪器在测距和测角上有没有误差。

(2)由于地下导线最后做无定向平差,所以尽量不要出现小角及短边,以免影响最后的精度。

(3)根据联系测量自身的特点,其吊锤摆动的速度慢,摆动周期用时长。因此在观测时一定要上、下一起观测。

5 结语

两井定向的顺利完成,解决了由于风井过小不适合做三角联系测量的问题,为今后类似工程提供了如下的借鉴意义。

(1)测量人员必须认真负责大中型工程中各项测量工作,增加检核条件,避免测量粗差,提高测量成果的精度和可靠性。

(2)风井的联系测量工作尽量等钢丝稳定后地上和地下一起测量。

(3)测量的原始资料必须妥善保管。

参考文献

[1] 李青岳. 工程测量学[M]. 北京:测绘出版社,1984.

[2] 杨雪,王荣. 竖井联系测量方法的应用与探讨[J]. 测绘技术装备,2009,11(4):21-23.

[3] 李保会. 提高竖井联系测量速度的作业方法[J]. 西部探矿工程,2006,8:126-127.

盾构机在双向曲线上始发姿态偏差控制探讨

魏斌效　史英威　陈银争

（北京城建设计发展集团股份有限公司　北京　100037）

摘　要：盾构机在曲线上始发时，姿态的控制有一定难度，尤其是始发段同时处在平面及纵向双曲线上的特殊条件下，始发姿态的控制更是难上加难，本文结合工程实践，针对盾构机在双向曲线上始发进行研究。

关键词：盾构始发；初始姿态；平面曲线；纵向曲线；盾构姿态控制

1　引言

随着科技的不断进步，盾构技术因其在工程进度提升、施工安全保障以及成品质量保证等各个方面相比于人工暗挖的巨大优势，正被广泛地应用于轨道交通、水利、电力等各种大型隧道工程施工当中。盾构机始发是盾构施工的重点和难点环节，如果考虑不周或者应对措施不合理均可能产生意外问题，从而影响施工进度及施工质量。通常情况下，设计单位都会将盾构机始发位置选择在平面上的直线段及纵向上无变坡的区段，以避免增加施工难度。但有时在受到外界条件限制或工期进度影响等特殊情况下，始发位置可能处于平面曲线或纵向曲线上，甚至可能出现平面及纵向均在曲线上的特殊情况。本文就结合工程实践，对盾构机始发位置处于平纵双向曲线上时，盾构机始发初始姿态的选择及控制进行探讨。

2　工程概况

北京地铁14号线定位为大运量等级轨道交通干线，西起丰台区卢沟桥的芦井路东—望京地区的来广营站。线路全长47.3km，共设车站36座。其中方庄路站—十里河站区间自方庄站开始，沿蒲方路向东600m后，下穿尚未实现规划安乐林路东延、京津塘高速路范围内的平房区，向东北方向侧穿京津快轨65、66号墩后，到达十里河站。左线区间里程K24+095.300～K25+464.172，长度1374.247m（其中有一长链K24+794.375=K24+789.000，长度5.375m）；右线区间里程K24+095.300～K25+480.150，长度1384.85m。区间覆土厚度为7.8～17.4m；线路平面有3处曲线（R=2500/1500m、450m、440/460m），线路纵向坡度呈∧形坡。

本区间采用2台盾构分别施工左右线隧道。盾构机原计划从十里河站始发，始发位置平面及纵向均无曲线，受十里河车站施工进度影响，为了保证按时完工，决定在十里河站西南端增设30m盾构始发竖井，致使盾构始发位置发生变化，新的始发位置恰好同时处于平面及纵向曲线上。

3　始发位置线形状况

3.1　始发位置平面线形

区间左、右线始发段平面位置均处于缓和曲线上，缓和曲线终点半径分别为R=440m和R=

作者简介：魏斌效（1981—），男，学士学位。主要从事盾构施工技术管理工作。

460m，均属于小半径曲线，盾构始发后进入圆曲线半径分别为 $R=750\text{m}$ 和 $R=639\text{m}$，如图 1 所示。

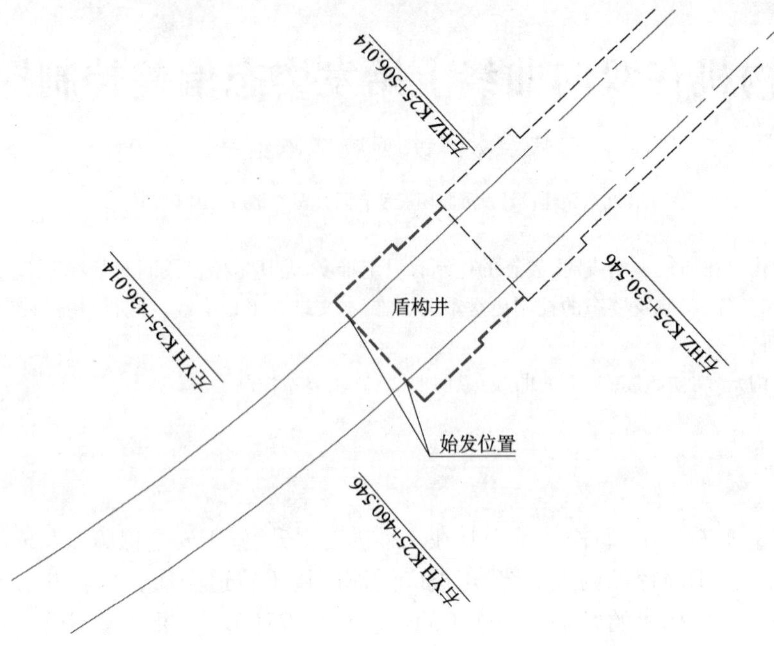

图 1　盾构始发平面线形示意图

3.2　始发位置纵向线形

左右线始发段纵向位置均处于竖曲线上，该竖曲线起点为 2‰下坡，终点为 25‰和 24‰上坡。始发位置坡度分别为 7‰上坡和 8‰上坡，如图 2 所示。

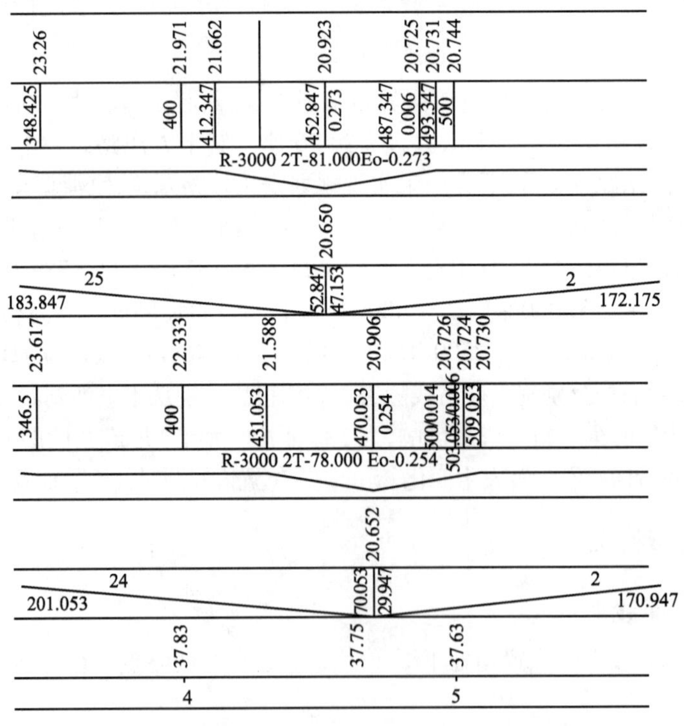

图 2　盾构始发纵向线形示意图

4 盾构始发平面线路设计

盾构机在始发基座上始发的过程中因受到始发基座及洞门钢环的限制,无法使用铰接装置进行转向,所以通常情况下始发的前 15 环左右盾构机只能沿直线推进。因此,盾构机在曲线上始发时一般考虑采用割线始发的形式,以保证盾构机始发后顺利向前推进。

本案例相对于普通的曲线始发存在以下两个难点。

(1)本案例始发位置处于缓和曲线上,曲线半径逐渐变小,转角逐渐增大,从而加大了始发后的转弯难度。

(2)按照现行规范要求,地铁隧道轴线偏差限值为≤100mm,但由于本线路运营车型发生变化,因此将轴线偏差限值调整为≤50mm,这大大增加了始发线路设计的难度,同时也对始发过程中姿态控制提出了巨大的挑战。

综合考虑以上两个难点,我们对始发线路进行了拟合,在保证始发线路(割线始发)与设计线路偏差不超过 50mm 的前提下,将始发割线的终点设计在设计线路曲线以内 20mm,以降低盾构机度过始发段后的转弯难度,最终拟合的线路与设计线路的最大偏差预计为 26mm 左右,如图 3 所示。

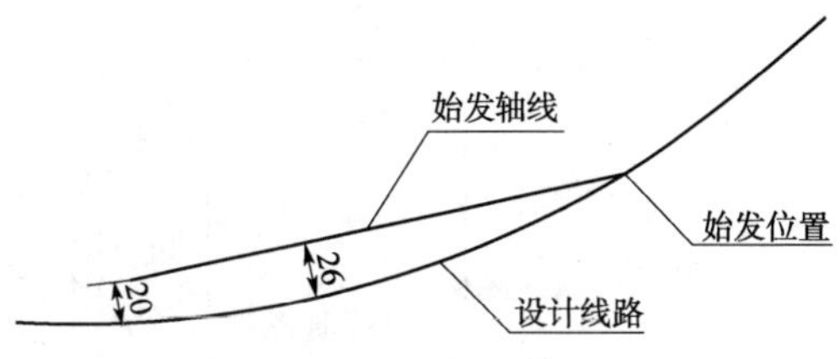

图 3　始发轴线与设计线路平面位置关系图

5 盾构始发坡度设计

本案始发位置纵断面处于竖曲线上,虽然始发竖井中坡度很小,但竖曲线终点坡度为 25‰,在地铁线路中属于较大的纵坡,盾构推进中爬坡难度较大。与平面线形设计相似,坡度设计同样采用割线始发。在设计始发坡度时,应考虑在不超过轴线偏差限制范围的同时,适当加大始发坡度,从而降低始发后盾构机的爬坡难度。

经过多次比对,最终将设计始发坡度确定在 12‰左右,按照此坡度,预计始发段最大竖向偏差为 30mm 左右,如图 4 所示。

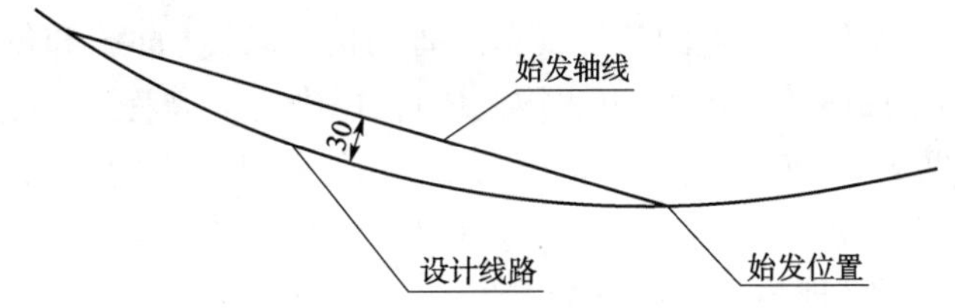

图 4　始发轴线与设计线路纵向位置关系图

6 盾构姿态测量

由于整个隧道由盾构机一次掘进完成,盾构机的轴线与设计隧道轴线的位置偏差就决定了隧道的偏差,所以控制好盾构机的姿态,确保隧道按设计轴线掘进尤为重要。盾构姿态测量主要是测量盾构机掘进瞬时位置是否符合设计要求,在测量中利用全站仪和其他辅助工具,测定根据不同盾构机的特点而在盾构机上设置的标志点,通过几何计算确定盾构机掘进瞬时位置的正确性,为盾构机操作人员提供操作校正参数。盾构姿态测量包括:巡航角(方位角)、俯仰角、滚动角 3 个姿态角和横向(水平)偏差、竖向(垂直)偏差空间位置及里程。盾构机分为前体、铰接和后体，一般通过测量、计算前体的前点圆心（旋切面）和后点圆心的坐标来得出盾构机姿态。

盾构机初始姿态测定是盾构隧道施工测量中关键的一步，直接影响到隧道贯通精度，因此应采用多种方法进行测定，下面就一些常用方法进行介绍。

6.1 水平标尺法

水平标尺法是一种操作简单、计算快速的盾构机姿态的测量方法，其原理是测量水平放置在盾尾内壳的铝合金尺上贴片的三维坐标，通过铝合金尺与盾构机首、尾的距离关系来计算盾构机的盾首和盾尾三维坐标，该方法适用于盾构机的初始定位和掘进过程中的姿态检测工作。测量前先制作一把长约5m的矩形铝合金标尺，并用钢卷尺精确量出铝合金尺的中心，并在中点左右对称标定 L 和 R 两点，如图5所示。

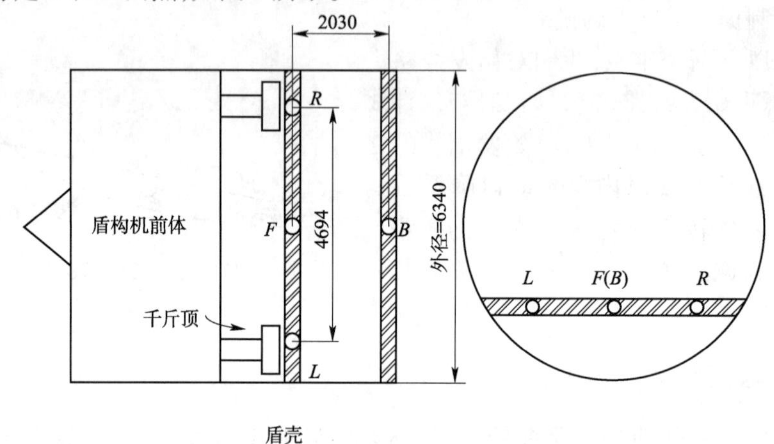

图5 水平标尺法测量示意图（尺寸单位：mm）

水平标尺法具体测量步骤如下。

（1）外业测量。先将标尺水平置于盾构机铰接千斤顶面附近，标尺面与绞接面平行等距，并与盾壳内壁光滑接触，测量标尺中心 F 以及 L、R 的三维坐标；再将标尺水平置于盾构机盾尾处，标尺两端到盾尾距离相等，测出此时标尺中点 B 的三维坐标。

（2）坐标推算。根据 F 和 B 点的高程反算出盾构机的坡度（即俯仰角），再根据前尺中心 F 与盾构机盾首、盾尾的距离关系计算出盾构机盾首、尾中心的高程。根据 L、R 的坐标反算出前尺的方位角，再根据 F、B 点的坐标反算出后尺中心到前尺中心的方位角 B，由于 L 与 R 两点间距和前后尺间距都比较小，则会出现 $\alpha \neq \beta + 90°$ 的情况，在实际施工中，采用两个方位角的平均值作为计算方位角（即盾构机的轴线方位角）。根据前尺中心 F 与盾构机盾首、盾尾的距离关系，通过坐标正算计算出盾构机盾首、盾尾的坐标。此法在测量过程中应注意标尺水平放置和定位要准确，可根据盾构机设计图纸在盾壳内壁作标尺永久放置位置的标记，并保证每次检核时标尺放置于同一位置。实际测量中，为了减少误差并确保足够精度，L 与 R 的间距应大于3m，前尺与后尺的间距应大于1.5m。

6.2 侧边法

6.2.1 平面坐标测量

侧边法的操作原理是：在靠近盾首和盾尾处分别悬挂一钢丝，钢丝下面系重物并置于油桶中，通过测量贴在钢丝上的反射片的坐标来计算盾构机首、尾的平面坐标，见图6。侧边法的操作需注意:盾首钢丝悬挂在靠近大刀盘和前体的拼缝处,盾尾钢丝悬挂在靠近盾尾且在注浆管外,钢丝到盾首、盾尾的距离直接用钢尺量出,取多次量取距离的平均值作为最终计算依据。

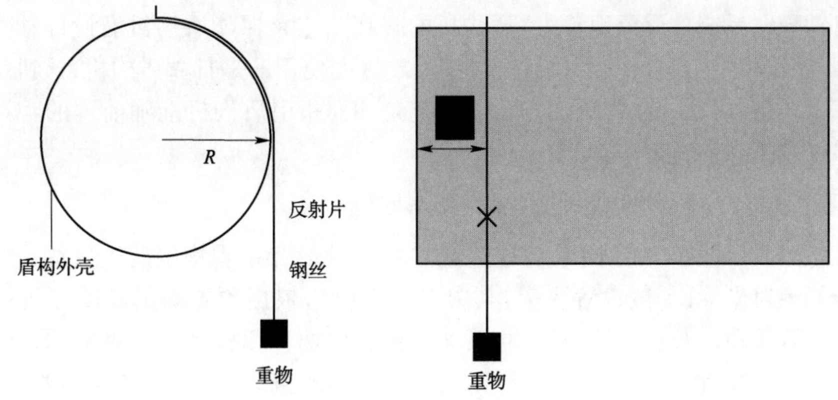

图6 侧边法操作示意图

这种方法所得到的盾构机盾首、盾尾的坐标精度比较高,如果条件可行,可在盾构机外壳两侧各吊两根钢丝,这两点应尽量选择在靠近盾首和盾尾处,且两侧钢丝位置应对称选择。测量贴在钢丝上的反射片的坐标后,在 CAD 中展点计算盾首和盾尾平面坐标,如图7所示。

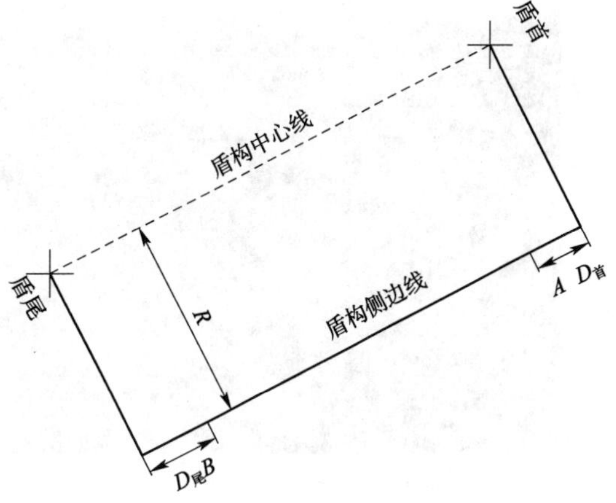

图7 侧边法平面坐标计算示意图

6.2.2 高程测量

根据盾首、盾尾的平面坐标,利用全站仪在盾壳上直接放样出盾构机的轴线,然后利用水准仪直接测出盾构首、尾处的高程,通过反算得到盾构首、尾中心的高程。

6.3 测支撑环法

测支撑环法的原理是:测量支撑环上多个点的三维坐标,通过最小二乘法拟合空间圆。从拟合结果中可以得到支撑环的中心坐标(X_o,Y_o,Z_o)和支撑环面的法向量(m,n,P),然后根据盾构机的结构图纸计算出支撑环面到盾构机盾首、盾尾的距离,通过坐标正算得到盾构机盾首三维坐标($X_首$,$Y_首$,$Z_首$)和盾尾三维坐标($X_尾$,$Y_尾$,$Z_尾$),如图8所示。

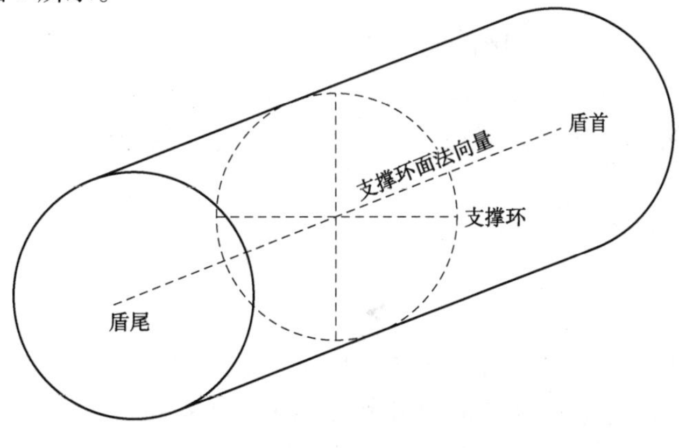

图8 测支撑环法示意图

7　导向系统保障

盾构自动导向系统被形象地称为“盾构机的眼睛”，它是保障盾构机沿设计轴线顺利掘进的基础，因此在盾构施工中是一个关键的环节。本区间使用的是日立盾构机，该机配备的导向系统为演算工坊（ENZAN）的 ROBOTEC 系统，它是如何指引盾构机准确前进的呢？下面就演算工坊的 ROBOTEC 系统做简单介绍。

7.1　演算工坊（ENZAN）自动导向系统的基本原理

演算工坊（ENZAN）自动导向系统通过全站仪测量设置在盾构中盾上方固定位置上的 3 个目标棱镜的绝对坐标（一般设置 3 个，其中 1 个备用），根据预先测定棱镜与盾构机切口和盾尾的相对位置关系以及盾构的俯仰角、滚动角推算出切口和盾尾的绝对坐标（图 9）。然后将切口和盾尾的绝对坐标与设计轴线相比较得出盾构的偏离情况，即平面偏差和高程偏差。根据系统显示的轴线偏差和偏差趋势，以隧道设计轴线为目标，把偏差控制在设计要求范围内，从而达到通过控制盾构姿态来指导隧道掘进的目的。

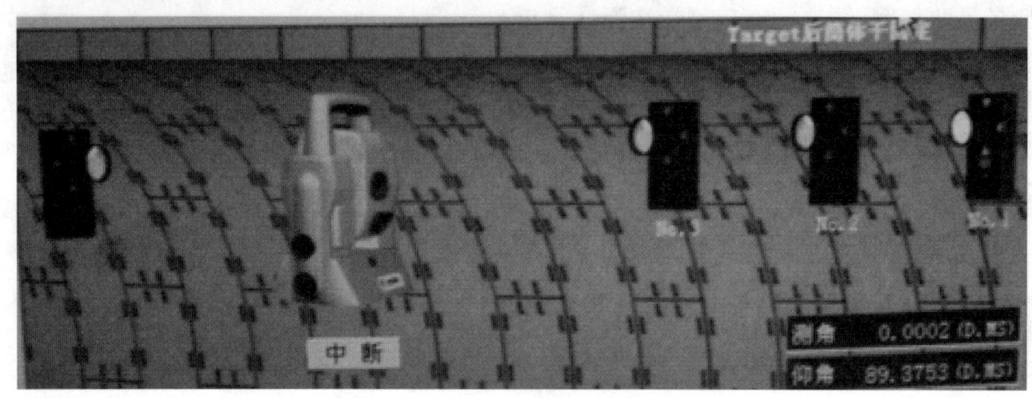

图 9　盾构导向系统原理示意图

7.2　演算工坊（ENZAN）自动导向系统的组成及其功能

演算工坊（ENZAN）的 ROBOTEC 自动测量系统主要由以下四个部分组成。

（1）具有自动照准目标功能的全自动马达全站仪，主要用于测量角度（水平角、垂直角）、距离和发射激光。

（2）高精度圆棱镜，主要用于接收、反射激光信号。

（3）计算机和隧道掘进软件，演算工坊（ENZAN）软件是自动测量系统的核心，它从全站仪等通信设备接收数据，并通过软件计算，把数据以数字和图形的形式显示在计算机上。

（4）通信电源箱，供给全站仪电源，保证全站仪和计算机之间的数据传输和通信。

8　推进结果验证

实际施工中，按照设计的平面线路及坡度对盾构机的始发姿态进行控制，始发过程中的轴线偏差与预计值相差相近，均未达到或超过 50mm 的限定值，线路及坡度设计均比较成功。表 1 为盾构机导向系统记录的前 20 环盾构姿态偏差值。

盾构姿态偏差值　　表1

右　线			左　线		
环片号码（ring）	水平偏差（mm）	垂直偏差（mm）	环片号码（ring）	水平偏差（mm）	垂直偏差（mm）
1	-5	-23	1	14	10
2	-8	-5	2	17	14
3	-6	-2	3	12	19
4	-5	1	4	6	16
5	-7	6	5	6	24
6	-4	8	6	9	33
7	-3	13	7	10	34
8	-2	13	8	3	33
9	5	11	9	3	36
10	3	18	10	0	29
11	-4	23	11	-2	28
12	1	20	12	0	20
13	4	24	13	-8	23
14	4	29	14	-13	22
15	7	29	15	-13	19
16	7	30	16	-9	20
17	10	26	17	-4	17
18	3	30	18	-4	23
19	5	31	19	-3	31
20	8	35	20	4	26

9　结语

经过实际工作的检验，尽管盾构机在双曲线始发时，对始发线路的设计及推进中姿态控制的要求很高、难度较大，但是只要事先对始发线路进行准确的拟合，在始发前对盾构姿态进行精确测量、精准控制，同时保证自动导向系统稳定正常运行，准确显示盾构机实时姿态，始发段推进中还是能够顺利保证盾构机姿态不超出限差范围的。

参考文献

[1] GB 50026—2007　工程测量规范[S]. 北京：中国计划出版社，2008.

[2] GB 50446—2008　盾构法隧道施工与验收规范[S]. 北京：中国建筑工业出版社，2008.

[3] GB 50308—2008　城市轨道交通工程测量规范[S]. 北京：中国建筑工业出版社，2008.

盾构始发中的玻璃纤维筋应用研究

刘　军[1]　蒋　华[2]　原海军[3]　周　洪[2]　李东海[4,5]

（1. 北京建筑大学　北京　100030；2. 中铁电气化局铁路工程分公司　北京　100044；
3. 北京城市快轨建设管理有限公司　北京　100027；4. 北京交通大学　北京　100044；
5. 北京市政工程设计研究总院有限公司　北京　100037）

摘　要：盾构始发是盾构施工的关键环节之一，常规的盾构始发前必须破除盾构端头井钢筋混凝土桩，破除过程中存在较大的施工安全风险。采用玻璃纤维筋局部替代钢筋后，可用盾构机直接进行磨桩推进，有效地消除这个过程极易发生的涌水、塌方等事故，减少对周围环境的影响，降低盾构始发过程中的风险。在充分研究15号线关庄站盾构无障碍始发的基础上，探讨了始发参数、辅助措施，并进一步分析了无障碍始发的安全性、工期和经济性，以期能在北京地区获得更为广泛的应用。

关键词：盾构始发；玻璃纤维筋；围护桩

1　引言

玻璃纤维筋GFRP(Glass Fiber Reinforced Polymer Rebar)在盾构井围护桩洞口部位替代钢筋实现盾构的无障碍始发与接收，避免人工凿除钢筋混凝土桩体而带来的安全风险，目前在国内外已经获得一定程度的应用。如林刚等(2009)以成都地铁1号线后子门盾构井为背景，通过室内试验、理论推导和现场试验等手段对GFRP筋在盾构端头井围护结构中的应用进行了论述，采用GFRP筋代替盾构端头井围护结构中的钢筋，不但可以减少盾构进出洞事故，提高施工效率，还可以减少端头井地层加固费用；李辉龙等(2010)阐述了北京地下直径线盾构施工始发井支护结构地下连续墙GFRP筋混凝土施工技术；钟明(2010)介绍了东莞地铁R2线珊美站小里程端盾构工程应用GFRP筋的情况；姜云申等(2012)以广州市某工程为依托，分析并总结了盾构始发、到达新工艺及GFRP筋在工程中的实施效果。目前，该方法在北京地铁15号线关庄站获得了成功应用，并在15号线其他车站进行推广使用，获得了可观的经济效益与社会效益。本文以关庄站的应用为例，阐述了该方法的应用情况，以期在北京能获得广泛的应用。

2　工程概况

关庄站为地下岛式车站，标准段为三层双跨箱形结构，车站有效站台中心里程为右K11+416.000m，车站有效站台右线中心轨顶高程为16.3m。标准段宽度为20.9m，车站长为144.1m，高为21.93m，车站标准段顶部覆土约3.55m，标准段基坑开挖深度约为25.68m，盾构井处深约26.67m。共有2个风道，3个出入口、1个消防专用口和1个换乘通道。车站主体和附属结构均采用明挖法施工。

盾构始发井设置在车站内，始发井钻孔灌注桩采用ϕ1000@1400作为围护结构，混凝土强

作者简介：刘军(1965—)，男，博士，教授级高工。主要从事岩土工程方面的教学和科研工作。Email：liujun@bucea.edu.cn。

度等级为 C30，钻孔桩单根长度约为 32m。盾构始发位置埋深为 19～25m，地层为粉质黏土层和中粗砂层，洞口周边地层为粉土层、细中砂层，地下水为层间潜水（四），其上覆地层含水层为细中砂层，具有承压性。车站范围内地层、地下水详细情况见表 1。

盾构井地层及地下水情况 表 1

地下水性质	水位/水头埋深（m）	含 水 层	备 注
上层滞水	1.68～3.57	填土层、粉土〈3〉层	—
承压水（二）	5.20～7.70	粉土〈4-2〉层、粉细砂〈4-3〉层	水头高 2.5～3.0m
承压水（三）	13.03～15.30	粉土〈6-2〉层、细中砂〈6-3〉层	水头高 2.0～3.0m
潜水（四）	24.80～26.40	粉土〈6-2〉层、细中砂〈6-3〉层	水头高 2.0～3.0m

为了加大盾构进洞时的安全系数，在盾构进出洞范围内的围护桩，使用同数量、同直径的玻璃纤维筋替代传统钢筋混凝土桩骨架，利用玻璃纤维筋高抗拉强度、低抗剪强度的特征，盾构通过时可直接切削，以减少人工拆除围护桩及钢筋危险源，有效地消除这个过程极易发生的涌水、塌方等事故，减少对周围环境的影响，降低盾构进洞过程中的危险。

盾构机为日本生产的日立 ϕ6150 土压平衡盾构机，每个洞口处拟凿除的灌注桩有 6 根（参见图 1 阴影灌注桩），该 6 根灌注桩在洞口处采用同直径的玻璃纤维筋代替钢筋，整个钻孔桩的骨架分为三部分：洞口上部为钢筋；在洞口及洞口上下 500mm 范围内为玻璃纤维筋；洞口下部为钢筋，玻璃纤维筋桩配筋如图 2 所示，混凝土强度等级仍然为 C30。玻璃纤维筋与钢筋的搭接长度为 40 倍玻璃纤维筋直径，每根玻璃纤维筋与钢筋的搭接在沿着长度方向均匀布置 3 个 U 形卡扣以实现两种主筋的连接。值得引起地铁建设者注意的是：在搭接段中，为了增加这部分桩体的抗剪承载力，此段桩体的箍筋类型为钢筋箍筋。

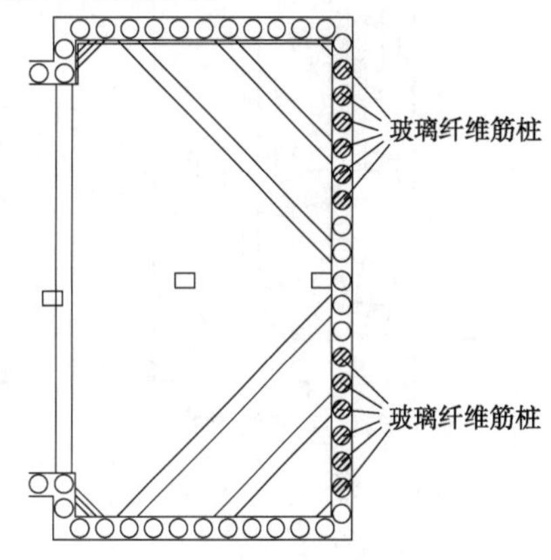

图 1 玻璃纤维筋混凝土桩位置

钢筋笼为地面上加工好后整体调入钻好的孔内。钢筋笼与玻璃纤维筋笼连接采用 4 根 ϕ14 铁丝绑扎或采用钢丝绳卡连接，玻璃纤维筋之间的搭接按照 $40d$ 设置；同时，由于玻璃纤维筋抗弯性能差，为防止玻璃纤维筋在吊装过程中折断破损，在玻璃纤维筋长度范围内，采用 4 根通长 100mm×100mm 的方木在笼外侧与玻璃纤维筋进行绑扎加固。玻璃纤维筋笼吊放与普通钢筋笼吊放程序完全相同，但在下井过程中，拆除加固用的方木。实践证明，上述玻璃纤维筋笼绑扎及吊装方法能达到预期效果。

玻璃纤维筋桩与钢筋桩的对比分析：由试验数据分析可得，对于玻璃纤维筋，它与钢筋在性能上的主要区别为：玻璃纤维筋的轴向抗拉强度比钢筋的抗拉强度强，但在横向的抗剪性能上，要比钢筋的抗剪能力弱，更重要的是，玻璃纤维筋与混凝土的锚固能力弱于钢筋混凝土之间的锚固力，且玻璃纤维筋弹性模量约为钢筋弹性模量的 1/4。这些明显的差异都导致了玻璃纤维筋桩的整体刚度和抗剪承载力要比钢筋混凝土桩要低，这应该引起注意。

为了在基坑开挖过程中监测玻璃纤维筋桩体位移，在盾构左、右线玻璃纤维筋桩体中选择一根桩作为监测对象，在桩形成前布置好测斜管，然后在基坑开挖每步中进行玻璃纤维筋桩的位移,监测数据如图3所示。

图3为1号和2号玻璃纤维桩的桩体水平位移监测值的变化过程,横坐标负值表示朝向基坑内侧位移,纵坐标表示桩体的埋深;图3中每个线的水平位移值表示基坑开挖到每步时桩体的水平位移监测值。监测数据显示,随着基坑开挖桩体逐渐朝向基坑内侧位移,1号和2号桩的桩体最大水平位移分别为-18.0mm和-15.0mm,出现在桩体埋深-12.0~-16.0m。

按照北京市地方标准,地表变形、围护结构桩(墙)体水平位移的控制值均为30mm,从监控量测数据分析,未超出30mm。另外,地面巡视也未发现裂缝等异常现象,表明基坑是稳定的。换句话说:盾构洞口附近采用玻璃纤维筋替代钢筋后,在满足二者之间搭接强度的情况下,基坑是安全稳定的。

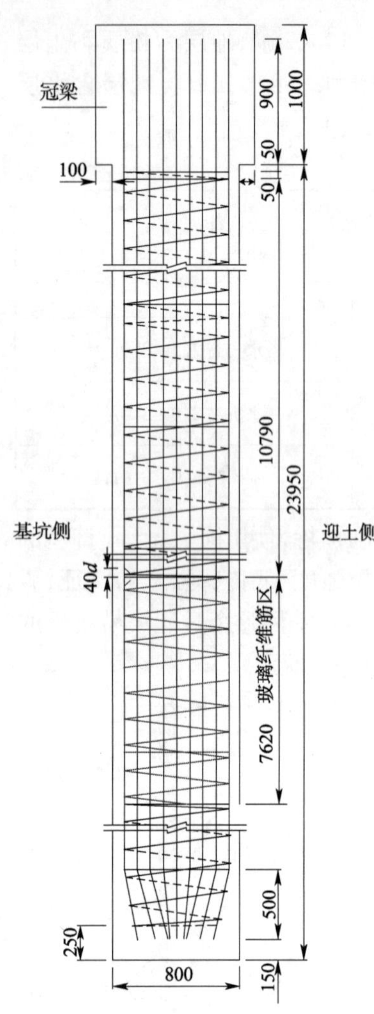

图2 玻璃纤维筋混凝土桩配筋(尺寸单位:mm)

3 盾构始发技术

盾构始发是盾构施工的关键环节之一,其主要内容包括:安装盾构机始发托架、盾构机组装调试、安装反力架及洞门密封止水装置、安装负环管片、盾构机试运转、洞口桩体凿除、盾构通过洞口密封止水装置后进行注浆回填、盾构掘进与管片安装。盾构无障碍始发工序也类似,只是在洞口一定范围内的端头井桩(墙)体内的钢筋用玻璃纤维筋(GFPR)替代,在洞口处安装钢套环并采用一定密封措施,使盾构在进入钢套环后逐渐建立土压,不需凿除桩(墙)体实现直接切削,切削桩(墙)体后建立起土压,从而正常掘进,如图4所示。

3.1 始发前辅助措施

采用玻璃纤维筋局部替代钢筋后,可用盾构机直接进行磨桩推进。但直接推进会产生由于刀盘距离翻板太近,在刀盘转动过程中会对翻板造成损害,直接影响到翻板的密封效果,故在推进前,在结构上增设一个长1m左右的钢套环,如图5所示外延钢环,在盾构磨桩过程中保证翻板的完好,使翻板起到良好的止水效果。

此外,钢套环有效延长了盾构始发洞口长度,易于盾构定位并克服盾构"磕头"等现象,利于尽快建立土压。

3.2 盾构机磨桩的推进参数

日立ϕ6150土压平衡盾构机刀盘开口率60%,共配置了中心刀一把、周边刀12把、切刀62把、先行刀29把、保径刀6把、超挖刀1把。

由于应用盾构机刀具直接切削桩体,因此在此阶段盾构机的参数与常规始发时的参数有很大区别,需要控制好推力及推进速度、刀盘扭矩及转速。通过理论计算分析,将总推力控制在1700~1900kN,推进速度控制在4~6mm/min,刀盘转速控制在0.95r/min左右,刀盘扭矩控制在900～1500kN·m。

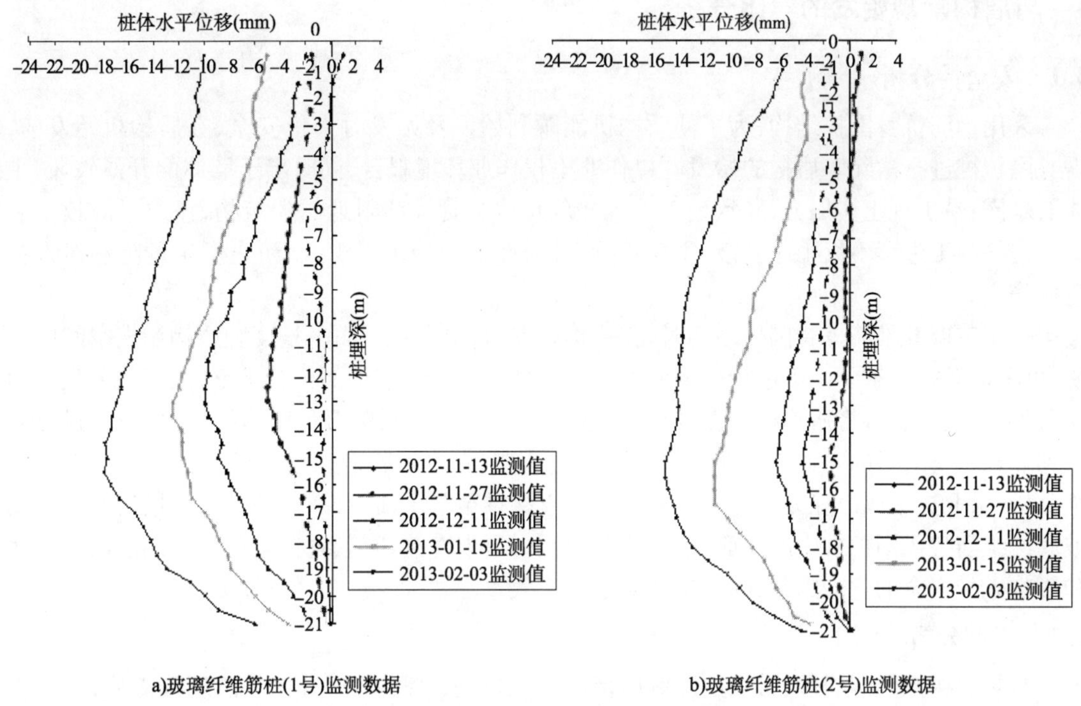

图3　玻璃纤维筋桩1号、2号监测数据

由于中心刀中心点高出刀盘面板350mm左右，因此盾构机安装完毕顶在桩体上时，首先是中心刀顶点与桩体接触，易出现空转。为了避免此现象，在中心刀位置凿除部分桩体，使得刀具与桩体接触，从而提高磨桩的效率。

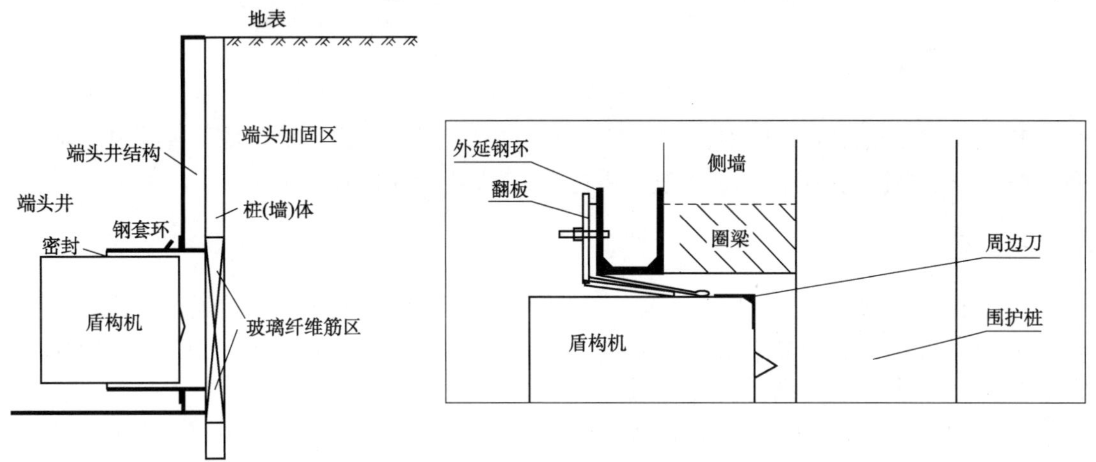

图4　盾构无障碍始发示意图

图5　钢套环(外延钢环)示意图

当盾构机刀盘与桩体接触后，盾构机的顶进使得中心刀附近及洞口边缘桩体出现裂缝，随着不断的顶进，刀具温度明显增加，并出现少量混凝土块及大量搅断的呈粉末状玻璃纤维筋，直至穿过整个桩体，磨桩推进过程中刀盘几乎无损伤。

待盾构刀盘切除围护桩深度满足盾构机密封要求时，采取带压掘进，达到顺利始发的目的。

4 与盾构常规始发的对比分析

4.1 安全性分析

采用钢筋桩身围护结构，为了使盾构机能顺利始发及始发时人机安全，在盾构机始发前，需对围护桩进行凿除。盾构的始发开口作业不仅作业环境艰苦，同时出于墙体的开凿破坏、土体的暴露，易出现土体塌方，导致地表下沉并危及地下管线和附近的建筑物，该类事故枚不胜举。这一施工过程不仅工序复杂、工期长，而且需严密的施工组织，以防止发生危险和对人身造成伤害。

采用玻璃纤维筋桩身围护结构时，在盾构始发时，根据掌子面平整度和盾构始发空间的需要，可采取对始发掌子面不进行抹平或凿除找平处理。如果掌子面比较平整，能够使刀盘平面受力均匀，则可直接将盾构机刀盘推至掌子面（围护结构），利用刀盘对围护桩直接进行切割，达到顺利始发的目的。如掌子面局部有不平整，影响受力且盾构井空间较大，可通过经济、安全分析，采取抹平或凿除处理。在盾构机刀盘直接推至掌子面，对围护桩桩体直接切割。使用玻璃纤维筋替代围护桩中的钢筋，使盾构井出洞时可以直接切割筋材，避免了上述的诸多工序和影响人身安全的危险因素，同时也提高了施工效率。

4.2 工期分析

常规盾构穿越洞门前，必须凿除洞门范围内围护桩，待围护桩凿除并清理残渣后，盾构机进洞，再对洞门初步密封。工期安排如图6所示。

序号	工作内容	持续时间										累计时间
		1	2	3	4	5	6	7	8	9	10	
1	人工凿洞门	——	——	——	——	——	——	——	——			8
2	洞门清理									——		9

图6 洞门混凝土破除工期安排

使用玻璃纤维筋替代桩内钢筋，盾构机刀盘直接切削桩体，省去了凿桩。盾构始发前，仅用一天将预埋钢环安装到位后，即可进行盾构机始发，可节约工期7d左右。

5 结论

采用玻璃纤维筋局部代替盾构端头井围护结构中的钢筋，既可提高盾构通过时的安全性，又节省了材料、时间，有明显的经济效益和社会效益。本文以地铁15号线关庄站盾构无障碍始发的研究与应用情况为例，获得以下几方面结论。

（1）用玻璃纤维筋局部替代钢筋使盾构直接切削围护结构，该方法减小了始发的安全风险，且加快了施工进度，社会效益、经济效益十分明显，是值得大力提倡的方法。

（2）切削过程中，要控制好盾构机磨桩参数，如推力及推进速度、刀盘扭矩及转速。

（3）由于洞口边缘附近桩体易产生裂缝，应考虑GFRP筋桩体的抗剪问题，可适当加密玻璃纤维筋箍筋。

（4）盾构围护桩体布置GFRP筋的范围应适当加大，不应小于50cm，避免由于施工误差导致盾构机切削钢筋而对刀盘造成损坏。

参考文献

[1] 林刚,罗世培.玻璃纤维筋在盾构端头井围护结构中的应用[J].铁道工程学报,2009(8),77-81.

[2] 李辉龙,王龙,张佳宾,等.4#竖井地下连续墙玻璃纤维筋笼制作及下设方案——北京站至北京西站地下直径线工程[J].黑龙江水利科技,2010,38(1):69-71.

[3] 钟明.玻璃纤维筋混凝土在东莞地铁工程中的设计与应用[J].广东建材,2011(6),40-42.

[4] 姜云申.盾构始发、到达新工艺及玻璃纤维筋在某工程中的应用[J].公路交通科技,2011(6),309-312.

盾构穿河过障碍物施工技术

薛立强

（中国铁建十六局集团有限公司　北京　101100）

摘　要：天津地铁6号线北竹林站—北运河站盾构区间6.2m浅覆土下穿宽约171m的运河，施工过程中遇到未经探明的废弃DN630燃气管道，致螺旋机卡死。通过采用全频谱CHIRP技术进行补勘，拟合管道线路，及时确定了燃气管道与盾构隧道的几何关系；同时对盾构机切割燃气管道进行力学分析，制定合理有效的施工对策，从而确保盾构在河底顺利通过障碍物，取得了良好的施工效果，也为类似工程施工提供了宝贵经验。

关键词：盾构；下穿；运河；燃气管道

1　工程概况

天津地铁6号线北竹林站—北运河站盾构区间隧道长536m（左线539m），管片宽1.5m，外径6.2m。区间左、右线均穿越北运河和子牙河三岔口处，河面总宽度约171m，穿河段隧顶埋深6.2m，左、右线纵向均为3.01‰的单坡，线间距为15～17m，如图1所示。

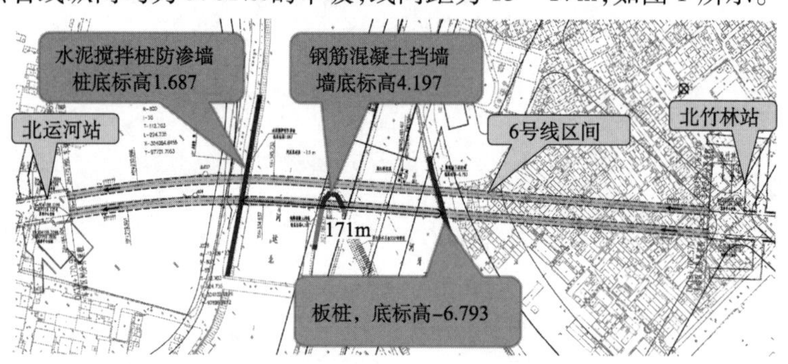

图1　下穿子牙河、北运河区间平面图（高程单位：m）

右线在164环开始掘进过程中，刀盘扭矩波动较大，扭矩最高达到4300kN·m，正常掘进时刀盘扭矩为2500～2800kN·m，盾构机掌子面遇到不明障碍物，如图2、图3所示。试掘进过程中，螺旋机出现卡死现象，螺旋机出土口发现厚度约10mm带螺旋焊缝的钢板、数把脱落的刀具。

2　管线补勘

经采用全频谱CHIRP技术进行补勘，绘制子牙河、北运河下管线平面图，如图4所示。确认该障碍物为拉管施工已停用的燃气管道，管道直径630mm，壁厚10mm。其余管线标高皆较高，与隧道无重合。

作者简介：薛立强（1977—），男，工学学士，高级工程师。主要从事城市轨道交通土建工程施工技术研究。Email：87294091@qq.com。

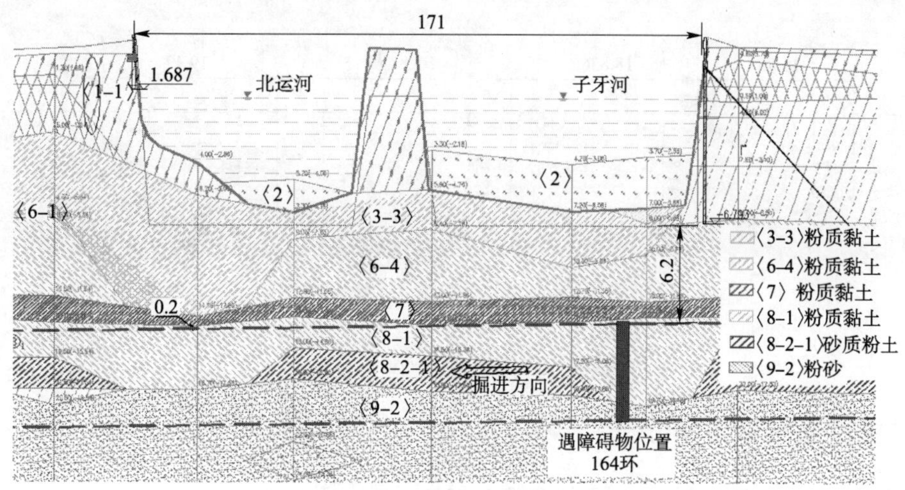

图2　下穿子牙河、北运河遇障碍物纵断面图(尺寸单位:m)

图3　螺旋机搅出的障碍物

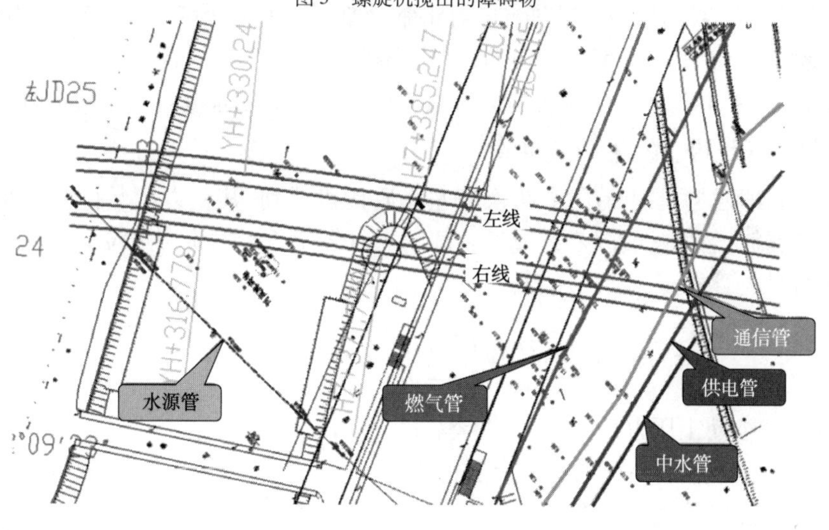

图4　管线平面图

根据5个有效勘探点探得的燃气管线标高,拟合线路如图5所示。由图5可见,右线管道情况与实际符合程度较高,右线在遇到管道时,刀盘转至右上角扭矩明显增加,而从图示几何关系可知,刀盘正是在右上角先碰到燃气管道。依次推断,左线将与燃气管底部有2.14m相交,进尺0.3m。

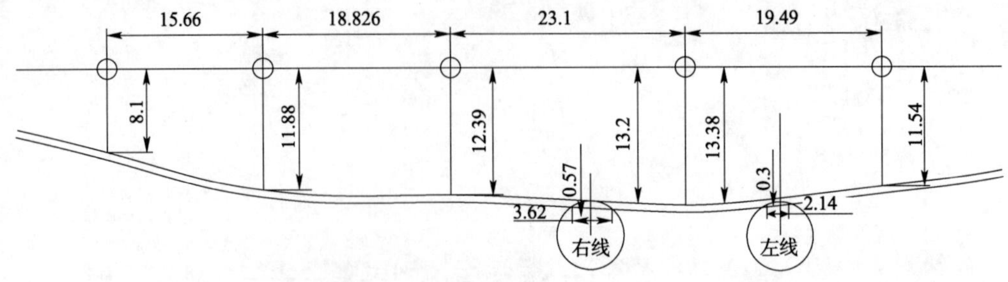

图 5　燃气管道线路拟合(单位:m)

3　盾构机过燃气管力学分析

3.1　计算割断燃气管所需最大推力或最大扭矩

根据最大弯曲应力计算公式:

$$\sigma = \frac{M}{\gamma W} \tag{1}$$

式中:σ——燃气管屈服强度,为 235MPa;

M——最大弯矩;

γ——截面塑性发展系数,对于燃气管截面,取 1.15;

W——燃气管净截面模量,为$\frac{\pi/64(d_1^4 - d_2^4)}{d_1/2}$,其中 $d_1 = 0.63\text{m}$,$d_2 = 0.61\text{m}$。

计算得:$M = 907.1\text{kN} \cdot \text{m}$

若有 3m 的燃气管被碰到,则换算成推力,为 $F = 604.7\text{kN}$,所以,只要提供 604.7kN 的推力,或者提供 907.1kN · m 的刀盘扭矩,即可将钢管割断。右线川崎 EPB6370 盾构机最大推力为 35000kN,刀盘额定扭矩为 5250kN · m;左线小松 TM641PMX 盾构机最大推力为 40018kN,刀盘额定扭矩为 6434kN · m,两台盾构机参数皆远大于割断已报废燃气管所需推力和扭矩。

3.2　计算燃气管是否会发生明显位移

燃气管被右线盾构机割断后,若再次被左线盾构机遇到,其受力情况将发生变化,需计算分析,刀盘推断燃气管之前,左、右线隧道之间的燃气管是否会发生明显位移。

推动残留燃气管所需被动土压力:

$$\sigma = \gamma \cdot z \cdot \tan^2\left(45° + \frac{\varphi}{2}\right) + 2 \cdot c \cdot \tan^2\left(45° + \frac{\varphi}{2}\right) \tag{2}$$

式中:σ——被动土压力;

γ——土重度,〈8-1〉粉质黏土层为 20kN/m^3;

z——燃气管覆土深度,取 15m;

φ——内摩擦角,〈8-1〉粉质黏土层为 18.23°;

c——黏聚力,〈8-1〉粉质黏土层为 21.1kPa。

计算得:$\sigma = 653.8\text{kPa}$

若需要移动已断掉的钢管,则需要的最小推力为:

$$F_{动} = \sigma \cdot s \cdot l = 653.8 \times 0.99 \times 18 = 11646.03\text{kN}$$

式中：s——每米燃气管迎土面面积，取 $0.99m^2$；

l——左、右线隧道间燃气管长度，取 18m。

可见，使燃气管发生位移的力大于燃气管被顶断的力，即燃气管发生位移之前已经被盾构机刀盘割断了。

3.3 有限元模拟分析

考虑到计算较为理想化，与实际施工可能差异较大，故建立有限元模型，对工况进行模拟，如图 6 所示。分析结果可知：盾构机推过时，与盾构机相交段的钢管可以被剪断，且其余部分不发生明显位移，但是靠近相交处的钢管可能会有部分被连带撕裂，需引起注意。

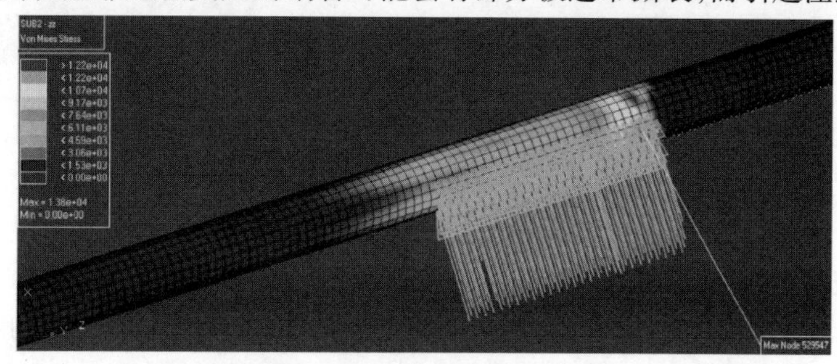

图 6 盾构机割钢管有限元模拟

4 盾构机切割燃气管施工对策

为保证盾构机在切割燃气管道时平稳施工，根据前期施工参数及上述力学分析，特制定如表 1 所示的掘进参数和表 2 所示的掘进过程中可能遇到的问题及对策。

盾构切割燃气管道主要掘进参数　　表 1

名　称	参　数
总推力	≤30000kN
刀盘转速	0.6～0.8r/min
刀盘扭矩	≤3800kN·m
掘进速度	≤10mm/min
螺旋机转速	1r/min，根据土压平稳调整
顶部土仓压力	0.16～0.18MPa
同步注浆量	≥4.5m^3/环，为建筑空隙的 180%
同步注浆压力	≤0.3MPa

掘进过程中可能遇到的问题及对策　　表 2

可能遇到的问题	对　策
刀盘以扭矩发生突变或持续增大导致刀盘跳停	①及时停止推进，加注泡沫剂降低刀盘扭矩。反复变换刀盘转向，低速启动，待刀盘扭矩稳定后，再适当加大刀盘转速 ②采用脱困扭矩启动刀盘，严防盾构机机身侧滚超限
盾构机掘进速度变慢或无速度，推力持续增大	①先暂停推进，正、反转刀盘；再逐渐加大千斤顶推力，继续正、反转刀盘，将障碍物逐渐割除 ②增大螺旋机转速，适当减小土压，增大千斤顶推力，逐渐加大推力，从而增大管道受力

续上表

可能遇到的问题	对　策
螺旋机堵塞或卡死	①正反转螺旋机的同时伸缩螺旋机，使螺旋机内异物发生位移，恢复螺旋机转动 ②螺旋机无法伸缩时，在其伸缩部位增加2个100t液压千斤顶，辅助螺旋机进行伸缩 ③增设辅助液压千斤顶后，仍然无法伸缩螺旋机时，通过声音和热量集中判断螺旋机卡死位置，拆除螺旋机上预留的观察口，拆除前先注入聚氨酯或者高分子聚合物达到止水效果，然后在需要拆除的盖板上焊接第二道安全闸门，防止在作业过程中发生喷涌
刀盘温度或液压油温度过高	①往刀盘前加入适量清水降低刀盘温度 ②液压油油温过高时，及时停机冷却，并更换循环水箱内的冷却水，冷却效果不明显时，可在冷却水中加入冰块

另外，刀盘撕裂管道时，可能会多撕裂一部分的管道或使其局部位移过大，若不及时处理，有可能导致地层变形过大，带来二次风险，故采取如下应对措施。

(1)通过燃气管期间，确保盾构机超前注浆孔和径向注浆孔畅通，在到达对应位置时，对管道所在地层进行超前注浆加固。

(2)工后对管道处对应的5环管片进行双液浆加固，防止局部渗漏带来的风险。

5　结语

盾构机在穿越河流过程中遇到燃气管道障碍物后，组织了全面准确的勘探工作，并进行了相关的力学分析，模拟了工况，制定了切实可行的施工对策。通过采取一系列的措施，北竹林站~北运河站盾构区间顺利穿越障碍物，同时，也为类似工程施工提供了宝贵的经验。

参考文献

[1] 陈颖. 盾构下穿三滘河施工中的风险控制措施[J]. 铁道建筑技术，2014(4):33-39.

[2] 周诚，王承山，李勇军，等. 地铁盾构隧道掘进地下障碍物处理技术[J]. 铁道工程学报，2013，174(3):86-90.

[3] 陈元庆. 宁波地铁1号线泽大区间盾构隧道障碍物处理技术[J]. 隧道建设，2011，31(11):162-170.

[4] 陈旭杭. 软土隧道施工穿越桥梁桩基障碍物技术研究[D]. 上海：同济大学，2007.

盾构机站内外组合过站方式的改进与实践

尹清锋

（中建交通建设集团有限公司　北京　100142）

摘　要:针对盾构机过站拆装影响设备性能、工期长的问题,提出了少拆装盾构机后配套连接件和大块拆装盾构机主机施工技术,并已在北京地铁14号线22标成功应用,取得了较好的社会效益和经济效益。

关键词:盾构;站内外组合;过站;改进;实践

1　引言

在地铁施工时,一般都是车站和区间交替出现。车站两侧区间采用盾构法施工时,就涉及过站问题。过站包括先隧后站、先站后隧和站隧同步三种形式,其中,最常用的过站方式是先站后隧。在先站后隧式过站中,常常采用盾构机主机站外过站和后配套台车站内过站的方式。由于需要进行一拆一装,不仅会损伤盾构机的性能,而且工序繁杂,耗时、耗力、耗成本。因此,有必要采取一些措施改进既有过站方式。

2　盾构机站内外组合过站方式的改进思路

改进的盾构机站内外组合过站方法是:在车站主体结构完成后,盾构机主机采用大块拆装技术,利用履带吊从车站的一端吊出,运至车站的另一端下井;同时,盾构机后配套台车的牵引梁、皮带机前端支架及管线路采用可移动式特制支架支撑后,利用两台电机车联动作为动力,将整个盾构机后配套台车从车站的一端移至车站的另一端。该方式减少了盾构机主机及盾构机后配套台车前端连接件的拆装,缩短了施工工期,降低了施工成本。

3　工程实践及关键施工技术

3.1　工程实例

北京地铁14号线善各庄站—来广营站—东湖渠站区间右线采用盾构法施工。区间右线采用一台石川岛 ϕ6140 土压平衡盾构机,从善各庄站下井始发,掘进善各庄站—来广营站区间右线至来广营站,然后通过来广营站,继续掘进来广营站—东湖渠站区间右线至东湖渠站解体、吊出。来广营站为明挖法车站,盾构机在来广营站采用站内外组合过站方式。区间施工组织如图1所示。

3.2　关键施工技术

改进的盾构机站内外组合过站工艺流程如图2所示。

作者简介:尹清锋(1978—　),男,硕士,高级工程师,高级经理。主要从事盾构施工技术、科研与管理工作。Email:qfyin2009@126.com。

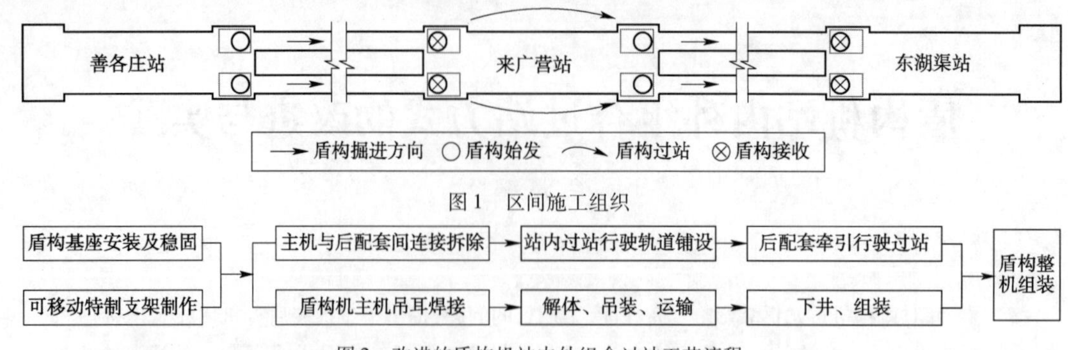

图1　区间施工组织

图2　改进的盾构机站内外组合过站工艺流程

3.2.1　盾构基座安装及稳固

(1)根据盾构机接收、始发姿态及吊装方法,通过测量放线在车站接收及始发位置的吊装口下方的底板上定出盾构基座边线和轴线的具体位置。

(2)将盾构基座用高强螺栓连接成整体。

(3)利用汽车吊将盾构基座整体吊至吊装口下方的底板上预定位置。

(4)在基座顶部两侧的导轨上涂满黄油,便于盾构机前后移动。

3.2.2　可移动式特制支架制作

(1)将管片车放置在井下行驶轨道上。

(2)根据后配套台车过站支撑需要,采用型钢与管片车进行组合连接制成可移动式特制支架,如图3所示。

3.2.3　盾构机主机与后配套间的连接拆除

(1)将可移动式特制支架用电瓶车牵引移至盾构机主机与后配套台车连接部位。

(2)将一次吊梁放置在可移动式特制支架上部的横撑上并固定,拆除管片一次吊梁、二次吊梁、盾构机主机之间的连接,再将二次吊梁放置在可移动式特制支架下部的横撑上并固定。

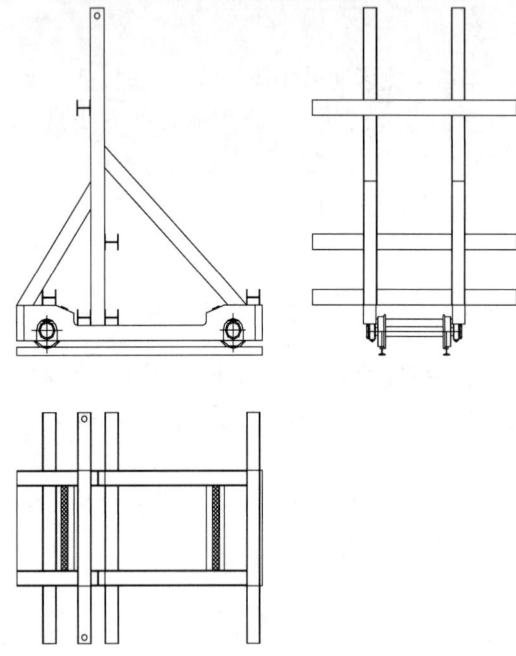

图3　可移动式特制支架

(3)采用手拉葫芦将牵引梁悬挂在可移动式特制支架上部的横撑上,然后拆除牵引梁与盾构机主机的连接。

(4)将皮带机架子放置在可移动式特制支架中部的横撑上并固定,然后拆除皮带机架子与盾构机主机的连接。

(5)拆除盾构机主机与后续台车之间的液压管线、其他油管、电缆、信号线、注浆管路等,并将其放置在可移动式特制支架上。

盾构机后配套台车支撑情况如图4所示。

3.2.4　盾构机主机吊耳焊接

(1)根据盾构机主机组合吊装件的重量,确定所需吊耳的材质及尺寸。

(2)根据盾构机主机组合吊装形式,确定吊耳的焊接位置。

(3)按照所确定的吊耳材质及尺寸加工吊耳。

(4)盾构机整体出洞后,按照所确定的吊耳位置焊接吊耳。

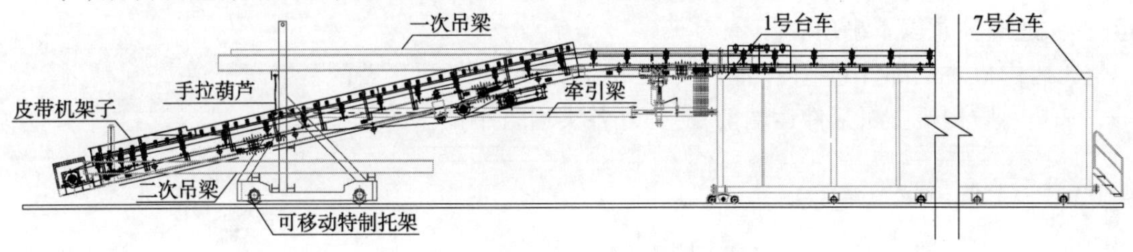

图4 盾构机后配套台车支撑示意图

3.2.5 盾构机主机解体、吊装

(1)根据盾构机主机出洞情况,及时切割主机下部的焊缝(若有)。

(2)盾构机主机出洞完成后,拆除主机、后配套台车及两者之间的液压管线、其他油管、电缆、信号线、注浆管路及连接件,并将接口做好标识,记录好各个接口位置。

(3)盾尾后解体。盾尾后分上、下两部分,盾尾后和盾尾前连接为焊接(防水焊缝),盾尾上部与盾尾下部已经焊为一体,解体前,需要用气刨沿焊缝将盾尾上下部、盾尾后和盾尾前拆开。先拆吊上部,待螺旋输送机及操作平台拆除完毕后,拆吊下部。吊出时应注意,井内有专人负责用牵引绳改变盾尾后的方向,防止盾尾后与结构碰撞,如图5和图6所示。

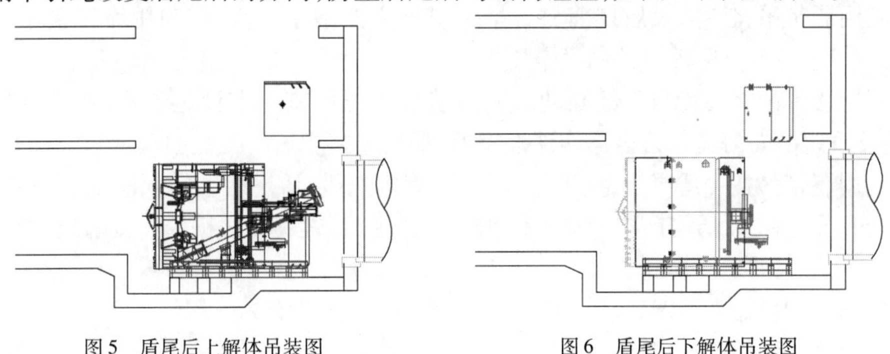

图5 盾尾后上解体吊装图　　图6 盾尾后下解体吊装图

(4)工作平台解体。盾尾上部拆开后,用履带吊将工作平台吊起,然后拆除工作平台与机身的连接螺栓,再吊至地面。

(5)螺旋输送机解体。螺旋输送机质量比较小,解体时需要注意不要与盾构机其他部分相互碰撞。其中螺旋输送机吊出时,一段吊绳使用10t、5t手拉葫芦,通过多次调整螺旋输送机的倾角,缓慢移出盾壳体外,再吊至地面。

(6)刀盘驱动与中盾解体。刀盘驱动与中盾之间或外部采用焊接,内部采用螺栓连接,或只采用螺栓连接。解体时,先用吊车吊住吊耳,再用气动扳手,依次松开连接螺栓、切割焊缝,或只松开螺栓,待连接完全拆除后,吊出中盾及盾尾前、刀盘与刀盘驱动,如图7、图8所示。

3.2.6 盾构机主机运输

(1)当盾构机解体吊装工作井与下井组装工作井在一个围挡内时,应按照以下要求运输。

①盾构机主机部件运输按照“先下、先运”的原则进行。

②盾构机主机部件运输前,应查看运输路线现状,确保盾构机运输顺利进行。

③根据现场运输部件尺寸、数量,配备足够的运输车辆,一次性运至盾构机下井位置。

④盾构机主机部件与平板固定,采用“千斤”绳前后八字捆扎,并用松紧螺栓收紧。

⑤盾构机主机部件超高时,配备超高护送车,撑线排障。

(2)当盾构机解体吊装工作井与下井组装工作井不在一个围挡内时,除应满足(1)的要求运输外,还应注意以下事项。

①盾构机主机部件超宽时,挂上安全标志,夜间挂示宽灯,并配备警车开道。

②超限盾构机主机部件运输前,应办好各类通行单证。

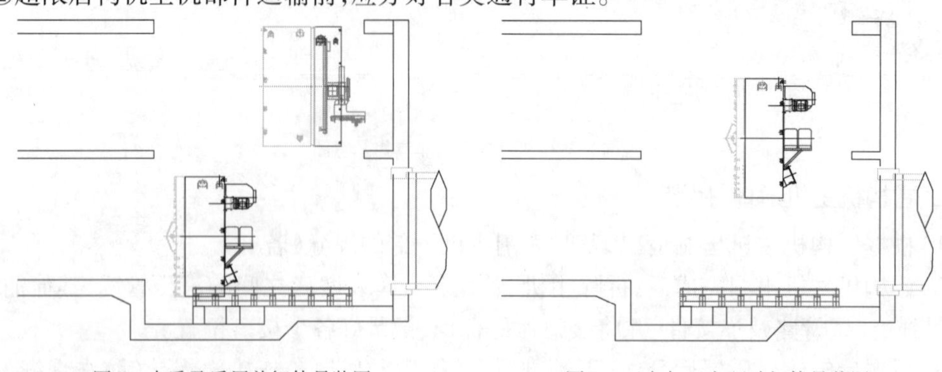

图7 中盾及盾尾前解体吊装图　　图8 刀盘与刀盘驱动解体吊装图

3.2.7 盾构机主机下井组装

(1)根据主机各分块尺寸,通过测量放线定出其在基座上的具体位置。

(2)利用履带吊将中盾及盾尾前放置吊装口下方的基座上,然后利用液压泵站将其向后顶推至满足刀盘与刀盘驱动下井的净空要求。

(3)利用履带吊将刀盘与刀盘驱动放置吊装口下方的基座上预定位置,然后利用液压泵站将中盾及盾尾前向刀盘与刀盘驱动顶推靠近,最后连接中盾与刀盘驱动。

(4)利用履带吊按照盾尾后下、工作平台、螺旋输送机、盾尾后上的顺序依次吊装下井,安装盾尾后下、盾尾后上、盾尾前之间的定位销及工作平台、螺旋输送机的连接螺栓,焊接盾尾后下、盾尾后上、盾尾前之间焊缝。

(5)根据盾构机始发情况,及时焊接主机下部的焊缝(若有)。

盾构机主机大件吊装如图9所示。

图9 盾构机主机大件吊装图

3.2.8 站内后配套台车及电瓶车行驶轨道铺设

为满足盾构机后配套台车过站行驶要求,在盾构机主机解体、吊装的同时,在车站内铺设后配套台车及电瓶车行驶轨道,具体要求如下。

(1)轨道铺设间距按照后配套台车及电瓶车规矩确定。

(2)轨枕采用10号槽钢加工,轨枕两端每隔1根进行固定。一般位置轨道及轨枕固定方法为:在车站底板上采用 $\phi22$ 冲击钻头钻设深度 80mm 的钻孔,植入 $\phi20$ 的钢筋,植入深度 70mm,露出地面 30mm,并在植入底板部分涂植筋胶,如图 10 所示。两根轨道连接部位必须设置轨枕,如图 11 所示。

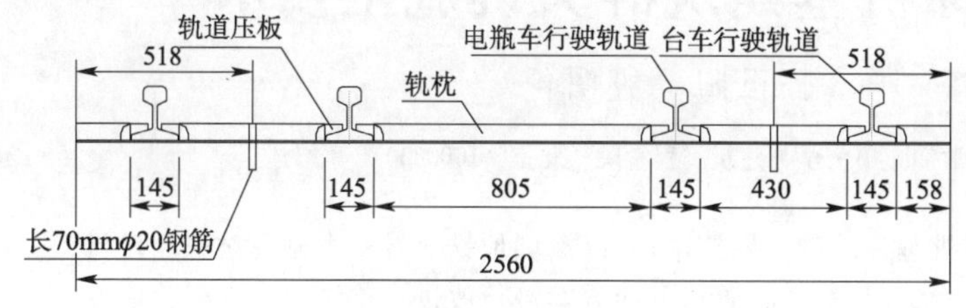

图 10　一般位置轨枕及轨道固定图(尺寸单位:mm)

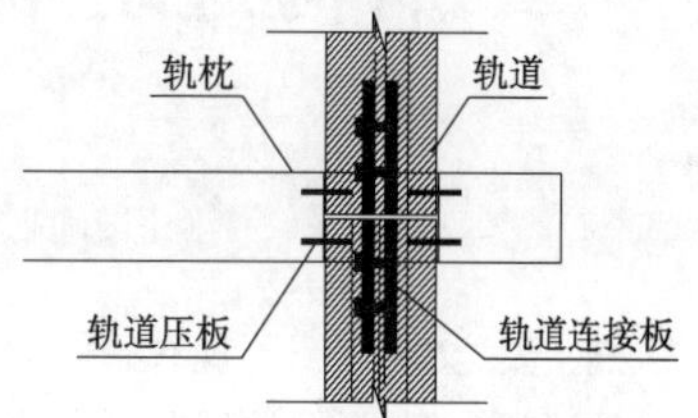

图 11　轨道连接位置轨道固定图

(3)在轨枕位置采用竖向压板将轨道与轨枕固定,轨道压板采用槽钢加工剩余废料,根据所压轨道形状加工制作。

3.2.9　盾构机后配套台车站内过站

(1)将两台电瓶车改装,实现同步联动。

(2)在第一节台车前端结构内插入一根 H 型钢,作为电瓶车与台车之间的传力装置。

(3)利用两台电瓶车联动牵引整个后配套台车,慢速前移至盾构始发位置。

(4)电瓶车牵引后配套台车前移时,随时观察可移动式特制支架与后配套台车之间的连接,一旦发现松动,立即采取措施处理。

盾构机后配套台车站内过站牵引情况如图 12 所示。

图 12　盾构机后配套台车站内过站牵引图

3.2.10　盾构机整机组装

待盾构机主机下井组装完成及后配套台车移至始发位置后,连接盾构机主体内及其与后配套台车之间的液压管线、其他油管、电缆、信号线、注浆管路及连接件,为后续调试提供条件。

4　结语

本文介绍的施工方式于 2013 年 8 月 10 日 ~8 月 25 日在北京地铁 14 号线 22 标成功应用,缩短了盾构过站计划工期约 10d;节约施工成本 11 万元,创造盾构机及主要配套设备租赁机会成本 16.32 万元,取得了良好的社会效益和经济效益。

参考文献

[1] 马书红. 盾构机的地铁过站施工技术[J]. 山西建筑,2009(2):320-321.

[2] 梁俊峰,尹清锋,王东猛. 北京地铁 14 号线 22 标盾构施工组织设计[R]. 北京:中国建筑一局(集团)有限公司,2013.

[3] 尹清锋,王东猛,郑国良,等. ZJJT-010-2013　盾构机快速过站施工工法[R]. 北京:中建交通建设集团有限公司,2013.

[4] 麦宇豪. 地铁盾构施工中盾构机过站技术[J]. 西部探矿工程,2005(9):124-125.

[5] 孙建立. 盾构机过站技术探讨[J]. 铁道工程学报,2011 增刊:57-63,105.

盾构近距下穿桩基建筑群关键施工技术

江　华　孙正阳　殷明伦

（中国矿业大学（北京）力学与建筑工程学院　北京　100083）

摘　要：文中介绍了现有盾构下穿桩基建筑群主要技术，并以深圳地铁9号线大剧院站—鹿丹村站区间为例，根据地层及既有建筑物情况，对现有盾构下穿方案进行改进。首先理论分析验证方案可行性，然后确定具体施工措施，采用提前加固下穿区土体、设置盾构推进试验段、盾构改造、地面二次注浆等施工措施，有效地保证了盾构的顺利下穿，确保了既有建筑物的安全。

关键词：盾构；下穿；桩基建筑群

1　引言

随着经济的发展及人口的增加，城市的交通压力越来越大。因此越来越多的城市开始兴建地铁，现在在建的大部分地铁隧道埋深在20～30m，在修建的过程中经常会发生下穿既有建（构）筑物的情况，为保证建（构）筑物的安全，此时盾构施工质量的控制就显得相当重要。另外，修建过程中，还会遇到盾构隧道前方有障碍物的情况，此类障碍物有各种建（构）筑物的基础、地层中的孤石等。

综合以往的经验，遇到桩基础侵入隧道的情况一般从两方面解决：一方面是考虑调整线路避开桩基础；另一方面是破除桩基础，减少桩基对盾构隧道施工的影响。现有的破除桩基的方法主要有：桩基托换、破除原桩、拔桩、冲桩等。

由于地铁线路设计需要考虑的因素较多，施工难易只是多个因素中的一个，因此，除非可避开重大的风险源，线路调整的方法很少使用。

桩基托换适用于单一桩且上部结构无法拆除的情况，其主要原理为：在不影响隧道施工的位置新建桩基础，并通过钢筋混凝土结构使新建桩基础与上部结构连接，将上部结构的荷载转移至新建的桩基础，然后拆除侵入隧道的旧桩基础。该方法多用于盾构下穿桩基础桥梁等情况，因该方法需要施工新的桩基础，因此施工时对于场地的要求较高。

拔桩（或冲桩）适用于上部结构可以拆除且桩基较易拔出（或冲击至隧道计划断面以下）的情况。其原理为：首先将桩基础与周围土体隔离开来，然后通过工程机械将柱基础拔出，然后回填与周围性质大体相同的土体。

冲桩基本原理为：在地层中直接将桩基础破碎，然后将破碎的桩基础清除，回填与周围性质大体相同的土体。

桩基托换、拔桩及冲桩等方法可在很大程度上将桩基础移除，降低桩基础对于盾构隧道施工及运营时的影响。但有时上述方法都不能很好地解决工程中遇到的实际问题。

随着技术的发展，一种新型的施工方法正逐渐发展成形，即盾构直接切削桩体进行施工。对于盾构直接切削桩基，国内已有很多实验。王飞等的实验证明：通过对刀盘的改造，盾构完

作者简介：江华（1984—），男，博士，高级工程师。主要从事岩土工程方面的教学和科研工作。Email：alandavidrain@163.com。

全可以切削直径 1200mm 的钢筋混凝土桩；切桩时的实际推进速度、推力的波动幅度较大，易造成刀具合金的崩裂；切削侧部桩相比切削中部桩对刀具的损伤更大；在实际的工程中进行应用也同样说明直接切削大直径桩基是可行的。傅德明等关于上海盾构的研究同样证明：通过对刀具进行改造，并严格控制施工参数，盾构可以安全下穿桩基建筑。傅德明关于盾构切削混凝土模拟试验也同样证明：在对刀盘进行改造的情况下，盾构直接切削混凝土桩是可行的。该方法不需要增加其他施工工序，节约成本，方法简单，相比于破除桩基的方法缩短了工期。但对于盾构刀盘的要求较高，需要根据不同的情况对刀盘进行改装，还需对螺旋出土器等其他设备进行一定程度的改装。

2　工程实例

本节以深圳 9 号线大剧院站—鹿丹村站区间为依据，介绍盾构直接切削桩基础方案的具体施工步骤。

2.1　工程基本概况

大剧院站—鹿丹村站区间为中建交通建设集团有限公司深圳地铁 9 号线 BT 工程 9104-3 标段的一部分。区间采用盾构法施工，管片外径 6000mm，内径为 5400mm，线路轨面埋深 12 ~ 24m。盾构自鹿丹村站始发，先后下穿多栋建筑物，其中主要为滨苑小区 9 ~ 13 号楼。此建筑群全部为桩基基础，部分桩基侵入隧道内部，不仅严重影响盾构隧道的施工，而且在隧道施工期间及后期地铁运行的过程中，对楼群也会产生影响。因此原定的施工方案为迁出 9 ~ 13 号楼的居民，并拆除 9 ~ 13 号楼。但由于协调的问题，并没有如期完成拆迁任务，为保证 9 号线如期贯通，必须改变原定施工方案，区间盾构隧道与滨苑小区位置关系如图 1 所示。

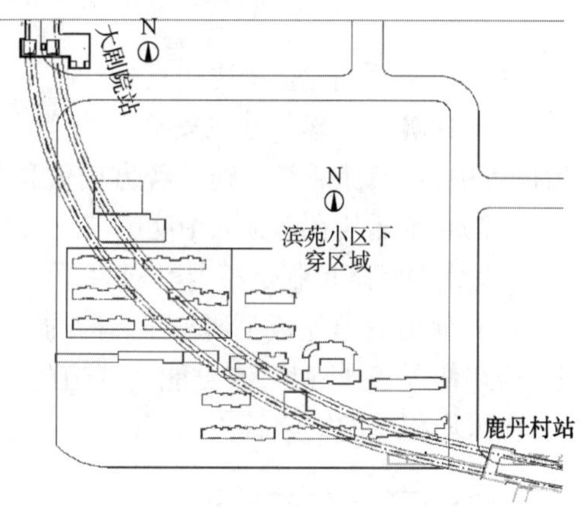

图 1　大鹿区间盾构隧道与滨苑小区位置关系

2.2　地层情况

区间上覆第四系，主要为人工填土、软土、冲—洪积黏性土、砂土、碎石土以及残积土，其中人工填土主要为素填土，极个别有填石，软土零星分布，冲—洪积砂土、碎石土主要分布于冲沟中，残积层和全 ~ 强风化带，厚度较大。下伏基岩为燕山晚期花岗岩以及震旦系云开群混合岩，岩面起伏较大。隧道穿越地层大部分为中微风化花岗岩层和砾质黏性土层，如图 2 所示。

2.3　工程难点与重点

根据工程水文地质情况，以及桩基侵入隧道情况，调线、桩基托换、拔桩及冲桩等方法都很难应用于大剧院站—鹿丹村站区间的情况，主要困难有以下几点。

（1）参考大鹿区间平面图，本区间长度较短，在符合地铁设计规范的情况下，调整线路的方法不能行之有效地避开滨苑小区建筑群。

（2）大鹿区间下穿的滨苑小区原方案为拆迁，但由于各种原因拆迁任务并未完成，为保障小区居民的人身财产安全决定进行空楼下穿，也就是说，上部建筑不能拆除，因此拔桩及冲桩的方法并不适用。

(3)滨苑小区的桩基础为沉管灌注桩,直径较小且桩数量较多,桩基托换不仅没有场地条件且工期较长。综合以上条件,大鹿区间下穿桩基决定采用加固建筑物下方土体,而后盾构直接切桩下穿建筑物进行隧道的方案进行施工。

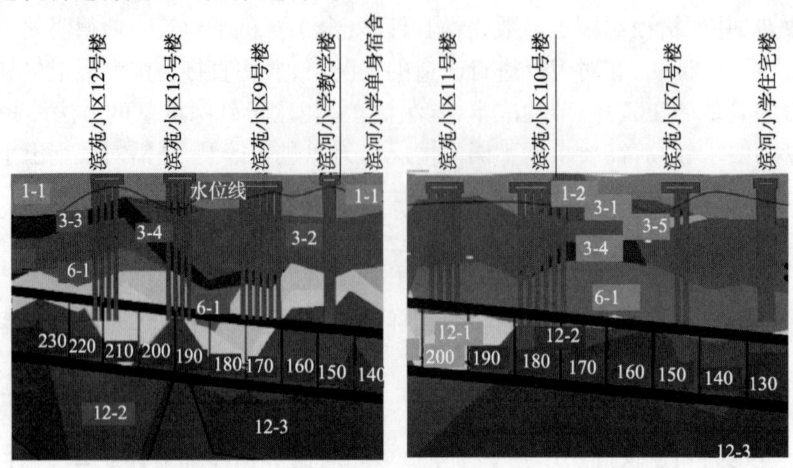

图2　盾构下穿区地质情况

而在本工程中,应用盾构直接切桩下穿建筑物的方案应该满足以下几方面的要求。

(1)保证既有建筑物的安全。由于协调问题,尚有部分居民居住在建筑物中,因此在下穿的过程中,必须保证建筑物的各方向偏移都不超出30mm的警戒值。

(2)保证盾构在下穿区中能够持续安全地推进,若盾构在下穿区发生故障,进而长时间地停机,对建筑的沉降控制是相当不利的,另外,应合理控制盾构掘进的参数,保证盾构安全下穿。

(3)保证隧道完成后,隧道结构的安全。当管片脱出盾尾时,部分桩基直接作用于管片上,若还使用普通管片,有可能对隧道的安全造成影响。针对以上提出的问题,在现场的施工中,应采取相应的措施解决。

3　方案在工程中的应用

3.1　理论计算

对于盾构下穿时上部建筑物的安全问题,可以通过理论计算来做前期的分析工作。在不同加固效果下,理论计算主要有两个方面:一是单桩承载力是否满足要求;二是地基梁是否满足要求。

3.2　土体注浆加固

确定方案后,开始根据施工方案在盾构下穿前对建筑物周边进行袖阀管双液浆注浆加固。加固完成后,保留袖阀管,可供盾构切桩掘进时视建筑物沉降情况进行补偿注浆。袖阀管注浆以压力控制为主,注浆压力0.5~0.8MPa,袖阀管直径42mm,孔间距1.0m,注浆孔距离建筑物外墙1.0mm。注浆加固后,要求土体强度不小于1.0MPa,渗透系数小于1.0×10^{-5}m/s,如图3、图4所示。

3.3　盾构推进参数控制

在左线开始下穿之前,设置50m的试验段,根据此试验段施工情况,确定盾构下穿时的施工参数。实际施工中,根据盾构掘进情况调整施工参数,并严格做到“不超挖、不超排、不掘进、不注浆”。

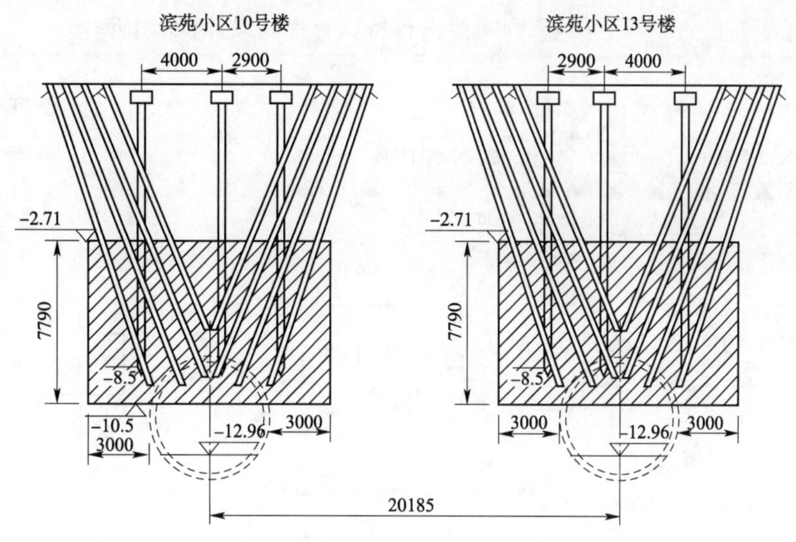

图3　10号楼、13号楼注浆加固袖阀管布置情况（尺寸单位：mm）

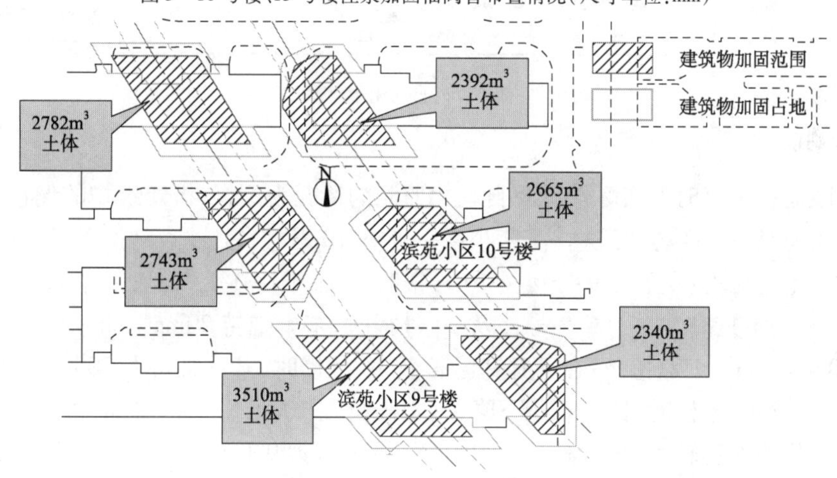

图4　注浆加固区布置情况

3.4　盾构检修及改造

盾构在开始下穿9号楼之前，应进行刀具的检修及更换，以保证盾构顺利下穿，在掘进至10～11号楼之间时，再次进行换刀作业。盾构掘进过程中，若遇到灌注桩遗留套管，应根据掌子面稳定性情况，选择带压进仓割除的方式进行处理，将套管割断取出后继续掘进；当盾构切削下的桩体进入螺旋出土机时，有可能导致螺旋出土机卡死，因此，在螺旋出土机上设置有多个检查孔，当出现螺旋机卡死的情况时，打开检查孔，将障碍物破碎或取出。

3.5　自动化监测系统

为实时监控建筑物沉降，在建筑顶层布置自动化监测。自动化监测可实时反映建筑物3个方向的位移，通过自动化监测的数据决定盾构二次注浆的管片位置及地面袖阀管加固注浆的位置，真正做到动态施工。除此之外，还布有人工监测点，随时监测地面有无沉降及隆起，如图5所示。

3.6　盾构管片改进

在隧道成型后，部分桩体直接作用于隧道管片上，因此需要对这种情况进行计算分析，以确定管片结构是否安全。若不安全,则需要进行特殊管片的设计,如钢管片。

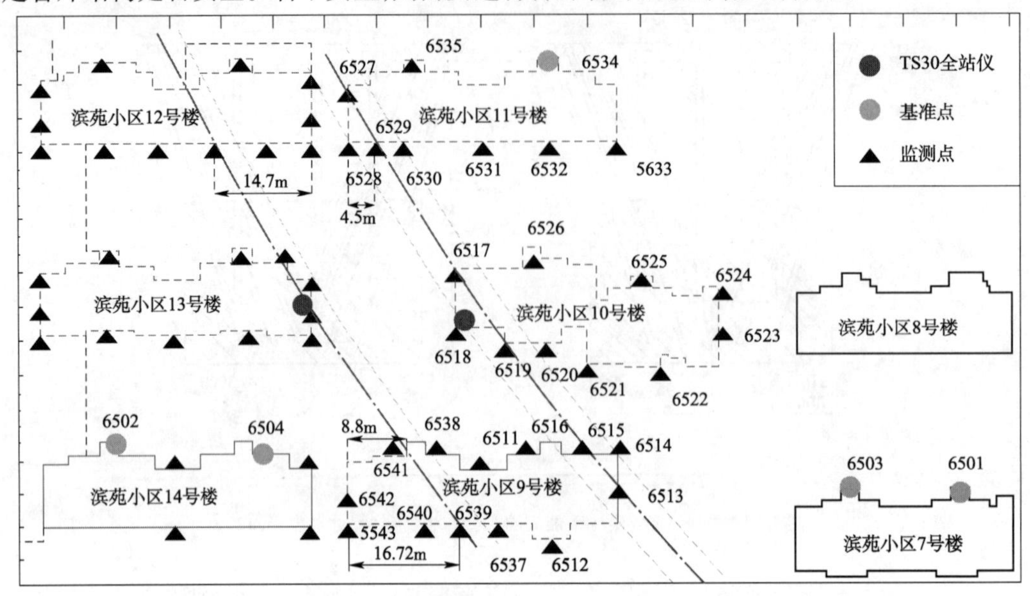

图5　左线下穿时自动化监测布点图

3.7　沉降分析

现以左线盾构下穿时的实际情况及自动化监测的情况为例,分析建筑物的偏移情况。

左线盾构总计下穿3栋建筑物(滨苑小区9号楼、10号楼、11号楼),推进过程中记录盾构的施工参数。上土压力:在下穿9号楼及10号楼时,基本维持在1.5bar;下穿11号楼时,基本维持在1.7bar。推进速度:在下穿9号楼及10号楼时,基本维持20mm/min;下穿11号楼时,速度达到60mm/min。刀盘扭矩:在下穿9号楼及10号楼时,基本维持在2000kN·m,且每环的波动较大;下穿11号楼时,扭矩有所下降,基本维持在1000kN·m。总推力:在下穿9号楼及10号楼时,推力波动较大,最大值为18000kN,最小值为9000kN,且每环的波动较大;下穿11号楼时,推力有所下降,基本维持在13000kN。通过自动化监测软件,得出建筑群在盾构下穿前后各方向的偏移情况。

分析9号楼各方向位移情况,南北方向发生过的最大位移为向北10mm,盾构下穿过后,最大偏移为向北5mm;东西方向发生过的最大位移为向东4mm,盾构下穿过后,累积偏移为向东2mm;竖直方向最大沉降为4mm。盾构下穿9号楼时,对南北方向的影响明显大于东西方向;沉降量很小,可以认为9号楼下的土体加固得到了预期效果。

分析10号楼各方向位移,南北方向发生过的最大位移为向南11mm,盾构下穿过后,最大偏移为向北1mm;东西方向在盾构下穿过程中向西偏移,盾构下穿完成后累积值达到17mm;竖直方向最大沉降为20mm。根据已知数据分析盾构下穿10号楼时楼体偏移过程可能为:盾构到达楼体南侧时,西南侧土体受扰动,楼体开始向西南偏移;之后盾构到达楼体北侧,西北侧土体受扰动,楼体开始向西北偏移。最终结果:盾构推进对楼体南北方向的影响由于向南跟向北的两次偏移最终变化不大;东西方向由于盾构位于楼体西侧,在整个下穿过程中,始终向西偏移;竖直方向为始终下沉。

分析11楼各方向沉降,南北方向在盾构下穿过程中向南偏移,盾构下穿完成后累积值达到7mm;东西方向在盾构下穿过程中向西偏移,盾构下穿完成后累积值达到7mm;竖直方向在盾构下穿过程中向下沉,盾构下穿完成后累积值达到7mm。

对比9号楼、10号楼、11号楼沉降发现,最后累积值从大到小依次为10号楼、11号楼、9号楼。结合盾构推进数据,在下穿3栋楼时,上土压力实际值相差不大;下穿10号楼时,扭矩与推力均为最大,且10号楼每环平均掘进时间最长。可以认为:扭矩与推力是影响建筑物的位移重要因素;而且9号楼下穿时的参数可以认为是比较合适的。

总体来说,左线的下穿是成功的,在盾构下穿过程中及隧道施工完成后,建筑物变形均在既定警戒值内,这说明前期一系列施工措施是有效的。

4 结语

深圳9号线大鹿区间下穿桩基建筑群工程,桩基数量是以前工程中没有遇到过的,基于现有研究,总结出一种新的施工技术,完成了该区间隧道施工,工程应用效果良好,该技术的要点如下。

(1)下穿前的理论计算。在盾构下穿前,首先进行理论分析,验证隧道及既有建筑安全情况,针对具体的安全状态提出不同的解决办法。

(2)试验段的设置。在盾构下穿前选取与下穿段相似地层的部分区间设置试验段,初步确定盾构下穿时的掘进参数。

(3)实时监控系统。在建筑物上布置自动化监测系统,对建筑物的变形进行实时监控,方便控制盾构施工参数,确定地面桩位置、隧道二次补浆位置。

(4)盾构的改造。对盾构的刀具及螺旋出土器进行改造,以适应盾构切削桩基础。

(5)土体注浆加固。合理的注浆参数能够保证建筑物的沉降在可控范围内,预留的袖阀管也可以对后期控制建筑物各方向位移有重要作用。

参考文献

[1] 吕潇,鹿群,仲晓梅. 地铁盾构隧道穿越桩基础施工技术[J]. 施工技术,2013,42(S):350-352.

[2] 丁红军,王琪,蒋盼平. 地铁盾构隧道桩基托换施工技术研究[J]. 隧道建设,2008,28(2):209-212.

[3] 王虹,鞠世健. 盾构穿越建筑物桩基群的施工技术[J]. 广东建材,2006(7):71-73.

[4] 杨杰. 盾构穿越桥梁桩基破除施工技术[J]. 中国水运,2013,13(9):316-317,320.

[5] 马忠政,马险峰,徐前卫,等. 盾构穿越桥梁桩基的托换及除桩施工技术研究[J],地下空间与工程学报,2010,6(1):105-110.

[6] 傅德明,李毕华,马忠政. 软土盾构直接切削钢筋混凝土桩基施工技术[J]. 中国市政工程,2010(4):46-47.

[7] 王飞,袁大军,董朝文,等. 盾构直接切削大直径钢筋混凝土桩基试验研究[J]. 岩石力学与工程学报,2013,32(12):2566-2574.

[8] 李宁,王柱,韩煊,等. 地铁开挖对上部桩基变形的影响研究[J]. 土木工程学报,2006,39(10):107-111.

[9] 傅德明. 盾构切削混凝土模拟试验和切削桩基施工技术[J]. 隧道建设,2014,34(5):472-477.

[10] 邓彬,顾小芳. 上软下硬地层盾构施工技术研究[J]. 现代隧道技术,2012,49(2):59-64.

[11] GB 50157—2013 地铁设计规范[S]. 北京:中国建筑工业出版社,2014.

盾构近距离下穿既有运营线综合施工技术

杨业敬

(中国铁建十四局集团隧道工程有限公司　山东济南　250002)

摘　要:本文以北京地铁14号线九龙山站—大望路站区间盾构成功下穿最近垂直距离为2.1m的特级风险源,北京地铁1号线进出洞工程为例,通过采取对既有运营隧道底部加固和优化盾构掘进参数等技术措施,保证了既有地铁1号线的结构安全和运行安全,以期为以后类似工程提供一定的参考。

关键词:盾构隧道;近距离;运营地铁;加固措施

1　引言

盾构隧道下穿既有地铁隧道问题涉及既有线的正常运营和新建隧道的施工安全,安全等级控制要求高,社会影响面大。而且在穿越工程的安全控制过程中,牵扯单位较多,需要地铁运营部门、新建隧道设计、施工和监理等单位密切配合,必须形成一整套完善的技术体系和管理流程。北京地铁1号线大望路站—四惠站区间左右线平面间距13.8m,为暗挖施工隧道,采用复合式衬砌结构,初期支护厚度为300mm,二次衬砌厚度为250mm,钢筋混凝土结构。地铁14号线两次近距离下穿既有地铁1号线区间,既有线变形控制难度大,工程安全风险系数高。

随着北京地铁线网的进一步完善,今后将有越来越多的新线下穿既有线的情况出现,因此本文对此类工程的施工方案进行研究、总结,具有非常重要的意义。

2　工程概况

北京地铁14号线九龙山站—大望路站区间(以下简称九大区间)由九龙山车站出发,沿西大望路向北至大望路站,区间线路呈南北走向,沿线下穿京哈铁路、地下过街通道、通惠河、地铁1号线暗挖区间隧道及市政路、桥、管线等重要建构筑物。本区间使用1台华隧通公司生产的TS6150B加泥式土压平衡盾构机进行施工。盾构机在九龙山站北侧的盾构始发井整体始发施工右线隧道,掘进至大望路站南端风道内进行接收,盾构在风道内完成平移调头后进行二次分体始发,反向完成左线掘进,最终在盾构始发井横通道进行二次接收,盾构机拆解后平移吊出,完成整个区间的施工,区间走向如图1所示。

盾构在大望路站进、出洞段区间隧道距离既有1号线隧道底垂直距离仅2.1m,距离大望桥桥桩3.4m。既有1号线距离14号线在建车站风道8.1m。盾构管片环外径6m,内径5.4m,壁厚0.3m,环宽1.2m,混凝土强度等级C50,抗渗等级P10。

到达段平面位于R850圆曲线和缓和曲线之上,纵断面处在3‰的上坡段之上。始发段平面位于直线段之上,纵断面处在3‰的下坡段之上,如图2、图3所示。

作者简介:杨业敬(1986—),男,本科,工程师,项目副总工。主要从事盾构施工现场管理工作。Email:470594051@qq.com。

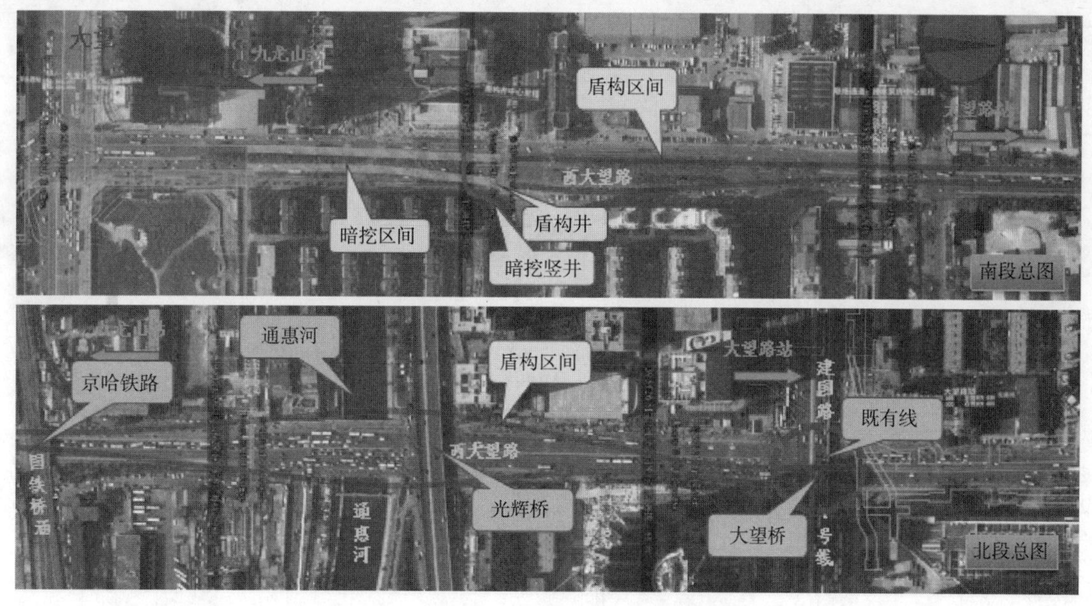

图1　九龙山站—大望路站区间平面示意图

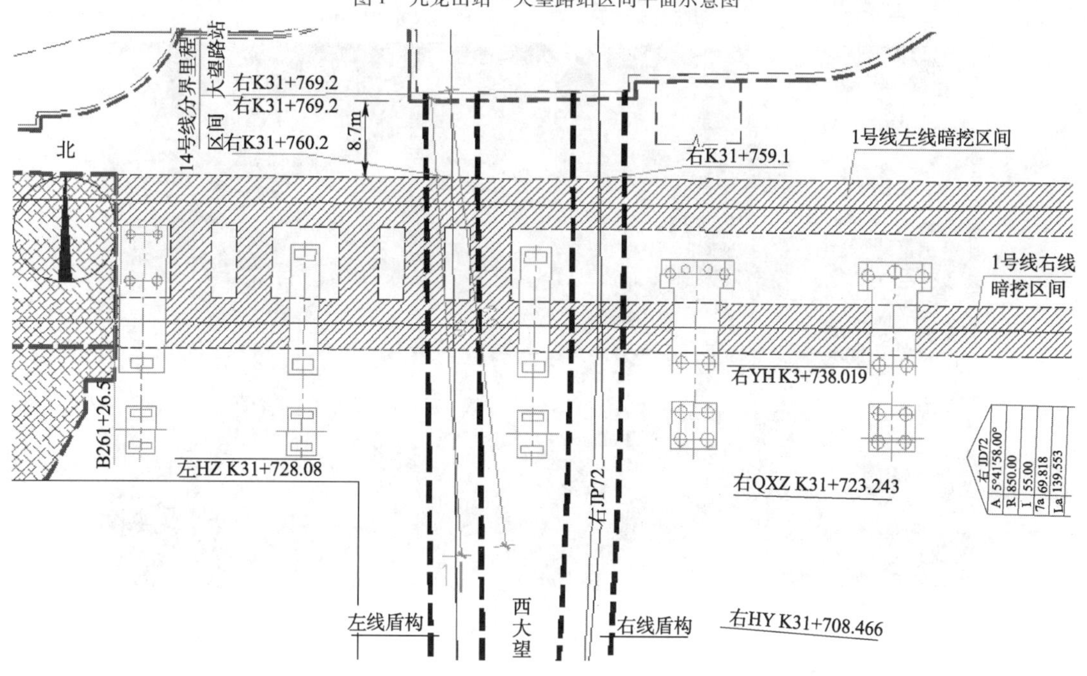

右 JD72	
A	5°41′58.00″
R	850.00
l	55.00
7a	69.818
La	139.553

图2　大望路站进出洞位置平面示意图

3　穿越段周边环境

北京地铁14号线位于西大望路正下方，与建国路下地铁1号线平面垂直相交，建国路上方建有大望高架桥（距桥桩最短水平距离约为3.0m），西大望路与建国路交叉口西侧为既有大望路车站（距离左线交叉点最短距离为36.5m），西大望路东侧有长安8号写字楼（距离在建右线隧道最近距离为20m），下穿段南侧有一地下过街通道（在盾构施工隧道结构下6m），交叉口北侧为在建地铁14号线大望路站（与地铁1号线结构最短距离8.7m）；西大望路下分部密集的电信、煤气、供水、排水、电力、通信等管线，如图4、图5所示。

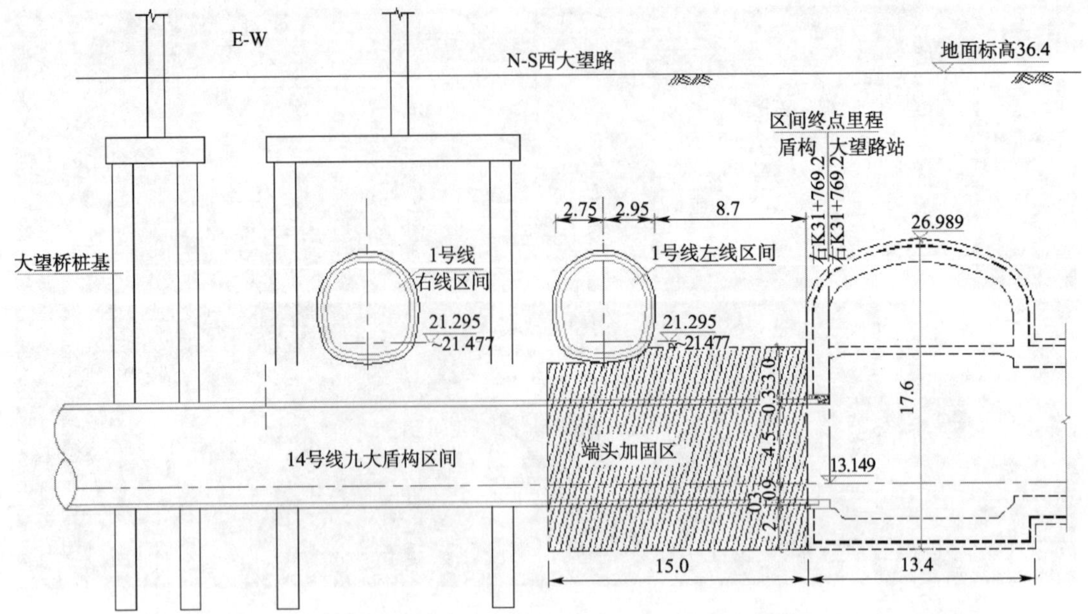

图3　大望路站进出洞位置剖面示意图(尺寸单位:mm)

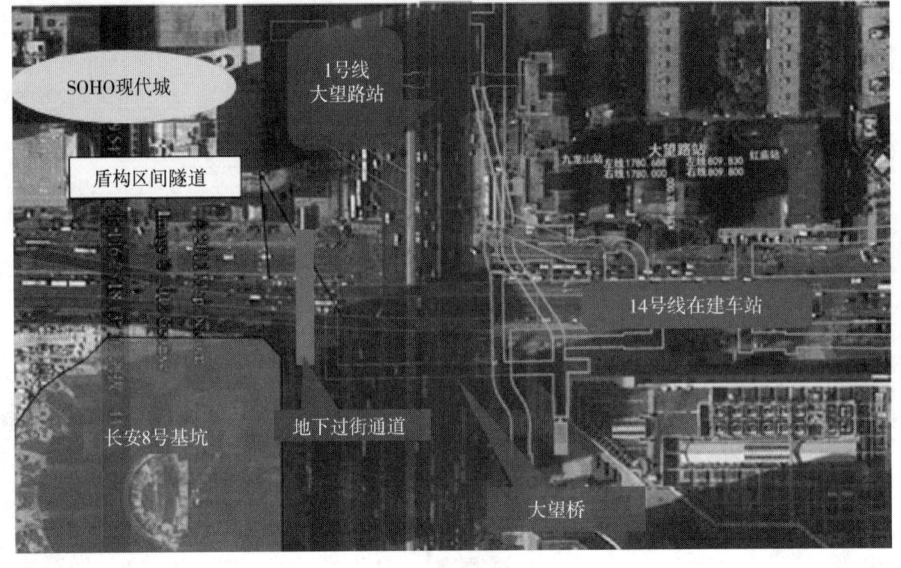

图4　下穿段周边环境

4　地质条件

隧道在本段主要穿过土层为第〈6〉粉质黏土、〈6-2〉黏土层,局部穿越土层为第〈5-1〉粉细砂、〈7〉圆砾卵石、〈7-1〉中粗砂层土。隧道位于潜水(二)层中,如图6所示。

5　下穿前加固方案

5.1　主要施工方案

端头加固采用管棚+深孔注浆+袖阀管跟踪注浆施工工艺,在大望路站1号风道内进行水平注浆加固。为保证盾构机顺利下穿既有地铁1号线和进出洞,注浆加固长度为15m,隧道拱顶上 3m，拱顶下 2m，隧道左、右各 2m。施工顺序是：先进行深孔注浆施工，然后再进行管棚施工，最后在隧道拱顶施工一排袖阀管，根据盾构穿越时的监控量测情况进行补孔注浆，加固范围如图 7、图 8 所示。

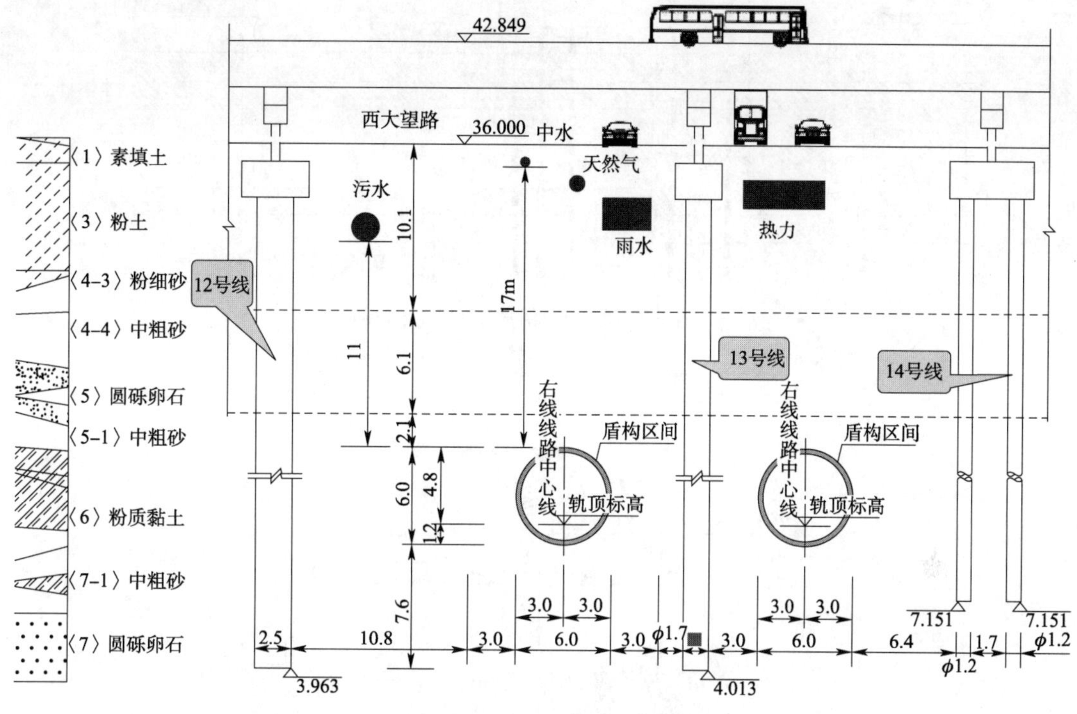

图 5　管线与隧道关系剖面图(尺寸单位:m)

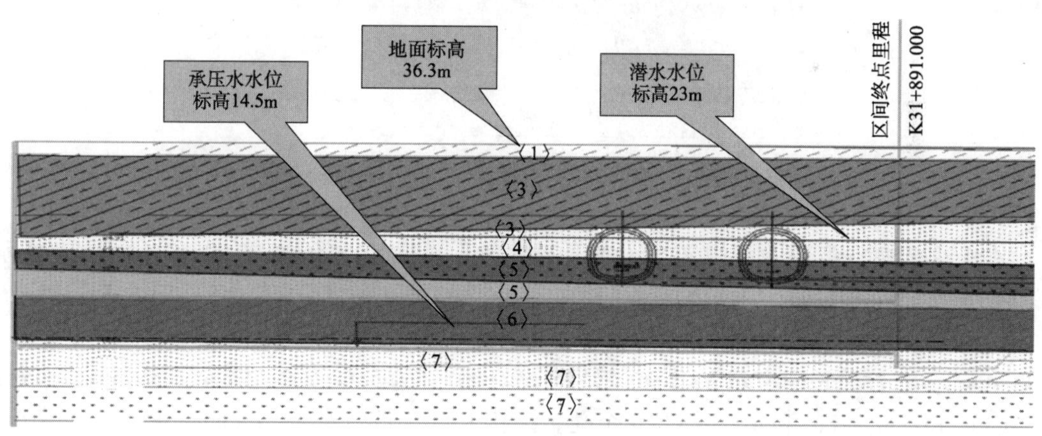

图 6　水文地质剖面图

5.2　深孔注浆加固

5.2.1　主要施工方案

深孔注浆采用二重管无收缩定向旋喷注浆 WSS 工法。加固范围为沿线路纵向 15m，隧道轮廓线外拱顶以上 3m，拱顶以下 2m，隧道左、右各 2m 的范围。

水平注浆孔布置在车站南端头墙预留孔洞的范围内，孔位布置如图 9 所示，间距为 800mm × 800mm 和 600mm × 600mm，梅花形布置，长度 15m，共 61 个孔。

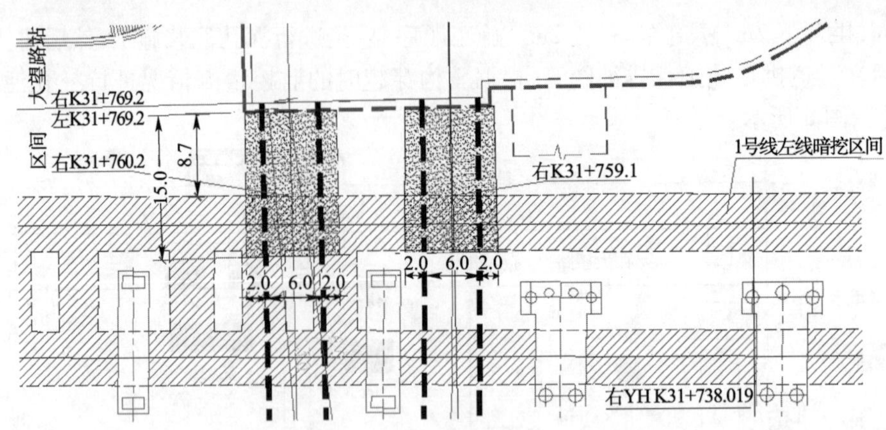

图7 端头加固范围平面示意图(尺寸单位:m)

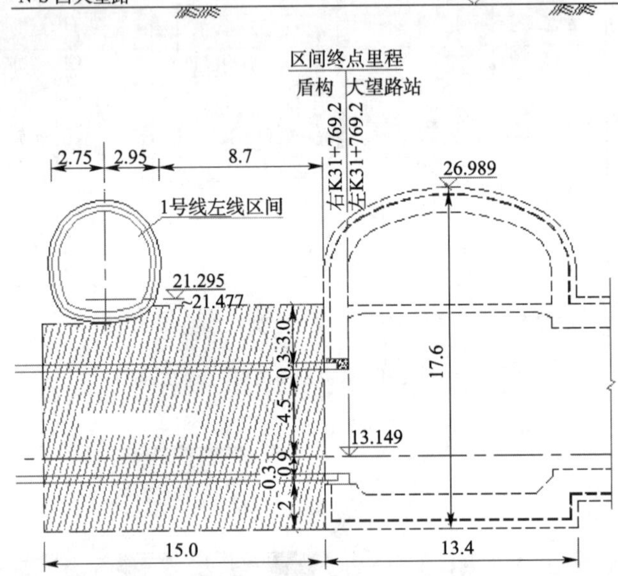

图8 端头加固范围纵剖面图(尺寸单位:m)

在车站南端头预留孔洞内侧布置一圈外插辐射孔,间距为800mm和600mm,如图10所示。辐射孔分为C、D、F、E型,C孔角度分别为3.4°、13.7°和24.6°,注浆长度为15.4m、8.5m和5.4m,共36个孔;D孔角度分别为4.1°、7.4°和14.6°,注浆长度为15m、15.1m和7.7m,共24个孔;F孔角度分别为4°,注浆长度为15m,共9个孔;E孔角度分别为5.6°、9.2°、17.6和31.3°,注浆长度为15.4m、15.5m、8.2m和4.8m,共36个孔。补孔1角度是向上46.3°,向左43.7°,注浆长度15m;补孔2角度是向上46.3°,向右29.7°,注浆长度15m;补孔3角度是向下48.1°,向左41.9°,注浆长度15m;补孔4角度是向下66.8°,向右23.2°,注浆长度15m;总计109个孔。

5.2.2 WSS工法A、B化学液技术指标参数控制

(1)注浆布孔间距:800mm×800mm。

(2)注浆扩散半径:$R=0.5\sim0.8$m。

(3)注浆压力:拱顶辐射孔注浆压力不大于0.8MPa,其余孔注浆压力在0.8~1.5MPa之间。

(4)入浆率:A、(B)C双液浆约60%。

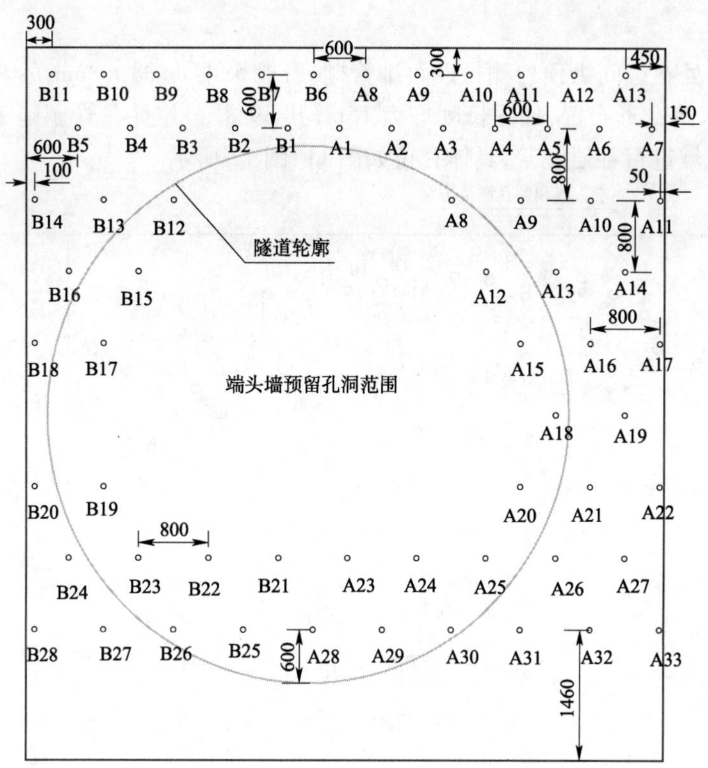

图9　深孔注浆水平孔位布置图(尺寸单位:mm)

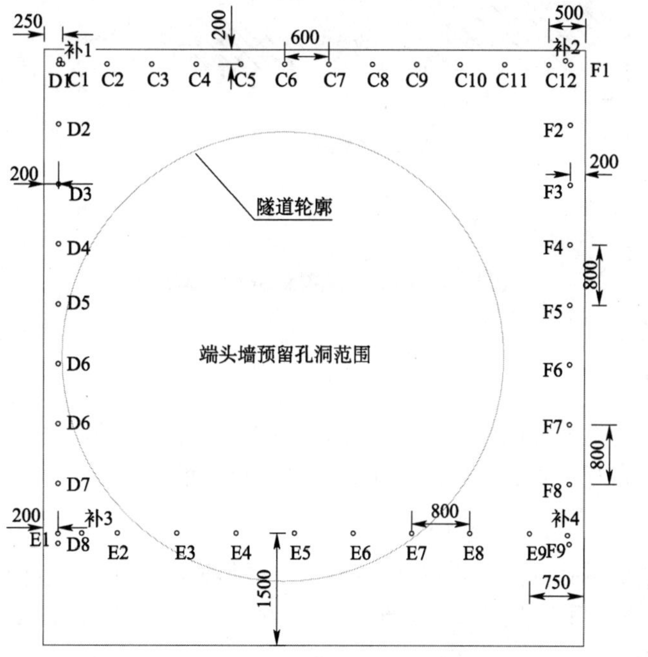

图10　深孔注浆辐射孔位布置图(尺寸单位:mm)

(5)初凝时间:0.5～1min,为速凝注浆。

(6)钻杆回抽幅度:10～20cm。

5.3 管棚施工

从 1 号风道处在区间拱顶外侧打设两排管棚，管棚采用 $\phi 108 \times 8$mm 管材，注浆孔位间距 400mm×300mm，梅花形布置，加固长度均为 15m，共 39 根。并且在管棚施工完成后，采用深孔注浆对加固区域进行补偿注浆，具体孔位如图 11、图 12 所示。

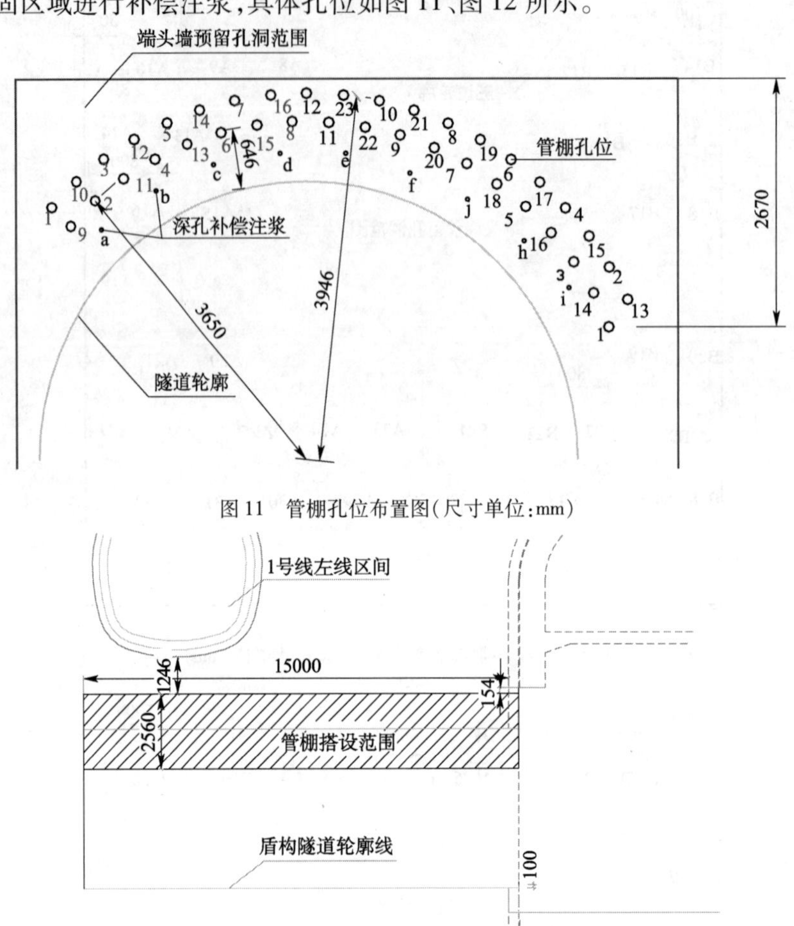

图 11　管棚孔位布置图（尺寸单位：mm）

图 12　管棚加固范围剖面图（尺寸单位：mm）

5.4 袖阀管注浆

5.4.1 工艺流程

注浆方式采取前进式分段注浆，即在最前端向内分段进行注浆，每次注浆段长为 1m，注完此段后，再后退注另一段，直到地层沉降达到有效控制为止。

5.4.2 布孔

从风道南端墙预留孔洞内隧道拱顶上部打设一排袖阀管，通过这些预留的袖阀管在盾构进出洞时根据地表及洞内监测情况对地层跟踪注浆，使用管棚成孔设备钻孔，打设长度为 15m；孔位间距 800mm，具体平面布孔如图 13 所示。

5.4.3 注浆加固设计参数

在盾构机到达接收时，根据监控量测数据，通过预留的袖阀管，对既有 1 号线区间下部进行土体注浆。

(1)注浆管:ϕ40 袖阀管。

(2)注浆压力:注浆终压为 0.6MPa,从后往前逐渐增压。

(3)注浆浆液为双液浆,水灰比为 1∶1,水泥浆与改性水玻璃的比例为 1∶1,浆液凝固时间为 60 ~ 120s。

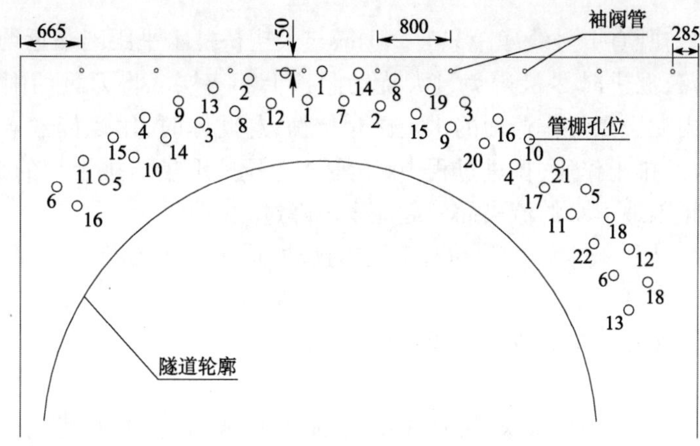

图 13　袖阀管孔位布置图(尺寸单位:mm)

6　盾构施工技术保障措施

6.1　设置试验段

6.1.1　试验段选定

西大望路过街通道与在建地铁 14 号线区间隧道净距为 6m,盾构笔直下穿过街通道与下穿既有地铁 1 号线及大望桥有类似的地质条件,从拱顶依次为圆砾 ~ 卵石〈5〉层、中粗砂〈5-1〉层、粉质黏土〈6〉层、黏土〈6-1〉层、中粗砂〈7-2〉层。根据实际情况决定右线下穿地下过街通道作为试验段,里程为 K31 + 795 ~ K31 + 803,试验段长 30m。

6.1.2　试验目的

(1)用最短的时间验证盾构机近距离穿越地下建筑物时产生的影响。

(2)加强建筑物的监测,及时采集监测数据,充分收集盾构机垂直下穿建筑物所取得的各种数据,并结合监控量测资料进行综合分析研究,掌握盾构施工对建筑物影响等方面的特性,为此后盾构下穿既有地铁 1 号线及大望桥,以积累经验。

(3)通过试验段渣土改良尝试及效果分析,结合刀盘负载情况,确定穿越既有 1 号线渣土塑流性改良工艺。

6.1.3　试验段实施方案

(1)按照盾构穿越既有地铁 1 号线及大望桥方案中的掘进参数在试验段实施,通过对地面及过街通道的监测,确定盾构施工中对地面及过街通道结构的影响,保证监测结果在穿越地铁 1 号线及大望桥的沉降允许范围内。

(2)在试验段隧道内侧 3m 的位置间隔 2m 打设 3 根测斜孔,测斜孔打设至隧道底部,通过对测斜孔的监测,判断盾构施工对周围土体的扰动。

(3)试验段完成后,分析掘进参数与下穿过街通道变形和土体沉降的关系,查找规律,选取适当的下穿既有地铁 1 号线及大望桥掘进参数，并应用于过街通道与穿越段的盾构掘进，根据实际掘进及地表沉降情况，对下穿 1 号线及大望桥作最后的调整。

6.2 掘进控制

6.2.1 掘进参数

盾构施工隧道与既有 1 号线净距只有 2.1m，与大望桥桩水平距离最近约为 3m，且地层自稳能力差，容易塌落，掘进时尽量避免过大扰动洞顶上部土层。将刀具切削下来的土充满土仓，然后利用土仓内泥土压与作业面的水土压相抗衡，与此同时，用螺旋输送机排土机构进行与盾构推进量相应的排土作业，掘进过程中，始终维持开挖土量与排土量的平衡，以保证正面土体的稳定，并防止因地下水的流失而引起地表沉降过大。

(1)刀盘转速。为了减少刀盘转动对土地的扰动，适当减小刀盘的转速，刀盘转速要控制在 0.8 ~ 1r/min。

(2)土仓压力。上土压宜控制在 1.6 ~ 1.8bar，要防止土仓压力不足造成洞顶水土流失，出现土体坍塌。

(3)油缸推力选择。为防止对既有线结构的挤压，减少土体的扰动，刀盘扭矩保持在 1500 ~ 2000kN · m，掘进速度保持在 40 ~ 50mm/min，推力保持在 150 ~ 180t，根据实际情况，各参数值可进行适当的调整。

(4)螺旋输送机转速的选择。要保证掌子面的稳定性，需要保持土仓压力与掌子面压力的动态平衡，螺旋输送机转速一般设置在 3 ~ 8r/min，实际操作根据土仓压力波动情况以及出土情况确定。

(5)土仓压力变动幅度。盾构掘进应尽量不扰动原始地层，防止由于地层应力释放沉降问题的发生。因此，在掘进时，采取微扰动掘进模式，将土仓压力变动幅度控制在 30kPa 之内，这样无论盾构是在掘进状态还是在停机状态，均可以相对维持土仓压力与掌子面的平衡，避免土压力大起大落，产生对掘削土层的扰动，从而达到控制沉降的目的。

6.2.2 渣土改良

刀盘前方应注入泡沫进行渣土改良。泡沫溶液的组成：泡沫添加剂 3% ~ 5%，水 95% ~ 97%。泡沫组成：90% ~ 95% 压缩空气和 5% ~ 10% 泡沫溶液混合组成。泡沫的注入量按开挖放量计算，一般取 400 ~ 600mL/m，注入率为 100 ~ 150mL/min。

6.2.3 出土量控制

原则：保持精确出土计量，确保出土不超量。由于盾构机的特殊构造，使其无法观察到掌子面的情况，只能通过出渣量的多少来推算掌子面的情况，出渣量过大，掌子面就可能出现塌方，所以必须控制好出土量。根据计算，实际每环出渣量为 43m^{3}左右（虚方），用电瓶车渣土计量为每环 2.5 斗左右。现场实际计量时，出土量可采用掘进 240mm 出半渣土斗控制，如出土量超标，会使上层土体沉降、塌落，导致地铁 1 号线下沉、开裂和地面塌陷。在下穿施工过程中，项目部将对出渣量控制进行专门技术交底，并作为一项制度落实，严格进行控制。

6.2.4 注浆控制

在盾构施工中，当管片脱离盾尾后，在围岩与管片之间会形成宽度为 90 ~ 125mm 的环形空隙。为了尽快填充环形缝隙，使管片尽早支撑地层，防止因地层变形过大而危及 1 号线及大望桥的安全，需要同步进行注浆。每环同步注浆作用有三个：一是保护管片在短时间内稳定；

二是保证管片壁后与隧道围岩之间短时间内凝固并充填密实，堵住后面来水，预防盾构后面来水涌入刀盘前方造成“喷涌”的可能，进而造成出土量无法控制；三是保证盾构过后的后期沉降。注浆压力取值为0.25～0.3MPa。注浆要做到“掘进、同步注浆，不注浆、不掘进”，通过控制同步注浆压力和注浆量（每环注浆量为3～3.5m^3）双重标准来确定注浆时间，具体注浆参数通过试验段地面沉降情况进行确定，松散系数为1.5～1.8。

由于浆液凝结收缩以及同步注浆不足的情况下，管片壁后可能还存在一些空隙，管片脱出盾尾5环时进行二次补偿注浆。二次注浆采用双液浆（水泥：水：水玻璃＝1:0.8:0.5，水玻璃的掺入量根据需要胶凝时间现场确定），注浆压力控制在0.5MPa以内，保证管片与围岩之间填充密实。

在下穿1号线及大望桥前，对注浆设备（包括备用注浆泵）和搅拌站作全面的检查维修保养，做好充足的材料准备，保证注浆能快速、连续进行。

6.2.5 连续、快速、均速掘进

采取连续、快速、均速通过掘进措施，减少盾构机在既有1号线下方停留的时间，及早对管片背后空隙注浆填充，让管片尽快支撑地层，同时注浆阻止地层失水，因而可缩短隧道上方地层后期沉降持续发展时间，保证1号线的结构及车辆运行安全。

为保证盾构能连续、快速、均速通过，做好盾构施工组织管理工作，做好掘进、拼装、注浆、运输等各工序的衔接以及盾构作业工班的交接工作，尽量减少人为停机时间。在掘进过程中，各关键岗位（盾构司机、管片拼装手、电瓶车司机、龙门吊司机）选用有丰富经验的人员，定岗定人。在施工过程中加强对机械设备的维修保养，尽量保证不因机械故障而停机，保证盾构机连续掘进。掘进前对掘进参数严格按照掘进技术交底进行，施工过程中，严禁擅自改变，确保盾构机匀速向前掘进，减少土体扰动。

6.3 盾构机始发控制沉降措施

（1）洞门加固措施。盾构始发前采取端头加固措施，保证洞门破除时土体的稳定性和止水性。

（2）土仓及早建立土压。按照图纸要求安装洞门止水装置，并且在盾构机刀盘顶至洞门掌子面时，通过螺旋输送机反转将黏土填满土仓，使盾构机及早建立土压，防止因土仓未建立土压时，刀盘扰动洞门处土体发生坍塌。

（3）提高施工速度。左线始发段盾构采取分体始发，降低了掘进效率，增加了穿越既有地铁1号线的时间，增大了控制地层沉降的难度。为加快盾构施工的进度，在盾构主机后部安装临时皮带输送机，满足正常土斗出土作业条件。

6.4 盾构到达沉降控制

（1）洞门加固措施。盾构到达前采取端头加固措施，保证到达段土体的稳定性和止水性。

（2）洞门支撑措施。通常盾构接收时，为防止推力过大对洞门结构造成破坏，到达前需将土仓压力逐渐减小为零，由于本次到达时需控制地层沉降，减小对既有地铁1号线隧道及大望桥的影响，盾构机采取土仓不减压，直至刀盘顶至风道初期支护。为保证盾构机到达安全，防止土仓压力和推力过大对洞门初期支护结构造成破坏，在盾构机到达前，在大望路站1号风道内对区间右线洞门进行加固。加固采用ϕ609钢支撑＋250H型钢＋2cm钢板支撑体系。

（3）停机防沉降措施。当盾构机刀盘顶到初期支护时，盾构机盾尾还处在既有地铁1号线区间下方，破除洞门及其他准备工作还需要一段时间，为防止因为存在盾壳与地层之间的间

隙而由既有1号线内列车震动造成的地层沉降,考虑到二次注浆在盾尾后3环位置进行,为将管片壁后及盾壳外建筑空隙填充密实,需要打开脱出盾尾第一环的二次注浆孔进行注浆,形成止水环,注浆浆液采用聚氨酯,并且通过盾壳上预留的注浆孔注入聚氨酯或改性水玻璃,以填充盾壳外的建筑间隙,如图14所示。

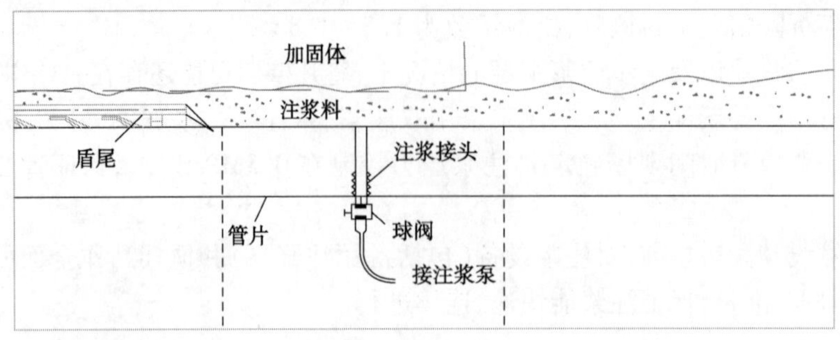

图14　盾尾管片注浆示意图

7　结语

地铁14号线盾构下穿既有地铁1号线,通过采取对既有隧道进行加固和盾构始发接收阶段采取相应的技术控制措施,施工过程总体顺利,从监测结果来看,地铁1号线结构最大沉降1mm,地面最大沉降量为1.7mm,既确保了既有隧道结构安全和列车运营安全,也为今后类似工程提供了宝贵的经验。

参考文献

[1] 陈湘生,李兴高.复杂环境下盾构下穿运营隧道综合技术[M].北京:中国铁道出版社,2011.

[2] 陈馈,洪开荣,吴学松.盾构施工技术[M].北京:人民交通出版社,2009.

叠落隧道盾构掘进对地层影响和管片受力分析

孙立建

（济南轨道交通集团有限公司　山东济南　250101）

摘　要：北京地铁6号线一期工程南锣鼓巷站—东四站盾构区间始发段为叠落盾构隧道，左线在上，右线在下，也是北京市首次采用盾构施工叠落隧道的工程。本文通过对分层沉降和水平测斜监测数据的分析，得出盾构掘进对地层的影响规律；通过对管片钢筋的受力监测，得出管片受力状况，以期为今后类似工程提供参考。

关键词：盾构；叠落隧道；地层；管片

1　引言

城市地铁由于场地、空间等条件限制，部分区段采用叠落隧道。目前该工况已成功应用于上海、广州、深圳地铁的施工。北京地铁6号线一期南锣鼓巷站—东四站区间（以下简称南东区间）是北京首次采用盾构施工叠落隧道的工程。本文通过分层沉降和水平检测数据的分析，得出盾构施工对地层的影响规律；通过对管片钢筋受力的监测，得出管片的受力状况，会为将来类似工程提供经验。

2　工程背景

本工程是北京地铁6号线一期土建工程九标土建工程。本工程共包括三站三区间：平安里站、北海北站、南锣鼓巷站、平安里站—北海北站区间、北海北站—南锣鼓巷站区间、南锣鼓巷站—东四站区间。其中南锣鼓巷站—东四站区间是盾构区间，本文以该区间始发段叠落隧道为背景进行分析研究。

3　工程概况

南东区间盾构始发井位于南锣鼓巷站东侧的空地内。由于场地两侧狭小，南锣鼓巷站呈“楔子”状，车站两侧的区间均采用叠落隧道设计。左线在上，右线在下。区间右K11 + 204.22 ~ 右K11 + 492.22区段为叠落影响段。此段上方左线为暗挖隧道、左线盾构始发井和盾构隧道。其中暗挖隧道段为左K11 + 204.32 ~ 左K11 + 237.906，左线盾构始发井为左K11 + 237.906 ~ 左K11 + 253.506，盾构隧道为左K11 + 253.506 ~ 左K498.59。叠落段左右线平面位于$R = 300$m的小曲线半径圆曲线上，线间距为1.7 ~ 10.02m。左线立面位于2‰和15‰下坡，右线立面位于15‰下坡和12.9‰上坡。上下隧道中线间距为8.21 ~ 7.32m。左线隧道埋深13.375 ~ 15.34m，右线隧道埋深21.585 ~ 23.64m，具体平面及剖面见图1。

作者简介：孙立建（1978—），男，本科，工学学士，高级工程师。主要从事盾构施工现场管理及技术管理工作。Email：absunny@126.com。

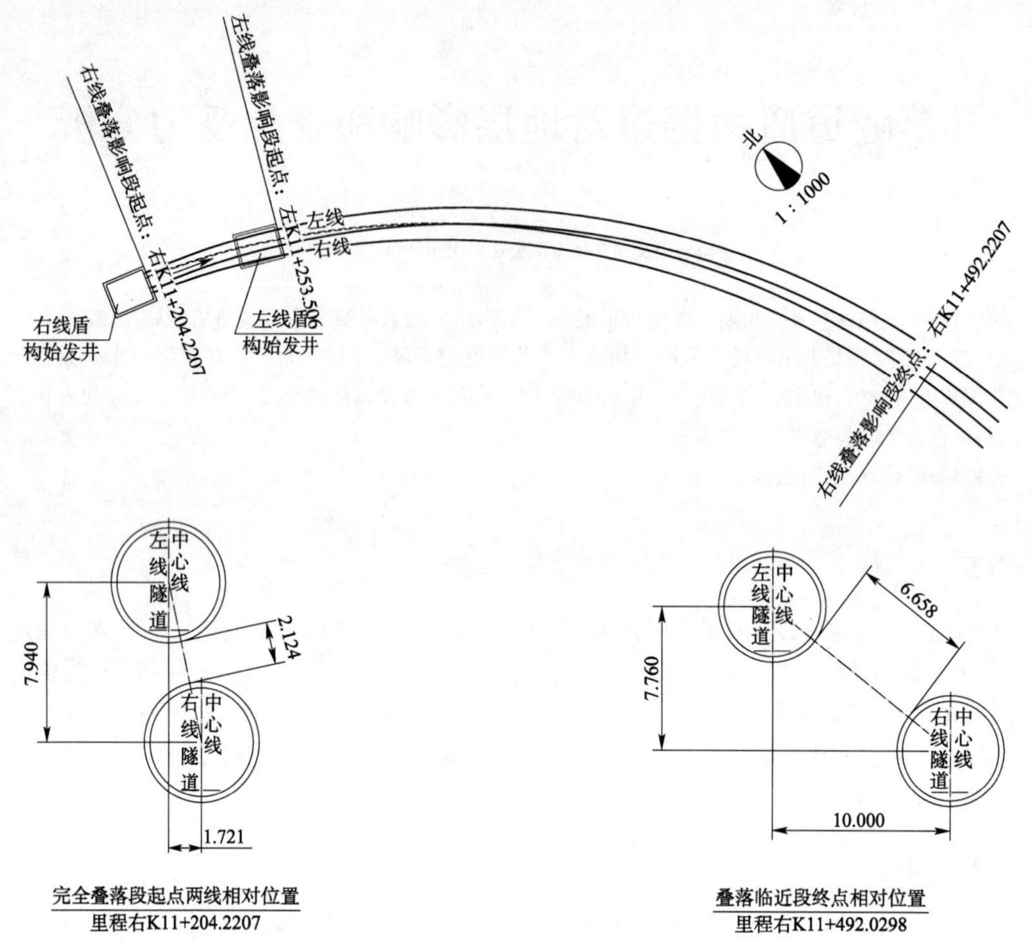

图1　叠落段隧道平断面图(尺寸单位:m)

4　工程地质和水文地质

4.1　工程地质

场地勘探范围内的土层划分为人工堆积层(Q^{ml})、第四纪全新世冲洪积层(Q_4^{al+pl})、第四纪晚更新世冲洪积层(Q_3^{al+pl})层、第三纪地层(T_2)四大层。地质特征如下。

粉土填土〈1〉层:褐黄色,稍密,稍湿~湿,含少量砖块、灰渣。

杂填土〈1-1〉层:杂色,稍密,稍湿,含大量灰渣、砖渣、碎石,表层部分为混凝土路面。

粉土〈3〉层:褐黄色,中密~密实,湿,中压缩性,含云母,氧化铁。土质不均,含粉砂薄层。

粉质黏土〈3-1〉层:褐黄色,可塑,湿,中压缩性,含云母、氧化铁。

黏土〈3-2〉层:褐黄色,可塑,湿,中压缩性,含云母、氧化铁。

粉细砂〈3-3〉层:褐黄色,中密,湿~饱和,中低压缩性,含云母、氧化铁,局部夹砂质粉土薄层。

粉细砂〈4〉层:褐黄色,密实,湿,中低压缩性,含云母、石英。

中粗砂〈4-1〉层:褐黄色,密实,湿,低压缩性,含云母、石英,局部含少量圆砾。

粉土〈4-2〉层:褐黄色,密实,湿,低压缩性,含云母、氧化铁。

粉质黏土〈4-3〉层:褐黄色,可塑,湿,中压缩性,含云母、氧化铁。

圆砾—卵石〈5〉层:杂色,中密~密实,湿~饱和,低压缩性,钻探揭露 $D>9$cm,一般为1~

5cm 亚圆形,级配较好,中粗砂填充,卵石含量约 70%。

中粗砂〈5-1〉层:褐黄色,密实,湿~饱和,低压缩性,含云母、石英及少量圆砾。

粉细砂〈5-2〉层:褐黄色,密实,湿~饱和,低压缩性,含云母、石英。

粉土〈5-3〉层:褐黄色,中密,湿,含云母、氧化铁。

粉质黏土〈6〉层,褐黄色,可塑~硬塑,含云母、氧化铁等,局部夹粉土薄层。

黏土〈6-1〉层,褐黄色,可塑,湿~饱和,低压缩性,含云母、氧化铁。

粉土〈6-2〉层,褐黄色,密实,湿~饱和,含云母、氧化铁。

圆砾—卵石〈7〉层:杂色,密实,饱和,低压缩性,钻探揭露 $D>14$cm,一般为 4~6cm,级配较好,卵石含量约 75%。

粉细砂〈7-1〉层:褐黄色,密实,饱和,低压缩性,局部含少量圆砾。

中粗砂〈7-2〉层:褐黄色,密实,饱和,低压缩性,局部含少量圆砾。

粉质黏土〈8〉层:褐黄色,可塑~硬塑,饱和,中低压缩性,含云母、氧化铁,局部含姜石。

黏土〈8-1〉层:褐黄色,可塑,饱和,中低压缩性,含云母、氧化铁,偶含姜石。

粉土〈8-2〉层:褐黄色,密实,饱和,低压缩性,含云母、氧化铁。

圆砾-卵石〈9〉层:杂色,密实,饱和,低压缩性,钻探揭露 $D>14$cm,一般为 4~6cm,级配较好,卵石含量约 70%。

粉细砂〈9-1〉层:褐黄色,密实,饱和,低压缩性,含云母、石英,颗粒较匀。

中粗砂〈9-2〉层:褐黄色,密实,饱和,低压缩性,含云母、石英,含少量圆砾。

粉质黏土〈9-3〉层:褐黄色,可塑~硬塑,含云母和氧化铁等。

粉质黏土〈10〉层:褐黄色,可塑~硬塑,饱和,低压缩性,含云母、氧化铁,偶含姜石。

粉土〈10-1〉层:褐黄色,密实,饱和,低压缩性,含云母和氧化铁。

叠落右线隧道通过地层主要为:粉质黏土〈6〉层、黏土〈6-1〉层、粉土〈6-2〉层、圆砾-卵石〈7〉层、粉细砂〈7-1〉层、中粗砂〈7-2〉层。叠落左线隧道通过地层主要为:圆砾-卵石〈5〉层、黏土〈6-1〉层、粉土〈6-2〉层、粉细砂〈7-1〉层、中粗砂〈7-2〉层。

4.2 水文地质

叠落隧道地段存在四层地下水,分别为上层滞水、潜水、层间潜水、承压水。

上层滞水(一):含水层主要为房渣土〈1-1〉层及粉土〈3〉层,透水性较差,静止水位标高为 43.32~36.00m(水位埋深为 2.80~9.40m)。

潜水(二):含水层为圆砾—卵石〈5〉层、中粗砂〈5-1〉层及粉细砂〈5-2〉层,透水性好,静止水位标高 31.12~26.75m(水位埋深为 14.80~18.00m)。

层间潜水(微承压)(三):含水层主要为卵石圆砾〈7〉层、粉细砂〈7-1〉层,中粗砾〈7-2〉层,透水性好,静止水位标高 25.78~20.50m(水位埋深为 19.00~24.80m)。

承压水(四):含水层岩性为圆砾卵石〈9〉层、粉细砂〈9-1〉层及中粗砂〈9-2〉层,透水性好。静止水位标高 18.72~14.82m(水位埋深为 26.3~31.4m)。

叠落隧道左右线主要位于潜水(二)层和层间潜水(微承压)(三)层中。

5 盾构施工对地层的影响分析

5.1 监测点布设

分层沉降及水平测斜监测断面位置见表 1,图 2~图 4 为各监测断面平面和断面图。第一个监测断面布置于左、右线盾构井之间。第二个断面布置于左线盾构井东侧。

监测断面位置及埋设点一览表　　表1

断面号	断面里程	钢筋计数目	压力盒数目	分层沉降管数目	水平测斜管管数目
1	右 K11 +226.2	—	—	4	2
	左 K11 +226.8	—	—		
2	右 K11 +261.4	10	5	4	2
	左 K11 +262.4	10	5		

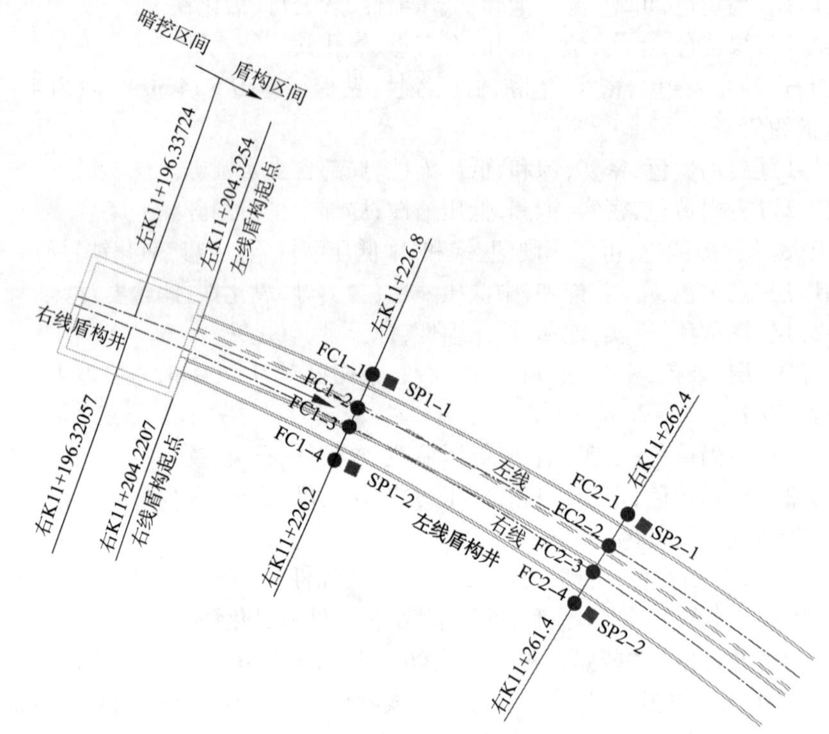

图2　分层沉降及水平测斜监测点布置平面图

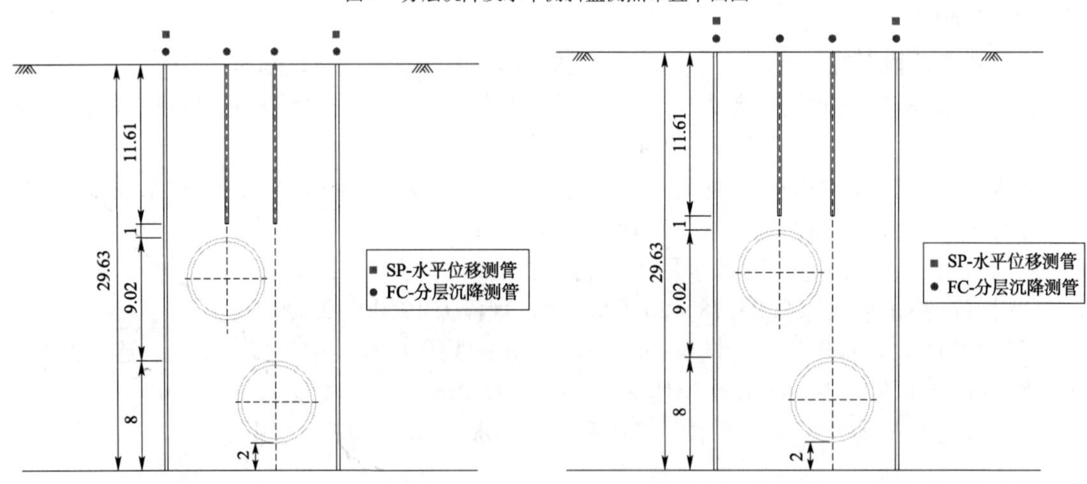

图3　1号监测断面剖面示意图(尺寸单位:m)　　图4　2号监测断面剖面示意图(尺寸单位:m)

5.2　土体分层沉降监测

土体分层沉降监测是对隧道上方及两侧不同位置的土体或土层的竖向位移进行测量,得到不同土层的沉降规律,结合土体水平位移监测结果,可以得出隧道开挖的三维运动规律。分层沉降监测采用钻孔后在不同埋深的土层中埋设磁环，然后用分层沉降监测仪监测，分层沉降监测探头在上提的过程中能与磁环感应，从而得到每次的磁环标高，确定土层是否沉降。

监测断面及分层沉降磁环的布设如前所述，按每 1.5m 一个埋设。由于埋设时存在一定的问题，初测时 FC1-4 只能监测出 7 个点。图 5 为各分层沉降测点的沉降曲线。

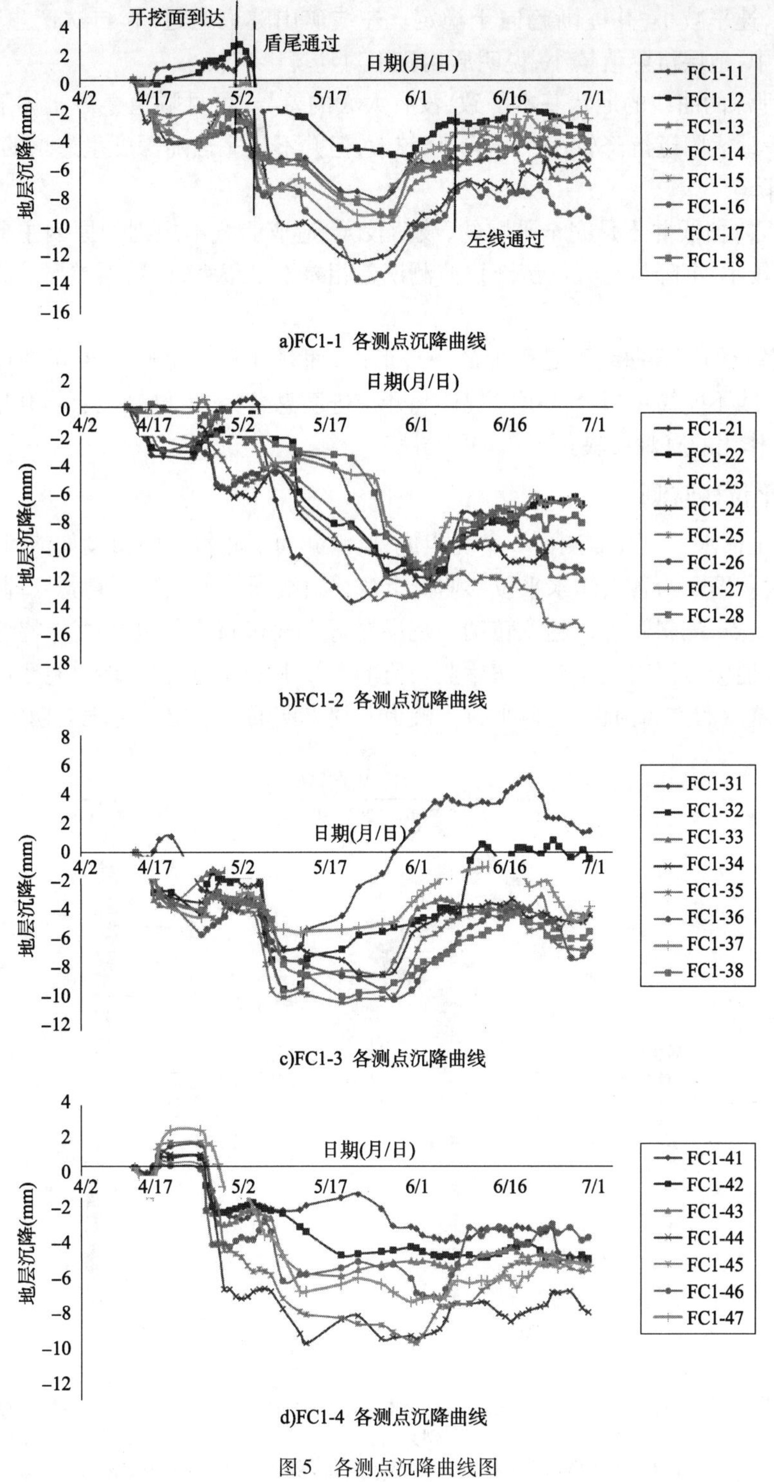

图 5　各测点沉降曲线图

由上述沉降曲线可知：

(1)分层沉降规律与地表沉降相似，都是随着时间的推移(即掌子面的靠近、通过、离开)逐渐增大，最后趋向稳定。盾构到达前两侧的测点产生了微小的隆起量，中间的两个测点在产生微小沉降后沉降速度变缓。当开挖面通过FC1-1、FC1-4开始产生沉降，各点沉降速率变大，达到最大值后，速率减小，并逐渐趋向于稳定。左线矿山隧道通过后，再次产生微小的隆起。整个施工过程中，地层沉降值较小，说明盾构施工对环境影响较小。

(2)不同埋深的曲线的形状基本一致，没有太大的差异，可见隧道上方土体随开挖整体变形，从沉降量看地表附近沉降较小，下部沉降较大，但并不是完全随深度呈递增的趋势，拱顶下沉大于地表沉降。

(3)分层沉降曲线并不是完全平顺的，波动较大，造成曲线不规则的原因主要是盾构隧道对环境影响比较小，沉降量与分层沉降仪监测误差相差不是很大，读数误差对曲线形状产生比较大的影响。

(4)地层各点的沉降曲线不是简单的一种形态，而是在每一个施工步序进行时有一个转折点，即整条曲线不能简单拟合。沉降规律和开挖进度息息相关，也是地层与开挖结构之间的“加载—卸载”作用的直观反映。

5.3 土体水平位移监测

每个断面土体水平位移监测由2个孔组成，监测断面及测斜管的布设如前所述，监测时每0.5m读数一次。图6为各土体水平位移监测点变化曲线图。由于测斜管管底埋设在基岩里，故视孔底为不动点，测斜管可以随意转动。现场对每个孔进行平行和垂直于隧道开挖两个方向的监测，每次监测可以得到相对于初始监测值的土体水平移动值，土体垂直于隧道开挖方向的位移以朝向隧道的方向为正，土体平行于隧道开挖方向的位移以小里程方向为正。

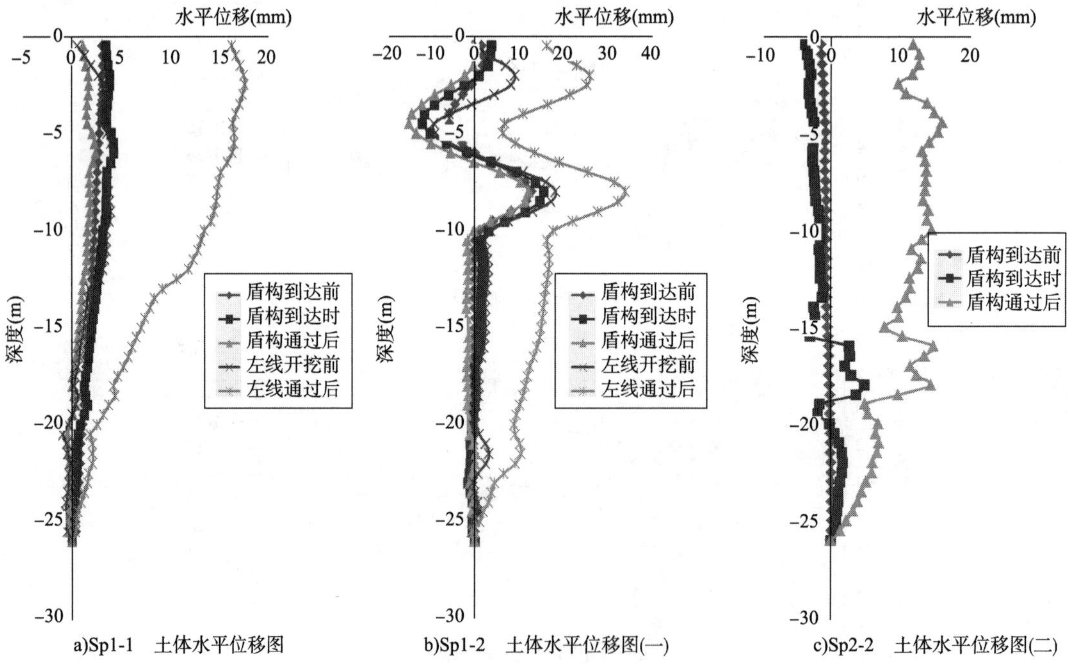

图6　各土体水平位移监测点变化(垂直于隧道开挖方向)曲线图

5.3.1 土体垂直于隧道开挖方向的位移时间规律

隧道开挖对土体产生扰动,在地层内部形成空洞,隧道周围土体势必有向隧道内空移动的趋势,即左右侧土体表现出向隧道方向移动的规律,这一点可以从 Sp1-1、Sp1-2 的不同埋深的土体东西方向的位移历时曲线看出。

以上曲线反映不同埋深的土体水平位移受隧道开挖的影响。Sp1-1 在右线盾构隧道通过、左线矿山隧道通过过程中一直向隧道方向变形,其中大部分位移发生在矿山隧道开挖过程中,说明盾构隧道相比较与暗挖法,对环境影响比较小。Sp1-2 在盾构通过之前有部分向隧道外位移,盾构通过后又开始向隧道内位移,主要原因是 Sp1-2 离盾构隧道较近,在盾构到达前受掌子面推力影响导致产生向外的位移(曲线上部的弯曲部分为新增盾构始发井施工产生的变形)。

Sp2-2 在盾构通过之前和盾构通过时产生向隧道外的位移,盾构隧道通过后产生向隧道内部的位移,且受掌子面推力影响产生的向隧道外的位移数值比较小,主要位移产生于盾构通过后的后期变形过程中。

5.3.2 土体平行于隧道开挖方向的运动趋势

从上一节的分析可以得到主观监测断面土体水平位移的变化规律,而其平行于隧道方向土体水平位移规律如图 7 所示。Sp1-1、Sp1-2 在盾构通过前均产生了朝向掌子面前方的位移(Sp1-2 曲线上部的折线为新增盾构井施工引起变形),主要为掌子面推力引起的,盾构机通过后开始产生向掌子面后方的位移。Sp2-2 在盾构通过前由掌子面推力引起了朝向掌子面前方的位移,盾构机通过后下部土体开始向掌子面后方变形,上部土体开始向掌子面前方变形。

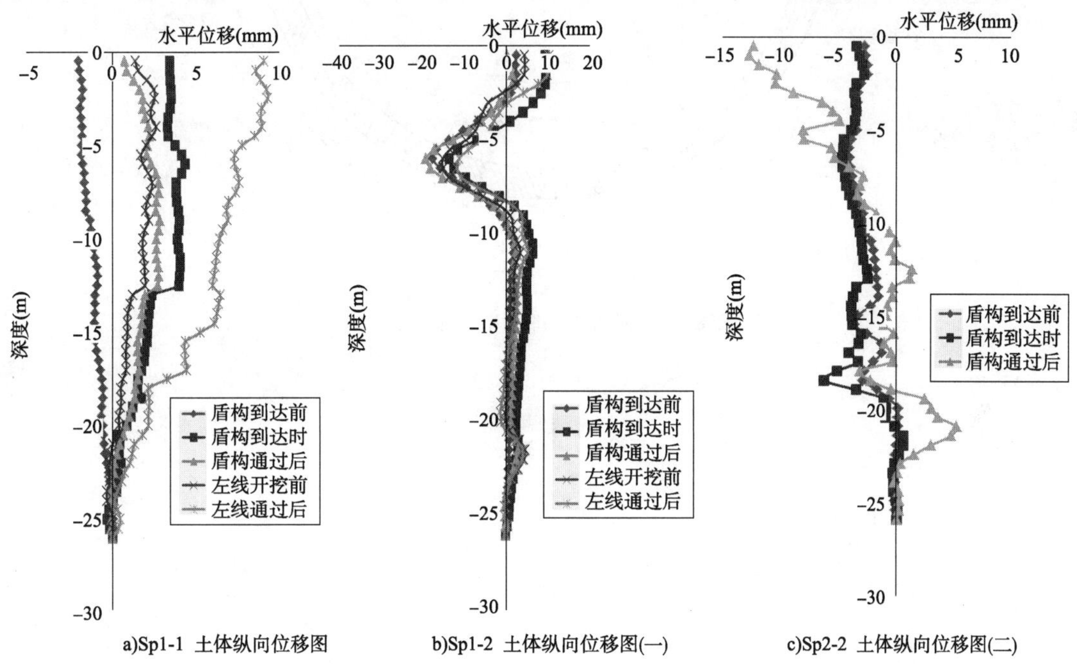

图 7 各土体水平位移监测点变化(平行于隧道开挖方向)曲线图

5.4 管片内力分析

5.4.1 一般管片受力分析

管片拼装如图 8 所示。通过在钢格栅内外主筋的主要受力部位焊接钢筋计,测得钢筋受力(图 9),然后反算钢筋混凝土结构的弯矩,图 10 是隧道主监测断面结构的弯矩示意图,单位为 KN·m,分析可以得到:从整体上看,隧道结构受力并不均匀,其受力状态基本关于隧道向左 45°中线斜对称分布,左上部和右拱脚往外扩张,右上部和左拱脚向内略有挤压。弯矩最大位置为左上部。说明隧道在右上部和左下部方向上受力大于左上部右拱脚。图 11 为弯矩历时曲线,由图 11 可知,管片弯矩在管片刚安装的几天内迅速增大到一定值,之后 B1、B2、A3 管片弯矩变化速率变小,但仍呈增大的趋势,A2 管片在安装初期为外侧受拉,之后弯矩逐渐减小,直至变为管片内侧受拉,说明管片受力在管片安装后一直处于不断调整当中。

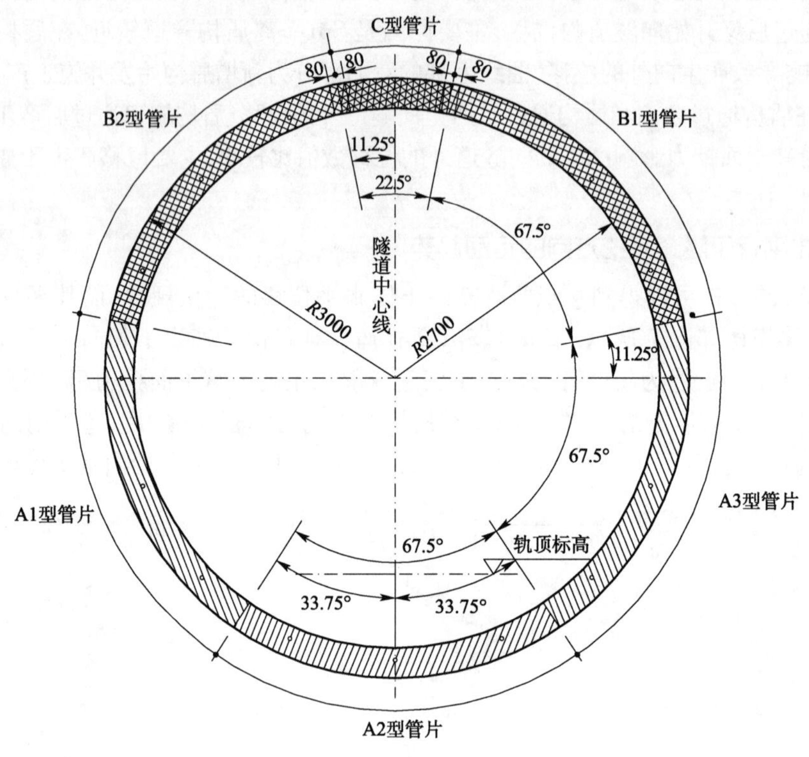

图 8　监测断面管片拼装图(尺寸单位:mm)

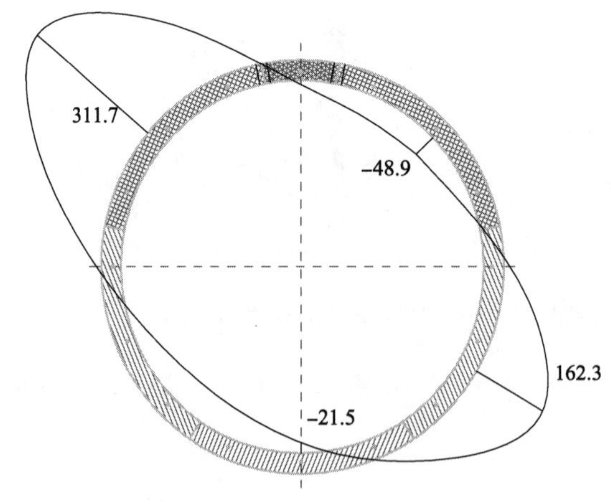

图 9　隧道主断面弯矩示意图

图 10　钢筋应力计的安装与监测

图 11　主观测断面弯矩历时曲线

5.4.2　右线管片受力分析

图 12 为右线管片钢筋应力历时曲线。

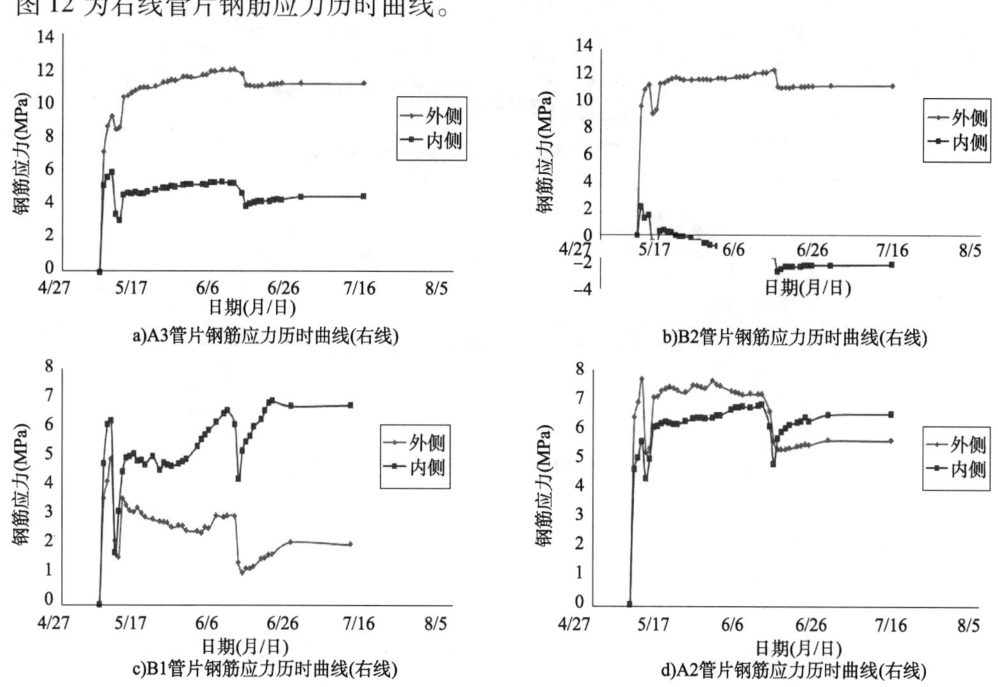

图 12　右线管片钢筋应力历时曲线图

由图 12 可知：

(1)各管片钢筋均受拉力作用，只有 B2 管片内侧钢筋受到压应力作用。

(2)对应于管片弯矩曲线，A3、B2 管片外侧钢筋应力大于内侧钢筋应力，说明其弯矩受拉侧为管片外侧;B1管片内侧钢筋应力大于外侧,对应于其弯矩受拉侧为管片内侧;A2管片开始时外侧钢筋应力大于内侧钢筋应力,后期内侧钢筋应力大于外侧,对应于其弯矩受拉侧开始为管片外侧,之后为内侧。

(3)钢筋应力历时曲线并不是平滑的曲线,而是随着施工的进行有跳动,但是管片内侧、外侧钢筋的变化趋势和波动均一致,导致应力相差跳动不大,所以反映到弯矩图上可以看到弯矩历时曲线基本为平滑的曲线。

5.4.3 右线管片在左线(上线)开挖时受力分析

图13为右线管片在左线开挖时钢筋应力历时曲线(A2管片因现场施工损坏,曲线━◆━为外侧钢筋,曲线━■━为内侧钢筋)。

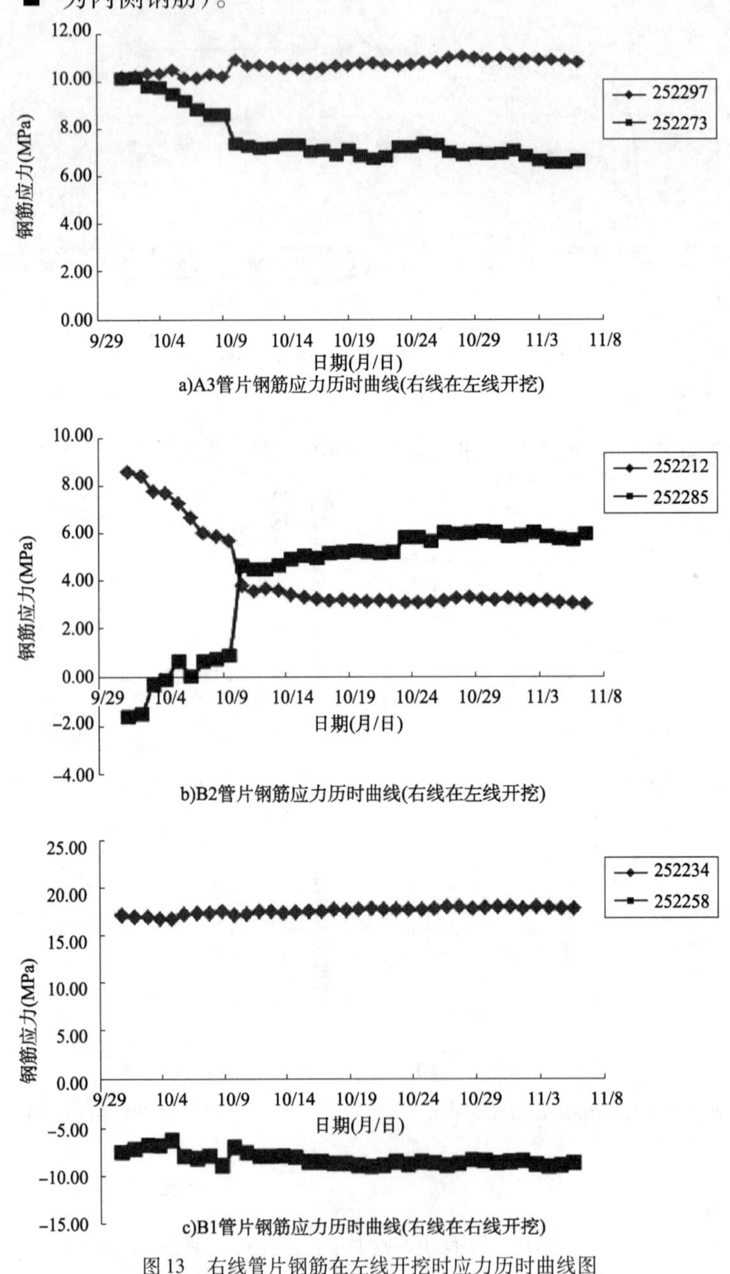

图13 右线管片钢筋在左线开挖时应力历时曲线图

由图 13 可知：在左线开挖中右线 B2 管片钢筋应力变化最大，开挖过程中外侧钢筋应力一直减小，内测不断增大，左线管片安装后管片弯矩方向反转，说明两隧道中间部分管节受到了较大的压力。A3 内侧钢筋应力一直减小，说明弯矩不断增大，B1 管片钢筋应力比较稳定，说明左线开挖对其外侧土体影响较小。

5.4.4 左线（上线）管片受力分析

图 14 为左线管片钢筋应力历时曲线。

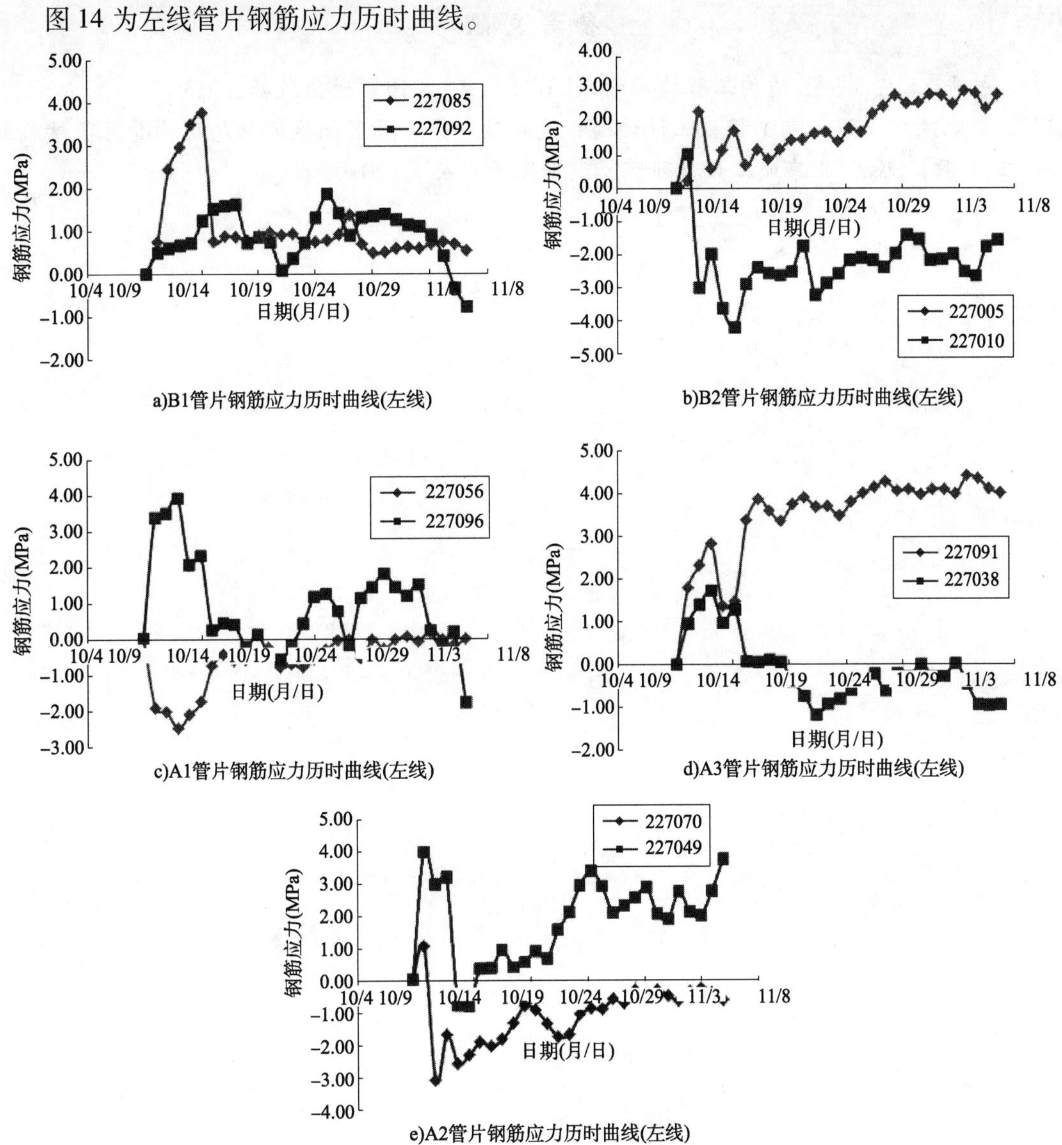

a)B1管片钢筋应力历时曲线(左线)

b)B2管片钢筋应力历时曲线(左线)

c)A1管片钢筋应力历时曲线(左线)

d)A3管片钢筋应力历时曲线(左线)

e)A2管片钢筋应力历时曲线(左线)

图 14　左线管片钢筋应力历时曲线图

由图 14 可知：管片安装以后，B2、A2、A3 管片内外钢筋应力差值较大，说明这 3 处管片受到的弯矩较大，B1、A1 管片钢筋应力较小。与右线管片受力相对应，两隧道圆心连线上的管片受弯矩较大，说明管片在这个方向上受到较大的土压力。

6 结语

通过对隧道上方及两侧不同位置的土体或土层的竖向位移进行测量，得到不同土层的沉降规律,为分析地层沉降提供了有力的参考。对土体水平位移的监测得出了盾构掘进对周边土体的影响规律。依靠对管片钢筋的受力分析,得出了管片受力分析的规律。以上分析为叠落隧道盾构掘进对地层沉降的影响、周边土体位移的影响和管片钢筋的选配都提供了可靠的数据,具有一定的参考意义。

参考文献

[1] 乐桂平,王良,关龙. 盾构工程技术问答[M]. 北京:人民交通出版社,2013.

[2] 北京地铁6号线一期工程施工设计南锣鼓巷站—东四站区间区间结构盾构叠落段结构施工图[R]. 北京:北京城建设计研究总院有限责任公司,2010.

成都泥岩地质盾构施工技术特点分析研究

邢如飞　曲　强　阮　松

（中国中铁工程设计咨询集团有限公司　北京　100055）

摘　要：以成都地铁1号线南延线工程为例，通过对成都市南部区域典型的泥岩地质特点和盾构施工适应性的介绍，以及对在泥岩地质条件下盾构施工容易产生管片上浮现象的分析研究，得出了管片错台、破损情况的原因及施工预防措施，为类似地层条件下的盾构掘进提供参考。

关键词：盾构；泥岩；管片上浮；错台破损

1　工程与地质概况

1.1　工程概况

成都地铁1号线南延线始于一期工程世纪城站，沿天府大道西侧向南敷设，分别设天府三街站、天府五街站、华府大道站、四河站，之后线路向东拐向龙灯山路，终点站为华阳站，四河站和华阳站分别预留了线路继续向南延伸的条件。本工程正线全长5.410km，全为地下线，共设车站5座，其中换乘站2座。本线含出入场线共6个区间，施工以盾构法为主，部分区段采用明挖法、局部矿山法。

1.2　地质概况

成都市地处岷江冲洪积扇状平原的南东边缘，其中本工程位于川西平原岷江水系Ⅱ级阶地，为冲积扇平原的条形凹地。地形开阔、平坦，北高南低，地面高程为478～486m。

本工程测区地表第四系堆积层广泛分布，表层多为第四系全新统人工填土（Q_4^{ml}）覆盖，其下有第四系全新统冲积层（Q_4^{al}）黏性土、卵石土夹砂层，上更新统冰水沉积—冲积层（Q_3^{fgl+al}）粉质黏土、黏土、卵石土夹砂层及零星漂石，下伏基岩为白垩系灌口组（K_{2g}）泥岩、泥质砂岩。地下水主要有三种类型：一是赋存于黏土层之上的上层滞水，水量、水位变化大，且不稳定。二是第四系孔隙水，赋存于第四系全新统、上更新统的砂、卵石地层中，水量较丰富，为强透水层。三是基岩裂隙水，地下水主要赋存于基岩裂隙中，含水量一般较小。

2　工程特点与盾构的适应性

2.1　泥岩地层的特点

泥岩地层在四川盆地广泛存在，成都市区内泥岩地层由北向南岩面逐渐提升，在矮丘区域裸露出地表。本工程区间隧道在始发及接收临近范围所穿越地层主要为黏土及卵石夹透镜状砂石层，隧道大部分埋深在15m以下，主要穿越于中风化泥岩层，局部拱顶附近穿越卵石层及强风化泥岩层。本工程泥岩地层主要为白垩系上统灌口组泥岩（K_{2g}），根据风化程度分为两个亚层。

作者简介：邢如飞（1980—），男，硕士，高级工程师。主要从事地下工程设计。Email：xrf0618@126.com。

(1)强风化泥岩。紫红色,粉砂泥质结构,岩质软,节理发育。岩芯多呈碎块状或饼状。岩芯碎块手可折断。岩石基本质量等级为Ⅴ类。

(2)中等风化泥岩。紫红色,岩质较软,含少量砂质,风化裂隙较发育,裂隙面充填灰绿色黏土矿物,锤击声半哑~较脆。岩芯多呈短柱状,少量长柱状或碎块状。岩石基本质量等级为Ⅴ类,RQD为80%~85%。

泥岩从构成上属于泥质胶结,多数内含铁质矿物。泥岩的强度较低,天然单轴极限抗压强度一般不大于10MPa,属于软岩范畴。在水的作用下,具有遇水易膨胀、失水易崩解的特性。

2.2 泥岩地层对盾构机选型的要求

本工程盾构以穿越泥岩地层为主,还有部分区间穿越中密或密实的卵石层。由于泥岩、卵石土均具有较大的摩擦阻力,一方面对盾构机主驱动的扭矩的要求提高,另一方面对盾构机刀盘的稳定性、刀具的设置、耐磨性等方面提出了特别的需求。

刀盘对泥岩的切削以滚压破岩为主,对卵石的切削以剥落切削为主。在该过程中,刀具的磨损形式以冲击磨损、切削磨损和二次磨损为主要特点。因此要求刀盘的刀具具备较强的耐冲击和耐磨性,且同时具备处理两种土体的功能。在成都已有的工程实例中,配置以滚刀为主的刀盘产生了较好的效果,由于滚刀在泥岩层中是较为适宜的配置,在卵石层也可通过发挥扰松开挖面的方式起作用,同时因为滚刀的刀圈耐磨金属较多,因此在本工程中刀盘配置以滚刀为主。

刀盘的结构采用准面板结构设计,可满足安装足够数量的滚刀,同时又具有较大的开口率。开口率为35%~40%,并通过在主受力梁加强材料的方法保证刀盘足够的刚度强度。开口在整个盘面均匀分布,刀盘较大的开口率可使土仓压力传递到开挖面的区域较大,较小的面板面积可以减低面板摩擦力矩。

盾构在泥岩层掘进时,除需考虑刀具磨损等常规问题外,还应考虑泥饼问题,尤其是位于刀盘中心区域的结饼,经常导致切削效率降低甚至堵仓。解决泥岩地层的结饼问题:一方面可采用刀盘牛腿支撑中间支撑方式,有效防止中心泥饼产生;另一方面要加强渣土改良,泡沫系统采用单管单泵设计,当刀盘喷口阻力不同时,每路泡沫仍能够等量、等压喷出。膨润土系统采用两台泵单独注入:一台用于渣土改良;另一台用于盾壳外润滑。当特殊情况需要大流量时,也可两台泵并联用于渣土改良。同时可采用洞外膨化方案,膨润土通过软管泵从刀盘前部、土仓及螺旋机注入膨润土,增加地层细颗粒,形成良好级配帮助顺利出渣,减少磨损。此外,盾构机刀盘做到开口率足够且开口均匀,可保证刀盘掘进过程中渣土顺利进入土仓,能够实现渣土径向方向的顺利流动,使渣土在刀盘中心区域不易形成因流动不畅而引起的堵塞和堆积,从而有效降低中心结泥饼的概率。

3 泥岩地层盾构施工管片错台和破损分析

以成都地铁1号线南延线工程天府五街站—华府大道站区间左线施工为例,对在泥岩地层条件下盾构施工产生的管片错台和破损现象进行分析。

3.1 工程概况

该区间地层由上至下依次为杂填土、黏土、粉质黏土、粉土、细砂、松散~稍密卵石、中密~密实卵石、强风化泥岩、中等风化泥岩。其中盾构隧道穿越地层主要为中风化泥岩层,地下水为基岩裂隙水。

区间设计为双线圆形隧道，隧道内径为5400mm，外径为6000mm，采用强度等级C50、抗渗等级P12的预制钢筋混凝土管片衬砌，每环宽度为1500mm，每环管片采用“3+2+1”形式、错缝拼装采用螺栓连接，接缝处采用三元乙丙橡胶弹性密封垫止水，管片背后同步注浆回填。

本区间左线隧道线路平面特征见表1。

区间左线隧道线路平面特征　　表1

里　程	平面线路	地层情况	对应环号
ZDK22+377～ZDK22+486.913	直线段	中密～密实砂卵石、强风化泥岩、中等风化泥岩	1～73
ZDK22+486.913～ZDK22+608	曲线段（R=1200）	中等风化泥岩	74～154
ZDK22+608～ZDK22+682.421	直线段	中等风化泥岩	155～205
ZDK22+682.421～ZDK22+816.605	曲线段（R=1000）	中等风化泥岩	206～293
ZDK22+816.605～ZDK23+238.659	直线段	中等风化泥岩	294～575
ZDK23+238.659～ZDK23+290.998	曲线段（R=3000）	中等风化泥岩	576～610
ZDK23+290.998～ZDK23+469.146	直线段	中密～密实砂卵石、强风化泥岩、中等风化泥岩	611～727

本区间左线隧道线路纵断面特征见表2。

区间左线隧道线路纵断面特征　　表2

里　程	坡　度	地　层	对应环号
ZDK22+377～ZDK22+410	下坡（2‰）	中密～密实砂卵石、强风化泥岩、中等风化泥岩	1～22
ZDK22+410～ZDK22+770	下坡（26‰）	中等风化泥岩	23～262
ZDK22+770～ZDK22+955	下坡（5‰）	中等风化泥岩	263～395
ZDK22+955～ZDK23+169.82	上坡（11‰）	中等风化泥岩	396～539
ZDK23+169.82～ZDK23+419.9	上坡（25‰）	中密～密实砂卵石、强风化泥岩、中等风化泥岩	539～704
ZDK23+419.9～ZDK23+469.146	下坡（2‰）	中密～密实砂卵石、强风化泥岩、中等风化泥岩	705～727

3.2 管片错台及破损统计

区间左线盾构始发后，先以2‰的坡度推进22环，随后承接26‰的坡度下坡，现场检查拼接100～150环管片时，发现产生了较多的管片错台和破损情况，如图1、图2所示。根据现场检测数据，50环管片中错台大于1.5cm有5环，错台率达到10%。50环管片破损11环，破损率为22%。其中螺栓孔处破损9环，占82%，纵缝破损2环，占18%。现场数据统计显示，管片错台、破损部位均主要集中在11、12、1点时钟点位，其中破损集中于管片螺栓孔位置周边。

3.3 管片错台及破损的原因分析

（1）泥岩地层管片上浮是造成错台及破损的诱发条件。

根据现场测量，区间已施工的管片普遍存在上浮现象，图3反映了左线168～196环管片上浮的统计情况，其中最大上浮量达到78mm。

图1　管片错台照片

图2　管片破损照片

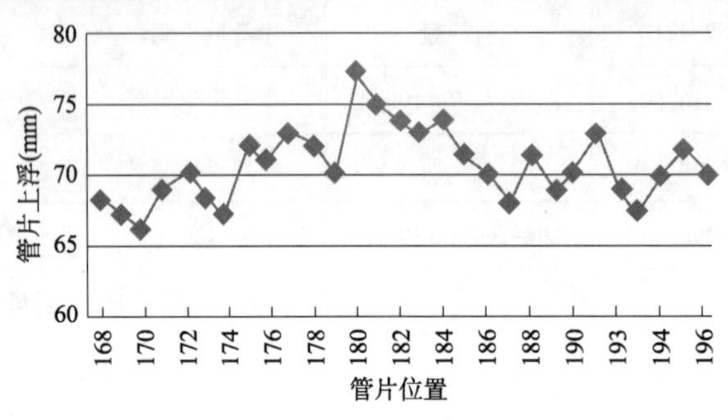

图3　左线168～196环管片上浮曲线

管片上浮的情况在国内许多工程中均出现过,从地质条件的不同导致的管片上浮大致可分成两类情况。一类是在常见的第四系软弱土层中,当管片衬砌环从盾尾脱离后,环体下方与拱顶受到的土压力差值一般大于衬砌环自重和衬砌环与土层摩阻力之和,衬砌环因此产生上浮,在地层应力重新分布达到相对平衡状态后,上浮才会逐渐终止,由于地层应力释放和重分布的过程较为缓慢,宏观表现在管片上浮的过程也相对较缓慢和持续较长时间。另一类情况是在地层岩性较好的岩层中,当管片衬砌环从盾尾脱离后,岩层自身的完整性较好,衬砌环几乎不受围岩压力的影响。当同步注浆浆液填充不足同时浆液凝结时间较长时,衬砌环在相对密闭的空间中自身重力无法抵抗在地下水或浆液中产生的上浮力,管片就有足够的时间和空间产生上浮,这种上浮过程相对较迅速和持续时间短。从成都地区泥岩层的物理力学特征来看,本工程管片上浮符合第二类情况。

具体分析本工程的施工参数,盾构机刀盘面板直径为6280mm,盾构前盾外径6250mm,盾尾外径6230mm。刀盘外缘39号和40号滚刀尺寸为18in(1in＝0.0254m),开挖面理论直径为6305mm,盾构机外壳与开挖面存在一定的空隙,同步注浆时部分浆液通过空隙窜向刀盘前方。导致衬砌环上部同步注浆不饱满,浆液的凝结时间为6～8h,造成了在泥岩围岩层中管片上浮的空间条件和时间条件,因此管片上浮不可避免产生。

(2)盾构掘进姿态差导致了管片产生错台。

由于本段区间为26‰的坡度下坡,为了防止盾构掘进过程中产生的“磕头”现象,区间掘进过程中主动采取了抬头调整,采取措施后推进千斤顶油缸的上下压力差为100～120bar,铰接油缸上下行程差在80～100mm,使盾构机出现V字形掘进。由于管片上浮时对盾尾有向上的顶力,在管片上浮的影响下,使盾构机出现更加明显的V字形掘进。由于主动纠偏的幅度过大,管片衬砌环之间产生了相对位移,导致错台的发生。

(3)盾构机推力不足使得错台管片进一步产生破损。

盾构的顶进推力是一项重要的施工参数，一般在第四系土层计算时，盾构的推力主要由以下5个部分组成：$F=F_1+F_2+F_3+F_4+F_5$。式中，F_1为盾构外壳与土体之间的摩擦力；F_2为刀盘上水平推力引起的推力；F_3为切土所需的推力；F_4为盾尾与管片之间的摩阻力；F_5为后方台车的阻力。根据相关研究，一般情况下，F_1占总推力的50%～70%，而F_3占总推力的15%～19%。本工程的推进大部分在中风化泥岩层中，由于泥岩地层岩层整体稳定性较好，但强度较低，因此掘进时的F_1很小，滚刀贯入岩层所需要的推力F_3也不需要太大，造成理论上盾构推进所需的总推力较小。因此，区间盾构掘进前期采用了较小的（约900t）推力，在这种情况下，管片之间接缝不严密，当管片上浮时，螺栓受力产生不利的夹角，随着管片错台的发展，螺栓孔附近应力集中，产生破损及渗漏水。

3.4 管片错台及破损的预防措施

通过以上对泥岩地层特性与盾构掘进姿态控制、同步注浆、盾构推力等盾构施工各方面因素的分析，可以发现管片错台及破损产生的原因。可见在泥岩地层这种较为特殊的地质环境下，依据普通第四系土层盾构掘进时的施工经验，没有依据环境的改变做出适应性的调整，再加上在下坡段进行盾构姿态调整时的幅度过大，导致盾构施工产生了大范围的管片错台及破损现象。因此，需要根据泥岩地层特点制定有效的施工技术措施，主要改进措施如下。

（1）以控制盾构管片上浮为目标的注浆优化。

调整同步注浆浆液配合比以改善浆液性能，经过现场实验后，将每方浆液水泥用量调整为200kg，砂用量调整为650kg，增大浆液的黏稠度和密度，缩小浆液初凝时间，每环管片的注浆量控制在6.5m^3以上，注浆压力控制在2.0～2.5bar。另外，每隔两环对管片顶部注浆孔位置开孔，检查同步浆液的注入情况，观察初凝时间，结合实际情况调整浆液，见表3。

同步注浆浆液配合比（单位：kg/m^3）　　表3

水泥	细砂	粉煤灰	膨润土	水
200	650	450	150	500

除同步注浆做出调整之外，在施工中进行二次注浆，在管片脱出盾尾第2环，每隔5环进行二次注浆，注入部位在管片顶部10～2点钟位置吊装孔处开孔注浆，控制管片上浮。二次注浆浆液为水泥浆和水玻璃双液浆，水泥浆水灰比为1∶1，水玻璃（40°Bé）与水按1∶1稀释，注入时浆液与水玻璃体积比为：水泥浆∶水玻璃＝2.5∶1，初凝时间在地面做试验为10s，由于地层中受温度及地下水的影响，现场注入二次注浆的初凝时间约30s。注浆压力控制在2～4bar，二次注浆时以压力控制为主。

（2）以控制掘进参数带动盾构姿态的合理。

根据地层及线路变化，实时调整、优化掘进参数，建立土压平衡模式掘进，见表4。实际掘进时，盾构机姿态控制应做到勤纠、缓纠，通过千斤顶分组控制、铰接灵活运用等方式，在隧道轴线控制在设计允许偏差范围内前提下，使盾构机掘进轨迹保持平顺，避免盾构机姿态突变。盾构机掘进姿态调整与纠偏应掌握下面几个原则。

①盾尾以间隙控制为主，每环上部盾尾间隙不小于65mm，线型控制为辅。

②掘进过程中一次纠偏量不能过大，每环纠偏量控制在4mm以内，防止纠偏量过大造成盾尾间隙过小。

③掘进过程中，推进油缸各区力差不能过大，尤其是上、下油缸压力差，当总推力不足时，适当加大左右推进油缸压力。

盾构掘进参数 表4

推力 (t)	速度 (mm/min)	土仓压力 (bar)	刀盘转速	泡沫添加 比例	泡沫发泡倍率	泡沫注入量 (L/min)
1100~1200	40~60	1.1~1.2	1~1.1	2%	12	150~200

(3)调整刀盘,避免超挖形成窜浆通道。

对盾构机刀具进行更换,将39号、40号刀具更换为17in刀具,减小盾构对土体的超挖量,从而防止管片拼装时盾首姿态向下突变10mm左右。

3.5 采取预防措施后的效果

在采取上述一系列预防措施后,从2013年10月18日掘进至盾构到达,天华区间左线累计掘进266环,有5环破损,破损率2%;右线掘进220环,有4环破损,破损率2%,管片错台量均控制在规范允许值以内。经过技术措施的调整,在区间接下来的掘进中,管片错台和破损的现象得到了有效的控制,错台量和管片破损率均达到了相关规范控制范围内的要求。

4 结语

成都泥岩地层在南部区域广泛存在且岩面较高,随着城市地铁建设在该区域越来越多的进行,盾构施工普遍出现了以泥岩地层为主的情况。因此,在进行盾构的设计与施工时,要有更针对性地考虑盾构机具的适应性和常见施工问题的应对措施。

(1)泥岩地层中,施工时摩擦阻力较大,刀盘的刀具设计应具备较强的耐冲击和耐磨性。

(2)泥岩地层中,施工易产生结饼现象,在刀盘面板的支撑上,要考虑中间支撑方式,同时考虑带有泡沫润滑剂和膨润土改良剂的注浆系统。

(3)由于泥岩地层围岩面较稳定,要充分考虑衬砌环在相对封闭空间内的上浮问题,需要通过同步注浆浆液改良和及时跟踪注浆的问题解决。

(4)泥岩层中管片错台和破损是多方面因素作用的结果,其中对地层特性的不熟悉而进行的盾构掘进是其中的重要原因,对盾构姿态控制不严、盾构推力选用不合理也是促成问题发展的主要因素。

参考文献

[1] 洪开荣,吴学松.盾构施工技术[M].北京:人民交通出版社,2009.

[2] 曹智,李剑祥.成都地铁盾构选型设计及实用性比较[J].隧道建设,2014(10):1005-1010.

[3] 肖明清,孙文昊,韩向阳.盾构隧道管片上浮问题研究[J].岩土力学,2009(4):1041-1045.

[4] 朱合华,徐前卫,廖少明,等.土压平衡盾构施工的顶进推力模型试验研究[J].岩土力学,2007(8):1587-1594.

[5] 竺维彬,鞠世健.复合地层中的盾构施工技术[M].北京:中国科学技术出版社,2006.

[6] 沈征难.盾构掘进过程中隧道管片上浮原因分析及控制[J].现代隧道技术,2004(6):51-56.

[7] GB 50446—2008 盾构法隧道施工与验收规范[S].北京:中国建筑工业出版社,2008.

盾构空推通过矿山法隧道综合施工技术

魏华杰

（中国铁建十四局集团有限公司　山东济南　250014）

摘　要：本文结合深圳地铁7号线某标段及相邻标段工程实例，介绍了地铁隧道采用矿山法开挖＋锚喷初期支护＋管片衬砌的复合施工新技术。盾构在空推通过矿山法隧道时，采用在矿山法隧道内堆填豆砾石为盾构空推提供反推力等细部处理措施，对传统盾构空推工艺及辅助措施进行了优化。新工艺在保证成型隧道产品质量、进度控制等方面优于传统工艺。

关键词：盾构法；矿山法；空推；豆砾石

1　引言

随着地铁施工的发展，盾构机在城市地铁施工中被广泛应用。盾构机依靠旋转刀盘对土体进行碾压、切削，当遇到硬岩、孤石群等地层时，将加速刀具磨损，甚至出现偏磨、崩裂等非正常磨损，更有甚者可能出现掘进姿态难以控制、地面坍塌等问题。珠三角地区作为复合地层的典型代表已经出现了多起类似案例。当遭遇上述不良地质时，设计上越来越多的采用矿山法先行开挖隧道通过，再盾构机空推通过的施工方案。采用在刀盘前堆填豆粒石以提高反力的施工技术，优化传统施工工艺，为类似地铁施工提供一定技术支持。

2　空推施工重难点

2.1　导台施工精确度控制

在盾构机空推前，已经施工完毕混凝土导台，混凝土导台的施工质量直接影响盾构机能否保持良好的推进姿态，保证管片拼装质量，达到预期的防水效果，因此导台的精确度是盾构空推段的一个控制难点。

2.2　防止盾构机翻滚

在盾构机空推的过程中，由于充填的豆粒石量大，刀盘前方的豆粒石逐渐堆积压实并与注浆回流的浆液混合固结，造成刀盘转动困难。同时盾壳周围填充不是很密实，与四周的摩擦力很小，当刀盘转动时，很容易造成盾构机滚动。

2.3　进洞时，盾构机“撞头”、导台破碎

盾构推进根据洞门复测时的姿态实时调整掘进姿态贯通，当刀盘“低头”或刀盘相对于导台较低时，容易出现盾构机“撞头”、导台破碎现象。

2.4　推进时管片出现左右摇摆、下沉现象

推进时由于管片在各个面上的受力不一样，在左右油缸的推力差较大而管环在上下、左右没有反力支撑时，则出现管片左右摇摆、下沉现象。这主要是在拼装管片时管片螺栓没有上

作者简介：魏华杰（1986—），男，本科，工程师。主要从事盾构施工现场管理工作。Email：544415619@qq.com。

紧、每一环在脱离盾尾后未采取措施所致。

2.5 盾构机洞内二次始发

盾构机到达矿山法隧道与盾构法隧道接口前，将剩余的砂和豆石用螺旋机排出。在盾构机破除洞门之前建立土压，初步定为0.6~1.0bar。二次始发的重点是盾构机防扭，在刀盘接触堵头墙前20cm左右开始旋转刀盘，安排专人打开土仓门，在人闸内观察前方土体情况，采用小推力慢刀盘转速进行推进。刀盘扭矩控制在1600kN·m以内，一旦超过，要分析原因，必要时人工清除障碍物，排除后方可继续推进。

3 空推常见的质量问题及原因分析

3.1 空推常见质量问题

盾构空推常见质量问题有以下几点。

(1)管片错台、错缝严重。

(2)管片接缝螺栓孔和吊装孔渗漏水较多。

(3)管片破损。

(4)管片净空超限。

(5)管片上浮。

3.2 原因分析

通过对施工过程进行分析，发现造成成型隧道质量问题的主要原因有以下几点。

(1)混凝土导台施工质量较差，导致盾构机姿态难以控制。

(2)矿山法隧道净空不够，盾构机与初期支护刮蹭，造成推力过大，盾构扭转。

(3)壁后填充量不足，管片与初期支护之间间隙未填充满，造成管片漏水。

(4)壁后填充不及时、不饱满，造成管片受力不均，尤其是砂浆注入不饱满，浮力较大，造成管片上浮。

4 空推施工工艺

地铁隧道采用盾构法+矿山法结合施工工法，即先采用矿山法施工隧道初期支护，然后再利用盾构空推通过本段区间隧道，同时由盾构拼装管片形成矿山法隧道的二次衬砌，二次衬砌和初期支护之间的孔隙采用粒径小于10mm的圆滑豆砾石填充，然后通过注浆填充豆砾石的孔隙。矿山法施工隧道的初次衬砌设计内径为6400mm(考虑外放后实际为6500~6600mm)。

图1为盾构空推过矿山法隧道施工流程。

4.1 导台施工

采用矿山法开挖+锚喷初期支护+管片衬砌的复合施工方法通过硬岩段，必须在盾构机到达前，完成矿山法隧道开挖，并做好空推段导台、端头墙等准备工作。导台的高程、弧度、中心线等是盾构能否安全推进的关键因素。导台施工质量不好，盾构机的姿态难以控制，盾尾间隙变化大，将直接影响管片的拼装，盾尾间隙过小，管片和盾尾刷会拉坏。导台的质量不高，还可能导致卡刀盘。在盾构空推前，应重点检查导台的高程、弧度、中心线等，如果不符合设计要求，要立即进行处理，否则会影响盾构机的步进。

4.2 豆砾石堆填

当矿山法隧道初期支护施作质量较高、隧道几乎不渗漏水时，刀盘前方可堆土。若隧道内渗漏水严重，所堆渣土与水结合变成稀泥，在盾构空推的时候提供不了有效反力，因此，在初期支护效果不是很理想的情况下，需要使用豆砾石堆积在刀盘前方。

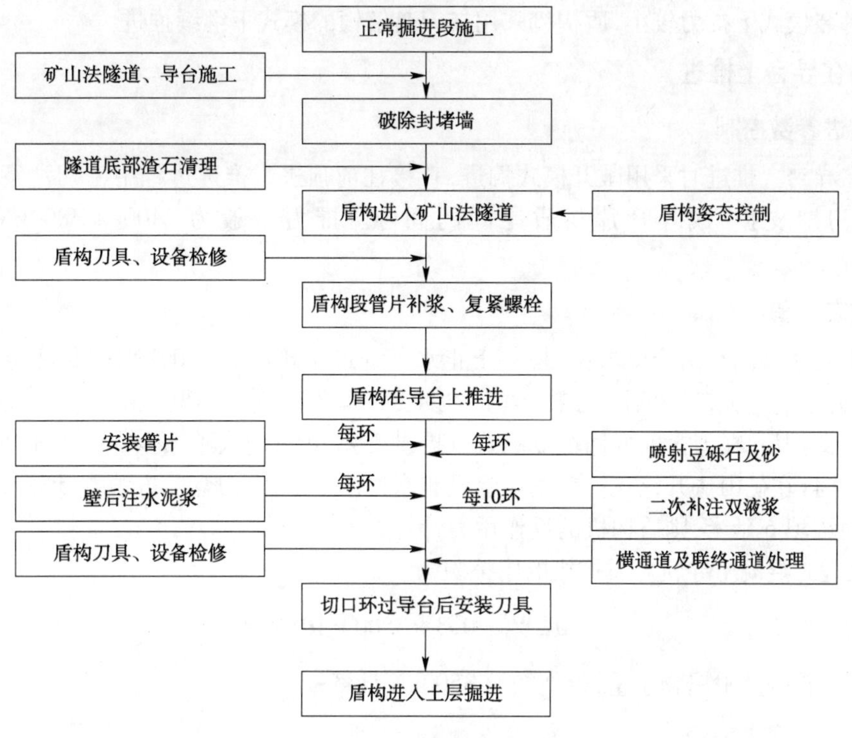

图1　盾构空推过矿山法隧道施工流程

4.2.1　豆砾石方量计算

一般情况下，矿山法隧道实际净空比设计量要大，超挖量按15cm计算，则每延米的填充量为$3.14\times(3.35\times3.35-3\times3)-3.5\times0.15=6.5\text{m}^3$，每环的填充量为$1.5\times6.5\text{m}^3=9.7\text{m}^3$。

喷射后豆砾石孔隙率按30%计算，则每延米需喷射豆砾石约5.9m^3，砂浆注入3.8m^3，结合矿山法隧道施工质量和盾构机姿态等因素，豆砾石喷射达不到计算量，需要注入更多砂浆，以满足填充要求。

出料管一般伸入中盾附近，豆砾石只是填充了盾体与初期支护之间的间隙，间隙宽度按20cm计算，每延米豆砾石初喷量为$0.2\times(3.14\times6.5-3.5)=3.38\text{m}^3$，砂浆填充量为$6.32\text{m}^3$。

实际填充量要按照断面测量数据进行分析。

4.2.2　豆砾石堆填施工

根据盾构空推反力的计算结果，采取半断面堆积豆砾石，堆积长度为6m，堆积总方量为102.64m^3。豆砾石可采取人工配合机械施工，从竖井用井架垂直运输至井下，由自卸车运入隧道内均匀铺设，小挖机平整。

4.3　始发段盾构上导台推进

在盾构机刀盘距封堵墙0.5m时，应尽量出空土仓中的渣土，减小对洞门端墙的挤压，尽量将端墙破除，以减少人工清渣量。封堵墙破除后，会有较多的渣块掉入矿山法隧道，盾构刀盘停止转动并暂停推进，及时派人辅助螺旋输送器清理，以防盾构在上导台过程中发生偏向。待渣块清理完毕，检查盾构机与导台的相对位置关系，一切正常后，拆除边缘滚刀、边缘刮刀。

由于拼装模式下推力较小，盾构机采用在刀盘解锁的模式下继续推进。

4.4 盾构在导台上推进

4.4.1 推进参数控制

盾构在导台上推进时采用敞开模式掘进，直接往前顶进。推进过程中密切注意盾构机刀盘周边与初期支护、成环管片与盾尾间的间隙。推力一般为 3400 ~ 3800kN，速度约 40mm/min。

4.4.2 推力计算

空推推力必须满足两个要求：一是大于止水条的最小挤压力 3000kN，以保证隧道防水效果；二是推力不能过大，避免刮坏导轨，撞上初期支护面出现安全问题。由于隧道是采用矿山法先行开挖支护后，在刀盘前方回填豆砾石以提供反力，计算时大致按全部松土压力作用于刀盘面板上，并且在矿山法开挖支护后基本上没有水作用于盾体，刀盘前方填砂计算长度大致折算为半断面堆填 6 延米，则盾构机的反作用力计算如下。

(1)推进时混凝土导轨对盾构机的摩擦阻力。

$$F_1 = \mu_{摩} W_g = 0.3 \times 3500 = 1050\text{kN}$$

式中：W_g——盾构及附属物总重，近似按照 3500kN 计算；

$\mu_{摩}$——摩擦系数，取 0.3。

(2)堆填豆砾石受到的摩擦阻力。

$$F_2 = \mu_{摩} \times \pi D^2/4 \times L \times K \times \gamma_{石} = 0.3 \times 3.14 \times \frac{6.25^2}{4} \times 6 \times 0.83 \times 18.6 = 852.1\text{kN}$$

式中：L——堆填豆砾石的长度，取 6m；

K——豆砾石的松散系数，取 0.83；

$\gamma_{石}$——豆砾石的重度，取 18.6kN/m^3；

D——盾构机直径，取 6.25m。

(3)盾构支撑土体所受的轴向阻力。

$$F_3 = Sp = D^2/4 \times \gamma_{石} \times D/2 \times K_g$$

$$= 3.14 \times \frac{6.25^2}{4} \times 18.6 \times \frac{6.25}{2} \times 0.39 = 695.16\text{kN}$$

式中：S——盾构机截面积；

p——盾构中心土压力；

K_g——豆砾石的侧压力系数。

(4)盾尾刷与管片之间的摩擦阻力(以 2 环管片计算)。

$$F_4 = \mu_{摩} \times 2 \times W_{管} = 0.5 \times 2 \times 200 = 200\text{kN}$$

式中：$\mu_{摩}$——摩擦系数，取 0.5；

$W_{管}$——每环管片重力，取 200kN。

(5)后配套台车的牵引阻力。

$$F_5 = \mu_{摩} W_{拖} = 0.5 \times 1500 = 750\text{kN}$$

式中：$\mu_{摩}$——摩擦系数，取0.5；

$W_{拖}$——后配套拖车重力，近似按照1500kN计算。

因此，土压平衡掘进时，提供盾构反作用力总计为：

$$F = F_1 + F_2 + F_3 + F_4 + F_5 = 1050 + 852 + 695 + 200 + 750 = 3547\text{kN}$$

因 $F >$ 止水条挤压力3000kN，故前方堆土满足止水效果要求。

4.5 豆砾石喷射

每环推进完成后进行豆砾石喷射施工，将出料管尽量向盾体后延伸，喷射标准为断面初期支护与盾体之间的间隙填充满。当盾体与初期支护之间的间隙较小，造成豆砾石喷射困难，喷射量不能保证，甚至喷射施工难以操作时，需要在盾体与初期支护之间的间隙码放沙袋，同时观察注浆情况。

4.6 注浆

4.6.1 同步注浆

整环管片填充结束后，利用盾构机1号(1点位)、4号(11点位)注浆泵进行少量的同步注浆。

浆液采用水泥砂浆，将已填充的豆砾石密实固化，使衬砌管片与初次衬砌之间密贴，提高支护效果。盾尾注浆前，砂石已经占据大部分的空隙，圆形隧道已经形成初期支护，可不考虑注浆扩散系数，每环注浆量为1.5～2m^3。在注浆过程中，加强对盾壳外部及盾尾的观测，发现有浆液外泄，应暂时停止注浆。

利用盾构机2、3号注浆泵延后至3、4号台车进行补充注浆，补充注浆的标准为打开的吊装孔有浆液流出。

4.6.2 二次注浆

在管片脱出5号台车前，进行二次注浆。二次注浆采用水泥浆∶水玻璃为1∶1的浆液，注浆标准为管片背后填充满，管片无渗漏。尽量将管片质量问题在脱出台车前解决。

4.7 管片拼装

由于推进时正面压力较小，管片的顶紧程度相对较低，为保证管片止水条的压密防水效果，必须加强连接螺栓的紧固，并用高速气动扳手对螺栓进行多次复紧。

4.8 管片支顶

由于管片与初期支护面间空隙较大，为防止管片脱出盾尾后下沉及整环不成圆现象，在管片生产时吊装孔预埋件加长至管片底部，管片脱出盾尾后，立即用专门加工的支顶(图2)穿过吊装孔支撑在初期支护结构上，对管片实行支撑，并可通过支顶上螺纹调节管片中心轴线，支顶安装示意如图3所示，确保与隧道设计轴线一致，每5环为1组，采用垫板连接件从环向螺栓引出，焊接在型钢上，每个断面设置4根固定型钢，管片脱出盾尾后，立即拧紧环向环间螺栓，并及时通过管片环间型钢连接措施连接，保证管片拼装质量，待管片背后回填注浆完成后，拆除连接型钢。

图2　管片支顶头

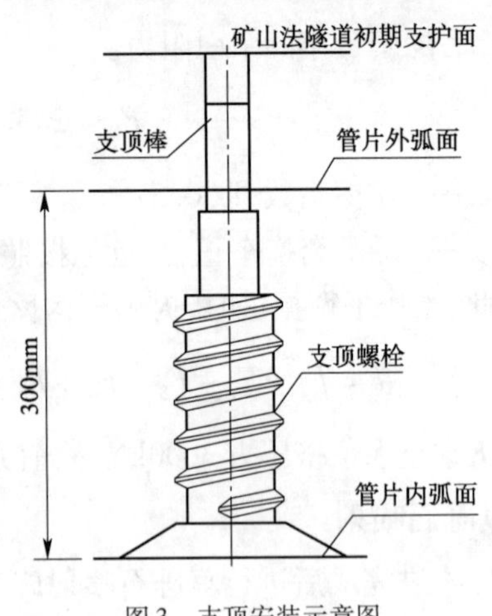

图3　支顶安装示意图

5　空推段施工质量保证措施

5.1　导台精度控制

导台施工采取分段浇筑，每段15～20m，绑扎钢筋前，将隧道初期支护喷射混凝土表面清理干净，以保证导台厚度及混凝土之间结合紧密，严格控制钢筋保护层，浇筑混凝土时，要严格按照设计高程施工，以保证混凝土导台的高程准确，导台浇筑混凝土时，要注意振捣到位，保证混凝土的密实性，空推过程中，盾构姿态的控制主要依赖于导台的施工质量，所以，在导台施工时，必须保证导台的轴线与隧道设计轴线重合，且钢筋混凝土导台对称于隧道中线。

5.2　调整盾构姿态

盾构机进入矿山法区间空推段前50m，测定管片姿态，人工测量检查盾构机姿态，校正自动导向系统，测定盾构推进姿态偏差，开始纠偏（水平控制偏差为0，垂直偏差为±50mm）。在此段进行二次注浆，保证二次注浆效果，稳定管片姿态，确保自动导向系统能精确高效的工作，同时复测矿山段断面情况，监测矿山段拱顶沉降及边墙收敛，检查端头墙洞门尺寸，确保净空，保证盾构机能准确、安全进入矿山法区间空推段隧道。

5.3　盾构机步进

盾构机直接掘削破除混凝土墙之后，步进上提前施工完毕的混凝土导台。启动盾构机往前掘进，根据刀盘与导台之间的关系，调整各组推进油缸的行程，使盾构姿态沿着线路方向进行推进。盾构机推动刀盘前方的豆砾石，在刀盘前逐渐形成较为密实的豆砾石堆，管片与已经开挖成型的隧道间靠喷射豆砾石充填，同时进行同步注浆。

盾构掘进采用敞开式，掘进推力控制在4000kN以内（主要以掘进速度控制在10～25mm/min来控制推力大小），当推力较大时，可以转走部分豆砾石以降低推力。

5.4　管片拼装质量控制

在管片拼装前进行管片检查，确认管片种类是否正确、质量完好无缺、密封垫粘接无脱落，检查各项标准合格后方允许安装。

每环管片安装都必须经过三次紧固，安装时先人工进行初步紧固，待安装好一环后再用风动扳手进行进一步紧固，在该环脱出盾尾后再次拧紧。在掘进过程中出现管片裂缝或其他破损，要及时观察、记录并将信息反馈到盾构主司机引起注意，并选择适当时机进行修补。

5.5 管片背后回填

(1)根据设计量计算,每环管片背后至少喷射 $4m^3$ 豆砾石充填缝隙,由于矿山法隧道开挖的不规整,每环豆砾石的用量不尽相同。为防止豆砾石和浆液向盾构机刀盘前方流窜,每隔 6m 在盾构机切口四周(不小于 300°)用袋装砂石料围成围堰,利用混凝土喷射机从刀盘前方向盾构后方吹填豆砾石,吹填豆砾石是否密实可以从管片吊装孔进行检查。

(2)当豆砾石喷填完毕,从管片吊装孔打入钢钎,钢钎的一端加工成同吊装孔同距的螺丝并固定在螺栓孔内,另一端顶在矿山法隧道初期支护面上,可以通过调整钢钎的支顶长度来调节管片中心与隧道中心的偏差,待管片背后注浆完成后,卸除钢钎,做好防水封堵。

(3)利用盾构机自身的同步注浆系统压注水泥砂浆,其浆液配合比与正常掘进时同步注浆浆液配合比相同,浆液可填充豆砾石中的缝隙,将豆砾石固结为一体,使得管片与矿山法隧道初期支护紧密接触,以提高支护效果。控制注浆压力既保证有效填充管片与矿山法隧道初期支护之间的间隙,又确保管片结构不因注浆产生位移、变形和损坏,同时防止砂浆前窜至刀盘前方,固结刀盘前方的豆砾石堆积体。

(4)盾构空推施工时,由于管片与矿山法隧道初期支护之间已经填充了豆砾石,有可能导致同步注浆不充分,因此在空推 10 环以后,间隔 6m 在管片吊装孔处开口检查注浆效果,根据检查结果判定注浆效果,若注浆效果不好,则进行双液回填注浆。

6 工艺优化

(1)传统工艺喷射豆砾石速度慢、效率低,每环都需要焊割挡块,焊接管片连接件,每日进度不超过 5 环。经工艺优化后,可以达到平均每天 10 环。

(2)刀盘前堆填豆砾石代替挡块提供反力,这样可以使盾构机均匀受力,尽量避免盾构机因受力不均造成偏转,影响管片施工质量。

(3)传统空推工艺单纯依靠人工从刀盘前方喷射豆砾石,无法保证及时足量充填管片与初期支护面间的空隙;管片拼装油缸推力不足,止水条挤压不密实,成型隧道管片质量难以保证,普遍存在错台漏水问题。相对于传统空推工艺,新工艺实际操作中推力不低于 3000kN;推进的同时进行同步注浆、二次及多次注浆衔接紧密;除管片顶部约 90°范围无法充填满豆砾石外,其余部分基本充满,成型隧道管片质量提高明显,本工程成品除部分姿态变化较大段外,基本看不出与正常掘进段的区别。

(4)相对于传统注浆工艺,新工艺主要采用多层次、小方量的注浆模式,提高了填充效率和填充效果,同时避免了因豆砾石填充不饱满造成的漏浆、跑浆现象。

7 结语

城市地铁隧道施工过程中,若遇到硬岩、孤石群或长距离上软下硬地段时,盾构机开挖贯通时间将大大延长,刀具磨损更加严重,尤其是软硬不均地层,刀具极易出现非正常磨损,使推进更加困难。采用这种矿山法开挖 + 锚喷初期支护 + 管片衬砌的复合施工方法,一方面缩短了工期,使盾构机能快速通过不良地质部分,降低工程成本;另一方面对不良地质开挖工作量的减少直接降低了刀具磨损程度,避免不良地质区掘进过程中频繁开仓换刀,有效降低了施工风险,确保工程安全顺利进行。通过对盾构空推矿山法隧道传统工艺进行改良和创新,新工艺在工程施工质量、成本、工期、安全文明施工等方面大大优于传统工艺,可以为类似工程提供借鉴和参考。

参考文献

[1] 竺维彬,鞠世健,史海鸥. 广州地铁3号线盾构隧道工程施工技术研究[M]. 广州:暨南大学出版社,2007.

[2] 张凤祥,傅德明,杨国祥,等. 盾构隧道施工手册[M]. 北京:人民交通出版社,2005.

[3] 王春河. 盾构空推过矿山段施工方案探讨[D]. 北京:中国矿业大学,2010.

[4] 张瑜. WSS深孔注浆工法在矿山法区间下穿既有盾构区间中的应用研究[J]. 铁道标准设计,2011(5):84-86.

[5] 汪茂祥. 盾构通过矿山法隧道施工隧道段关键技术[J]. 现代隧道技术,2008(1):67-70.

[6] 石文广. 简述盾构拼装管片过矿山法隧道施工[J]. 山西建筑,2008,34(30):326-327.

天津地铁盾构二次接收施工技术与实践

于 哲 李 超 梅 静 甄 韬 王东猛

(中建交通建设集团有限公司 北京 100142)

摘 要:天津地铁6号线R1标新外环东路站—南何庄站区间在盾构接收过程中,除采用传统的端头加固措施,还在洞圈内中间位置焊接两整环弧形钢板,在两圈弧形钢板与钢环焊缝处预留注浆管,并贴钢环外侧加焊花纹钢板一道,以代替传统的帘布压板装置等辅助接收技术,增大了接缝的密实性,降低了接收过程中涌水、涌砂的风险,确保了盾构接收的安全。

关键词:盾构;弧形钢板;花纹钢板;注浆管

1 工程概况

天津地铁6号线R1标段新外环东路站—南何庄站盾构区间左、右线由南何庄站始发,沿规划路向东敷设至新外环东路站接收井(图1)。区间接收段为 $R=650\text{m}$ 的缓和圆曲线,纵坡为15‰的上坡。盾构直径6.38m,管片外径6.2m,管片内径5.5m,环宽1.5m,接收钢环内径6.8m。

图1 新外环东路站—南何庄站区间平面图

2 二次接收施工工艺

盾构到达施工主要内容包括:接收端头加固、洞门超前水平探孔施工、盾构接收基座初步定位和安装、弧形钢板安装、一次接收、洞门凿除、焊接引轨和接收基座精准定位和加固、二次接收。

(1)盾构接收端头地层加固。采用高压旋喷桩和三轴搅拌桩对接收端头进行加固。在三轴搅拌桩与围护结构之间采用高压旋喷桩进行加固,其他范围采用三轴搅拌桩进行加固,端头加固长度为11m,加固宽度为盾构外径两侧3m和上下3m范围。为确保加固效果,旋喷桩与两侧围护结构采用三角形包角,搅拌桩前4m范围采用套打方式,后7m范围采用搭接方式施工。端头加固完成28d后,加固土体垂直取芯检测无侧限抗压强度≥1.0MPa,渗透系数≤1.0×

作者简介:于哲(1985—),男,学士,助理工程师,项目盾构总工。主要从事盾构施工现场管理工作。Email:260594696@qq.com。

10^{-8}cm/s。另外,在端头井加固区域外,还设有2口观测井兼应急降水井。

图2、图3分别为接收端头加固区平面、纵剖面图。

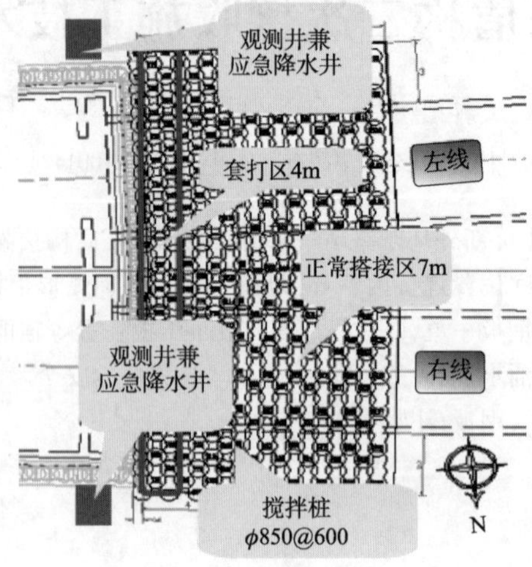

图2 接收端头加固区平面图

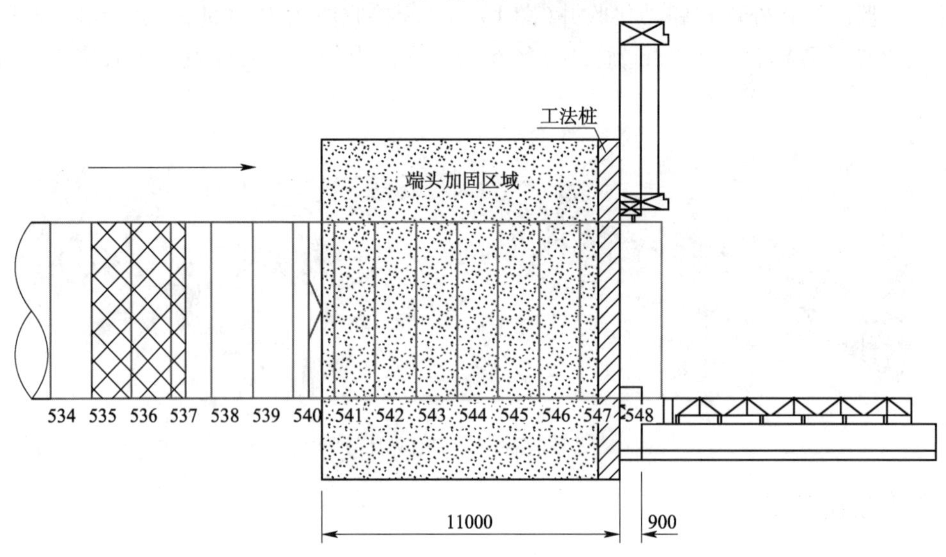

图3 接收端头加固区纵剖面图(尺寸单位:mm)

(2)洞门超前水平探孔施工。洞门范围内钻9个水平探孔(图4),孔径50mm,钻深为3m,向四周45°角发散,中间孔水平打设。每个探孔完成后均装上阀门,阀门开启72h确认无渗漏水后,盾构进入加固区。

(3)盾构接收基座安装、弧形钢板安装。盾构机进入加固区直至距离围护结构500mm,接收井内盾构基座初步定位安装,弧形钢板安装。

如图5所示,在洞圈内中间位置焊接两整环弧形钢板(预留下部45°夹角位置,防止洞门凿除时对其造成破坏),两圈弧形钢板纵向间距200mm,弧形钢板的内径比盾构机外径大2cm,同时,在两圈弧形钢板之间塞填150mm×150mm的海绵条,防止盾构出洞时洞圈产生漏水、漏泥等。在两圈弧形钢板与钢环焊缝处(上、下、左、右4个位置),预留1.5m长注浆管,注浆管外露部位安装球阀,当盾构机出洞出现漏水现象时,可以用作应急注浆。

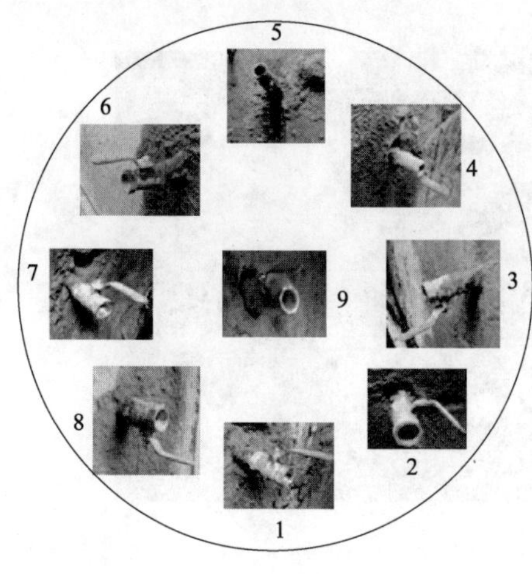

图4　洞门超前水平探孔

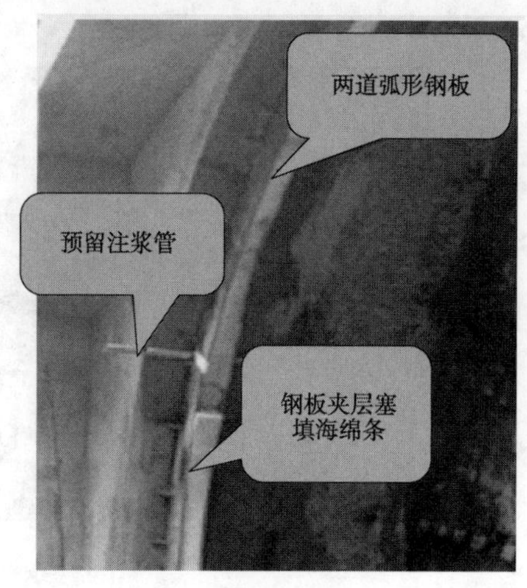

图5　洞圈内弧形钢板

(4)一次接收和盾构接收基座初步定位安装、弧形钢板安装同步进行。一次接收是在加固区与自然地层搭接处(540 环)10 环范围内,采用在管片背面二次补浆的方式注射环箍,对加固区进行封闭。二次补浆的同时,盾构机间断性向前推进,防止盾体抱死。封闭分 536 ~ 538 环、539 ~ 541 环、542 ~ 544 环三段进行,且循环注浆,直至注浆压力达到 0.35MPa。图 6 为三道环箍位置。

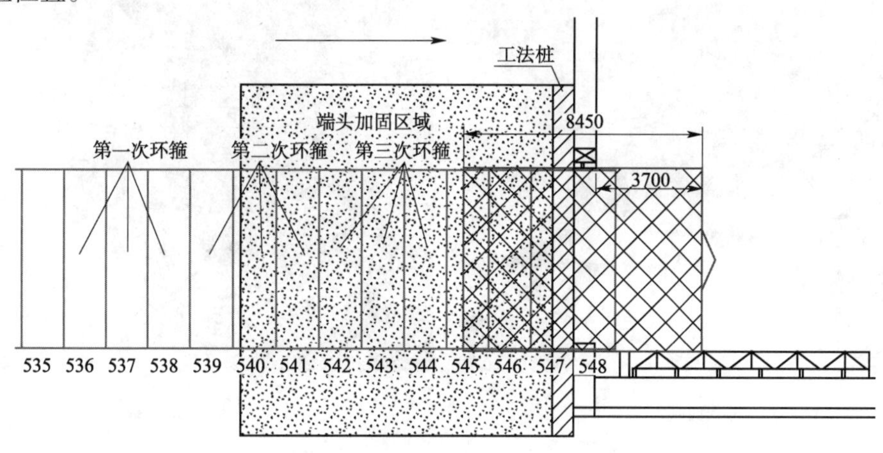

图6　三道环箍位置(尺寸单位:mm)

(5)洞门凿除。洞门凿除首先从下到上凿除外层网喷混凝土,然后从下到上凿除搅拌桩间水泥土,吊出割除的 SMW 工法桩型钢,最后依次破除洞门。待洞门渣土清理完毕后,焊接引轨,并在洞圈底部 45°夹角范围,补齐两圈弧形钢板,并贴钢环外侧提前加焊 5mm 厚、高 200mm 的花纹钢板一道(图 7),用于盾构出洞时刮净盾构底部的泥土,便于盾构顺利骑上基座(另外,在盾构机彻底脱出钢环后,对洞门的封闭注浆也起到至关重要的作用)。

(6)焊接引轨和接收基座精准定位、加固。根据盾构机与钢环的相对位置,在钢环内焊接引轨,引轨焊接在基座滑轨的延长线处。因盾构机盾尾有 120mm 高外置注浆包,洞圈在原来的基础上直径加大 100mm,考虑到曲线和 15‰上坡接收,接收基座的中心轴线与盾构机掘进轴线在钢环外侧的切线一致,同时兼顾盾构机进入钢环姿态,基座轨面标高要低于盾构机掘进的垂直姿态 20mm 左右,同时按照盾构推进方向成 10‰上坡。待焊接引轨、基座定位加固完成(图 8),打开洞圈外预留注浆孔,验证无漏水后,盾构机向前推进,直到盾构机完全骑上接收基座，钢环处管片顺利脱出盾尾。

图7　接收花纹钢板设置

(7)二次接收。用花纹钢板封堵钢环与管片间间隙，利用接收环管片外侧预埋的钢板，焊接钢筋，对花纹钢板进行固定，如图9所示。用快干水泥封堵钢板与管片外弧面的空隙，利用预留的注浆管和管片注浆孔注双液浆，制作第四道环箍，直到管片外侧的建筑间隙填满为止。至此，二次接收完成。

图8　焊接引轨、基座定位加固

图9　外圈花纹钢板焊接

3　结语

与常规接收施工技术对比，二次接收技术有以下优点。

(1)改进的接收加固土体长度增加到11m，彻底将盾体包裹到加固土体中，在做完一次接收后，盾构机主机相当于处在一个相对的隔水区，对加固区以外的地下水进行了隔断，降低了涌水、涌砂的风险。

(2)二次接收采用弧形钢板与盾体进行刮蹭，盾体出洞时，大大减少了随盾体推出的淤泥量，降低了清理带来的劳务工作量。

(3)钢环与管片背面之间焊接花纹钢板，与帘布压板装置对比，增大了接缝的密实性，一方面方便了洞门钢环处的注浆封堵工作；另一方面，降低了盾构井主体结构与围护结构搭接处向盾构钢环外涌水、涌砂的风险。

盾构二次接收很好地克服了接收端头土体涌水、涌砂不可控的技术难题，结合新外环东路站—南何庄站区间接收实际情况,二次接收过程能及时发现洞门处渗漏水,通过分析并采取措施,及时有效地降低施工风险,最大限度地确保了盾构安全接收。

参 考 文 献

[1] GB 50026—2007 工程测量规范[S]. 北京:中国计划出版社,2008.

[2] DB 29-143—2010 天津市地下铁道盾构法隧道工程施工技术规程[S]. 天津:天津市城市建设管理委员会,2010.

[3] GB 50446—2008 盾构法隧道施工与验收规范[S]. 北京:中国建筑工业出版社,2008.

[4] GB 50299—1999 地下铁道工程施工及验收规范(2003 版)[S]. 北京:中国计划出版社,2003.

[5] DB 29-54—2003 城市地铁工程质量检验评定标准[S]. 天津:天津市城市建设管理委员会,2003.

盾构始发下穿航油管线施工技术

李　超　于　哲　梅　静　甄　韬　王东猛

（中建交通建设集团有限公司　北京　100142）

摘　要：本文结合某城市地铁隧道盾构始发即下穿航油管线工程，通过提高盾构机及其后配套设备的利用率、盾构机始发姿态控制、始发洞门封堵、盾构施工参数控制，盾构穿越航油管线四个阶段的施工参数和监测的相互反馈机制、克泥效工法、同步注浆和二次补浆等技术措施，实现了盾构成功始发，为今后类似工程提供了宝贵的经验。

关键词：盾构；下穿；航油管线；克泥效工法

1　引言

在盾构法地铁隧道施工中，盾构机近距离穿越重大管线是困扰施工单位的一个难题，距离端头井 15.4m 的始发阶段穿越更是不言可喻了，特别是在青岛中石化管道公司输油管线破裂发生爆炸事故后，不管是政府职能部门、建设单位、监理还是施工单位，对盾构下穿航油管线的重视程度都上升到了前所未有的高度。天津地铁 6 号线 R1 标南何庄站—大毕庄站区间盾构始发 15.4m 即下穿 DN300 航油管线，管线距隧道顶 5.6m。为了使盾构始发顺利穿越航油管线，本文对提高盾构机及其后配套设备的利用率、盾构机始发姿态控制、始发洞门封堵、盾构施工参数控制，盾构穿越四个阶段的施工参数和监测的相互反馈机制、克泥效工法、同步注浆和二次补浆等工艺措施进行了研究，总结出了盾构始发下穿航油管线施工技术。

2　工程简介

2.1　航油管线参数

DN300 航油管线，南北走向，位于区间隧道正上方，隶属于中国航油集团津京管道运输有限责任公司。钢材质管机械开挖直埋，埋深 2.8m，管节长度为 12m，焊接接头。根据设计、规范和航油管线产权单位的要求，航油管允许隆沉量为 -30 ~ +5mm，由于车站开挖过程中已产生 -6.3mm 的沉降量，故盾构施工过程中允许隆沉量为 -23.7 ~ +5mm。

2.2　航油管线与车站、隧道的位置关系

航油管线距车站西端头 15.4m，距隧道顶 5.6m。航油管线平面位置图如图 1 所示，航油管线剖面图如图 2 所示。

2.3　航油管线影响范围确定

航油管线所在里程为 DK2 +906.41，对应环号为 11 环。根据设计要求，将管线前后 15m 定为盾构掘进影响范围，即 +1 ~ +20 环。穿越航油管线段长度为 30m，其剖面图如图 3 所示。

作者简介：李超（1985—），男，学士，助理工程师，项目盾构副总工。主要从事盾构施工现场管理工作。Email：lchaotang@163.com。

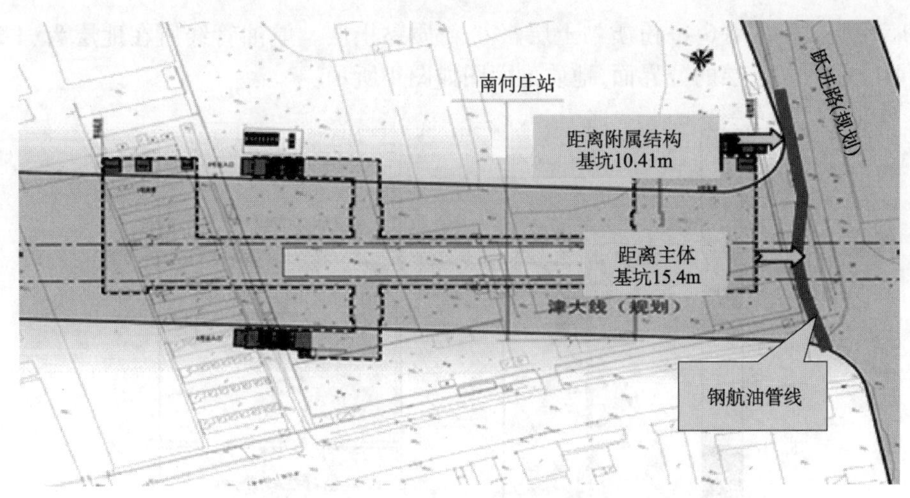

图1　航油管线平面位置图

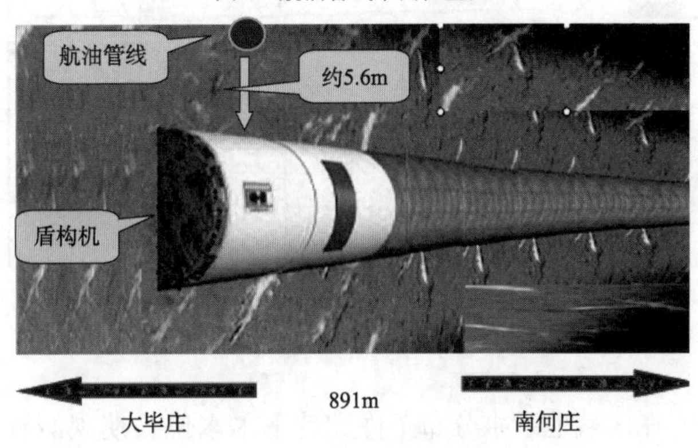

图2　航油管线剖面位置图

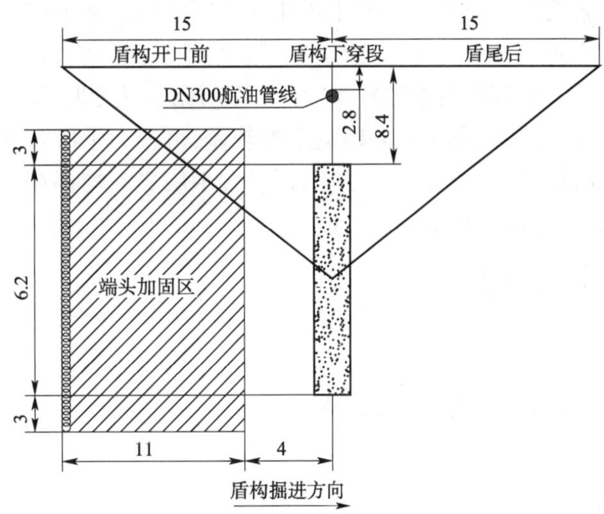

图3　航油管线影响范围剖面图(尺寸单位:m)

2.4　航油管线影响范围内工程地质概况

盾构穿越航油管线段所在的地层,从上至下依次为〈1-1〉杂填土层、〈1-2〉素填土层、〈4-1〉粉质黏土层、〈6-1〉粉质黏土层、〈6-4〉粉质黏土层、〈7〉粉质黏土层,其中隧道范围内的地层主要为〈6-1〉粉质黏土层、〈6-4〉粉质黏土层、〈7〉粉质黏土层。航油管线所在地层为〈1-2〉素填土层和〈4-1〉粉质黏土层的分界面，地质剖面图如图4所示。

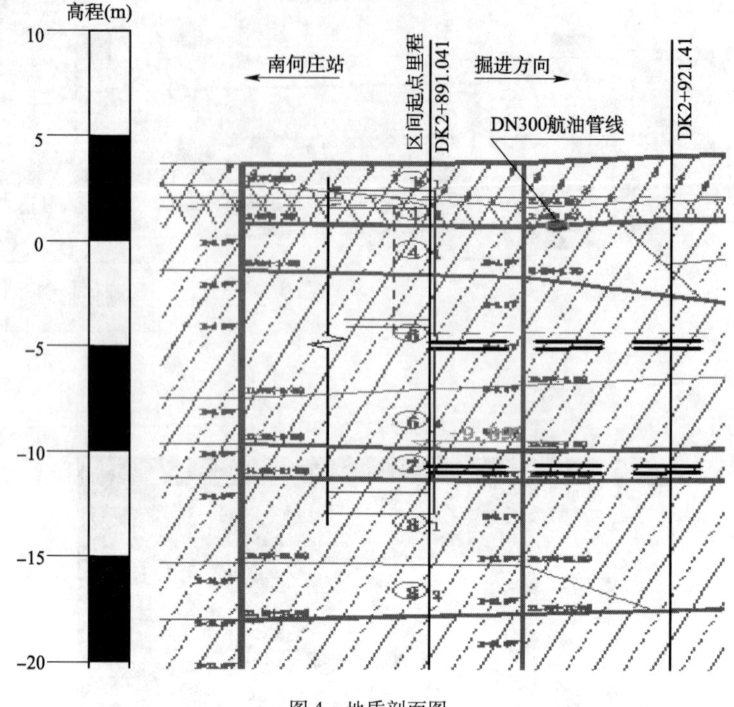

图4　地质剖面图

2.5　水文地质概况

根据对拟建工程所在区域地下水分布条件和地下水水位长期观测资料的综合分析，可将地下水分为：静止水位埋深1.20～2.80m，相当于标高2.14～1.84m，粉质黏土〈7〉、粉质黏土〈8-1〉，属不透水层，可视为潜水含水层与其下承压含水层的相对隔水层。砂质粉土〈8-2〉及粉质黏土〈8-1〉中砂质粉土透镜体虽分布不连续，但其含水量较大，透水性较好具微承压性，可视为第一承压含水层。粉砂〈9-2-2〉透水性好，具有一定承压性，为承压含水层，可视为第二承压含水层。粉质黏土〈10-1〉及粉质黏土〈11-1〉透水性较差，可视为承压含水层隔水底板。

各含水层之间的黏性土层为其相对隔水层，但各含水层之间均存在一定水力联系，在一定的水力条件下有发生越流补给的可能。

3　施工工艺流程及操作要点

3.1　施工工艺流程

盾构机下穿航油管线施工工艺流程如图5所示。

3.2　施工操作要点

3.2.1　始发洞门封堵

盾构机掘进+3～+5环过程中，采用帘布压板密封形式进行始发洞门封堵，洞门封堵所需注入浆液方量为$[(6.7\times6.7/4)-(6.2\times6.2/4)]\times\pi\times1.5+[(6.34\times6.34/4)-(6.2\times6.2/4)]\times\pi\times3.300\%=20\text{m}^3$。洞门封堵过程中，通过盾尾同步注浆的方式，采用少量、多次的原则，若有渗漏水现象，及时采取洞外插入袖阀管注入双液浆的方法进行堵漏处理。

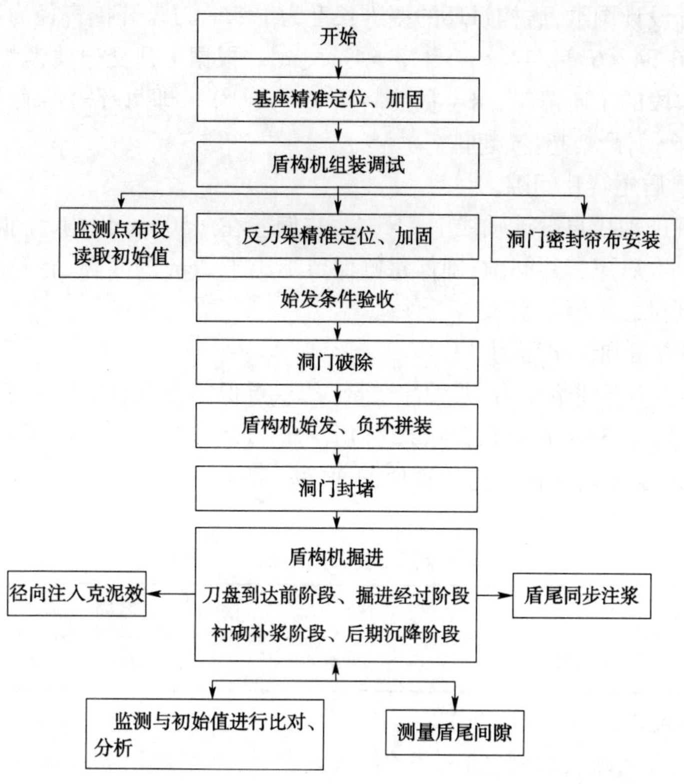

图5　盾构机下穿航油管线施工工艺流程图

3.2.2　盾构机掘进

(1)掘进速度和掘进土压力。

加固区(1~7环)以20mm/min的掘进速度匀速通过,出加固区(8~20环)以30mm/min的速度匀速通过,-3环开始建立土压,盾构机进入加固区,上土压逐步建立在0.15~0.16MPa。根据经验,盾构机刀盘出加固区,上土压逐步建立在0.17~0.18MPa。土压力理论值计算如下:

$$土压 = 静止土压 + 水压 + 预备压力 = 0.15 \sim 0.16\text{MPa}$$

$$静止土压 = k_0\gamma z$$

式中:k_0——土的静止侧压力系数,取0.7;

γ——土的重度(kN/m^3),取17kN/m^3;

z——计算点深度,取8.4。

$$静止土压 = 0.1\text{MPa}$$

$$水压 = q\gamma h$$

式中:q——根据土的渗透系数确定的经验值,取0.5;

γ——水的重度(kN/m^3),取10kN/m^3;

h——地下水距离刀盘顶部的高度(m),取7m。

$$水压 = 0.04\text{MPa}$$

预备压力取0.01~0.02MPa。

(2)出土量。

根据盾构招标设计图纸，盾构每环的掘进长度为1.5m，刀盘开挖直径为6.34m，掘进每环原状土计算量为$(6.34\times6.34/4)\times\pi\times1.5=47.33m^3$。根据中建交通建设集团有限公司实际盾构施工经验和本段的土质情况，出土量控制在95%～98%，即每环需运输土方量为$47.33\times(95\%\sim98\%)=46m^3$，严禁超挖、超排。

(3)掘进轴线、盾尾管片间隙。

保持盾构机掘进轴线与设计轴线上、下、左、右偏差在±30mm以内，每掘进30cm，盾构机操作手组织测量一次盾尾管片间隙，确保每侧保留不小于2cm的间隙，有利于预防管片破损，也便于管片的顺利拼装。

(4)同步注浆方量和注浆压力。

必需严格按照"确保注浆压力，兼顾注浆量"的双重保障原则，同步注浆采用单液注浆，理论注浆量为$[(6.34\times6.34/4)-(6.2\times6.2/4)]\times\pi\times1.5=2.07m^3$。根据新南区间掘进参数的分析，对注浆量一定要确保在理论计算值的300%，即$6m^3$，注浆压力为0.25～0.3MPa。浆液配比见表1。

浆液配比(单位:kg)　　表1

水泥	水	砂子	粉煤灰	膨润土
320	570	770	400	100

(5)克泥效注入。

当盾构机中盾进入端头加固区时，开始注入克泥效，克泥效和水玻璃注浆的位置在中盾1点径向注浆孔位置。一方面可以在盾构机尚未完全进入土体之前，就可以封闭洞门圈，建立土仓土压，便于后续的同步注浆封堵洞门；另一方面，采用克泥效和水玻璃注浆，以填充盾构切口环与盾体之间孔隙，从而达到控制先期沉降的效果，其充填效果见图6。

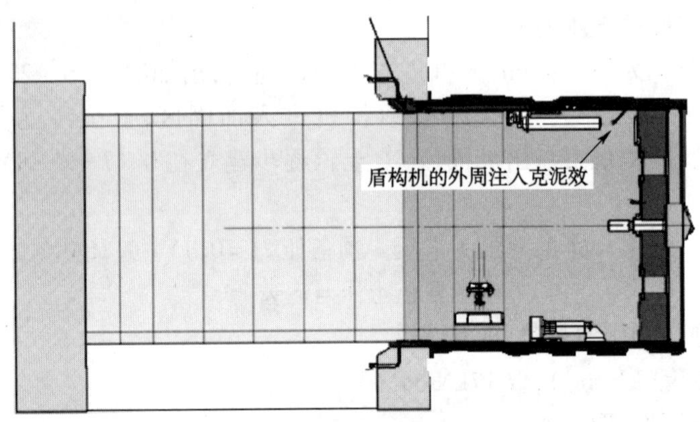

图6　克泥效充填效果

经过反复试验，制得浆液配比为A液(克泥效浆液)克泥效:水=400:825，B液(水玻璃和水的混合液)水玻璃:水(体积比)=1:1。在推进第5～20环时，开始A、B液随盾构机掘进同时注入，每环注入量为$1m^3$，A液与B液注入流量比为13:1，并根据现场实际情况及时调整，使浆液凝结(不会硬化)时间调整到5s，效果呈不会硬化的可塑性黏土状，黏度为300dPa·s。袋装克泥效及克泥效浆液配制效果见图7。

(6)二次补浆。

二次补注浆安排在当前拼装管片后数第5～6环管片处，采用多孔补注浆方式进行补浆，方位为10点和2点每环交替补浆，注浆压力控制在0.3～0.35MPa，每环补浆$1m^3$，注浆浆液为水泥-水玻璃双液浆。浆液采用水泥∶水（质量比）=1∶1，水泥浆∶水玻璃（体积比）=2∶1。

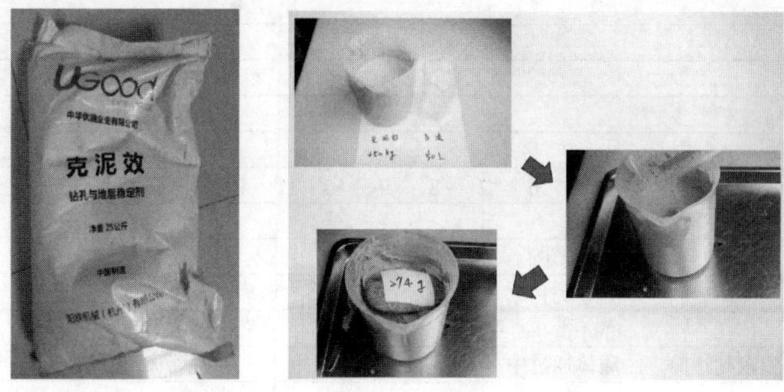

图7　袋装克泥效及克泥效浆液配制效果

（7）掘进与监测。

阶段1：刀盘到达航油管线正下方前，即从－3环掘进开始至＋8环掘进完成，此时上土压力设定为0.14～0.15MPa（试验段土压），掘进时监测频率为10min/次，地面沉降监测数据及时反馈，以指导施工，达到调整参数的目的。掘进停止时监测频率根据现场情况而定。

阶段2：刀盘开始通过航油管线～盾尾通过航油管线，即从＋8环掘进开始至＋13环掘进完成，掘进时监测频率为30min/次。掘进停止时，监测频率根据现场情况而定。

阶段3：盾尾通过航油管线～盾尾通过航油管线影响范围，即从＋14环掘进开始至＋20环掘进完成，掘进时监测频率为20min/次。掘进停止时，监测频率根据现场情况而定。

阶段4：后期沉降阶段，即二次补浆工作完成后，监测频率为2次/天。待沉降稳定后，可根据情况降低监测频率或停测。

其中，阶段1～3：所需监测点个数为22个，分别为盾构中线上方20个，侧面2个，阶段4需监测航油管线范围内的5个点位，具体点位见图8（监测点平面布置图）。

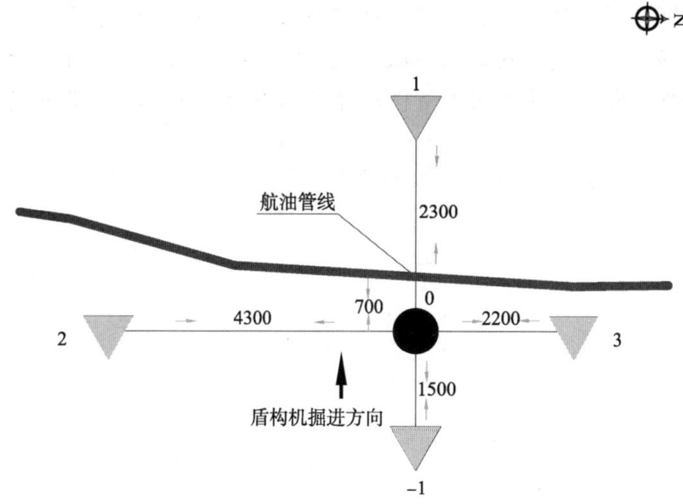

图8　航油管线附近监测点布设位置

下面将航油管线范围内盾构掘进轴线上方0号点的监测数据（阶段最大值）做成折线图（图9），从图9中可以看出，在盾体通过航油管线时，克泥效的注入有效地填充了盾构机切口环与盾体之间的孔隙，从而达到控制先期沉降的目的。

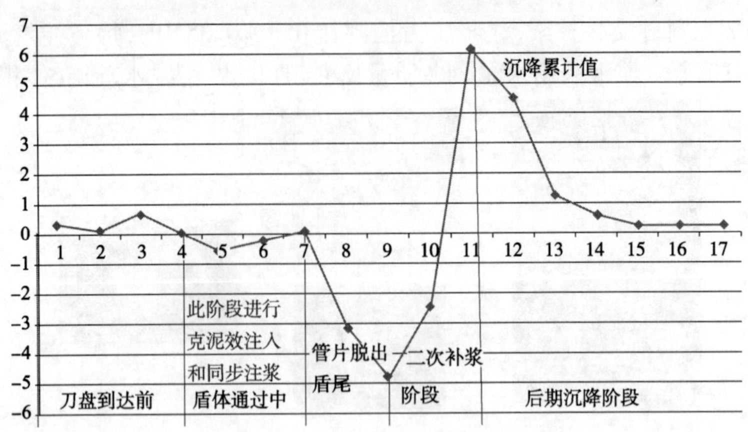

图9　0号点的监测折线图

4　结语

通过提高盾构机及其后配套设备的利用率、盾构机始发姿态控制、始发洞门封堵、盾构施工参数控制，盾构穿越四个阶段的施工参数和监测的相互反馈机制、克泥效工法、同步注浆和二次补浆工艺等技术措施，天津地铁6号线R1标南何庄站—大毕庄站区间以隆起1mm的结果成功穿越航油管线，为以后施工类似情况提供了宝贵的经验。

参 考 文 献

[1] GB 50026—2007　工程测量规范[S]. 北京：中国计划出版社，2008.

[2] DB 29-143—2010　天津市地下铁道盾构法隧道工程施工技术规程[S]. 天津：天津市城市建设管理委员会，2010.

[3] GB 50446—2008　盾构法隧道施工与验收规范[S]. 北京：中国建筑工业出版社，2008.

[4] GB 50299—1999　地下铁道施工及验收规范(2003版)[S]. 北京：中国计划出版社，2004.

[5] DB 29-54—2003　城市地铁工程质量检验评定标准[S]. 天津：天津市城市建设管理委员会，2003.

盾构穿越民房群沉降控制技术及措施

张　雨　薛　哲　魏斌效

（北京城建设计发展集团股份有限公司　北京　100037）

摘　要：以北京地铁14号线工程土建施工11标段十里河站—方庄站盾构区间为例，论述了盾构穿越群体民房的技术与沉降控制措施，使盾构机在黏土、粉土、粉细砂及粉质黏土层中顺利穿越了群体民房区域，将地面的沉降控制在15mm以内，顺利地完成了隧道的掘进。

关键词：盾构；穿越；群体民房

1　工程概况

北京地铁14号线工程土建施工11标段区间起点为东三环辅路上的十里河站，隧道经十里河站后继续向西延伸，下穿大量民房区，区间分为两条平行的隧道，至蒲方路与方庄路交叉口设方庄站。区间采用盾构法施工，隧道衬砌结构内径为5.4m，外径为6.0m。

1.1　工程地质与水文地质条件

1.1.1　工程地质情况

本区间位于永定河冲洪积扇中下部，地貌类型为第四纪冲洪积平原，第四纪沉积韵律较为明显。地层由人工堆积层和第四纪沉积的黏性土、粉土、砂土、碎石土构成。区间隧道主要穿越黏土、粉土、粉细砂、粉质黏土层，见图1。

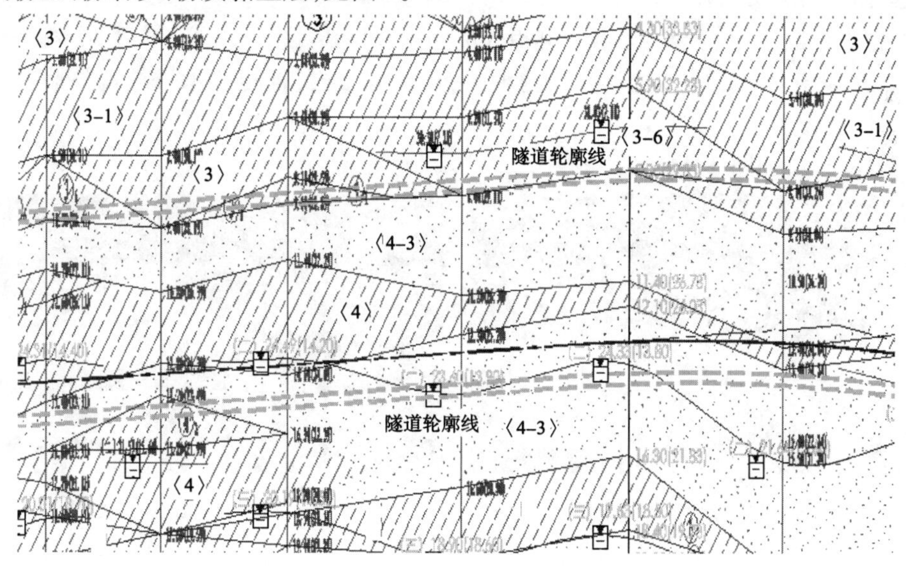

图1　区间隧道穿越地层

〈3〉-粉土；〈3-1〉、〈4〉-粉质黏土；〈3-6〉、〈4-3〉-粉细砂

作者简介：张雨，男，汉族，一级建造师。主要从事盾构施工管理工作。

1.1.2 水文地质情况

(1)上层滞水(一):水位标高 27.18 ~ 34.99m,水位不连续,无明显含水层,主要接受大气降水、管沟渗漏补给,以蒸发为主要排泄方式。

(2)潜水(二):含水层主要为粉土〈4-2〉层、粉细砂〈4-3〉层,标高 19.59 ~ 24.62m,主要接受降水及侧向径流补给,以侧向径流和向下越流为主要排泄方式。

(3)层间水 ~ 承压水(三):含水层主要为卵石〈7〉层、中粗砂〈7-1〉层及粉土〈6-2〉层,水位标高 14.24 ~ 19.38m,主要接受侧向径流补给,以侧向径流和越流的方式排泄为主。

1.2 民房情况

盾构区间隧道下穿民房共 635m(530 环),分别属于丰台区和朝阳区的白墙子村和十里河村,民房房屋的基本情况如下。

(1)民房多为 20 世纪 60 ~ 70 年代的厂房、1995 ~ 2005 年的民用住宅、少量商业用房和很多私搭乱建的违建房。

(2)房屋基础形式多为天然基础,受降水和周边污水的侵蚀,基础已经严重腐蚀破损,发现多处房屋基础砖层出现掉层、起粉现象,且砖间砂浆多处已出现脱落,如图 2 所示。

(3)房屋主体结构多为红砖砌体结构、简易板结构、轻型钢结构及混凝土砖砌结构,门窗也是简易玻璃窗,且玻璃窗出现多处损坏,水泥砂浆封堵外皮砖墙砖缝,墙面出现掉皮,红砖及混凝土砖墙外露。

(4)屋顶结构大多采用石棉瓦、简易板等材料。大多房屋排水系统已破坏,大部分排水采用明挖排水,下水道多处已断流、堵死;垃圾站旁边的污水井更是严重淤堵。

(5)在原有住房的基础上,存在私搭乱建现象,且材料特别简易,多为水泥砖垒、彩钢瓦搭接等,且里面均有人员居住。

(6)民房区居住人员较多,普遍为群租人员,人员多、杂、乱。

(7)民房以 1 ~ 3 层低层建筑物,结构为砖石、砖混结构,且砖墙承重结构外墙是清水墙,没有阳台,内部设备不全的非单元式住宅。部分承重结构不能满足正常使用要求,局部出现险情,构成局部危房,如图 3 所示。

图 2 部分房屋基础腐蚀剥落

图 3 部分房屋墙体与基础情况

2 盾构接近施工控制措施

2.1 建立严格的管理制度,做好技术交底工作

在穿越民房区之前进行民房及现场勘查,严格施工生产管理制度,精心准备,精心施工,做到详细的技术、安全交底,施工现场有关人员围绕穿越民房开展工作,确保穿越施工安全、顺

利，保质保量。

2.2 严格保证施工材料供应

为穿越民房区做好各项保障工作，其中物资保障：管片储备与供应，注浆材料水泥，粉煤灰，水玻璃，膨润土，发泡剂及道轨等的检验与储备。设备保障：盾构设备本身的良好状态，施工现场龙门吊，电瓶车，充电机等设备的完好与良好的工作状态，电闸箱等供电设施的安全与稳定。严格保证穿越民房区施工的匀速、连续性，确保在民房区附近不停机。

2.3 严格控制掘进土压力

该工程民房区段盾构隧道覆土深度为 8 ~ 10m，盾构掘进时的上土压控制压力为 80 ~ 100kPa。土压的升高或降低对地面的建筑物都是不利的，容易造成地面的隆起与沉降，所以在施工过程中，要严格控制土压。

2.4 严格控制出土量

根据设计图纸，盾构每环的掘进长度为 1.2m，通过计算得出原状土为 $36m^3$。根据以往施工经验和该段的土质情况，按扩大 1.25 倍计算，即每环需运输土量为 $45m^3$。

2.5 加强注浆工作

该工程盾构施工同步注浆材料采用 AB 液双液浆，其中 A 液为水泥浆，B 液为水玻璃浆液，浆液凝固时间为 15 ~ 20s，可以最大限度减少由于浆液凝固时间造成的沉降及浆液损失。浆液的收缩率控制在 3%。采用双控措施，以注浆压力控制为主，注浆量控制为辅，确保浆液饱满。同步注浆量控制为 $3.0 \sim 3.5m^3$，注浆压力为 0.2 ~ 0.3MPa。

2.6 严格控制二次补注浆

为保证沉降控制效果，在民房区段加强补浆，对已完成隧道结构外侧进行二次补注浆，以控制地面的后期沉降。二次补注浆采用后方注浆方式，即在当前环向后数 8 环的注浆孔进行壁后注浆。且在盾构机掘进时进行二次注浆，掘进结束时停止二次注浆。注浆量以注浆压力 0.2 ~ 0.3MPa 控制为主。补注浆量为 $1.0 \sim 2.0m^3$。

2.7 严格控制盾构的掘进轴线

盾构轴线的控制是盾构法的重点，是保证盾构顺利施工的重要因素。

（1）控制好掘进的技术参数，如土压、推速等。当土压过低时，不仅容易造成地层的沉降，而且对盾构轴线的控制也有影响，容易造成盾构下沉；注浆压力过大，会对地层的扰动较大，也会使盾构向注浆位置的反方向移动，不利于盾构的轴线控制。

（2）正确进行盾构千斤顶的编组及分区油压的控制，针对各种不同的盾构轴线位置，详细列出千斤顶编组及分区油压控制对盾构轴线控制的作用，保证盾构轴线的设计轨迹。

2.8 严格管片的拼装质量控制

管片拼装质量直接影响盾构的施工进度、质量，必须注意以下几点：

（1）合理使用管片，管片拼装手必须熟悉各种管片特征；

（2）做好管片的运输、保存。

2.9 做好人员准备

在盾构穿越民房区段，要选择最优秀的设备操作手，包括盾构司机、设备的维修与保养人员管片拼装手等，在人员素质上保证盾构穿越的顺利实施。施工中要进行详细技术交底，并做好推进记录注浆记录、拼装记录、设备运转记录等。

2.10 加强监测工作

对影响区房屋及地面沉降等部位的监测，是该段监测的重点。施工前，对一些特殊构筑物均进行系统调查，制订专门的施工监测方案，建立完善的监测网络。每天进行2~3次地面监测汇报，发现沉降达到或超出预警值，立即采取注浆加固等技术措施。

2.11 采取应急措施，加强现场巡视及风险控制

项目部成立穿越民房区应急方案小组，建立值班制度，值班人员负责及时处理、上报突发险情，并安排现场巡视小组，对地面建筑物进行巡视查看，确保盾构顺利通过丰台区和朝阳区的白墙子村和十里河村的房屋建筑群。

3 结语

由于采取上述措施，盾构穿越群体民房区得以顺利进行，未发生民房基础及承重墙开裂现象，地表沉降控制在15mm范围内。

该盾构穿越群体民房施工秉承盾构机是关键，地质是基础，管理是根本，注浆是保证的思想，保证了盾构机安全顺利地穿越民房建筑物，到达接收井。

参考文献

[1] GB 50308—2008 城市轨道交通工程测量规范[S]. 北京：中国建筑工业出版社，2008.
[2] 陈馈，洪开荣，吴学松. 盾构施工技术[M]. 北京：人民交通出版社，2009.

盾构小半径曲线始发关键技术分析

吴钦刚　周　政　郑仔弟　赵　海

（北京市市政四建设工程有限责任公司　北京　100176）

摘　要：本文结合沈阳某地铁工程，对盾构在300m小半径曲线上始发技术进行了研究和总结，以期对今后类似工程有一定的借鉴和参考意义。

关键词：盾构；小半径；曲线始发

1　引言

随着城市地铁建设进程的加快，盾构施工技术以其快速、安全等优点越来越多地被应用于地铁建设中。盾构始发是盾构施工中的关键环节，也是难点之一，始发的成败关系到后期隧道的掘进、工程进度及经济效益等。而曲线始发更是难中之难、重中之重，特别是在半径小于500m的曲线上，始发一直是盾构施工领域的一大难题。本文以沈阳地铁2号线3标段工程为例，对该区间盾构在300m小半径曲线上始发技术进行了研究和总结，以期对今后类似工程有一定的借鉴和参考意义。

2　工程概况

沈阳地铁2号线3标（北陵公园站—崇山路站）区间线路从位于泰山路北侧的北陵公园站东端头开始，沿东南方向以300m的曲线半径转向北陵大街南行，到达崇山路站北端。区间起点里程为左K4 + 120.870（右K4 + 120.900），终点里程为右（左）K4 + 824.600，区间右线全长为703.700m，左线为732.689m，从小里程至大里程全部为下坡，线路最大坡度为18‰，最小纵坡为2‰。区间线路线间距最大为44.6m，最小为12.0m。本区间正线全部采用盾构法施工。盾构始发井及始发段全部位于R = 300m隧道设计轴线上，如图1所示。因盾构机刚入洞时纠偏困难，为减小正环偏差，控制盾构机姿态在合理范围内，本工程采用了盾构曲线始发技术。盾构机为日本IHI生产的ϕ6140mm加泥式土压平衡盾构机。

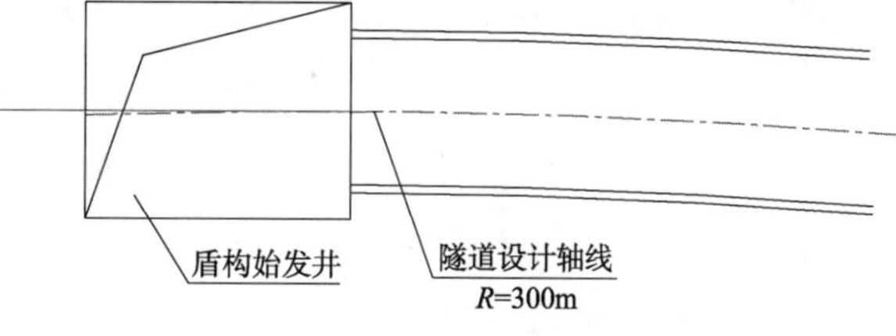

图1　盾构始发井与隧道设计图

3　工程难点分析

（1）本工程地层为砂砾及少量的中粗砂，施工断面富含地下水。盾构机在曲线始发时，需防止洞口坍塌、涌水，控制地面沉降。

作者简介：吴钦刚（1983—），男，本科，工学学士，工程师，项目总工。主要从事盾构施工现场管理与技术工作。Email：274344678@qq.com。

(2)盾构始发井及始发段全部位于 $R=300\text{m}$ 的曲线段，由于始发条件限制，盾构始发基座、负环管片及反力架均难以布置成相应的曲线，使得盾构机始发时只能沿直线推进，轴线偏差控制较为困难。

(3)因盾构机在小半径曲线上始发，盾构推进时产生的反力大小和方向具有较大的不确定性，对负环管片的拼装和反力架的安装强度要求高。

(4)盾构机最小拐弯半径为 250m，在半径仅为 300m 的小曲线上推进时，合理选择各项参数、严格控制盾构机的姿态至关重要。

4 盾构曲线始发关键技术分析

盾构在曲线上始发时，与正常的始发技术相比应重点控制以下几点：

(1)洞门土体合理加固。

(2)始发割线选择。

(3)始发基座、反力架安装。

(4)盾构推进参数选择及姿态控制。

4.1 洞门土体加固

因该地层富含地下水，土体不稳定，为确保盾构始发洞门围护桩凿除后洞门土体的安全和盾构始发阶段姿态的稳定，本工程采用 ϕ800mm 素混凝土桩与旋喷加导管注浆的联合加固方案。同时考虑到始发洞门与隧道轴线不垂直，为防止盾构始发时因刀盘受力不均匀而发生跑偏，姿态难以控制，故采取洞门加固体与盾构始发路径垂直的措施。

4.2 始发割线的确定

盾构始发时只能以直线(曲线的割线)推进，为控制盾构姿态在合理范围之内，始发割线的选择尤为重要，始发割线示意图如图 2 所示。

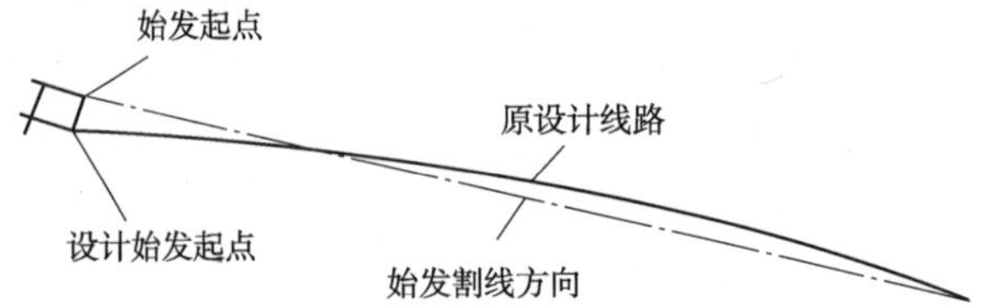

图 2 盾构始发割线示意图

本工程采用的盾构机为主动铰接形式，盾体全长 9.72m。在盾体沿始发基座前进至全部进入土体之前不能进行纠偏，因而要控制盾构始发割线与设计轴线在能进行纠偏操作之前的最大偏差在允许的范围之内。采用的始发割线如图 3 所示，始发割线与洞门中心处设计轴线偏差为 13mm，割线与设计轴线最大偏差为 32mm，在偏差允许范围之内(<50mm)，割线与设计轴线在第 9 环处相交，此时盾构机全部进入土体，可开始进行纠偏操作，使盾构机沿设计轴线推进。

4.3 始发基座、反力架的安装

因盾构在入洞之前是沿始发基座前进，因而要求基座安装尺寸精准。始发基座中心线位于隧道设计轴线的外侧，其坡度与隧道设计坡度一致，但比设计高程高 20mm，并将基座导轨延伸至洞门钢环处，以防止盾构机向下扎头时姿态偏差过大。基座与始发井底板的预埋铁牢固焊接，并在两侧设钢支撑，以确保在盾构始发时不发生滑移。

受始发井结构限制,本工程反力架受力复杂。反力架右侧立柱可与始发井侧墙通过钢支撑水平支撑,立柱水平方向均匀受力;左侧立柱只能通过斜撑与站台底板支撑,立柱受水平和垂直方向的力,要防止立柱底部因焊接不牢而被“拔起”。反力架的平面与始发割线垂直,防止两侧受力不均。为确保盾构始发的成功与安全,该反力架采用具有足够强度和刚度的组合型钢框架结构,按盾构最大反力 37500kN 设计。

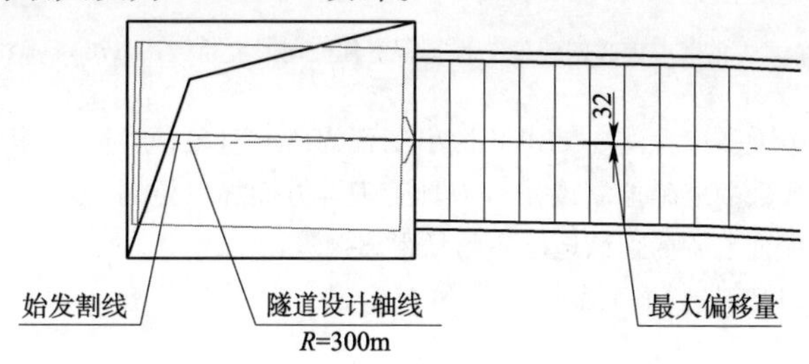

图 3　本工程盾构始发割线设计形式

4.4　盾构推进参数选择及姿态控制

4.4.1　盾体离开基座前姿态控制

盾构离开始发基座前基本沿始发割线直线前进,在此期间盾构掘进以平稳、慢速为原则。推进时通过千斤顶的选择来对盾构姿态稍作调整,一般选用下部千斤顶,以防止刀盘接触到土体前扎头。在刀盘接触到土体时,刀盘转速设定为 0.6 ~ 0.8r/min,以较大扭力切割洞门加固体,防止刀盘扭矩过大而使盾体产生较大回转。刀盘开始切削土体时,适当加注泥浆、泡沫,从而降低扭矩,改善土体流动性。刀盘全部进入土体后,开始建立土压,上土压设定为 0.05MPa,并根据地面沉降情况适当调整。推进速度控制在 30mm/min 左右。

4.4.2　盾体离开基座后姿态控制

盾尾离开基座后,盾体处于相对自由的状态,此时姿态控制尤为关键。应当及时开启铰接装置,进行纠偏操作,以使盾构机尽快进入设计轴线。特别是对于半径为 300m 的小半径曲线,必要时用超挖刀。刀盘转速设定为 1r/min,调整加泥、泡沫注入量,使土体的塑流化改造达到最佳状态。上土压设定为 0.06MPa,并建立稳定的土压。根据推力大小将推进速度设定为 50mm/min 左右,并逐渐提高。注入减阻泥浆,减小推力,防止反力架受力过大。加强地面沉降监测,及时、适当调整推进参数。

5　结语

沈阳地铁 2 号线 3 标盾构在 300m 半径曲线上始发得到了业主和同行的充分肯定。隧道轴线水平方向最大偏差 23mm,高程最大偏差 12mm,地面最大沉降 5mm,管片错台均控制在允许范围内。基座与反力架安装合理、牢固,未发生较大变形。始发的成功为盾构正式掘进的快速、高效、安全施工奠定了基础,也为今后类似工程提供了可借鉴的经验。

参 考 文 献

[1] 刘建航,侯学渊. 盾构法隧道[M]. 北京:中国铁道出版社,1999.

[2] 于书翰,杜谟远. 隧道施工[M]. 北京:人民交通出版社,2001.

砂岩地层盾构施工技术

李德洋　郑仔弟　葛国华　赖江龙

（北京市市政四建设工程有限责任公司　北京　100176）

摘　要：本文以重庆电力隧道龙溪变 110kV 送出工程为研究对象，通过对盾构刀盘刀具的合理布置、掘进参数及注浆参数的准确控制以及对刀具管理等方面加以控制，很好地解决了盾构在砂岩地层中施工问题，并保证了盾构在该地层中的长距离掘进。

关键词：盾构；砂岩；刀盘刀具；施工参数

1　引言

随着我国城市化进程的脚步，城市内电缆架空线路对城市建设造成了干扰和局限，因此使用地下电缆的敷设形式来代替架空线路的必要性日趋显现。从具体使用性能上看，采用电缆隧道敷设不占用城市地面空间，可根据实际需要对输送容量、对隧道电缆进行调整，同时减小周边环境的制约，且不受气候变化等因素影响。

目前重庆的电力隧道建设主要采用矿山法施工。重庆市的地质比较复杂且以砂岩为主。传统的矿山法已显现了诸多弊端，采用新的施工方法来予以替代已成为必然趋势。渝北区龙溪变 110kV 送出工程电力隧道工程首次采用盾构法施工，在该地层中盾构掘进极其困难，对刀盘刀具磨损大，值得研究解决的问题较多。

2　工程概况

2.1　工程范围

重庆市渝北区龙溪变 110kV 送出工程电力隧道，采用土压平衡盾构机进行施工，本工程为重庆电力隧道建设首次采用盾构法施工。此工程区间最小转弯半径为 151m，最大坡度 20.15‰，其中北环立交至骑龙电缆隧道接口段隧道采用直径 ϕ4150mm 土压平衡盾构机施工，隧道总长 1697m，大庆村隧道接口至洪恩寺隧道采用直径 ϕ3640mm 盾构机施工，隧道总长 1683m。

2.2　工程地质

龙溪变 110kV 送出工程电力隧道洞身穿越地层，场地出露的基岩主要为侏罗系中统沙溪庙组粉砂岩、泥岩，岩层产状为 87°∠10°。

泥岩：红褐色、紫红色、以黏土矿物为主，含少量长石、石英等。粉砂泥质结构，厚层状～块状构造。岩层局部含砂较重，或夹少量的砂岩夹层和泥质粉砂岩透镜体。据钻探揭露，在拟建电缆隧道全段均有分布，厚度 1.0（SZY95）～24.50m（SZY14）。

砂岩：灰色、灰白色。矿物成分以石英为主，次为长石并含云母等。中粒砂状结构，厚～块

作者简介：李德洋（1985—），男，本科，工学学士，工程师，项目总工。主要从事盾构施工现场管理工作。Email：957085682@qq.com。

层状构造，钙质、泥质胶结，水平及斜交层理较发育。岩层局部含泥较重，或夹有少量泥质砂岩条带及透镜体。据钻探揭露，在拟建电缆隧道全段均有分布，厚度为1.20(SZY16)~24.20m(SZY77)。

根据钻探获取岩芯的实际情况，将场地内基岩划分为强风化带和中等风化带，强风化岩层较破碎，岩芯多呈碎块状、饼状，少量短柱状，岩石手捏易碎，质软，有少量裂隙发育。中等风化岩层较完整~完整，岩芯多呈长、短柱状，锤击声脆，手难折断，质硬，裂隙不发育。场地基岩强风化带厚度一般0.60(SZY33)~3.30m(SZY16)，见表1。

中等风化砂岩岩指标试验成果数理统计　　表1

室内统计编号	岩性	天然块体密度 (g/cm³)	饱和块体密度 (g/cm³)	单轴抗压强度 (MPa)		抗拉强度 (MPa)	变形模量 (10^4MPa)	弹性模量 (10^4MPa)	泊松比	三轴抗剪强度指标	
				天然	饱和	天然				内摩擦角 φ(°)	黏聚力 c(MPa)
样本数 n		36	36	36	36	18	15	17	18	6	6
最大值 μ_{max}		2.57	2.58	56.70	45.36	3.95	0.42	0.48	0.32	38,60	11.50
最小值 μ_{min}		2.42	2.44	23.20	16.94	1.79	0.23	0.23	0.22	37.40	6.00
平均值 μ		2.51	2.52	37.28	28.47	2.94	0.32	0.36	0.25	37.97	8.79
标准差 σ		0.042	0.042	9.171	7.600	0.733	0.074	0.087	0.028	0.484	2.197
变异系数 δ		0.017	0.017	0.246	0.267	0.249	0.229	0.242	0.112	0.013	0.250
风险概率的修正系数 ψ_s				0.916	0.909	0.877	1.124	1.123	1.055	0.987	0.750
标准值		2.51	2.52	34.16	25.89	2.58	0.36	0.40	0.27	37.48	6.59

注：按《工程地质勘察规范》(DBJ 50-040—2005)第9.1.4~9.1.9条统计，建筑物安全等级为一级，风险概率取0.025，置信概率取0.975。

在实际施工中，局部发现单轴饱和抗压强度为65MPa的岩石，该地层的复杂性，对盾构机的配置和刀盘刀具管理提出了更高的要求。为有效地提高掘进速度，必须做到科学合理的刀盘刀具配置、选用耐磨性能高的刀具、掘进中加大对刀具的管理。

3　盾构机选型

针对本标段工程的要求、地层特点以及盾构机造价等因素，经过综合考虑，最终选择了日本IHI公司设计，外径为4150mm的复合式土压平衡盾构机。

3.1　盾构机组成

盾构机由主机和后配套设备组成。其中主机包括刀盘、刀盘驱动、盾体、推进系统、操作室、螺旋输送机、管片拼装机等，后配套设备系统包括出渣系统、渣土改良系统、管片输送系统、注浆系统、液压系统、控制系统、供电系统、压缩空气系统、水循环系统和通风系统等。

3.2　盾构机相关参数

质构机主要性能参数为：

(1)盾构机总长：10565m。

(2)刀盘外径：4180mm。

(3)盾构机外径：4150mm。

(4)刀盘开口率：19%。

3.3 关于刀盘

刀盘钢结构材料采用 SS400 钢,整个刀盘为面板式结构,受力布局合理。在刀盘上焊接安装滚刀及刮刀的刀座。刀盘与主驱动通过中心结构件扭力臂式法兰盘连接,以传递足够的扭矩和推力。开口槽为沿盘面 6 根辐条分布 12 个长条扇形孔开口槽,开口槽壁板设计成与盘面钢板倾斜(后扩张八字)的形式,有利于泥土平顺地进入土仓,减小刀具及刀盘磨损。刀盘充分考虑砂岩的特点,在容易磨损的部位大量堆焊了网格状的耐磨焊。并在刀盘圆周设计了环圈耐磨焊。这大大提高了刀盘的耐磨性和使用寿命。

3.4 关于刀具

针对刀盘不同区域(中心区、正面区及边缘区),滚刀、刮刀对土层的作用不同,在充分对该区间的地质结构进行详勘的前提下确定了刀具的布置:中心区布置 3 把双刃滚刀、正面区布置 20 把单刃滚刀、边缘区布置 6 把边缘滚刀及 20 把边缘刮刀。滚刀切削刃高出刀盘面板 80mm,刮刀切削刃高出刀盘面板 60mm。滚刀与刮刀设计高差为 20mm,在盾构施工过程中更好地起到切削的效果。滚刀以碾压形式对岩石进行破碎,刮刀对滚刀破碎面进行松动。边缘刮刀保证开挖掌子面的圆度校正。图 1 为 IHI 刀盘示意图。

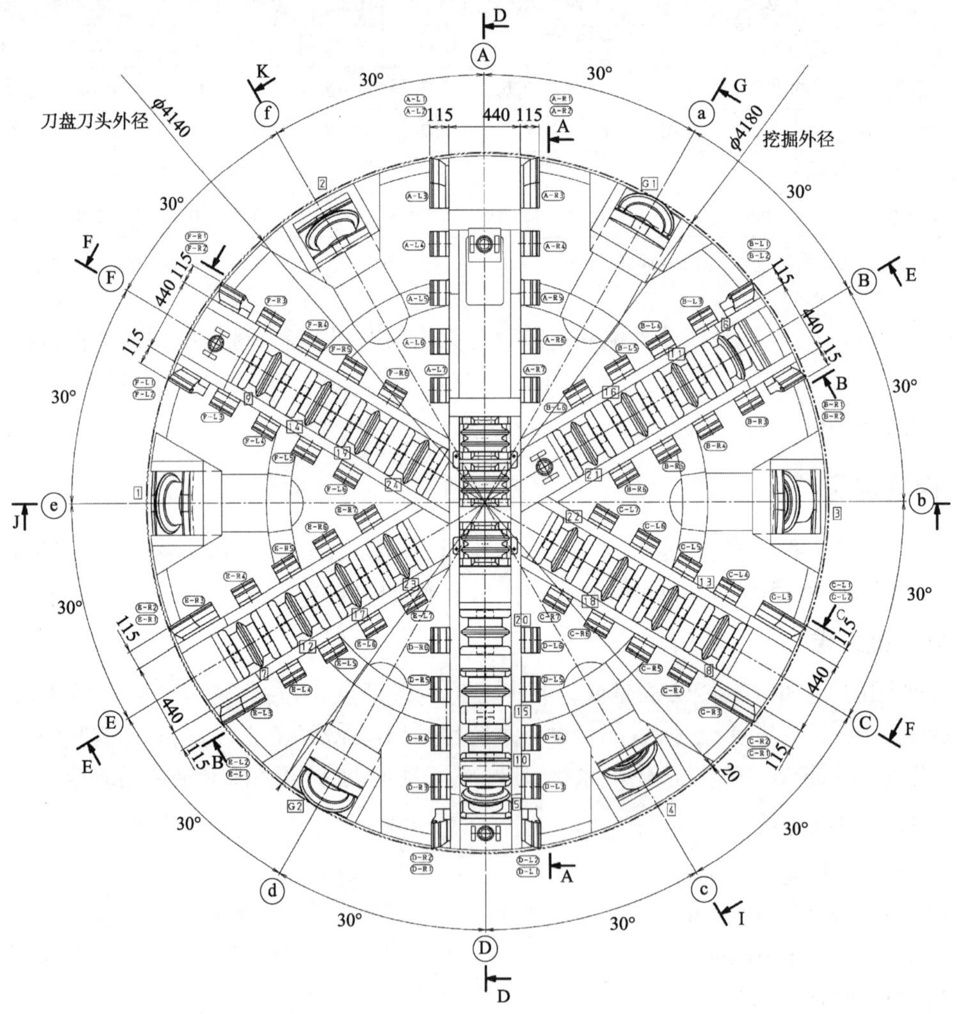

图 1　IHI 刀盘示意图(尺寸单位:mm)

4 盾构掘进控制

4.1 盾构施工参数控制

盾构在砂岩地层中施工需要的推力大，刀具的损耗严重，管片间错台与破损情况较严重，盾构施工时，需对掘进参数进行有效的控制。根据龙溪变110kV送出工程的实际施工情况，总结出如下施工经验。

(1)在稳定砂岩地层选择半仓欠土压模式的掘进方式，这样既可以提高推力在盾构机掘进中的利用率，又能较为容易地施加推进力，保证刀具对岩体开挖效果，减小刀具的磨损。

(2)将刀盘转速尽可能提高，施工时一般将其设置为2.5～2.8r/min，有效地控制刀盘的扭矩。

(3)掘进中要对盾构刀盘刀具的贯入度进行控制，保证刀具破岩效果，一般情况推速控制在30mm/min内，同时根据掘进反馈的参数，适当加快或减缓掘进速度。

(4)总推力一般控制在6000～8000kN，刀盘扭矩控制在500～800kN·m。

(5)合理调节盾构铰接千斤顶，控制刀盘趋势，以满足对硬岩部位的切削，保证盾构推进过程中的隧道轴线的控制能力。密切注意出土量，如下部岩层较硬，掘进速度比较慢，而上部土体受到扰动容易造成坍塌，此时要注意控制每环的出土量在额定的范围内，否则会造成地面的坍塌或沉陷。

4.2 掘进控制过程控制

(1)施工中如发现在螺旋开口率相同情况下，螺旋排土困难，砂岩的流塑性差。则需要针对泡沫剂的用量进行调整来改良岩渣的流塑性，或采取向土压仓内注入压缩空气等方法，对螺旋机出土进行控制。

(2)在岩石地层掘进中，围岩对盾构机回转干扰较大，刀盘运转过程中容易发生自转和振动较大的情况。掘进中应严格控制盾构的掘进姿态，在进行纠偏时遵守勤纠少纠操作。防止过快、过量纠偏造成刀具的损坏，降低管片拼装的质量(容易发生管片破损、错台现象)等。同时针对盾构机的自转偏离，采取反转刀盘及启动防旋转系统来调节盾构机的倾角。

(3)由于围岩的强度较高，滚刀在挤压破碎岩体时会释放大量的热，导致刀具温度急剧升高，同时加速了刀具的磨损，也导致土仓温度升高，土仓温度很容易达到报警温度，隧道的温度也很容易达到40℃，严重影响到盾构正常施工。针对岩石地层掘进需及时加入泡沫剂和膨润土等来改良土壤和减小刀具与围岩的摩擦。对于环境温度的升高采取添加冷却循环水系统进行降低，保证正常的盾构施工。

4.3 注浆控制

在砂岩地层施工，刀盘切削掌子面成形稳定，管片拼装后外壁与围岩存在15mm的空隙，需要及时进行填充，防止管片在千斤顶的作用下发生上浮现象，掘进时管片会出现摆动，甚至影响管片的拼装质量，出现管片渗水、错台、破损等问题。

及时并足量的同步注浆可以有效地避免上述问题：根据推进速度严格控制注浆速度，根据地层埋深调节注浆压力，根据注浆压力控制注浆量。如同步注浆不充分，围岩与管片间未进行完全填充，存在部分空隙或地层渗透力较大及结构变化导致注浆参数的设置不合理、注浆不及时。因此需要及时进行二次注浆，完成管片与围岩空隙的再次填充。避免空隙较大引起的管片质量问题和地面沉降。良好的同步注浆将保证浆液在围岩和管片间形成一层致密的填充层，并形成盾构隧道的第一道防水层。砂岩地层同步注浆的浆液在调配时需采用凝结较快配比。

5 刀具管理

在砂岩地层施工，刀具的长距离掘进很大程度归功于施工管理。在长距离砂岩施工中造成刀具的磨损可以归结为三点：刀具的质量及适应性、围岩的坚硬程度、盾构操作手操作。为保证盾构有效施工，必须采取针对性的技术管理措施。

5.1 加强刀具的管理

盾构穿越砂岩地层时，对刀具破坏较大，因此在施工前，需提前进行刀具储备，保证刀具备有量。对于拆下来的滚刀进行返修，满足设计要求后重新使用，提高刀具的利用率，降低整体造价。

5.2 制定刀具更换标准

(1)正常磨损刀具更换标准。盾构在砂岩地层中掘进，处于正常磨损情况下刀具，一般更换标准为：外周边扩径滚刀磨损 12 ~ 15mm、正面滚刀和中心双刃滚刀磨损 18 ~ 20mm，磨损值处于上述范围，此时刀圈的刀刃变宽，导致冲击压碎和切削岩石能力降低，盾构掘进时的推力和扭矩增大，从而加大了盾构液压系统和电机系统的负荷，导致盾构掘进降速或停机。

(2)非正常磨损刀具更换标准。盾构在砂岩地层中掘进，如果发生滚刀失效，则会造成对相邻刀具切削岩石的负荷加剧及其相邻刀具的正常使用，导致刀具连锁性失效，影响正常掘进。当发生刀圈的刀刃偏磨、轴承失效、刀具内部润滑油脂泄漏等情况时，需要将刀具及时更换，保证后续正常施工。

5.3 建立定期和不定期刀具检查制度

(1)建立定期刀具检查制度。根据隧道掘进地层条件及地表有建(构)筑物地段位置，制定定期刀具检查制度，掘进一定距离后，对刀具的磨损情况进行检查，通过检查，确认刀具磨损及使用情况，根据实际情况，判断是否进行更换。刀具更换后，需进行试运转以对刀具安装情况进行检查，如存在刀具安装不到位等情况时，需及时对刀具螺栓进行复紧。

(2)建立不定期刀具检查制度。根据盾构掘进过程中扭矩、推力、贯入度等施工参数以及排渣情况来判断刀盘的使用情况和刀具磨损情况。掘进参数发生突变时，对刀具进行开仓检查，确认刀具使用情况。

盾构机在砂岩段掘进，通过制定定期和不定期刀具检查制度，对刀具进行检测及分析，在刀具失效前，对刀具进行更换，是保证盾构施工安全、提高掘进效率的必要措施。

5.4 建立健全刀具的更换流程

刀具在更换过程中，处于土仓内进行，作业空间狭小，且滚刀重量重，滚刀拆卸、转运、安装难度较大，突发事件多，在进行中心刀更换时，难度更大。因此，建立健全刀具的更换流程，不仅能够有序的进行刀具更换，保证换刀人员的安全，而且可以对盾构掘进提供更多的时间保障，从而提高施工效率。

参考文献

[1] 赵全民. 软硬岩条件下土压平衡盾构施工控制要点及对策[J]. 隧道建设，2005，25(增)：

47-48.
[2] 王小忠.盾构机在长距离砂岩中掘进的探讨[J].铁道工程学报,2006,94(4):52-56.
[3] 周文波.盾构法隧道施工技术及应用[M].北京:中国建筑工业出版社,2004.
[4] 靳世鹤.广州地铁砂岩段土压平衡盾构掘进施工的对策[J].都市快轨交通,2007,20(3):64-66.
[5] 刘文勋.长距离硬岩地层的盾构隧道施工技术[J].铁道建筑技术,2011(1):105-108.

盾构隧道管片错台控制方法浅析

李小岗　侯明鑫　张长强

（中国中铁隧道集团有限公司　河南洛阳　471000）

摘　要：管片错台是一直困扰盾构隧道施工的技术通病，且由错台引起的管片破裂、隧道漏水和盾尾刷损坏等问题对施工和运营的影响日益突显，并直接影响工程质量。本文结合工程实例，分析管片错台的原因，对防治管片错台提出了相应的对策和措施。

关键词：盾构；管片；错台；防治

1　引言

盾构隧道拼装管片错台一直是困扰盾构隧道施工的技术问题，且由错台引起的管片开裂、拼装困难和防水隐患等问题对施工和运营的影响日益突显，并直接影响工程质量。下面结合工程实例，分析管片错台的原因，对防治管片错台提出相应的对策和措施，以提高盾构隧道的使用效果，延长隧道使用寿命。

2　工程概况

2.1　工程简介

南昌轨道交通2号线4标段包含2站1风井4区间，即雅苑路站、红谷中大道站、中间风井、地铁大厦站—雅苑路站区间、雅苑路站—红谷中大道站区间、红谷中大道站—中间风井区间和中间风井—阳明公园站区间。地铁大厦站—雅苑路站区间线路从地铁大厦站出发后，沿丰和中大道向北，下穿会展路后至雅苑路站。本标段线路走向具体如图1所示。

图1　工程位置

地铁大厦站—雅苑路站区间隧道工程，隧道左、右线长度分别为653.640m和659.949m，最小平曲线半径399.857m，最大纵坡5.087‰，隧道覆土10.3～15.9m。本区间主要在道路下

作者简介：李小岗（1971—），男，1996毕业于西南交通大学，学士，高级工程师。长期从事市政工程施工管理及科研工作。Email：184258625@qq.com。

穿行,地下管线较多,道路周边主要为办公楼和住宅。

2.2 隧道设计概况

地铁大厦站—雅苑路站隧道区间盾构段采用一台直径 6.28m 的土压平衡盾构施工。隧道衬砌采用预制钢筋混凝土管片,管片结构内轮廓直径为 5.4m,外轮廓直径为 6m,衬砌厚度为 30cm,环宽 1.2m,每一环由 6 块组成,分为 3 块标准管片,2 块邻接管片,1 块封顶管片。管片采用 C50 防水混凝土,抗渗等级 P10。采用错缝拼装,M27 和 M24 双头弯曲螺栓连接;环缝及纵缝间防水材料采用三元乙丙弹性密封垫。

2.3 工程水文地质情况

2.3.1 工程地质概况

地铁大厦站—雅苑路站区间隧道所在场地地层分布较稳定,分层界限明显,土层起伏变化不大。隧道区间地质情况自上而下依次划分为素填土、粉质黏土、粉砂、细砂、中砂、粗砂、砾砂、圆砾、强风化砂砾岩、中风化砂砾岩。隧道主要穿越中砂层、粗砂层、砾砂层、砾砂层、圆砾层、中风化砂砾岩。粗砂、砾砂、圆砾均处在地下水位以下,饱和状态,富水性好,为强渗透性,在一定动水压力下,各类砂砾石层均具有产生流砂的可能。本区间隧道地质情况如图 2 所示。

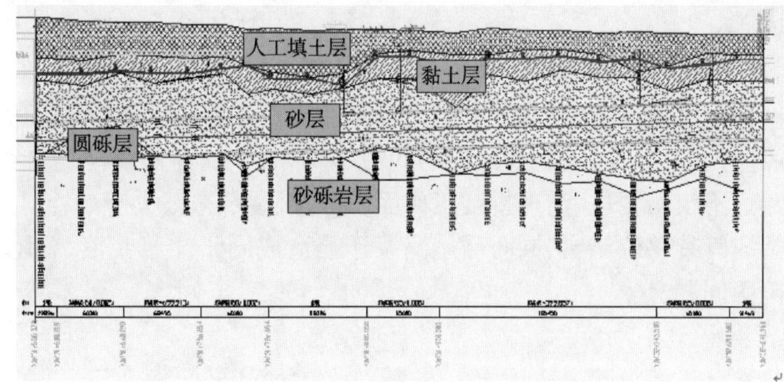

图 2 区间隧道地质剖面图

2.3.2 工程水文概况

本区间施工场地附近除 1.5km 处为赣江外无明显地表水系。根据地下水赋存条件、水动力特征,按地下水类型可分为孔隙微承压水、基岩裂隙水两种类型。

3 引起管片错台的原因

管片错台是拼装好的同一环管片的各片,或者是管片与管片之间的内弧面不平整,前者称为环向错台,后者称为纵向错台。管片的错台一般是由于受力不均匀造成的,当某点的集中荷载超过了极限值后,导致管片相对位移,产生错台。

管片错台不仅影响隧道的外观质量,而且会引起以下更为严重的问题。

3.1 管片渗漏水

管片间止水主要采用三元乙丙橡胶弹性密封垫,每块管片侧面相同位置都有一圈三元乙丙橡胶弹性密封垫,通过相邻管片互相挤压使其间的橡胶弹性密封垫接触压密以起到止水作用。橡胶弹性密封垫接触压密后宽度仅为 33 ~ 39mm,当管片错台超过 15mm 时,三元乙丙橡胶密封垫之间的压密效果就受到影响,在地下水压较大时,容易造成管片渗漏水,如图 3 所示。

3.2 管片破裂

盾构机的推进是靠液压千斤顶作用在管片上，依靠管片提供反力使盾构机向前推进，一旦刚拼装好的管片出现错台现象，就很容易导致相邻管片间产生集中应力，使管片边缘发生破裂、崩角等质量问题，如图4所示。

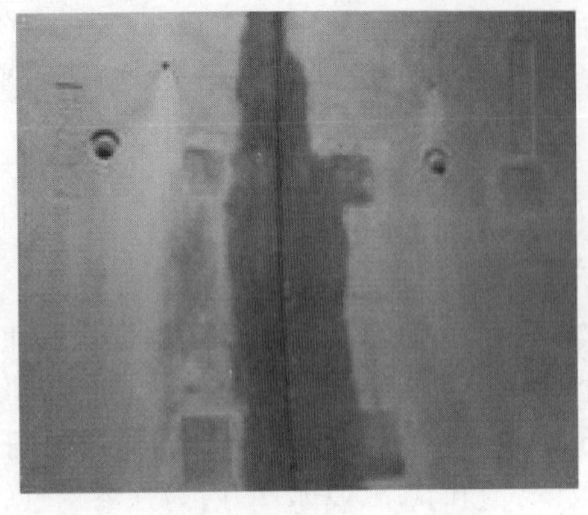

图3 管片衬砌发生错台及渗漏水

图4 管片衬砌发生错台及开裂

3.3 盾尾刷损坏

由于盾壳对管片有约束力，所以管片错台主要是脱出盾壳后才会产生。但管片环向形态具有一定的惯性，即在纵向连接螺栓的作用下，盾壳外的管片环向错台会导致盾壳内的管片环产生径向运动的趋势，造成盾尾与管片之间的间隙不均匀，从而易对盾尾刷产生挤压损坏，进而导致盾尾漏浆，这不仅给掘进、清理拼装工作面、管片拼装带来很大影响，而且直接影响同步注浆效果，从而造成管片移位错台，同时盾尾漏浆还会造成同步注浆浆液、盾尾油脂的大量消耗，以及地面沉降等问题。

3.4 管片上浮

管片上浮有时可造成管片连续错台，尤其在较硬和上软下硬地层中。由于地层较软，有经验的盾构司机会加快掘进速度以帮助姿态控制，而壁后浆液往往因为初凝时间较长而产生大于管片自重的上浮力，此时如果没有立即采取防止隧道管片上浮的措施，隧道管片的上部就会发生连续的“叠瓦式”错台。

4 管片错台的原因分析

在施工过程中引起管片错台的原因很多，如人员、设备、材料、工艺方法和地质环境等都有可能引起管片错台。下面就几种常见的引起管片错台的原因进行分析。

4.1 管片选型不当

管片选型不当，管片拼装的中心与盾构机中心不同心，管片与盾尾相碰，为了安装管片，人为将管片径向偏移，造成错台。

4.2 管片拼装不规范

管片拼装是控制管片错台的重要环节，管片拼装手操作熟练程度及责任心直接影响管片拼装成型的质量。

管片拼装不规范主要有以下几点。

(1)管片拼装前，没有将盾尾的污水、砂浆等杂物清理干净。

(2)管片拼装时,管片未正确摆放,螺栓孔未对准,导致管片螺栓难以插入。

(3)管片拼装完成后,管片螺栓未全部拧紧,管片脱出盾尾后,未及时对管片螺栓进行复紧。

(4)封顶块强行插入。

(5)管片内翻、外翻等不规范的拼装作业,都是导致管片错台不可忽视的直接因素。

4.3 盾构机姿态控制不佳

盾构机的掘进姿态控制是盾构施工技术的重、难点,盾构机的姿态变化直接影响盾尾间隙的变化。实际掘进时,盾构机是围绕设计轴线呈蛇形前进,如果盾构机的姿态控制不好,盾构机的运动轨迹波动幅度过大,因盾构机纠偏较大、较快,而盾尾产生较大径向位移,在管片螺栓连接的作用力下,管片的空间形态已基本由上环管片决定,这就导致管片与盾尾之间的间隙不均匀,严重时某个方向无间隙。若盾尾间隙过小,造成管片拼装困难、迎水面被盾尾挤压导致错台现象,严重的会导致管片挤压刮坏、盾尾刷磨损变形等问题,进而产生管片渗漏水、盾尾漏浆等问题。

4.4 管片环面与盾构掘进方向不垂直

在小半径曲线段掘进或盾构纠偏过急时,若管片楔形量不能满足转弯需求,会造成管片环面与盾构掘进方向不垂直。盾构机向前推进的推力通过千斤顶作用在刚拼好的管片衬砌横断面上,如果盾构掘进方向与管片环面之间不垂直,则其作用于管片上的巨大反推力可分解为纵向和径向两个分力(图5),纵向分力可通过管片衬砌横断面不断传递直至消散,而纵向分力大于管片间摩阻力、壁后浆液与地层作用等阻力时,将必然造成管片环缝错台。

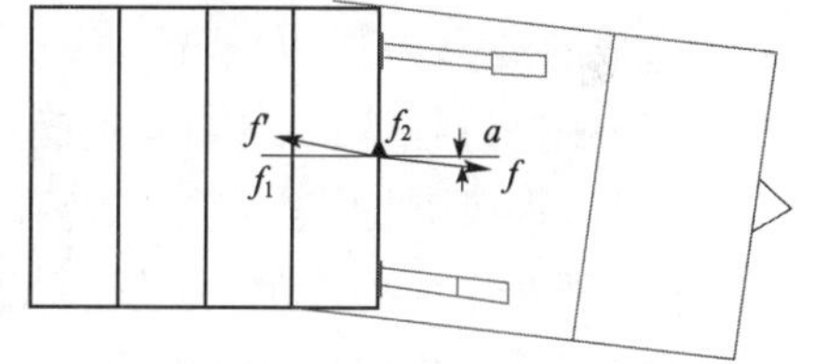

图5 盾构掘进推力分解示意图

5 管片错台的防治措施

5.1 规范管片拼装程序

(1)管片拼装前,先清理拼装位置的泥土与污水,并清理前一环管片迎水面与盾尾间隙中的杂物,如遇漏水或漏浆现象及时注入盾尾油脂止水,在确保盾尾无杂物、无积水的情况下,才能拼装管片。

(2)管片拼装应遵循“由下至上、左右交叉、最后封顶块”的顺序,运用管片安装微调装置,将待装的管片块与已安装管片块的内弧面调整到平顺相接,螺栓孔位置对正,螺栓穿插容易。

(3)管片拼装时,严禁收缩非管片安装位置的推进油缸。动作应平缓,避免与已定位管片发生碰撞。

(4)封顶块安装前,应对止水条进行润滑,实测并确保两邻接块间间距,安装时先径向插入,位置调整好后缓慢纵向顶推,严禁借用推进千斤顶强行顶推。

(5)在管片脱出盾尾后,应及时对管片连接螺栓复紧。

(6)管片拼装过程中,必须严格控制管片拼装的垂直度、椭圆度及螺栓的拧紧力矩,避免出现横、竖鸭蛋,管片内翻、外翻等现象。

5.2 加强注浆管理

(1)选择适当的同步注浆浆液。浆液初凝越快,就能越早地抑制管片上浮。

(2)根据同步注浆情况适当控制掘进速度。如果壁后浆液不能及时固结和稳定管片,应适当降低盾构机掘进速度,确保管片脱出盾尾时形成的空隙量与注浆量平衡。

(3)同步注浆发生漏浆现象时,要加大漏浆位置的盾尾油脂注入量,同时减小同步注浆量。同步注浆量不足时,应及时进行盾尾二次注浆,确保注浆饱满。

5.3 盾构姿态平稳控制

掘进时盾构机围绕设计轴线呈蛇形前进,姿态控制应做到勤纠、缓纠,千斤顶分组控制及铰接灵活运用等方式。在隧道轴线控制在设计允许偏差范围内前提下,尽量使盾构机掘进轨迹保持平顺,避免盾构机姿态突变。

控制盾构姿态的主要目的为控制好盾尾间隙,通常,若盾尾间隙差超过20mm,则会出现不同程度的错台,当盾构姿态良好时,管片在盾尾内拼装将更容易。盾构机掘进姿态调整与纠偏应掌握下面几个原则。

(1)以盾尾间隙控制为主,线形控制为辅。

(2)在掘进过程中,随时注意滚动角的变化,及时根据盾构机的滚动角值调整刀盘的转动方向。

(3)掘进过程中一次纠偏量不能过大,即油缸行程差不能过大,应控制在60mm以内。

(4)在纠偏过程中,掘进速度要放慢,并且要注意避免纠偏时由于单侧千斤顶受力过大对管片造成的破损。

(5)掘进过程中,各区力差不能过大,应控制在100bar以内。

(6)合理选择点位进行管片拼装,避免对盾构机姿态造成过大的影响,从而影响管片拼装质量。

(7)密切注意盾构机的姿态、管片的选型及盾尾的间隙等,盾尾与管片四周的间隙要均匀。

(8)当盾构机偏离设计轴线较大时,不得猛纠、猛调,避免往相反方向纠偏过大,纠偏应及时,并且单环纠偏量不应大于10mm。

5.4 保持管片法面与盾构掘进方向垂直

在盾构施工过程中,应特别注意管片法面的调整,每环掘进完成后,应及时量测管片法面并调整。盾构机姿态、管片姿态与隧道设计轴线相重合在实际施工中是不可能的,要保持管片法面与盾构掘进方向垂直同样也是不可能的,但及时对管片法面进行调整,使作用在管片上的反力的径向分力尽可能减小,进而有效减少、减小管片的环缝错台是可能的。

6 结语

总之,每个工程都有其自身特点,发生错台的原因也都不尽相同,因此,在实际施工过程中,发现管片错台时,应及时分析发生错台的原因,并采取相应的有效措施,以控制管片错台,进而确保盾构隧道施工质量。

参考文献

[1] 日本地盘工学会.盾构法的调查、设计、施工[M].朱清山,等,译.北京:中国建筑工业出版社,2008.

[2] 黄融.上海长江隧道关键技术及创新[M].北京:人民交通出版社,2011.

[3] 刘建航,侯学渊.盾构法隧道[M].北京:中国铁道出版社,1991.

盾构始发近距离下穿地铁运营线路施工技术

王　强　刘少然

（中建交通建设集团有限公司　北京　100142）

摘　要：本文结合深圳地铁某盾构区间，盾构始发阶段即需近距离下穿既有地铁运营线路的工程实例，通过对新建隧道影响范围内的既有地铁隧道采用自动化监测，盾构始发前在运营隧道内对影响区的管片周围进行平衡动态注浆预加固，采用大型钢套筒始发装置和中盾壳体外注浆等组合措施施工，保证了地铁盾构始发阶段近距离下穿地铁运营线路施工安全，经济效益、社会效益和环境效益显著。

关键词：盾构；近距离下穿；运营线路；自动化监测；注浆；钢套筒

1　引言

在深圳地铁 9 号线上梅村站—上梅林站盾构区间施工过程中，采用了自动化监测、运营隧道内平衡动态注浆加固、大型钢套筒始发装置、中盾壳体外注浆等组合措施施工，保证了盾构始发阶段安全顺利近距离下穿深圳地铁 4 号线（龙华线）运营隧道，减少了对社会环境的影响。

2　工程概况

深圳地铁 9 号线梅村站—上梅林站区间隧道与 4 号线隧道基本正交，在 9 号线左线交叉点处（北），4 号线右线外缘距离 9 号线上梅林站基坑为 16.7m，在 9 号线右线交叉点处（南），4 号线右线外缘距离 9 号线上梅林站基坑为 19.1m，如图 1 所示。正在运营的 4 号线位于上梅林站西侧，中康路下方，为外径 6m 的盾构隧道。隧道拱顶覆土约 8.5m，轨面标高 9.048m，其

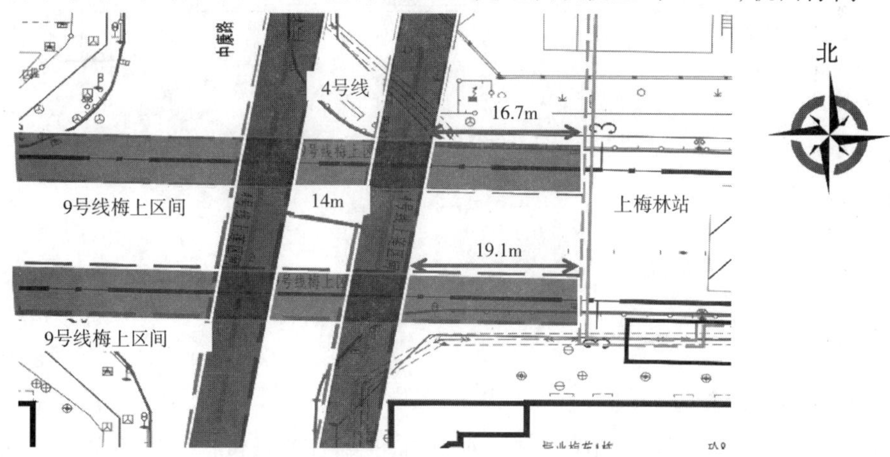

图 1　4 号线隧道与 9 号线线路关系平面图

作者简介：王强（1974—），男，本科，学士，高级工程师，项目总工程师。主要从事城市轨道交通施工技术与管理工作。Email：371336635@ qq. com。

隧道围岩为〈6-1〉可塑状砂砾质黏性土及〈6-2〉硬塑状砂砾质黏性土。9 号线隧道与 4 号线隧道上下净距最小仅为 2.497m,位于右线与 4 号线左线交叉处(图 2);最大净距为 3.108m,位于左线与 4 号线右线交叉处(图 3)。夹层地质为〈6-2〉硬塑状砂砾质黏性土层,9 号线隧道围岩主要为〈6-2〉硬塑状砂砾质黏性土及〈11-1〉全风化混合岩。

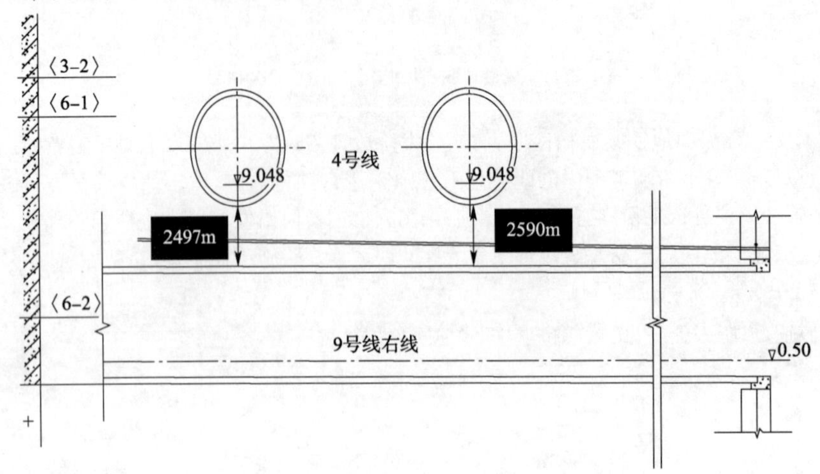

图 2　4 号线隧道与 9 号线右线关系剖面图

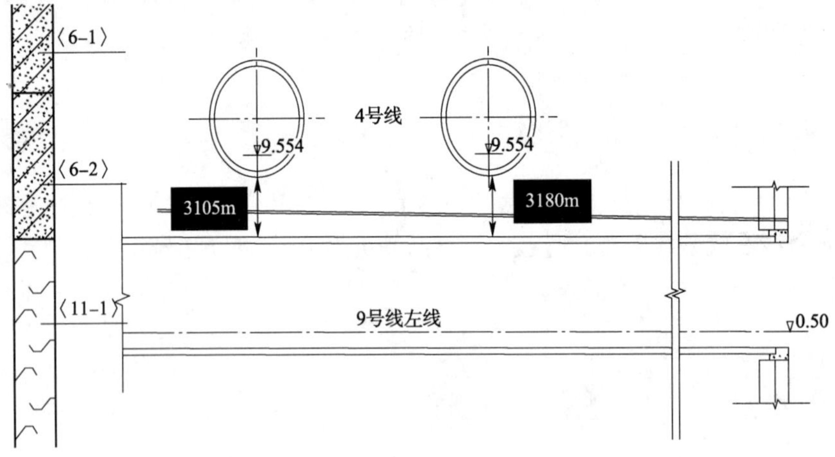

图 3　4 号线隧道与 9 号线左线关系剖面图

3　工艺流程

施工工艺流程如图 4 所示。

4　操作要点

4.1　前期调查与地质补勘

(1)对既有运营线路下穿影响区域进行前期调查,调查项目包括管片外观质量、管片椭圆度、管片渗漏水、管片背后密实程度、道床轨道现状、轨道平直度及轨面高差,形成鉴定报告。

(2)调查地铁线路运营的停止运营时间段、运营高峰期、运营重要时段及非重要时段,将穿越风险最大的时段尽量安排在运营的非重要时段。

(3)根据设计详勘情况,适当增加对既有运营线路周边土体的补堪,为既有隧道洞内预注浆、盾构掘进施工提供资料，以优化注浆参数及盾构掘进参数。

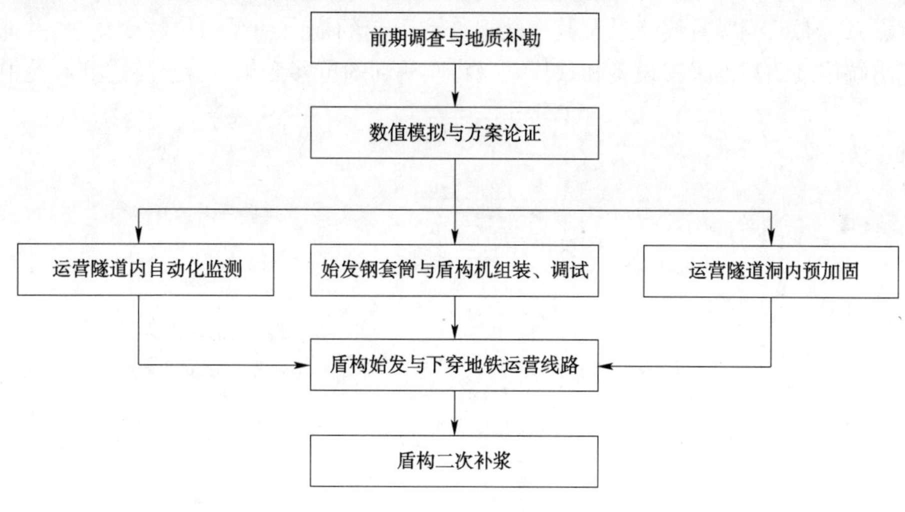

图4　施工工艺流程

4.2　数值模拟与方案论证

(1)为了摸清盾构隧道开挖至不同阶段，既有运营隧道的力学特征与变形模式，采用ABAQUS非线性有限元分析软件，结合土压平衡盾构开挖面稳定性及沉降控制的研究，进行数值模拟分析，为盾构实际下穿施工提供参考。

(2)通过数值模拟数据，得出盾构开挖对既有线的影响范围、盾构开挖间隙填充材料的性质(泊松比与黏聚力)、填充材料的弹性模量(等效为开挖间隙的充填量)对沉降控制的影响，以及盾构土压力的大小对既有线的影响。

(3)对施工方案可行性进行分析论证，确定实施方案，明确既有隧道洞内注浆加固施工参数、始发钢套筒控制要点、盾壳外间隙注浆参数以及盾构掘进控制参数。

4.3　运营隧道内监测点布点

4.3.1　测点布设

(1)对新建隧道影响范围内的既有地铁隧道采用自动化监测，需要监测隧道变形和管片接缝张开量，监测点断面布置示意图如图5所示。

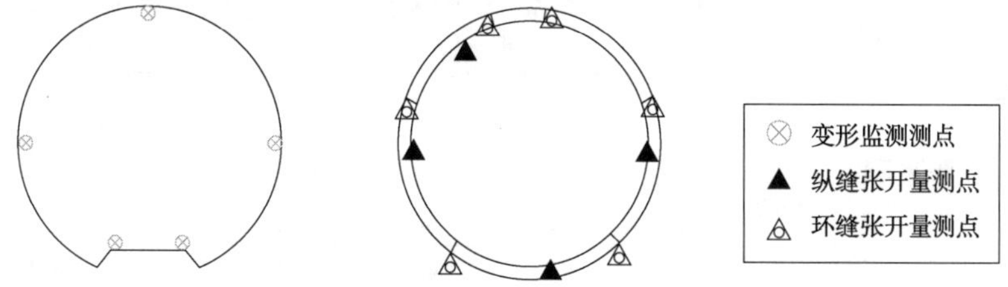

图5　地铁隧道自动化监测点断面布置示意图

(2)在监测断面处还需对相应的线路轨道静态尺寸进行监测，分别监测轨距变化和两轨横向高差变化，监测断面平面布置图如图6所示。

(3)自动化监测断面间距。通常在施工隧道两侧50m范围的既有线隧道中选择若干监测断面，在距离施工隧道中心30m范围，间隔12m左右设定一个主测断面，主测断面之间每间隔4m左右局部布点加密；在30～50m范围，主测断面的间距可适当加大，在每个监测断面圆周上设置若干观测棱镜(通常每个主测断面5个观测棱镜，道床2个，拱腰2个，拱顶1个)作为监测点。每个监测区域设置3个以上基准点，通过对设置在既有线隧道中轨道道床上的全站仪观测监测点来实时监测既有线隧道及其中轨道变形引起的横向和纵向位移变化量，并通过全站仪数据输出端连接的数据采集设备和数传电台将监测到的位移变化量数据传送到监控中心。

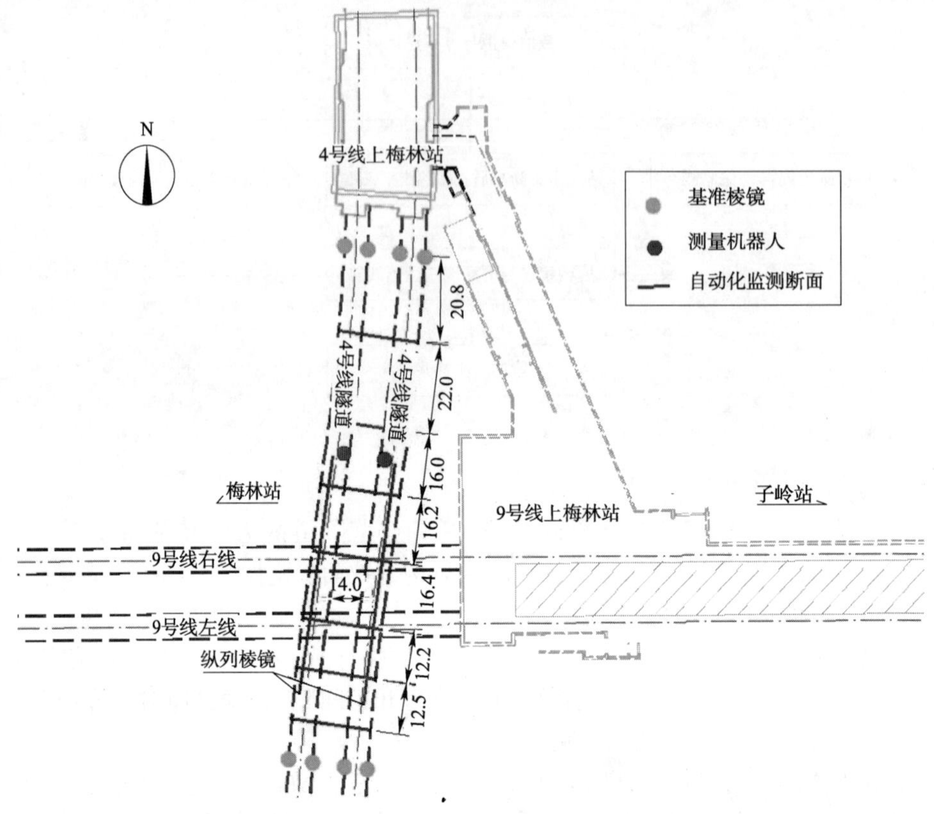

图6　下穿地铁运营线路(4号线)自动化监测断面平面布置图(尺寸单位:m)

4.3.2　监测项目及监测频率

远程监测项目汇总见表1。

远程监测项目汇总　　表1

序号	监测项目	监测仪器	监测目的	监测频率
1	既有线结构沉降监测	静力水准仪、自动全站仪	掌握施工期间既有线结构变形情况	一般施工状态:1次/30min 施工关键期:1次/10min
2	既有线结构缝胀缩监测	测缝计	掌握施工期间既有线结构缝水平变形情况	
3	左右轨道差异沉降监测	电水平尺	掌握施工期间既有线左右轨道变形情况	
4	走行轨轨距变形监测	位移计	掌握施工期间既有线轨道水平距离变化情况	
5	建(构)筑物沉降监测	静力水准仪、自动全站仪	掌握施工期间建筑物沉降变形情况	
6	建筑物倾斜监测	倾角传感器、自动全站仪	掌握施工期间建筑物倾斜变形情况	
7	建筑物裂缝监测	测缝计	掌握施工期间建筑物裂缝发展情况	
8	地下水位监测	液位计	掌握施工期地下水位变化情况	

4.3.3 监测控制标准

(1)变形控制标准根据当地地下轨道运营安全的要求确定,隧道绝对沉降量和水平位移量限值为 ±10mm。

(2)运营线路轨道静态尺寸容许偏差值为两轨道轨距变形及横向高差小于 4mm/10m。

(3)预警值取控制值的 60%,警戒值取控制值的 80%。

4.4 运营隧道洞内预加固

(1)为了将盾构穿越运营线过程中对运营线的影响控制在合理范围内,在盾构始发前,在运营隧道内对影响区的管片周围进行预加固。

(2)在穿越区影响范围区段(施工隧道中心线外 50m)从管片注浆孔注水泥—水玻璃双液浆。在距离施工隧道中心线 10m 范围,可每间隔 2 环对称从管片腰部进行注浆;10 ~ 50m 范围可每间隔 4 环管片从管片腰部注浆孔进行注浆;注浆以压力控制为主,同时结合自动化监测数据并观测注浆管片有无异常,整个注浆以加固稳定管片为主,当管片姿态小于 3mm 的变形量,管片及管片接缝无异常的情况下,压力升至 0.25 ~ 0.3MPa 时停止注浆。

(3)在一个注浆断面上,使用两套注浆设备同时对管片腰部两处注浆孔进行对称注浆。对于渗透性较好地层,可直接打开注浆孔进行注浆。对于软弱地层及渗透性不好的地层,采用钢花管进行注浆,钢花管长度为 2m 左右,在重叠段钢花管的长度依照打设完钢花管后端部距离刀盘开挖断面 500mm 进行控制,钢管前部 60cm 范围内钻 3 组出浆孔,每组 3 个孔,孔组间距为 20cm,第一次注浆完成后,不拆除注浆管,可利用预留的注浆管进行反复注浆,作为盾构下穿运营线过程中的一项应急措施。

4.5 始发钢套筒与盾构机组装、调试

4.5.1 钢套筒设计

钢套筒组装正面、侧面示意图如图 7、图 8 所示。

如图 7、图 8 所示,整个钢套筒结构由过渡环、筒体、反力架、像胶帘板等部分组成。筒体部分长 10900mm,直径(内径)6500mm。分 3 段,每段又分为上、下两半圆。筒体材料用 16mm 厚的 A3 钢板。每段筒体的外周焊接纵、环向筋板以保证筒体刚度,筋板厚 20mm,高 150mm,间隔约 550mm × 600mm。每段筒体的端头和上、下两半圆接合面均焊接圆法兰,法兰用 24mm 厚的 A3 板,上、下两半圆以及两段筒体之间均采用 M30、8.8 级螺栓连接,中间加 3mm 厚橡胶垫。在筒体底部制作托架,托架分 3 块制作,之间用螺栓连接。每段又分为 3 件。托架承力板用 24mm 厚的 A3 板,筋板用 20mm 厚 A3 板,底板用 24mm 厚 A3 钢板,底部用 200mm × 200mm 工字钢按"托架图"相应的尺寸焊接成为整体。托架与下部筒体焊接连成一

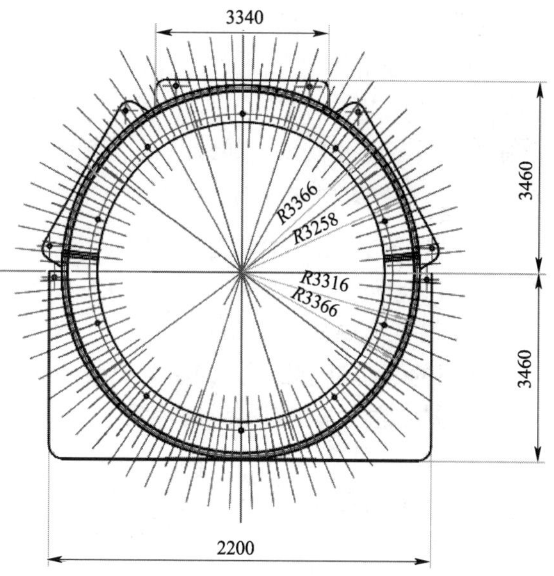

图 7 钢套筒组装正面示意图(尺寸单位:mm)

体,焊接时托架板先与筒体焊接,再焊接横向筋板,焊接底板和工字钢。托装组装完后,工字钢底边与车站底板预埋件焊接,托架须用型钢与车站侧墙顶紧。

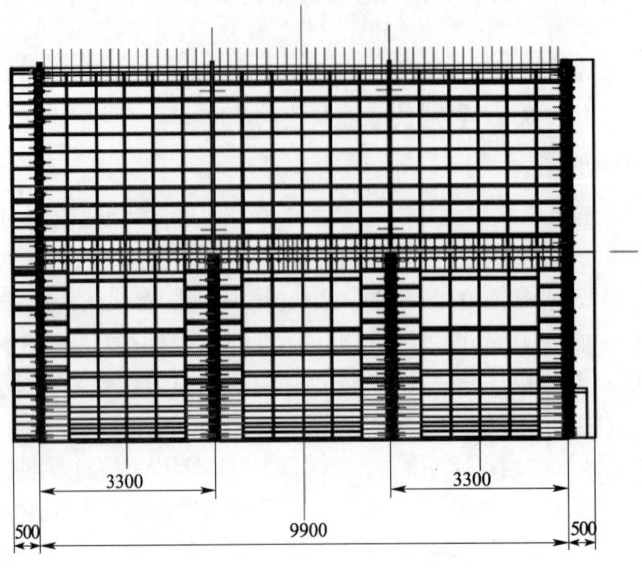

图8　钢套筒组装侧面示意图(尺寸单位:mm)

4.5.2　洞门检查

钢套筒安装前需对洞门预埋环板进行检查,必要时需进行植筋加固。为防止盾构始发时刀盘切削到连续墙钢筋或工字钢接头,造成刀盘损坏,对洞门圆周一周凿除连续墙的混凝土保护层,露出玻璃纤维筋,确认洞门范围不存在钢筋。如发现凿除混凝土保护层后有存在钢筋的现象,则应对侵入洞门范围的钢筋进行割除,确保盾构始发的安全、顺利。

4.5.3　安装过渡环

根据现场实测洞门上的预埋 A 板实际平整度,量身定做过渡环,过渡环与 A 板通过焊接连接,焊缝沿过渡环一圈内、外侧满焊,焊缝必须饱满。如出现过渡环与连接板有些地方无法与洞门环板密贴的情况,需在这些空隙处填充钢板并连接牢固,务必将空隙尽可能地堵住。在确定洞门环板与过渡板全部密贴后,将过渡板满焊在洞门环板上。

4.5.4　安装钢套筒下半圆和反力架

(1)在开始安装钢套筒之前,首先在基坑里确定出井口盾体中心线,也就是钢套筒的安装位置,使从地面上吊下来的钢套筒力求一次性放到位,不再左右移动。

(2)吊下第一节钢套筒的下半段,使钢套筒的中心与事先确定好的井口盾体中心线重合,在下半段的钢套筒左右两边的法兰处放好 6mm 厚的橡胶密封垫。在与第二节的下半部连接过程中,要注意水平位置与纵向位置的一致性,确保螺栓孔对位准确,并用 M30 的高强螺栓连接紧固。

(3)钢套筒与过渡环采用螺栓连接。

(4)采用盾构始发反力架紧贴钢套筒。

4.5.5　钢套筒内安装钢轨

在钢套筒下方 90°圆弧内平均分布安装 4 根 38kg 钢轨,钢轨从钢套筒后端铺设至跑洞门围护结构 2m 位置,钢轨两侧通长焊接。为保持盾构机始发时抬头的趋势,靠近洞门端钢轨垫高 20mm，盾尾端钢轨不垫高。38kg 钢轨高 134mm，盾尾下方与钢套筒间隙 134mm，盾尾上方与钢套筒间隙 136mm，刀盘下方与钢套筒间隙 154mm，刀盘上方与钢套筒间隙 66mm。

4.5.6 第一次钢套筒内填砂（钢轨之间铺砂、压实）

在钢套筒底部 4 根钢轨之间铺砂并压实，每个位置的铺砂高度高出相应钢轨的高度 15mm，待盾构机放去上后，进一步压实，确保底部砂层提供充足的防盾构机扭转摩擦反力，如图 9 所示。

4.5.7 钢套筒内安装盾构机

在钢套筒内安装盾构机主体，并与连接桥和后配套台车连接。

4.5.8 安装钢套筒上半圆

第一次回填砂回填好后，安装钢套筒上半圆，安装好以后，需进行压紧螺栓的调整。检查各部连接处，对每一处联结安装的地方进行检验，确保其连接的完好性，尤其是对于钢套筒的上、下半圆和节与节部分之间联结的检查，还要检查过渡连接板与洞门环板之间的焊接，看是否存在着点焊或浮焊，发现有隐患，要及时处理。

4.5.9 预加反力

上半圆安装完成后，需进行环梁预加压力螺栓的调整，分别上紧环梁上一周的每个螺栓。上紧时分别采用对角上紧，保证环梁的均匀受力。每颗螺栓的压紧力为 54000N（总计反力架的预加反力约为 700t），上紧后用锁紧螺母锁住，这样能保证钢套筒在有水压时洞门环板处连接螺栓不受力。上紧的过程中注意检查反力架各支撑是否松动，各段法兰连接螺栓是否松动。

4.5.10 安装负环、盾构机刀盘推进至洞门掌子面

钢套筒、反力架安装完毕，盾构机调试完成后，安装负环、盾构机向前推进至刀盘面板，贴近洞门掌子面但不切削掌子面。第一环负环在盾尾内拼装成型后，通过千斤顶整体向后顶推至紧贴反力架，管片与反力架之间采用螺栓连续。

4.5.11 第二次钢套筒内填砂

盾构机向前推进至刀盘面板贴近洞门掌子面后，向钢套筒内进行第二次填砂（图 10），将整个钢套筒填充满。在填充的过程中适当加水，保证砂的密实。

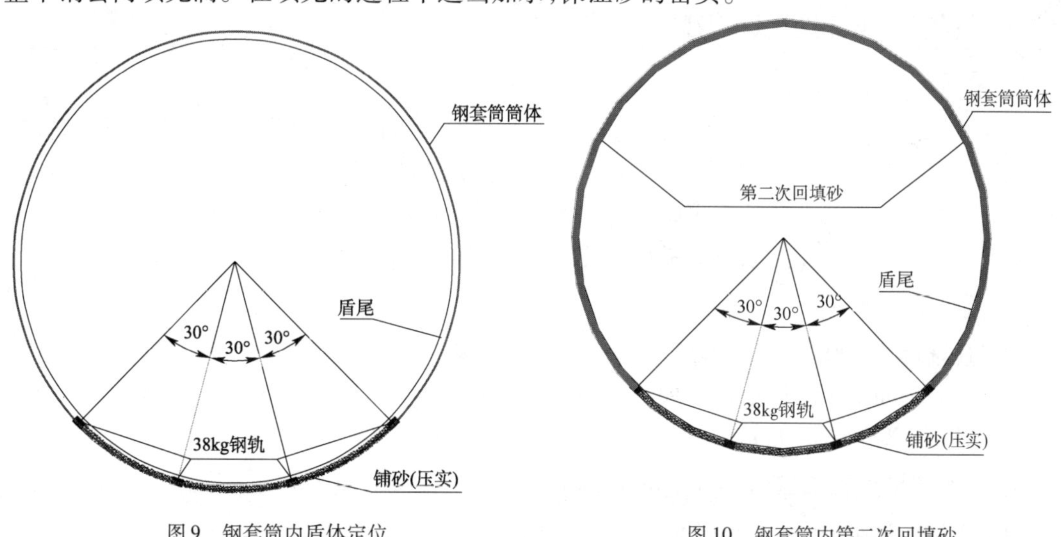

图 9 钢套筒内盾体定位

图 10 钢套筒内第二次回填砂

4.5.12 负环管片壁后注浆

为保证负环管片与钢套筒之前的密封效果，在盾构机刀盘贴近洞门掌子面后，通过靠近反力架两环管片的吊装孔进行壁后注浆（图11）。注浆材料采用惰性浆液，在管片后面形成一道密封防渗环，注浆压力不大于350kPa。

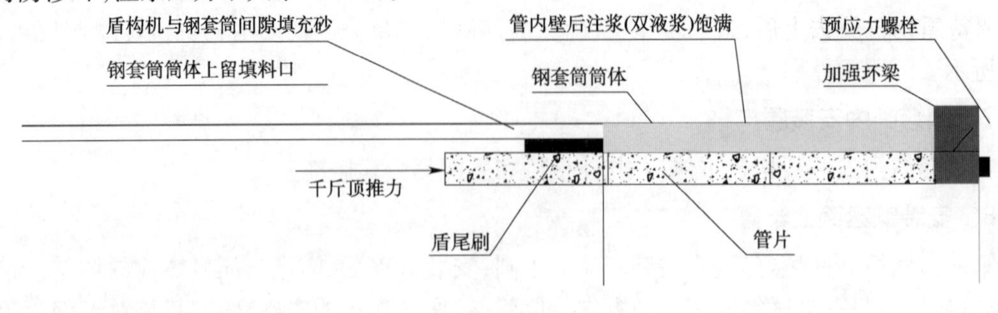

图11　管片壁后注浆示意图

4.5.13 钢套筒压力测试

（1）渗漏检测。

①从加水孔向钢套筒内加水，至加满水后，检查压力，如果压力能够达到3bar。则停止加水，并维持压力稳定，对各个连接部分进行检查，包括洞门连接板、钢套筒环向与纵向连接位置、钢套筒与反力架的连接处有无漏水。

②加压检测过程中一旦发现有漏水或焊缝脱焊情况，必须马上进行卸压，并及时处理，上紧螺栓或重新焊接。完成后再进行加压，直至压力稳定在3bar并未发现有漏点时，方可确认钢套筒的密封性。

（2）钢套筒位移检测。

①在盾构机组装过程中，要安装各种测量用具，主要是测试钢套筒有无变形，以及钢套筒环向和纵向连接位置的位移等。

②在试水、加压测试前，在钢套筒与洞门环板连接的部位分区域安装应变片，在钢套筒表面安装百分表，量程在3～5mm，可控制变形量或位移量精度在0.5mm左右。在加压过程中，一旦发现应变超标或位移过大，必须立即进行卸压，分析原因并采取解决措施。

4.6 盾构始发与下穿地铁运营线路

4.6.1 盾构施工区段划分

根据盾构穿越运营线的工况特点，将盾构穿越前、后60m距离划分为三个施工控制阶段，即控制段、穿越段和穿越后控制段。控制段从盾构始发到刀盘距离运营线边2环时的区段，穿越段为刀盘距离运营线2环至盾尾脱出运营线后2环时的区段，穿越后控制段为盾尾脱出运营线后2环至盾构施工对运营线近乎没有影响时的区段。

4.6.2 盾构始发掘进

洞门连续墙为800mm厚的C30玻璃纤维筋连续墙。盾构机在切削连续墙时，推进速度控制在5～10mm/min，扭矩不大于2000kN·m，千斤顶总推力不大于1000t。通过洞门后，速度可逐步提升至20～25mm/min，千斤顶总推力逐步调整到1500～2000t。

4.6.3 盾构下穿地铁运营线路施工技术参数

（1）盾构推进速度与土压力设置。

采用土压平衡掘进模式，匀速直线掘进。穿越前控制段推进速度为40mm/min左右，土压力取静止水土压力±0.2bar；穿越控制段推进速度60mm/min左右，土压力取静止水土压力±0.1bar；穿越后控制段推进速度50mm/min左右，土压力取静止水土压力±0.2bar；实际土压力设定值根据监测数据值进行微调。

(2)中盾同步注浆。

①在盾构掘进的同时，使用两台可调节流量的泵通过盾构中盾的超前注浆孔，向盾构外壳注低强度的凝结时间可调的浆液，达到填充与止水的目的。

②浆液由两部分组成：特殊膨润土浆液(A液，膨润土溶液加定量的外加剂)，配比为膨润土∶水=1∶2；水玻璃液(B液)，配比为水玻璃∶水=1∶1。该浆液的弹性模量稍大于上覆土体的弹性模量，泊松比≥0.3，注浆压力为1.1~1.2倍的静止土压力。

③在注入过程中，通过Y型注浆头混入A、B两种浆液，B液的注入率为5%~6%。浆液混合后在40s内达到初凝，形成黏性较高且难以稀释的膏状物。

(3)出土量。

出土量控制在理论值的95%左右，保证盾构切口上方土体能微量隆起，以减少土体的后期沉降量。

(4)盾构姿态控制。

在确保盾构正面沉降控制良好的情况下，尽可能使盾构匀速、直线通过，减少盾构纠偏量和纠偏次数。推进时不急纠、不猛纠，多注意观察管片与盾壳的间隙，相对区域油压的变化量随出土箱数和千斤顶行程逐渐变化，以减少盾构施工对既有地铁运营线路和地面的影响。

(5)管片拼装。

在盾构进行拼装的状态下，由于千斤顶的收缩，必然会引起盾构机的后退，因此在盾构推进结束之后，不要立即拼装，等待2~3min，到周围土体与盾构机固结在一起后，再进行千斤顶的回缩，回缩的千斤顶应尽可能少，满足管片拼装即可。拼装过程中，盾构操作手应注意土压力的变化，必要时通过反转螺旋机维持盾构前方土体平衡。

(6)同步注浆。

①注浆量。

为确保充分填充空隙，注浆量为空隙体积的150%~170%。

②注浆压力。

为保证浆体较好地渗入周围土体中，注浆压力须大于隧道底部的土压力值，而且必须控制在较好的范围之内，保证只是填充而不劈裂。根据经验可取为1.1~1.2倍的静止土压力，且注浆压力在穿越段适当增大。

③浆液配比。

同步注浆采用惰性浆液，适当提高了浆液的稠度。实际掘进时，在盾构机送浆泵正常运作情况下，尽可能提高含沙量，减小后期沉降。

4.7 盾构二次补浆

(1)在穿越过程中，当0环为脱出盾尾第3环时，即可开始进行双液浆的二次补浆。注浆可从管片两个腰上部注浆孔进行，需“边掘进，边注浆”，务必做到掘进、注浆同步进行，以防浆液抱死盾尾。后期每隔一环随着盾构掘进，双液注浆沿隧道方向同步向前进行，注浆压力结合自动化监测情况，且不能超过0.3MPa。

(2)当前盾进入运营线下方时，可根据运营线的监测情况，从中盾上的超前注浆孔向盾壳外侧注入低强度的凝结时间可调的溶液,通常凝结时间取 40 ~ 60s。

(3)当盾尾脱出运营线后,可在运营线下方的管片混凝土过注浆孔反复进行双液浆注浆,注浆压力及注浆时间可结合自动化监测,直到运营隧道稳定。

(4)在整个穿越过程中,在既有线隧道影响范围内,根据隧道变形情况(假如沉降或偏移接近 7mm),可利用晚间运营间歇时间,采取洞内注浆施工对运营隧道进行加固抬升及纠偏。

5 结语

(1)通常下穿地铁运营线,地面加固施工成本约 300 万元,管棚施工成本约 70 万元,且加固及管棚施工过程中可能对运营线路造成不利影响;采用本工法下穿地铁运营线路,在地铁运营线隧道内平衡动态注浆预加固施工成本约 50 万元,采用中盾壳体外注低强度浆液及采用始发套筒施工成本约 150 万元,而且始发钢套筒可以重复利用。两者相对比,本工法约为正常施工成本的 40.5%。

(2)从工期上来说,因运营线隧道内平衡动态注浆,可在盾构下井前完成,不占用盾构施工时间,故相比通常下穿运营线的施工方法(地面加固及管棚施工),工期能提前约 1 个月。

(3)采用自动化监测、运营隧道内平衡动态注浆加固、大型钢套筒始发装置、中盾壳体外注浆等组合措施施工,缩短了施工工期,降低了施工成本,保证了地铁盾构始发阶段近距离下穿地铁运营线路施工安全,大大减少了施工对社会造成的不利影响,经济效益、社会效益和环境效益显著。

土压平衡盾构在不均匀地层掘进管片姿态控制技术研究

纪艳琪　郝　懂　李　远　刘文静

（北京住总轨道交通市政工程总承包部　北京　100029）

摘　要：结合西安地铁3号线TJSG-12标段胡家庙站—石家街站区间，盾构穿越饱和软黄土、古土壤及老黄土地层工程实例，对土压平衡盾构在上软下硬不均匀地层中掘进所采取的管片姿态控制技术进行了研究，并对具体实施效果进行了评价分析。

关键词：土压平衡盾构；不均匀地层；管片；姿态控制

1　引言

本文通过工程实例对盾构在不均匀地层掘进过程中管片上浮现象的研究，提供上软下硬不均匀地层中盾构隧道管片上浮的有效控制措施，确保盾构管片姿态满足验收规范要求，并取得了良好的经济效益和社会效益。

2　工程概况

胡家庙—石家街区间位于西安市金花北路地下，区间从胡家庙站起，沿金花北路地下向北，穿越华清立交、陇海铁路及西安火车东站，到达石家街站。区间隧道起迄里程为YDK31+888.398~YDK33+139.955（ZDK31+888.398~ZDK33+141.455），右线总长1251.557m，左线1249.513m，短链3.544m。洞顶覆土6.1~14.2m，线间距15.0~104.40m。区间含8处平曲线，曲线半径分别为450m（1处）、500m（1处）、650m（2处）、800m（1处）、1200m（3处）。线路最大纵坡7.000‰。

单线单洞盾构隧道起迄里程为YDK32+106.823~YDK32+881.475（ZDK32+201.892~ZDK32+842.501），右线全长774.652m，左线全长640.609m。其中区间在YDK32+311.973（ZDK32+314.042）和YDK32+889.125（ZDK32+888.995）里程处各设置一处联络通道。

胡石区间盾构掘进采用两台小松TM6140PMX土压平衡式盾构机（天盾5号、天盾6号）进行盾构掘进，盾构机外径6140mm，盾体长8680mm，总重323t，最大推力37730kN，刀盘开口率45%，适应地层条件为：淤泥质黏土、黏土、粉质黏土、砂质粉土、粉砂、粉细沙。盾构机最小掘进曲线半径为250m。最大坡度为5%。目前天盾5号累计完成掘进4577.6m、天盾6号累计完成掘进4581.1m，经维修后能满足胡石区间盾构需求。其中左线盾构由南向北进行掘进，右线盾构由北向南进行掘进，垂直运输采用两台45t门式起重机，水平运输采用4车硅硫电瓶车配合进行。场地内设集土坑、浆液搅拌设备辅助盾构施工。

3　地质、水文概况

3.1　地形地貌

胡家庙—石家街区间场地地面高差较大，需穿越陇海线铁路场区，除东二环下隧道段以

作者简介：纪艳琪（1985—），女，硕士，助理工程师。主要从事市政工程技术研究及管理工作。Email：jiyanqi000@126.com。

外,地面高程介于400.36~408.13m。本区间由南向北依次跨越槐芽岭黄土梁、莲花池洼地、劳动公园黄土梁及八府庄洼地地貌单元,f3、f朝阳门地裂缝从本区间穿过。

3.2 工程地质

本区间50m深度内场地内地层为:地表分布有厚薄不均的全新统人工填土(Q_4^{ml});其下为上更新统风积(Q_3^{eol})新黄土及残积(Q_3^{el})古土壤,再下为中更新统风积(Q_2^{eol})老黄土,再下为冲积(Q_2^{al})粉质黏土、粉土、细砂、中砂及粗砂等。区间隧道穿越土层主要为新黄土、饱和软黄土、古土壤、老黄土、粉质黏土。

盾构隧道穿越地层主要为古土壤和老黄土,上部为饱和软黄土,各土层物理性能如下。

古土壤Q_3^{el}:棕红色,$I_L=0.51$,可塑,团粒结构,具针孔状孔隙,含钙质条纹及少量钙质结核,层底钙质结核含量较多,局部地段钙质结核富集成层。$a_{v1\text{-}2}=0.33\text{MPa}^{-1}$,属中压缩性土。

老黄土(水下)Q_2^{eol}:褐黄色,$I_L=0.73$,可塑,局部软塑,土质均匀,少量孔隙,具钙质结核。$a_{v1\text{-}2}=0.34\text{MPa}^{-1}$,属中压缩性土。

饱和软黄土Q_3^{eol}:褐黄色,$I_L=0.99$,软塑,局部流塑,土质均匀,孔隙发育,含少量蜗牛壳碎片。$a_{v1\text{-}2}=0.61\text{MPa}^{-1}$,属高压缩性土。

根据以上情况,盾构掘进过程中地层存在着上软下硬的情况,盾构掘进及管片拼装时需及时调整盾构垂直姿态,同时做好同步注浆工作,避免管片发生上浮现象。

4 施工过程中的问题分析

根据2015年9月4、5日左线盾构管片姿态数据分析,对左线253~258环管片垂直姿态进行整理分析。9月4日左线盾构在掘进完成258环时进行管片姿态复测。9月5日左线盾构在掘进完成273环时进行管片复测,并对253~258环进行了二次复测,管片垂直姿态在盾构掘进中的变化统计见图1。

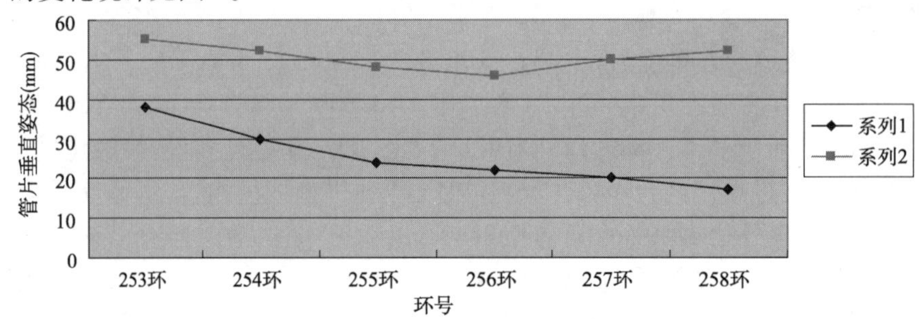

图1 胡石区间左线253~258环管片垂直二次复测对比

胡石区间左线253~258环管片同步注浆量见表1。

胡石区间左线253~258环管片同步注浆量统计 表1

环号(环)	253	254	255	256	257	258
同步注浆量(m^3)	3.63	3.66	3.72	3.7	3.6	3.7

注:系列1为9月4日复测数据,系列2为9月5日复测数据。

根据2015年9月3、4日右线盾构管片姿态数据分析,对右线162~167环管片垂直姿态进行整理分析。9月4日右线盾构掘进完成167环时进行管片姿态复测。9月5日右线盾构在掘进完成175环时进行管片复测,并对162~167环进行了二次复测,管片垂直姿态在盾构掘进中的变化统计见图2。

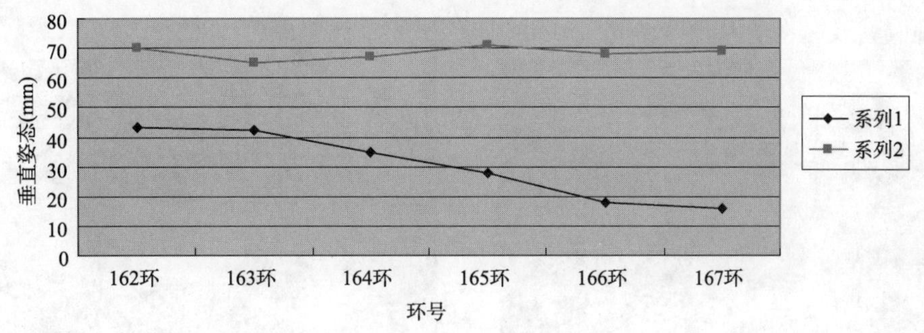

图2 胡石区间右线 162~167 环管片垂直复测对比

胡石区间右线 162~167 环管片同步注浆量见表 2。

胡石区间右线 162~167 环同步注浆统计 表 2

环号(环)	162	163	164	165	166	167
同步注浆量(m^3)	3.3	3.2	3.22	3.25	3.12	3.1

注:系列 1 为 9 月 3 日复测数据,系列 2 为 9 月 4 日复测数据。

根据左、右线盾构管片多次复测,结果显示,盾构管片在上软下硬地层中极易产生上浮现象,上浮量达到 50~70mm。根据盾构掘进和管片复测时间匹配测算,产生管片上浮的 3 个阶段主要为:管片脱出盾尾期间(上浮量15~20mm)、同步注浆浆液凝固期间(上浮量 25~35mm)、浆液凝固后(上浮量 3~5mm)。总体管片上浮量可达 70mm,为避免管片姿态超出 100mm 的验收要求,需及时采取相应措施,避免成型隧道产生质量问题。

5 管片姿态上浮原因分析及控制措施

5.1 原因分析

根据以上数据,结合左、右线盾构隧道掘进、注浆参数对比分析,管片上浮现象有以下几个影响因素。

(1)地质情况。开挖面为古土壤和水下老黄土层,上部为饱和软黄土,地层存在下硬上软现象,为管片上浮提供了可能性。

(2)同步注浆情况。根据管片复测结果分析,盾构管片在同步注浆浆液凝固时间内(8h)存在 15~20mm 的上浮现象。根据左右线同步注浆量及管片上浮情况对比分析,同步注浆达到理论量的 180% 时(盾构左线数据),上浮量为 25~35mm;同步注浆达到理论量的 160% 时(盾构右线数据),上浮量为 28~54mm。

根据同步注浆情况分析,产生管片上浮的三个阶段主要为:管片脱出盾尾期间(上浮量 15~20mm)、同步注浆浆液凝固期间(上浮量 25~35mm)、浆液凝固后(上浮量 3~5mm)。减小上浮现象可参考以下几点。

①在保证盾尾刷密封系统完好、盾尾不漏浆的情况下,可适当增大同步注浆量(增大至 3.7m^3,此时以注浆压力控制为主要控制标准),减小浆液凝固收缩产生的间隙,减小管片上浮量。

②在盾构能保证连续作业的情况下,通过增加水泥用量缩短同步注浆浆液凝固时间(6h),减少管片上浮产生的时间效应,但对盾构施工管理提出极高要求(短时间的停机可造成浆罐、注浆管路的堵塞,反而会影响施工进度和质量)。

③同步注浆浆液取样情况如图 3 所示,浆液凝固后上部有少量离析现象。因此,在同步注

浆浆液凝固后,及时在管片上半周进行少量补浆,采用水泥浆即可。

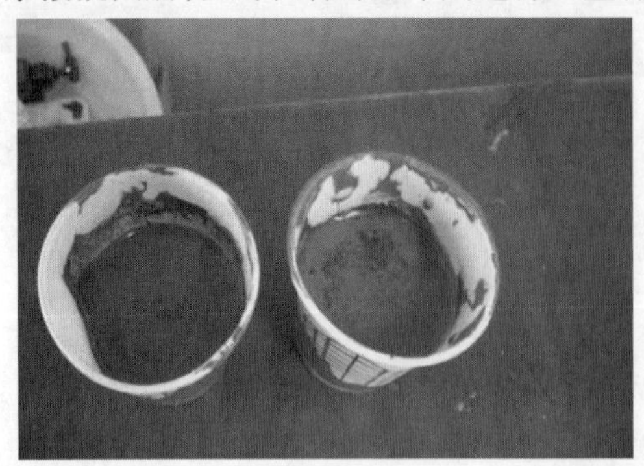

图3　同步注浆浆液取样

(3)盾构掘进参数。在保证掘进姿态可控的前提下,做到刀盘和螺旋机相互匹配,转速均匀、油压分区合理、掘进速度平稳、管片拼装质量达到规范要求。

5.2　控制措施

(1)同步注浆情况。加大同步注浆量,同步注浆量增大至3.6~3.8m^3,利用同步注浆管4条注浆管路同时注浆,确保注浆饱满及均匀性。

(2)浆液质量。加大胶凝材料的使用量,每环增加2袋水泥、2袋粉煤灰,减少浆液的离析。

(3)二次注浆。每环进行二次注浆,消除同步注浆浆液凝固所产生的空间。

(4)合理选择掘进参数。包括推力和掘进速度,不得过快和过慢,确保开挖和出土匹配。

(5)盾构掘进垂直姿态拟控制标准为-40~-50mm。

(6)实时进行管片姿态复测,信息化指导施工。

6　实施效果评价分析

盾构掘进过程中严格按以上控制措施进行,盾构成型管片姿态逐步好转,具体如图4所示。

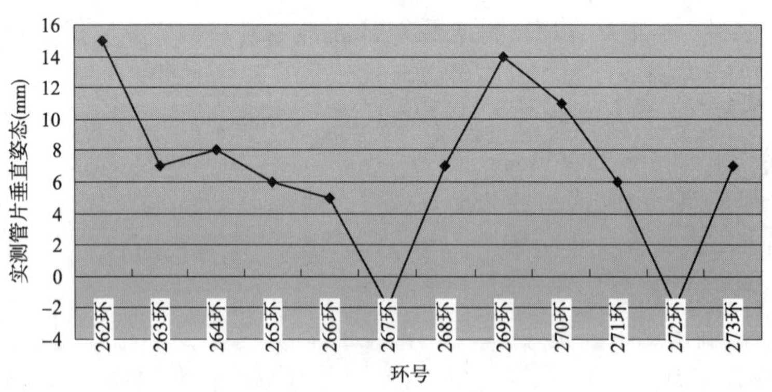

图4　盾构管片262~273环对应管片垂直姿态

本文根据地质及盾构机性能,在盾构掘进过程中采取了一系列控制措施,及时对盾构掘进中产生的空隙进行填充,并在后续工序及时进行间歇式的补浆。同时根据管片复测数据及时进行调整,确保盾构管片姿态控制在-10~+20mm,盾构成型隧道达到验收规范要求,取得了良好的经济效益和社会效益。

参 考 文 献

[1] GB 50466—2008 盾构法隧道施工与验收规范[S]. 北京:中国建筑工业出版社,2008.

[2] 陈亮. 土压平衡盾构壁后注浆技术[J]. 西部探矿工程,2011,23(10):174-176.

[3] 江玉生,宋晓兵,江华. 土压平衡盾构施工中同步注浆与地表沉降的关系[C]. 2011 中国盾构技术学术研讨会论文集,2011.

[4] 李明阳,杨海涛,邹高明. 复合地层土压平衡盾构掘进参数模拟分析研究[J]. 隧道建设,2012(3):287-295.

[5] 邓彬,顾小芳. 上软下硬地层盾构施工技术研究[J]. 现代隧道技术,2012(2):59-64.

岩溶地质条件下的盾构施工技术

孙国辉

（中国铁建十六局集团北京轨道交通工程建设有限公司　北京　101100）

摘　要:本文结合广州地铁9号线马鞍山公园站—莲塘村站区间盾构工程实例,对岩溶地质条件下盾构掘进技术进行了分析和总结,以供后期类似工程项目参考。

关键词:盾构;岩溶;处理

1　引言

广州地铁9号线呈西东走向,经广州市花都区和白云区,线路全长20.1km,浅埋岩溶强烈发育的地质条件下,在城区修建整条地铁线路,在国内尚属首次,暂无成熟的经验可循,存在极大工程地质风险。因此9号线工程建设及运营存在较大风险与不确定性,施工时,需首先对影响范围内的溶(土)洞进行处理,减少岩溶对盾构施工的影响,并选择合适的施工参数。本文就9号线马鞍山公园站—莲塘村站区间盾构施工技术进行分析和总结。

2　工程简介

2.1　工程概况

广州地铁9号线施工4标位于广州市花都区,本标段为两站两区间,分别为花都广场站、马鞍山公园站以及花都广场站—马鞍山公园站区间、马鞍山公园站—莲塘村站—清布站区间。

马鞍山公园站—莲塘村站左线里程范围为ZDK11+425.300~YDK12+631.350(长链7.633),总长1213.683m;右线里程范围为YDK11+425.300~YDK12+631.350,总长1206.05m。本区间段线间距为13m;纵断面为人形坡,最大纵坡9‰,最小纵坡2.965‰,区间隧道覆土最大厚度8.5m,最小厚度7m。在ZDK11+798.047、ZDK12+277.633处分别设一处联络通道。

2.2　地质情况

马鞍山公园站—莲塘村站地质概况如图1所示。

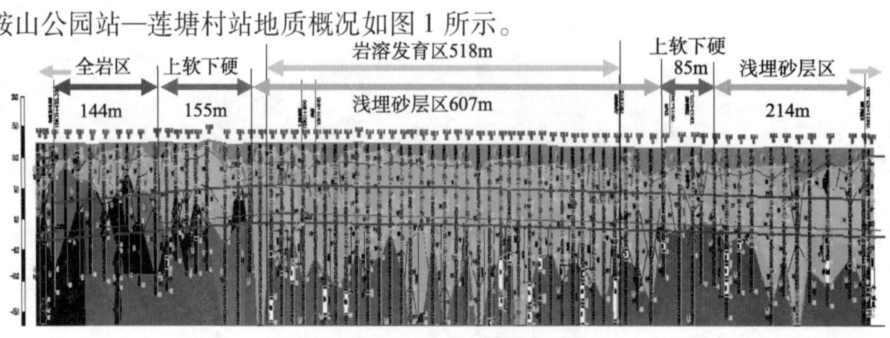

图1　马鞍山公园站—莲塘村站地质概况

作者简介:孙国辉(1982—),本科,项目副总工程师,现任广州9号线4标工区长。

马莲区间隧道埋深较浅，其中隧道范围内，上软下硬占全长的 20%，浅埋砂层占全长的 68%，全岩占全长的 12%。盾构隧道所穿越地层主要为炭质泥岩、灰岩、炭质灰岩残积土、砂层，部分隧道下部穿过灰岩，隧道下方基岩是石炭系中上统壶天群灰岩或石炭系下统大塘阶石磴子组灰岩，灰岩中溶洞发育，见洞率为 47.20%。

沿线揭露土洞钻孔有 17 个，土洞高度 2.1 ~ 4.7m，平均高度 2.9m，充填物一般为软塑状粉质黏土，局部为少量松散砂土。

线路附近揭露发育溶洞的钻孔有 85 个，埋藏深度在 11 ~ 39m，洞高 0.20 ~ 17.20m。本区间隧道埋深较浅，隧底埋深为 11.88 ~ 15.6m。

沿线地下水稳定水位埋深 0.98 ~ 8.30m（标高 3.11 ~ 11.48m），初见水位埋深 0.50 ~ 6.50m（标高 4.91 ~ 13.52m）。地下水主要有四种基本类型，分别为上层滞水、孔隙水、溶洞（土洞）水和裂隙水。

3 对岩溶地区掘进的风险分析

本区间岩溶较发育，且溶洞充填物一般力学性能较差，岩溶水丰富，地下水活跃，水文地质条件复杂，施工期间对溶洞、土洞充填注浆处理不当及止水失效将引起地面沉降塌陷及对周边环境的影响，严重时将造成邻近建筑物破坏，影响地铁施工安全，应引起足够重视。

根据土洞和隧道相对位置关系、土洞周围地层及土洞发育情况，土洞对盾构隧道的影响有以下几种情况。

(1)隧道上方的土洞，对盾构隧道施工影响，主要是由于土洞的存在，减少上覆土层的厚度，易发生冒顶泄气等事故，宜在盾构掘进前处理。

(2)对于存在隧道洞身范围的土洞，特别是比隧道直径小的，对盾构隧道施工影响很小，可以不予处理。

(3)对于隧道下方的土洞，一种是距离隧道底较近的，盾构掘进时，土洞坍塌，易造成盾构机栽头，应在盾构掘进前处理；另一种是距离隧道底较远的，但土洞上方是砂层，无隔水层，盾构掘进时，砂层经振动后，土洞易发生坍塌，从而造成盾构机整体突然下沉，应在盾构掘进前处理。

溶洞距离隧道较深或有充填物，溶洞对隧道影响较小。但对于隧道下方无充填且洞顶上部无隔水层的溶洞，盾构掘进施工时，易发生局部坍塌，应予处理。

施工中存在的风险主要如下。

(1)溶洞影响地基、隧道的稳定性，且隐伏岩溶区岩溶裂隙水多具有承压性，隧道、基坑施工易发生突涌事故。

(2)采用盾构方案时，要求溶、土洞处理必须完整，盾构机遭遇较大溶洞可能导致盾构机陷落事故，同时对周边构筑物产生不利影响。

(3)隐伏岩溶区岩溶裂隙水多具有承压性，隧道、基坑施工易发生突涌事故。

(4)本段所揭示的溶洞大多数溶顶板较薄，若顶板被溶蚀或被破坏，易导致土洞形成和发展，影响运营期间的地铁工程安全和地面、周边环境安全。

(5)受基坑开挖、降水、开采地下水等活动的影响，会导致溶洞、土洞进一步发展，影响地铁本身及周边环境的安全。岩溶地区水文地质条件复杂，岩溶的发生发展对地下水敏感，受地下水影响范围大，也给运营期间的地铁保护工作带来困难。

(6)盾构法施工需对岩溶进行注浆加固。溶洞多具有连通性，溶洞规模和连通性无法预知，岩溶裂隙水多具有流动性，对于较大溶洞或互相连通的溶洞，注浆量难以控制、注浆效果难以保证，对投资控制和工期带来风险。

4 岩溶地区掘进的技术措施

盾构机在溶洞发育区施工主要表现在：盾构机栽头，土压力突然发生变化，推力明显减小，速度加快，刀盘扭矩变化异常，出土量明显减少。为保证岩溶地区的顺利掘进，在盾构机通过岩溶区之前，首先要对溶土洞进行填充注浆处理，但深孔预注浆对溶洞充填物只能起到充填、挤密、劈裂和置换作用，难以在溶洞段形成连续均匀的加固圈或胶结体，注浆堵水未必能阻止地下水渗漏。因此，处理完成后，盾构在溶洞段掘进仍有可能遇到软硬不均的地层，以及硬岩、高压水、开挖面坍塌、刀盘结泥饼和喷涌等情况，为此盾构掘进溶洞段要采取相应措施，具体措施如下。

4.1 盾构机改造选型

由于本区间地下水丰富，岩溶地区裂隙水发育，隧道范围内上部大部分为砂层，极易发生喷涌现象，为了适应岩溶地区掘进施工，盾构机由以往的单螺旋机出土改造为 2 级螺旋机出土，有效控制喷涌现象。

4.2 管片选型设计

本标段最小曲线半径为 400m，为满足曲线模拟和施工纠偏的需要，采用左、右转弯楔形环，通过与标准环的各种组合来拟合不同半径的曲线或纠偏。

(1)楔形环为单面楔形，楔形量为 38mm。管片外径 6000mm，内径 5400mm，管片宽度 1500mm。衬砌环由 1 块封顶块、2 块邻接块、3 块标准块组成。

(2)管片连接。衬砌环纵缝、环缝采用弯螺栓连接，其中每环纵缝采用 12 根 M24 螺栓，每个环缝采用 10 根 M24 螺栓。

(3)管片材料。混凝土为 C50 高强混凝土，抗渗等级为 P12，钢筋采用 HPB235、HRB335。

(4)拼装方式。衬砌环采用错缝拼装，一般情况下，封顶块的位置偏离正上方 ±18°，但必要（如在竖曲线段或进行竖向纠偏）时，有极少数楔形环封顶块偏离正上方 ±54°。

(5)封顶块插入方式。根据千斤顶 2000mm 的行程，封顶块先以不超过管片宽度 4/5 的位置径向推上，然后再纵向插入。

(6)为了保证岩溶地区成型隧道的安全，除封顶块外，每环管片设计 3 个注浆孔（含 1 个吊装孔），如图 2 所示，以保证每环管片的隧道底部 5 点、6 点、7 点钟位置均有 3 个注浆孔（外缘注浆孔夹角 72°），可根据监测情况随时补充注浆。

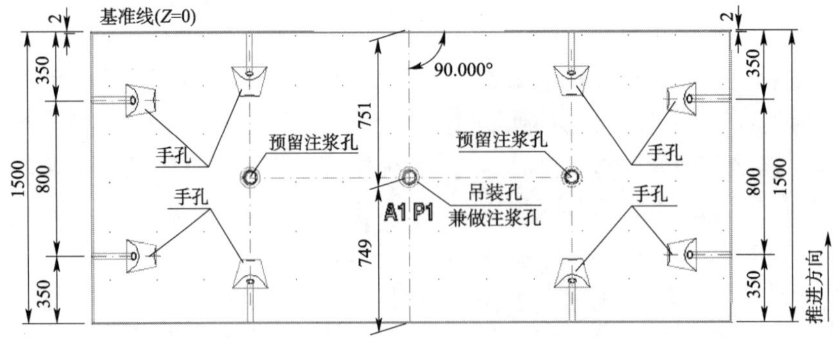

图 2 管片预留注浆孔（尺寸单位：mm）

4.3 施工过程控制

(1)推进速度控制。在穿越溶土洞段过程中，盾构推进速度不宜过快，以 1 ~ 2cm/min 为宜,推进过程速度保持稳定,确保盾构均衡、匀速地穿越,减少盾构推进对前方土体造成的扰动,尽量防止破坏溶洞。

(2)土体改良。在盾构穿越过程中,向前方土体加泡沫剂以改良土体,增加土体的流塑性。土体流塑性增加之后起到以下三个作用:使盾构机前方土压计反映的土压数值更加准确;确保螺旋机出土顺畅,减少盾构对前方土体的挤压,减少“泥饼”形成的概率;及时填充刀盘旋转之后形成的空档。

(3)出土量控制。在岩溶地区掘进过程中,应将出土量控制在理论值的98%左右,避免超挖。

(4)管片拼装。在盾构进行管片拼装的状态下,由于千斤顶的收缩,必然会引起盾构机前方应力减小,因此在盾构推进结束之后要立即拼装,防止正面岩体坍塌,对隧道和环境造成影响。在拼装管片时尽量减少回缩千斤顶的数量,以满足管片拼装即可。在管片拼装过程中,应当安排最熟练的拼装工进行拼装,减少拼装的时间,缩短盾构停顿的时间,减少土体沉降。拼装过程中发现前方土压力下降,可以采取螺旋机反转的措施,即将螺旋机机内的土体反填到盾构机前方,起到维持土压力的作用。拼装结束之后,应当尽可能快地恢复推进,减少上方土体的沉降。

(5)盾构纠偏。盾构进行平面或高程纠偏的过程中,必然会增加建筑空隙,因此在盾构进入溶洞段影响范围内之前,将盾构姿态尽可能地调整至最佳,并且保持良好的姿态穿越溶洞段,在穿越过程中,增加盾构姿态测量频率至每环 2 次,做到“勤纠、少纠”,减少单次盾构纠偏量和纠偏次数。

(6)管片壁后注浆。

①过溶洞段管片背衬注浆宜采用同步注浆和二次补充注浆相结合的方式。同步注浆采用水泥砂浆,必要的时候调整同步注浆浆液的配合比,缩短凝结时间,同时增大注浆量和注浆压力,二次补充注浆采用水泥—水玻璃双液浆。

②根据以往的施工经验,盾构穿越过后,原有隧道的后期沉降是一个长期的过程,因此在盾构穿越后必须进行跟踪注浆,跟踪注浆的注浆量和注浆部位必须根据监测数据进行合理确定。跟踪注浆采用双液浆,通过调整水泥、水玻璃的配比参数,控制双液注浆的凝结速度,达到加固土体和加固充填溶洞的目的,防止管片外形成纵向水路通道。只有在通过后期长期监测显示本段隧道稳定后,方可停止跟踪注浆。

(7)做好渣样分析和管理。溶洞段掌子面及围岩自稳性较差和大量涌水,掘进中密切观察出土排渣量、渣土成分和含水量等,分析判断前方地层异常,做好盾构超前钻探和双液注浆加固溶洞地层准备。另外,严格控制出渣量,维持掘进速度与出渣量的相对平衡。

(8)信息化施工。在盾构岩溶地区掘进过程中,根据需要将地面变形监测数据、隧道变形等监测数据迅速传达给值班人员。跟踪监测时,现场监测人员和值班人员通过对讲机进行及时联系,技术人员对地面监测数据进行综合分析,得出结论及时通过电话传达给盾构工作面,以实时采取合理的措施。

5 结语

岩溶地区盾构掘进存在很大的风险性,盾构掘进技术控制尤为重要,同时还要采取必要的应急措施,把风险控制到最小。以马莲区间的工程为例,马莲区间左、右线已经顺利贯通,隧道最大错台量 10mm,漏水点共 3 个,管片与盾构机姿态比较最大上浮量为 20mm,以上实例足以证明上述措施是可行的。本文为岩溶地区盾构施工积累了一些经验,也为后续类似工程提供参考。

浅谈盾构下穿密集建筑群施工措施

付嵩岩

（中国铁建十六局集团北京轨道交通工程建设有限公司　北京　101100）

摘　要：本文以珠三角某城际轨道项目盾构区间施工为例，隧道上方地表建（构）筑物覆盖率高，且均为浅基老龄民房，未施工前，房屋已存在部分裂缝、错台等状况，现状令人堪忧。如何在盾构施工时确保地面房屋的安全是工程的重点。文中总结了盾构隧道穿越密集房屋群施工措施，可为后续类似工程借以参考。

关键词：盾构；下穿；密集建筑群；预加固

1　工程概况

珠三角某城际轨道项目盾构区间隧道上方地表建（构）筑物覆盖率高达97.8%（图1、图2），数量在500栋以上，且大部分为无基础的2~5层砖混结构，年代久远，均属住宅性民房（图3），其中一部分为单层土坯房（图4）。区间隧道地质情况极其复杂，上软下硬和全断面硬岩地层占整个隧道的85.8%，盾构机在掘进全断面岩层时，掘进速度缓慢，刀具磨损严重。在掘进上软下硬地层时，下部岩层坚硬，盾构机推进速度缓慢，掌子面上部软弱土体受到较大扰动，易造成盾构机超挖现象。如何在盾构施工时确保地面房屋的安全，是本工程的重中之重。

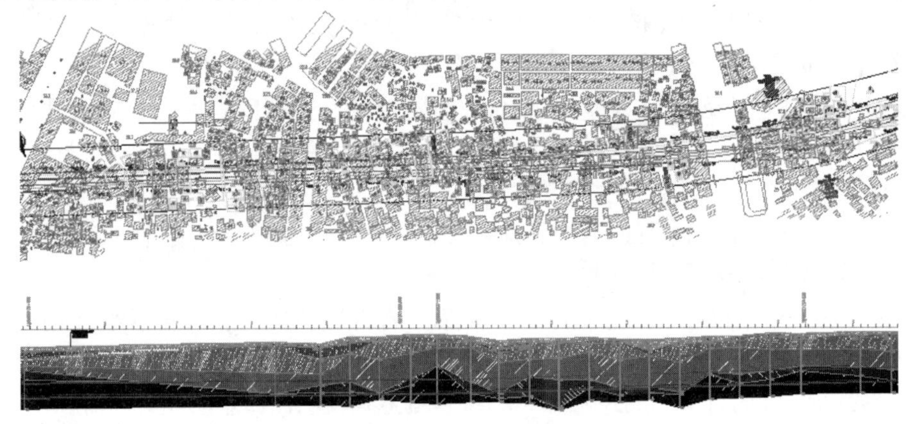

图1　上覆建筑物平面及地质情况示意图

2　下穿密集建筑群准备工作

2.1　做好前期建筑调查

（1）隧道施工前，组织调查小组对工程沿线建筑物及构筑物现有情况进行详细调查，清楚地了解沿线每座建筑物的位置、现状和地下基础情况。

（2）在调查时，配备摄像设备，进行专门的摄影记录，以保存声像实物资料。对工程施工

作者简介：付嵩岩（1984—），男，本科，项目副总工程师，现任莞惠6B标项目工程部部长。Email：75716924@qq.com。

沿线正在建造或拟建的建筑物情况也应详细了解,以保证今后工程的顺利进行。

图2　隧道上方房屋现状

图3　居民房

图4　土坯房

(3)对设计单位给出的建筑物资料进行分析并加以确认。

(4)制订并填写每栋建筑物的调查表,对每栋房屋裂缝等缺陷和破损要进行详细记录和拍摄,重要照片要加示意图及标注建筑物位置。对各种缺陷,如裂缝、抹面脱落和其他损坏进行登记,对已有裂缝测量长度和宽度并做好记录。

(5)对于重要建筑物如桩基距离隧道较近的地区进行地质补勘。

2.2　监测点布设

在建筑物周边设置地面监测横断面和建筑物监测点,以便获得更多的监测数据,不仅可用来分析单点地面沉降值,还可以用来分析同断面的不均匀沉降因素,为以后盾构穿越建筑物施工时做好铺垫。同时,建立完善的变位监测系统,对建筑物和地面进行系统、全面的跟踪测量,实行信息化反馈施工,布点示意图如图5所示。

2.3　换刀点选择及预加固措施

该区间全断面硬岩地层长1332.3m,占隧道全长的45.5%;上软下硬地层长1279.7m,占隧道全长43.7%。在盾构施工过程中,换刀次数频繁且在上软下硬地层均为带压换刀。由于地上房屋密集,要提前做好换刀准备,根据掘进情况和地质情况的分析,选择合适的巷子和道路作为换刀点,并进行提前加固,保证进入房屋群时,盾构机刀具情况良好。换刀点的选择尽量安排合理,控制好换刀点位置间的距离,距离过短,开仓浪费成本;距离过长,刀具磨损厉害,严重影响盾构机顺利掘进,加大对地面房屋扰动。更甚者出现盾构机憋停在房屋下,严重影响盾构掘进施工。对于跨度大的房屋和无位置加固的建筑群,经协商后进入房屋提前进行注浆加固。预加固施工如图 6 ~ 图 9 所示。

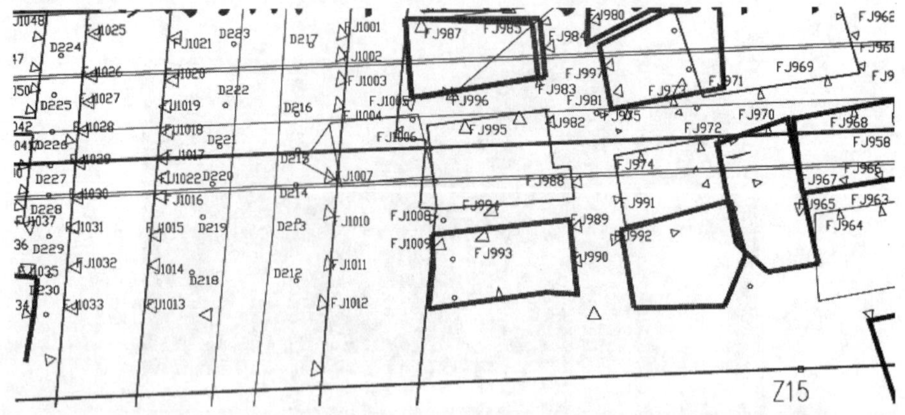

图 5　盾构区间监测布点示意图

图 6　钻孔加固

图 7　注双液浆进行加固

图 8　房屋内加固注浆

图 9　换刀点加固注浆

3　下穿密集建筑群施工技术措施

3.1　盾构参数的控制

及时、准确、真实记录施工情况,做好各个参数资料的收集整理工作。在盾构推进施工过程中,根据理论计算和相同或相似地质推进参数的分析,创建合理的施工参数。做到施工参数控制有理有据。

推进时严格控制出土量,掘进工程师不仅对沿线房屋及地质情况充分清楚,而且需要对地层变化、盾构参数的变化具备强烈的敏感性,出现问题及时汇报和沟通。

3.2 严格控制盾构纠偏量

在保证盾构正面沉降控制良好的情况下,使盾构机均匀匀速施工,盾构姿态调整不可过大、过频。隧道轴线和折角变化不超过0.4%。推进时纠偏做到不急、不猛,注意观察盾尾间隙,出土量和千斤顶行程与相对区域油压的变化。可采用缓坡法、稳坡法推进,从而减少盾构施工对地面的影响。

3.3 严格控制同步注浆量和浆液质量

保证每一环注浆量要到位,并且随盾构推进每箱土的过程中均匀注入,浆液配比需符合质量标准,通过同步注浆及时填充土体间的空隙,减少施工过程中的土体变形。

具体注浆量和注浆点可根据压力和地层变形监测数据选定,并做好详细记录,根据沉降观测点的具体数据,调整同步注浆的参数。

3.4 加强对地面及房屋的监控量测

地表沉降、周边建筑物监测频率为2次/d,约为每天的8:30、15:30;拱底隆起沉降监测频率为1次/2d;如发现异常情况时,应加密监测。

对已通过建筑物,根据盾构通过时的数据情况及特殊建筑物进行跟踪监测及跟踪注浆至稳定,以保证区间房屋的安全。

3.5 不良地质土体改良措施

通过对不良地质土体改良减少对地面及房屋的扰动。在盾构掘进施工中,坚持每日观察渣土形态、渣温,并做好记录分析,通过分析地层的物理特性及现场取渣研究讨论,总结以下几点土体改良措施。

(1)盾构机在掘进上软下硬地层时,由于掘进速度缓慢,刀盘负荷比较大,产生的热量相应增多,因此刀盘易出现结泥饼的现象,项目部采用往土仓内注入高分子分散剂的方式解决,尤其是在倒班停机期间,采用膨润土与分散剂混合使用注入土仓进行浸泡,可以起到软化泥饼、降温、保压的作用。

(2)盾构机在掘进上软下硬地层时,由于掘进速度缓慢,上部软弱土体因刀盘频繁扰动会间断性出现塌落现象,针对这一情况,通过改造刀盘加泥孔位置,由以前往土仓注入改为直接从刀盘前方注入掌子面,在盾构机掘进时,用优质高浓度膨润土取代直接加水的方式,进行全程注入刀盘前方,即直接喷射到掌子面上,优质高浓度膨润土提前拌在加泥箱或地面储浆罐进行发酵,高浓度膨润土的使用,可以在掌子面(上部软弱土体)形成一临时性泥膜,在一定程度上有效缓解上部软弱土体的掉落。

(3)盾构机在掘进全断面岩层时,岩层被滚刀碾压成破碎的石块与石粉砂粒,由于本区间岩层裂隙水较丰富,加之加泥注入的水,在螺旋机排出时很容易造成喷涌现象,而破碎的石块与石粉砂粒较之水不易排出,这就形成一种冲刷石块的现象,随着冲刷次数的增加,螺旋机螺旋杆和叶片会出现被石块与石粉砂粒牢牢包裹,造成螺旋机卡死的情况。针对这一现状,项目部仍旧采用高浓度膨润土注入土仓的方式,一是可以减少喷涌情况的发生,二是膨润土与砂石混合一起排出,可防止螺旋机卡死。

3.6 突发事件控制及对策

在建筑物施工段,由于地质和施工条件不是很好,存在一定的施工风险,对于有可能发生的突发事件,如建筑物沉降超限等,可采取以下几点应对措施。

(1)成立安全管理小组,并将责任落实到位。

(2)对施工人员做好交底,做到精心施工。

(3)配备足够的机动设备,一旦出现意外,能够第一时间投入工作。

(4)组织专人进行24h现场监控。

4 结语

盾构施工顺利进行是前提,如何在盾构施工时确保地面房屋的安全,是本工程的重中之重。盾构下穿密集房屋群施工,需要各个部门通力合作,保证地上、地下通信畅通,任何信息能够准确、及时地传递。施工全员应树立信心,做到提前准备,加强过程控制,保证盾构施工安全进行。

参考文献

[1] 陈馈,洪开荣,吴学松.盾构施工技术[M].北京:人民交通出版社,2009.

[2] 李海.盾构隧道下穿建筑物控制技术和监测[J].铁道建筑,2011(9):66-68.

[3] 张天明.浅谈盾构下穿建筑物掘进参数控制[J].现代隧道技术,2012,49(2):92-98.

土压平衡盾构施工地面沉降影响因素分析

李明景

(中国铁建十六局集团北京轨道交通工程建设有限公司　北京　101100)

摘　要:利用三维非线性有限元方法模拟土压平衡式盾构推进过程中引起的地面沉降,研究了盾构覆土厚度、盾构外径、土压仓压力、盾尾空隙等因素变化对地面沉降的影响,并在此基础上提出了能够综合反映上述因素影响的盾构隧道地面沉降计算公式。通过与郑州地铁1号线二期河工大站—新郑州大学站区间隧道盾构开挖的实测地面沉降数据的比较,验证了计算公式的合理性。

关键词:盾构;地面沉降;影响因素

1　引言

随着盾构法隧道在地下隧道工程中的广泛应用,隧道盾构施工对周围环境的影响,特别是地面沉降问题受到越来越多的关注。盾构法隧道施工过程中地面沉降受很多因素的影响,主要有:①隧道覆土厚度;②盾构外径;③开挖面压力变化量(土压仓压力减去土体原位静止土压力);④盾尾注浆的填充率(注浆体积与建筑空隙之比);⑤地层物理力学性质;⑥施工条件等。不少学者对盾构隧道施工引起的地面沉降作了大量的理论分析和试验、实测研究,得到了许多有益的结果。但由于实测和试验数据数量有限,难以完全反映各种因素对地面沉降的影响规律。

有限元法由于具有能够适应复杂边界条件,可以考虑土与衬砌的相互作用及土体非线性特性,提供的结果丰富、全面等特点,更适合于规律性研究与总结。

2　计算方法和计算模型

计算程序是在河海大学岩土工程研究所研制的TDAD三维非线性有限元程序的基础上修改而成的,程序能够综合反映盾构施工过程中盾构推进、开挖面卸荷、盾尾空缺与压浆等因素。三维有限元模拟盾构施工的具体模拟步骤如下。

第一步:计算地层初始应力。

第二步:盾构机每向前推进一环作如下变化。

(1)单元材料随盾构推进作相应变化。

(2)荷载的模拟:①位于新开挖面前方一层土单元由应力变化产生的结点荷载作用在单元结点上。②在浆液单元外围结点上加远离盾构中心方向的注浆压力。③在盾构壳后部单元结点上加指向盾构推进方向的结点力,同时在其后部的管片单元结点上加反向的结点力,前、后结点力的总和相等,且等于千斤顶推力的总和。④在盾尾后1环管片结点上加竖直向上的结点力,总和等于1环管片内部挖去土体的重量,模拟开挖土体引起的竖向卸荷。⑤开挖的盾构外围单元节点上加与刀盘超挖间隙对应的已知节点位移。⑥在盾尾脱空单元外围节点加与

作者简介:李明景(1981—),男,本科,高级工程师。目前主要从事地下工程隧道及深基坑施工技术研究。Email:lgs-gcb@163.com。

盾尾空隙对应的已知节点位移。

第三步:重复第二步直到盾构后方最大地面沉降趋于稳定,达到平面应变状态为止。

为了反映盾构覆土厚度、盾构外径、土压仓压力、盾尾注浆填充率等因素的影响,对一水平推进的盾构隧道进行建模。盾构隧道的基本情况为:盾构机长 8.0m,外径 6.0m,衬砌管片厚 0.3m,管片环宽 1.5m,隧道覆土厚度 $H=16\text{m}$,地基土层为郑州地区常见的粉质黏土,土的天然密度 $\rho=1.8\text{g/cm}^3$。

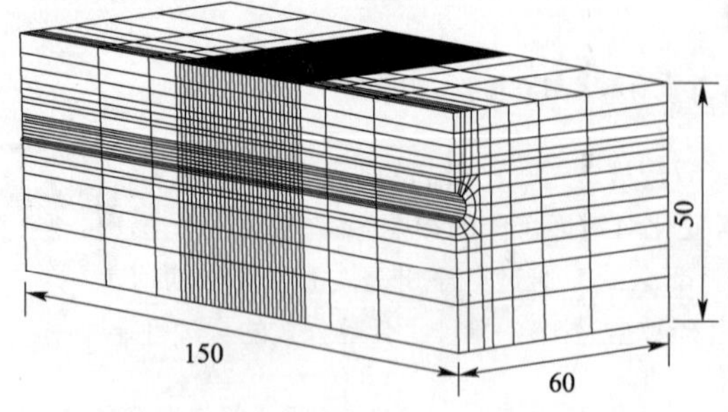

图 1 盾构隧道三维有限元计算网络(尺寸单位:m)

有限元计算模型如图 1 所示,利用对称性只对一半结构进行分析,分析区域竖向深 50m,宽 60m,沿隧道纵向长 150m,共 5040 个单元,6105 个结点。

计算中地基土体采用邓肯-张 E-V 模型,盾构壳和管片均采用线弹性材料。计算中采用的材料计算参数见表 1。

邓肯-张 E-V 模型参数 表 1

材料	K	N	R_f	G	F	D
地基土体	90.4	0.63	0.76	0.35	0.18	1.8
管片	30000	0	0	0.18	0	0
盾构钢壳	990000	0	0	0.38	0	0

3 地面沉降的影响因素

要分析上述因素的变化对地面沉降的影响,只能对每种因素进行单独分析,如果同时变化多种影响因素,会使每一种因素的影响变得模糊不清。因此,在分析上述每一种因素变化对地面沉降的影响时,保持其他影响因素不变。

3.1 地基模量的影响

对地基土层压缩模量分别取 E_s 为 0.67MPa、1.35MPa、2.70MPa、5.40MPa、10.80MPa、16.20MPa、21.60MPa、27.0MPa 进行有限元计算。计算得到最大地面沉降与土层压缩模量的关系曲线如图 2 所示。从图 2 中可以看出,随着土层模量的增加,地面沉降逐渐减小。当土层模量较小时,地表沉降和水平位移随模量的变化明显;土层模量较大时,地表沉降和水平位移随模量的变化不大。

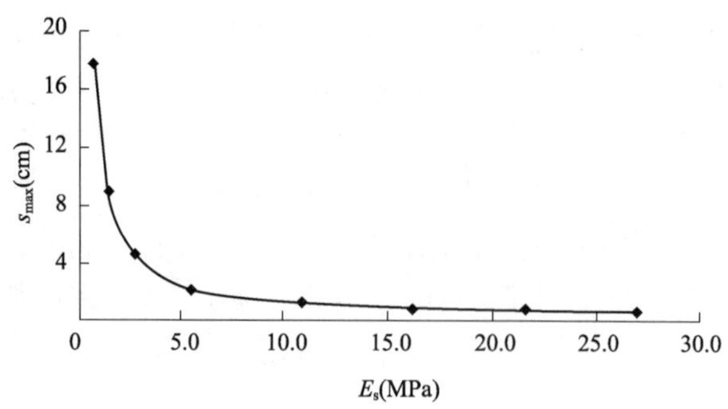

图 2 地面最大沉降与土层压缩模量的关系

3.2 覆土厚度和盾构外径

通过对大量隧道施工引起的地面沉降实测数据的分析后，提出隧道开挖过程中引起的地面沉降是在不排水条件下发生的，沉降槽体积应该等于地层损失的体积。地面沉降的横向分布可近似用正态分布曲线来描述，地面最大沉降表示为：

$$S_{max} = \frac{V_s}{i\sqrt{2\pi}} \tag{1}$$

式中：S_{max}——隧道中心线处最大地面沉降，m；

i——沉降槽半宽度，m；

V_s——盾构隧道单位长度地层损失，m^3/m。

盾构隧道外径越大，由盾构施工引起的单位长度地层损失就越大，在相同沉降槽宽度的情况下，最大地面沉降也越大；而隧道覆土厚度越大，沉降槽宽度越大，因而相同地层损失情况下，最大地面沉降就会越小。为了综合反映隧道外径和覆土厚度对地面沉降的影响，分别取覆土厚度 H = 12m、17m、22m、27m，每种覆土厚度时，盾构外径又分别取 D 为 4m、6m、8m、10m、12m 进行计算。整理有限元计算结果，得到最大地面沉降与隧道覆土厚度 H、盾构外径 D 及覆土厚度与盾构外径之比 H/D 的关系，如图 3 ~ 图 5 所示。从图中可以看出：①不同盾构外径情况下地面沉降都随覆土厚度的增加而减小，且基本呈线性关系。②不同覆土厚度情况下地面沉降都随盾构外径的增加而增加，也基本呈线性关系。③最大地面沉降随覆土厚度与盾构外径之比 H/D 增加而减小，隧道覆土厚度和盾构机外径对地面沉降的影响非常大。

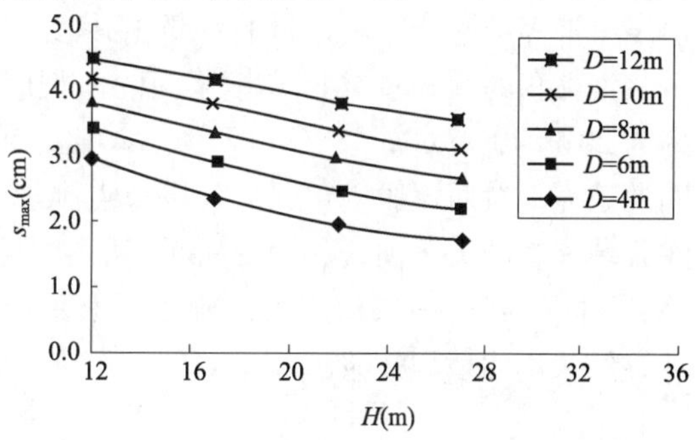

图 3 地面最大沉降与覆土厚度的关系

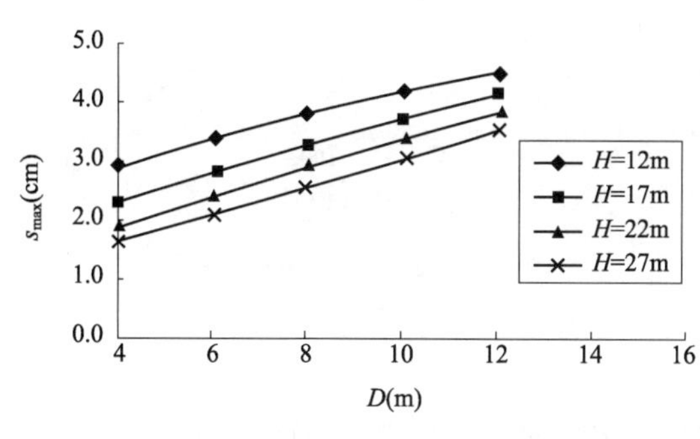

图 4 地面最大沉降与盾构外径的关系

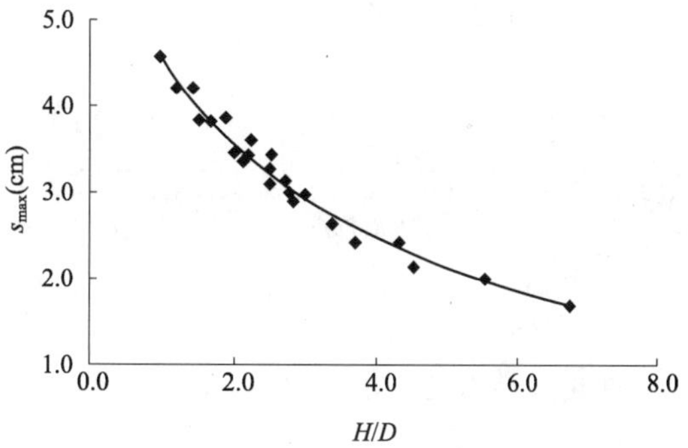

图 5 地面最大沉降与 H\D 的关系

3.3 开挖面压力变化量

盾构法隧道施工通过设定盾构机前部土仓的压力来维持开挖面的稳定。实际施工过程中，设定的盾构土仓压力难以和开挖面土体原来的土压力达到完全平衡，总会存在一定的差值 Δp，从而引起开挖面土体的位移，当土压舱压力小于原位土压力时，开挖面前方土体会向土仓坍塌；反之，当土仓压力大于原位土压力时，开挖面前方土体向远离土仓的方向挤出。开挖面处土体的位移又进一步影响地面沉降。

为反映开挖面压力变化量对最大地面沉降的影响，分别取开挖面压力变化量（土压力与开挖面土体静止土压力之差）Δp 为 -140kPa、-105kPa、-70kPa、-35kPa、0kPa、35kPa、70kPa、105kPa、140kPa 进行有限元计算。上述压力变化量中：正值代表土压仓压力大于开挖面土体静止土压力，负值则代表土压仓压力小于开挖面土体静止土压力。整理计算结果，得到最大地面沉降与开挖面压力变化量的关系曲线，如图 6 所示，从图中可以看出，随着 Δp 的增大，地面最大沉降不断减小，呈近似的线性关系。但地面沉降的变化量很小，Δp 增大了 280kPa，地面最大沉降只减小了 0.05cm。

3.4 盾尾注浆填充率

由于盾壳具有一定的厚度，为了便于管片的拼装和盾构的纠偏而在盾壳与衬砌之间留有一定的空隙。千斤顶推动盾构机前行时，在盾尾衬砌管片外围形成了建筑空隙，使得周围土体由于填充盾尾空隙而发生趋向隧道的位移，从而引起地面沉降，工程中普遍采用同步注浆或二次注浆的方法来减小由盾尾空隙引起的地层损失，从而减小地面沉降。当注浆量较小时，可以抵消上部土体的部分沉降，当注浆量很大时，也可能会引起地面的隆起。定义单位长度注浆体积与盾尾建筑空隙理论体积（盾壳的体积与盾构衬砌间空隙体积之和）之比为注浆填充率。由于浆液固结时会有一定量的水析出并渗入周围土层中，通过试验确定浆液固结析出水量约占浆液体积的 6.3%，实际充填浆液的体积应该等于实际注浆量 ×（1 − 6.3%）。分别取填充率为 20%、40%、60%、80%、100%、120%、140%、160%、180% 进行有限元计算，计算中根据不同的填充率对盾尾脱空单元的外围节点施加相应的位移边界。计算得到最大地面沉降与盾尾注浆填充率的关系曲线如图 7 所示，从图中可以看出地面最大沉降随注浆填充率的增加而减小，基本呈线性关系，由于其他施工因素引起的地面沉降，当 $\psi = 180\%$ 时地面仍然没有隆起。计算结果说明盾尾注浆填充率对地面沉降的影响很大。

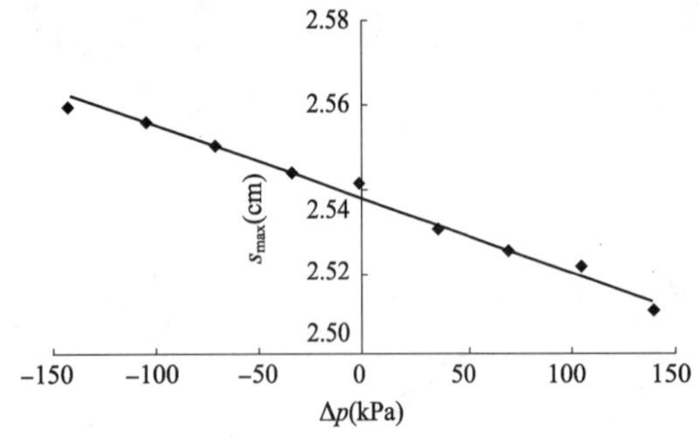

图 6　地面最大沉降与 Δp 关系

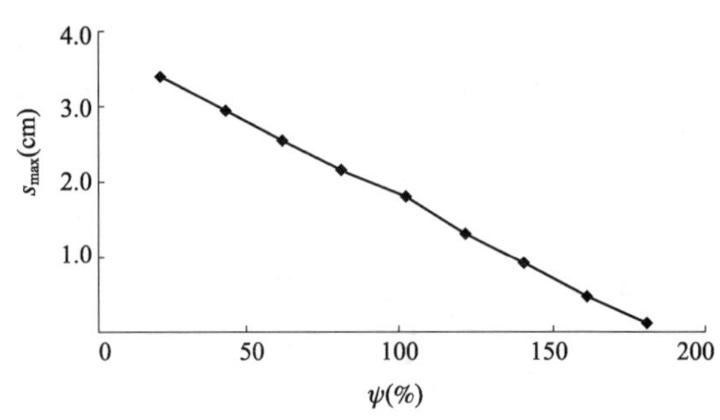

图 7　地面最大沉降与 ψ 的关系

4 地面沉降的实用计算公式

由上面有限元分析结果可知，影响盾构施工地面沉降的因素很多，而且它们又是互相影响的，上述因素中隧道覆土厚度、盾构外径、盾尾注浆的填充率对地面沉降的影响比较大，而开挖面压力变化量的影响则比较小。

根据有限元计算结果，综合考虑上述因素的影响，提出下面的地面最大沉降近似计算公式：

$$s_{\max} = \frac{\left(1 - \alpha_1 \cdot \dfrac{\Delta p}{p_a}\right)\left[1 - \alpha_2(\psi - 1)\right]}{\dfrac{E_s}{p_a}\left(1 + \alpha_3 \cdot \dfrac{H}{D}\right)} \tag{2}$$

式中：s_{max}——盾构施工引起的地面最大沉降，cm；

E_s——地基土层的压缩模量，MPa；

H——隧道上覆土层厚度，m；

D——盾构外径，m；

ψ——盾尾注浆填充率；

Δp——开挖面压力变化量，MPa；

p_a——标准大气压力，MPa。

引入 p_a 的目的是为了将 E_s 和 Δp 转化为无量纲。

a_1、a_2、a_3 和 s_0 为拟合系数。其中 a_1、a_2、a_3 为无因次；s_0 有因次，单位为 cm，它表示 $H=0$，$\Delta p=0$，$E_s=p_a$，$\psi=1$ 时的地面最大沉降，但实际上这种情况并无意义，因为该式只适用于 $H>10$ 的条件。根据有限元计算结果，对不同地基情况 a_1、a_2、a_3 和 s_0 的取值范围见表 2。

公式(2)系数取值范围 表 2

地基土层	a_1	a_2	a_3	s_0(cm)
粉质黏土	0.007 ~ 0.009	1.05 ~ 1.15	0.4 ~ 0.42	280 ~ 310
砂土	0.003 ~ 0.005	0.9 ~ 1.05	0.7 ~ 0.75	160 ~ 200

利用上面的计算公式对 1 号线二期河工大站—新郑州大学站区间某段隧道由盾构施工引起的隧道轴线上方地面最大沉降进行了计算，并与实测数据进行比较。该段隧道覆土厚度 $H=22.3\sim20.7$m，隧道盾构壳外径 $D=6.26$m，衬砌外径为 6.0m，地基土层平均压缩模量 $E_s=6.0$MPa。郑州地区为典型的粉质黏土地基，根据表 1 中的取值范围，取 $a_1=0.0083$，$a_2=1.12$，$a_3=0.405$，$s_0=300$。公式计算沉降与实测沉降比较情况见表 3。从表 3 中可以看出，计算沉降与实测沉降之间有一定的误差，主要是因为公式未能考虑超静孔隙水压力上升和消散过程中土体主、次固结引起的沉降。

公式计算沉降与实测沉降比较 表 3

测点	H(m)	D(m)	ψ	Δp (MPa)	计算值	实测值
1	22.3	6.26	1.15	-0.04	-15.34	-18.94
2	21.9	6.26	1.15	-0.04	-15.47	-19.12
3	21.6	6.26	1.15	-0.045	-15.61	-19.36
4	21.4	6.26	1.15	-0.045	-15.74	-19.44
5	21.0	6.26	1.15	-0.045	-15.88	-18.80
6	20.7	6.26	1.15	-0.045	-16.02	-18.52

5 结语

(1)盾构隧道开挖引起的地面沉降受多种因素影响，要正确预估盾构施工引起的地面沉降并采取相应措施将地面沉降控制在允许范围内，就要综合考虑各种因素的影响。

(2)从有限元计算结果可以看出，隧道埋深、隧道直径对地面沉降影响比较大，但对于某一特定的隧道工程，盾尾注浆的填充率则是影响地面沉降的关键因素。

(3)本文提出的沉降计算公式综合反映了上述因素变化对地面沉降的影响，计算结果与实测数据比较接近，但仍需要进一步与实测资料进行比较，验证其适应性。

参考文献

[1] 刘建航,侯学渊. 盾构法隧道[M]. 北京:中国铁道出版社,1991,329-369.

[2] 张云,殷宗泽,徐永福. 盾构法隧道引起的地表变形分析[J]. 岩石力学与工程学,2002,21(3):388-392.

[3] 易宏伟,孙钧. 盾构施工对软黏土的扰动机理分析[J]. 同济大学学报,2000,28(3):277-281.

[4] 唐益群,叶为民,张庆贺. 上海地铁盾构施工引起地面沉降的分析研究(三)[J]. 地下空间,1995,15(4):250-258,315.

6m 级盾构隧道及其配套结构在电力工程中的应用

张亚洲[1]　孙立建[2]

（1. 中国铁建十四局集团隧道工程有限公司　山东济南　250002；2. 济南轨道交通集团有限公司　山东济南　250101）

摘　要：直径 6m 级的盾构隧道已开始应用于北京电缆隧道。不同于传统的直径 3.5m 盾构，6m 盾构内部采用了“十字隔板”结构形式，在十字隔板上预埋预埋件以固定支架。盾构始发井内施工中层隔板，在始发井的另一侧施工三通井，三通井承担进入既有变电站和与后续电缆隧道相接的任务。

关键词：6m 级盾构；电缆隧道；十字隔板；预埋

1　引言

传统的电缆盾构隧道的直径为 3.5m，为满足后续电缆支架安装的需要，在管片上预埋钢板。支架直接焊接在钢板上。小直径盾构电缆隧道中的电缆支架安装在管片的两侧。本文中的 6m 直径盾构内部将施工“十字隔板”结构，通过结构混凝土中隔墙、中隔板上的预埋螺栓安装支架、光缆防火槽盒等。“十字隔板”施工后将整个盾构隧道划分为上、下、左、右四个小洞子。下面两个洞安装 500kV 电缆，上面两个洞安装 220kV 电缆。

2　工程背景

本工程是北京市海淀 500kV 电缆隧道工程某标段。本工程从既有的海淀 500kV 变电站向西敷设，共分为 4 个标段，全长 5000 多米，其中本标段共 1257.5m。除电缆隧道外，在进入山区后，采用架空电线。本标段工程包括一个盾构始发井、一段暗挖隧道和一段盾构隧道。本文主要介绍如何使用以上结构达到穿缆的条件。

3　工程概况

本工程处于北京市海淀区。本标段自 6 号盾构始发井始发，途经巨山东路、巨山路，至 5 号盾构始发兼接收井接收，沿永定河引水渠北岸呈东西向布置。由 6 号盾构始发井暗挖 2.6m × 2.9m 双孔隧道至海淀 500kV 变电站，暗挖隧道呈南北向布置。本合同段的地理位置及线路走向见如图 1 所示。

6 号盾构始发井平面为矩形，净空尺寸为 16m × 9m。为满足盾构施工需求，在盾构始发井东侧设置一个 23m × 9m 的明挖基坑。明挖基坑内设置三通井，三通井尺寸为 13.82m × 9m。三通井和始发井之间通过连接隧道相连。基坑开挖最大深度约 20m，围护结构采用 ϕ800 钻孔灌注桩，间距 1.2m，嵌固深度 5.0m。内支撑采用 ϕ600 钢管撑 + 工字钢斜撑构成，主体结构采用 C30 模筑混凝土，抗渗等级 P8。围护结构与主体结构间设柔性防水层，共同组成结构防水体系，采用明挖法施工。

作者简介：张亚洲（1982—），男，本科，工学学士，工程师，项目书记。主要从事盾构项目施工现场管理工作。Email：asiazhang@126.com。

图1　海淀电缆隧道第一标段走向及位置示意图

5 号盾构始发兼接收井至 6 号盾构始发井为盾构圆形隧道。盾构圆形隧道长度为 1158.496m。隧道断面为外径 6m，内径 5.4m，厚度 300mm。采用宽度为 1.2m 的盾构管片，每环管片由 6 块通过螺栓拼装而成。管片防水采用同步注浆，结合三元乙丙橡胶止水条。

6 号盾构始发井至海淀 500kV 变电站为暗挖双孔隧道，长约 58.4m。隧道断面尺寸为 2.6m×2.9m 双孔隧道，隧道净宽 2.6m，起拱线高 2.25m，净高 2.9m；隧道开挖高度 4.14m，宽 6.78m，初期支护采用 25cm 厚 C20 喷射混凝土 + 网构钢架，二次衬砌结构采用模筑 C40 钢筋混凝土，二次衬砌与初期支护间铺聚乙烯丙纶双面复合防水卷材。

4　工程地质和水文地质

4.1　工程地质

卵石〈3〉层，杂色，中密，湿，$D_{大}>12cm$，$D_{一般}=3\sim5cm$，亚圆，级配较好，细中砂充填，充填物含量约占 30%，卵石成分以石英岩、灰岩为主。该层自东向西连续分布，至 16 号钻孔附近渐灭。

卵石〈4〉层，杂色，以褐黄色为主，中上密，湿，$D_{大}>10cm$，$D_{一般}=4\sim6cm$，亚圆，级配较好，细中砂充填，充填物含量约占 25%，卵石成分以石英岩、灰岩为主，夹黏性土薄层，该层连续分布，至 16 号钻孔附近渐灭。

细砂〈4-1〉层，褐黄色，湿，中上密，含云母、石英、长石，少量砾石，该层局部呈透镜体分布。

粉质黏土〈4-2〉层，褐黄色，湿，可塑，局部硬塑，含云母、氧化铁，该层分布不连续，呈透镜体分布。

圆砾〈4-3〉层，杂色，中上密，湿，$D_{大}>2.0cm$，$D_{一般}=0.5\sim1cm$，亚圆，级配较好，细中砂充填，充填物含量约占 30%，圆砾成分以石英岩、灰岩为主。该层分布不连续，呈透镜体分布。

卵石〈5〉层，杂色，中上密，湿，$D_{大}>10cm$，$D_{一般}=6\sim8cm$，亚圆，级配较好，中砂充填，充填物含量占 25%～30%，卵石成分以石英岩、灰岩为主，夹黏性土薄层，该层连续分布，至 16 号钻孔附近渐灭。

6 号盾构始发井以东至本线路终点，顶板、底板及侧壁均为卵石〈4〉层，局部砂类土透镜体。

4.2　水文地质

拟建场地绝大部分钻孔（最大孔深 25.00m）未见地下水，本标段地面下 30m 范围内没有揭露地下水。

本工程近3~5年沿线大部分地区最高地下水位埋深均大于20m。

5 盾构隧道内部结构及应用

盾构隧道施工完成后，将盾构施工用的钢轨、轨枕、水管、风管等拆除后，剩余一个内部直径为5.4m的圆空间。为满足后期穿电缆的需求，在盾构隧道内部施工"十字隔板"结构(图2)所示。十字隔板下部施工底板。底板中间厚度为475mm，在两侧预留50mm×50mm(宽×深)的排水沟。中隔墙厚度为250mm。中板呈梯形，两侧薄、中间厚，两侧厚度为150mm，中间厚度为300mm。工程材料为C30混凝土，钢筋采用HRB335和HPB300。内部结构采用钢模板+木模板配合脚手架施工。

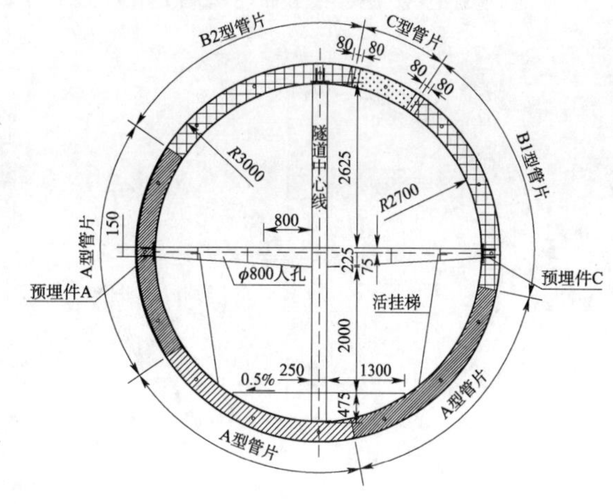

图2 内部结构设计断面图(尺寸单位:mm)

5.1 盾构管片预埋钢板

为保证盾构隧道内部结构"十字隔板"与管片连接，在管片预制过程中，在A型、B1或B2型管片上预埋钢板。当封顶块位于1点位置时，钢板位于B2L、B1L和A′三块管片。其中B2L管片上预埋尺寸为400×270mm的B钢板(位于12点位置)，B1L管片上预埋尺寸为400×200mm的C钢板(位于3点位置)，A′管片上预埋尺寸为200×170mm的A钢板(位于9点位置)，钢板厚度均为10mm。当封顶块位于11点位置时，钢板位于B2R、B1R和A′三块管片。其中B2R管片上预埋尺寸为400×200mm的C钢板(位于9点位置)，B1R管片上预埋尺寸为400×270mm的B钢板(位于12点位置)，A′管片上预埋尺寸为200×170mm的A钢板(位于3点位置)。预埋件A背端焊接4根ϕ12钢筋，长度为200mm。预埋件B、C背端预埋6根ϕ12钢筋，长度为200mm。盾构隧道管片顶部及腰部有预埋钢板的位置，要求十字隔板主筋与其双面焊接，如图3、图4所示。

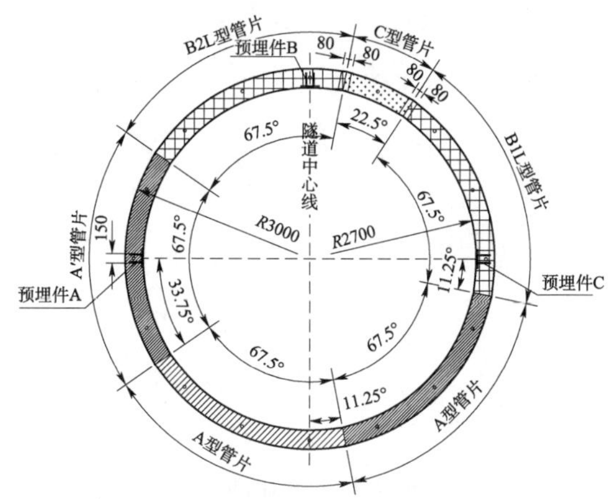

图3 封顶块在1点位置预埋钢板位置示意图(尺寸单位:mm)

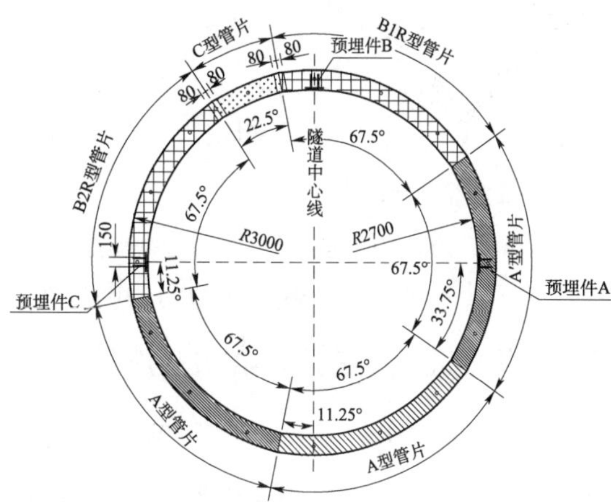

图4 封顶块在11点位置预埋钢板位置示意图(尺寸单位:mm)

5.2 十字隔板上的预埋件及预留孔洞

为满足电缆支架安装需求，盾构隧道内部结构十字隔板上需要预埋螺栓。电缆支架为钢结构，通过螺栓固定在中间隔墙上。另外，为满足电缆检修需求，在中隔板上预留了 ϕ800mm 人孔。每个洞的上部需要安装光缆防火槽盒，安装槽盒的支架也需要与预埋钢板焊接牢固，具体要求如下。

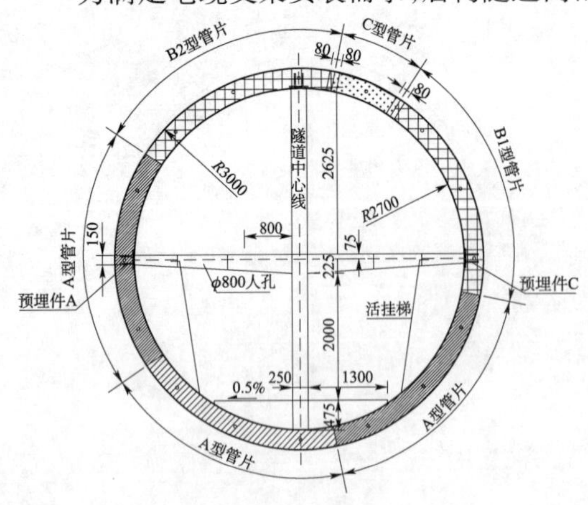

图 5 内部结构预埋件图(尺寸单位：mm)

5.2.1 光缆防火槽盒安装支架所需钢板

光缆防火槽盒安装在支架上。支架为 50mm × 50mm 角钢，长度为 500mm。角钢需做镀锌处理。支架焊接在中隔墙预埋的预埋件 A 钢板上。钢板为 150mm × 150mm，厚度为 10mm。钢板的位置及尺寸见图 5。

5.2.2 预埋安装电缆支架和监控装置所需螺栓

电缆支架通过预埋螺栓与中隔墙或中板相连。预埋螺栓分为 A、B、C 三种。其中预埋螺栓 A 和 B 用于电缆支架安装。预埋螺栓 C 用于后期安装监控装置。预埋螺栓 A 和 B 直径为 16mm，预埋螺栓 C 直径为 12mm。要求螺栓外露长度不小于 35mm。预埋螺栓 A 安装在上面两个洞，每 3 个一组，每组间距 1m。预埋螺栓 B 安装在下面两个洞，每 4 个一组，每组间距 6m。预埋螺栓 C 安装在中板下，左、右两个位置。纵向每 1m 一组，一组两个。预埋件布置详图见图 6。现场支架安装完成并安装电缆后效果如图 7 所示。

5.2.3 接地装置

接地采用 HPB300 钢筋，规格 ϕ12mm，分别在拱顶、左侧 3 点位置和右侧 9 点位置纵向设置。隧道顶部及腰部管片预埋件分别与 3 道纵向连接筋焊接，从而将 3 处管片内钢筋连通作为接地极。接地引出点由平面连接筋与接地引出筋组成，每 100m 设置一组。接地引出筋外露 300mm。纵向连接钢筋与管片预埋件及结构钢筋之间均需采用焊接连接，搭接长度 72mm。接地装置如图 8 所示。

5.2.4 预留人孔

盾构隧道内中隔板每隔 100m 设置一组人孔，人孔直径为 800mm。人孔位于中隔板一侧的中间。施工时预留扶手和固定挂梯的预埋钢筋。人孔施工完成后，在上部加盖铁篦子。

5.3 内部结构配筋

盾构隧道内部结构十字隔板为钢筋混凝土结构。钢筋型号主要有 ϕ8、ϕ10、⌀ 12、⌀ 14。混凝土采用 C30。内部结构配筋图如图 9 所示。

6 盾构始发井、三通井结构及应用

6.1 盾构始发井

盾构始发井为地下两层框架结构。为满足电缆敷设要求，在下层结构内施工一道中隔板，中隔板的标高与盾构隧道内中隔板相同。为满足将电缆从上、下两层过渡到左右两侧，仅施工 8m。中隔板上、下的中隔墙上按照盾构隧道内中隔墙的要求预埋螺栓，如图 10、图 11 所示。

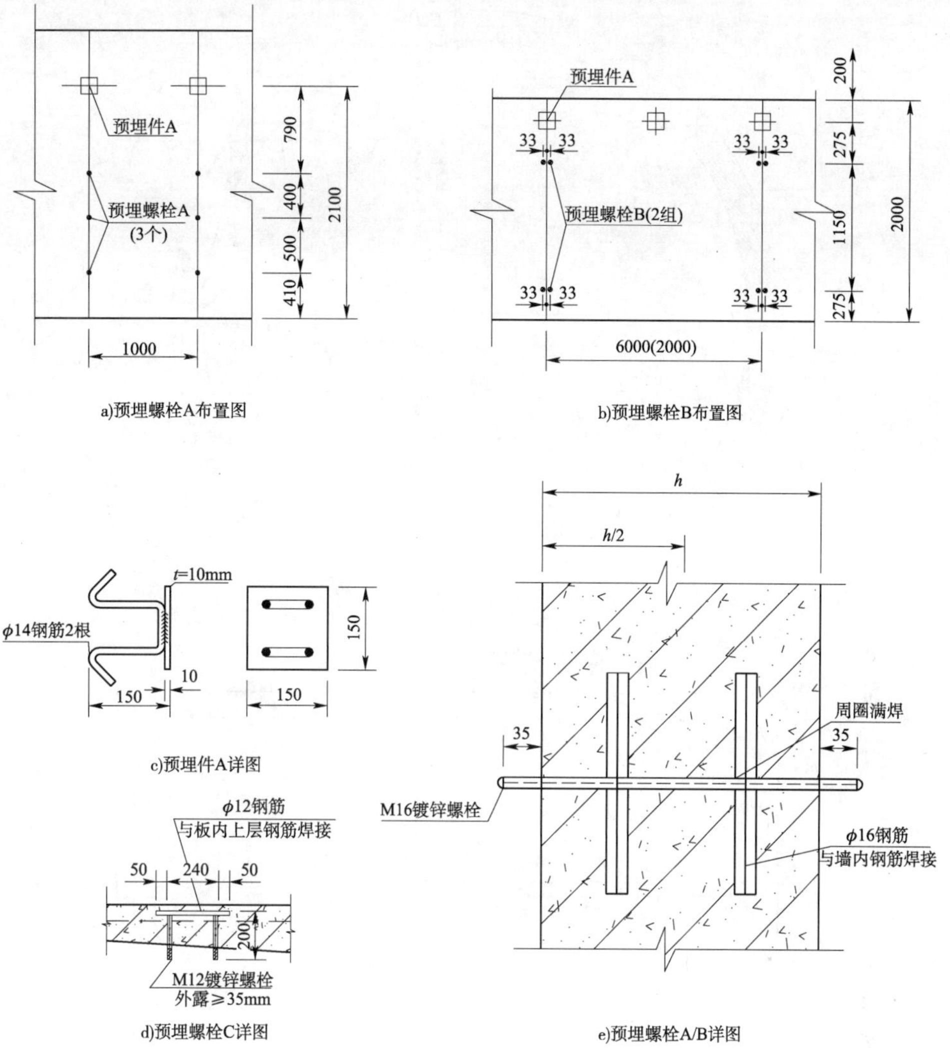

a)预埋螺栓A布置图

b)预埋螺栓B布置图

c)预埋件A详图

d)预埋螺栓C详图

e)预埋螺栓A/B详图

图6 预埋件布置及详图(尺寸单位:mm)

图7 电缆安装后现状

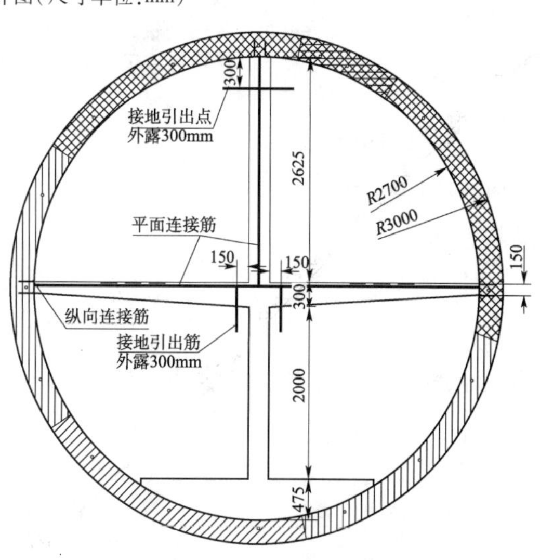

图8 隧道内部接地布置图(尺寸单位:mm)

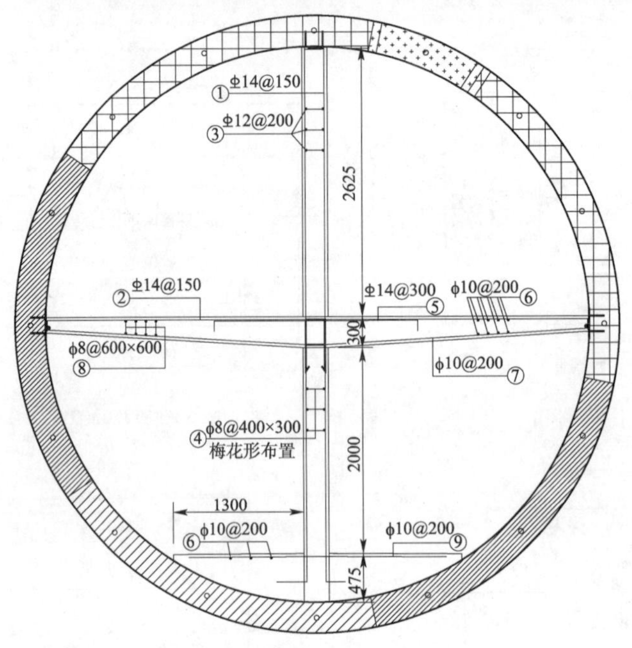

图 9　内部结构配筋图(尺寸单位:mm)

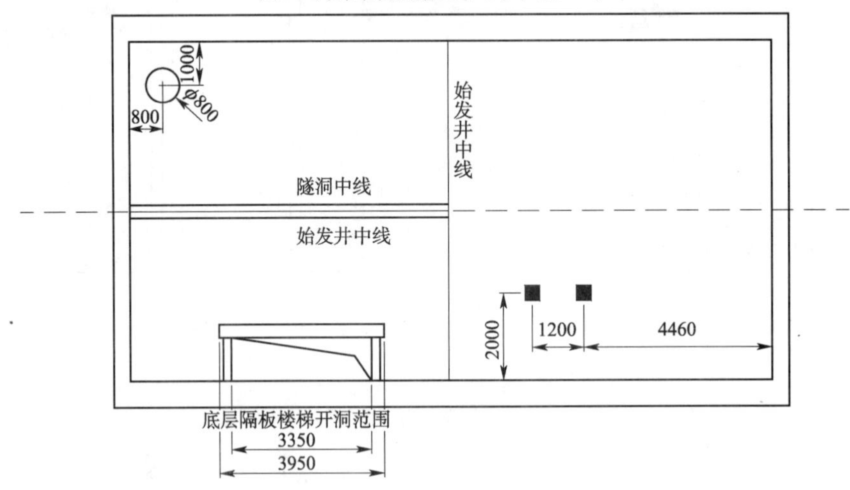

图 10　始发井下层结构内隔板平面图(尺寸单位:mm)

为满足后期通风的使用要求,中板上按要求预留了预留孔洞。为满足人员通行需求,从底板到地面施工了楼梯,地面预留了楼梯间。

6.2　三通井

三通井为地下一层结构,顶板在盾构施工完成后封堵。三通井在北侧墙预留了向北开暗挖隧道的洞口。在东侧墙也预留了向东侧开挖的洞口。

6.3　始发井与三通井连接隧道

考虑到埋深较大,始发井与三通井之间的连接隧道采用暗挖二次衬砌断面。考虑到电缆转弯半径的需求,连接隧道东侧的洞门与西侧的洞门不在一条直线上,东侧洞门向南偏 1m。连接隧道断面形式同暗挖隧道,在中墙和两侧边墙预埋螺栓。始发井、三通井及连接隧道安装电缆后效果如图 12 所示。

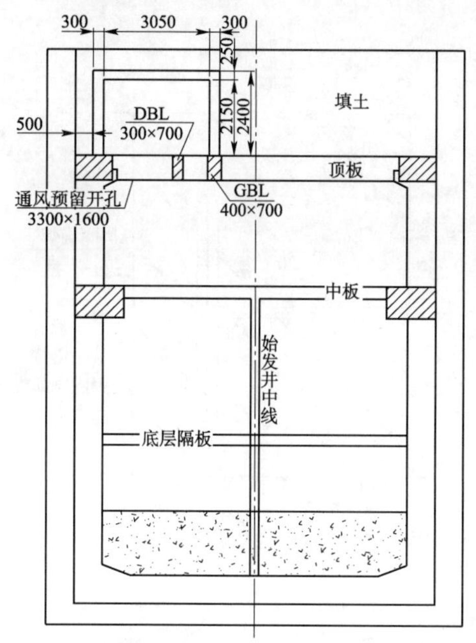

图11 始发井下层结构内隔板立面图(尺寸单位:mm)

图12 明挖始发井、三通井及连接隧道安装电缆后效果

7 暗挖隧道结构及应用

由于本工程临近既有海淀500kV变电站,电缆需通过始发井、三通井拐90°弯后经过暗挖隧道进入。暗挖隧道断面形式为2.6m×2.9m的双洞。暗挖隧道采用人工开挖。开挖支护完成后施工二次衬砌。暗挖隧道二次衬砌采用自制小拱架施工,拱架采用脚手架+工字钢加固,以满足二次衬砌混凝土浇筑时拱架的稳定性。

为满足电缆敷设需求,在二次衬砌施工过程中将预留部分预埋件。预埋件分为预埋件A、预埋螺栓A和预埋螺栓B。预埋螺栓与变形缝间距不应小于250mm。两侧预埋螺栓A沿隧道纵向间距1m布置,每道3个。中隔墙预埋螺栓B沿隧道纵向间距6m布置,每道4个。侧墙及中隔墙预埋件A沿隧道纵向间距1m布置,预埋件A需与墙内钢筋焊接。预埋件布置图如图13所示。预埋件和预埋螺栓详图如图14~图16所示。侧墙、中隔墙立面图如图17、图18所示。暗挖隧道安装电缆后效果如图19所示。

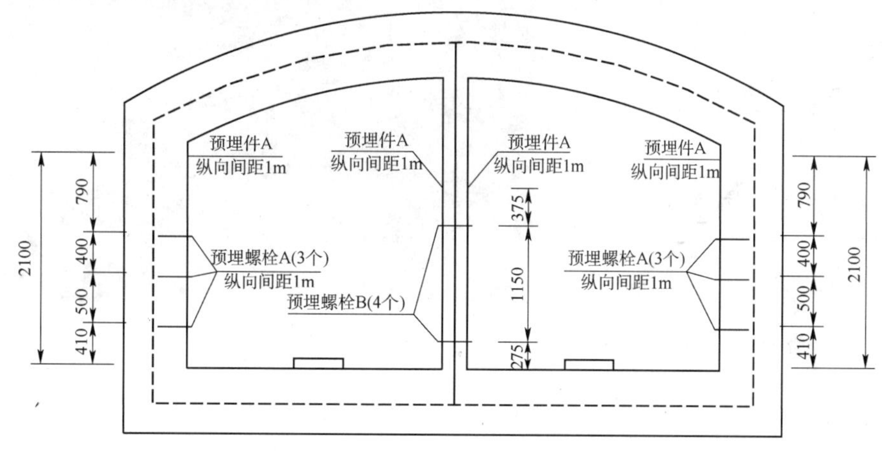

图13 预埋件布置图(尺寸单位:mm)

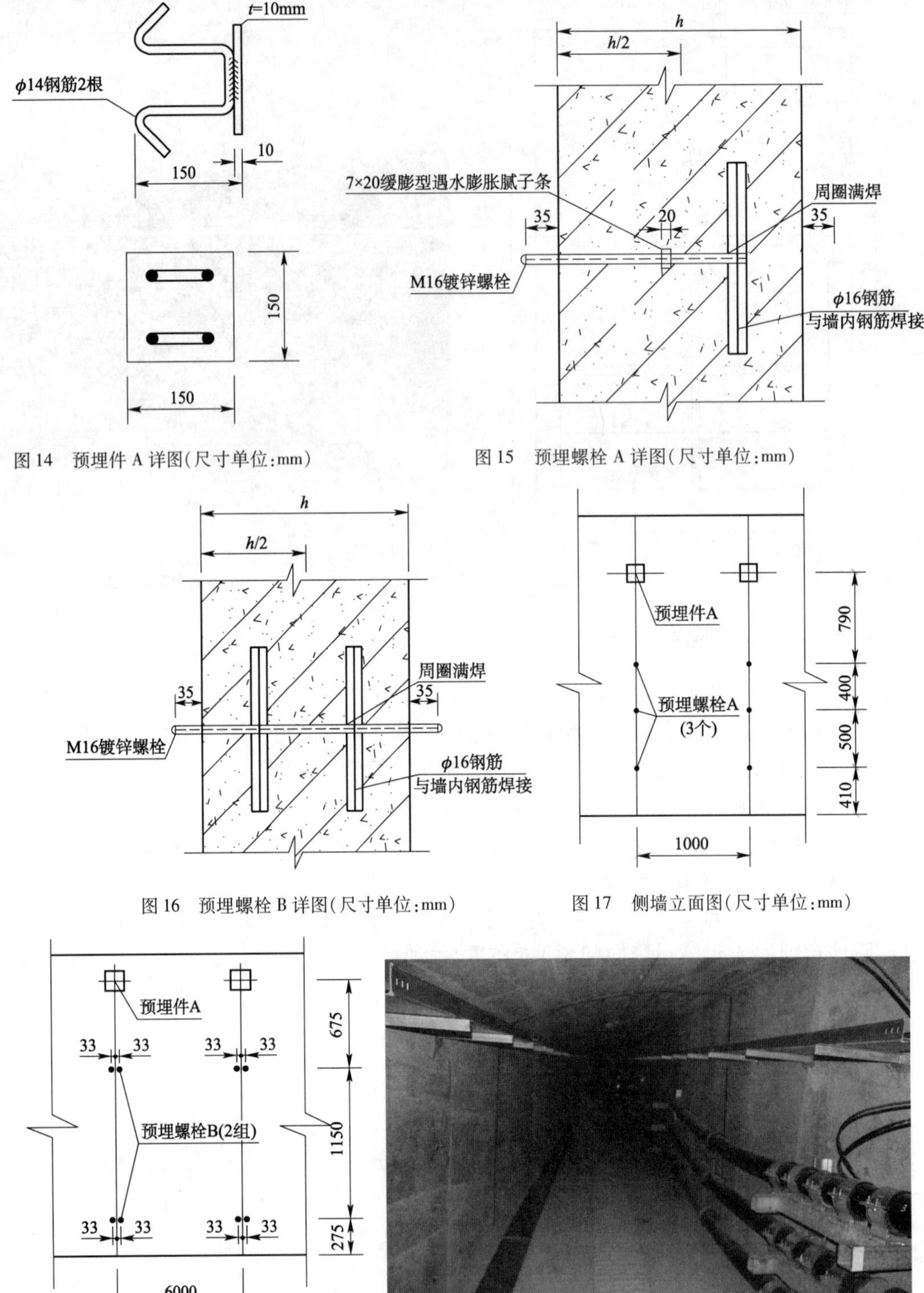

图14　预埋件A详图(尺寸单位:mm)

图15　预埋螺栓A详图(尺寸单位:mm)

图16　预埋螺栓B详图(尺寸单位:mm)

图17　侧墙立面图(尺寸单位:mm)

图18　中隔墙立面图(尺寸单位:mm)

图19　暗挖隧道内电缆安装完成后效果

8　结语

直径6m的盾构隧道结合配套内部混凝土结构能满足电缆敷设的需求,其提供的空间更大,能更好地为电力提供输送服务。随着6m直径盾构隧道在北京城区的应用和推广,北京城区内的高压电塔将逐渐减少,城市土地的利用率会大大提高。

参考文献

[1] GB 50299—1999 地下铁道施工及验收规范(2003版)[S]. 北京:中国计划出版社,2003.

[2] 海淀500kV送电工程盾构隧道(总图部分、管片部分)[R]. 北京:北京电力经济技术研究院,2012.

[3] 王梦恕. 21世纪是隧道及地下空间大发展的年代[J]. 西部探矿工程,2000(1):7-8.

[4] 关宝树. 隧道工程施工要点集[M]. 北京:人民交通出版社,2011.

浅谈小直径盾构分体始发下穿铁路施工技术

刘　磊　马军英　杨金钟　张世辉　李文峰

（北京城建集团土木工程总承包部　北京　100088）

摘　要：本文结合槐丽管线工程，通过对小直径盾构分体始发下穿多轨铁路施工技术重难点进行分析研究，采用对铁路范围内地面进行注浆加固、对轨道进行扣轨加固，通过试验段掘进数据总结掘进规律，做好同步注浆、洞内二次补浆和线间注浆加固，严格控制出土量、土仓压力，盾构姿态控制等技术措施，盾构分体始发后成功下穿南环铁路特级风险源，可为今后类似工程提供参考和借鉴。

关键词：小直径；盾构；分体始发；下穿铁路

1　引言

随着盾构行业的发展，其应用范围也越来越广泛，由早期应用于地铁隧道建设，到现在的管线隧道工程建设，3～5m 小直径盾构也应运而生。小直径盾构后配套设备总长度相对较长，而始发井尺寸有限，故大部分只能采用分体始发方式。由于大部分城市中铁路建设已经完成，管线下穿铁路的情况不可避免，如何保证在铁路正常运营下施工管线隧道是项目技术管理的难点。

本文结合槐丽管线工程，对小直径盾构分体始发下穿多轨铁路施工技术进行了探索和总结，以期为类似工程提供参考和借鉴。

2　工程概况

本工程为污水管线和再生水管线并行施工，两隧道中心间距 8m，为内径 3500mm、外径 4000mm 圆形隧道，污水隧道位于西侧，再生水隧道位于东侧。

污水、再生水盾构隧道始发后依次穿越大李铁路线、丰双上行线、丰双下行线、西牵二线、西牵一线及化轻线，共计 6 条轨道，其中化轻线、西牵一线、西牵二线均为 43kg/m 轨，普通铁路，木枕；大李铁路线、丰双上行线、丰双下行线为 60kg/m 轨，电气化铁路，混凝土轨枕。污水隧道与丰双下行线相交处铁路里程 K11 +814.6，再生水隧道与丰双下行线相交处铁路里程为 K11 +822.8，交角 78°，该处铁路路基与自然地面平齐，盾构埋深为轨道下 8m 左右。铁路范围内的地面标高为 40.534m，轨道标高约 41.134m。盾构始发井距离大李铁路约 65m，如图 1 所示。

根据地勘资料显示，本工程盾构穿越铁路段影响范围内地层从上到下共有六种：渣土、碎石填土〈1〉，黏质粉土素填土〈1-1〉，粉质黏土、黏质粉土〈2-1〉，新近沉积的黏质粉土、黏质砂土〈2〉，细砂、粉砂〈3〉，圆砾〈3-1〉，卵石、圆砾〈4〉，细砂、中砂〈4-1〉，粉质黏土、黏质粉土〈5-2〉，细砂、中砂〈5-1〉。盾构推进施工穿越的地层为细砂、粉砂〈3〉，卵石、圆砾〈4〉，细砂、中砂〈5-1〉。

作者简介：刘磊（1985—）男，助理工程师，技术部部长。目前从事小直径盾构的技术管理工作。E-mail：307475267@qq.com。

该工程盾构机分体始发后下穿南环铁路,属于特级风险源。

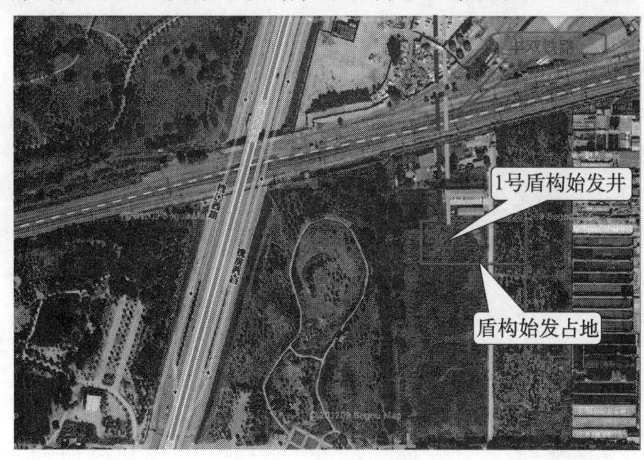

图1　工程概貌

3　重难点分析

(1)本工程需连续穿越六条铁路,铁路对地面沉降要求较高,根据铁路部门要求盾构穿铁路段路基变形≤10mm。轨道沉降:最大隆起量≤5mm;最大沉降量≤10mm;两轨沉降差≤4mm。地面沉降:最大隆起量≤10mm;最大沉降量≤30mm;沉降速率≤4mm/h。

(2)盾构通过段地质复杂,上部粉细砂、下部砂卵石地层。粉细砂和中粗砂层自稳能力较差,施工过程中必须防止操作不当引起的局部坍塌等,对盾构施工过程中的地层稳定控制要求十分严格;盾构掘进断面为砂卵石地层,在砂卵石层掘进是目前盾构施工的共性难题,必须选取合适盾构机型及刀盘刀具,对盾构机的设备要求及施工人员技术要求较高。

(3)盾构从始发井到铁路线最近距离只有65m,需立即进行有效的试验段,总结掘进参数,对盾构能否成功穿越铁路施工有极其重要影响。

(4)本工程盾构机及后配套设备总长123m,始发井到铁路线距离只有65m,故下穿铁路过程中,盾构机处于分体式发阶段。本工程分体式发步骤为:

①主机井下组装、台车按照顺序在地面组装,延长管线安装。分体掘进掘进50.4m,停止掘进,拆负环管片、1～4号台车吊装下井安装、梁安装、皮带机安装、管线重新安装、调试。

②使用大土斗掘进75m,停止掘进,拆临时管线,铺设道岔、轨道,吊装5～13号台车,组装调试、掘进。

本工程下穿铁路过程中处于分体始发第二阶段,如图2所示。

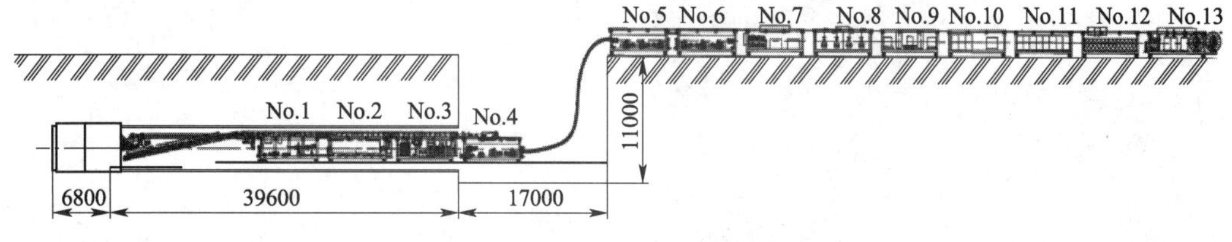

图2　盾构分体始发第二阶段(尺寸单位:mm)

4　施工采用的技术措施

根据对本工程重难点进行分析,主要采取了以下技术措施:

(1)盾构穿越前,对铁路范围内地面进行注浆加固、轨道进行扣轨加固。

如图3所示,线路路基注浆加固长度为两隧道中心两侧各15.35m,宽度为线路中心两侧各5m,加固范围为路基下2~5m。对于地层沉降较大地段,采用袖阀管对路基5m以下的地层进行深孔注浆,以确保行车安全。图4为现场施工照片。

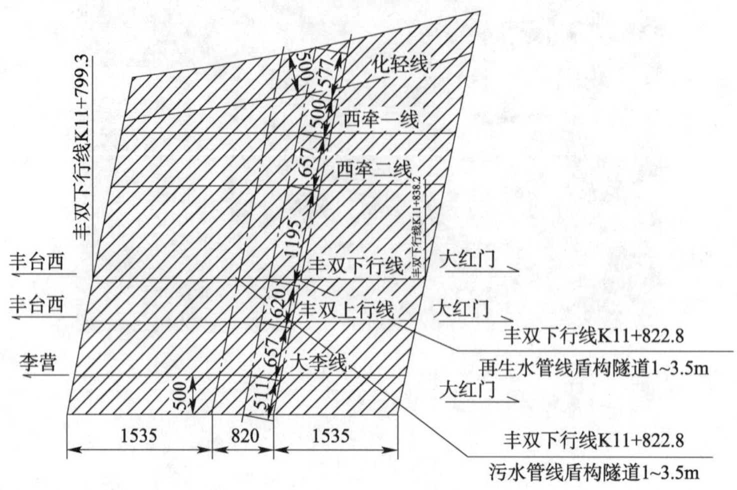

a)路基注浆加固范围平面图

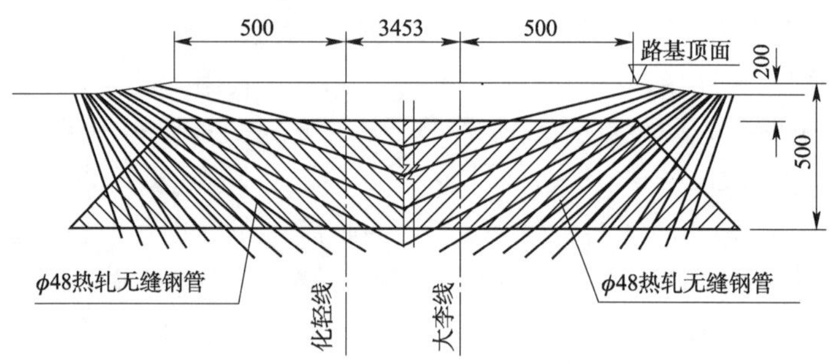

b)路基注浆加固立面图

图3　路基加固示意图(尺寸单位:mm)

图4　现场施工照片

线路加固长度50m,大李线、西牵一、二线、化轻线采用3-5-3扣轨加固方法,丰双上下行线采用3-5-3扣轨+工字钢纵横梁加固方法,加固段全换成长枕木,并在轨底增设垫板,以加固轨面。U型螺栓采用ϕ22圆钢制成,两端M22螺纹,螺纹长度80mm,每件包括4个螺母。扣轨加固系统平面图如图5所示，线路加固横断面、纵断面图如图6、图7所示，现场施工照片如图8所示。

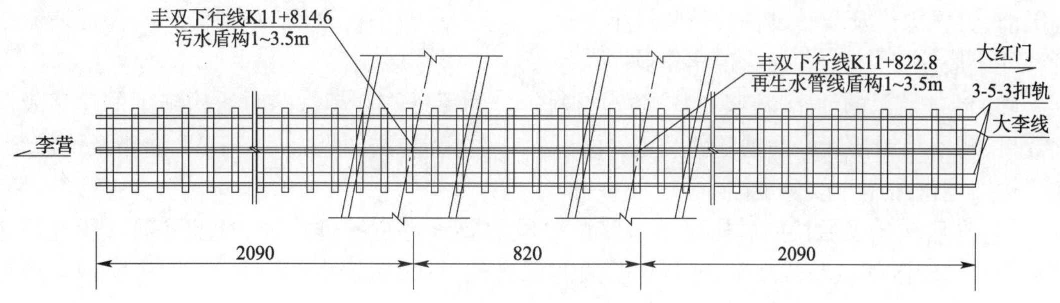

图5　扣轨加固系统平面图(尺寸单位:mm)

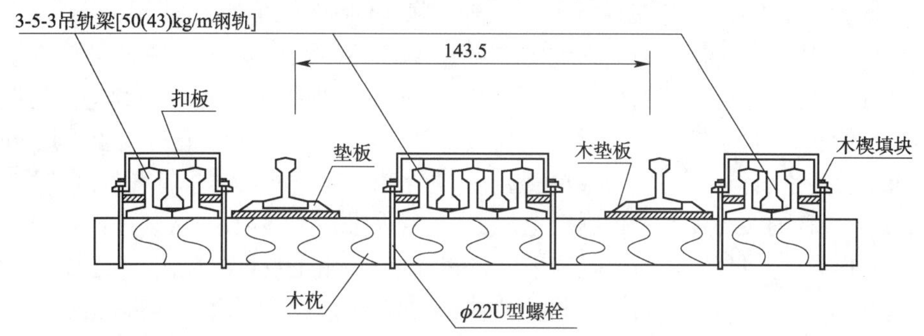

图6　线路加固横断面图(尺寸单位:mm)

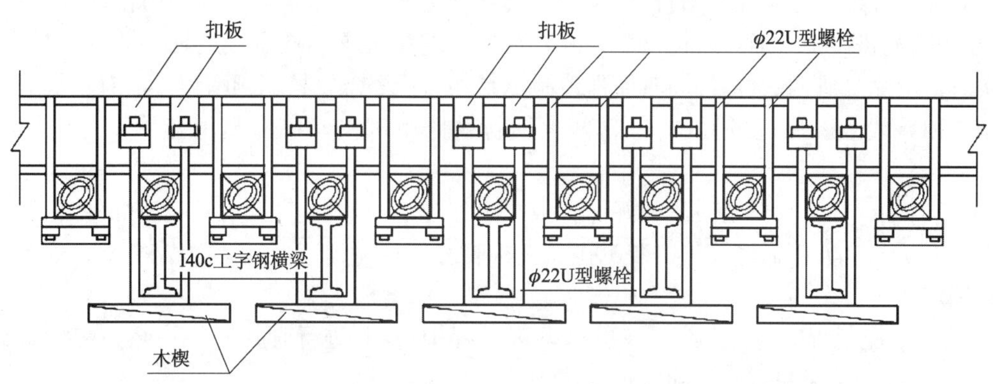

图7　线路加固纵断面图

图8　现场施工照片

(2)根据本工程地质情况及施工要求，结合类似工程盾构机选型经验和参考北京地铁既有盾构工程的盾构类型，本工程采用小松公司生产的土压平衡盾构机施工。在到达铁路影响范围前，对盾构机及配套设备打破常规维修保养程序，进行一次全面的检修保养，保证所有的设备处于最佳工作状态，杜绝带病作业。

(3)储备足量的油脂、注浆材料、防水材料等。为保证在穿越铁路时盾构施工的注浆及防水效果，现场采用活性好的钠基膨润土，并储备一定数量的法国进口 CONDAT 油脂及泡沫剂，在盾构穿越铁路用作改良土体。

(4)在盾构始发后按照盾构穿越铁路试验段的要求进行掘进管理和现场试验，所有理论参数全部用于区间试验段施工，通过试验段的掘进及时总结、摸索、掌握盾构掘进参数对地层的影响，以便为盾构通过铁路时积累经验。

(5)严格控制土仓压力，尽量保持土压平衡，不要出现过大的波动。

(6)盾构隧道穿越铁路地段范围为粉细砂层、中砂层和卵石层，为保证下穿铁路施工的安全，穿越期间的推进速度控制在 30 ~ 50mm/min，预计日均进尺 10m，保持连续均衡的掘进。

(7)根据明挖竖井的出土参数，确定实验段各类土层的松散系数，盾构出土采用 $9m^3$ 出土斗，根据计算的理论出土量及松散系数换算出一土斗出土量盾构所推进行程长度，时刻注意管理行程和实际行程的大小关系来控制出土量，并派专人进行观察记录，做到进尺量与出土量均衡，严禁出土超量。一旦发现问题，立即采取措施处理；除出土数量的控制外，还要坚持对每环渣样进行地质水文分析，发现与开挖断面地质情况不符时，马上采取相应措施。

(8)严格进行掘进方向控制，调整好盾构机的姿态，避免蛇行，特别是盾构始发施工时着重加强对推进轴线的控制，确保盾构沿设计轴线方向前进。盾构姿态控制采用自动测量控制系统，在盾构掘进施工中通过盾构机配置的装有自动定位装置和隧道掘进软件的隧道导向系统来实时精确测量盾构的位置，同时加强控制测量和盾构姿态复核的频率，合理布设洞内的测量控制点和导线点。掘进过程中，每日两次进行铁路范围内基础及轨道监测工作，并指导施工。

(9)管片拼装。管片拼装质量的好坏直接影响到隧道的防水、安全以及隧道的外观，因此，在施工中应从各个方面抓好管片拼装工作。先拼装底部管片，然后自下而上左右交叉安装，最后拼装锁定块。

(10)严格控制盾尾同步注浆。在盾构掘进过程中，及时进行管片同步注浆，穿越铁路段为严格控制沉降，注浆量取环形间隙理论体积的 1.5 ~ 2.0 倍。

(11)进行洞内二次补浆。在盾构台车过后，通过钻孔，在洞内进行较高压力二次注浆，对基础土体进行微量顶升、加固，控制盾构过后的后期沉降。浆液采用 HSC 水泥水玻璃双液浆。

(12)线间注浆加固。由于本工程两条隧道线间距较小，故在第一条隧道通过铁路后、第二条隧道通过前，对铁路下方两隧道间位置采取洞内花管注单液水泥浆进行加固。

5 结语

通过采用上述各种技术措施，盾构仅用 5 天就穿越了南环铁路 6 条铁轨。施工过程中最大累计沉降量为 6.5mm，盾构通过后，对铁路范围进行了雷达探测，结果显示未存在空洞，符合业主要求，并为今后类似工程积累了经验。

地下障碍物高强度预应力锚索处理技术

李小岗　龙成明　王　参

（中国中铁隧道集团有限公司　河南洛阳　471000）

摘　要：本文针对建筑基坑围护结构（华尔街广场喜来登酒店基坑）锚索侵入南昌地铁2号线红谷中大道站围护结构问题的处理，探论了SG60型成槽机在锚索处理过程中的机理，对锚索处理过程中的相关技术进行了总结和分析。

关键词：地下障碍物；高强度预应力锚索；成槽机

1　引言

随着地铁建设的快速发展，地铁车站在施工过程中遇到障碍物的机会也越来越多。在南昌地铁2号线红谷中大道地铁车站地下连续墙施工过程中遇到了大量周边建筑物基坑围护结构施工时遗留的预应力锚索。文献[1]介绍了预应力锚索施工质量控制。如何保证在锚索处理过程中地下连续墙施工的成槽质量，同时又能保证周边管线（特别是高压自来水管的安全）是施工的重点。本文详细地阐述了该车站围护结构地下连续墙施工过程中对预应力锚索的处理技术要点，对类似工程在地下连续墙施工过程中处理地下锚索有一定的借鉴价值。

2　工程简介

2.1　工程概况

红谷中大道站位于红谷中大道与春晖路的十字交叉路口。沿春晖路走向从西北往东南。车站北面为世茂地产，南面为国际金融中心，西南面为洪客隆百货，东面为在建的华尔街广场喜来登酒店，图1所示为红谷中大道站平面图。

图1　红谷中大道站平面图

车站为地下三层岛式车站，中心里程YDK33+488，起讫里程区间YDK33+422.286～YDK33+566.186。车站全长143.9m，采用800mm厚地下连续墙做主体围护结构，主要施工方法为明挖顺作法。根据工程筹划，红谷中大道站西端头井为雅苑路站—红谷中大道站盾构区间的土压盾构接收端，东端头井为红谷中大道站—阳明公园站盾构区间的泥水盾构始发端。

作者简介：李小岗（1971—），男，高级工程师。主要从事市政工程施工管理及科研工作。Email：184258625@qq.com。

2.2 地质情况

根据地质勘察揭露，该站地层由上往下主要为：〈1〉素填土、〈2-1〉粉质黏土、〈2-2〉淤泥质粉质黏土、〈2-3〉粉砂、〈2-4〉细砂、〈2-5〉中砂、〈2-6〉粗砂、〈2-7〉砂砾、〈2-8〉圆砾、〈2-9〉卵石、〈3-1〉强风化泥质粉砂岩、〈3-2〉中风化泥质粉砂岩、〈4-1〉强风化砂砾岩、〈4-2〉中风化砂砾岩。图2所示为地质剖面图。

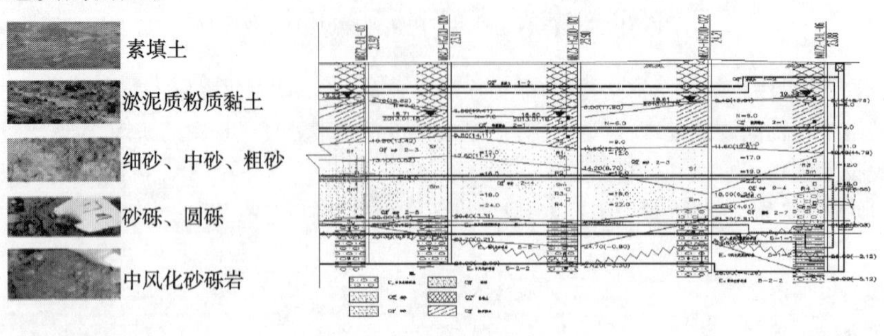

图2　地质剖面图

2.3 华尔街广场基坑支护情况

2.3.1 华尔街广场基坑支护设计

华尔街广场喜来登酒店基坑支护及加固工程在靠近红谷中大道站车站北侧和3号出入口一侧，基坑深8.87m，基坑长62m，围护结构采用ϕ900@1400钻孔灌注桩，桩底埋深13m，钻孔灌注桩距现有华街广场地下停车场边线净距为1.0m。由于基坑南侧上部存在两根DN1200自来水管线，基坑围护结构采用钻孔灌注桩+预应力锚索+锚杆+土钉+网喷支护形式。具体设计情况为：预应力锚索沿基坑深度方向布置两排，第一排距离地面深3.5m，第二排深6m，锚索长$4\times7\phi5$@1400mm，$L=24$m，自由段长6m，锚固段长18m，孔径150mm，设计拉力300kN，锁定荷载260kN，锚索施工角度为25°；土钉沿基坑深度方向布设三排，$L=6$m；基坑深7.7m位置布设一排锚杆@1500，$L=9000$，可从文献[2]了解锚杆喷射混凝土支护技术规范情况。红谷中大道站施工范围涉及预应力锚索累计88根，具体如图3所示。

2.3.2 华尔街广场基坑实际施工情况

根据实际调查发现，施工单位在基坑开挖至锚杆的深度位置时，由于出现了土方坍塌，为确保基坑安全，将原来的锚杆设计层变更为第三层锚索，锚杆原设计位置调整至基坑底部实际施工锚索120根。钢花管锚杆累计一排，位于基坑底部，采用ϕ48、壁厚3.5mm钢管，按0.5m间距设置倒刺，埋深约7.74m，锚杆间距为1.5m、长9m，锚杆施工角度为20°，红谷中大道站施工范围涉及锚杆累计41根。土钉分3排布置，间距为1.2m，土钉长6m，土钉施工角度为20°，红谷中大道站施工范围涉及土钉累计155根。预应力锚索采用1860MPa的高强钢绞线，设计拉力为400kN，锁定荷载为350kN，同时锚固段长达18m，锚索孔洞注浆过程注浆量局部地区较设计注浆量大4~5倍，存在“蘑菇头”的情况。

2.4 锚索影响区域地下管线情况

根据投标资料及现场调查，红谷中大道北侧3号出入口上部存在两根东西向总体平行的DN1200给水管道，该给水管道为预应力钢筒混凝土有压管道(PCCP管)，经现场调查，管线覆土深为1.1~1.3m，接口方式为双胶圈承插密封接口，管道每节长5m，管线内部压力为0.2~0.6MPa，管线、锚索与车站围护结构关系如图4所示。

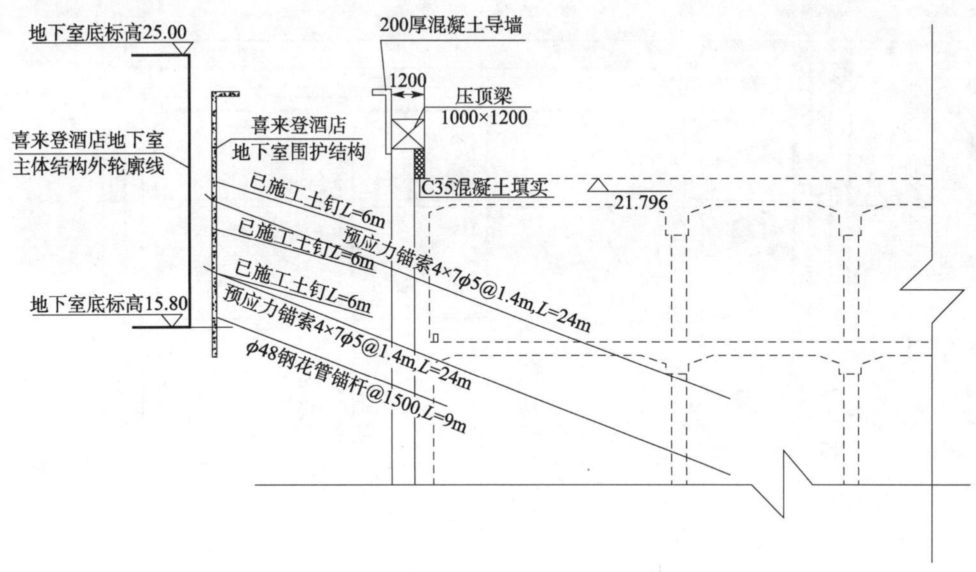

图3　华尔街广场基坑锚索入侵红谷中大道站结构(尺寸单位:mm)

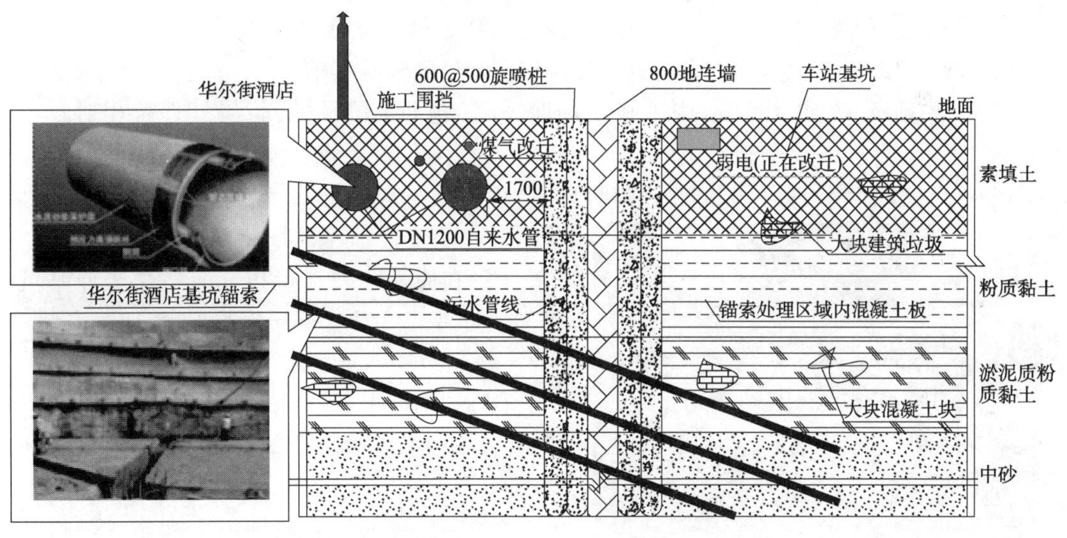

图4　管线、锚索与车站围护结构关系示意图(尺寸单位:mm)

3　锚索对红谷中大道站的影响分析

根据华尔街广场喜来登酒店基坑支护工程及2号线地铁红谷中大道站的设计情况分析,华尔街广场基坑支护工程与红谷中大道站主体、附属结构和盾构区间的主要施工影响因素如下:基坑支护结构所用预应力锚杆南北方向水平投影长度为21.8m,东西向施工段总长62m,主要影响车站主体结构、3号出入口、左线泥水盾构始发端头加固施工。影响车站主体结构27.8m,累计63根,该区域锚索主要影响地铁围护结构地下连续墙无法施作;锚索位于盾构区域,主要影响盾构始发端头加固及造成盾构掘进刀盘被锚索卡住等危险;锚杆水平投影8.4m,土钉水平投影5.6m,主要影响车站3号出入口围护结构成桩及出入口开挖施工,影响范围东西长37m,累计锚杆26根,凡锚索影响区域均需提前处理,以满足施工条件。华尔街喜来登酒店基坑支护与红谷中大道站及区间影响如图5所示。

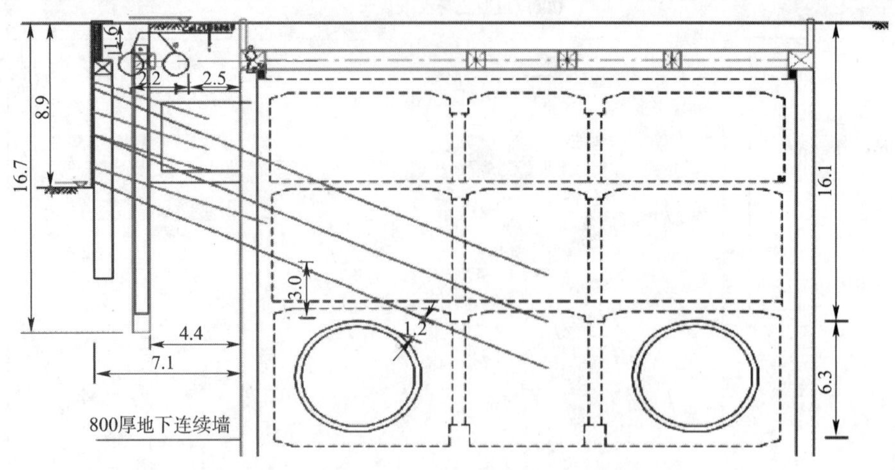

图5　华尔街广场锚索与红谷中大道站位置关系横断面图(尺寸单位:mm)

3.1　国内处理锚索案例

根据国内已有施工经验,预应力锚索、锚杆、土钉处理工程相对较少,主要施工方法有以下几种(从文献[3]了解锚索(杆)承载能力、荷载变形、松弛和蠕变情况)。

(1)明挖基坑直接取出。适用于施工场地开阔,地下水位较低,障碍处理量相对较小的工程。

(2)人工挖孔截除障碍后采取拔除措施。适用于地下水位较低、地层稳定性较好、处理工程量较小的工程,如深圳地铁3号线。

图6　武汉地铁采用成槽机处理锚索

(3)在原基坑内直接拔除。适用于原基坑未作回填处理或可以重新开挖的工程,如西安地铁2号线、郑州地铁1号线。

(4)利用冲击钻将锚索砸断。适用于锚索锚固段存在较密实地层,锚索锚固效果良好,如广佛线。

(5)采用成槽机直接剪断。利用成槽机的咬合力将锚索剪断,如南宁地铁、武汉地铁、郑州地铁等,如图6所示。

3.2　红谷中大道站锚索处理方案对比

根据本工程的施工特点,结合其他项目的成功经验,对适用于红谷中大道站的锚索处理方案进行汇总,并对不同的方案进行优缺点分析,具体见表1。

红谷中大道站锚索处理方案汇总　　表1

序号	施工方案	地下连续墙槽内锚索处理	端头加固方法及锚索处理	优　缺　点
1	放坡明挖基坑	先进行区域降水,然后分层放坡开挖,将暴露出的锚索用氧气乙炔割断	三轴搅拌桩,采用套管钻机将加固区影响范围内的锚索拔除	施工简单方便,受地下水影响较大。土方开挖工程量大,对周边环境影响较大,关键要把地下水降至第三层锚索影响的基坑底部,基坑开挖和回填工程量较大

续上表

序号	施工方案	地下连续墙槽内锚索处理	端头加固方法及锚索处理	优 缺 点
2	人工挖孔桩	先对地连墙槽壁两侧的土体采用高压旋喷桩进行加固,并进行降水,然后采用咬合的人工挖孔桩的方法将槽壁影响范围内的锚索截断处理	三轴搅拌桩加固,采用开挖小竖井的方法,在小竖井内将锚索拔除	简单易行,对周围环境影响小。但安全风险高,进度较慢,费用较高
3	成槽机	先对槽壁两侧采用旋喷桩进行加固,然后用成槽机将影响范围内的锚索抓断	建议采用冷冻法进行加固,影响范围内的锚索可不做处理	安全性高,操作方便。用成槽机直接抓断锚索费用较高,对周边环境影响较小,地连墙槽壁不加固,容易塌孔
4	冲击钻	先对槽壁两侧采用旋喷桩进行加固,然后用冲击钻将影响范围内的锚索冲断	高压旋喷 + 注浆 + 降水,影响范围内的锚索可不做处理	操作方便,锚索韧性大,在软土地层,不容易冲断。且对周边环境影响较大,对两侧槽壁土体扰动较大,容易造成槽壁坍塌

3.3 方案确定

经多次组织专家会议研究、详细的方案比选和相关技术论证后,决定在常见的锚索处理方法中加以改进,即采用连续墙槽壁高压旋喷加固 + 液压成槽机(刀口采硬质合金)直接抓断锚索的施工方案。车站北侧主要受影响的地下管线为两根 DN1200 原水管,由于车站施工之前无法迁移,且连续墙导墙范围内存在废旧污水管线,因此在锚索处理及废旧污水管处理之前,需要对地下管线采取隔离"高压旋喷桩内插型钢"措施。为减小锚索处理期间槽壁的坍塌,首先将锚索影响范围内的地下连续墙槽壁两侧采用两排 $\phi600@500$ 的高压旋喷桩进行地层加固,高压旋喷桩加固区水泥掺量不小于 30%,然后采用 SG60 型成槽机开挖槽段,高黏度泥浆护壁。对锚索分层分段进行处理。开挖成槽时,应从车站西侧锚索影响区的最西端开始进行,确保液压抓斗每次只抓到一根锚索,然后闭合抓斗、提升,利用抓斗的咬合力和向上的拉力,将锚索剪断或拉断;若锚索的锚固段不结实,则将锚索的锚固段拔出地面,然后人工采用氧气乙炔将锚索割断。

4 SG60 型成槽机在锚索处理中的应用

4.1 锚索处理施工工艺流程

锚索处理施工工艺流程如图 7 所示。

4.2 SG60 型成槽机刀口改造

根据红谷中大道站地勘资料及华尔街喜来登酒店基坑支护的锚索设计情况,在采用成槽机处理锚索前,需对成槽机刀口进行改造,刀口改造采用硬质高强度合金刀(硬质合金钢)。刀片参数如表 2 所示。

高强度硬质合金刀参数 表 2

硬度	抗折力	引伸张	压缩强度	耐冲击度
98.6	3635	1670	4500	88

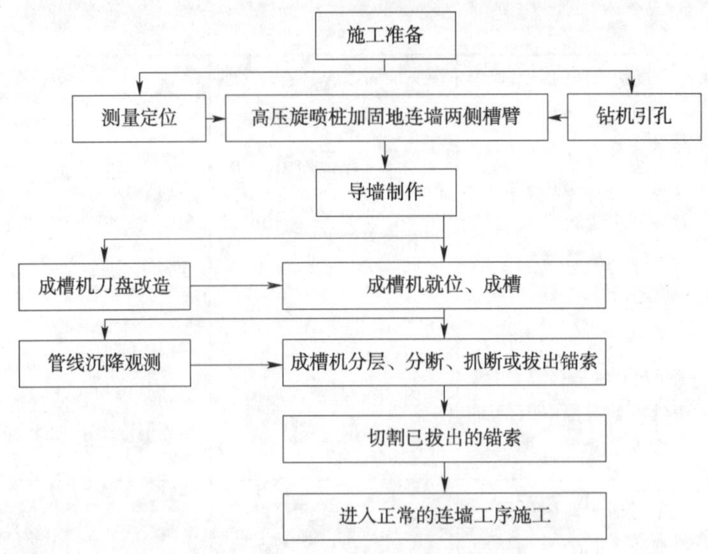

图7　锚索处理施工工艺流程

红谷中大道站现场 SG60 型成槽机刀盘改造具体情况如图 8 所示。

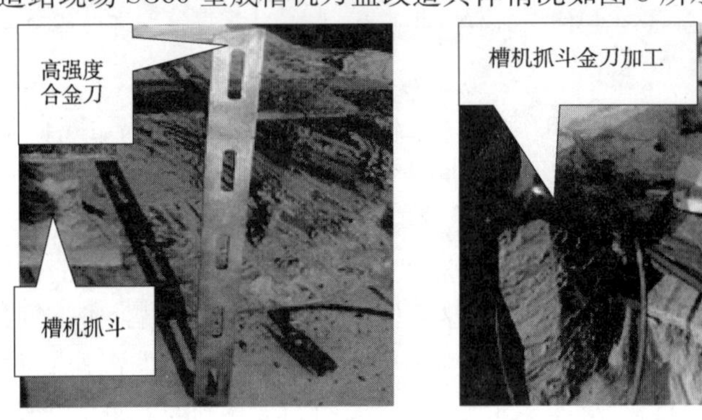

图8　硬质高强度(合金)刀头

4.3　锚索处理施工

待槽壁加固及导墙制作完成并达到设计强度后,开始采用改造刀口 SG60 型成槽机开挖槽段。槽段内放置高黏度泥浆进行护壁,采取分层、分段的方法处理锚索。

4.3.1　锚索处理过程控制

根据锚索计设层数及分布规律,采用已加固的 SG60 型成槽机正常成槽施工,当成槽进尺达到锚索设计深度后,成槽机司机通过观察驾使仓内仪表盘的液压表数值及抓斗的作业速率信息变化判别锚索的处理情况。如果液压抓斗工作的液压值不断变大,且槽深进尺作业速率未发生改变,这一现象即可判断抓斗已与锚索产生了互扰,然后提升抓斗,此时仓内“负载重量”数据将不断变大,即可判定抓斗已将锚索咬合。其成槽机处理锚索前及处理锚索过程中的数据对比如图 9 所示。

4.3.2　锚索处理对周边管线影响情况

在锚索处理过程中,现场采用精密水准仪对锚索上部的管线进行了监测,其监测的项目和监测频率符合方案要求,监测的日变化量及累计量小于预警值,监测内容见表 3。现场管线监测结果见表 4。

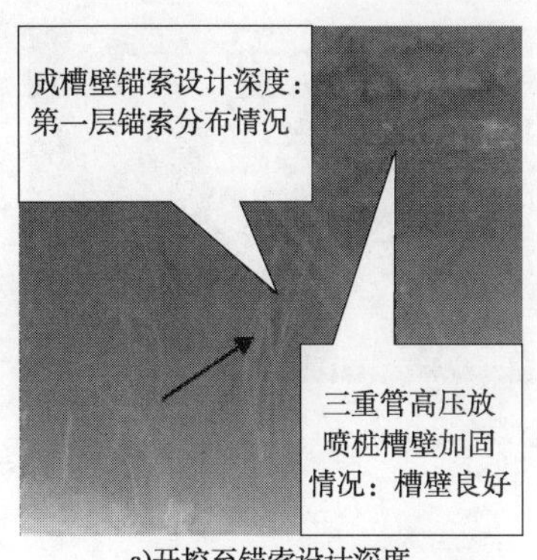

a)开挖至锚索设计深度

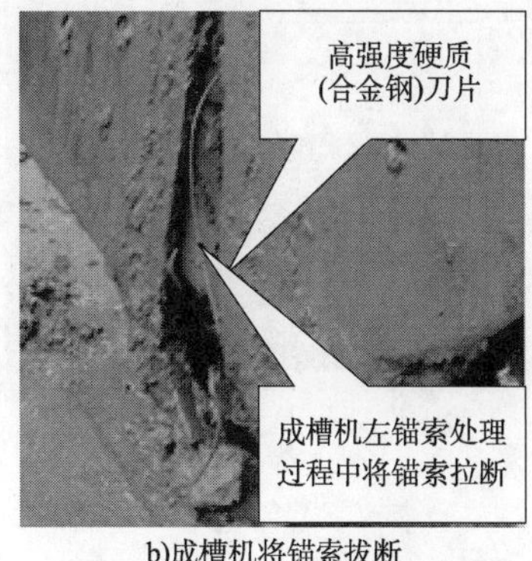

b)成槽机将锚索拔断

c)成槽机锚索处理前数据

d)成槽机锚索处理数据

图9　成槽机锚索处理前及过程对比

现场管线监测项目及监测频率　　表3

监测项目	监测仪器	监测频率(次/d)	预警值
管线垂直位移	精密水准仪、铟钢尺	2	日变化量≤3mm，累计量≤10mm

现场管线监测结果　　表4

自来水管		允许日变形速率(mm/d)	实际最大日变形速率(mm)	累计允许最大变形量(mm)	累计实际最大变形量(mm)
规格(m)	压力(MPa)				
ϕ1.2	0.3～0.5	±2	-1.1	±10	-4.7

4.3.3　锚索处理数据分析

2014年12月30日，红谷中大道站于锚索处理区域内，采用SG60型成槽机选择地下连续墙“N24”幅段进行了锚索处理试验，试验一次性取得成功，据锚索处理过程中仪表显示，负载质量为22044kg，后逐级递减(每次减小300kg)，每次处理锚索长度为3～11m，最终成槽机于负载质量为15241kg达到极限。经锚索处理拔出的锚索与设计基本吻合，后续的锚索处理参数严格按照试验参数控制及微调。

4.3.4　锚索处理对槽壁坍塌情况分析

为防止锚索处理过程中造成槽壁坍塌进而影响上部管线，采用在地下连续墙导墙两侧分别施工两排三重管高压旋喷桩，泥水掺量为25%，施工桩深大于锚索设计深度2m。后续锚索幅段处理结束后，现场采用超声波对其加固的槽壁监测，其监测结果是：锚索处理过程中未造成大面积槽壁坍塌，地下连续墙钢筋笼吊装入槽未存在卡槽现象。锚索处理槽壁坍塌监测具体如图10所示。

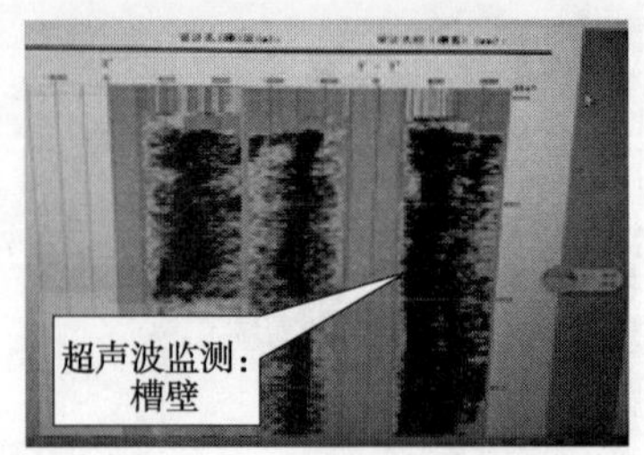

图10　锚索处理槽壁坍塌情况监测

5　结语

地铁施工地下锚索清除以直接拔除居多，应用成槽机直接处理在国内施工中成功实例不多。现根据国内成功处理地下障碍物的施工相关经验，结合本工程水文地质情况、地下管线分布、周边环境复杂的特点，针对现场地下障碍物处理采用有效的清除方法，为后续在类似障碍物（锚索处理）清除中积累了宝贵经验。

参考文献

[1] 郑黎明. 预应力锚索施工及其质量控制[J]. 水力发电，2003(8)：44-46.

[2] GB 50086—2001　锚杆喷射混凝土支护技术规范[S]. 北京：中国计划出版社，2001.

[3] 廖振明. 高边坡预应力锚索（杆）试验孔基本试验[J]. 公路交通技术，2006(2)：11-15.

上软下硬地层地下连续墙有效成槽施工技术

周　博

（中国铁建十六局集团北京轨道交通工程建设有限公司　北京　101100）

摘　要：本文以广州地铁9号线马鞍山公园站为例，车站地下连续墙的嵌岩深度在7～11m，下伏微风化岩层的岩面倾斜起伏，传统成槽机具无法在该地层使用。为了解决成槽困难问题，研制了一种新型冲岩装置，总结出了一套上软下硬地层中地下连续墙的有效成槽施工技术。该施工技术效果好、成槽速度快、施工工序简便、大大缩减了工程周期。

关键词：上软下硬地层；地下连续墙；成槽；施工技术

1　引言

地下连续墙施工技术是利用各种挖槽机械，借助于泥浆的护壁作用，在地下挖出窄而深的沟槽，并在其内浇注适当的材料而形成一道具有防渗（水）、挡土和承重功能的连续的地下墙体。近年来，随着我国城市建设的不断深入，地下铁道的修建在各大城市展开。由于各城市所处的地理环境与地层分布不同，需要在各种地质条件下修筑地下连续墙。地下连续墙施工工艺在我国砂土、黏性土、冲填土等软土地层中得到了全面发展与广泛应用。然而在上覆砂土微风化岩这种上软下硬地层中修建地下连续墙，仍然存在着多方面的技术困难与不足。传统的成槽机具在上软下硬的复杂岩土层中适应性差，施工速度极为缓慢，成槽质量难以保证，施工过程呈现效率低、造价高的不利局面；且由于下伏微风化岩层的岩面起伏变化，利用传统施工方法成槽时，垂直精度无法保证。即使配备最先进的成槽机具，施工过程中成槽机也会沿岩面的倾斜方向发生滑移，影响成槽施工的顺利进行，难以保证地下连续墙的施工质量。在上软下硬地层中施工地下连续墙，为了保证施工工程中成槽的垂直精度，为了防止成槽机具在遭遇微风化石灰岩面时发生倾斜或滑移，为达到实际施工中合理配置施工资源的目的，就必须具备一种在上述地层条件下的有效冲岩装置，保证较高的成槽垂直精度。本文主要介绍上覆砂土微风化石灰岩中地下连续墙的有效成槽施工工艺原理、施工步骤以及现场施工方案。

2　工程概况

广州地铁9号线马鞍山公园场地位于马鞍山公园北西侧，迎宾大道是花都行政区的主要干道，交通较为繁忙。马鞍山公园站位于迎宾大道和百寿路T形交叉路口东南侧，线路在该段的走向基本为西北～东南向。迎宾大道宽60m，如图1所示。本站站址西面为雅居乐商住小区，西北面为大运家园商住小区，东面为饮食商业街，北面为村镇住宅，西南面为马鞍山公园。本站两侧均为盾构始发段。

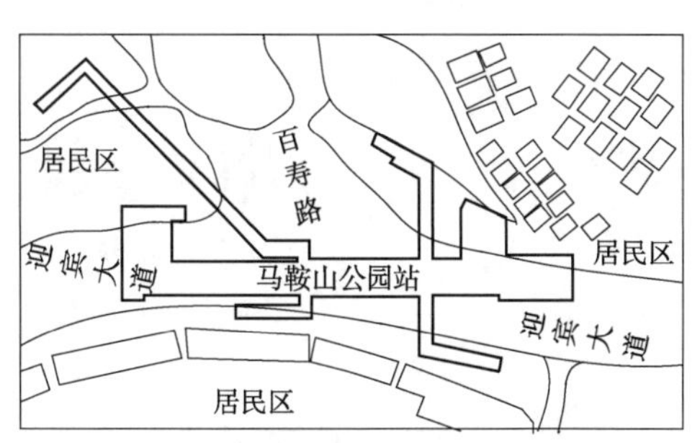

图1　马鞍山公园站平面位置示意图

作者简介：周博（1990—），本科，助理工程师，现在南宁地铁3号线1标7工区工程部。Email：734493877@qq.com。

车站全长259.7m,标准段宽18.7m。车站主体结构为地下两层双跨结构,车站采用10m岛式站台,线间距为13m。地下连续墙的嵌岩深度在7~11m,下伏微风化岩层的岩面倾斜起伏,成槽施工过程中难以保证垂直精度,成槽机具容易沿着岩面倾斜方向发生滑移,从而会影响地下连续墙的施工质量。

3 工程地质和水文地质

工程施工场地位于迎宾大道上,属于剥蚀残丘地貌单元与冲洪积平原相接边缘,上覆盖第四系土层,主要有:人工填土〈1〉、冲坡积成因的粗砂〈3-2〉、砾砂〈3-3〉、淤泥质黏土〈4-2B〉、碎屑岩残积成因的可塑粉质黏土〈5N-1〉、硬塑粉质黏土〈5N-2〉、炭质灰岩残积成因的软塑粉质黏土〈5C-1A〉。下伏基岩为石炭系下统大塘阶石磴子组炭质灰岩,在勘察揭露深度内,仅见炭质灰岩微风化岩带。炭质灰岩微风化岩带主要为石炭系石蹬子组地层,岩性为炭质灰岩,微晶~隐晶质结构,中厚层状构造,岩芯较完整~完整,呈短柱~长柱状,常见有溶蚀凹面,岩质较坚硬。本场地地下水稳定水位埋深0.90~3.10m(标高8.98~11.30m),初见水位标高8.39~11.80m。根据本场地地下水赋存条件、含水介质及水力特征分析,本场地地下水主要有上层滞水、孔隙水、裂隙水三种基本类型。

4 研制新型冲岩装置

装置主体结构为十字雪花矽钢合金齿冲岩重锤,重锤中心处设轴心孔,用于插入引导杆,重锤轴心孔的顶面孔口与底面孔口处各设一圆形凹槽,用于安装孔口限定环,重锤锤体为十字圆台体结构,重锤顶端设两对称吊环和起重孔,用于连接吊车等起重装置,重锤材质为铸铁,锤身中部用钢筋捆扎,底部加焊矽钢合金齿,按十字雪花状分布,用于减小重锤冲击岩体时的接触面积,相邻矽钢合金齿用钢筋连接,用于固定冲齿,并防止冲岩过程中冲齿斜向弯曲或偏移。图2为中空矽钢合金齿十字雪花锤构造示意图。

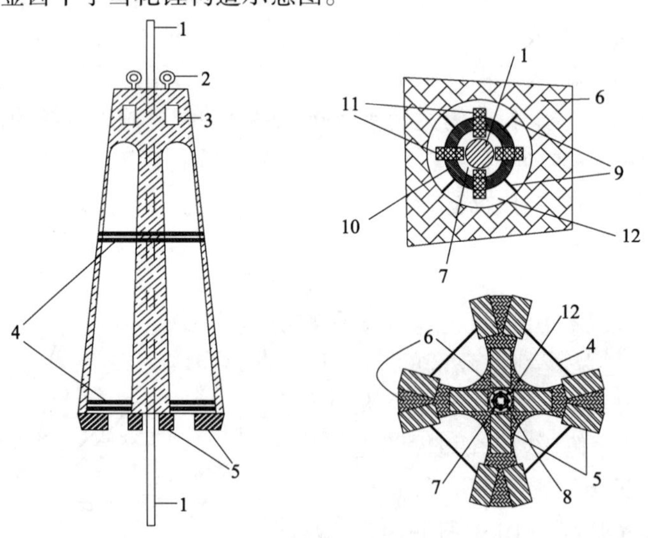

图2 中空矽钢合金齿十字雪花锤构造示意图

1-引导杆;2-吊环;3-起重孔;4-钢筋;5-矽钢合金齿;6-重锤底面;7-轴心孔;8-孔口限定环;9-固定钢支撑;10-钢圈主体;11-滚动轴承;12-圆形凹槽

引导杆1由若干根钢杆连接而成,单根钢杆两端设雌雄螺纹口,用于相邻两杆之间的相互连接,引导杆垂直设置在待冲岩区域。孔口限定环8由钢圈主体10、滚动轴承11和固定钢支撑9组成。钢圈主体10与重锤锤体间由固定钢支撑9焊接在一起,滚动轴承11固定套接在钢圈主体10上,滚动轴承11绕孔口限定环8的环心对称等距分布。

5 施工工艺

工艺流程如图3所示。

5.1 成槽区域钻孔取芯,确定岩面性状

根据待成槽区域大小布设测试孔位,分别钻探至成槽施工所需的深度取出岩芯,并根据成槽区域大小和相关规范确定钻孔的数量和间距,测试孔位沿地下连续墙中轴线的两侧交错布置。通过钻孔取芯确定成槽施工区域的岩面深度与待挖厚度,确定岩石结构面与钻孔弯曲方向或地球磁北方向之间关系,测得钻孔弯曲参数(即顶角、方位角),然后利用矿物微区测试技术,根据受应力作用岩石的组构类型或干涉色对比和产生的应力矿物特征,推测出结构面的应力性质,确定岩石结构面产状和岩石强度范围。

马鞍山公园站施工区域内岩面与地下连续墙表面的距离为7~11m,成槽入岩深度为9~13m,岩面倾斜方向复杂,倾斜角为15°~30°,石灰岩层的抗压强度在50~100MPa。

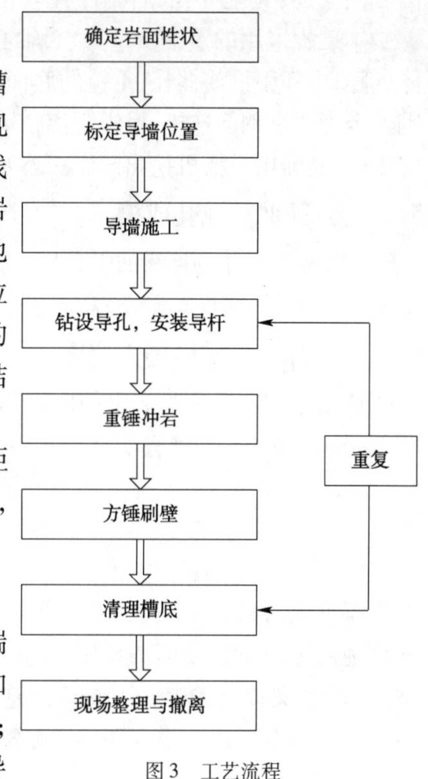

图3 工艺流程

5.2 测量放样标定导墙位置

平整场地,清除地面障碍物,然后在待施工导墙两端位置布设平面与高程控制点,根据施工设计图纸、场地加密控制点间距及导墙外放情况,计算确定导墙中线坐标;再利用全站仪的坐标外放功能现场打标志桩拉通,标定导墙中线和开挖边线实际位置,在开挖边线处撒白石灰成线,导墙测量放样完成。标志桩为桩身长1m的楔形尖木桩,采用普通桩锤在指定位置人工锤击至入土深度400mm左右。

5.3 导墙施工,确定冲孔孔位分布

施工导墙,导墙验收合格后,测定地下连续墙平行于导墙的中轴线,按地下连续墙厚度确定冲孔直径d,划分主冲孔孔位,圆心沿地下连续墙的中轴线分布,相邻主孔位的圆心距设为$1.5d$;然后以相邻主孔位中心连线的中点为圆心,划分副冲孔孔位。

马鞍山公园站的导墙深度为1.5m,采用混凝土现浇方式分段施工,每段长度为50m;导墙验收合格后,按直径$d=800$mm的圆划分主冲孔孔位,圆心沿地下连续墙的中轴线分布,相邻主孔位的圆心距为1200mm;然后以相邻主孔位中心连线的中点为圆心,划分直径$d=800$mm的副冲孔孔位;按每6m分段施工,每段布设冲孔数为9个。

5.4 钻设导孔,安装导杆

采用旋挖钻机在主冲孔孔心处施工竖向导孔,钻入钢导杆,作为主引导杆;随后在副冲孔孔心处施工安装副引导杆,施工方法与主引导杆相同。初始钻孔深比岩面深0.5m,由实际岩面深度确定,钻孔直径120mm。引导杆为分节式钢导杆,导杆直径100mm,每节导杆长度为1m,单根导杆间用螺纹连接;地下连续墙表面以上的导杆长度比重锤提升高度大0.5m;导杆

底端埋入待冲击岩面以下，并随着冲岩进度逐步下移，保持导杆的入岩深度在0.5～1m。

5.5 重锤冲岩，成槽机抓取碎岩

提升重锤，依据所确定的冲孔孔位，将重锤轴心孔对准引导杆穿入，随后沿引导杆方向用重锤锤击岩面，每一锤击进尺施工完成后，立即用成槽机挖出碎岩。本步骤的施工顺序为：由两侧向中间，先主冲孔，后副冲孔。

本工程采用的重锤质量为3t，轴心处中空构造，轴心孔孔径120mm；重锤的锤身为十字圆台体，锤身中部用钢筋捆扎；重锤的底面上设置矽钢合金齿，矽钢合金齿按十字雪花状分布，相邻矽钢合金齿通过钢筋连接；重锤距离待冲岩面的提升高度为3m，锤击进尺为400mm；每一进尺施工完成后，立即用成槽机挖出碎岩。本步骤的施工顺序为：由两侧向中间，先主冲孔，后副冲孔。

5.6 方锤刷壁，连孔成槽

在主副冲孔中心连线的中点处，用方锤清扫主副冲孔交界处的槽壁残余突出岩梗，连孔成槽。本工程中方锤的锤面长 $l=1600$mm，宽 $b=800$mm，锤面四周加焊60mm厚、400mm高的矽钢合金齿。

5.7 清理槽底，成槽施工完成

待槽壁清扫完成后，用液压抓斗清除槽底碎岩，然后用泵吸反循环系统清除抓斗无法抓除的细小石渣和泥浆；槽底清理结束后，整个地下连续墙的成槽施工结束。

6 结语

(1)重锤冲岩装置可以由始至终保持重锤冲岩成槽较高的垂直度，防止重锤遭遇岩面时发生倾斜或滑移，从而获得最佳冲击岩体和成槽效果，达到合理选择冲岩机具、有效实现上软下硬地层中地下连续墙成槽施工的目的。

(2)本文提出的上软下硬地下连续墙成槽施工技术克服了上述技术背景中存在的不安全和不稳定因素及施工进度缓慢、成槽质量较差等缺点和不足，实现微风化岩中的有效低成本、高精度成槽施工。

(3)在马鞍山公园站地下连续墙施工中，成槽精度良好，成槽的垂直精度达到1/400以上，机具遭遇岩面时不产生滑移，矽钢合金冲齿使用寿命长，采用引导杆配合中空重锤进行冲岩施工，且避免了重锤沿岩面发生滑移的危险，有效提高了工程质量，并且加快施工进程，显著提高了工程的经济效益。

参考文献

[1] 应惠清. 我国基坑工程技术发展二十年[J]. 施工技术，2012，41(19)：1-5，22.

[2] GJB 02—98 广州地区建筑基坑支护技术规定[S]. 广州：广州市建设委员会，1998.

[3] 刘建航，侯学渊. 基坑工程手册[M]. 北京：中国建筑工业出版社，1997.

[4] 张明远，杨小平，刘庭金. 临近地铁隧道的基坑施工方案对比分析[J]. 地下空间与工程学报，2011，7(6)：1203-1208.

[5] 蔡龙成，李建高. 地下连续墙成槽设备选型[J]. 铁道建筑，2011(9)：75-77.

[6] 方俊波，刁天祥. 上软下硬地层地下连续墙成槽施工[J]. 现代隧道技术，2002，39(1)：34-37.

[7] 李耀良，袁芬. 大深度大厚度地下连续墙的应用与施工工艺[J]. 地下空间与工程学报，2005，1(4)：615-618.

轨道交通盾构井的防水施工技术研究

谢志云

（中国铁建十六局集团有限公司　北京　100018）

摘　要：本文首先介绍了轨道交通盾构井的结构防水设计，进而针对防水施工中的一些具体施工技术措施进行了研究，希望能为今后类似工程的施工提供一定的借鉴和参考。

关键词：轨道交通；盾构井；防水

1　引言

随着城市交通设施的逐步完善，一些地下交通得到了快速的建立，这对于缓解城市交通压力，方便人们出行做出了重大的贡献。在进行这一类隧道结构的施工时，由于涉及一些地下水和雨水的渗漏问题，做好盾构始发前的防水施工尤为重要，这关系到车站、盾构隧道结构以及设施的安全问题，本文就针对这一类施工中的防水技术问题进行了研究。

2　结构防水的设计

2.1　基本设计

在进行地下轨道的盾构端头井防水施工设计时，要严格参照地下通道的具体防水设计要求来进行，具体设计好的结构要能够达到一级的防水标准，这样能够保证设计后的顶板能够有效防止渗水的发生。此外，在进行工程的验收工作时，要保证顶板以及衬砌结构不能在表面出现比较明显的湿痕和水渍。在进行地下结构各部分工程防水工作时，要采用分区防水的方式来进行，同时要求拱墙的表面没有水渍、衬砌面没有渗水的情况出现，混凝土的抗渗等级应该超过 P8 和 P10。在进行隧道与车站接缝的外包防水工程时，两个扩大端位置一般可以在二次衬砌和初期支护之间进行全包的防水层或者采用整体结构的自防水这两种形式进行防水，通常情况下，防水层的材料可以采用厚度为 2mm 左右的高分子材料，初期支护表面需要铺设每平方米 300g 左右的土工布来作为缓冲层。除此之外，在盾构钢环安装的同时，还需要在始发井的两侧墙面纵向设置一些双波纹的有孔透水管，在横向要设置一些双波纹的无孔透水管，设置的间距大约为 10m，防止积水影响后续盾构施工的正常进行。

2.2　防水材料

在进行轨道交通中的端头井防水结构设计时，结构设计与防水设计应该统筹考虑，主要应用的材料是一些高效防水材料，这些材料的运用能真正提升地下始发井结构的安全性和稳定性。对于轨道交通中的地下结构防水工程来讲，通常采用的是自防水这一防水设计理念。对于自防水的设计来讲，常见的地板建设主要原料是强度等级为 C20P8 的混凝土，在进行最重要防水结构——伸缩缝以及风井的防水施工时，一般在施工建设时采用 PE22 的外贴式止水

作者简介：谢志云（1985—），男，大学本科，工程师。主要从事地下工程隧道及深基坑施工技术研究。Email：xiezhiyundeyouxiang@126.com。

带或者是型号为 WU-4 的中埋式钢边止水带。为了更好地保证这两大结构的防水效果,通常在工程施工中还需要配以型号为 P-201 的止水胶。在进行整体结构的外包防水时,通常采用材质为自粘聚合物的改性沥青这一防水卷材作为整体结构的外包防水层,其中,混凝土的防水等级在具体的要求中需要达到 P10 ~ P12 等级。在进行水平施工缝的防水施工时,可以使用止水胶和注浆管进行防水。在进行竖向的施工缝防水时,可以使用钢边止水带来进行这一部分的防水操作施工。在进行伸缩缝部位的防水施工时,可以采用止水胶、钢边止水带、接水盒以及橡胶止水带等材料。在进行附属工程的防水施工操作时,防水层施工所用的材料一般为厚度为 4mm 左右的自粘式卷材和厚度为 1.5mm 左右的 ECB 防水板。图 1 为施工缝构造示意图。在制定不同细节防水措施时,如果能够保证选取的防水材料有效且合适,不仅能够确保工程的顺利进行,同时更能够使地下车站的整体防水效果变得事半功倍。

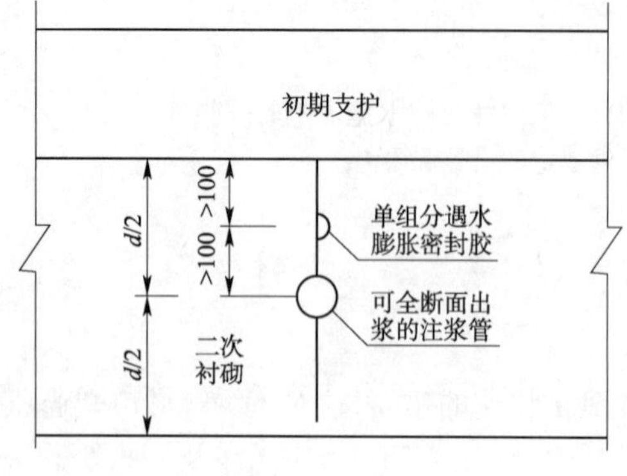

图 1　施工缝构造示意图(尺寸单位:mm)

3　具体施工措施

3.1　基面的防水施工

在进行防水层的实际铺设前,施工人员要确保基面的平整和牢固,同时还要对基面进行严格的检查,确保基面无凹凸不平的地方、清洁干燥、无钢筋外露并且没有明水等。对基面进行防水施工需要在实际的施工过程中注意以下问题:①底板垫层的表面要保证平整,如果存在凹凸不平或者是鼓包的地方,要进行抹平和压光,在进行地板垫层浇筑操作时,还应注意排水,尤其是在雨天施工时,不能使雨水存留在地板垫层上。②对基坑和喷射混凝土进行严格的检查,保证基坑的表面和混凝土表面没有凹凸的部位。③严查基面是否存在漏水和渗水的情况,作为整个防水施工的基础,基面一定不能出现以上这两种问题,如果出现上述问题要进行及时补救,在确保基面处肯定没有积水之后再进行施工。

3.2　防水卷材的施工工艺

防水卷材是在进行关键部位的防水施工中用到的重要材料,主要是应用在侧墙和基面这两个地方。其中,使用防水卷材进行基面的铺设时,需要在正式铺设前详细检查好基面是否干净和平整,严禁带有明显水迹,同时,基面也不能够有渗水和漏水的情况发生。在进行铺设时,要保证防水卷材能够和基准线相互对齐,进行搭接时要正确地使用隔离膜。在完成铺设施工后,施工人员还需要借助胶辊将敷设时不小心留下的空气排出,这样做能够很好地提升防水卷材覆盖的严密性和防水性。在对一些细节问题的处理上,需要根据不同的情况具体分析、具体处理。如果使用防水板进行防水施工,就需要铺设前在防水板上铺设一层土工布缓冲层,之后再进行正常的铺设,铺设时采用无钉铺设,进行防水板的搭接缝操作时要用热焊剂进行热熔焊接。其中,搭接的防水板宽度要不小于 100mm,铺设完成后需要进行检验,看是否合格,如果不合格,还需要重新进行铺设。在完成铺设之后,还需要在上边喷射 50mm 左右厚度的细石混凝土作为保护层,图 2 为防水卷材布置示意图。

3.3 自防水措施的具体应用

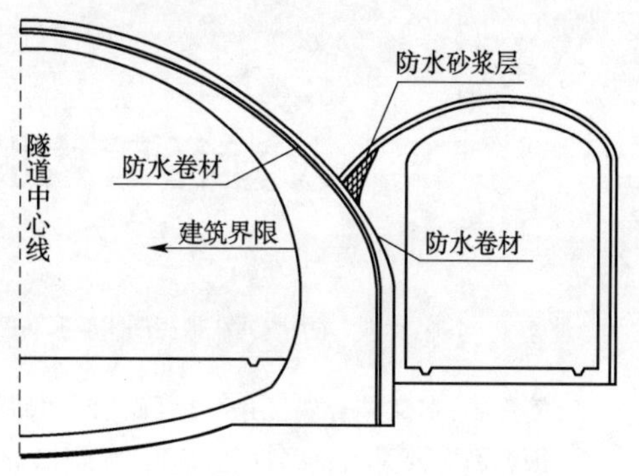

图2 防水卷材布置示意图

在进行地下工作井的防水施工时,通常采用的防水结构是钢筋混凝土材料的自防水,应用这种结构进行防水施工能够有效避免建筑内部结构出现渗水和漏水问题。应用这种防水结构进行地下车站的防水施工所具备的实际防渗等级为P8级及以上,才能够很好地达到预期效果。在进行自防水结构施工时需要和混凝土施工相互联结:①倒入模型的混凝土温度通常情况下不能超过28℃,这是为了保证混凝土本身的自防水性能良好,同时混凝土本身的温度差不能过大,内部的温度和外部表面之间的温度差不能超过25℃。②混凝土厚度要超过100mm,在一些结构薄弱的地方要更厚,大约在150mm左右,垫层区处的混凝土强度要保证处于C15级。混凝土迎水面的最大缝隙不能超过0.2mm,背水面的缝隙不能超过0.3mm,同时还要避免存在贯穿性缝隙。③迎水面钢筋的保护层厚度要超过50mm。

3.4 细节防水措施

相比于一般建筑的防水施工,始发井的防水有着其特殊性,这就需要在一些区域进行防水措施的操作时注意以下问题:①在进行通道口防水时,由于通道口和地面是相互连通的,非常容易出现结构变形这一问题,因此在进行防水操作前,需要在建筑的主体结构表面涂刷一层专用的防水卷材胶,涂刷时要进行双面涂刷。②涂刷完成后,进行大面积防水材料的铺设,这时要注意保证防水卷材铺设的完整性。③在进行施工缝隙的防水操作时,要使用止水带和防水层进行双层的防水保护。④在进行盾构和墙面相连处的防水操作时,要保证收口处理的精细操作。

4 结语

综上所述,和一般建筑的防水施工相比较,地下轨道交通系统的始发井由于涉及的结构和环境更加复杂,在进行这一类建设设施的防水施工时需要注意更多的问题,除可以借助一些先进的防水材料之外,在进行施工方案的设计时,还需要做好全面的考量,并配合始发洞门附近的土体加固,保证施工的安全性和严谨性,这对于盾构隧道的前期稳定起着重要作用,同时在设施的正常运营和维护公共安全方面也具有重要的意义。

参考文献

[1] 辛振省,王金安,马海涛,等.盾构始发端预加固合理范围[J].地下空间与工程学报,2007(03):513-518.

[2] 赵运臣.盾构始发与到达方法综述[J].现代隧道技术,2008(S1):86-90.

[3] 朱祖熹.当今国内外盾构隧道防水技术比较谈[J].地下工程与隧道,2002(1):15-21,56.

[4] 何川,丁建隆,李围.配合盾构法修建地铁车站的技术方案[J].西安交通大学学报,2005,40(3):293-297.

[5] 孙钧.地下工程设计理论与实践[M].上海:上海科学技术出版社,1996.

大直径盾构脱困技术及预防措施

姚文龙

(中国铁建十六局集团北京轨道交通工程建设有限公司　北京　101100)

摘　要:本文结合珠三角某城际大断面盾构隧道施工,针对大直径盾构脱困问题,分析了盾构被困原因主要是刀具磨损超限和注浆工法选用不当;通过使用润滑盾体、加大主推力、增加辅助千斤顶和钢管桩振捣等盾构脱困技术,成功解决了大直径盾构被困问题;并提出了有针对性的预防措施。

关键词:大直径盾构;脱困;辅助千斤顶;钢管桩;袖阀管注浆

1　引言

随着大断面、超大断面盾构隧道的建设,大直径盾构施工暴露出的问题越来越突出,尤其是在复杂地质条件下适应性较差,掘进时易出现各种问题,大大降低了掘进效率。例如,盾构被困就是影响和制约大直径盾构施工的一个重要问题。

本文就以大直径盾构穿越上软下硬地层时盾构被困为例,总结了大直径盾构被困的原因、脱困技术及预防措施,可为后续施工中类似问题提供一定的指导和借鉴作用。

2　工程概况

珠三角某城际隧道地质条件复杂多变,岩层上软下硬,节理发育,沿线既有建筑物、构筑物密集。隧道拱顶埋深为10.5~37m,全长2.93km,采用德国海瑞克ϕ8800土压平衡盾构机施工,盾构概貌如图1所示。

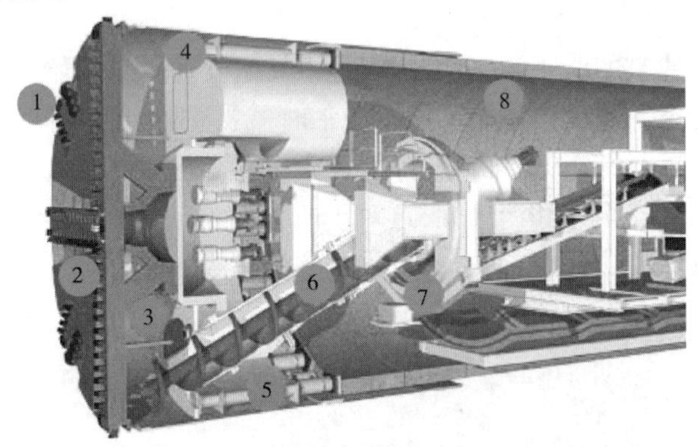

图1　土压平衡盾构概貌

1-掌子面;2-刀盘;3-掘进舱;4-耐压舱壁;5-推进油缸;6-螺旋输送机;7-管片;8-盾尾钢壳

盾构掘进至400环进入上软下硬(上层为全风化混合片麻岩,下层为强风化混合片麻岩)地层后,平均掘进速度减小、推力增大、扭矩增大,掘进至418环时掘进速度仅为4mm/min,刀

作者简介:姚文龙(1988—),男,本科,助理工程师,现任莞惠6B标项目工程部副部长。Email:Yaowenlong2008@126.com。

盘振动变大且有异响,判断刀具出现较大磨损,故决定地面加固开仓换刀。

首先采取高压旋喷桩加固方案(图2),两次开仓均未成功,加固效果不佳。由于地层已被破坏,无奈选用地面引孔埋管注双液浆的注浆工法进行补救(图3)。虽然最终成功开仓完成换刀,但是恢复掘进时推力加至4000t,依然没有掘进速度,扭矩很小,发现盾构被困。

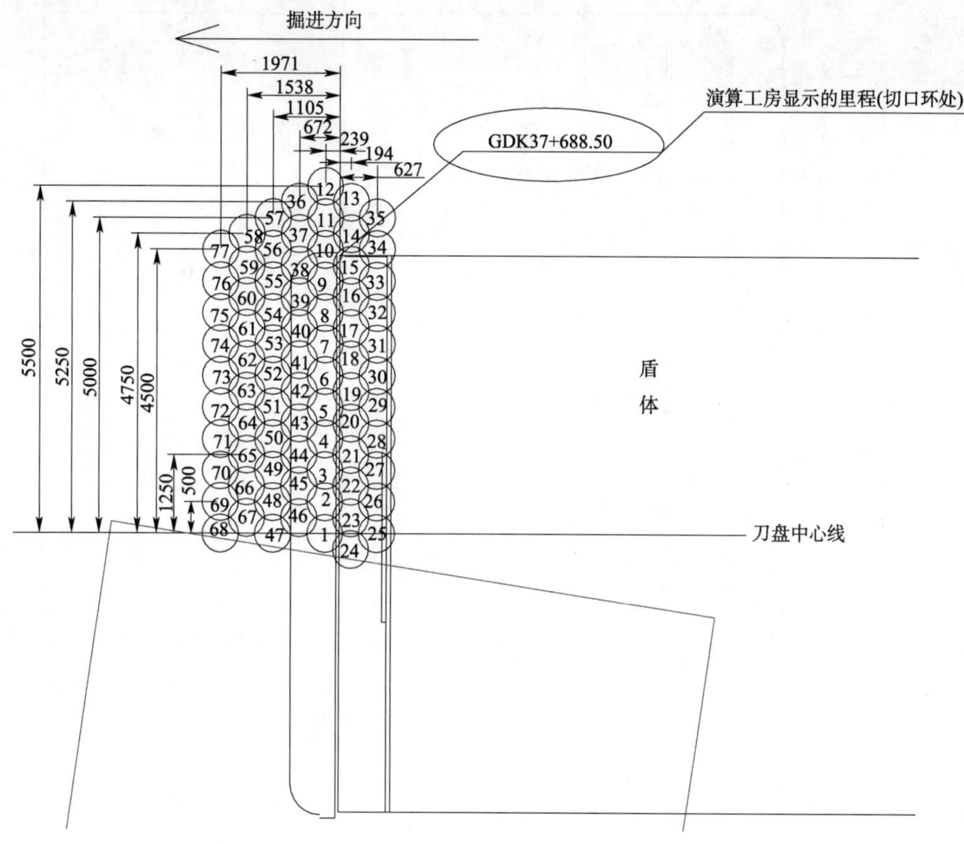

图2 旋喷桩加固示意图(尺寸单位:mm)

采用加大推力(4500t)增加辅助千斤顶(2×200t)的强制脱困模式,前盾顺利脱困,但是铰接被拉至限位,依然无法推动盾尾。将中盾和盾尾通过锰钢板刚性连接在一起,保护盾尾铰接;将辅助千斤顶由200t增至320t,1组增至3组,进一步增大推力,最终终于推动了盾尾,但是掘进速度非常缓慢,掘进过程中锰钢板被拉断3次,辅助千斤顶支座被顶垮4次,重新焊接浪费了大量时间。为了加快进度,地面采用在盾尾正上方引孔打钢管桩振捣盾尾上半周固结体,破坏握裹面,盾体内采用敲击振动破坏握裹面。握裹面被破坏后,推进速度明显增大,脱困效果明显。继续采用强制脱困模式,盾构推至422环完全脱困。

3 盾构被困原因

3.1 刀具磨损超限

大直径盾构施工时,刀具易磨损,尤其外边刀的磨损更为严重。外边刀磨损超限且无扩挖刀导致刀盘开挖直径变小,盾体与地层间隙变小,易造成盾体卡壳,大大增加了盾构被困的风险。

刀盘开挖直径为8830mm,前盾直径为8800mm,中盾直径为8785mm,盾尾直径为 8770mm。

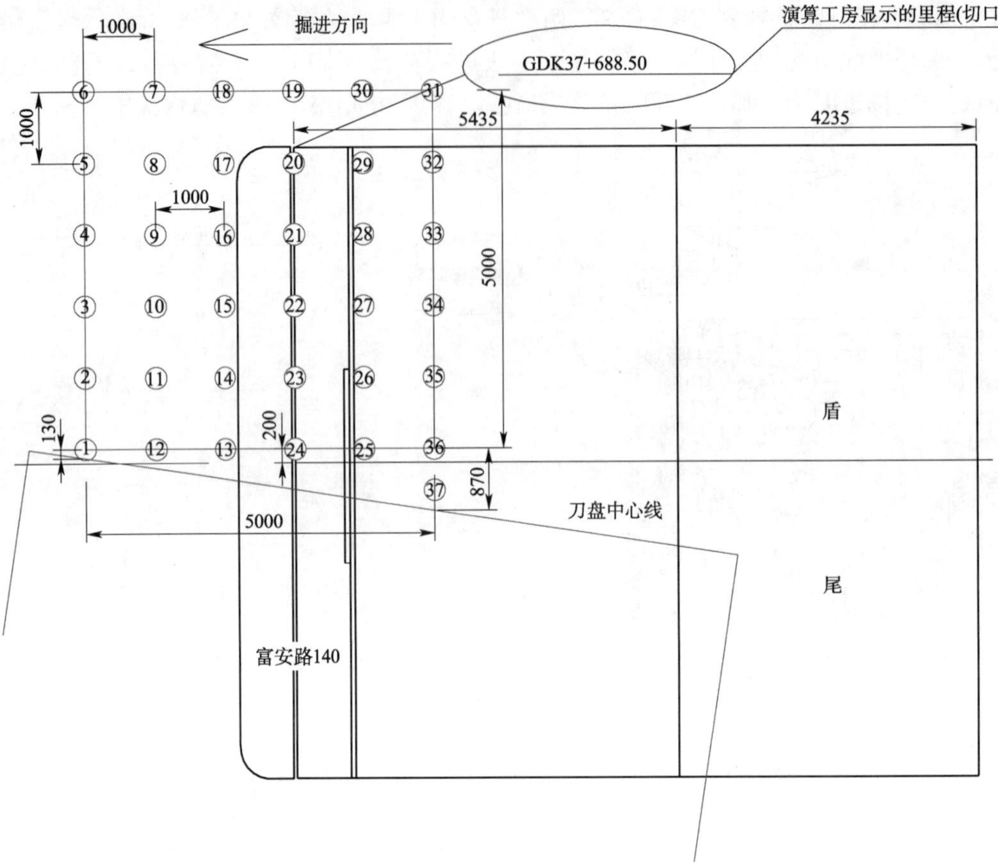
掘进方向
演算工房显示的里程(切口环处)
GDK37+688.50
1000
1000
1000
5435
4235
5000
130
200
870
5000
1 2 3 4 5 6 7 8 9 10 11 12 13 14 15 16 17 18 19 20 21 22 23 24 25 26 27 28 29 30 31 32 33 34 35 36 37
盾
尾
刀盘中心线
富安路140

图 3　引孔埋管加固示意图(尺寸单位:mm)

本次更换下的刀具损坏严重,如图 4 所示。其中外边刀(52 号滚刀)磨损量达到 12mm,因为采用的盾构无扩挖刀,所以实际开挖直径就是 8806mm,那么盾体(前盾外径 8800mm)与刀盘实际开挖面间隙仅仅只有 3mm,加之不良地层的自然坍塌和盾体姿态不佳等因素,导致盾构被困。

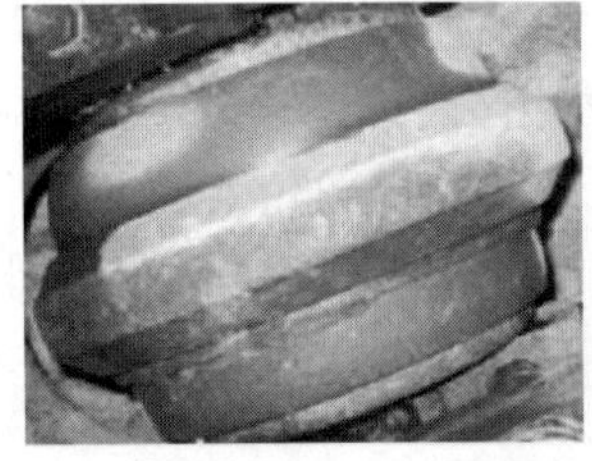

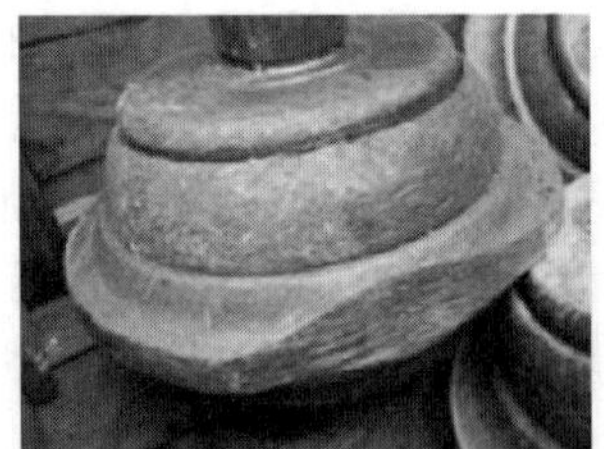

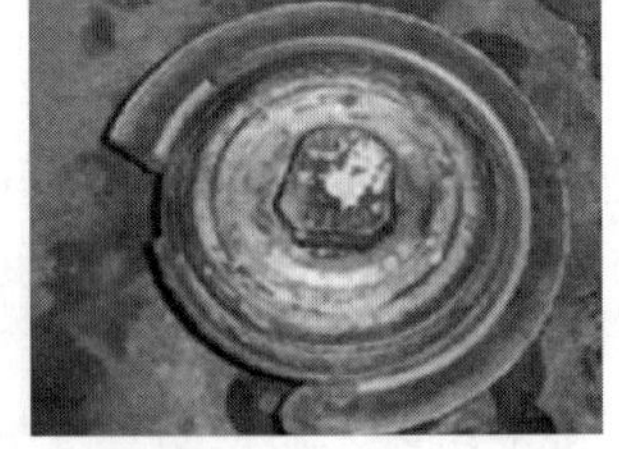

图 4　滚刀磨损

3.2　注浆工法选用不当

大直径盾构对不良地层的适应性较差,需要通过注浆加固补强土体,增加土体的自稳性和密实性,但是注浆工法选用不当存在着握裹盾体的风险。

前两次地层加固效果不佳,被迫采用风险较大的引孔埋管注双液浆的工法。虽然做好了刀盘保护措施(定期向刀盘土仓注入膨润土并转动刀盘,以防刀盘卡死),但是,由于多次注浆导致浆液窜入盾体和地层的空隙,长时间停机造成液浆凝结后将盾体紧紧握裹住,把整个盾体固结死,导致盾构被困。

4 盾构脱困技术

4.1 盾体润滑

通过膨润土管道和同步注浆管道分别向刀盘土仓和盾尾注入高浓度膨润土,对盾体周围进行润滑;同时通过盾体上预留径向孔注入润滑油,对盾体形成包裹润滑,减小凝结浆液和土体包裹力和摩擦力。

4.2 加大主推力

主推进油缸数量 19 ×2 个,推力(主推进油缸)在 350bar 时为 70000kN;盾尾铰接油缸 15 个,标称推力在 215bar 时为 6500kN。

被困盾构的主推进千斤顶最大推力为 7000t,盾体脱困时阶段性加大推力(3500t→4000t→4500t),并通过反复伸缩千斤顶,达到松动盾体的目的。由于加大主推力推进时,盾尾铰接油缸会被强行拉长。为了避免盾尾铰接油缸超限被拉断,图 5 中虚线圈铰接油缸处通过焊接锰钢板将盾尾和中盾刚性连接在一起。

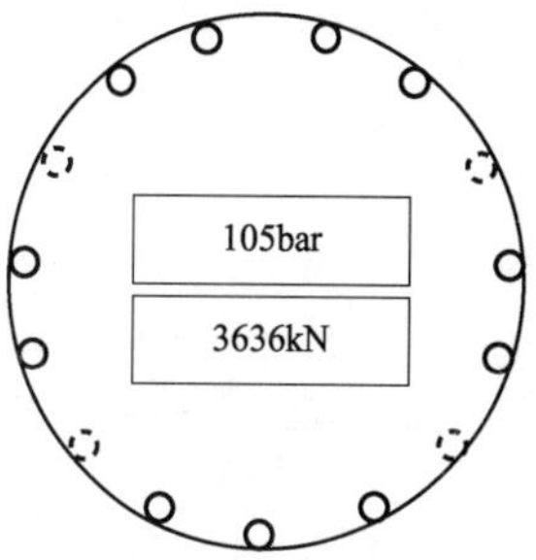

105bar
3636kN

图5 盾尾铰接加焊位置

4.3 增加辅助千斤顶

大直径盾构单纯依靠自身推力仍不能脱困,要在盾尾和管片之间增加辅助千斤顶(3 ×2 ×320t)同步推进。在盾尾内壁焊接支座安装辅助千斤顶,可在保护盾尾铰接的情况下进一步增大总推力,强制脱困。辅助千斤顶分别安装在主推进油缸 1、2 号之间,4、5 号之间,7、8 号之间,11、12 号之间,14、15 号之间和 17、18 号之间,分布图如图 6 所示。

辅助千斤顶和主推进千斤顶要共同作用,当达到辅助千斤顶的行程时,将辅助千斤顶泄压收回,在顶座前面加垫钢柱,然后继续使用辅助千斤顶和盾构主推进千斤顶共同推进,使盾构机前行,再次达到辅助千斤顶的行程时,再加垫钢柱,然后再继续用辅助千斤顶和盾构主推进千斤顶共同推进,使盾构机前行,如此反复这道工序,慢慢使盾体脱离固结体的握裹,辅助千斤顶示意图如图 7 所示。

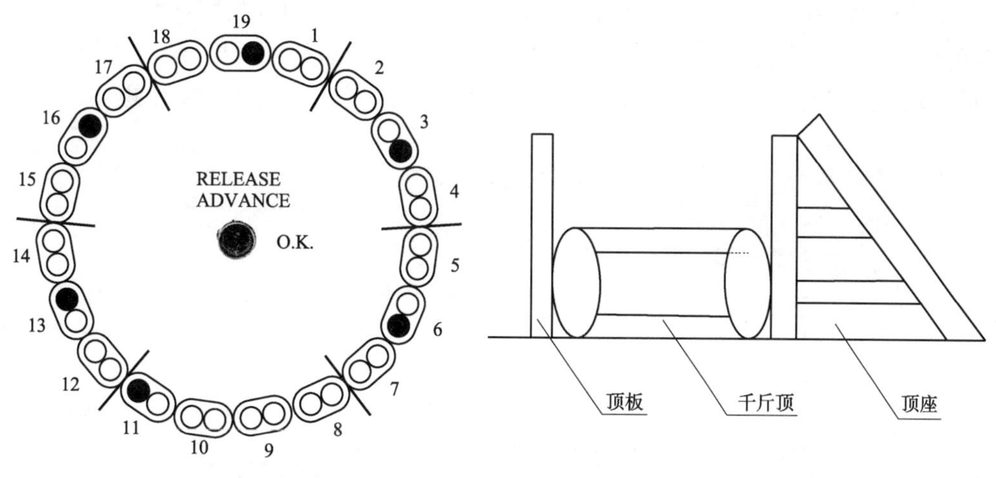

图6 主推进油缸分布

图7 辅助千斤顶示意图

在装卸辅助千斤顶时,在辅助千斤顶加垫钢柱时,一定要将周边主推进千斤顶收回到位,以免损伤主推进千斤顶油缸。

4.4 钢管桩振捣

地面在盾尾正上方引孔打钢管桩至盾尾上半周,通过桩机振动钢管,使力传到包裹盾体上部的固结体上,使固结体变松散,破坏握裹面,钢管桩布置如图8所示。

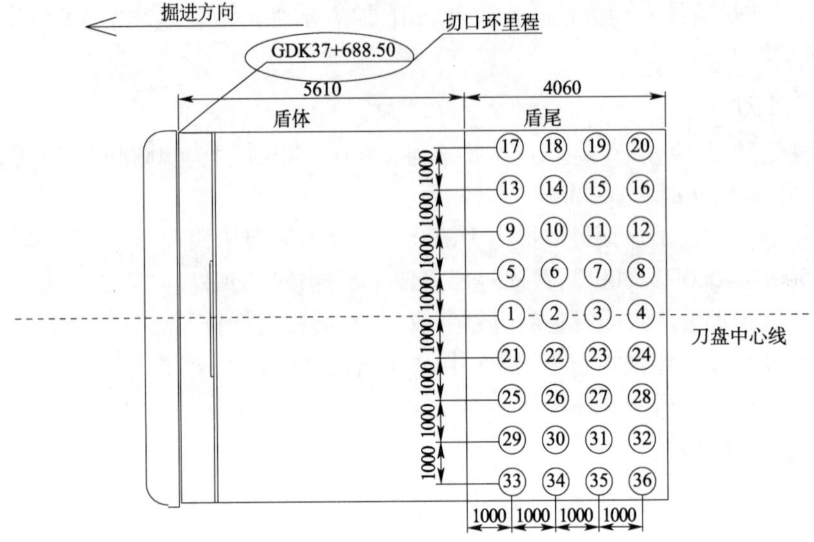

图8 钢管桩平面布置图(尺寸单位:mm)

同时在盾壳内,采用风镐、平板振动器等对盾壳内壁进行敲打振动,以达到盾壳与固结体脱离的目的。握裹面被破坏后,固结体对盾体的握裹力明显下降,掘进速度明显增大,脱困效果明显。

通过采取以上措施,盾构机成功脱困。

5 预防措施

5.1 定期检查刀具损坏情况

由于盾构无扩挖刀,在施工中管理人员应定期检查刀盘和刀具的损坏情况,及时更换刀具,及时修复刀盘,以免边刀磨损超限导致开挖直径变小,从而造成盾构被卡。同时要做好刀具磨损记录,分析不同厂家的刀具在不同地层的磨损规律,总结施工经验,刀具磨损记录如图9所示。

跟踪号	限值(mm)	实际磨损值(mm)	滚刀编号		破损程度	备注
			安装	拆卸		
1	25					
2	25					
3	25					
4	25					
5	25					

图9 滚刀检查日志

5.2 选用袖阀管注浆工法

珠三角某城际盾构隧道穿过繁华闹市区,地质条件复杂多变,岩层上软下硬,沿线既有建筑物、构筑物密集,加固场地狭窄。一般简易的注浆工法不但加固效果不佳,而且还存在各种风险。通过组织公司专家研究,推荐选用袖阀管注浆工法。

被国内外公认最可靠的注浆工法之一的袖阀管注浆工法,由于具有能较好地控制注浆范围和注浆压力,可重复注浆,且发生冒浆与串浆的可能性很小等特点,能有效地避免浆液握裹盾构的风险,适用于地质条件复杂,断层破碎地带,富水地层地段,场地狭窄情况下的加固。

采用袖阀管注浆工法后,不仅解决了握裹盾构的隐患,而且增强了地质加固的效果。

5.3 做好盾构保护措施

在刀盘上方注浆加固期间,管理人员要提前做好盾构保护措施。

(1)每隔6h通过膨润土管道向刀盘土仓注入一次膨润土,每次不少于$1m^3$,并转动刀盘,以免液浆流入土仓或包裹刀盘外周导致刀盘卡死。

(2)每隔6h通过同步注浆管道向盾尾注入一次膨润土,每次不少于$1m^3$,以免液浆流到盾尾而包裹盾尾,如图10所示,1号管道即同步注浆管。

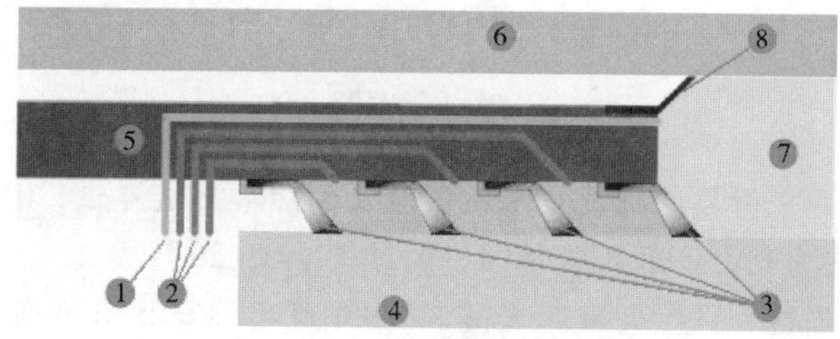

图10 盾尾管道示意图

1-同步注浆管;2-盾尾油脂管;3-盾尾钢刷;4-管片;5-盾尾间隙;6-原始土体;7-同步浆液;8-盾壳

(3)每隔6h通过盾体内预留径向孔向盾壳外表面注入一次膨润土,每次不少于$1m^3$,确保向加固土体注入的液浆不窜入盾体与地层间隙而固结盾体。

(4)每隔12h将盾构向前推进50~80mm,确保盾构不会因管理不到位、注浆操作不当等原因导致被困。

6 结论

通过此次大直径盾构艰难脱困事件,总结教训经验,预防此类事件再次发生,并为后续施工中遇到的类似问题提供一定的指导和借鉴。

(1)大直径盾构应配备扩挖刀,当外边刀磨损到临界值时,可以通过扩挖刀伸出一定长度,用较低的转速和推力把隧道直径加大到满足新边刀尺寸,以免边刀磨损超限,导致开挖直径变小,造成盾构被卡。如海瑞克盾构备有扩挖刀模块,如图11所示。

(2)由于主推进千斤顶表面镀层的细微损伤会导致其密封漏油,而且极难处理,所以在盾尾进行割焊作业时,尽量将周围千斤顶都收回到位,不能收回的,一定要铺盖石棉布,以保护主推进千斤顶。

(3)大直径盾构脱困更加困难,单纯地采用强制脱困模式,不仅易拉断铰接,损坏管片,而且进度缓慢。应该采取引孔打钢管桩振捣的方式破坏握裹面辅助脱困,握裹面一旦被破坏,握裹力明显下降,问题就迎刃而解了。

（4）大直径盾构脱困时，一定要保证主推进千斤顶和辅助千斤顶同步。如果主推进千斤顶单独推进，则极易导致锰钢板断裂；如果辅助千斤顶单独推进，则极易导致其支座变形，重新焊接会耽误大量时间。

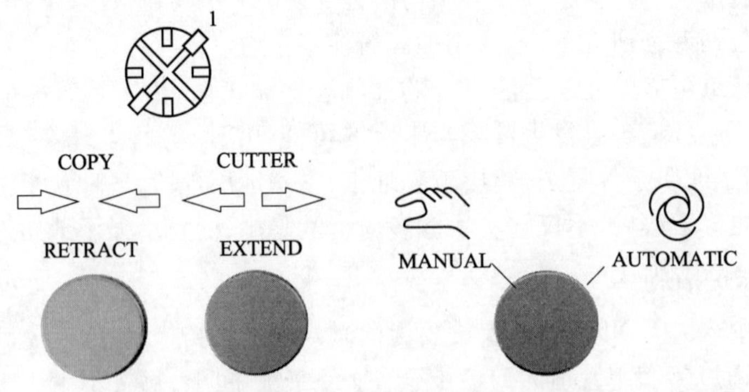

图11　扩挖刀预留模板图

（5）大直径盾构强制脱困时，主推进千斤顶和辅助千斤顶易使后方管片破损，因此要在管片上拼装钢环，以减小应力集中，同时加强管片螺栓的复紧和管片姿态的监测。

参考文献

[1] 李辉，刘银涛. 土压平衡盾构脱困技术及经验教训[J]. 隧道建设，2012，32（2）：239-244.

[2] 祝超. 土压平衡盾构脱困技术的探讨[J]. 科技与企业，2013（9）.

[3] 范以田，王晓全，陈艳会，等. 大坂泥岩隧洞 TBM 脱困综合技术方案[J]. 土工基础，2010，24（2）：24-26.

盾构机参数突变处理及预防措施

刘　鹏[1,2]　陈志刚[1]　郑瑞兵[2]

（1. 北京建筑大学机电与车辆工程学院　北京　100044；
2. 北京住总集团有限责任公司轨道交通市政工程总承包部　北京　100029）

摘　要：本文结合日立盾构机在施工过程中总推力、刀盘扭矩突变后，通过对掘进数据分析，按照外观检查、电控系统、液压系统的排查顺序，对突变的原因进行了分析，并制定有针对性的预防措施。

关键词：盾构；参数；突变；处理；预防

1　工程概况

本标段工程范围包括一站两区间：即菜户营站、三路居站—菜户营站区间、玉林西路站—菜户营站区间，本标段起止桩号为K14 +125.886 ~ K16 +220.999。具体在14号线位置见图1标段位置图中灰色线段。

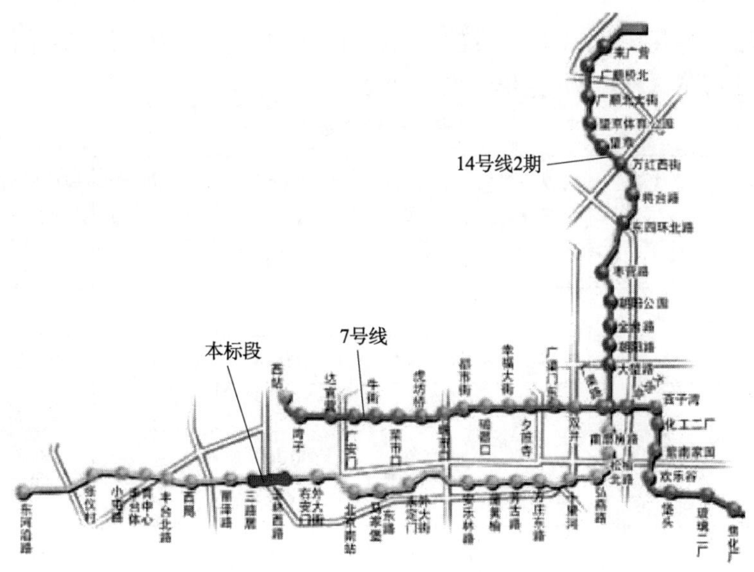

图1　标段所在位置

玉林西路站—菜户营站区间采用盾构法施工，本区间位于北京市的西南角，南三环与南二环之间，属于北京市丰台区。区间在菜户营站（K14 +995.175）沿丽泽路辅路向东，下穿京九铁路后，向南转弯，斜向东南穿越菜户营南路，然后穿越一片地面建筑区，向东转弯穿越莲花河区，与凉水河南岸玉林西路站对接。区间总长度约1225.824m，线路平面存在两处350m半径曲线，线间距10 ~ 15m，线路轨面埋深15.0 ~ 22.0m。区间地质剖面如图2所示。

作者简介：刘鹏（1987—），女，硕士，助理工程师。主要从事机械设备管理工作。Email：601796617@qq.com。

施工所用盾构机是由日本日立造船相关部门进行设计，并由北京华隧通掘进装备有限公司加工并制造安装的 ϕ6.15m 土压平衡盾构机。盾构机额定扭矩为 5730kN·m。最大推力 38500kN，最大顶进速度 80mm/min。铰接形式为主动铰接，铰接推力 30000kN，最大角度 2°。

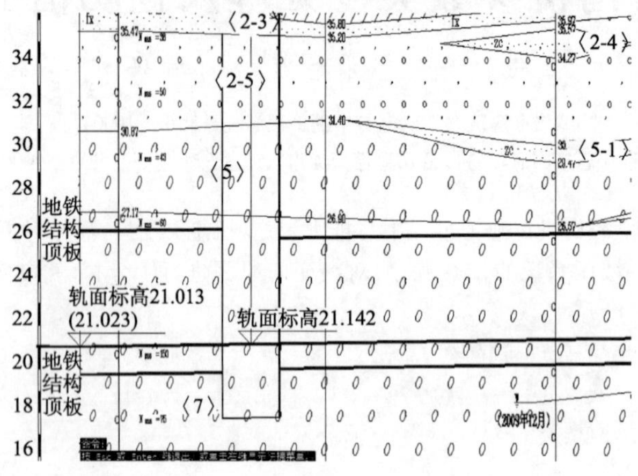

图2　盾构区间剖面图

〈2-3〉-粉细砂；〈2-4〉、〈5-1〉-中粗砂；〈2-5〉-圆砾；〈5〉、〈7〉-卵石

2　盾构机总推力、刀盘扭矩突降情况

日立盾构机在推进至 90、91 环时突然出现异常，表现为总推力降低，千斤顶速度下降，刀盘总扭矩下降，下降的大概比例是 30%，数据见表 1。

盾构推进过程数据　　表 1

环号	上土仓土压（kPa）	刀盘转速（r/min）	刀盘总扭矩（kN·m）	刀盘扭矩（%）	总推力（kN）	千斤顶速度（mm/min）	螺旋机回转速度（r/min）	螺旋机扭矩（kN·m）
70	52	1.47	3951	68	21434	37	3.5	16
71	59	1.47	3743	65	21047	40	3.7	17
72	50	1.46	4153	72	18828	38	3.5	20
73	56	1.47	3581	62	19246	41	3.4	19
74	54	1.47	3568	62	18720	41	4.2	17
75	54	1.47	3822	66	19258	35	3.2	18
76	55	1.47	3443	60	19066	45	4.3	20
77	53	1.47	3688	64	18702	40	3.9	18
78	54	1.47	3596	62	21780	37	4.4	2
79	50	1.24	3085	53	20335	31	3.6	20
80	37	1.45	3990	69	21126	35	3.7	19
81	47	1.47	3863	67	18620	30	3.7	8
82	52	1.4	3969	69	18026	24	3.4	18
83	46	1.44	4082	71	18608	27	3.8	19
84	50	1.46	4169	72	18299	25	3.7	20

续上表

环号	上土仓土压（kPa）	刀盘转速（r/min）	刀盘总扭矩（kN·m）	刀盘扭矩（%）	总推力（kN）	千斤顶速度（mm/min）	螺旋机回转速度（r/min）	螺旋机扭矩（kN·m）
85	45	1.46	4007	69	18141	21	3.4	7
86	50	1.46	3958	69	19624	28	3.9	18
87	47	1.29	4046	70	20060	15	3.4	14
88	53	1.2	3932	68	21013	22	3.4	16
89	52	1.2	3757	65	20826	29	3.3	18
90	51	1.21	2697	44	15594	6	1.3	11
91	50	1.2	2813	45	15442	7	1.6	12
92	50	1.2	3799	66	19782	20	3.3	18
93	48	1.41	3788	66	20667	19	3.6	19
94	50	1.47	3874	67	22232	24	3.8	13
95	46	1.46	3928	68	21822	22	3.3	18
96	44	1.47	3817	66	21883	22	3.7	17
97	41	1.46	3964	69	21601	20	3.7	12
98	45	1.47	3831	66	22665	21	3.9	13
99	40	1.47	3702	64	23018	21	3.4	18
100	50	1.23	3917	68	23188	22	3.4	19

根据地勘资料表明，此次盾构机穿越地层主要为卵石、圆砾〈5〉层，卵石、圆砾〈7〉层。首先判断总推力突降是否由于地层等外界因素影响导致。通过工程施工经验，若卵石含量下降或卵石粒径变小，则数据应表现为推力下降，同时推进速度应不变或有所提高，与现有情况不符；若卵石含量上升或卵石粒径变大，则数据应表现为推力上升，同时推进速度下降，刀盘扭矩上升，也与现有情况不符。因此通过以上两方面推断，表明此次问题并不是由于外界地层变化原因所导致，而是盾构机自身原因，接下来需做进一步问题排查。

3 排查过程

3.1 推进过程的外观检查

依次对推进系统的推进泵、管路、油缸、阀组等配件的渗漏油情况进行排查。

检查过程为：推进泵情况正常，无渗漏；推进泵外接管路出油管及泄漏油管正常，无渗漏；溢流阀组正常，无渗漏；溢流阀组压力油管及回油管正常，无渗漏；1～2 号台车连接管路及接头无渗漏；1 号台车至中盾推进阀组无渗漏；2～3 号台车连接管路及接头无渗漏；推进阀组及油管无渗漏；推进油缸选择阀 22 个无渗漏；推进油缸油管 22 根无渗漏。通过外观检查表明，所有配件全部合格，均无渗漏油情况。

3.2 电控系统检查

依次检查 PLC 电控系统工作情况、推进参数情况、控制回路中阀组情况。

检查过程:PLC 主站及分站工作情况,主站—变频柜—电源控制柜—机内控制柜—机内 1 号站—机内 2 号站—机内 3 号站—机内 4 号站 cc-link 及 10 网通信信号正常,各站 PLC 运行正常,无故障显示。

操作盘推进参数设置检查:盾构机千斤顶速度上限可调,其设定参数基于刀盘的转速,见表 2。

推进速度与刀盘转速　　表 2

刀盘转速级别	刀盘转速(r/min)	盾构千斤顶速度上限(mm/min)
1	0.1	2.4
2	0.24	10
3	0.47	20
4	0.71	30
5	0.95	40
6	1.18	50
7	1.42	60

推进参数按表 2 所示设置未改动,参数正常。

控制回路中,按照掘进状态模式下应发生动作的电磁阀依次进行检查。千斤顶压力电磁阀 SV-SJU1 励磁、SV-SJK1 消磁;千斤顶缩操作用电磁阀 SV-SJPP 消磁、千斤顶伸作用电磁阀 SV-SJb 励磁;千斤顶选择用电磁阀 SV-SJ1 ~ 22 励磁;千斤顶随动用电磁阀 SV-SJFb 励磁;经检查后,各电磁阀动作正常。图 3 为掘进模式流程。

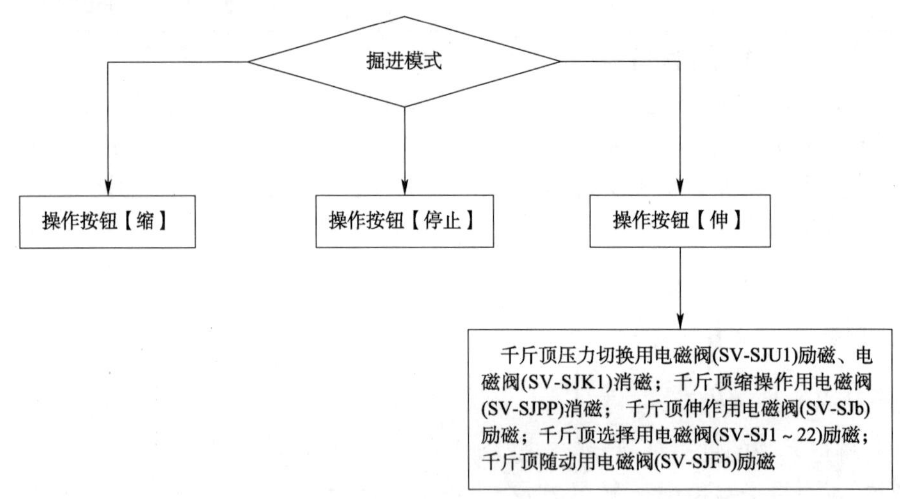

图 3　掘进模式流程

千斤顶速度调节控制流程:如图 4 所示调节旋钮后,信号经数模转换模块传入主站 PLC,主站 PLC 经 cc-link 将数据传入电源控制柜 PLC,PLC 输出信号给推进放大卡(图 5),放大卡通过两个电磁阀控制推进泵斜盘开度,调节推进泵流量,推进泵斜盘反馈值(斜盘转动时带动变阻器,使阻值产生变化)再传回放大卡,放大卡根据反馈值继续调整输出。检查过程中,调节旋钮电阻值变化(0 ~ 1kΩ)正常,数模转换模块通过与其他模块调换验证为正常,主站及电

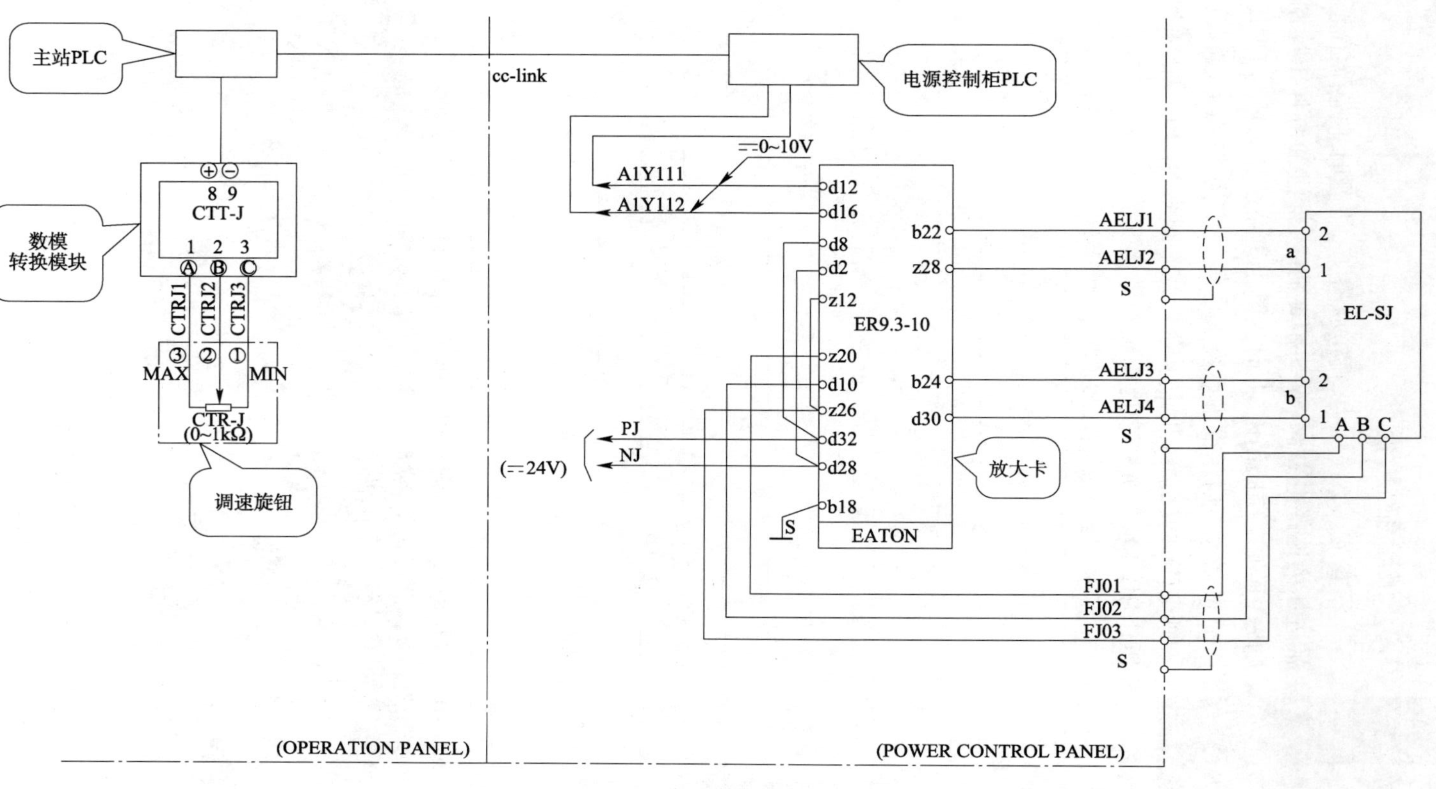

图 4 千斤顶调速控制回路示意图

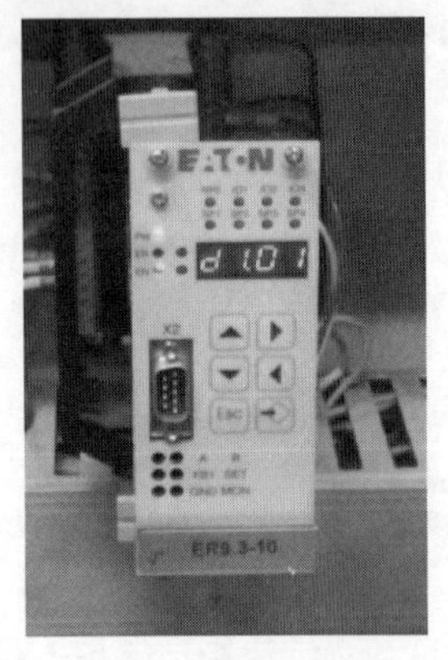

图5　推进放大卡

源控制柜 PLC 工作正常，cc-link 数据传输正常，比例放大卡各原始设定参数及给定、输出、反馈参数变化正常，推进泵斜盘反馈值正常。

3.3　液压系统检查

检查液压系统压力，掘进状态下，检测时不选择任何油缸伸出，推进压力选择电磁阀 SV-SJU1a 励磁，推进油缸伸出控制阀 SV-SJb 励磁，其他电磁阀消磁，此时实测推进系统压力值为 19MPa。

根据表 3 所示推进系统工作压力应为 33MPa，实际工作压力达不到要求，因此造成推力下降。溢流阀组 SV-SJU1 在工作时起到调压作用，故应首先检查此阀组工作状况。

盾构主要系统工作压力(单位:MPa)　　表3

液压设备		额定压力	在运行前调节压力
盾构千斤顶		33	33
铰接千斤顶		35	35
举重臂	转动	12	12
	提升	21	21
	滑动	21	21
	支撑	7	7
螺旋机		21	21
螺旋机闸门		21	21
仿形刀		21	21
牵引千斤顶		14	14
回填注浆千斤顶		21	21
翻板门千斤顶		21	21
螺旋机滑动千斤顶		21	21

将溢流阀组 SV-SJU1 拆开检查后，发现阀组内阀芯磨损，如图 6、图 7 所示。

图6　拆开的溢流阀组情况

图7　阀芯磨损情况

4　预防措施

(1)为了充分保证系统的正常运行，减少故障，延长使用寿命，必须加强设备的质量检查。有些设备在运输或库存过程中极易被污染和锈蚀，有些配件的加工及装配质量不良使性能不可靠，所以必须对相应部件进行严格的质量检查。

(2)不断加深对盾构机的了解认识，加强盾构机维修保养力量；日常的保养、操作检查要做足到位，确保盾构机的完好率和使用率应维持在较高水平。两班交接时，实行现场岗位对岗位、专业对专业交班；上一班最后一小时为下一班准备掘进材料，达到下班接班后即可推进的程度。

(3)遵循机械设备、配件的更新换代原则。通过科学检测，将磨损严重、技术性能落后、耗能高、效率低、修理维护费用高的机械设备，坚决进行更新，以确保施工质量和安全。

5 结语

盾构机是系统工程，现代盾构机集光、机、电、液、传感、信息技术于一体，涉及地质、土木、机械、力学、液压、电气、控制等多门学科技术，其故障诊断也需从各方面考虑，通过对各系统的排查找出问题原因，并根据情况加以改进和优化。

盾构机推进油缸拆装工具改进

李松林　范家勋

（北京建工土木工程有限公司　北京　101320）

摘　要：盾构机在隧道内的环境工况差，盾构机推进油缸是保障推进系统正常工作的关键，因此对推进油缸的维保是非常必要的。本文介绍一种拆解推进油缸前端导套的工具，在原来拆解工具基础上的改进升级，可以保证油缸前端导套安全、快捷拆除。

关键词：推进系统；推进油缸；拆解工具；改进升级

1　盾构机推进油缸

盾构机是一种集机、电、液、测、光、控等多门学科技术为一体的特大型隧道施工设备，其整套设备的完整性强，需要各个部分紧密配合起来，各部分的性能和精度要求高。盾构机推进系统承担着整个盾构机的向前顶进、换向及姿态调整等一系列复杂任务，其控制性能的好坏对盾构施工控制的多个方面均会产生直接影响。推进油缸作为保障推进系统正常工作的关键，其数量多，直径大，行程长及工作压力高。在隧道内面临泄漏的泥浆、水和油，同时在推进距离始发井口较远的时候盾体内温度高，条件恶劣。盾构机下部 C 组推进油缸长期在泥油中，在推进、拼装时频繁伸缩，对油缸的密封损伤比较严重，当密封不好时，会受到锈蚀或划伤。因此推进油缸的维保是一件经常性的工作。

北京建工顺义盾构机维保基地同时存放 S-254、S-489、S-542 和 S-543 四台台盾构机，共 72 组推进千斤顶，见表 1。这么多推进油缸组需要维保人员的认真检测，对保压不合格油缸组进行拆解更换。

各盾构机的推进油缸　　表 1

S-254	共 20 组	单油缸 10 组	双油缸 10 组
S-489	共 20 组	单油缸 10 组	双油缸 10 组
S-542	共 16 组	单油缸 0 组	双油缸 16 组
S-543	共 16 组	单油缸 0 组	双油缸 16 组

推进油缸包括缸体、设在缸体前端的导向套、活塞杆以及活塞，活塞杆与导向套滑动配合，活塞与缸体内壁滑动配合，活塞将缸体分割成油缸的有杆腔和无杆腔，活塞位于活塞杆后端且与活塞杆连接为一体结构，活塞杆的芯部安装有贯穿于缸体后端缸盖的位移传感器。

2　推进油缸维保拆装工具

推进油缸的维保拆解工具必不可少，拆解工具好用事半功倍，省时省力又不损坏油缸，然而作为施工单位缺少像盾构机制造单位那样的专用工具。

作者简介：李松林（1989—），男，学士，助理工程师，机械工长。主要从事盾构维保工作。Email：lisonglinlsl@126.com。

2.1 原有油缸拆解工具

一般情况下,油缸不会被锈蚀,螺纹联结没有损坏,常用的工具是带耳朵的圆盘或半月扳手,让圆盘的内圆孔与油缸螺纹联结端外圆吻合,两颗螺栓紧固圆盘和油缸导套即可拆解,这种拆装工具简单经济,可以现场自己做,如图 1 所示。

但有些油缸不易拆解,当用图 2 所示工具拆解时,螺栓易被切断,无法拆解,使用不便,费时费力。

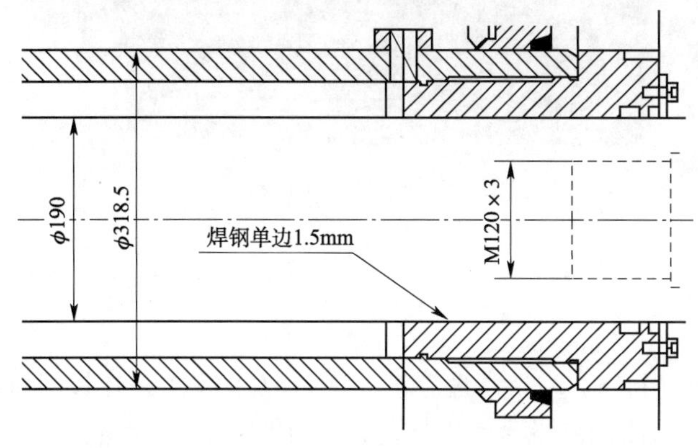

图 1　拆装工具拆解油缸部分的剖视图

图 2　原有推进油缸拆解工具

2.2 改进型油缸拆解工具

对原有拆装工具进行改进设计,使其既能满足拆装油缸的作用,又能使用方便且可长时间重复利用。经过反复设计修改,设计出一款简单经济且适合施工单位使用的拆解工具。图 3 是改进型拆解工具的二维设计图纸。

2.2.1 设计思路

油缸导套与油缸筒是螺纹联结,能在拆解过程中让工具跟着旋转,可以在拆解过程中保持受力均匀。改装工具用 50mm 厚钢板,经过线切割加工而成,以保证其精度。由二维图可以看出,圆盘中心圆形槽,其直径是 200mm,尺寸比推进油缸活塞杆略大,以保证拆解过程不能划伤活塞杆,又可以保留油缸端螺栓孔的尺寸。还有两个与油缸导套相对应的 M13 的螺栓孔。另外,主要是均匀分布的 18 个矩形槽,每个矩形槽相隔 20°,其是拆解过程的主要换位点,通过换位点来调整所用螺旋千斤顶的水平,又能满足螺旋千斤顶的上升螺距。最外圈 4 个耳朵板可以让拆装工具在搬运工程中更方便。

2.2.2 改进型工具工作过程

第一步:将推进油缸放在 H 型钢上(现场可以就地取材),用钢板做两个 U 形卡,分别卡在油缸前后两端,将 U 形卡焊接在 H 型钢上。

第二步:做一个门架结构,用以作为千斤顶工作的固定着力点。

第三步:将改进工具固定在油缸的前段导套上。先用两条螺栓紧固两者,再用焊机焊接拆解圆盘和导套。

第四步:用两块矩形钢板块插入圆盘矩形槽内,使其位于圆盘中心孔两边对称位置。用两台千斤顶分别作用在钢板块上,如图 4 所示。通过千斤顶的不断伸出实现圆盘的逆时针旋转,从而实现前段导套的拆除。

拆解过程中,在油缸最前端垫木方,在不损伤活塞杆基础上把导套拆除。

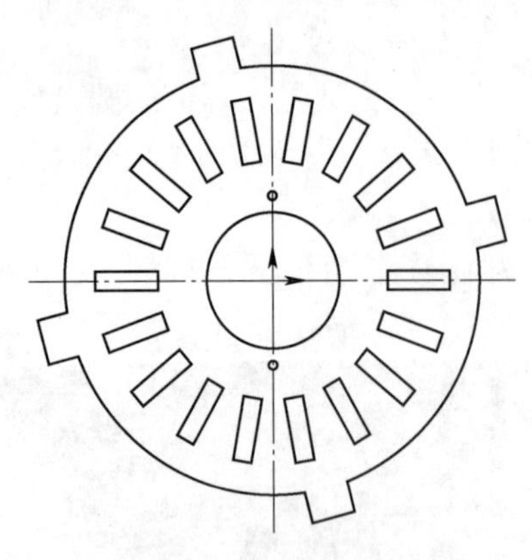
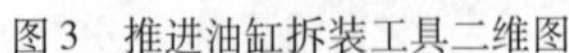

图3　推进油缸拆装工具二维图

图4　改进工具拆解油缸导套

3　结语

与原有拆解工具相比，改进型工具有以下优点。

(1)改进型工具可以满足多角度转动，当转过20°后，只需将千斤顶收回，钢板抽回，即可进行下一轮转动。同时使用两台千斤顶可以使油缸导套受力均匀，且作用力大。

(2)改进工具相比于以前工具由于使用了千斤顶，操作者工作过程中省力，不会出现损伤导套螺栓孔的情况。

(3)改进工具可以重复使用，不易损坏，可以满足施工现场的损坏油缸的拆解及更换密封环，同时安装也可以满足要求。没有方向限制，两面均可翻转使用。

在油缸维保过程中，面对难以拆解的油缸，更换整根油缸代价高而且单独购买油缸需要很长时间周期，不利于施工时间控制。此时就需要简单耐用的省时、省成本的工具来完成这个任务。

参考文献

[1] 李强，曾德顺. 盾构千斤顶推力变化对地面变形的影响[J]. 地下空间，2002，22(1)：12-16.

[2] 蒋小娣. 液压油缸的拆解与装配探讨[J]. 采矿技术，2008，8(1)：82-83.

盾构机液压油缸在线检测方法

马明东

（厦门伍纵船舶液压技术有限公司　福建厦门　361006）

摘　要：本文论述了盾构机使用一段周期后对推进油缸、铰接油缸进行在线检测的必要性及在线检测方法和需要注意的问题。

关键词：盾构机；推进油缸；铰接油缸；在线检测

1　引言

盾构机掘进一区间出隧道后，或是使用一段周期后，有必要对推进油缸的性能做一次在线检测，发现问题，及时处理，为下一区间掘进消除隐患。

盾构机 16 只（或更多）推进油缸在使用一段时间后，因盾构机掘进时，隧道不是笔直的而是有各种曲线掘进，在施工中施加到每只油缸的工作压力各异，造成油缸密封圈磨损也不一致。

有些密封圈，在使用一段时间后，由于磨损，密封表面与接触面积增大后，摩擦力的情况就会发生明显变化，静止和低速时的摩擦力显著上升，而高速时的摩擦力显著下降，造成一台机上的推进油缸在实际工作中输出力值偏差，影响对盾构机姿态控制。

2　测试实例

笔者曾对一台新出厂的盾构机上的 20 只推进油缸进行一次在线检测（图 1），其中盾是独立放置的。

测试方法：采用自备的便携式液压站，站上用的是负载敏感控制方式液压泵，压力油源接入原中盾液压推进系统中，同时向盾构机上全部油缸的无杆腔供油，油品使用的是进口大品牌 46 号液压油。20 只推进油缸在多次伸缩后，已确定缸中彻底排净空气，待压力从 0 达到 0.8MPa 时，只有 12 只缸杆是同时向外伸展移动的，待 12 只已向外伸展移动缸杆到半程行进中时，压力也上升到 1MPa，4 只先前不伸展的缸杆也开始在向外伸展，但仍然有 4 只缸杆呆在原地不动，已移动的 16 只缸杆分先后伸展到达终程。延迟几秒后，压力上升到 2.4MPa，又有 2 只缸杆开始向外伸展移动，这 2 只缸杆在向外伸展移动进程中，又有 1 只缸杆开始伸展移动，最后 1 只油缸等

图 1　推进油缸在线检测

作者简介：马明东，男，现任公司总工程师。Email：537509058@qq.com。

到别的油缸伸展到头后，又延迟等待几秒后才移动，最后2只缸杆移动时，油压达到3.6MPa。

这次的测试结果说明有两方面的原因造成20只油缸在各压力段先后伸展移动。

(1)油缸由于活塞外径加工的偏差，缸筒内径尺寸偏差及筒臂表面粗糙度，缸头密封腔尺寸偏差等因素及尺寸的不一致性，以及活塞密封圈、活塞导向带与缸筒内臂摩擦力，缸杆防尘密封组件与缸杆的摩擦力，油缸总装配因素等原因，造成20只油缸起动时摩擦压力的不一致性。

(2)推进液压系统中的20只油缸有杆腔油管是串接共用两根回油管道，20只油缸分布在圆周上，油缸有杆腔油路管道距离差异造成20只油缸回油背压不一致，也会造成起动压力的差异。上例说明新机的推进油缸都存在输出力的偏差，掘进使用一段周期后，已磨损密封的油缸更有必要进行实测，只有进行实测，才能确认油缸的实际状况。

3 测试项目

推进油缸在线测试项目有：①起动压力；②耐压检测；③内泄漏；④外泄漏。推进油缸在线检测时，不需从中盾拆卸，但需要有缸杆全程伸出的空间。

图2 液压万用表

4 测试所需要的设备、仪器

检测所需用的设备及仪器有：①一台便携式液压站；②2件60MPa高压截止阀；③一块带测压表线的1.6MPa压力表；④2块带表线的60MPa压力表；⑤超声波液压泄漏测试仪；⑥有条件下应用液压万用表及压力传感器(图2)。使用液压万用表所测的油缸起动压力冲击曲线如图3所示。

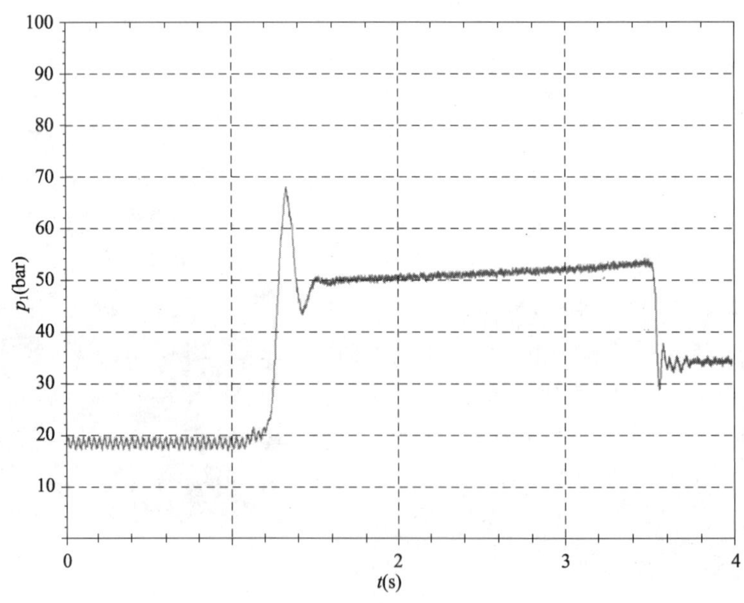

图3 使用液压万用表所测的油缸起动压力冲击曲线

5　油缸杆起动压力测试

动力源采用自备的便携式液压站带负载敏感变量控制方式的液压泵,负载决定泵的压力值。检测油缸杆从静止状态到移动时的起动压力项是全部油缸检测中的重点项,观察并记录缸杆延伸全程时压力值变化数据,从测试数据中找出油缸的优劣差别。有条件的情况下,最好做一次上述例子的测试。

动力源的压力油从阀块上的方向阀的P口接入一只油缸的无杆腔上,4MPa压力表也接到被测油缸的无杆腔的测压点上,油缸的有杆腔回油压力必需做到零背压(用大口径管道直接接入油箱中,这样才能做到测试时的准确性)。油缸无负载起动向外伸展运行全程时,缸杆运动匀速,压力表(或压力传感器+液压万用表)无波动,如果缸杆从始至终都是与最低起动压力值一致且无变化,就能确定此缸零件尺寸、活塞密封件、导向带、防尘密封组件及装配技术性能优良。如果一台盾构机上的全部推进油缸起动压力值都是在同一起动压力值时无差异,也就说明油缸的制造质量是世界先进水平(这只是理想化的状态)。

检测中的缸杆运行全程时,压力表波动大(或波动),证明缸筒内径不直度超差。起动压力大但压力不波动,证明活塞导向带与缸筒内径间隙过小或缸头防尘密封组件与缸杆外径摩擦力超大,上述异常现象都证明油缸有故障隐患,不能保证使用寿命。

6　耐压、内泄漏、外泄漏检测

(1)一只被测油缸的有杆腔及无杆腔油口上分别加装60MPa高压截止阀,控制阀台上的换向阀的A、B口管道与高压截止阀连接并保证无泄漏。两块60MPa压力表分别接到有、无杆腔端的测压点上,截止阀要在全开状态,在截止阀开启状态下分别向油缸两腔供油,使缸杆伸缩全程运动几次排净缸内空气,观察缸杆伸缩时无异响、无爬行、无抖顿现象,缸杆电镀层无脱落、无划痕。重点检查最下面的那几只浸泡在泥水中的缸杆,因为上面总有重金属物掉下砸伤这几只缸杆表面。

(2)耐压测试分10MPa低压检测、25MPa中压检测、45MPa高压这三个压力段测试,同时也是内泄、外泄的检测。

(3)活塞杆向外伸展全程1/3时,关闭有杆腔油口上的截止阀,向无杆腔内加载压力,待有杆腔内的压力达到10MPa时,关闭无杆腔油口上的截止阀,记录观察5min有杆腔压力变化,掉压说明有内泄漏,无掉压则打开有杆腔的截止阀(无杆腔的截止阀仍是关闭状态),向无杆腔内加载压力,待有杆腔内的压力达到25MPa时,关闭无杆腔油口上的截止阀,记录观察5min有杆腔压力变化,掉压说明活塞密封在中压时有内泄漏,无掉压则再次打开有杆腔的截止阀,再次向无杆腔内加载压力,待有杆腔内的压力达到45MPa时(此时的无杆腔压力达到12MPa),关闭无杆腔油口上的截止阀,记录观察5min有杆腔压力变化,掉压说明活塞密封在高压时有内泄漏,缸杆与缸头防尘密封处有油溢出是外泄漏,无掉压则打开有、无杆腔上的截止阀到全开状态,使缸杆再向外伸展全行程的1/2时,采用上述同样的方法,再次检测低、中、高压三种状态。缸杆在半程检测完毕后,再次打开油缸有、无杆腔上的截止阀到全开状态,使缸杆伸展到全程之后,还是采用上述检测方法,再一次做低、中、高这三种压力状态实测。

(4)活塞密封在低、中、高压三种压力检测状态时,允许在10min时间段<压力量程5%的内泄量值,缸杆密封处在三种压力状态下静止时也不应该有任何泄漏,只是由于缸杆伸缩运动时,带出一些油液几乎不可绝对避免,而且对密封圈有利。所以,相关行业标准(JB)规定,允

许在换向 5 万次后出现不成滴的渗漏。检测油缸低压、中压、高压这三个压力段内泄值,被测油缸活塞上的密封有时会出现高压不泄、低压时产生泄漏或低压不泄、高压泄现象,都证明油缸密封有问题,需要下线进行维修。

(5)推进油缸由于各生产厂家的制造精度和选用的密封件组合各异,起动压力也有所差别,起动压力都在 0.7 ~ 1MPa(一台盾构机上的推进缸起动压力相差应不超出 0.3MPa)。

(6)密封技术。现今世界上还没有零泄漏的液压执行元件,同样也没有零泄漏的液压缸。液压油缸上的全部弹性密封件、导向带、防尘圈等与油缸金属面产生滑动摩擦时,密封必须提供允许在密封和活塞表面(缸筒内臂)之间形成流体膜条件,流体膜(约是 1μm 的油膜)在阻隔密封与金属之间发生接触,才能使弹性密封与金属间摩擦往复运动几万次。密封材料由于热老化或化学侵蚀而失去性能,流体膜变成不可控时,会造成泄漏灾害。

能对弹性密封体造成损伤的原因是油液中的金属颗粒,例如格莱圈表面被一金属颗粒划出一微小沟槽,就是这一微小的沟槽在压力油的冲刷下,最终演变成泄漏沟槽。

在往复运动密封系统中,金属表面粗糙度对于密封件使用寿命和泄漏有很重要的影响。金属表面粗糙度达到 0.1 ~ 0.3μm、表面硬度洛氏 67c 摩擦表面特性极好,粗糙度小于 0.1μm 时,可能在一些应用中对于橡胶密封件过于光滑,油液黏附与凝聚力降低,无法获得流体膜润滑,行程中无全液膜润滑支配。缸杆表面残余油膜厚度如能用肉眼看到,则说明密封存在泄漏。

(7)改造浸泡在泥水中的油缸。国外的盾构机在设计上仍有很多错误或失误(液压部分),中国高仿的盾构机制造厂也把这些错误容入自己产品中,由于推进油缸总有一组浸泡在泥水中,浸泡在泥水中的油缸缸头密封组选型时应当是防泥水的。国外有专用于浸泡在泥水中油缸密封组件,在缸头前端防尘封及内侧防水封是耐水解聚酯 TPE、硬度 72D 的弹性体密封材料。

缸头与缸筒连接处应加防水密封装置。笔者建议:盾构机维修时,浸泡在泥水中那几只“缸”一定要改造并更换成防泥水形式的缸头密封件。

改造更换防泥水形式的缸头密封件有两种改造方法:一是更换缸头(拆下不可再用),按所选的防泥水密封组件重新设计制造缸头。二是拆下的缸头重新上车床上把最外那道防尘封尺寸改为防水封尺寸。

国外防泥水型油缸缸头密封形式是,最外道是强力防泥水侵入封,二道是红色的耐水解聚酯 TPE、硬度 72D 防水封,余下的密封件与同类缸一样。

国外还有一种抗砸碰缸杆,其缸杆表面采用科技手段镀有一层硬度级高的深蓝色保护层。

(8)油缸维修时注重项。推进油缸众多的密封件中,最为重要的是支撑环(导向带),有活塞支撑环和活塞杆支撑环。支撑环材料、硬度、承载力、耐高速是选型重要技术指标,可以说油缸的使用寿命是由支撑环决定的,高硬度、高承载力的支撑环可以充分、均匀地承受油缸的侧向力(地芯引力)。如果支撑环的支撑不充分,会导致油缸运动的不同心,活塞和导向套上的支撑环无法承受侧向力,从而损坏活塞杆、缸筒和密封件。

更换密封件时,清洁所有的密封件沟槽,确保所有的金属颗粒和其他污染物被清理干净,检查安装密封件所经过的表面没有金属屑、污垢和其他的污染物,检查所有的动、静密封沟槽表面粗糙度达到要求。

(9)测试时注意事项。维修后的油缸在试车时,一定要向有杆腔和无杆腔注入部分液压油,防止弹性体密封出现干滑动摩擦现象,缸杆在无油状态下与缸头内的弹性体密封干摩擦时,会产生局部高温,烧损密封唇口。

有杆腔在无油状态下缸杆外伸时,有杆腔内的空气会向阻力最小的地方逃逸,因液压系统回油存在背压,阻力最小的地方是,大多数情况下,空气都是从缸头防尘密封组件与缸杆表面之间的密封处逃逸。如活塞行程速度达到某值时,从缸头处逃逸的空气所产生的摩擦高温会严重烧损密封唇口。

一台盾构机上的推进油缸需要维修更换密封件时,要同时更换。不准新更换密封的油缸与已使用一段周期旧油缸混用。

(10)铰接油缸在线测试及准备工作。

①主动式铰接油缸是盾构机重要部件,承担盾构机姿态调整、曲线掘进的重要任务,保证盾构机严格按照设计中心线进行施工,铰接缸可靠性直接影响整台盾构机的运行,本文例举某型 NFM 盾构机 10 只铰接油缸在线检测。

测试前应先准备:a. 100MPa 高压截止阀 1 件,并配上与铰接缸油口 G1/2″连接螺纹。b. 一块量程 100MPa 压力表、线、G1/4″测压接头。c. 压力能达到 70MPa 的液压站或是一台 70MPa 手压泵。d. 一件夹具(图 4)。e. 1 条耐 100MPa 压力的 3m 长胶管,并配上与 100MPa 高压截止阀相连接的螺纹,1 条普通液压胶管,配上缸油口 G1/2″连接螺纹。

②测试。一只在线的铰接油缸有杆腔油口接上 100MPa 高压截止阀,并保证零泄漏,再接上耐 100MPa 压力的 3m 长胶管,有杆腔上再接上 100MPa 压力表。油缸的无杆腔油口接上普通液压胶管,采用液压站向油缸的无杆腔注入压力油,使缸杆向外伸,并超出夹具的距离,两个半圆的夹具用螺栓连接,夹持住缸杆(图 4),缸杆回缩时,缸杆端头的法兰与缸筒间距就能把胎具锁持,使活塞固定在缸筒中间位置。然后使用液压站(或是手压泵)向油缸的有杆腔内加载。待压力达到≤52.5MPa 后关闭截止阀(此时油缸的有杆腔油口是空置),静观压力表 10min,如果有杆腔上压力表掉压 0.5MPa 即为不合格品。

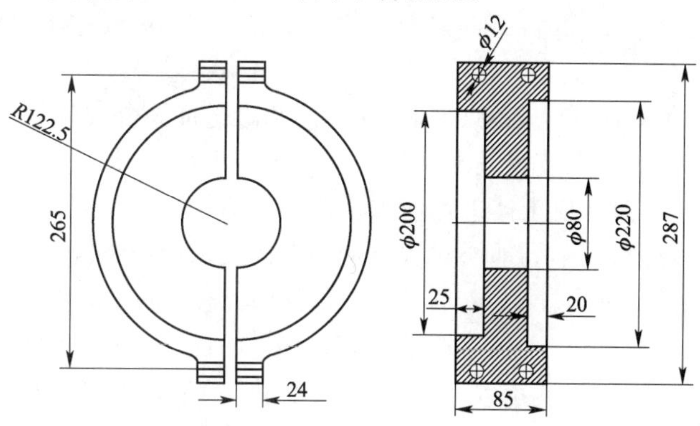

图 4　铰接油缸测试用夹具(尺寸单位:mm)

7　结语

液压测试中最关键的是测试前的准备工作,准备是测试成功的保证。测试的准备工作包含分析归纳、规划测试方案,其中最核心的是分析归纳。不怕有问题,只怕不知道问题出在哪里。只有通过测试,才能及时发现问题,预防故障。

参考文献

[1] 张海平. 实用液压测试技术[M]. 北京:机械工业出版社,2015.

泡沫剂在盾构工程中的应用

侯德超[1]　宋洪雁[1]　栾文伟[2]　郑永军[3]

（1. 沈阳鑫山盟建材有限公司　沈阳　1101032；2. 北京住总集团有限责任公司轨道交通市政工程总承包部　北京　100029；3. 北京城建中南土木工程集团公司　北京　102209）

摘　要：渣土改良是土压平衡盾构掘进施工的重要组成部分，泡沫剂是盾构工程领域应用最广泛的渣土改良材料之一，泡沫剂在各种地层均能起到一定的改良效果。不同地层对泡沫剂的性能要求有所不同，其中泡沫稳定性和泡沫强度是盾构渣土改良泡沫剂的核心功能指标，是泡沫剂性能优劣的重要评价依据，地层流塑性改良的要求越高，对核心指标的要求也越高。在实际应用中可通过一些现场检测方法分析、判断泡沫剂的性能及品质。

关键词：泡沫剂；稳定性；强度；渣土改良；检测

1　引言

盾构法施工是目前用于开挖面自稳性差或地下水较多的地层中修建隧道的主要方法。砂石层内摩擦角和渗透系数大，开挖渣土流塑性低，地下水易从开挖面渗入，导致开挖面失稳、喷涌发生和闭塞现象；高黏性泥岩或黏土地层，土仓底部易发生闭塞现象，形成泥饼，导致开挖不畅、出土困难。因此，在施工时需要通过添加改良剂改善开挖土体的流塑性，降低渣土的内摩擦角或黏度，降低刀盘的扭矩；同时保持开挖面稳定，防止过大的地面沉降；降低渣土的渗透性，防止地下水从周围土体深入开挖范围内，从而达到降黏、止水、润滑、降扭及保压的效果。

2　盾构施工对泡沫剂的要求

盾构泡沫剂由多种表面活性剂、稳定剂、强化剂和渗透剂等合成或复配而成。在工作过程中，泡沫剂与水混合，通过发泡装置发出无数直径为 30～400μm 的气泡，被注入盾构机刀盘前或土仓内与开挖土混合，对开挖土体进行流塑性改良。盾构泡沫剂的应用范围较广，在各种地层均能起到一定的改良效果，不同地层对泡沫剂的性能要求有所不同。

砂石地层土体间的摩擦力较大，要求发出的泡沫具有一定的强度和润滑作用，能够保证土体的流塑性并降低刀盘扭矩，利于稳定掘进；如富水砂层，由于砾石层的渗透系数较大，因此要求泡沫的加入能降低渣土的渗透系数，一定程度上防止“喷涌”现象的发生。

高黏性泥岩或黏土地层土质较黏，土仓底部易发生闭塞现象，形成泥饼，导致开挖不畅，出土困难。因此，要求泡沫能够有效地渗透进或附着在土渣土颗粒表面，起到润滑降黏的作用，防止土体黏附刀盘；同时分散土体，防止刀具切削后的黏土块在土仓内重新黏结成大块，导致不能松散、连续出土，排渣不畅，以及“结饼”问题的发生。

3　盾构泡沫剂选择的核心功能指标及要求

综合各种地质条件对泡沫剂性能指标的要求，盾构泡沫剂核心功能指标及要求可归纳

作者简介：侯德超（1987—），男，工程师，市场服务经理。主要从事盾构材料研发及工程应用工作。Email：hdc543@163.com。

如下。

（1）良好的发泡性能，应用于各种机型以及各种工作能力的发泡系统，均能发出细腻均匀、奶油状的泡沫，同时发泡充分完整。

（2）较高的泡沫强度，对土体提供足够的润滑支撑能力，改善渣土流塑性；有效地保护刀具，降低刀盘扭矩，延长刀具的使用寿命。

（3）泡沫稳定性强，保证土体从开挖至排出过程中的渣土改良要求。泡沫的稳定性可由半衰期直接反映，是渣土保持流塑性的核心指标。

（4）性价比高，具有相对经济的单延米成本、更高的掘进效率和安全性。

4 核心指标的现场检测方法及相关案例

泡沫剂的核心性能指标是判断盾构泡沫剂品质优劣的依据，在选择泡沫剂时，最直接的方法是比较核心性能指标的测试数据，但是在没有试验室测试数据的施工现场，也可以通过一些有效的现场检测方法判断盾构泡沫剂的品质。本节以几种常用盾构泡沫剂为例，结合室内测试数据以及相关案例，介绍一下盾构泡沫剂的现场检测方法。

4.1 现场检测方法一：观察泡沫剂状态及发泡效果

原液：盾构泡沫剂原液要求纯净无杂质，避免发泡过程中堵塞发泡系统。

发泡效果：要求泡沫剂混合液在合理浓度及气液比下能够发出细腻均匀、膏状的泡沫。这种状态的泡沫在使用时能够很好地分散在土体当中，并且具有一定的吸附能力，包裹在颗粒表面，在颗粒之间起到润滑支撑的作用。

图1、图2分别为鑫山盟SF-02泡沫剂在试验室及施工现场发泡效果，泡沫细腻均匀、成膏状。试验中所用发泡装置上的泡沫发生器与盾构机上泡沫发生器相同。

图1 SF-02泡沫剂试验室发泡效果

图2 SF-02泡沫剂施工现场发泡效果

4.2 现场检测方法二：手搓泡沫测试

泡沫支撑力为泡沫强度的核心指标，反映了泡沫在搅拌、动态负载情况下的支撑滚动能力，是反映添加一定量的泡沫能否达到理想的渣土流塑性核心指标。对比试验室测试数据发现，数值越大，则泡沫的强度越高。而实际现场应用中，可用双手搓泡沫的简单方法检测，看泡沫消泡的程度，消泡越少，则泡沫强度越高。

泡沫的支撑力与泡沫的液膜厚度有关，一般情况下，液膜越厚，泡沫的支撑力越强。图3、图4分别为SF-02和某品牌泡沫剂取泡沫样品双手揉搓10次后的效果，强度高的泡沫在经过数次揉搓后，由于其较高的泡沫支撑力，即能够保证泡沫在压力作用下不易破碎，如图3所示。

而强度低的泡沫在揉搓过程中受压就会破裂,如图 4 所示。

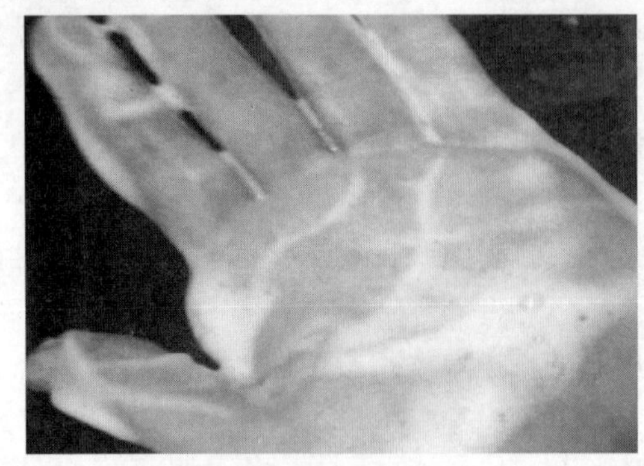

图 3　SF-02 泡沫揉搓 10 次后效果

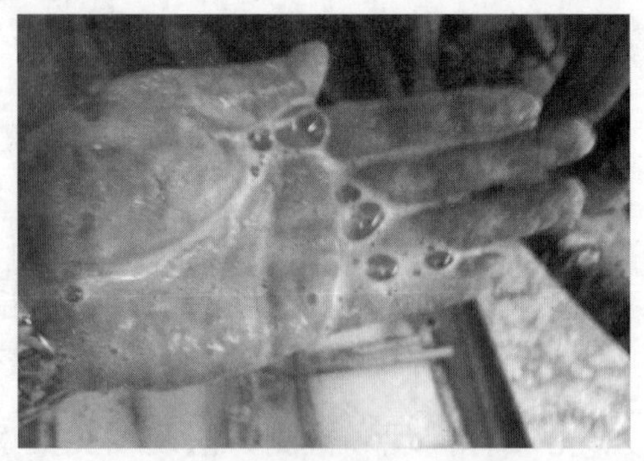

图 4　国内某品牌泡沫揉搓 10 次后效果

在具备现场试验室的条件下,可在现场试验室检测泡沫的支撑能力,通过检测的支撑力数值反映泡沫的支撑能力大小。表 1 为国内外几种常用泡沫剂样品的泡沫支撑力的试验室测试数据,原液掺比为 4%。试验数据可知,SF-02 泡沫剂泡沫的支撑能力优于常用进口品牌,而国内某品牌泡沫剂的泡沫支撑力仅为 SF-02 的 50%,与现场手搓泡沫结论一致,同时也证实了该种检测方法的可行性。

几种品牌泡沫剂强度对比试验数据(单位:mN/m)　　表 1

项　　目	SF-02	进口品牌 A	进口品牌 B	国内某品牌
5min 泡沫支撑力	54.1	50.1	28.7	28.2
15min 泡沫支撑力	49.5	43.4	22.5	21.4

4.3　现场检测方法三:静态消泡时间测试

半衰期为泡沫稳定性的核心指标,是指泡沫重量衰减到原来重量的 50% 时所用的时间,是衡量泡沫剂发泡后泡沫质量稳定性的重要指标,半衰期越长,泡沫性能稳定性越好。

现场施工实际应用中,要求发出的泡沫能够保证土体从开挖至排出过程中以及管片拼装静置过程中改良后渣土的流塑性要求,施工现场可通过观察静置泡沫的消泡情况,判断泡沫的静态稳定情况。图 5 为 SF-02 及某品牌发出的泡沫随时间的消泡情况。清晰可见某品牌泡沫剂在发泡 10min 后气泡开始变大,20min 时已经变脆、变干,不具备使用性能,若在动态搅拌情况下消泡将会更快。而 SF-02 泡沫剂在发泡 30min 仍未发现明显的变大及消泡现象。静态消泡情况与试验室测试的半衰期数据基本吻合(表 2)。

几种品牌泡沫剂半衰期对比试验数据(单位:min)　　表 2

项目	SF-02	进口品牌 A	进口品牌 B	国内某品牌
半衰期	32:48	30:15	7:30	5:40

北京地铁 14 号线 × × 标,该标段为卵石、漂石地层,卵石含量占 >70%。在施工过程中出现过刀盘抱死、土仓闭塞、刀盘磨损严重、扭矩较高、掘进速度很低、无法持续掘进等情况。

根据对开挖过程中地层情况观察及对盾构机刀盘刀具检查,分析盾构施工困难的原因如下。

(1)从地质条件分析,地层中卵石含量高,是造成盾构施工困难的主要地质因素。

(2)从施工掘进的方面分析,土体改良欠佳是造成刀盘抱死的主要原因,开挖渣土的流塑性保持不好,同时改良后的渣土携渣能力较差,造成大量粒径较大的卵石堆积在土仓内无法排出，最终形成刀盘“抱死”和土仓闭塞。

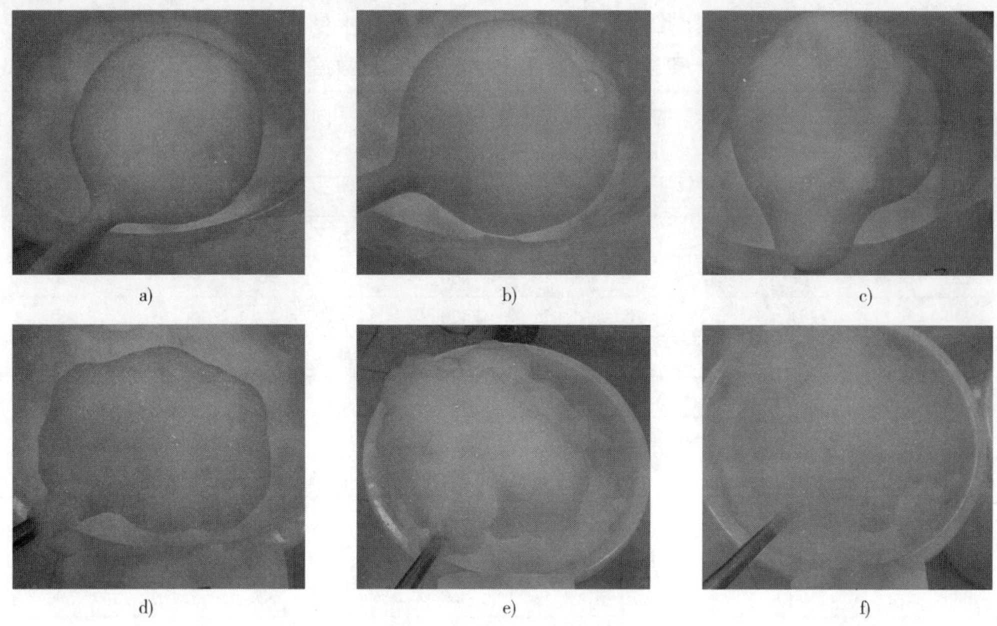

图5 SF-02、进口品牌 B 泡沫消泡情况

a）SF-02 发泡 10min；b）SF-02 发泡 20min；c）SF-02 发泡 30min；d）进口品牌 B 发泡 10min；e）进口品牌 B 发泡 20min；f）进口品牌 B 发泡 30min

（3）卵石的堆积一定程度上造成刀具的二次磨损，加剧了刀具合金头的磨损、脱落现象，进一步加重了掘进困难。

为了实现良好的渣土改良效果，并保证盾构机的平稳掘进，要求所选泡沫剂的泡沫强度要高，稳泡时间要长，泡沫能够提供足够支撑润滑作用，保证渣土从刀盘切削一直到出土过程中始终保持良好的可塑性，有效地保护刀盘，降低磨损，提高出渣携渣能力。

图6为鑫山盟 SF-02 泡沫剂在该标段施工现场的实际发泡照片，通过观察静态消泡情况，判断泡沫稳定性。图6a）、b）、c）、d）分别为发泡结束后、发泡结束10min、发泡结束20min、发泡结束30min的泡沫形态图。

a)发泡结束后

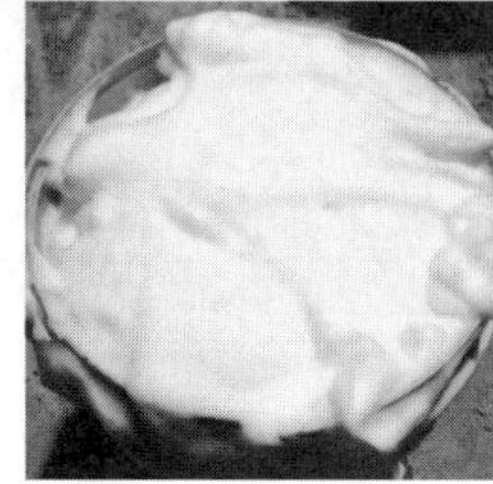

b)发泡结束10min

c)发泡结束20min

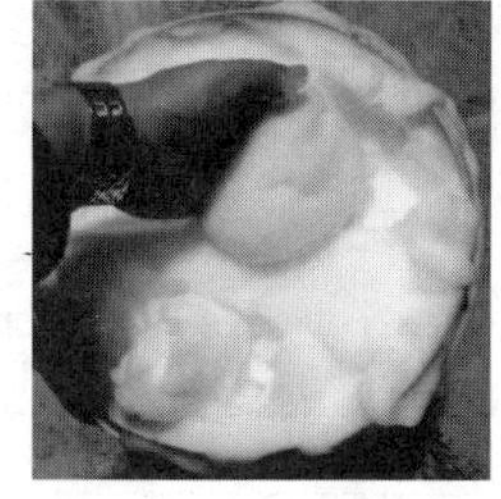

d)发泡结束30min

图6 SF-02 泡沫剂沫施工现场泡沫稳定性测试照片

从图6中可看出，SF-02 发出的泡沫均匀细腻，在静置30min后，泡沫没有出现明显膨大及消泡现象，在强度及稳定性两个指标上明显优于之前使用的泡沫效果，可以很大程度改进并满足实际使用的要求，SF-02 泡沫超强的稳定性能够保证从刀盘切削一直到倒土过程中始终保持良好的可塑性，且实际过程中在土坑中仍能看见数量较多的气泡。

表3为更换泡沫前与更换泡沫后某环的掘进参数对比数据，表3中体现的掘进速度及刀

盘扭矩数据为掘进时的实际数据。由数据可知,更换泡沫后,掘进速度和出渣效率明显提高,扭矩也降低并趋于平稳,提高了综合效益,使用情况综合对比见表4。

更换泡沫前后部分掘进参数对比数据 表3

更换泡沫前某环(mm)	千斤顶平均速度(mm/min)	刀盘扭矩(kN·m)	更换SF-02泡沫剂后某环(mm)	千斤顶平均速度(mm/min)	刀盘扭矩(kN·m)
180	7	64	360	29	77
200	9	78	380	38	73
220	9	79	400	36	78
240	14	65	420	29	48
260	11	73	440	35	63
280	10	77	460	33	70
300	12	76	480	33	64
320	10	75	500	33	60
340	9	71	520	32	60
360	13	72	540	32	61
380	11	70	560	32	59
400	9	70	580	32	64
420	10	56	600	33	64
440	6	57	620	34	57
460	5	66	640	33	55
480	8	79	660	34	54
500	10	34	680	34	56
520	14	68	700	35	58
540	11	78	720	26	47
560	9	77	740	28	41
580	7	72	760	32	64
600	5	66	780	32	67
620	10	79	800	32	69
640	10	38	820	27	41
660	8	66	840	31	55
680	9	76	860	32	67
700	10	66	880	32	66
720	11	67	900	32	65
740	8	80	920	31	68
760	5	47	940	31	61
780	3	64	960	32	64
800	11	61	980	32	63
820	7	72	1000	32	66
840	6	77	1020	31	68
860	9	61	1040	30	70

注:表格中数据为实际掘进参数,取自服务人员提供的影像资料。

更换泡沫前后的使用对比结果 表4

对比项	SF-02	之前某品牌	改进结果
每延米用量(kg)	41.7~55	62.5~83.3	材料节约,施工效率更高
推进速度(mm/min)	30~40	15~35	掘进速度有一定程度提高,并趋于稳定,刀盘未再出现卡死现象,实现连续掘进
刀盘扭矩	70%以下	80%左右,出现过刀盘抱死现象	扭矩降低,趋于平稳
螺旋/皮带出渣状态	渣土均匀,无离析	携带卵石能力较差,卵石堆积,土仓闭塞	明显提升,提高出渣效率
综合效益对比	综合泡沫剂费用↓有效产出↑运营费用↓安全↑	—	材料节省,施工效率增加,明显提升综合效益

现场静态消泡情况与实际应用效果相符,因此,观察静态消泡情况是施工现场判断泡沫剂品质的有效简易途径之一。

4.4 现场检测方法四:渣土改良检测

最常用的渣土改良检测方法是测坍落度,操作简单、方便快捷,广泛应用于现场盾构施工和试验室的渣土改良试验。坍落度数据不仅能直接反映泡沫剂的实际应用情况,测量改良后,渣土坍落度值随时间的变化值能够更直观地反映泡沫在实际应用中的改良效果。

以北京西四环电力隧道项目中SF-02泡沫剂、某进口品牌A、B以及某国内品牌泡沫剂的对比测试为例进行介绍。具体方法如下:通过发泡装置发泡,利用简易搅拌装置(图7),在相同的泡沫注比下对试验土样(图8)进行模拟渣土改良,分别测量渣土改良结束时、静置10min、20min后的坍落度,试验数据见表5。

图7 简易搅拌装置及坍落度桶

图8 试验土样

几种品牌泡沫剂渣土改良效果对比试验数据 表5

品牌	原液掺比(%)	泡沫注入比(%)	发泡结束后坍落度(mm)	改良10min后坍落度(mm)	改良20min后坍落度(mm)
进口品牌A	3	50	235	220	145
进口品牌B	3	50	240	80	20
国内某品牌	3	50	235	50	18
SF-02	3	50	240	230	150

表5为几种品牌泡沫剂在泡沫注入比为50%时的坍落度试验数据,由数据可知:在最初

改良时,几种泡沫剂均能达到良好的改良效果,但是改良 10min 后,某进口品牌 B 以及某国内品牌的坍落度明显降低,由前节的试验数据及测试已知,某进口品牌 B 以及某国内品牌的泡沫强度及稳定性较差,半衰期仅有几分钟,较差的泡沫稳定性导致渣土在改良 10min 后基本失去流塑性,20min 完全失去流塑性。而泡沫强度及稳定性较强的 SF-02、某进口品牌 A 泡沫剂,改良 20min 后依然保持较好的流塑性,满足施工的要求,顺利出土,并保证在作业间隙以及短时间停机后的安全顺利启动,减轻了启动时大扰动造成的沉降值。这种更为直观的测试方法,为西四环电力隧道项目泡沫剂的选择和使用提供了非常有价值的参考。

北京西四环远大输电隧道 × × 标,全断面砂卵石地层,卵石含量 >65% ,如图 9 所示。

图 9　北京西四环远大输电隧道 × × 标地质图片

该项目所用泡沫剂国内某品牌,更换泡沫剂前渣土改良效果不理想,由图片可见,倒土过程中,之前改良后渣土泥水分离和离析严重;渣土坑内,渣水分离明显,表层全是水;渣土改良较差,没有流塑性。

由于渣土改良欠佳,导致盾构掘进困难。

(1)掘进参数如土压、推进速度等不稳定,扭矩经常超负荷,导致停机。

(2)盾构在作业间隙停机后,再启动困难。

(3)无法有效建立动态土压平衡,推进速度缓慢。

(4)渣土泥水分离和离析严重,很稀,基本没有流塑性,往集土坑倒渣土时,泥水洒溅严重(图 10)。

图 10　更换泡沫前改良效果

(5)出现多次大体积开挖面上方坍塌。

(6)掘进速度慢,且不稳定,刀盘扭矩过高。

(7)渣土流动性差,土仓压力无法建立,易出现刀盘卡死现象,经常性的停工开仓亦影响施工进度。

对设备系统进行了全面的检查,重点对泡沫和膨润土注入系统进行测试,并调整了不同的注入参数,排除了设备严重故障以及参数设定异常问题导致的渣土改良欠佳现象。并对膨润土泥浆的比重、黏度等进行检测,也排除了膨润土泥浆质量问题。因此,可以初步断定渣土改良不好的主要原因为:泡沫质量问题或其他未发现的因素。

为提高渣土改良效果,沈阳鑫山盟结合 4.4 节的试验室相关渣土改良试验,并与现场工程师进行了大量的现场改良对比测试，最终更换为强度和稳定性更好的SF-02泡沫剂，并结合膨润土泥浆一起使用。

更换泡沫剂改良后的现象和特点如下。

(1)倒土过程中，渣土均匀，没有渣水离析，流塑性非常好(图11)。

(2)渣土坑内渣土膨松，泡沫颗粒均匀分布在砂砾颗粒之间，起到润滑和支撑作用(图12)。

(3)扭矩明显降低并趋于平稳，掘进速度提高。

(4)土仓压力稳定，出渣效率也明显提高。

(5)泡沫用量明显降低，明显提升综合效益，具体使用对比结果见表6。

图11　更换SF-02泡沫剂后改良效果

图12　更换SF-02泡沫剂后渣土坑照片

更换泡沫前后的使用对比结果　　表6

对比项	SF-02	之前某品牌	改进结果
每环用量(L/环)	约55	约80	材料明显节约，施工效率更高
有效土压	稳定	土仓压力无法建立	
推进速度(mm/min)	34～65	11～38	掘进速度提高且平稳
刀盘扭矩(kN·m)	1500～2500	2500～4000	扭矩降低，趋于平稳
螺旋/皮带出渣状态	渣土均匀，无离析	渣土泥水分离和离析严重	明显提升，提高出渣效率
综合效益对比	泡沫剂费用↓有效产出↑ 运营费用↓安全↑	—	材料节省，施工效率增加，明显提升综合效益

5　结语

(1)介绍了盾构泡沫剂在盾构施工渣土改良中的应用，从盾构施工角度分析了不同地层对泡沫剂性能的要求，并总结出泡沫剂的核心性能指标为泡沫的稳定性和泡沫强度。重点通过对比试验及相关案例阐述了核心指标在实际应用中起到的重要作用。

(2)总结了几种现场检测方法。

①观察泡沫原液状态及发泡效果，判断泡沫剂的发泡性能。

②通过双手揉搓泡沫的方法检测泡沫的强度(支撑力)。

③观察静态消泡情况，检测泡沫的稳定性(半衰期)。

④测量改良后渣土不同时间的坍落度数值，直接反映了泡沫剂在实际应用中的改良作用。

(3)通过试验室数据及实际应用案例证实了以上现场检测方法的可靠性。

参考文献

[1] 张明晶. 土压平衡盾构施工闭塞问题的发生原理及防治措施研究[D]. 南京:河海大学,2004.

[2] 秦建设,朱伟,林进也. 盾构施工中气泡应用效果评价研究[J]. 地下空间,2004,24(3):351-352.

土压平衡盾构长距离穿越全断面粉细砂地层泡沫剂应用技术

张　扬　魏斌效

（北京城建设计发展集团股份有限公司　北京　100037）

摘　要：使开挖土体处于良好的塑流状态，是保证土压平衡盾构顺利掘进的重要措施。含水粉细砂地层是一种典型的力学不稳定地层，盾构在此条件下掘进，土体塑流性差，刀盘及螺旋输送机磨损严重，土体易产生流动出现塌方。本文以北京地铁14号线11标段为例，针对全断面粉细砂地层在加泥的基础上，同时注入泡沫剂进行了试验和现场应用。使用添加剂后，不仅有利于保持开挖面土压平衡，而且机械负荷和刀盘磨损大大减轻，为盾构顺畅地切削排土及匀速推进起到了决定性的作用，对于同类地层盾构掘进起到了一定的借鉴意义。

关键词：土压平衡盾构；长距离穿越；全断面粉细砂地层；泡沫剂

1　引言

随着科技的不断进步，盾构技术因其在工程进度提升、施工安全保障以及成品质量保证等方面相比于人工暗挖的巨大优势，正被广泛地应用于轨道交通、水利、电力等各种大型隧道施工工程当中。全断面粉细砂地层对于渣土改良，如果考虑不周或者应对不合理均可能产生各种意想不到的问题，从而影响施工进度及施工质量。本文对土压平衡盾构机长距离穿越全断面含水粉细砂地层渣土改良技术进行了试验及应用技术研究。

2　工程概况

北京地铁14号线11标方庄站—十里河站盾构区间位于永定河冲洪积扇中下部，地貌类型为第四纪冲洪积平原，第四纪沉积韵律较为明显。盾构自十里河站始发穿越350m全断面粉细砂地层，覆土厚度7.5～12.5m，隧道穿越粉细砂地层断面如图1所示。隧道上方主要为粉土〈3〉、粉质黏土〈3-1〉、粉细砂〈3-3〉地层，存有少量上层滞水。隧道断面内基本为全断面粉细砂地层，该地层标贯12次，中湿～湿。隧道断面底部为2～5m厚粉细砂层，含水量较大。另外，本区间为双曲线始发下穿一级（京城138商务酒店）、特级（京津城际铁路）风险源，给工程增加了施工难度和风险，隧道平面图如图2所示。

3　渣土改良技术研究及工程应用

为了使开挖土体具有良好的塑流性，保证盾构机快速、平稳、连续掘进，向刀盘前方同时注入泡沫和膨润土泥浆。

作者简介：张扬（1991—），男，大专。主要从事盾构机操作手及盾构施工技术管理工作。

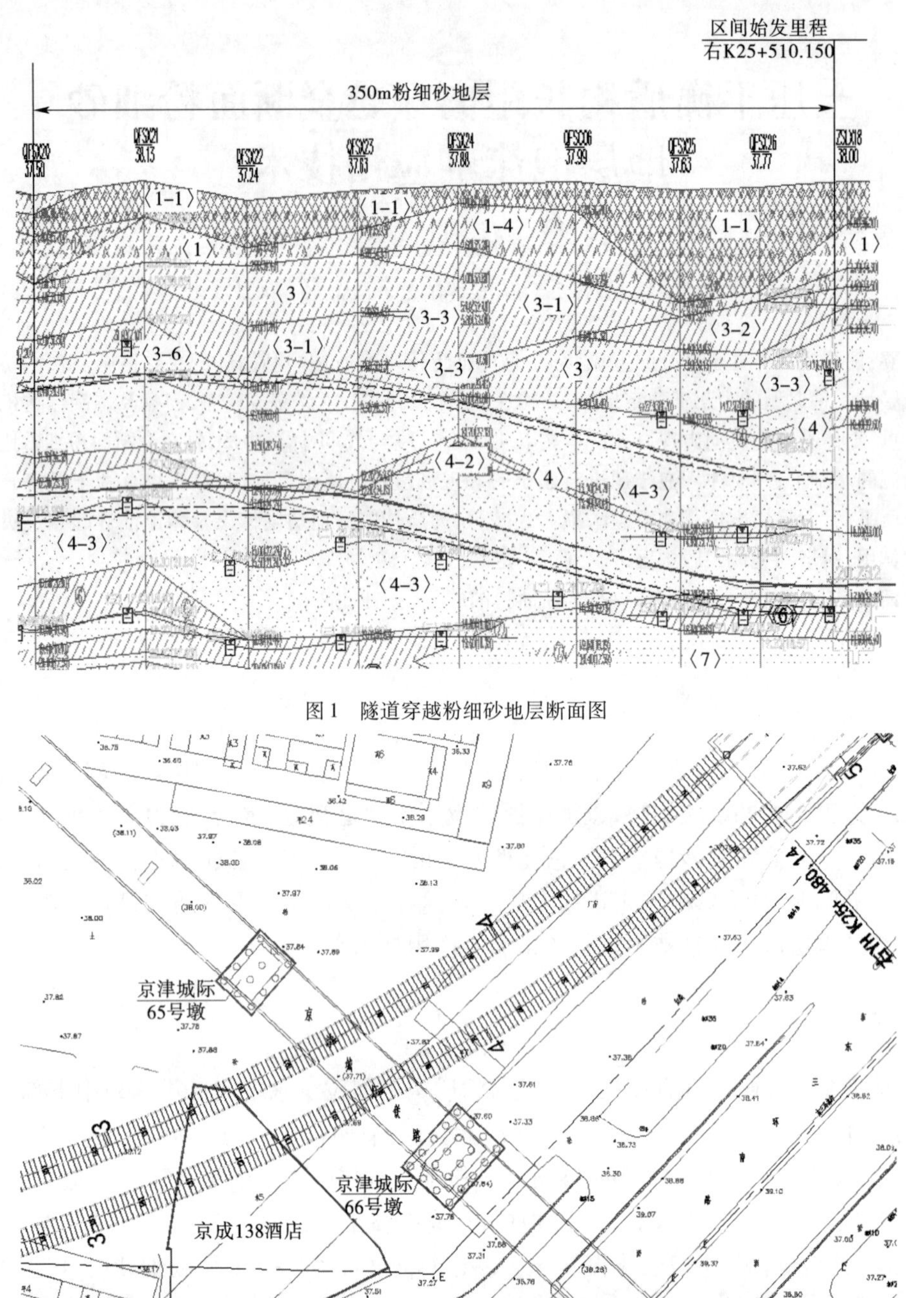

图1 隧道穿越粉细砂地层断面图

图2 隧道平面图

3.1 泡沫的应用

3.1.1 泡沫配置

此段粉细砂层的压缩性及密实度没有达到泡沫难以渗入土体内的情况，具有一定的透析率。泡沫选用 CONDAT 优质泡沫，注入率（FIR）为 40% ~50%，一般情况下为 40%。泡沫采用 16 倍的膨胀率（FER），原液浓度 3%，当断面内含水量较大时，增加原液浓度至 4%。以此参数计算泡沫剂每米平均用量为：

$$(\pi\times3.09^2\times1.0)\times40\%\times(1/16)\times3\%=0.0224\text{m}^3=22.4\text{L}$$

3.1.2 合成试验

泡沫可由搅拌法和撞击法形成，搅拌时间长短对泡沫质量影响较大，因而不适用于隧道施工。用撞击法形成泡沫时，合成器内压力对泡沫影响较大。在一定压力范围内，合成器内压力越大，泡沫质量越好，但发泡倍率会降低，本标段选取气压为0.5MPa。

3.1.3 发泡设备工作原理

发泡设备主要由控制电脑、空压机、水泵、起泡剂溶解搅拌桶、合成器以及必要的计量附件组成。泡沫材料按电脑设置比例自动进行混合，由盾构台车上的泡沫发生装置将泡沫材料吹制成泡沫，通过管路在刀盘处注入土体并与泥浆进行混合。

3.2 膨润土泥浆的应用

膨润土泥浆配比为水∶膨润土 = 20∶3（膨润土为优质钠基膨润土），泥浆比重控制在1.05，黏度为25 ~ 30s。按照以往经验及本标段试验，泥浆注入率为10%。

3.3 泡沫及泥浆注入孔布置

本标段盾构机采用日立加泥式土压平衡盾构机，刀盘及土仓内均设计有渣土改良添加剂注入口，当在土仓内注入添加剂后，由于土仓内渣土不再进行均匀搅拌，不能对渣土改良起到很好的作用，所以放弃了在土仓内注入添加剂，为有效降低刀盘磨损及快速搅拌均匀渣土，需高效合理地设置泡沫及泥浆的注入口分布，如图3所示。

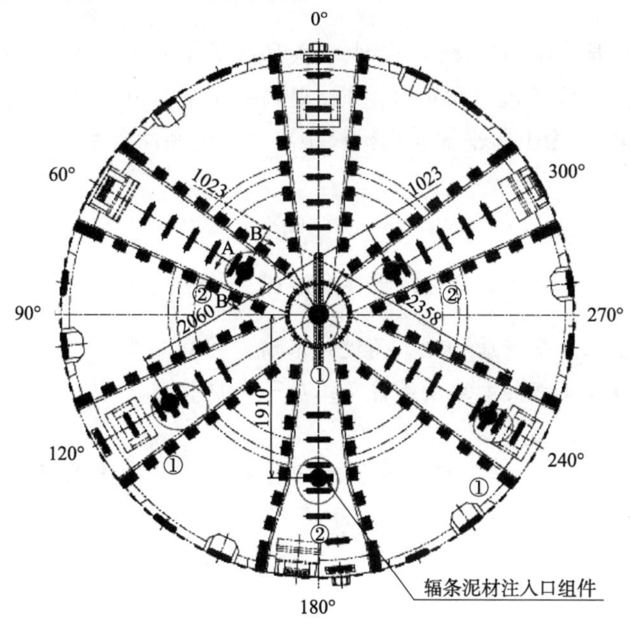

图3 添加剂注入孔布置图（尺寸单位：mm）

4 泡沫剂的作用

加泥式土压平衡盾构注入泡沫实际是为了进一步改善开挖面土体的物理和力学性质，增加其塑性流性和止水性，防止切削土砂黏附在刀盘及螺旋输送机内，避免闭塞现象，减轻机械负荷，降低刀盘扭矩和推力。泥浆和泡沫的作用机理主要表现在以下几个方面。

（1）通过注入泥浆和泡沫，在刀盘前方形成了一层泥膜，建立起泥土压力，为土体结构提供水平推力,有利于形成拱结构。

(2)泥浆和泡沫使开挖面土体的强度和刚度得到加强,提高了开挖面土体的竖向抗力,对开挖面土体起到了支护作用,减少了开挖面上方土体失稳的可能。

(3)砂卵石地层颗粒松散,无黏聚力,颗粒之间的传力方式为点对点,向开挖面土体添加泥浆后,泥浆包围在颗粒周围,形成了一层泥膜,增加了颗粒之间的黏聚力,使得颗粒之间的传力得到扩散,改善了土体的受力状况。另外,泡沫的体积极小,混合后泡沫的泥浆扩散性得到增强,可以在刀盘的搅拌下迅速渗透到土层中,将砂卵石颗粒包裹起来,降低了土体的密实度,改善了土体的塑流性。

(4)利用泡沫优良的润滑性能,改善土体粒状构造,同时吸附在颗粒之间的气泡可以减少土体颗粒与刀盘系统的直接摩擦。降低土体的渗透性,又因其相对密度小,搅拌负荷轻,容易将土体搅拌均匀,从而做到既能平衡开挖面土压,又能连续向外顺畅排土。同时泡沫具有可压缩性或称之为弹性,对土压的稳定也有积极作用。

5 施工效果

按比例加入泥浆、泡沫,良好地改善了土压平衡盾构在粉细砂地层中的掘进性能,刀盘扭矩为1800~2100kN·m、总推力为1800~2200kN,施工效果良好,成功穿越了一级风险源(京城138商务酒店)、特级风险源(京津城际铁路)。

6 结语

经现场应用表明,混合使用泥浆、泡沫剂,极大地改善了开挖面土体的塑流性,有效地降低了盾构的扭矩和推力,减轻了机械负荷和磨损,提高了工效。并使得开挖面土压保持动态平衡,减小了地层隆沉幅度,为土压平衡盾构机长距离穿越全断面含水粉细砂地层施工提供了成功范例。

参考文献

[1] 王怀志.富水砂层土压平衡盾构施工关键技术研究[J].华南理工大学学报,2012.

[2] 华东,李乐,杜文库.北京典型地层条件下土压平衡盾构施工[J].建筑机械化,2004(10):27-30.

[3] 宋克志,汪波,孔恒,等.无水砂卵石地层土压盾构施工泡沫技术研究[J].岩石力学与工程学报,2005,24(13):2327-2332.

盾构同步注浆预拌砂浆的研究与应用

徐海锋[1,2]　肖群芳[1,2]　章银祥[1,2]　刘玉梅[1]
田胜力[1,2]李夏枝[1]　任　亮[1]　郎昆仑[1]

(1.北京金隅砂浆有限公司　北京　100042;2.北京市预拌砂浆工程技术研究中心　北京　100044)

摘　要:轨道交通建设工程在施工现场搅拌盾构同步注浆材料时,存在施工文明度不高、粉尘排放大、原材料质量不受控、占地面积大、人工消耗大等问题,《北京市大气污染防治条例》等相关法规也明确规定施工现场不得现场搅拌砂浆。本文通过研究盾构同步注浆预拌砂浆的材料性能与施工工艺,探讨了使用预拌砂浆产品替代施工现场搅拌注浆材料的可行性。通过研究得出,盾构同步注浆预拌砂浆产品及施工工艺能够替代传统的现场搅拌作业方式,完美解决现场搅拌砂浆在运输、储存、场地、设备、人员及环境污染等方面存在的问题。

关键词:同步注浆;预拌砂浆;材料性能;施工工艺

1　引言

近年来,为缓解北京市民众出行给地面交通带来的压力,北京积极发展轨道交通建设,据了解,2015~2021年北京市将继续建设10多个轨道交通项目,总长度约330km,总投资约2600亿元。在轨道交通建设中,预拌砂浆的使用量非常可观,足以媲美房建市场,涉及的砂浆种类较多,有站台建设常用的普通砌筑、抹灰、地面砂浆,盾构隧道开挖过程中同步注浆配套用的预拌砂浆和车站或区间隧道用于锚喷支护的细石砂浆(混凝土)。

北京市轨道交通建设工程使用的砂浆目前仍以现场搅拌为主,但施工现场搅拌砂浆存在运输不便、储存困难、占地面积广、环境污染大等问题。近年来国家对环境保护工作越来越重视,国内大多数省市均已出台禁止现场搅拌砂浆的政策法规,所以现场搅拌砂浆的方式必将逐步退出历史的舞台。而预拌砂浆作为一种新兴的建筑材料,正以其方便的施工性能、可靠的质量保证、良好的环境友好性受到施工单位越来越多的关注,预拌砂浆产业也得到了蓬勃的发展。尽管如此,预拌砂浆技术在我国还不是十分成熟,仍有一些施工领域未涉及。本文就是针对目前轨道交通建设领域盾构同步注浆施工仍使用现场搅拌的作业方式问题,研究适用于盾构同步注浆的预拌砂浆产品及配套工艺。

2　试验材料与试验方法

2.1　原材料

水泥:P.O.42.5;粉煤灰:二级;膨润土:钠基(膨胀指数≥15ml/2g);矿物掺和料:矿渣粉(S95);集料:0~0.6mm机制砂;外加剂:纤维素醚、膨胀剂、聚羧酸高效减水剂;水:自来水。

2.2　试验仪器

电子天平、JJ-5型砂浆搅拌机、马氏漏斗、250mL量筒、压力机。

作者简介:徐海锋(1987—),男,本科,工程师,现任公司市场营销部副经理。主要从事预拌砂浆研究与应用推广工作。Email:xuhaifeng@ bbmg - m. com。

2.3 试验条件

试验在温度(23±2)℃、湿度(50±5)%的标准环境下进行,强度试件在温度(20±2)℃、湿度90%以上的环境下养护。

3 试验内容

3.1 试验思路

盾构同步注浆材料在拌和时需要加入较大量的拌和水,以此使浆液有很好的流动性以及较低的黏稠度,在此条件下,浆液很容易出现泌水、离析、凝结时间过长等现象,这些性能与注浆过程中的堵管、二次注浆量、管片位移等息息相关。且浆液在水化后的孔隙率会大大增加,这会影响浆液固化后的强度以及抗渗性能,使强度和抗渗性大大降低。鉴于此,本试验试图找出影响材料泌水率、离析、凝结时间以及强度的关键因素。

散装预拌砂浆在使用便宜性、占地面积、环境友好度等方面均有着巨大的优势,但是目前市场中散装预拌砂浆使用的集储存与拌和功能为一体的散装砂浆移动筒仓多为针对房建市场应用而设计,其干粉料的防离析效果、浆液拌和的均匀性、连续性以及单位时间拌和量均不能满足盾构同步注浆的需求,那么研发改进一款适合盾构同步注浆的专用散装砂浆移动筒仓则尤为重要。

3.2 试验方法

使用JJ-5型搅拌机,慢速搅拌3min制得浆液,将浆液的黏度控制为55~60s,测定浆液泌水率时,将搅拌好的浆液倒入250mL量筒中,测量浆液的初始体积,并将量筒上口使用塑料薄膜覆盖,8h后,测量浆液的泌水体积,泌水体积与初始体积的比值即为浆液的泌水率。凝结时间及强度按JGJ/T 70的方法进行。

将目前市场通用的散装砂浆移动筒仓与金隅独立研发并取得专利的1号散装砂浆移动筒仓和2号散装砂浆移动筒仓进行对比,测试干粉料均匀度、出浆量、砂浆拌和均匀性、砂浆拌和连续性。均匀度按DB11/T 696标准的方法测试;出浆量测试将筒仓连续运转1h,测量所出浆液的方量;拌和均匀度测试,将筒仓拌和出的浆液进行黏稠度测试,而后将此浆液使用JJ-5搅拌机再次慢速搅拌1min,测试浆液黏稠度,对比前后黏稠度的差值,差值越大,则拌和效果越差;拌和连续性测试,将筒仓连续运转,每隔5min测试一次浆液的黏稠度,黏稠度离散系数越大,则拌和连续性越差。

4 试验方案及结果讨论

4.1 注浆砂浆关键性能影响因素的研究

通过正交试验,以水泥、矿渣粉、膨润土为关键因素,探索其与砂浆凝结时间、强度和凝结时间之间的关系。注浆砂浆关键性能影响因素正交试验见表1,试验结果如图1~图4所示。通过对正交试验结果的分析,我们可以看出,膨润土对砂浆的关键性能均有较为明显的影响,随着膨润土的增加,砂浆水灰比明显提高,泌水率与强度明显降低,凝结时间明显延长。膨润土的主要成分为蒙脱石,是一种具有层状结构的矿物质,遇水后矿物晶层间距加大,体积膨胀,可容纳大量的水,这是随着膨润土添量的增加,砂浆水灰比明显提高、泌水率明显降低的主要原因,且膨润土在水中具有良好的悬浮性,可明显减少浆液的离析现象,图1所示。同时也由于砂浆水灰比的提高,造成了砂浆的凝结时间延长,并且在水泥水化过程中,造成孔隙率的增加,使砂浆强度明显降低。

如图2、图4所示,水泥作为此砂浆体系中的主要胶凝材料,对砂浆凝结时间以及28d抗压强度均有较大的影响,随着水泥添量的增加,砂浆28d抗压强度有明显提高,凝结时间明显缩短。

注浆砂浆关键性能影响因素正交试验

表1

编号	P.O.42.5水泥	矿渣粉	膨润土	黏度	水灰比	凝结时间	泌水率	强度	
								3d	28d
JZ-0	100	50	50	55	0.37	8.0	4.5	1.0	4.2
JZ-1	100	100	100	56	0.52	10.1	2.2	0.8	3.4
JZ-2	150	50	100	55	0.51	9.6	2.0	0.5	3.9
JZ-3	150	100	50	55	0.42	7.5	4.0	1.4	5.1

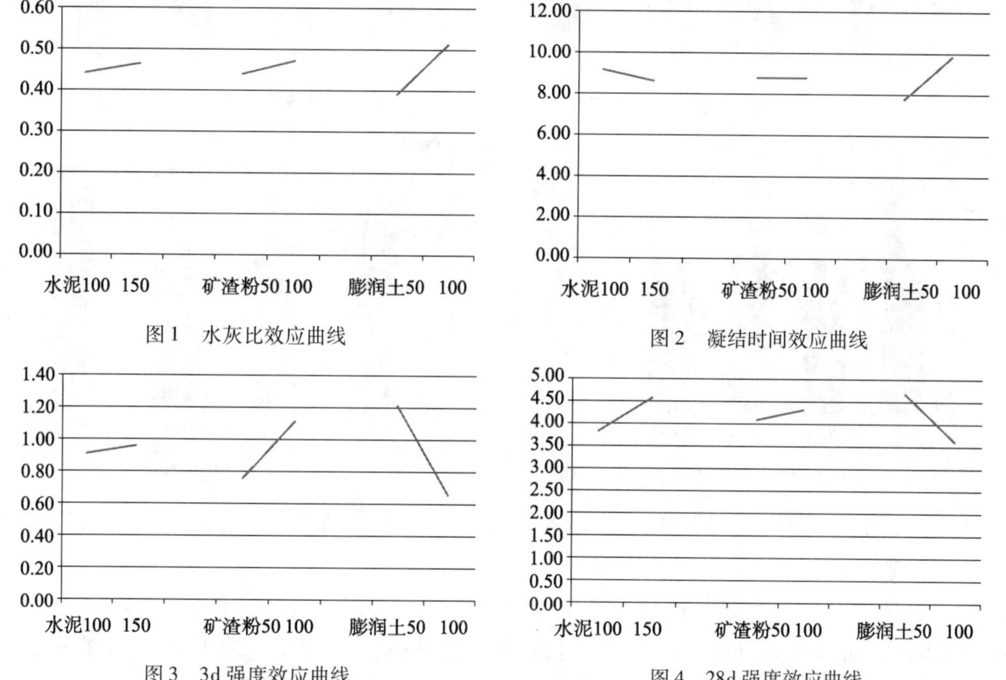

图1 水灰比效应曲线

图2 凝结时间效应曲线

图3 3d强度效应曲线

图4 28d强度效应曲线

矿渣粉作为一种高活性的混合材料,在浆液体系中可发挥掺和料的微集料反应和发生二次水化反应,减少砂浆水化后的孔隙率,降低连通孔数量,进而提高浆液的抗渗性能。如图3所示,由于矿渣粉具有较高的活性,可有效地提高浆液的早期强度,随着矿渣粉掺量的增加,浆液的3d强度有着明显的提高。

4.2 外加剂对注浆砂浆性能影响的研究

合理地添加外加剂能够大大提高砂浆的性能,传统的现场搅拌砂浆的方式不具备添加外加剂的条件,而预拌砂浆将其变为可能。试验中将水泥、矿渣粉、膨润土等主材固定,以JZ-1配比为基准砂浆,分别掺入不同种类的外加剂,探索不同外加剂对注浆材料性能的影响。试验结果见表2、表3、图5~图8。

JZ-1基准砂浆配比及性能

表2

编号	P.042.5水泥	矿渣粉	膨润土	黏度	水灰比	凝结时间	泌水率	28d收缩率	28d强度
JZ-1	100	100	100	56	0.52	10.1	2.2	3.1	3.4

外加剂对注浆材料性能的影响试验 表3

编号	外加剂1	外加剂2	外加剂3	黏度	水灰比	凝结时间	泌水率	28d收缩率	28d强度
WZ-0	0.2	—	—	57	0.55	11.2	1.8	2.7	2.9
WZ-1	—	10	—	56	0.52	10.0	2.2	2.1	3.3
WZ-2	—	—	2.0	56	0.46	8.3	2.0	2.6	4.1

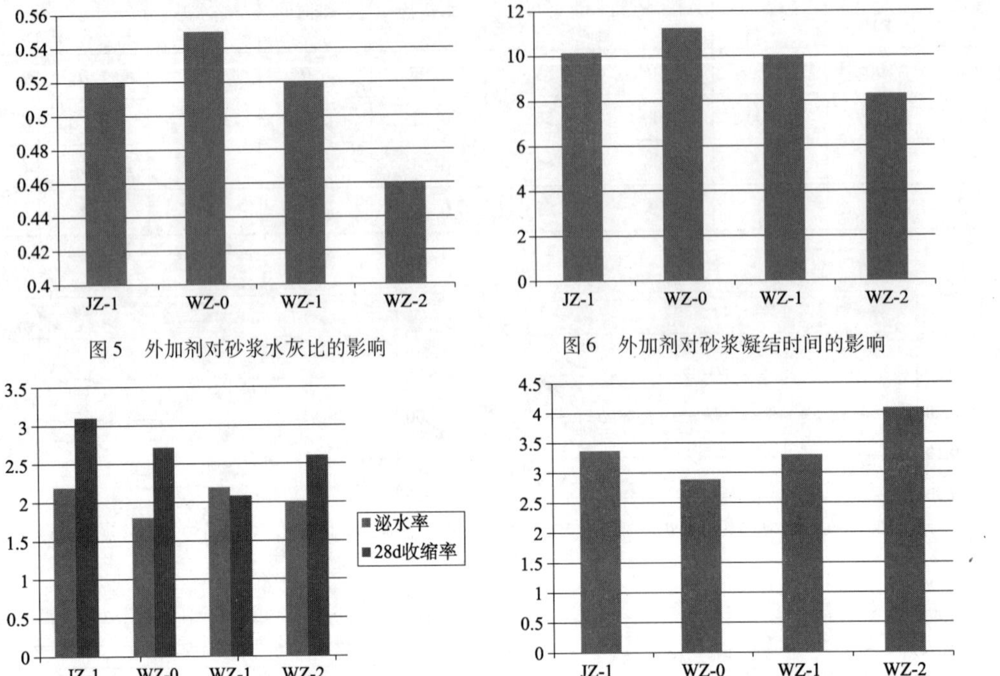

图5 外加剂对砂浆水灰比的影响

图6 外加剂对砂浆凝结时间的影响

图7 外加剂对泌水率、28d收缩率的影响

图8 外加剂对28d抗压强度的影响

如上述试验结果所示，外加剂1的加入提高了材料的水灰比，增长了材料的凝结时间，降低了材料的28d强度，但是使材料的泌水率大大降低，28d收缩率也降低了很多；外加剂2的加入对材料的水灰比、凝结时间、泌水率和28d抗压强度均无明显影响，但大大降低了材料的28d收缩率；外加剂3对材料的水灰比和抗压强度有明显的影响，减少了材料的拌和用水量，提高了材料的抗压强度，并使材料的凝结时间略微缩短，泌水率略微下降。

通过上述试验表明，合理的搭配、复配使用不同种类的外加剂，能够大大提高注浆材料的性能。

4.3 散装砂浆移动筒仓性能研究

表4为目前市场通用的散装砂浆移动筒仓和金隅独立研发并获得专利的1号筒仓和2号筒仓的防离析效果试验，以干粉砂浆的均匀度表示，如图9所示，金隅研发的散装砂浆筒仓在防离析效果上有明显的优势，2号筒仓的均匀度可满足标准要求，3号筒仓的均匀度可高达95%以上，筒仓具有良好的防离析效果，是保障制备的浆液稠度稳定，不易堵管、不易离析的先决条件。

金隅2号筒仓针对注浆材料的施工特性，在内部结构中做了很多具有针对性的装置，如图10所示，在筒仓的进料管管壁上，以特定的排列方式从高到低设置了多个出料口，进料时管下部的出料口打开，上部封闭，当底部的出料口被砂浆覆盖后，上部的出料口逐个打开，以此保证出料的高差在可控范围内，减少砂浆在进料过程中的离析。独特的下料稳定器与仓壁安装的震动器相配合，保障了筒仓出料的连续性和稳定性。经过改进的连续混浆机保障了浆液拌和的均匀度，更与下料稳定器和仓壁震动器相配合，保障了浆液拌和的连续性。

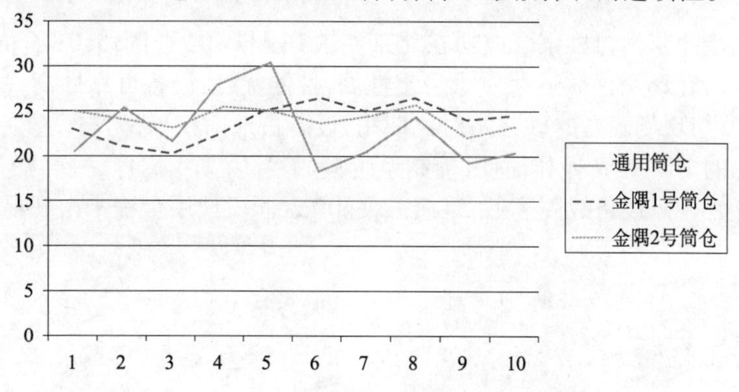

图9 不同筒仓防离析效果对比

散装砂浆移动筒仓防离析效果验证试验

表4

编号	0.075mm 通过率										均匀度
	1	2	3	4	5	6	7	8	9	10	
通用筒仓	20.5	25.4	22.1	28.3	30.5	18.4	20.6	24.7	19.5	20.4	82.5
金隅1号	23.2	21.4	20.5	22.7	25.6	26.4	25.3	26.4	24.2	24.7	91.5
金隅2号	25.2	24.3	23.1	25.7	25.3	24	24.7	25.8	22.4	23.5	95.3

从图11、图12中可以看出，通用筒仓的拌和效果与拌和连续性最差，搅拌出的浆液稠度波动大，经JJ-5搅拌机再次搅拌后，稠度变化明显，金隅1号筒仓效果较好，2号筒仓效果最佳。浆液拌和效果差，拌和不均匀，则浆液的性能完全无法保障；浆液拌和连续性差，稠度忽大忽小，则离析与堵管将完全无法控制，严重影响工程质量与工程进度。

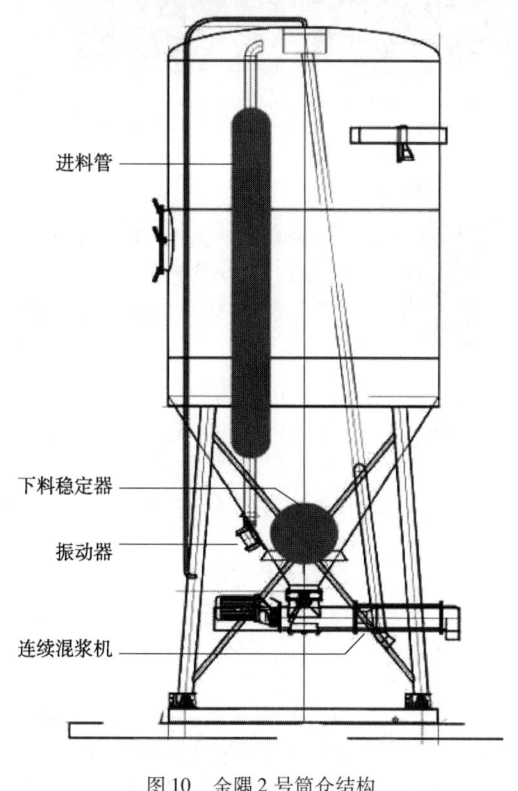

图10 金隅2号筒仓结构

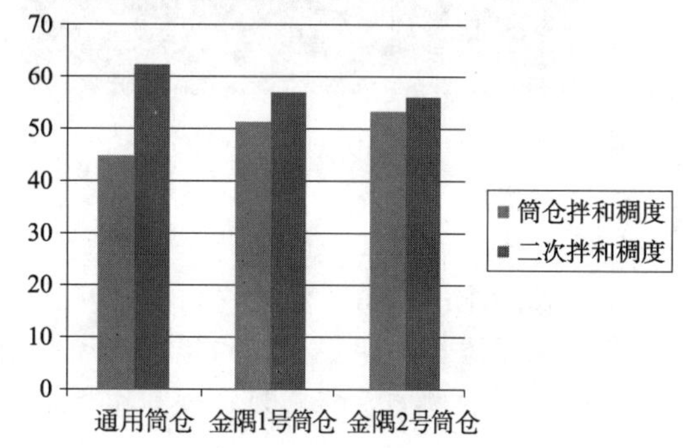

图11 不同筒仓拌和效果验证

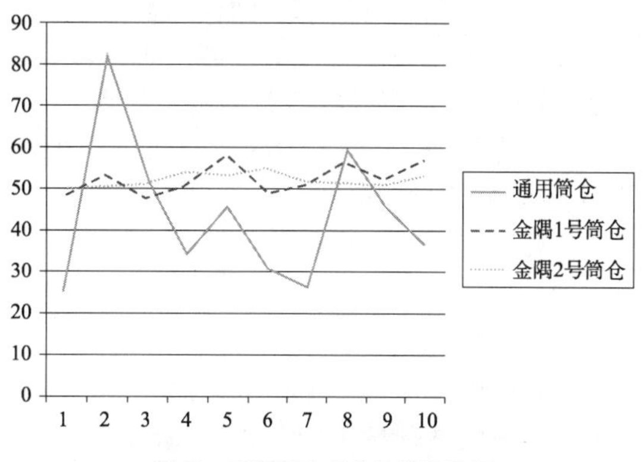

图12 不同筒仓拌和连续性验证

4.4 应用情况

目前盾构同步注浆预拌砂浆已成功在北京地铁16号线02合同段、01合同段以及09合同段中应用(图13~图16),注浆砂浆质量稳定性高,性能优越;设备可靠性高,故障率低。在02合同段的应用中,与现场建立的砂浆站对比使用,设备占地面积小,无需设置原材料堆场,占地面积仅为砂浆站的1/3;设备操作简便,控制系统集成度高,一键启停,一名操作工即可完成全部工作,节省人力资源;设备故障率低,维修方便,02合同段使用全程未出现易损件损坏情况。

图13 02合同段注浆预拌砂浆应用

图14 01合同段注浆预拌砂浆应用

图15 09合同段注浆预拌砂浆应用(一)

图16 09合同段注浆预拌砂浆应用(二)

5 结论

(1)膨润土的添量对注浆材料的水灰比、凝结时间、泌水率、强度等性能均有很大的影响。

(2)水泥添量对注浆材料的凝结时间和28d抗压强度有着较为明显的影响。

(3)矿渣粉的加入能够明显改善注浆材料的早期强度,并且经二次水化后,能够改善材料的抗渗性能。

(4)合理的复配使用不同种类的外加剂,能够大大提高注浆材料的性能。

(5)目前市场上通用的散装砂浆移动筒仓,其防离析效果、拌和效果、拌和连续性均不能满足盾构同步注浆预拌砂浆的施工要求。

(6)金隅独立研发并取得专利的两种筒仓,可满足盾构同步注浆预拌砂浆的施工要求,金隅2号筒仓的性能更优。

参考文献

[1] 陈胜利,李炳炎.干粉砂浆的发展及研制应用[J].砖瓦,2005,(1):48.

[2] 蔡鲁宏,徐海锋.一种干混砂浆防离析筒仓:中国,ZL 2015 20033398.9[P].2015-01-19.

[3] 章银祥.一种干混砂浆防离析筒仓:中国,ZL 2014 20556527.8[P].2014-09-26.

兰州轨道交通穿黄隧道泥水平衡盾构机适应性分析

全雪勇

（中国铁建十六局集团有限公司　北京　100018）

摘　要：兰州轨道交通1号线一期工程迎门滩—马滩区间隧道下穿黄河，是兰州轨道交通建设中的重点工程和难点工程。本文根据泥水平衡盾构机下穿黄河适应性基本要求，对使用的盾构机刀盘刀具、推力扭矩系统、泥浆和排泥水系统、碎石机系统、同步注浆及二次补浆系统配置与工程的适应性进行了评价和分析，保证了工程的顺利实施。

关键词：泥水平衡盾构；穿黄隧道；适应性

1　泥水平衡盾构适应性基本要求

兰州轨道交通1号线一期工程穿越黄河区间隧道采用泥水平衡盾构机施工。盾构机的适应性直接决定和影响盾构隧道施工的进度和安全。泥水平衡盾构机下穿黄河需具有"啃得动、吃得进、消化好、排泄畅、密封可靠，能满足周边环境对变形的控制要求"等良好适应性。

啃得动、吃得进，即要求盾构机刀盘形式和刀具类型、布置对砂卵石地层具有良好的适应性，能顺利地切削地层，使渣土进入土仓。

消化好，即破碎机能对进入土仓的卵石进行有效破碎，符合排泥水管道的粒径要求。

排泄畅，即要求有良好的渣土改良和携带效果，避免石渣与泥水分离，造成堵管、管道严重磨损。

能满足周边环境对变形的控制要求，即同步注浆及补注浆浆液类型、配比、注入参数等应满足隧道周边建（构）筑物、地下管线、道路、桥梁等对变形的控制要求。

盾构机主要技术参数和系统配置应满足兰州地区砂卵石地层施工需要，具有上述良好适用性。

2　工程概况

迎门滩站—马滩站区间位于安宁区迎门滩至七里河区马滩，全长1905.954m。本区间在银滩黄河大桥上游附近沿线下穿黄河底部，下穿黄河段长度为404.0m，如图1所示。

图1　迎门滩站—马滩站区间平面位置图

迎门滩站—马滩站区间钻探深度内地层为：地表一般分布有人工填土，其下为第四系全新统卵石土及中砂透镜体、第四系下更新统卵石。场地地层自上而下划分为三层，隧道穿行

作者简介：全雪勇（1976—　），男，本科，高级工程师，现任中铁十六局地铁工程有限公司技术副经理兼兰州地铁项目负责人。主要从事地铁工程施工管理工作。Email：quanxueyong88@163.com。

于〈3-11〉卵石层内。

根据地勘报告揭示隧道穿越地层为卵石层，饱和吸水状态，密实，泥质微胶结，局部钙质弱胶结；粒径大于2cm的漂石、卵石含量占50% ~58%，一般粒径2 ~5cm，漂石含量较少，最大粒径为55cm，不排除有个别更大粒径；卵石磨圆度较好、分选性较差；卵石母岩成分为灰岩、砂岩、砾岩、石英岩、花岗岩等，强度较大。图2为迎门滩站—马滩站区间颗粒分析图，图3为迎门滩车站旋喷桩开挖揭露的卵石情况。

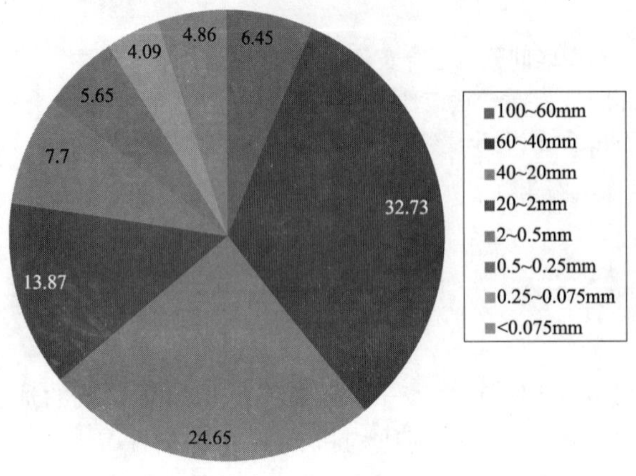

图2 迎门滩站—马滩站区间颗粒分析图

图3 迎门滩车站开挖揭露的卵石分布

3 泥水平衡盾构机的构造和主要技术参数

3.1 盾构机的构造

本工程的泥水平衡盾构机由中国铁建重工集团有限公司生产制造。泥水平衡盾构是在机械式盾构的刀盘后侧，设置一道封闭隔板。隔板与刀盘间的空间为泥水仓，把水、黏土及添加剂混合制成泥水，经输送管道压入泥水仓，待泥水充满整个泥水仓，并具有一定压力，形成泥水压力室。通过泥水的加压作用和压力保持机构，能够维持开挖工作面的稳定。盾构推进时，旋转刀盘切削下来的土砂经搅拌装置搅拌后形成高浓度泥水，用流体输送方式送到地面泥水分离系统，将渣土、水分离后重新送回泥水仓。

泥水仓压力控制模式分为直接控制模式和间接控制模式，本设备为间接控制模式，即通过空气缓冲层的压力控制，间接控制开挖面的压力。

泥水平衡盾构在结构上主要包括刀盘、盾体、主驱动、碎石机、人员舱、管片拼装机、管片吊机、管路延伸装置和后配套台车等结构，在功能上包括开挖系统、推进系统、管片安装系统、泥浆输送系统、管路延伸系统、注浆系统、导向系统等。

3.2 主要技术参数

盾构机的主要技术参数如下。

前盾标称直径:6450mm;

盾体工作压力:6bar;

主驱动类型:三排滚柱式;

主驱动最快旋转转速:4.5r/min;

主驱动额定扭矩:6229kN · m;

主驱动脱困扭矩:7448kN · m;

最大总推力:42575kN;

推进油缸最大推进速度:60mm/min。

4 刀盘形式和刀具配置适应性分析

图4为盾构机刀盘及刀具布置图,整个刀盘为焊接结构,属于面板式刀盘。在刀盘上焊接了各种刀具的刀座,可以实现刀具的更换。表1为盾构机刀盘刀具统计表。刀具的高差配置为:滚刀184mm、贝壳刀160mm、边缘刮刀145mm、宽切刀140mm。滚刀为切削地层、破碎卵石的主力刀具,用于破碎粒径较大的卵石,同时为先行刀预先疏松土体。每个轨迹上都有滚刀,承受卵石冲击,并起到预先破石的作用。刀具高差的配置应能较好地满足切削地层、破碎卵石的要求。

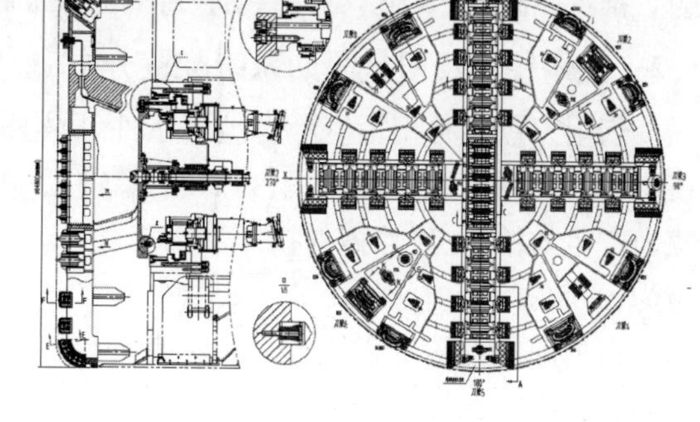

图4 盾构机刀盘及其刀具布置

刀盘的开口率为35%。刀盘的中心部分开口率大,有利于中心部分渣土的流动并进入泥仓,可以有效防止中心泥饼的产生。

刀盘刀具统计表

表1

刀盘概况	备注
刀盘开挖直径	6480mm
中心双刃滚刀	8把,17in,刀间距90mm,刀高184mm
正面滚刀	23把,18in刀圈,17in刀体,刀间距90mm,刀高184mm
边缘滚刀	10把,18in刀圈,17in刀体,其中偏心滚刀4把
宽切刀	36把,刀间距240mm,刀高140mm
边缘刮刀	8对(左右各四对),刀高145mm
贝壳刀	4把,刀高160mm
导流刀	28把

5 盾构推力和刀盘扭矩适应性分析

5.1 推力计算及推进系统配置分析

盾构千斤顶应有足够的推力,克服盾构推进时所遇到的阻力。这些推进阻力主要有:

(1)盾构四周与地层间的摩阻力或黏结力 F_1;

(2)盾构切口环刃口切入土层产生的贯入阻力 F_2;

(3)开挖面正面作用在切削刀盘上的推进阻力 F_3;

(4)在盾尾处盾尾板与衬砌间的摩阻力 F_4;

(5)盾构后面台车的牵引阻力 F_5。

以上各种推进阻力的总和为 F。在使用时,须考虑各种盾构机械的具体情况,并留出一定的富余量,即为盾构千斤顶的总推力。经计算两区间最大盾构总推力应为32506kN。

本盾构机配置总推力为42575kN,是计算值的1.31倍,满足对地层的切削要求。

盾构机推进系统包括32根推进油缸和推进液压泵站。推进油缸按照在圆周上的区域分为4组。通过调整每组油缸的不同推进速度和推力来对盾构进行纠偏和调向。油缸的后端顶在管片上,以提供盾构前进的反力。

推进系统油缸每组油缸均安装有一个行程传感器,对油缸的伸出长度和伸出速度进行检测。推进油缸为16组双缸,共分4组油缸,油缸行程均为2200mm。

5.2 扭矩计算及刀盘驱动系统配置分析

切削刀盘装备扭矩应考虑地层条件、盾构机形式、构造和盾构机直径等因素,其承受的总扭矩包括:刀具切削地层的阻力矩、刀盘前后壁与泥浆摩擦力产生的扭矩、刀盘外圆与土体摩擦力产生的扭矩、搅拌棒的扭矩和刀盘主驱动(轴承/齿轮)摩擦力产生的扭矩。经计算总扭矩为3565kN·m。

根据国内外的工程经验,刀盘装备转矩与盾构机直径存在3次方关系,一般可按下式计算:

$$M = \alpha D^3 \tag{1}$$

式中:α——转矩系数,一般围岩为0.9~1.5。

按最大系数1.5计算,刀盘装备扭矩为4081kN·m。

盾构机实际配置的刀盘额定扭矩为6232kN·m,分别是理论计算值的1.75倍和经验公式得到的最大值的1.53倍,满足对地层的切削和掘进要求。

刀盘的驱动方式有液压马达驱动和电动机驱动两种。本标段盾构穿越地层含大粒径漂石/孤石、低含砂率的砂卵石,预测有可能发生冲击荷载,故选择液压马达驱动。考虑到电液转换和砂砾石地层易发生突发性坍塌,刀盘驱动应有足够的脱困扭矩。

主驱动机构包括主轴承、9个液压马达、9个减速器和主驱动液压泵站,刀盘驱动采用水冷方式。刀盘通过螺栓和主轴承的内齿圈连接在一起,主驱动系统通过液压马达和变速箱的传动,最终驱动主轴承的内齿圈来带动刀盘旋转。

盾构机刀盘主轴承采用在生产隧道掘进机配套设备方面富有丰富经验的轴承制造商产品,主轴承外径3000mm,密封系统采用5道注脂密封构成,密封保护通过三种注射实现,主密封的设计寿命为5000h,主轴承的设计寿命为10000h。密封支撑直接和轴承通过螺纹连接固定在一起,并且作为主轴承结构的一部分,从而充分保证同心度;内密封系统将小齿轮区和空气之间密封。

6 泥浆和排泥水系统适应性分析

泥水环流系统主要由进、排浆泵,进、排浆管路,控制阀门,管路延伸机构,碎石机等组成。泥水环流系统的主要作用是稳定开挖面,防止地面坍塌,以及供盾构出渣。

进浆泵将地面泥水处理系统配好的泥浆,通过进浆管路输送到盾构机开挖掌子面,控制开挖仓压力,以稳定掌子面。排浆泵将携带渣土的泥浆从开挖仓吸出,并输送到地面泥水处理系统进行处理。

盾构机配备的泥浆泵及参数如下:

(1)进浆泵1台,型号为Warman 10/8F-AH,流量850m^3/h,扬程64.8m,允许通过最大粒径50mm,380kW变频电机驱动;

(2)排浆泵1台,型号为Warman 10/8FF-GH,流量900m^3/h,扬程64.8m,允许通过最大粒径180mm,400kW变频电机驱动;

(3)冲洗泵1台,型号为Warman 6/4E-AH,流量300m^3/h,扬程50m,允许通过最大粒径50mm,90kW变频电机驱动。

盾构机泥浆系统配置是:4个开挖仓泥浆喷射点、2个工作仓泥浆喷射点、2个破碎机冲洗喷嘴、1个网格冲洗喷嘴。泥水盾构机的渣土改良是通过在泥浆中添加外加剂增加泥浆的相对密度和黏度等参数来实现的。根据工程的地质条件,砂卵石含量较大、含砂率低,胶结泥饼的可能性较小,最关键的问题是防止卵石和石渣在泥浆中离析和分层沉淀,造成刀盘扭矩异常增大、堵管或喷涌。因此,关键在于通过调整泥浆的黏度和相对密度来增加砂卵石的漂浮度(1m^3渣土在刀盘区域泥浆量中从刀盘顶部落到底部的时间)和漂浮量(1m^3渣土在刀盘区域泥浆中悬浮量的百分比)。理论上,应保证漂浮度达到无穷大,漂浮量为100%,即卵石悬浮于泥浆中。

盾构机泥浆输送和排泥水系统在构造上的配置和输送能力上的配置与地层条件和地下水条件是基本适应的。但是,由于下穿黄河段地层的强透水性和地下水的快流速,可能造成泥浆黏度和相对密度的不稳定,从而造成泥水仓泥膜难以形成和排泥系统石渣与泥水离析、分层沉淀。

7 卵石破碎机适应性分析

盾构机配置鄂式碎石机。碎石机由液压油缸、转动板、中心板和鄂板组件组成,如图5所示。碎石机安装在前盾泥水仓内,主要作用是破碎泥水仓内大块的石头、泥团等,确保泥水盾构的环流系统的通畅。

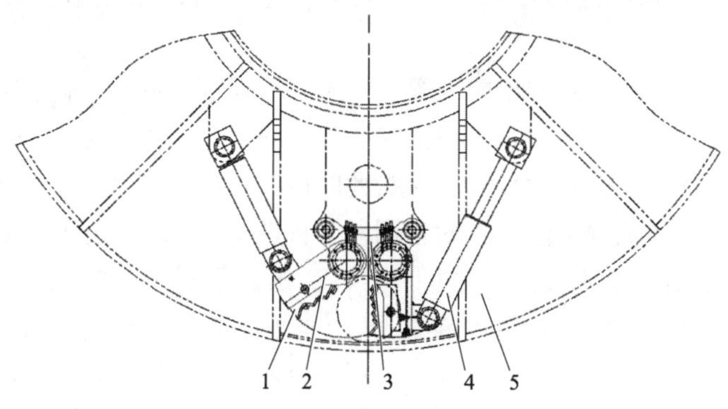

图5 碎石机结构示意图

1-鄂板组件;2-转动板;3-中心板;4-油缸;5-前盾

碎石机采用两种工作模式:

(1)破碎模式:由液压油缸推动转动板相向旋转一定角度,鄂板组件在大块石头或泥团表面施加荷载,对大块石头、泥团进行破碎,确保泥水盾构的环流系统通畅。

(2)摆动模式:由液压油缸推动转动板同向旋转摆动,对沉积在底部的泥块与碎石进行搅拌,保证泥水盾构的环流系统的通畅。

一般情况下,采用破碎模式,只有在泥水仓需要清理时才采用摆动模式。

盾构机排泥泵和管路允许通过最大粒径180mm。而相似地层条件的北京站至北京西站的地下直径线工程施工实践证明,鄂式碎石机具有较好的破碎效果,可将大粒径的卵石破碎成最大颗粒为100mm的石渣。因此，盾构机配备的鄂式碎石机对地层具有较好的适应性。

8 同步注浆及二次补浆系统适应性分析

壁后注浆系统可以实现同步注浆和二次补注浆，是盾构机的重要组成之一。盾构法施工中能否及时填充盾尾间隙，是控制地层沉降的关键。针对本工程的特殊地质条件和隧道的埋深，要求注入的浆液能够同步及时填满整个盾尾间隙，而且浆液在短时间内固结达到设计强度，满足抵抗土体变形下沉的需要；并且通过二次或多次补注浆，控制后期沉降。根据本工程实际情况，同步注浆采用单液浆，通过调整浆液配比或添加速凝剂，使壁后注浆浆液达到填充间隙的要求，必要时可以在浆液中加入速凝剂。注浆量按照间隙体积的1.5~2.0倍计算。

盾构同步注浆系统，配备了两台施维英KSP12的柱塞式注浆泵和一个容量为$8m^3$的砂浆罐，通过泵送调制好的砂浆至管片与盾构开挖隧洞的间隙内，使管片外面的间隙及时得到充填。

注浆泵单泵泵送容量为$10.0m^3/h$，注浆压力可以通过调节注浆泵泵送频率在可调范围内实现连续调整，并通过注浆同步监测系统监测其压力变化。单个注浆点的注入量和注浆压力信息可以在主控室看到。随时可以储存和检索砂浆注入的操作数据。

盾尾内设置同步注浆管道数量为8根，四用四备；每路注浆管均有单独的砂浆传感器，在盾尾壳体每块注浆板上均设计有4个200mm×50mm的清洗口，意外堵塞可以用高压水进行清洗。

盾构机上配备一套双液注浆系统，用于盾构施工的二次补浆。双液注浆系统的优点在于可以较快的止漏和加固。在同步注浆扩散不均匀的地方可以采用双液注浆系统进行补充注浆。

同步注浆能力可填充理论开挖轮廓与管片衬砌环外轮廓之间的间隙体积的1.5~2.0倍，在不超挖的情况下，其能力是足够的。但是，在下穿黄河段，地层强透水、地下水流速快，泥水仓泥膜形成较困难，开挖面易坍塌而形成超挖，此时盾构机的同步注浆能力不足以填充管片衬砌环背后的间隙。在盾构机盾尾内配置的备用同步注浆管，可以满足下穿黄河段一套同步注浆管发生意外情况时，紧急启用另一套同步注浆管，确保了同步注浆在盾构机过程中不出问题；同时，每路注浆管均有单独的砂浆传感器，严密监测注浆过程和注浆效果。盾构机配备双液二次补浆系统是合理有效的。因双液浆可瞬凝，可控制浆液流动范围，并有效填充管片衬砌环背后间隙/空隙、控制地层变形和地表沉降。但是，为保证盾构穿黄期间施工的连续性，二次补浆只能在陆地段掘进实施；下穿黄河段，不可实施二次补浆。

9 结语

根据盾构机适应性评价基本要求，本工程下穿黄河段所采用的泥水平衡盾构机，与地层条件和地下水条件在总体上是适应的。但是，在下穿黄河段，隧道埋深大、地层透水性强、地下水流速快，泥水仓泥膜形成较困难，开挖面易坍塌而形成超挖，不可控因素多，国内也尚无类似地质条件的成熟工程经验可供借鉴。因此，在穿黄之前的陆地试验段总结，积累足够的施工经验和参数，并在进入黄河底下之前停机开仓，对刀盘刀具改造和相应系统配置进行调整尤为重要。

参考文献

[1] 周迎,丁烈云,周诚,等.越江隧道工程泥水盾构适应性分析研究[J].铁道工程学报,2010(11):68-74.

[2] 朱合华,徐前卫,傅德明,等.地层适应性盾构模型试验设计方法初探[J].岩土力学,2006,27(9):1437-1441.

[3] 王旭,张海东,边野,等.盾构机刀盘的地质适应性设计研究[J].现代隧道技术,2013,50(3):108-114.

[4] 杨书江.富水砂卵石地层泥水平衡盾构适应性研究[J].都市快轨交通,2009,22(5):60-64.

盾构洞口处土体变形机理及加固优化研究

刘 军 金 鑫 张豫湘

(北京建筑大学土木与交通工程学院 北京 100044)

摘 要:盾构始发与接收是盾构隧道施工中的重要阶段。由于始发与接收前通常需要人工凿除钢筋混凝土围护结构,导致开挖面土体暴露,隧道洞口处存在涌水涌砂、土体坍塌等潜在危险,常规做法是进行端头土体加固。既有端头土体加固理论主要有强度模型及稳定性模型。然而,端头土体加固存在加固效果难以保证、增加施工成本甚至受地面地下构筑物影响无法加固等问题。本文在分析阐述了既有端头加固理论及加固技术的不足后,提出了基于玻璃纤维筋围护结构的盾构无障碍始发与接收洞口处土体变形机理及优化加固方案,并进行了水土压力对玻璃纤维筋桩体的作用、强度演算,得出采用该优化方案可以不进行端头土体加固或只在接收端进行素桩加固。

关键词:强度模型;稳定性模型;土体变形机理;素桩加固;水土压力

1 引言

盾构法施工分为盾构始发、正常掘进、接收三个阶段,其中始发与接收是事故多发阶段。主要原因是以往盾构始发与接收中需要人工凿除钢筋混凝土围护结构,导致了洞口土体破坏与长时间暴露,土压建立困难,易发生土体坍塌、涌水涌砂等问题,影响了正常的始发与接收,甚至无法进行始发与接收,国内多次发生此类工程事故。常规做法是在盾构始发与接收前进行洞口加固,其目的主要是控制地表沉降,防止端头坍塌,控制水土流失,同时有利于周边建(构)筑物安全。然而,洞口加固存在诸如加固效果难以保证、工程成本增加、有时受地面及地下建(构)筑物影响,甚至无法进行加固等问题。本文探讨了基于玻璃纤维筋围护结构的盾构无障碍始发与接收洞口处土体变形机理,并提出了加固优化方法。

2 洞口处土体变形

常规盾构始发与接收前由于需要进行洞口围护结构——桩(墙)体凿除,因此往往需要进行端头土体加固,既有加固模型主要有强度模型及稳定性模型。

2.1 强度模型

假设端头土体纵向加固范围为t,加固土体为洞口周边自由支撑的弹性圆形薄板,将加固土体侧向水土合力的梯形荷载简化为均布荷载与三角反对称荷载的叠加,即将一个非对称问题等效为一个对称问题和反对称问题叠加(图1)。

根据加固体的强度特征,利用最大拉应力及最大剪应力理论最终得出纵向加固范围为:

$$t_{\text{强度}} = \max\left\{\sqrt{\frac{\beta_1 k}{32\sigma_t}},\sqrt{\frac{\beta_2 k}{32\sigma_t}},\frac{\beta_3 k}{\tau_c}\right\}$$

本文由“北京节能减排关键技术协同创新中心”资助。

作者简介:刘军(1965—),男,博士后,教授,教授级高工。目前从事岩土与地下工程教学与科研工作。Email:liujun@bucea.edu.cn。

式中：　σ_t——加固土体的极限抗拉强度；

τ_c——加固土体的极限抗剪强度；

k——安全系数；

β_1，β_2，β_3——计算参数。

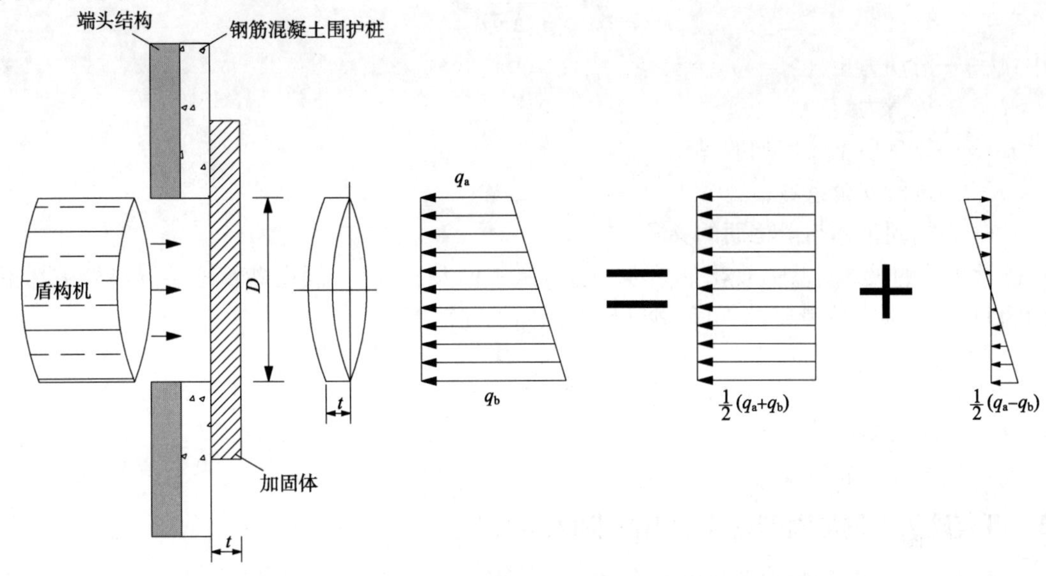

图1　强度理论计算简图

2.2　滑移失稳模型

常规盾构始发与接收需要人工凿除钢筋混凝土围护结构，破除洞口围护结构后，掌子面土体完全暴露至刀盘顶上围护结构之前有一定的时间间隔，此时端头土体在地面超载、隧道上覆土体和侧向水土压力的共同作用下，可能沿着某个滑移面从开挖面向盾构工作井内滑动，发生滑移失稳破坏。黏土和砂土的滑移失稳破坏模型有所不同，如图2、图3所示。

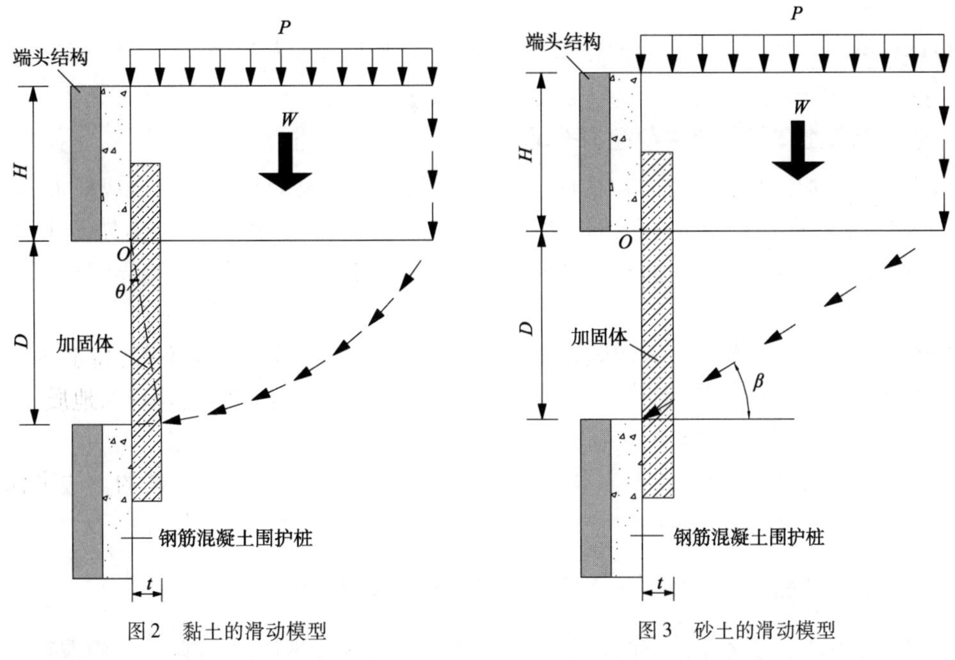

图2　黏土的滑动模型

图3　砂土的滑动模型

对于黏土地层，假设抗滑力矩完全由土体黏聚力提供，由几何关系可得满足稳定性要求的纵向加固范围为：

$$t_{黏土} = D \cdot \sin\theta$$

$$\theta = \frac{KM - M_d}{\Delta c D^2}$$

式中：M——滑动力矩；

M_d——抗滑力矩；

Δc——改良后土体增加的黏聚力；

K——抗滑安全系数；

θ——加固土体与滑移面的夹角。

砂性土坡的破坏过程表现出偶然性、突发性、平面及直线型，假设砂土地层洞口处破坏滑移面为斜直面，根据抗滑要求，可得砂性土的纵向加固范围为：

$$t_{砂土} \geqslant \frac{D}{\tan\varphi}$$

式中：D——隧道洞口直径；

φ——砂性土的内摩擦角。

2.3 既有端头土体加固理论及加固技术的不足

既有端头土体加固理论及加固技术均存在一定的不足，导致工程事故频发。

2.3.1 既有端头土体加固理论存在的不足

(1)强度模型中加固体抗拉强度 σ_t 取值通常是根据经验公式，即通常取抗压强度的10%，这对于不同的加固方式存在较大误差；

(2)既有理论没有涉及土体长期稳定性及扰动性问题；

(3)对于砂层、砂卵石层等受地下水影响较大的地层，还应考虑水土沿盾壳与土体间隙流入始发井(或接收井)的情况；

(4)深埋隧道由于土体拱效应的存在，土体主动土压力会大大减小，其计算理论与计算方法与既有结论不符。

2.3.2 既有端头土体加固技术存在的不足

(1)端头土体加固真实效果难以保证。若加固量过大，则会对盾构刀具造成较大的磨损，而且可能造成过大的端头地表变形，同时增加工程成本，造成经济损失；若加固欠佳，则无法达到预期的加固及止水效果，易在盾构刀盘上部形成空洞；若加固不均匀，则会导致局部仍为原状土，整体稳定性无法保证。

(2)在某些情况下，端头土体加固难度大甚至无法进行加固。如高土压、高水压深埋隧道；周边建(构)筑物和地下管线分布错综复杂等复杂周边环境；富水砂层等特殊地质条件下，成桩质量差，且加固体之间常常因为搭接不良导致涌水涌砂、地层塌陷等事故。

鉴于既有端头加固理论及加固技术存在不足，我们迫切需要寻求一种新的方法来代替端头土体加固，以解决盾构始发与接收存在的工程问题。

3 基于玻璃纤维筋混凝土围护结构的洞口处土体加固优化

近年来，采用玻璃纤维筋代替洞口处围护结构中的钢筋，在国内外实际工程中取得了一定的进展。采用玻璃纤维筋混凝土围护桩，盾构对其直接切削，不需要人工凿除，盾构始发与接收可以进行连续作业，避免了端头土体滑移失稳破坏的发生（图4），实现了盾构无障碍始发与接收。

采用土水压力合算的方法对玻璃纤维筋混凝土桩体进行强度演算。盾构荷载分布如图5所示，图中：P_{e1}为竖直水土压力；P_{e2}为竖直抗力水土压力；P_g为自重反压；q_{e1}为盾构顶部水平水土压力；q_{e2}为盾构底部水平水土压力。

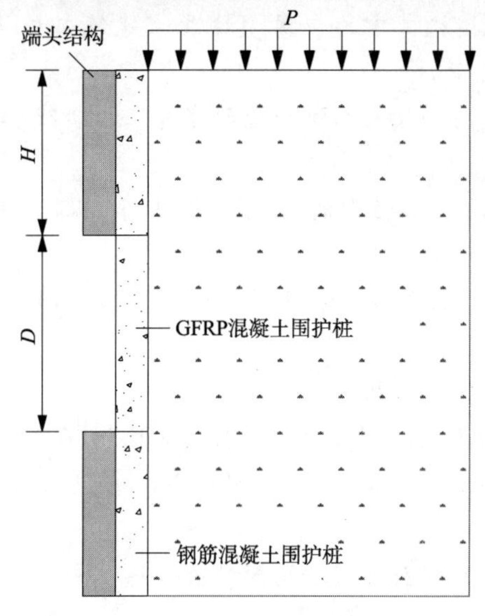

图4　无障碍始发（或接收）端头稳定性模型

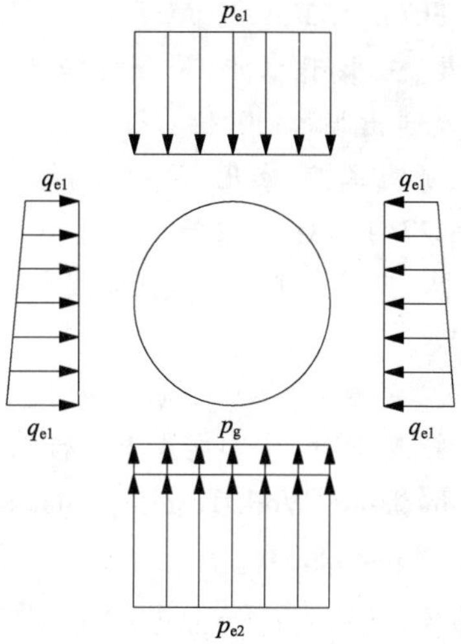

图5　盾构荷载分布示意图

对土层参数进行取值：土重度 $\gamma=20\text{kN/m}^3$；内摩擦角 $\varphi=30°$；黏聚力 $c=20\text{kPa}$；侧压力系数 $K=0.45$；地面上附加荷载 $P'=20\text{kN/m}^2$；盾构外径 $D=6\text{m}$；盾构长度 $L=9\text{m}$；盾构的重力 $G=380\text{t}$。

经计算得：盾构顶部水平水土压力 q_{e1} 为 135kN/m^2；底部水平水土压力 q_{e2} 为 189kN/m^2（图6）。将洞口处玻璃纤维筋混凝土围护结构简化为简支端，受梯形分布荷载作用，求解得到所受弯矩为760kN·m。

混凝土强度等级C30，其轴心抗压强度设计值 $f_c=14.3\text{MPa}$，极限压应变 $\varepsilon_{cu}=0.0033$；玻璃纤维筋设计极限抗拉强度 $f_{gv}=500\text{MPa}$，弹性模量 $E_g=48\text{GPa}$；桩直径 $D=800\text{mm}$；混凝土保护层 $a=50\text{mm}$。

经计算得极限弯矩为 $M_u=1044\text{kN}\cdot\text{m}>760\text{kN}\cdot\text{m}$，满足设计要求。

因此，采用新工艺可以取消端头土体加固。另一方面，为避免盾构接收时洞口桩体被剪切破坏，导致向临空侧整体倒塌现象，可在盾构接收端头处进行素桩加固。

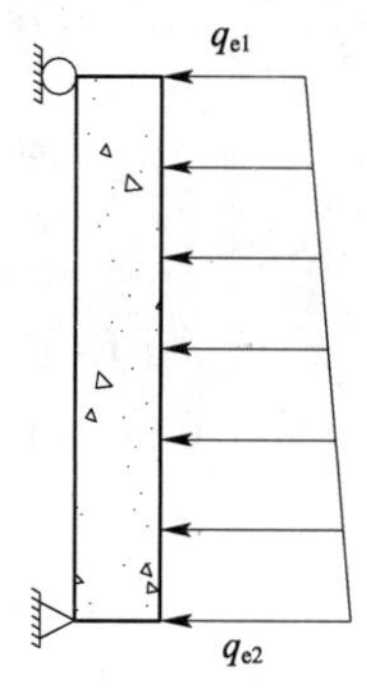

图6　简支梁受梯形分布荷载作用

4　结语

针对既有盾构始发、接收端头土体加固理论及加固技术存在的不足，提出了基于玻璃纤维筋围护结构盾构无障碍始发与接收洞口处土体变形机理及加固优化方案。该方案可以实现盾构始发与接收连续作业，端头土体不存在滑移失稳破坏现象；玻璃纤维筋桩体的设计与应用经验算能够满足水土压力对其作用；盾构始发与接收可以不进行端头土体加固或只在接收端进行素桩加固。

参考文献

[1] 鲍绥意,关龙,刘军,等.盾构技术理论与实践[M].北京:中国建筑工业出版社,2012.

[2] 杨德春,唐琪.浅析盾构始发井设计与始发技术应用[J].隧道建设,2007(增刊):307-313.

[3] 宋旱云,刘军,周洪.玻璃纤维筋在地铁盾构施工中的应用[J].北京建筑工程学院学报,2014,30(2):32-36.

[4] 江玉生,王春河,江华,等.盾构始发与到达——端头加固理论研究与工程实践[M].北京:人民交通出版社,2011.

[5] 刘军,原海军,李京凡,等.玻璃纤维筋在盾构工程中的研究与应用[J].都市快轨交通,2014, 27(1):81-85,103.

[6] 李大勇,王晖,王腾.盾构机始发与到达端头土体加固分析[J].铁道工程学报, 2006(1):87-90.

[7] 徐芝纶.弹性力学[M].北京:人民教育出版社,1979.

[8] 陈龙珠,陈胜立.饱和地基上弹性圆板的动力响应[J].力学学报,2001,33(6):821-826.

[9] Soil Mechanics Work Team atHohai University. Soil Mechanics[M]. Beijing: China Communications Press,2004.

[10] 罗富荣,江玉生,江华.基于强度与稳定性的端头加固理论模型及敏感性分析[J].工程地质学报,2011,19(3):364-369.

[11] Chambon. P,Corte J F. Shallow Tunnels in Cohesionless Soil: Stability of Tunnel Face[J]. Journal of Geotechnical Engineering,1994,120(7):1148-1165.

[12] 江玉生,杨志勇,江华,等.论土压平衡盾构始发和到达端头加固的合理范围[J].隧道建设, 2009,29(3):263-266.

[13] 宋旱云.深埋盾构始发洞口土体稳定性及施工方法研究[D].北京建筑大学,2015.

[14] 朱大宇.GFRP 筋地下连续墙的施工应用研究[D].同济大学,2008.

[15] Thasnanipan N, Maung A W, Baskaran G. Diaphragm Wall and Barrette Construction for Thiam Ruam Mit Station Box, MRT Chaloem Ratchamongkhon Line, Bangkok[C]//Proc., Int. Conf. on Geotechnical and Geologic Engineering, GeoEng,2000:9-15.

盾构无障碍始发反力架支撑结构的经验设计分析

刘　军　张豫湘　孙　田　金　鑫　章良兵

（北京建筑大学土木与交通工程学院　北京　100044）

摘　要:本文以依靠经验进行设计的盾构无障碍始发反力架为例,对反力架立柱的简化计算模型进行了受力分析,得到支撑杆件所受压力。然后按照现行《钢结构设计规范》(GB 50017)规定的方法对支撑杆进行了强度和稳定性校核,并对支撑底板进行了验算。最后利用 ABQUS6.1 有限元软件,计算了包含初始缺陷的支撑杆件受力情况。通过对两种计算结果比较,对现行反力架支撑设计进行了优化,提高了支撑杆件的安全系数。

关键词:无障碍始发;反力架;支撑杆件;有限元分析

1　引言

盾构始发反力架是在盾构始发期间为盾构机掘进提供反作用力的龙门式结构,是盾构始发阶段安全施工的核心部件之一,其设计是否合理直接关系着盾构始发施工能否成功和安全进行。盾构始发时,盾构推力直接作用在管片上,再由反力架通过支撑传递到后方端墙或底板预埋件上。在实际工况下,由于地质条件、盾构机偏向和施工等因素,反力架受力将会非常复杂。例如当盾构机推进的瞬时推力或扭矩较大时,反力架将产生失稳,引发安全问题。因此,反力架支撑必须具有足够的刚度和强度,并需要根据盾尾、管片宽度以及负环管片环数进行精确定位。

近年来,由于无障碍始发技术的推广,将围护结构中盾构掘进影响范围内的普通钢筋置换成玻璃纤维筋,取消了以往人工凿除围护结构的工序,代以盾构机直接切削的方式。针对结合反力架支撑还主要依靠经验进行设计的现状,本文以北京地铁某无障碍始发的反力架支撑设计为例,通过对现行规范与有限元数值模拟两种计算结果比较,对现行反力架支撑设计进行了优化。

2　反力架支撑的计算参数

2.1　反力架的支撑形式

常规的盾构始发反力架,其支撑的设置一般有三种:一种是采用直撑形式,直接作用于后端墙;一种是采用斜撑形式,作用于底板;另一种是采用直撑 + 斜撑形式。此外,为了提高始发效果,支撑形式可以根据盾构井或风井的结构形式进行相应改变,例如北京市南水北调配套工程东干渠工程中,盾构始发时根据盾构井的结构形式,改变了反力架的支撑设置并取得了预期效果。因此,反力架的支撑设计需结合盾构始发井的结构特点,充分利用现有的结构进行优

本文由“北京节能减排关键技术协同创新中心”资助。

作者简介:刘军(1965—),男,博士后,教授,教授级高工。目前从事岩土与地下工程教学与科研工作。Email:liujun@bucea.edu.cn。

化，在能够满足安全稳定的前提下，最大限度地节约成本。

特殊的始发反力架，是指盾构在暗挖隧道内始发时，为适应净空限制并提高反力结构稳定性和组装效率而进行改装的反力架。如西安地铁盾构暗挖隧道内始发，采用的是基准钢环反力架，通过支撑作用于二次衬砌结构的预埋钢板上。

2.2 动态受力分析

盾构推进过程中，负环管片直接承受千斤顶顶力，并传给反力架。盾构开始推进时，首先需要直接切割玻璃纤维筋围护桩，顶力由反力架承担；但由于玻璃纤维筋桩体破坏为脆性破坏，为了尽可能避免地表过大隆起或桩体破坏，需要控制盾构顶力，因而支撑不会产生过大内力。随着盾构进入洞口端头土体加固区，此时掘进阻力很大，顶力基本由反力架承担，支撑内力达到最大，是反力架最危险的时期。随着盾构越过土体加固区，进入原状土，掘进阻力大大减小。同时，随着盾构的推进和管片的安装，部分顶力由管片与土体的摩擦力承担，但反力架的受力依然较大，仍然处于比较危险的时期。随着盾构推进长度增加，管片与土体的摩擦力持续加大，反力架受力不断减小，最后不再受力。

根据北京地区盾构在砂卵石地层中始发的经验，反力架受到的最大推力取16000kN。

2.3 反力架设计

盾构反力架如图1所示。竖梁（立柱）固定在基础上，通过焊接方式与斜撑连接。始发井上部的2根斜撑，与立柱的水平距离为5700mm，与水平方向的夹角为45°，斜撑底端作用于预埋底板。始发井下部支撑的2根斜撑，与立柱的水平距离为2850mm，与水平方向的夹角为45°，斜撑底端作用于墙后加固土体。

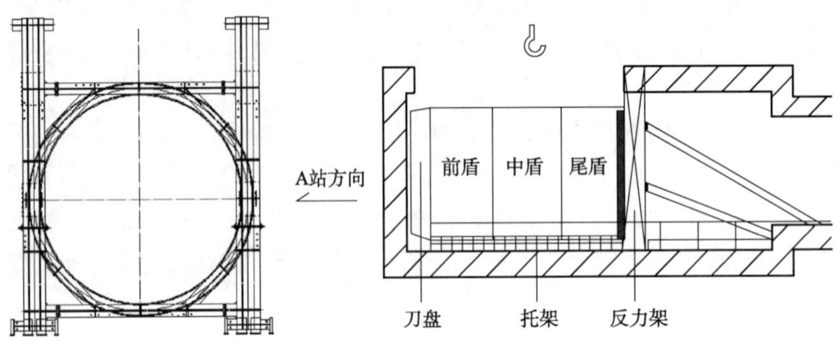

图1 盾构反力架示意图

（1）斜撑

反力架与车站结构体之间用Q235圆钢支撑，规格 $\phi609\times14$，确保反力架固定牢固，在掘进过程中受力均匀、不跑偏、不侧移。反力架水平偏差控制在 ±10mm 之内，高程偏差控制在 ±5mm 之内。

（2）预埋件

底板预埋件的设置如图2所示，采用规格为 800mm×1000mm×20mm 钢板，预埋钢筋采用 $\phi25$@200 钢筋，钢筋距板边缘 100mm。

2.4 支撑受力计算

为了计算反力的斜支撑的反力，将A点简化为固定端，将F、D结点简化为铰接点，简化计算模型如图3所示。

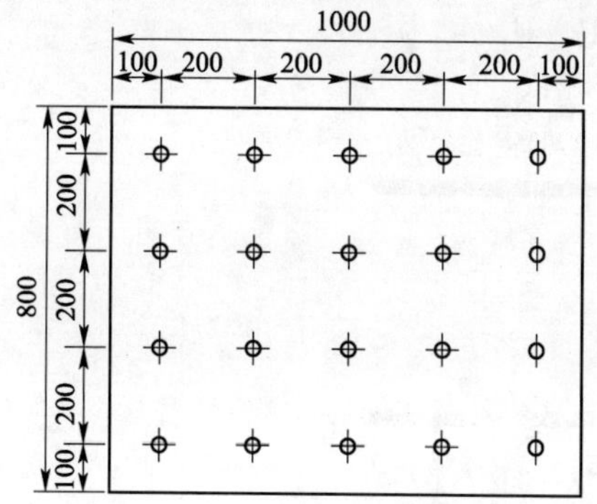

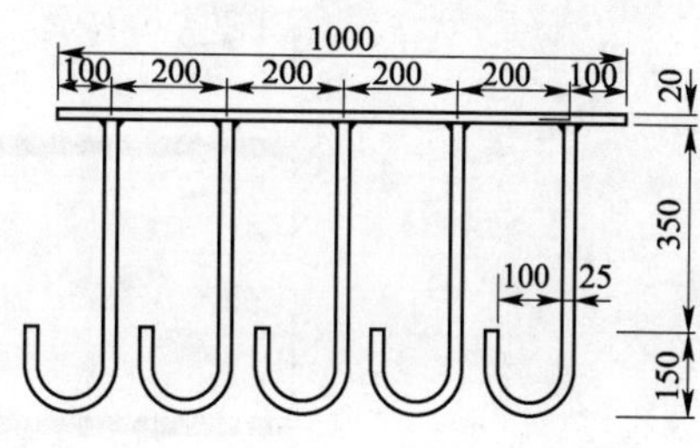

图 2　底板预埋钢板图(尺寸单位:mm)

结构计算模型如图 4 所示,此结构计算模型为两次超静定结构,利用力法原理解此结构,计算过程如下:

$$M_E = \frac{1}{8}F \times 1.62 = 0.2025F$$

$$M_D = \frac{1}{16}F \times 1.23 + \frac{1}{8}F \times 2.85 = 0.076875F + 0.35625F = 0.433125F$$

$$M_C = \frac{1}{8}F \times 1.23 + \frac{1}{16}F \times 2.46 + \frac{1}{8}F \times 4.08 = 0.15275F + 0.15375F + 0.51F = 0.8165F$$

$$\begin{aligned} M_B &= \frac{1}{16}F \times 1.62 + \frac{1}{8}F \times 2.85 + \frac{1}{16}F \times 4.08 + \frac{1}{8}F \times 5.7 \\ &= \frac{1}{16}F \times 5.7 + \frac{1}{8}F \times 8.55 \\ &= 0.35625F + 1.06875F = 1.425F \end{aligned}$$

$$\begin{cases} \sigma_{11}X_1 + \sigma_{12}X_2 + \Delta_{1P} = 0 \\ \sigma_{21}X_1 + \sigma_{22}X_2 + \Delta_{2P} = 0 \end{cases}$$

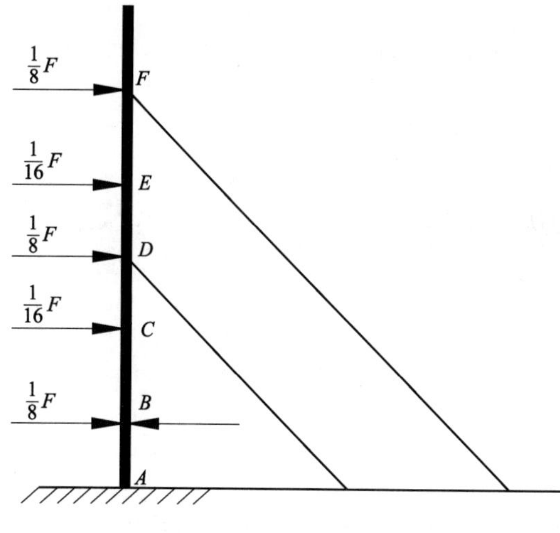

图 3　结构计算原模型

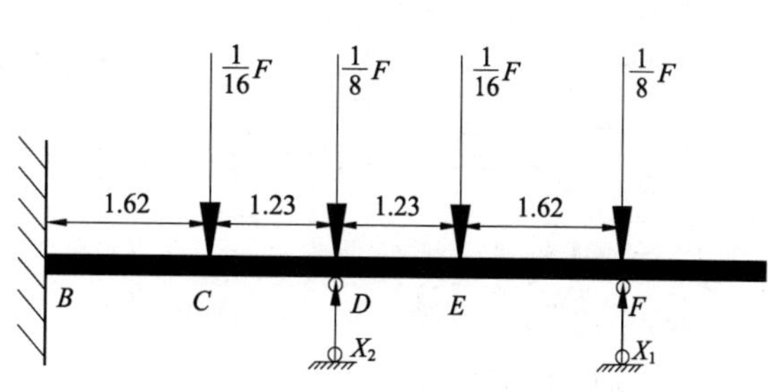

图 4　结构计算模型

根据图乘法可计算公式前面的系数,图 5 为 $\overline{M}_P$、$\overline{M}_1$、$\overline{M}_2$ 图。

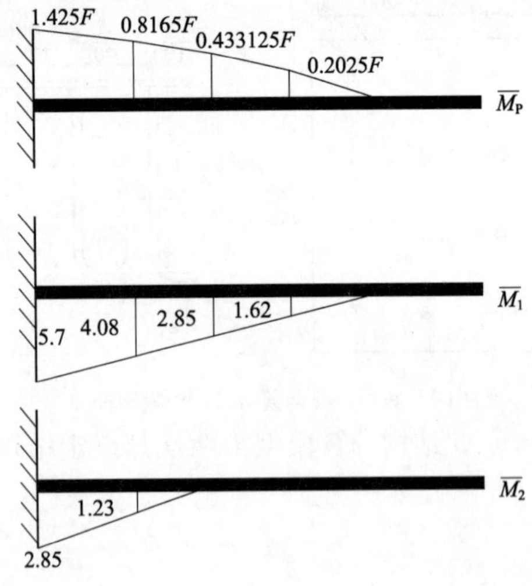

图 5　弯矩图

由 $\overline{M}_1$ 图可以得出：

$$\sigma_{11}=\frac{1}{EI}\times\frac{1}{2}\times5.7\times5.7\times\frac{2}{3}\times5.7=\frac{1}{EI}\times\frac{1}{3}\times5.7^3=61.731\cdot\frac{1}{EI}$$

由 $\overline{M}_2$ 图可以得出：

$$\sigma_{22}=\frac{1}{EI}\times\frac{1}{2}\times2.85\times2.85\times\frac{2}{3}\times2.85=\frac{1}{EI}\times\frac{1}{3}\times2.85^3=7.716\cdot\frac{1}{EI}$$

由 $\overline{M}_1$ 图和 $\overline{M}_2$ 图可以得出：

$$\sigma_{12}=\frac{1}{EI}\times\frac{1}{2}\times2.85\times2.85\times4.75=19.291\cdot\frac{1}{EI}$$

由 $\overline{M}_1$ 图和 $\overline{M}_p$ 图可以得出：

$$\Delta_{1p1}=-\frac{1}{EI}\times\frac{1.62}{6}\times(2\times1.425F\times5.7+2\times0.8165F\times4.08+1.425F\times4.08+0.8165F\times5.7)$$

$$=-\frac{1}{EI}\times\frac{1.62}{6}\times33.37569F=-9.01F\cdot\frac{1}{EI}$$

$$\Delta_{1p2}=-\frac{1}{EI}\times\frac{1.23}{6}\times(2\times0.8165F\times4.08+2\times0.433125F\times2.85+0.8165F\times2.85+0.433125F\times4.08)$$

$$=-\frac{1}{EI}\times\frac{1.23}{6}\times13.2258525F=-2.71F\cdot\frac{1}{EI}$$

$$\Delta_{1p3}=-\frac{1}{EI}\times\frac{1.23}{6}\times(2\times0.433125F\times2.85+2\times0.2025F\times1.62+0.433125F\times1.62+0.2025F\times2.85)$$

$$=-\frac{1}{EI}\times\frac{1.23}{6}\times4.4037F=-0.903F\cdot\frac{1}{EI}$$

$$\Delta_{1p4}=-\frac{1}{EI}\times\frac{1}{2}\times0.2025F\times1.62\times\frac{2}{3}\times1.62$$

$$=-0.177F\cdot\frac{1}{EI}$$

$$\Delta_{1p}=-12.79F\cdot\frac{1}{EI}$$

由 $\overline{M}_2$ 图和 $\overline{M}_p$ 图可以得出：

$$\Delta_{2p1}=-\frac{1}{EI}\times\frac{1.62}{6}\times(2\times1.425F\times2.85+2\times0.8165F\times1.23+1.425F\times1.23+0.8165F\times2.85)$$

$$=-\frac{1}{EI}\times\frac{1.62}{6}\times14.210865F=-3.837F\cdot\frac{1}{EI}$$

$$\Delta_{2p1}=-\frac{1}{EI}\times\frac{1.23}{6}\times(2\times0.8165F\times1.23+0.433125F\times1.23)$$

$$=-\frac{1}{EI}\times\frac{1.23}{6}\times2.54F=-0.521F\cdot\frac{1}{EI}$$

$$\Delta_{1p}=-4.357F\cdot\frac{1}{EI}$$

把以上计算系数代入方程得出：

$$\begin{cases}61.731\cdot\frac{1}{EI}X_1+19.291\cdot\frac{1}{EI}X_2=12.79F\cdot\frac{1}{EI}\\19.291\cdot\frac{1}{EI}X_1+7.716\cdot\frac{1}{EI}X_2=4.357F\cdot\frac{1}{EI}\end{cases}\Rightarrow$$

$$\begin{cases}3.2X_1+X_2=0.663F\\2.5X_1+X_2=0.565F\end{cases}\Rightarrow\begin{cases}X_1=0.14F\\X_2=0.215F\end{cases}$$

即得出第一道斜支撑提供的推力为 $0.14F\cdot\sqrt{2}$，第二道斜支提供的推力为 $0.215F\cdot\sqrt{2}$。图 6 为结构计算模型结果。

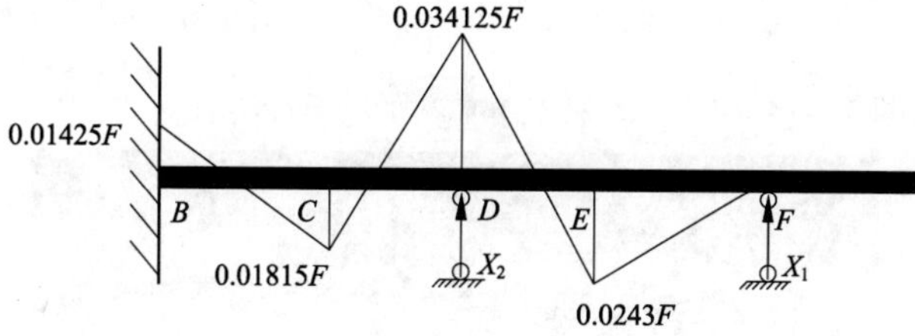

图 6 结构计算模型结果

3 验算

3.1 斜撑验算

(1)静强度

斜撑最大推力：

$$N=0.215\times16000\times\sqrt{2}=4864.89\text{kN}$$

$$\sigma=\frac{N}{A}=\frac{4864.89}{0.0262}=185.68\text{MPa}<210\text{N/mm}^2$$

满足要求。

(2)刚度

$$\lambda=\frac{l}{i}=\frac{5.7\times\sqrt{2}}{0.2104}=38.3<[\lambda]=120$$

满足要求。

(3)屈曲稳定性

第一道斜支撑和第二道斜支撑的稳定系数分别取0.947和0.980。

第一道支撑:

$$\frac{N}{\varphi A}=\frac{0.14\times16000\times\sqrt{2}}{0.947\times0.0262}=127.68\text{MPa}<f=215\text{N/mm}^2$$

第二道支撑:

$$\frac{N}{\varphi A}=\frac{4864.89}{0.980\times0.0262}=189.47\text{MPa}<f=215\text{N/mm}^2$$

满足要求。

3.2 底板验算

斜支撑底板植入钢筋的水平受力截面积为:

$$A=3.14\times0.025^2\times0.35\times25=0.0172\text{m}^2$$

$$\sigma=\frac{N}{A}=\frac{0.215\times16000}{0.0172}=200.00\text{MPa}<210\text{N/mm}^2$$

植入钢筋的根数、深度和直径满足要求。

3.3 数值计算结果及改进

支撑内力采用ABQUS6.1建模,参考现行《钢结构设计规范》(GB 50017),考虑了压力和支撑杆件的初始缺陷,初始缺陷采用假想均布荷载进行等效简化计算。

均布荷载:

$$q_0=\frac{8N_\text{k}e_0}{l^2}=\frac{8\times0.215\times16000}{5.7\times400}=12070\ \text{N/m}^2$$

数值计算结果如图7~图10所示,杆件的应力大于计算值。

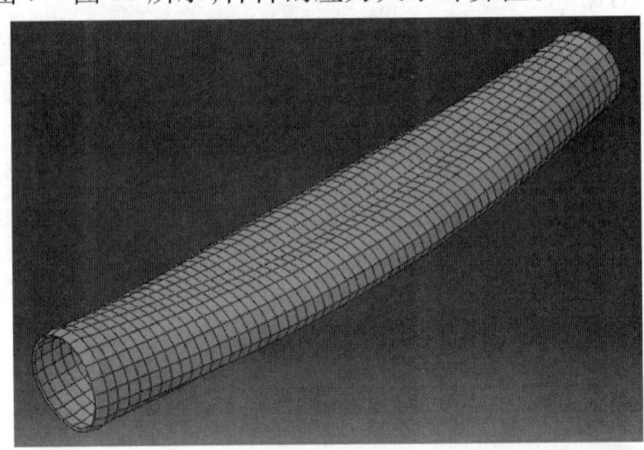

图7 变形图

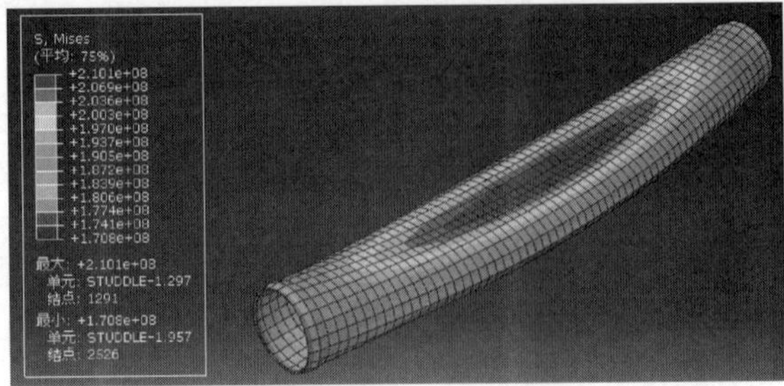

图8 Mises应力云纹图

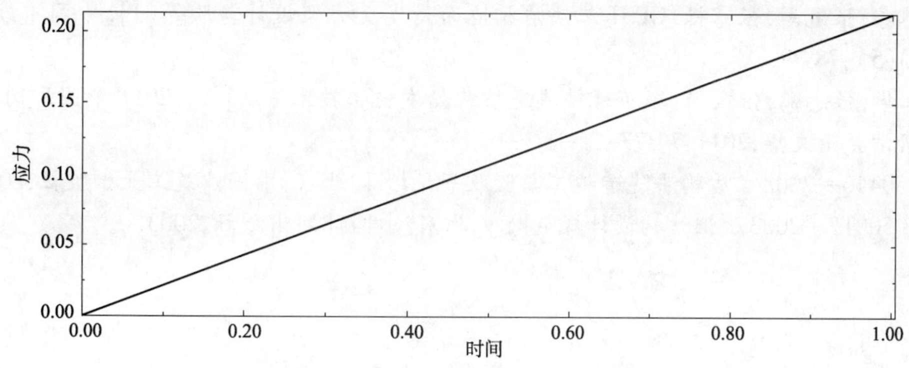

图 9 中点应力随时间变化曲线

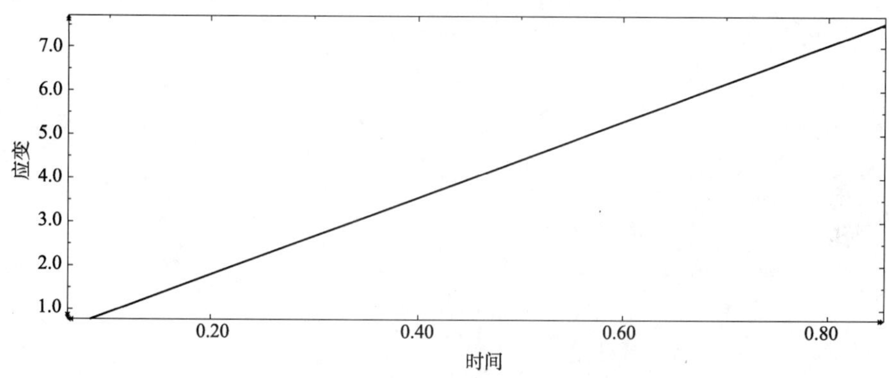

图 10 中点挠度随时间变化曲线

为了保证一定的安全系数，改用 $\phi609\times16$ 钢管。

4 结语

对依靠经验设计的反力架，按照钢结构设计规范进行支撑杆件的强度和稳定性验算，结果均能满足，但是在 ABQUSE 进行数值模拟时，同样在考虑初始缺陷和压力的作用下，杆件的应力却大于计算值。因此，将钢管支撑的壁厚增加为 16mm，提高支撑杆件的安全系数。

参 考 文 献

[1] 赵宝虎，王燕群，岳澄，等．盾构始发过程反力架应力监测与安全评价[J]．工程力学，2009(9)：105-111.

[2] 刘军，荀桂富，王芳，等．盾构始发与接收时顶力的数值模拟研究——以北京地铁 15 号线某盾构直接切削玻璃纤维筋桩工程为例[J]．隧道建设，2016(3)：264-269.

[3] 何占锋．盾构始发反力架结构设计及应用效果分析[J]．水利水电技术，2013(11)：66-70.

[4] 张子辛．盾构特殊反力架受力特性研究[J]．铁道建设技术，2016(2)：100-102.

[5] 张茜，曲传咏，黄田，等．盾构在掘进过程中的力学分析与载荷预估[J]．工程力学，2012(7)：291-297.

[6] 武艳霞．盾构机反力架结构的设计及应用[J]．筑路机械与施工机械化，2009(2)：64-66.

[7] 魏林春,张冠军,张露根. GPST 工法盾构地面始发反力架设计与验算[J]. 中国市政工程,2013(5):78-79.

[8] 方江华,张志鹏,张国强. 城市地铁隧道盾构始发施工技术分析[A]. 2011 中国盾构技术学术研讨会论文集,2011:74-77.

[9] GB 50446—2008 盾构法隧道施工与验收规范[S]. 北京:中国建筑工业出版社,2008.

[10] GB 50017—2003 钢结构设计规范[S]. 北京:中国计划出版社,2003.

盾构地下接收室施工工艺及盾构推力对接收室结构影响分析

刘　军[1]　章良兵[1]　马云新[2]　王利民[2]　陈　文[2]

(1. 北京建筑大学土木与交通工程学院　北京　100044;2. 北京建工土木工程有限公司　北京　100015)

摘　要:传统的盾构法施工需要先施作竖井或车站,然后在竖井或车站内接收盾构。然而繁华的都市,地面建筑林立、地下管线密布,往往不具备盾构接收井的施作条件,极大制约了盾构法在地铁工程建设中的应用。本文依托北京地铁14号线工程,研发了一种矿山法隧道内施作地下接收室的盾构接收施工工艺,并对盾构推力对接收室结构的影响进行了分析,与传统的接收工艺相比,解决了不需要竖井进行盾构接收的难题,最大限度地节约资源并减少了对环境的负面影响,具有显著的经济效益和社会效益。

关键词:地下接收室;盾构接收;三维数值模拟

1　引言

盾构法是暗挖法中一种全机械化的施工方法,因其安全、高效在国内外得到广泛的应用,尤其在修建长隧道时,具有明显的技术和经济优势。采用盾构法施工时,盾构的接收与解体需要在隧道终端的基坑或竖井内进行,并在明挖基坑内解体、吊出,因此明挖基坑是目前盾构施工不可缺少的辅助工程,目前常用明挖车站基坑和竖井作为盾构接收井。城市轨道交通往往修建在繁华市区,工程周边环境极为复杂,如地铁车站站位,大部分处在交通干道的交叉路口,往往会遇到几十条地下管线,周边建(构)筑物林立,车流、人流很多,将面临无地面条件进行盾构始发和接收的巨大问题。

国内外在无地面条件下接收盾构方面均展开了研究与应用,国外具有代表性的为日本,提出了地面出入式盾构法隧道新技术(2013),省略了用于盾构始发与接收的工作井,在地面与地下连接区域用盾构掘进替代明挖施工;国内在煤矿隧道的建设中开展了类似的研究(2014),即盾构施工煤矿长距离斜井关键技术研究与示范。以上方法均由盾构挖掘斜井至隧道设计标高后再进行正常掘进,在入土、出土处仍然需要采用明挖法修筑工作面,在长距离斜向掘进至预定的正线隧道过程中覆土极浅,易出现塌方等事故,因此在城市中的应用受到极大限制。缪明晓(2010)介绍了北京铁路地下直径线泥水盾构到达废弃段后为盾构解体施作的扩大段施工方法;申智杰(2011)介绍了广深港客运专线隧道盾构在矿山法狮子洋隧道内解体的方法,“地中对接,洞内解体”,遵循先易后难、先小后大的顺序拆解,总工期41个月;张振光(2012)介绍了深圳地铁2号线盾构在矿山法隧道进出洞的施工关键技术,盾构空推穿过矿山法隧道;乔水旺(2013)介绍了广深港客运专线隧道盾构在矿山法隧道内空推穿越;剧亮

本文由“北京市节能减排关键技术协同创新中心”资助。

作者简介:刘军(1965—),男,博士后,教授,教授级高工。目前从事岩土与地下工程教学与科研工作。Email:liujun@bucea. edu. cn。

(2015)介绍了北京地铁 14 号线隧道接收室施工的关键问题;林韵(2015)介绍了福州轨道交通 1 号线矿山法隧道内接收盾构技术;刘健(2016)介绍了北京铁路地下直径线泥水盾构在矿山法隧道内接收方法,地下直径线盾构施工受到地面条件等诸多限制,不具备明挖接收条件,采用矿山法隧道内接收,采用砂浆体置换技术,置换封端并在盾构机到达后进行破除;崔海涛(2016)介绍了北京地铁 14 号线砂卵石地层暗挖隧道盾构接收技术,盾构在明挖车站内解体。

从国内外研究与应用情况来看,盾构从地面转入地下始发和接收具有现实意义,为一种新动向,该方法不占用地面、不改变地面生态环境、不扰民,可实现绿色施工。但目前采用矿山法隧道接收的研究十分薄弱,本文依托北京地铁 14 号线工程提出盾构地下接收的新方法,采用三维数值模拟方法研究了地下接收室的工艺过程,并探讨了盾构推力对接收室结构的影响,为地下接收室的设计与施工提供了指导。

2 工程概况

北京地铁 14 号线是北京市轨道交通线网中一条连接东北、西南方向的轨道交通“L”形骨干线。线路沿线经过丰台、东城、朝阳三个行政区,线路西起丰台区永定河以西的张郭庄,东至望京地区的来广营站,线路全长 47.2km。

13 标位于地铁 14 号线中部拐弯处,处于衔接西段和东段的重要位置。该处地下管线密布、周边建筑物林立,且具有大片园林,地面不具备施作明挖基坑条件,决定采用地下接收盾构的方法。为保证有足够的拆解以及容纳盾构机刀盘的空间,隧道纵向上分为三个区段(图 1):标准区间、扩大段和接收室,其中接收室宽 7.5m,高 7.74m,埋深 12.0m。隧道所处土层主要为粉土、粉质黏土和粉细砂。除标准区间采用台阶法开挖外,扩大段和接收室均采用 CRD 法开挖。

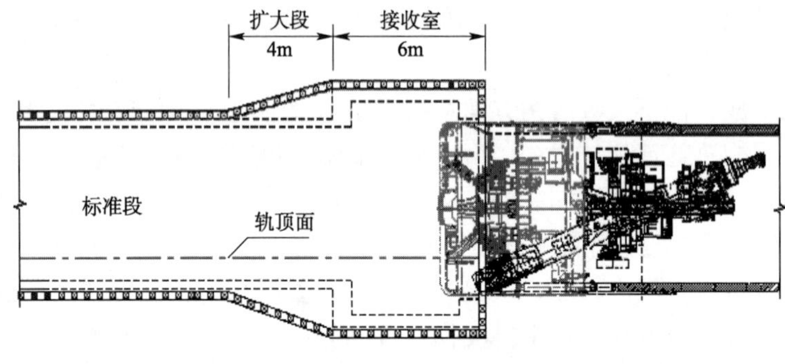

图 1　隧道纵剖面示意图

3 地下接收室施工工艺

地下接收室采用矿山法施作,包括标准段、扩挖段、接收室及封端墙,其总体施工步序包括:标准段开挖及初期支护→扩大段开挖及初期支护→接收室开挖及初期支护→封端墙施作→扩大段及接收室二次衬砌施作→盾构掘进至刀盘进入接收室→盾构机解体→在盾构壳内施作防水及二次衬砌结构。该方法称之为主动接收,包括两大环节:接收室的施作和盾构掘进进入接收室。其施工步序见表 1。

施工步序 表1

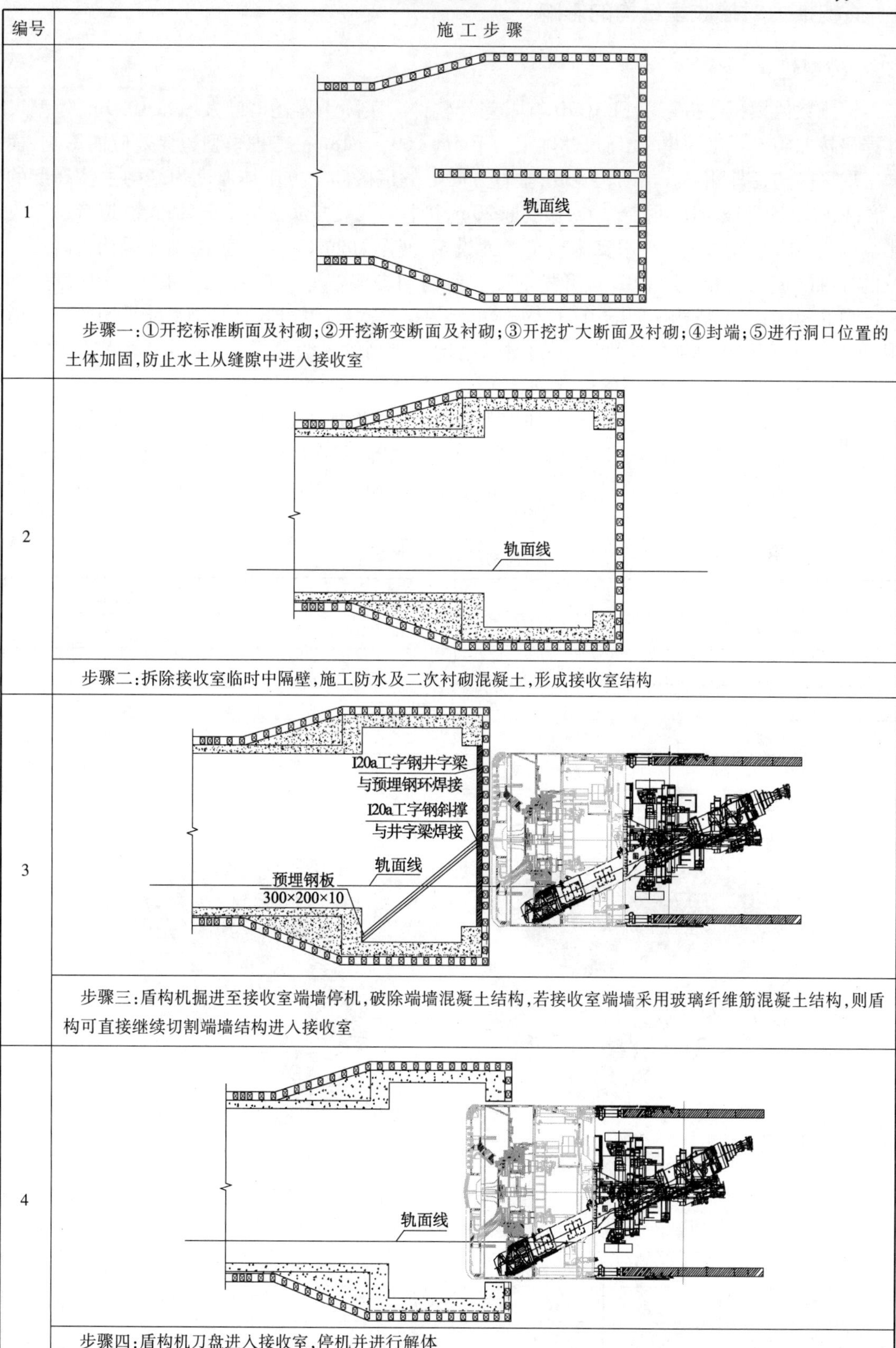

编号	施工步骤
1	步骤一:①开挖标准断面及衬砌;②开挖渐变断面及衬砌;③开挖扩大断面及衬砌;④封端;⑤进行洞口位置的土体加固,防止水土从缝隙中进入接收室
2	步骤二:拆除接收室临时中隔壁,施工防水及二次衬砌混凝土,形成接收室结构
3	步骤三:盾构机掘进至接收室端墙停机,破除端墙混凝土结构,若接收室端墙采用玻璃纤维筋混凝土结构,则盾构可直接继续切割端墙结构进入接收室
4	步骤四:盾构机刀盘进入接收室,停机并进行解体

4 盾构推力对接收室结构的影响

4.1 模型建立

三维数值模拟分析采用 FLAC3D 有限差分软件。实际工程隧道最大埋深 19.5m,模型尺寸严格按照施工图纸建模,几何尺寸确定为 105m × 60m × 48m。考虑模型边界效应的影响,横向上取区间隧道外侧各 5 倍结构宽度;垂直方向上隧道区间下方土体厚度为结构主体高度的 4 倍;纵向上标准段每次开挖 0.5m,长度取 20m,接收室长度按实际取 10m,盾构隧道考虑接收影响取为 30m。周边土体采用实体 zone 单元模拟,使用 Mohr-Column 模型;对于采用台阶法开挖的标准隧道区间和采用 CRD 法开挖的接收室初期支护采用 shell 单元模拟,二次衬砌采用 zone 单元模拟;对于盾构区间隧道采用实体单元模拟二次衬砌结构,临时钢支撑采用梁单元模拟,地层注浆采用提高地层参数的方式模拟,结构物理力学参数见表 2。所建立的模型如图 2 所示,有 27029 个网格点和 151838 个实体单元。

地层参数取合并土层各自参数的加权平均值,土层物理参数见表 3。模拟开挖的实质是洞室开挖引起地层应力释放的过程,洞室周围地层有朝向洞室移动的趋势,因此不可能出现结构与地层分离的现象。结构与土层之间的相互作用按照共同变形来考虑,即结构与地层之间不设接触面单元。

结构物理参数一览表 表 2

结构	密度(kg/m^3)	弹性模量(MPa)	泊松比
超前支护	2150	0.06	0.3
注浆加固圈	2150	0.2	0.3
初期支护	2300	3	0.25
二次衬砌	2500	10	0.25
盾构管片	2500	9	0.2
洞口支护	2700	34.5	0.25

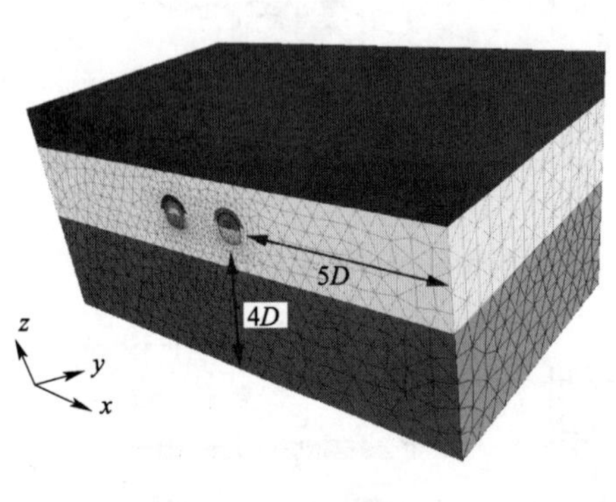

a)三维模型

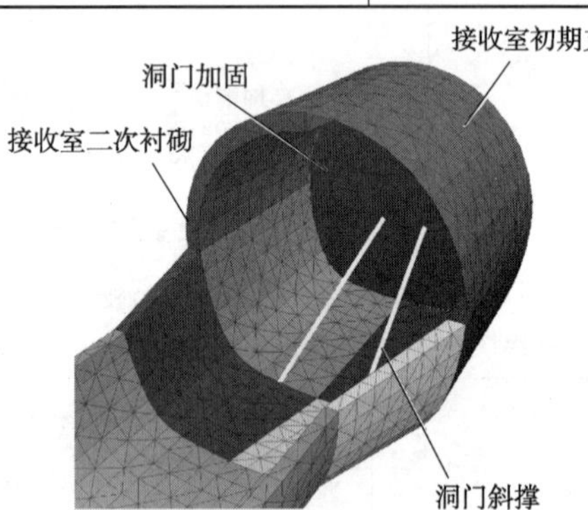

b)接收室内部结构

图 2 三维数值模型

土层物理参数一览表 表 3

地层名称	厚度(m)	密度(kg/m^3)	弹性模量(MPa)	泊松比	黏聚力(kPa)	内摩擦角(°)
杂填土	1.1	1650	4.7	0.3	8	10
粉土	5.4	1970	5.7	0.31	16	27

续上表

地层名称	厚度(m)	密度(kg/m^3)	弹性模量(MPa)	泊松比	黏聚力(kPa)	内摩擦角(°)
粉质黏土	6.1	2020	7.2	0.33	24	17
粉细砂	3	2020	20.5	0.22	5	26
粉土	8.8	1970	8.7	0.31	16	27
粉质黏土	5.3	2020	10.2	0.33	24	19
粉土	18.3	2040	17.0	0.30	16	27

4.2 三维数值模拟分析

4.2.1 地表沉降

如图3所示,为主动接收方法在盾构掘进过程中,隧道中心线所在的纵向地表沉降曲线。从图中可以明显看出,隧道的标准区间、扩挖段和接收室在盾构掘进过程中地表沉降未发生明显变化;盾构段距封端墙10m范围内(图中对应X坐标0~10m),地表沉降亦没有发生明显变化,这可能得益于大范围的注浆加固效果。此外,盾构掘进的全过程,地表沉降虽然出现起伏,但变化程度要远小于标准区间的施工,例如盾构掘进前20m(图中对应X坐标10~20m),说明盾构掘进对地表影响很小。

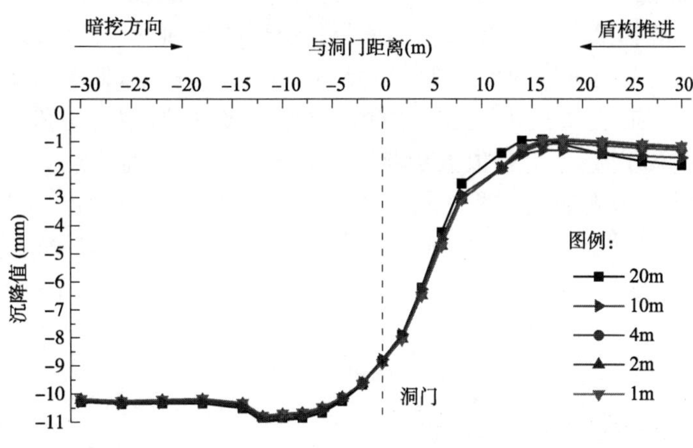

图3 纵向地表沉降曲线

4.2.2 接收室二次衬砌结构变形分析

图4为盾构掘进完毕后,接收室衬砌竖向位移和Y向位移云图(沿隧道掘进方向)。对于接收室衬砌的竖向位移,无论是拱顶沉降还是拱底隆起未发生明显变化,二次衬砌与封端墙接触位置沉降变化幅度在0.5mm范围内,二次衬砌相对于初期支护对封端墙有很好的支撑作用,且能够显著降低盾构推力对接收室的影响。对于接收室衬砌的Y向位移(沿隧道掘进方向)的影响要远大于对沉降的影响,即盾构掘进过程中,受盾构推力影响二次衬砌结构沿Y轴负向位移(顺着盾构掘进方向)。接收室衬砌与封端墙接触位置Y向位移处于最大值,且衬砌上部位移略要大于下部位移,衬砌内侧位移要大于衬砌外侧位移;在衬砌的位移值最大为2mm左右,在掘进过程中位移值呈现出先变大后边小的规律,说明衬砌Y向位移与盾构推力有明显的正关联。

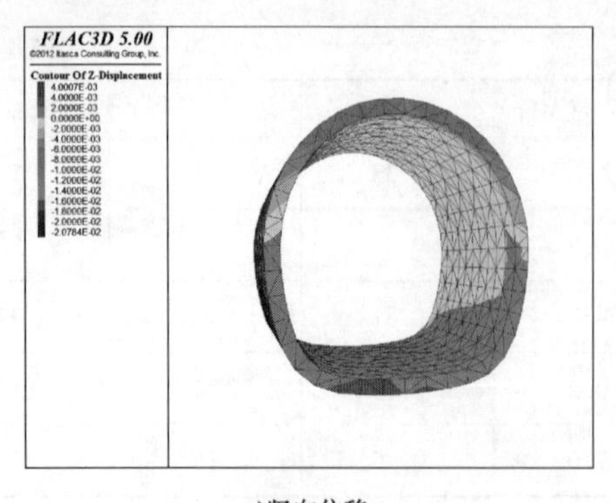

a)竖向位移

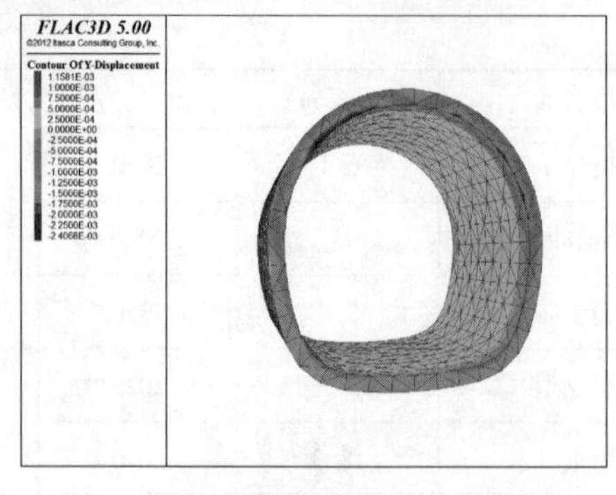

b)Y向位移（隧道方向）

图4 接收室变形云图

4.2.3 洞口封端墙位移

图5为在盾构掘进过程中,封端墙监测点位移曲线图,其中横坐标表示盾构掘进里程,纵坐标表示掌子面测点位移(位移方向与盾构掘进方向相同为负,相反为正)。从图中可以看出,在盾构推进至距离封端墙18m左右距离时,封端墙开始产生一定的位移,之后随着盾构的推进,封端墙位移逐渐增加,当盾构处于距封端墙3m左右距离时,封端墙位移增幅速率达到最大值,随后随着盾构推力的逐步减小,封端墙位移增幅速率逐渐降低,当盾构推进至距离封端墙0.8m左右时,由于盾构推力下降为正常掘进的3/10左右,封端墙位移有所回弹,当盾构推进到达封端墙时,盾构推力减小为0,封端墙位移出现明显回弹。此外,封端墙测点位移变化规律对称性明显,监测点1作为最顶部的测点,封端墙位移最小,监测点2和监测点6关于中轴对称,两者的位移曲线几乎重合,位移值稍大于监测点1,监测点3和监测点5关于中轴对称,两者位移曲线几乎重合,位移值大于监测点2和监测点6,监测点4作为封端墙最下方的测点其位移值在整个盾构掘进过程中均为最大值,上述分析可以看出,在盾构掘进过程中,封端墙整体顺着盾构掘进方向位移,且封端墙下方位移要大于封端墙上方位移,封端墙出现一定的倾斜状态。盾构掘进过程中,封端墙位移最大值达到13mm左右,封端墙受到土压力及变形与盾构推力密切相关。

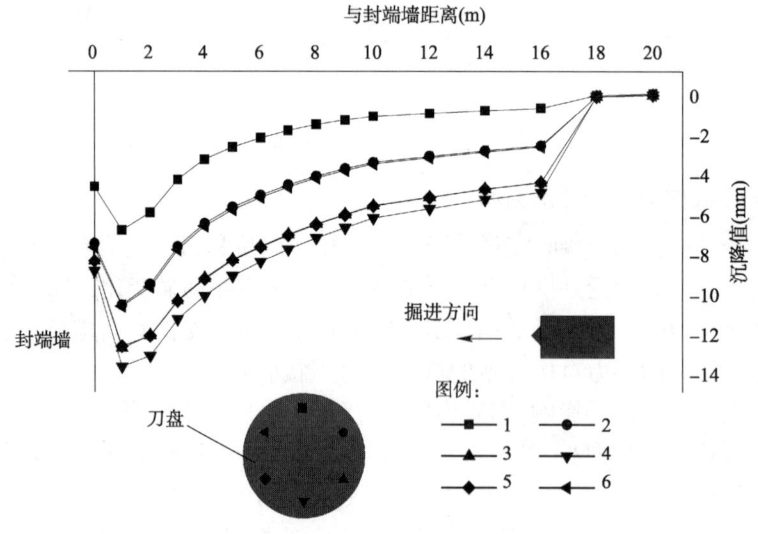

图5 隧道封端墙位移曲线

5 结语

从数值模拟结果上看，在盾构段掘进过程中，当盾构机掘进至封端墙附近时，对封端墙影响最大，换言之，盾构的掘进过程对接收室衬砌的影响较小，但对洞口处封端墙影响较大；封端墙拆除，盾构解体阶段，盾壳作为初期支护会产生一定的变形。通过分析研究，得出如下结论：

(1)矿山法施作接收室过程，需要严格把控地表沉降和初期支护结构变形；

(2)接收室二次衬砌施作拆除中隔壁和临时横撑过程，需要及时做好支撑的倒换，并密切注意洞口封端墙的变形；

(3)盾构掘进过程中，控制好盾构顶力等掘进参数，密切注意封端墙变形，当监测数据出现突变，应停止掘进并及时做好加固措施；

(4)在盾构解体完毕施作盾壳内二次衬砌过程中，需要视盾壳变形情况，及时对盾壳施作加固支撑。

参考文献

[1] Tudoka T. Construction of MRT Chaloem Ratchamongkhon Line Underground Structures North and Japanese Shield Tunnel Technology[C], International Symposium on Underground Excavation and Tunneling Bangkok, 2006.

[2] 何川. 盾构/TBM 施工煤矿长距离斜井的技术挑战与展望[J]. 隧道建设,2014(4):287-297.

[3] 缪明晓,陈艳冰. 北京地下直径线盾构地下解体扩大段隧道施工技术[J]. 铁路技术创新,2010(4):68-70.

[4] 申智杰. 狮子洋隧道大型泥水盾构洞内解体拆机技术[J]. 建筑机械化,2011(4):70-73.

[5] 张振光,赵艳粉. 盾构在矿山法隧道内进出洞施工关键技术[J]. 铜业工程,2012,(2):47-50,71.

[6] 乔水旺. 大直径泥水平衡盾构洞内接收技术[J]. 建筑机械化,2013(10):87-90.

[7] 剧亮,高琨. 盾构机隧道内接收施工技术[A]. 市政技术. 2015(S2)——北京地铁 14 号线工程论文专辑.

[8] 林韵. 矿山法施工隧道内盾构接收技术[J]. 建筑施工,2015(9):1111-1113.

[9] 刘健. 城市大直径泥水盾构洞内接收施工技术[J]. 科技与企业,2016(7):123-126.

[10] 崔海涛,路清泉. 全断面砂卵石地层暗挖洞内盾构接收技术[J]. 现代城市轨道交通,2016(2):62-65.

内 容 提 要

本论文集收录论文59篇,内容涉及盾构机设计与制造、盾构施工、盾构测量控制、盾构耗材生产等与盾构工程各领域有关的理论和实际问题。

本论文集可供盾构设计、施工、工程管理、教学、科研等相关专业技术人员参考。

图书在版编目(CIP)数据

2016中国盾构工程技术学术研讨会论文集 / 乐贵平,吴煊鹏,方江华主编. —北京 : 人民交通出版社股份有限公司,2016.6

ISBN 978-7-114-13036-6

Ⅰ.①2… Ⅱ.①乐…②吴…③方… Ⅲ.①隧道施工-盾构法-学术会议-文集 Ⅳ.①U455.43-53

中国版本图书馆CIP数据核字(2016)第111359号

京朝工商广字第8195号(1-1)

书　　名:**2016中国盾构工程技术学术研讨会论文集**
著 作 者:乐贵平　吴煊鹏　方江华
责任编辑:刘彩云
出版发行:人民交通出版社股份有限公司
地　　址:(100011)北京市朝阳区安定门外外馆斜街3号
网　　址:http://www.ccpress.com.cn
销售电话:(010)59757973
总 经 销:人民交通出版社股份有限公司发行部
经　　销:各地新华书店
印　　刷:北京市密东印刷有限公司
开　　本:787×1092　1/16
印　　张:26.25
字　　数:640千
版　　次:2016年6月　第1版
印　　次:2016年6月　第1次印刷
书　　号:ISBN 978-7-114-13036-6
定　　价:168.00元